粮食储藏与加工工程系列

谷 物 化 学

主 编　卞 科　郑学玲

编 委　卞 科　郑学玲
　　　　韩小贤　刘 翀
　　　　范会平　关二旗
　　　　马 森　李 力

科 学 出 版 社
北 京

内 容 简 介

本书从谷物化学发展的历史、主要谷物种类、谷物的化学组成和主要研究方法到谷物品质做了比较系统的介绍；特别是结合谷物化学的研究进展，对作为人类食物主要原料的稻谷和小麦的品质做了较为深入的分析和介绍。与此同时，本书还对谷物加工与储藏的关系做了概述。

本书内容由浅入深，能够适应多层次读者的需要，既可作为高等院校粮食工程和食品工程专业的基础课教材，也可作为粮食工业部门、科研院所及粮食制品加工企业的专业技术人员、科研人员和相关院校师生的参考书。

图书在版编目(CIP)数据

谷物化学/卞科，郑学玲主编. —北京：科学出版社，2017.2
粮食储藏与加工工程系列
ISBN 978-7-03-051743-2

Ⅰ. ①谷… Ⅱ. ①卞… ②郑… Ⅲ. ①谷物化学－高等学校－教材
Ⅳ. ①TS210.1

中国版本图书馆 CIP 数据核字(2017)第 018921 号

责任编辑：席 慧 文 茜 / 责任校对：彭珍珍
责任印制：张 伟 / 封面设计：迷底书装

科 学 出 版 社 出版
北京东黄城根北街 16 号
邮政编码：100717
http://www.sciencep.com

北京盛通数码印刷有限公司印刷
科学出版社发行 各地新华书店经销

*

2017 年 2 月第 一 版 开本：787×1092 1/16
2023 年 9 月第五次印刷 印张：25 1/2
字数：650 000

定价：89.80 元
(如有印装质量问题，我社负责调换)

前　言

　　谷物及其制品是人们膳食的主要来源。近年来，由于人们膳食需求的提高，谷物及其制品加工技术有很大的发展，谷物及其制品品质也有很大提高。谷物化学作为支撑谷物及其制品加工业的基础，近年来也逐步得到重视和发展。但是，一直以来，我国非常缺乏关于谷物化学方面系统性理论知识的书籍。《谷物化学》正是基于当前谷物加工业的发展及教学与科研的迫切需要而编写的。在编写过程中，我们根据多年来科研与实践经验的积累，结合近年来国内外谷物化学领域大量的科技成果与文献资料，注重基础理论知识，深入浅出，力求反映谷物化学领域的新知识、新理论、新成果，做到内容新颖、重点突出、特色鲜明。

　　本书以谷物化学组分为主线，较为系统地介绍了谷物化学组分组成、结构及功能特性，并以我国两大谷物——小麦和稻谷为例，以小麦和稻谷的品质为线索，论述谷物化学组分与品质之间的关系。全书共分为十章。第一章为绪论，主要介绍谷物的重要性、谷物化学的发展简史和谷物化学的研究方法；第二章从谷物的历史、分类、籽粒的物理特性及相关化学组成等方面，介绍小麦、稻谷和玉米等主要谷物，同时对其他谷物也进行了简要介绍；第三章介绍谷物中水的特性及其与谷物加工和储藏的关系；第四章介绍谷物中的碳水化合物，重点介绍谷物淀粉的类型、含量、特性和结构与功能的关系，典型谷物淀粉的特性及制备，以及淀粉分析方法等；第五章介绍谷物中的蛋白质，重点介绍小麦、大米、玉米、大麦、燕麦和高粱蛋白质的分类、结构与功能特性，蛋白质与谷物加工和储藏的关系，以及蛋白质与其他谷物主要组分之间的相互作用；第六章介绍谷物中的脂质，介绍脂质的分类与组成、脂质的加工，以及脂质与谷物加工和储藏的关系；第七章系统介绍谷物中的酶及其在谷物加工中的应用；第八章介绍谷物中的维生素、矿物质、色素、风味物质、生理活性物质；第九章介绍小麦品质，以及小麦化学组分与品质的关系；第十章介绍稻谷品质，以及稻谷化学组分与品质的关系。

　　本书由河南工业大学卞科、郑学玲任主编，具体编写分工为：卞科（第一章，第九章第一、二、三节）、郑学玲（第四章，第九章第四、五、六节）、刘翀（第三章、第五章）、韩小贤（第八章）、范会平（第十章）、关二旗（第二章）、马森（第六章）、李力（第七章）。全书由卞科教授统稿定稿。

　　本书编写过程中，参阅了诸多国内外专家和学者的优秀论著及公开发表的文献资料，借鉴并引用了部分有价值的资料及研究成果，对此表示诚挚的谢意。

　　限于编者的学识水平，书中难免有疏漏和不足之处，切望各位读者不吝赐教，以便进一步修改。

编　者

2016 年 11 月

目　　录

第一章　绪　　论

第一节　谷物的重要性

谷物（cereal），是为获得可食部分而栽培（耕作）的真草本植物种子，在植物学上叫做颖果（caryopsis），由皮层（果皮和种皮）、胚乳（外胚乳和内胚乳）和胚组成。一般而言，谷物包括小麦（wheat）、稻谷（rice）、玉米（maize/corn）、大麦（barley）、高粱（sorghum）、燕麦（oat）、黑麦（rye）、谷子（millet）和小黑麦（triticale）。藜麦（quinoa）、荞麦（buckwheat）、野稻谷（wild rice）、苋菜子（amaranth）等属于假谷类。

美国国际谷物化学家学会认为，禾谷类粮食（cereal grain）包括：小麦[斯佩尔特小麦（spelt）、二粒小麦（emmer）、麦米（farro）、单粒小麦（einkorn）、卡姆小麦（kamut）、杜伦小麦（durum）]、稻谷、谷子、玉米、福尼奥米（fonio）、燕麦、小黑麦、大麦、高粱、黑麦、画眉草（teff）、金丝雀种子（canary seed）、薏苡（job's tear）等。

联合国粮食及农业组织（FAO）关于谷物的概念指的是，收获的作物仅作为干籽粒，而收获后作为饲料、青贮饲料或草料的作物称作秣，另外，工业用粮食作物也不包括在内（如啤用高粱、甜高粱等）。FAO 的定义涵盖 17 个主要谷物，每个都有编码、植物学名称（或名称）和简短描述。

谷物是世界上最重要的农作物，其年产量超过 $25 \times 10^8 t$，而豆类和花生的年产量大约为 $25 \times 10^7 t$。尽管在世界范围内，种植的谷物种类有多种，但是小麦、稻谷和玉米的产量占到谷物总产量的 89%，属于大宗谷物。大麦、高粱、谷子、燕麦、黑麦占的比例则比较少，属于小宗谷物。

近年来，世界大宗谷物（小麦、玉米和大米）产量（表 1-1）、消费量均呈现增长态势。根据联合国粮食及农业组织（FAO）数据，2011 年度全球谷物作物产量为 $2353.7 \times 10^6 t$，2014 年度增加到 $2532.1 \times 10^6 t$。其中，小麦产量由 2011 年度的 $699 \times 10^6 t$，增加到 2014 年度的 $729 \times 10^6 t$。粗粮（主要是玉米）产量，由 2011 年度的 $1165.3 \times 10^6 t$，增加到 2014 年度的 $1311.6 \times 10^6 t$。大米产量，由 2011 年度的 $486 \times 10^6 t$，增加到 2014 年度的 $495.6 \times 10^6 t$。2011 年度全球谷物消费量为 $2325.6 \times 10^6 t$，2014 年度为 $2464.6 \times 10^6 t$。其中，小麦消费量，由 2011 年度的 $699.2 \times 10^6 t$，增加到 2014 年度的 $703.8 \times 10^6 t$。粗粮消费量，由 2011 年度的 $1156.6 \times 10^6 t$，增加到 2014 年度的 $1261.2 \times 10^6 t$。大米消费量，由 2011 年度的 $469.8 \times 10^6 t$，增加到 2014 年度的 $499.6 \times 10^6 t$。

表 1-1 全球谷物产量（$\times 10^6$t）

谷物＼年份	2014	2013	2012	2011	2010	1961
玉米	1037	1016	872	888	851	205
稻谷	741	745	720	725	703	285
小麦	729	713	671	699	650	222
大麦	144	144	133	133	124	72
高粱	69	61	57	58	60	41
谷子	28	30	30	27	33	26
燕麦	22.7	23	21	22	20	50
黑麦	15	16	15	13	12	12
小黑麦	17	14.5	14	13	14	35

资料来源：FAO，2014

粮食是人类赖以生存的基础，是人类最基本的生活资料。谷物是人类的主要能量、蛋白质、B 族维生素（其中，维生素 B_1、维生素 B_2 和烟酸含量较高，小米、玉米中含有胡萝卜素。谷类胚中含有较多量的维生素 E，这些维生素大部分集中在胚、糊粉层和谷皮里）与矿物质来源，谷物提供人类约 2/3 的能量和蛋白质。

与大豆相比较，谷物的蛋白质含量比较低，为 8%～15%（干基）。然而，谷物为人类和动物提供的蛋白质总量，相当于大豆所提供蛋白质的 3 倍以上。除了作为营养素的重要性以外，蛋白质还对谷物食品加工利用有重要影响，这一点在小麦加工成各种面制品中尤为重要，这也是谷物蛋白质研究一直备受关注的重要原因。

不同谷物所含的蛋白质类型不同。小麦的主要贮藏蛋白是醇溶朊蛋白和麦谷蛋白，大约占到 80%，大米白主要是米谷蛋白（80%），玉米主要是醇溶谷蛋白（50%～55%），大麦主要是大麦醇溶蛋白和谷蛋白（共计 70%～90%），而燕麦主要是清蛋白和球蛋白（共计 60%～90%）。赖氨酸是大多数谷物的限制性氨基酸。

谷物籽粒以淀粉的形式贮藏能量，不同谷物中淀粉的含量是不同的，一般可以占到总量的 60%～75%，因此，人们消耗的食品大都是淀粉，它是人体所需要热能的主要来源，同时淀粉也是食品工业的重要原料。

就化学组成而言，谷物含 12%～14%的水、65%～75%的碳水化合物、2%～6%的脂质、7%～15%的蛋白质。总体来讲，谷物蛋白质含量低、淀粉含量高。燕麦和玉米的脂质含量较高，燕麦的脂质含量至少为 10%，其中有 1/3 是极性脂（磷脂、半乳糖脂），玉米脂质含量在0.4%～17%（主要是三酰甘油）。

谷物的化学组成在籽粒中的分布是不均匀的，皮层的纤维素、戊聚糖和灰分含量较高（如小麦的糊粉层中矿物质的含量是胚乳的 25 倍，见表 1-2），脂质主要分布在糊粉层和胚部，胚乳中主要是淀粉，蛋白质含量比胚和麸皮低，并且脂质和灰分含量低。

表 1-2 小麦籽粒中主要组分的分布

不同部位	占全籽粒比例/%	组分/%		
		蛋白质	脂质	矿物质
全籽粒	100	12	2.0	2.0
胚乳	80	10	1.2	0.6
糊粉层	8	18	8.5	15.0
种皮	8.5	6	1.0	3.5

资料来源：FAO，1999

谷物食品是日常膳食的最主要部分。近年来，科学家对谷物食品的保健作用进行了大量的报道，特别是全谷物。大量的流行病学与群组研究表明，增加全谷物的消费与心脑血管疾病、Ⅱ型糖尿病及一些癌症等许多非传染性疾病的危险性降低有关；全谷物中的其他组分如维生素、矿物质与植物化学素等具有重要的保健作用。研究表明，多组分的协同作用比一系列单个营养素作用的累加可以产生更大的保健作用（表 1-3）。

表 1-3 谷物的主要成分

谷物组分	推荐的日摄食量（RDA）	谷物（100g）			
		玉米	大米	糙米	小麦
水/g	3 000	10	12	10	13
能量/kJ		1 528	1 528	1 549	1 369
蛋白质/g	50	9.4	7.1	7.9	12.6
脂质/g		4.74	0.66	2.92	1.54
碳水化合物/g	130	74	80	77	71
纤维/g	30	7.3	1.3	3.5	12.2
钙/mg	1 000	7	28	23	29
铁/mg	8	2.71	0.8	1.47	3.19
镁/mg	400	127	25	143	126
磷/mg	700	210	115	333	288
钾/mg	4 700	287	115	223	363
钠/mg	1 500	35	5	7	2
锌/mg	11	2.21	1.09	2.02	2.65
铜/mg	0.9	0.31	0.22		0.43
锰/mg	2.3	0.49	1.09	3.74	3.99

续表

谷物组分	推荐的日摄食量（RDA）	谷物（100g）			
		玉米	大米	糙米	小麦
硒/μg	55	15.5	15.1		70.7
维生素 C/mg	90	0	0	0	0
维生素 B$_1$/mg	1.2	0.39	0.07	0.40	0.30
维生素 B$_2$/mg	1.3	0.20	0.05	0.09	0.12
泛酸/mg	16	3.63	1.6	5.09	5.46
烟酸/mg	5	0.42	1.01	1.49	0.95
维生素 B$_6$/mg	1.3	0.62	0.16	0.51	0.3
总叶酸/μg	400	19	8	20	38
维生素 A/IU	5 000	214	0	0	9
维生素 E/mg	15	0.49	0.11	0.59	1.01
维生素 K$_1$/μg	120	0.3	0.1	1.9	1.9
β 胡萝卜素/μg	10 500	97	0		5
叶黄素/μg		1 355	0		220
饱和脂肪酸/g		0.67	0.18	0.58	0.26
单不饱和脂肪酸/g		1.25	0.21	1.05	0.2
多不饱和脂肪酸/g		2.16	0.18	1.04	0.63

　　谷物的生产是季节性的，而其消费则是常年的。因此，要满足常年消费，谷物必须经受一定时间的储存。谷物是活的有机体，在储藏过程中会因储藏条件的变化而发生一系列生理生化变化——代谢过程。良好的储藏条件，可以有效地抑制谷物代谢过程的进行，从而延缓谷物品质的劣变。

　　谷物收获以后，或者存放在农场（农户），或者储存在粮食仓库。尽管人类储藏谷物的历史非常悠久，但是即使在当今谷物储藏技术很发达的国家，谷物储藏过程中，不可避免地、或多或少地会发生劣变。当储藏条件较差的时候，谷物会生虫、发霉，甚至在水分条件合适的情况下，还可能发芽，从而产生严重损失。良好的储藏条件是减少谷物损失的必要条件，适宜的谷物的水分含量（储藏环境的相对湿度）、温度和储藏时间，对保证谷物的安全储藏是十分重要的。谷物储藏之前通常要进行干燥处理，过高的干燥温度可能会使蛋白质变性，从而影响后续产品的加工品质，但是，高温可以杀死谷物所携带的害虫。因此，干燥手段要科学、合理运用。储藏过程中也会发生一些营养物质的变化，如果谷物的水分含量较高，谷物本身和其所携带的微生物就会降解淀粉，从而导致谷物品质劣变。谷物中的不饱和脂肪酸在储藏过程中可能被氧化,使得谷物产生异味或酸败。正常条件下(没有害虫发生),小麦、玉米、高粱储藏过程中蛋白质和维生素的含量很少发生变化。稻谷储藏3~4个月以后可能会改善出米率,同时蒸煮过程中米粒的膨胀会更大一些。

谷物的消费,是通过不同的手段将其加工成具有可食性、嗜好性、营养性、储藏性、运输性、简便性和商品性的不同食品或动物食品——饲料,还有少部分谷物加工成其他工业产品。这些通常是通过物理、化学和生物学等技术得以实现的。

众所周知,谷物从收获到餐桌(或加工成为食品)要经历一系列环节,而每个环节都涉及谷物的化学特性(图1-1)。例如,小麦加工成面粉以后,为了提高面筋的含量,以前是通过添加溴酸钾来实现的,但是现在被禁止了,是因为溴酸钾可能具有致癌作用。现在许多商家通过添加维生素C来提高面筋含量。相反的,为了降低糕点粉的面筋含量,通常对面粉进行氯化处理,经过氯化处理的面粉吸水率会增加。面粉在和面过程、醒面过程、发酵过程都会发生一系列物理/化学变化,有些是有利的变化,有的则是不利的变化。

图 1-1 谷物从生产到消费的各个环节

第二节 谷物化学发展简史

从化学角度理解和改善面团的烘焙性能大概只有270年的历史,虽然这个历史与面包的烘烤、面条和馒头的制作相比很短。但从拉瓦锡(Antoine-Laurent de Lavoisier,1743~1794)时代到原子结构理论,谷物化学与其他化学领域几乎是平行发展的。

一、谷物化学的萌芽时期(1700~1900年)

1745年,Beccari在意大利波伦尼亚科学院的会议上发表了关于小麦粉的实验结果。小麦粉可以分成两部分,一部分与在植物材料中提取的物质相类似,另外一部分是在动物中可提取,在植物中不可提取的物质。他指出,在1728年曾经把这件事情向科学院通报过,但是从来没有发表。这种特殊的物质就是我们现在所说的面筋(gluten)。他把这个特殊物质的特性与动物来源的物质进行比较,并且将其行为与已知的植物来源物质作对照。在研究中他把这两种物质进行破坏性蒸馏,已知的植物来源物质经过蒸馏以后是酸性,而面筋经过蒸馏以后的产物与动物来源的物质一样,是碱性。当时也试图从豆子、大麦和其他种子中分离类似面筋的物质,但都告失败,小麦是唯一可以成功提取的。

1759年,Kessel-Meyer是第二个描述分离面筋的人,同时研究了不同溶剂对面筋的作用。

1773年,Rouelle声称在其他植物中也有类似小麦中的胶状物的物质。同年,Parmentier对小麦面筋进行了较为深入的研究,他发现小麦面筋不溶于无机酸,但是溶解于醋(乙酸),当用碳酸钠中和乙酸溶液时,会发生沉淀,而且沉淀物的外观没有变化。当蛋白溶液中的乙酸被蒸发掉以后,留下的是黄色的、不吸湿的角质状物。当面筋用葡萄酒(乙醇)萃取时,会有部分溶解。这部分黄色溶液加热蒸发后留下的透明物燃烧时,会产生一种动物体燃烧时特有的味道。然而Rouelle当时认为透明物是树脂。水煮面筋时,就会使其失去黏弹性。当面筋在低温干燥空气中,就会失去水分成为具有吸湿性的固体物。他由此得出结论:面筋在种子中是干燥状的，当其遇水时就会被水化。

1776 年，Parmentier 报道，当小麦发芽以后，再也分离不出面筋。

1805 年，Einhof 发现并报道了黑麦和大麦中存在类似面筋中的部分蛋白质的蛋白质。然而，他当时推测，小麦面筋中的蛋白质都是醇溶性的，认为这是除了清蛋白以外的其他植物蛋白的特有性质。他同时也研究了马铃薯、大麦、豌豆和扁豆的化学组成，豆类种子蛋白质不溶于水和乙醇。他认为，尽管这些蛋白质是与在谷物中发现的面筋蛋白截然不同的另外一类蛋白质，但是它们之间是相关联的。他的发现表明，植物中有两种不同类型的蛋白质，这为对这些物质的广泛认识奠定了基础。

1809 年，Gren 对当时的植物蛋白文献进行了述评，指出面筋含有碳、氢、氮、磷、钙。他进一步阐述植物清蛋白含碳、氢、氮、磷、硫和氧，很可能还含有磷酸钙。这是当时关于植物蛋白最全面的总结。在后面的 10 年里，关于种子蛋白质中的类似物质几乎没有新的进展。

1819 年，Taddei 把面筋分离成为两部分，一部分溶于醇，叫做醇溶蛋白（prolamin），另一部分不溶于醇，叫做谷蛋白（glutelin）。

1821 年，Gorham 在玉米中分离出能溶解在乙醇中的蛋白质，并命名为玉米醇溶蛋白（zein）。一年以后，Bizio 描述了他对玉米蛋白质的研究结果，并声称玉米醇溶蛋白是 Taddei 在小麦面筋中发现的醇溶蛋白和谷蛋白的混合物，这个混合物中还有脂肪。他当时认为这个混合物与小麦中的面筋相类似。

1836 年，Boussingault 发表了他对植物蛋白的初步分析，这是一个里程碑式的研究，后续的很多研究都是在其基础上开展的。

1841 年，Liebig 宣称，当时所了解的不同类型的植物蛋白与动物蛋白相同，以此把植物蛋白归为四大类，即植物清蛋白（vegetable albumin）、植物胶原蛋白（plant gelatin）、豆球朊（legumin）/酪蛋白（casein）和植物纤维蛋白（plant fibrin）。

然而，Dumas 和 Cahours 于 1842 年在其精心设计的研究中分析了大量的动物蛋白和植物蛋白的基本组成，取得了可喜进展，并为以后植物蛋白的研究做出了贡献。他们建立了测定氮的方法，这个方法可以分辨许多不同蛋白质的基本组成，这种差别在植物蛋白中尤其明显，并否定了 Liebig 于 1846 年所提出的动物蛋白和植物蛋白之间的对应关系。

1859 年，Denis 的研究表明，许多动物蛋白和植物蛋白都可以溶解在盐溶液中，这给化学家们呈现了一个完全不同的分离和纯化蛋白质的新方法。尽管 Denis 的发现是现代蛋白质研究（特别是种子蛋白质）的重要基础，但是他的研究在以后几年里并没有受到应有的重视。

1860 年，Ritthausen 对植物蛋白进行了认真研究，他的研究工作持续了多年，当时可以将蛋白质分离到相当高的纯度，他的工作在学界广泛流行，并得到了高度认可。

然而，1876 年，Weyl 用中性盐溶液提取种子蛋白质。研究表明，许多种子中含有中性盐可以提取的蛋白质，这些蛋白质的特性与动物蛋白相类似，按照这些蛋白质在饱和氯化钠溶液中是否溶解分成两类，即肌球蛋白（myosin）和卵黄磷蛋白（vittelin）。他关于种子蛋白的简介很快得到了部分生理学家和熟悉动物蛋白的学者的认可。他认为，Ritthausen 用弱碱制备的蛋白质改变了蛋白质的原有构成。一时间 Ritthausen 在学界的名声受到了重创。尽管 Ritthausen 当时也做了大量的工作，试图说明他所制备的蛋白质的大部分或全部都可以溶解在盐溶液中，并没有改变蛋白质原有的溶解特性，用中性盐溶液提取的蛋白质与他以前提取的蛋白质是相同的。然而，大多数生理学家并不认可他的说法。自从 Ritthausen 停止他的研究工作以后的近 20 年时间里，发表关于植物蛋白的论文基本上都是关于植物蛋白问题的争论，没有关于植物蛋白的深入研究。

1848 年，Salisbury 阐述了玉米植株不同部分的关系、各部分的比例，以及玉米各生长期不同部位的无机成分和有机成分、花药的有机成分分析、玉米籽粒发芽前后的有机成分分析。这可能是关于玉米籽粒化学成分组成最早的、较为系统的研究。

二、经典谷物化学时期（1900～1950 年）

最受关注的是 T. B. Osborne（1859～1929）的研究工作。1886～1928 年，40 多年的时间里，他研究了 32 种植物种子蛋白，其中包括小麦种子蛋白。Osborne 被认为是植物蛋白的奠基人，他建立了基于在不同溶剂中的溶解特性的植物蛋白分类系统，如清蛋白溶解在水中、球蛋白溶解在稀盐溶液中，等等。目前为止，他的蛋白质分类系统仍然被广泛采用。Osborne 的工作极大地推动了谷物蛋白领域的研究。

虽然，蛋白质（protein）这一名词的使用大概在 1838 年，意思是首要的物质（primary substance），但名词"面筋""醇溶蛋白""清蛋白"的出现更早一些。因此，谷物化学的历史更悠久。

Osborne 关于植物蛋白的研究为谷物化学的发展奠定了坚实的基础，是里程碑式的工作。他被认为是谷物蛋白质之父。在他的研究中将植物蛋白分为简单蛋白、结合蛋白和衍生蛋白三大类。

（1）简单蛋白（simple protein）：有清蛋白（albumin）、球蛋白（globulin）、谷蛋白、醇溶蛋白（prolamin 或 alcohol-soluble protein）、硬蛋白（albuminoid）、组蛋白（histone）、精蛋白（protamine）。

（2）结合蛋白（conjugated protein）：有磷蛋白（phospho protein）、血红蛋白（hemoglobin）、卵磷蛋白（lecithoprotein）。

（3）衍生蛋白（derivative protein）：①一级蛋白质衍生物包括易变蛋白（protean）、变性蛋白（metaprotein）、凝固蛋白（coagulated protein）。②二级蛋白质衍生物包括朊间质（proteose）、蛋白胨（peptone）、肽（peptide）。

Osborne 于 1907 年最早提出了关于谷类作物蛋白质分类的研究报告，将各蛋白质组分按其在不同溶剂中溶解度的不同分为 4 类：可被稀盐提取的是清蛋白和球蛋白；可被乙醇（70%）提取的是醇溶蛋白；不能被稀盐和乙醇提取而能溶于稀乙酸的是部分谷蛋白，这就是著名的"Osborne 蛋白质分类系统"。虽然这个蛋白质分类系统存在着一些缺陷，但是到今天为止，这个分类系统仍然被广泛采用。笔者有幸查到美国托里植物学会（Torrey Botanical Society）邀请哥伦比亚大学的 Ernest D. Clark 博士对 Osborne 关于植物蛋白研究工作的评论，全文如下：

Dr. Osborne has done a great service to chemists and to those interested in the chemistry of plants by the publication of this monograph up on the proteins of vegetable origin. This subject has been his life-work and surely there is no one, here or abroad, better qualified to write upon it. The proof of this is the fact that the book is largely an outline of his own work and conclusions. Dr. Osborne treats first of the general characteristics of these proteins, the manner of preparation, their general physical and chemical properties, their decomposition products, and their classification.

The last chapter is exceedingly interesting being a treatment of the physiological relations of the proteins of plants. In this place he introduces a discussion of the toxalbumins such as ricin, the exceedingly poisonous constituent of the castor-bean, and he also treats of the precipitin and agglutinin reactions of the proteins. At the end, the author has compiled a bibliography of more than six hundred titles, all dealing with the literature of the subject. This bibliography is sure to be indispensable to all future investigators in this field.

The botanist should be interested in this subject because any light that can be thrown on the composition and physiology of the proteins of plants, especially those from seeds, would help to clear up the important phenomena of germination and so forth. Furthermore, the isolation of sharply-defined and characteristic proteins from different plants and especially the fact that plants closely related botanically yield proteins that may be grouped together chemically, all go to show that morphological differences go hand in hand with deep-seated chemical differences, as up-position that ought to be studied much more closely than in the past. The newer immunity reactions of the blood-serum of animals ought to serve as a very delicate test for the relationship of plant constituents just as it has proved so useful in the study of normal and abnormal substances in the case of man and the animals.

To the chemist, Dr. Osborne's book should bring the results of an exact chemical study of the proteins, substances whose importance in both plants and animals can hardly be overestimated. The complexity and cell associations of those substances prevent their isolation in a pure state. Fortunately, however, the vegetable proteins can be prepared in a much greater state of purity than almost any of the proteins of animal origin. The result is that studies made upon proteins from plants are very likely to be productive of great advances in our knowledge of the structure and properties of proteins in general. The constancy of the composition and properties of certain of the plant proteins are so great as to lead one to think that definite chemical individuals are being studied. This is a reassuring thought to a chemist working upon proteins who, too often, is afloat in unknown waters with the usual beacon-lights of chemical identity gone, I mean such data as melting points, crystalline form, and so on. Finally, it seems that the publication of work such as that of Dr. Osborne on the border-land of botany and chemistry may bring together the two sister sciences which, too long, have trod paths that are some what parallel but still too widely separated.

Ernest D. Clark

Columbia University

[Reviewed Work: *The Vegetable Proteins* by Thomas B. Osborne. Review by: Ernest D. Clark. *Torreya*. Vol. 10, No. 11(1910), pp. 250-252]

这一时期，科学家认为，醇溶蛋白和谷蛋白分别为面筋中 70%乙醇可提取的蛋白和不能提取的蛋白。这两部分蛋白在化学组成方面最大的区别在于二者脯氨酸和谷氨酸含量的巨大差别以及酰胺化度的差别。然而，当时有一个不正确的认识，就是这些组分是纯的、均一的蛋白质。

关于 Osborne 谷物组分的研究主要集中在醇溶蛋白，这部分蛋白在小麦中叫做 gliadin，在玉米中叫做 zein，在稻谷中叫做 rizine，在黑麦中叫做 secalin，在大麦中叫做 hordein，在燕麦中叫做 avenin。不同谷物蛋白质差异比较大，清蛋白含量从在玉米中的 4%到黑麦中的

44%，球蛋白从在玉米中的 3%到燕麦中的 55%，醇溶蛋白从在稻谷中的 2%到玉米中的 55%，谷蛋白从在燕麦中的 23%到稻谷中的 78%（表 1-4）。

表 1-4　主要谷物中的 Osborne 蛋白比例

谷物	清蛋白/%	球蛋白/%	醇溶蛋白/%	谷蛋白/%
小麦	9～15	6～7	33～45	40～46
黑麦	10～44	10～19	21～42	25～40
大麦	12	8～12	25～52	52～55
燕麦	10～20	12～55	12～14	23～54
稻谷	5～11	10	2～7	77～78
高粱	4	9	48	37
玉米	4～8	3～4	47～55	38～45

资料来源：Eliasson and Larsson，1993；Alais and Linden，1991

1896 年，法国科学家 Fleurent 在他的报告中指出，面粉中的高含量醇溶蛋白在面团醒发过程中的持气性良好，但是在烘烤面包时持气性并不好，而面粉中的高含量谷蛋白在面团醒发和烘烤过程中持气性都比较差，仅当面粉中的谷蛋白与醇溶蛋白比例合适时才能烘烤出最好的面包。

1898 年，Hopkins 总结了之前玉米籽粒化学研究的发展历史，并对一些概念进行了澄清。较为系统地研究了食用玉米和饲用玉米的化学组成。

面粉的漂白研究开始于 20 世纪 90 年代。1898～1907 年，美国的 Snyder、Ladd、Willard 和 Avery，法国的 Ballan 和 Fleurent，德国的 Brahm 等采用臭氧、氧气、二氧化硫、过氧化氮、二氧化碳、溴、氯对面粉的漂白进行了研究报道。Always 在 1907 年组织 24 家面粉加工企业提供样品，研究了漂白作用对面粉品质的影响。

1908 年，犹他农学院（现犹他州立大学）总结了小麦的加工品质，主要包括千粒重、出粉率、小麦水分及其加工产品的水分、小麦及其加工产品的蛋白质含量、面粉的主要组成（包括蛋白质、湿面筋和干面筋、醇溶蛋白、谷蛋白、酸度等）。Harry Snyder 于 1904 年首次报道了新陈小麦制作面包的差别。

1911 年，堪萨斯州立农学院（现堪萨斯州立大学）较为全面地总结了小麦制粉试验和小麦粉面包制作试验，对发芽小麦和健康小麦的制粉特性与烘焙特性进行了比较，研究了蛋白质中醇溶蛋白含量与面粉烘焙品质间的关系，以及水分和热对小麦制粉及烘焙品质的影响。

1915 年，Blish 在他的博士论文中研究了小麦粉中的蛋白质与其烘焙性能的关系，其中综述了影响烘焙性能的因素。主要包括：醇溶蛋白与谷蛋白比例，粗面筋、面筋的物理状态和糖的含量，酶，pH，可溶性蛋白。

众多的研究结果表明，小麦醇溶蛋白与谷蛋白的比例是决定面筋特性的主要因素。这些观点是基于面筋复合物的强度主要取决于谷蛋白，而其延伸性取决于醇溶蛋白。大约在 20 世纪 60 年代，对在弱酸（乙酸或乳酸）中可以分散的蛋白组分进行了测定，结果表明，能在乳酸中分散的蛋白组分的量与面筋和面团的流变学特性呈负相关；在弱酸中不能分散的蛋白质含量增加对面团流变学特性有改善作用。

1916 年，Ladd 报道了小麦及小麦加工产品的各种物理和化学常数，其中的数据是 1907～

1914 年的 8 年时间里 660 多个实验的结果。例如，杂质含量、润麦前后水分含量、容重、面粉的水分含量、小麦的蛋白质含量、面粉（不同等级）的蛋白质含量、出粉率、粉色、次粉、麸皮、面粉吸水率、面包体积、面包颜色、面包质构等。

1916 年，Fraps 分析了稻谷加工中间产品，对其组成、食用和饲用价值等进行了讨论。

1920 年，Keenan 等首次对面粉的显微特性进行了报道，从文献综述、研究目的、显微方法、方法的误差来源等方面进行了分析。这可能是最早的面粉的显微分析。

1921 年，芝加哥大学的 Helen Ashhurst Chaote 的博士论文研究了小麦发芽过程中的化学变化。

1922 年，Rumsey 系统研究了淀粉酶活性与面团特性之间的关系。

1902 年，美国成立制粉联盟（Millers National Federation）。

1895 年，美国成立制粉工协会（Association of Operative Millers）。

1919 年，成立美国烘焙学院（American Institute of Baking）。

1924 年，成立美国烘焙工程师协会（American Society of Bakery Engineer）。

1915 年，美国谷物化学家协会成立，同年《美国谷物化学家协会杂志》（*The Journal of American Association of Cereal Chemists*）创刊，直到 1923 年；1924 年，美国制粉与烘焙技术学会加入美国谷物化学家协会，新组织第一期杂志——《谷物化学》（*Cereal Chemistry*）发行。

美国谷物化学家协会 1926 年设立奥斯本奖（Osborne Medal），是对于在谷物化学领域做出杰出贡献的谷物化学家的认可。Osborne 在 1928 年首个获得此项奖励。

1920 年，《大麦、燕麦、黑麦和小麦蛋白质的营养价值》（Osborne and Mendel，1920）、《现代谷物化学》（Kent-Jones，1924）和《面包制作工艺——包括化学以及小麦、面粉和其他用于面包和甜点制作的分析测试方法》（Jago and Willianm，1911）相继出版。

在这个阶段，谷物化学家一直在探讨小麦面粉烘焙品质的基础。主要采用两种办法：①测定小麦粉不同组分的含量。例如，测定不同面粉中面筋、谷蛋白、醇溶蛋白等的含量，寻找烘焙品质与各组分之间的关系。②面粉组分的分离与重组。通过改变某个给定面粉中被分离组分的量或者互换不同烘焙性能面粉的分离组分来评价其功能特性的变化。

通过以上结果确定每个组分的作用，并说明哪个组分起主要作用。这方面最早研究之一就是一个特定小麦类型面粉的面包体积与其蛋白质含量之间的关系（Aiken and Geddes，1934）。低蛋白含量面粉中添加不同量的干面筋，其面包体积和面团筋力与添加面筋的水平显著相关（Aiken and Geddes，1938，1939）。研究表明，不同小麦品种制备的面筋在标准面筋-淀粉测定系统中，面包体积与面筋来源相关，即不同小麦品种面筋特性也不同（Hiris and Sibbitt，1942）。其他分离重组系统研究表明，面筋蛋白是不同小麦品种固有的确定烘焙品质的组分（Finney，1943）。

早期的研究主要集中在醇溶蛋白与谷蛋白的比例上。众多的研究表明，醇溶蛋白与谷蛋白的比例对面筋特性有重要影响，其比例在 1∶1 时比较合适。后来，用弱酸（乳酸或乙酸）中可分散的蛋白质的比例来衡量，即弱酸中可分散蛋白质的量与面团和面筋的流变学特性呈负相关。弱酸中不可分散蛋白质比例升高对面团有改善作用，实践中的面筋膨胀试验（swelling test of gluten）和沉降值试验（sedimentation test of Zeleny）就是基于以上研究成果的。

三、现代谷物化学时期（1960 年至今）

现代谷物化学的标志是现代化学手段在谷物科学与技术中的运用。自 20 世纪 50 年代以来，蛋白质分子结构研究就受到物理学家、化学家、生物学家的高度重视，并取得了丰硕成果。随着新的实验技术的建立和发展，蛋白质三维结构解析的数量呈指数增长，目前已有上万种蛋白质的晶体结构测定达到了很高的分辨率，其中包括许多重要的蛋白质或蛋白复合物。同时，这些技术也促进了谷物蛋白分子结构研究的不断深入。

20 世纪 60 年代，凝胶电泳的发展和广泛应用及遗传学知识的积累，使得研究面筋组成与小麦粉烘焙价值之间的关系成为可能。

在现代谷物化学领域，谷物蛋白通常被分为储藏蛋白（storage protein）、结构和代谢蛋白（structural and metabolic protein）、保护性蛋白（protective protein）。

最早关于醇溶蛋白与谷蛋白的区分是通过溶解特性（醇溶蛋白在乙醇中溶解，而谷蛋白则不溶于其中），现在我们是通过两者的分子大小和功能特性加以区别。绝大多数醇溶蛋白是由单个肽链构成，分子内有二硫键，而谷蛋白中大部分二硫键是在肽链分子之间，从而形成巨大的分子，其分子质量可以达到数百万道尔顿。DNA 序列分析推断氨基酸序列，使得我们对蛋白质结构 C 端和 N 端及重复序列的知识的掌握进一步增加；用作醇溶蛋白和谷蛋白特性研究的酸性聚丙烯酰胺凝胶电泳（acid-polyacrylamide gel electrophoresis，A-PAGE）、十二烷基硫酸钠聚丙烯酰胺凝胶电泳和反相高效液相色谱是非常有用的；排阻高效液相色谱（SE-HPLC）在研究谷蛋白特性方面起到非常重要的作用，由于色谱柱不能把最大的谷蛋白分开，因此，有了蛋白质的场流分析技术（field flow fractionation）、多角度激光光散射与排阻高效液相色谱联用等技术的应用。

1）醇溶蛋白时代　　从 20 世纪 70 年代开始，关于面筋蛋白的研究聚焦在醇溶蛋白上，主要原因是醇溶蛋白相对简单而且采用电泳方法分离效果好。科学家研究发现，杜伦小麦面团特性与某些醇溶蛋白组分之间有很好的相关性；面包小麦、普通小麦面团的流变学特性与醇溶蛋白某些特定组分之间也有良好的相关性。这个时期标志性的研究成果就是 A-PAGE 方法的建立。对面包小麦品质的研究发现，小麦工艺品质与一些醇溶蛋白等位基因区域相关，醇溶蛋白受染色体 6 个位点基因的控制，即 1A、1B、1D、6A、6B 和 6D。后续的研究表明，由于与其他更直接影响功能特性的蛋白遗传连锁，醇溶蛋白对品质的作用降为二级作用。这项研究进一步激发了科学家对谷蛋白的研究。

1965~1971 年，Wu 和 Cluskey 首次较为系统地研究了面筋蛋白、谷蛋白和醇溶蛋白的结构，旋光色散数据表明，在三氟乙醇溶液中醇溶蛋白和谷蛋白分别有 38% 和 35% 的 α 螺旋结构，但是在 8mol/L 的尿素中几乎没有 α 螺旋结构。圆二色谱测定到谷蛋白和醇溶蛋白有 α 螺旋结构。近红外吸收光谱结果表明，醇溶蛋白中有 α 螺旋结构和规则结构。

2）谷蛋白时代　　进入 20 世纪 80 年代，谷物化学家对小麦谷蛋白进行了广泛而又深入的研究。这个时期标志性的研究成果，就是 Payne 和 Lawrence（1983）关于高分子质量麦谷蛋白亚基对面包品质的作用；Doekes 等（1982）、MacRitchie（1987）、Gupta 等（1992）关于麦谷蛋白与醇溶蛋白的比例对面包品质的作用；MacRitchie（1987）、Gupta 等（1993）关于蛋白质分子质量分布对面包品质的作用；总蛋白的含量（MacRitchie，1992）对面包品质的作用。以上 4 个方面的研究所用的样品系列中其他 3 个因素基本上没有控制。1999 年，

Uthayakumaran 等建立了一个可以保持其他几个因素恒定的系统，研究蛋白质含量和谷蛋白与醇溶蛋白的比例对面团功能特性的影响。

醇溶蛋白和谷蛋白对面团的贡献是众所周知的，醇溶蛋白的贡献是对面团的黏性起作用，而谷蛋白的贡献是对面团的弹性起作用，醇溶蛋白与谷蛋白独特的协同作用赋予面团功能特性。

大约在 20 世纪 90 年代，研究者们揭示了面筋蛋白的溶解性和分子质量分布是决定面筋品质的重要因素，不溶性、高分子质量蛋白质越多，面团的粉质形成时间越长、拉伸高度和面积越大、面团弱化度越小。

2006 年，美国谷物化学家协会统计了 1972～2003 年在"谷物化学"中具有代表性（引用率比较高的）的论文，可参见网址 http://aaccipublications.aaccnet.org/page/classics。

第三节　谷物化学研究方法

谷物的主要成分是碳水化合物、蛋白质和脂质。谷物化学研究的主要对象就是谷物加工和储藏过程中淀粉、蛋白质和脂质的作用（变化），以及主要组分之间的相互作用对谷物加工与储藏品质及最终产品性能的影响。以下简单介绍淀粉、蛋白质和脂质的研究方法。

一、淀粉研究方法

淀粉是谷物最重要的组成部分，占 60% 以上。淀粉的物理特性、变化及稳定性主要取决于天然（或经过加工）淀粉的晶体结构、非晶体结构的性质。许多物理方法被应用于淀粉结构和性质的研究。

1. 显微技术　　显微技术包括光学显微镜技术（一般可以观测淀粉粒表面距离较远的结构，$1\sim4\mu m$，如淀粉粒的"纹轮结构"）和电子显微镜（$0.1\sim1.0nm$，从大分子到大分子组装件）技术。

扫描电子显微技术（scanning electron microscope，SEM），是用扫描电子束照射到样品上产生的二次电子、反射电子、吸收电子及透射电子等作为信息并经电子线路放大，而后控制阴极射线管的辉度来显示成像。具有图像景深长、视野大、分辨率高、富有立体感和真实的特点。一般淀粉粒的直径为 $5\sim50\mu m$，因此，扫描电子显微镜适合用于研究淀粉颗粒经物理、化学处理后表面微观结构的变化情况。

原子力显微镜（atomic force microscope，AFM）原子力显微镜的基本原理是：将一个对微弱力极敏感的微悬臂一端固定，另一端有一微小的针尖，针尖与样品表面轻轻接触，由于针尖尖端原子与样品表面原子间存在极微弱的排斥力，通过在扫描时控制这种力的恒定，带有针尖的微悬臂将对应于针尖与样品表面原子间作用力的等位面，而在垂直于样品的表面方向起伏运动。原子力显微镜利用光学检测法或隧道电流检测法，通过测量探针与样品表面原子间的力场作为成像的原始信号，从而获得样品表面形貌的三维信息，可被用来观察淀粉溶液的淀粉颗粒表面的拓扑结构、分子链的分子结构和淀粉颗粒内部的纳米结构等。

透射电子显微镜（transmission electron microscope，TEM）是将电子束打到样品上，利用磁透镜对透射电子和部分散射电子进行放大成像。透射电镜可以观察到非常细小的结构，但通常不能直接观察高聚物材料，高聚物材料需制成超薄的切片样品，而且为了得到反差好、清晰的图像可将试样染色。透射电镜可以用来研究淀粉的形态结构、分子质量及其分布等。

2. X 射线衍射（0.3～10nm） X 射线衍射分为广角 X 射线衍射（0.3～2nm）和小角 X 射线衍射（5～10nm）。当高速电子冲击到阳极靶上时就产生 X 射线，它是一种电磁波，具有波-粒二象性。X 射线衍射的波长正好与物质结构中的原子、离子间的距离（一般为 1～10Å）相当，所以它能被晶体衍射。因此，X 射线衍射可以进行结晶物质的鉴定、结晶形状的判断与评价及面间距的精密测定等。由于淀粉颗粒某些部分具有微小结晶的多晶聚合物，X 射线衍射技术可用于判定淀粉的结晶类型和品种，以及淀粉在物理、化学处理过程中晶型变化特性等。

3. 核磁共振波谱法 核磁共振波谱法（nuclear magnetic resonance，NMR）是比 X 射线衍射更高层级的检测手段，它可以反映淀粉螺纹结构信息（可以区分晶体结构内部或外部的淀粉螺纹结构）。利用某些带有磁性的原子核在外加直流磁场作用下能吸收能量，产生原子核能级间的跃迁，通过纵向弛豫、横向弛豫及自旋回波和自由感应衰减等参数研究高分子结构和性质。在测定中 NMR 具有不破坏样品、制样方便、测定快速、精度高、重现性好等优点。目前，NMR 可用来分析淀粉的空间结构、玻璃化相变、糊化与回生特性、糊化与老化动力学及加工过程的变化。

4. 热分析技术 差示扫描量热法（differential scanning calorimetry，DSC）在研究淀粉结构、淀粉的物理状态变化、淀粉与模型体系中其他组分之间的相互作用方面得到广泛应用。DSC 可以测定在恒定温度变化条件下受试样品的热能流变化情况。可以测定淀粉的一阶（熔化、结晶）和二阶（玻璃化）转变。作为淀粉结构的探测仪器，DSC 对淀粉结构中分子的顺序（螺纹构象）非常敏感，不论是否在晶体阵列之中。

其他热分析技术包括热机械分析（thermal mechanical analysis，TMA）和动态热机械分析（dynamic mechanical thermal analysis，DMTA）。因为 DSC 在玻璃化转变温度检测较小热容量变化的时候不太灵敏，所以一般测定玻璃化转变温度时采用 TMA 测定热膨胀、DMTA 测定黏弹性的变化。

5. 黏度测定技术 布拉班德黏度仪（Brabender amylograph）：布拉班德黏度仪是一种旋转式黏度计，在以一定速度加热、保持温度、冷却过程中连续测定淀粉糊化的黏度变化，从而评价淀粉的糊化性质，能较为真实地反映淀粉糊化的实际情况。

快速黏度分析仪（rapid viscosity analyzer，RVA）：快速黏度分析仪是一种旋转式黏度测试仪，与布拉班德黏度仪的测试结果也有良好的可比性，并且具有操作简便、升温/冷却快速、可按需要对温度和转速进行准确调节与控制、试样的温度变化均匀一致、试样用量少、对操作环境条件的要求相当简单等特点，适用于进行各种与物料黏度变化和淀粉糊化特性有关的研究。

6. 凝胶排阻色谱分析技术（gel permeation chromatography，GPC） 凝胶排阻色谱法，又称尺寸排除色谱、空间排阻色谱或凝胶渗透色谱法，是利用多孔填料柱将溶液中的高分子按尺寸大小分离的一种色谱技术，其被广泛应用于大分子的分级，即用来分析大分子物质相对分子质量的分布。

二、蛋白质研究方法

1. 蛋白质的提取方法 对不同谷物来讲，其化学组成不同；同一谷物，不同组织的化学组成也不同。例如，胚乳、胚、糊粉层和皮层的化学组成差别很大。谷物籽粒中的其他组分对蛋白质的提取都有不同程度的干扰。谷物中的主要储藏组分是淀粉和复合碳水化合物，这些可能成为阻碍蛋白质提取的主要因素。

　　按照溶解特性,谷物蛋白可以分为四大类:清蛋白,在水中溶解;而球蛋白必须用 NaCl 溶液顺序提取;醇溶蛋白和谷蛋白是储藏蛋白,它们积累在细胞的小液泡(small vacuole)或蛋白体(protein body)中,醇溶蛋白是单体蛋白,可溶解在 70%的乙醇中;谷蛋白是多聚体蛋白,通常采用含有还原剂的乙酸来提取。

　　谷物蛋白的提取通常是,先将谷物籽粒粉碎,然后用适当的溶剂(提取液)提取,一般提取液与粉碎谷物籽粒的比例为 10mL/g,在 25℃左右的温度下搅拌提取 1h,然后根据需要重复上述步骤。具体步骤如下。

　　(1)先用水饱和的正丁醇除去脂质。

　　(2)0.5mol/L 的 NaCl 提取盐溶蛋白(清蛋白和球蛋白)和非蛋白组分(提取 2 次)。盐溶蛋白在 4℃的条件下,加入 1.0mol/L 的苯甲基磺酰氟(PMSF)可以减少蛋白质的水解。

　　(3)用蒸馏水除去残留的 NaCl。

　　(4)用含有 2%巯基乙醇(或 1%硫代苏糖醇)和 1%乙酸的 50%(*V*/*V*)正丙醇提取(3 次)醇溶蛋白。

　　(5)用含有 1%巯基乙醇和 1% SDS 的硼酸缓冲液(0.05mol/L,pH10.0)提取残余蛋白(谷蛋白)。

　　(6)上述提取中的各种蛋白液经离心(20min,离心力 10 000g)得到的上清液,按照如下程序处理:①步骤(2)和(3)得到的上清液合并,在 4℃条件下,在蒸馏水中透析 48h(需要更换几次水)后离心,除去沉淀,得到的上清液经冻干,回收清蛋白;②从步骤(4)得到的上清液合并,经过蒸馏水透析或加入 2 倍体积的 1.5mol/L 的 NaCl 在 4℃条件下静置过夜,沉淀即为醇溶蛋白;③步骤(5)得到的上清液合并后,在 4℃条件下,经蒸馏水透析,得到谷蛋白。

　　2. 电泳分析方法　　蛋白质变性条件下的电泳分析方法:这个方法主要是按照蛋白质的大小进行分级。主要包括:SDS-聚丙烯酰胺凝胶电泳[线性平板胶(linear slab gel)]、梯度凝胶电泳(gradient gel)、SDS-尿素凝胶电泳(SDS-urea gel)。电泳方法可以检测放射性标记的蛋白,测定蛋白质的分子质量,通过光密度扫描电泳谱带定量蛋白质,还可以将蛋白质电泳谱带洗脱下来并回收。

　　蛋白质非变性条件下的电泳分析方法:这种电泳方法对蛋白质进行分级是基于其分子大小和带电荷情况进行的。

　　等电聚焦凝胶电泳(isoelectric focusing gel electrophoresis)和双向电泳方法(two-dimensional gel electrophoresis):等电聚焦凝胶电泳是按照蛋白质所带的净电荷进行分级的;双向电泳是蛋白质经等电聚焦分级后,再在另外一个方向按照 SDS-PAGE 进行电泳分级。

　　免疫印迹(immunoblotting)又称蛋白质印迹(Western blotting),是根据抗原抗体的特异性结合检测复杂样品中的某种蛋白质的方法,由于免疫印迹具有 SDS-PAGE 的高分辨力及固相免疫测定的高特异性和敏感性,现已成为蛋白质分析的一种常规技术。免疫印迹常用于鉴定某种蛋白质,并能对蛋白质进行定性和半定量分析。

　　3. 蛋白质的纯化与结晶　　蛋白质纯化的方法也比较多,一般是根据蛋白质分子质量的大小、蛋白质在不同溶液中的溶解度、蛋白质带电荷的差异及蛋白质功能的专一性等来进行纯化,蛋白质最常用的纯化技术是色谱(层析)技术。

　　1)根据蛋白质溶解度不同的纯化方法

　　(1)盐析法:一般粗抽提物常用该法进行粗分。中性盐对蛋白质的溶解度有显著影响,一般在低盐浓度下随着盐浓度升高，蛋白质的溶解度增加，此称盐溶；当盐浓度继续升高时，蛋白质的溶解度不同程度下降并逐步析出，这种现象称盐析。将大量盐加到蛋白质溶液中，高浓度的盐离子（如硫酸铵的SO_4^{2-}和NH_4^+）有很强的水化力，可夺取蛋白质分子的水化层，使之"失水"，于是蛋白质胶粒凝结并沉淀析出。盐析时若溶液 pH 在蛋白质等电点则效果更好。由于各种蛋白质分子颗粒大小、亲水程度不同，故盐析所需的盐浓度也不一样，因此，调节混合蛋白质溶液中的中性盐浓度可使各种蛋白质分段沉淀。

（2）有机溶剂沉淀法：该法沉淀蛋白质分辨力高且溶剂易除去，但因其易使蛋白质变性，故操作条件较严格。

（3）聚乙二醇沉淀法：聚乙二醇等水溶液非离子型聚合物可使蛋白质发生沉淀，分子质量在 400～6000Da 的聚乙二醇沉淀效果最好。

（4）疏水层析：其为近年发展的新方法，常用在硫酸铵沉淀、离子交换和亲和层析之后，进行疏水层析的样品不需要透析、凝胶过滤等方式脱盐。

2）根据蛋白质分子大小不同的纯化方法

（1）凝胶层析：是利用凝胶的网状结构，根据分子的大小和形状进行分离的方法，因其上样量受柱床体积限制，常用在纯化路线最后一步。当然，根据样品蛋白质溶液的特征，也有把凝胶过滤放在提纯最初步骤中的。

（2）超滤法：以压差为驱动力的分离技术，可分离 300～1000kDa 的可溶性生物大分子物质。

（3）反相高效液相色谱被广泛应用于分子质量不大的蛋白质分离、纯化和鉴定上。

3）根据蛋白质带电性质不同的纯化方法

（1）离子交换：最适用于早期纯化阶段。一般情况下，粗胶粒的离子交换剂用在提纯的前面步骤中，高分辨率的离子交换剂则用在纯化的后面步骤中。

（2）电泳法：常用 SDS-聚丙烯酰胺凝胶电泳，毛细管电泳在纯化蛋白质方面也得到了很好的应用。

（3）等电点沉淀法：大部分蛋白质在其他 pH 下溶解，但在其等电点时均沉淀，该法可用作一般粗制品的纯化。

4）根据生物功能专一性的纯化方法 亲和层析法：为分离蛋白质的一种极为有效的方法，利用该法从粗提液中经过一次简单的处理便可得到所需的高浓度活性物质。另外，还有免疫印迹法。

4. 蛋白质结构分析

（1）质谱法：该法被认为是测定小分子分子质量最精确、最灵敏的方法。近年来，随着各项技术发展，质谱所能测定的分子质量范围大大提高。基质辅助的激光解吸电离飞行时间质谱成为测定生物大分子尤其是蛋白质、多肽分子质量和一级结构的有效工具。

（2）核磁共振法：多维核磁共振波谱技术成为确定蛋白质和核酸等生物分子溶液三维空间结构的唯一有效手段。近几年来异核核磁共振方法迅速发展，已可用于确定分子质量为 15～25kDa 的蛋白质分子溶液的空间结构。

（3）紫外-可见差光谱法：蛋白质在紫外区光吸收是由芳香族氨基酸侧链吸收光引起的，可见区的研究则限于蛋白质-蛋白质、酶-辅酶的相互作用等，有时还需引入生色团才能进行。

（4）激光拉曼光谱：该光谱是基于拉曼散射和瑞利散射的光谱，当前两个主要发展方向是傅里叶变换拉曼光谱和紫外-共振拉曼光谱。

（5）荧光光谱法：为研究蛋白质分子构象的一种有效方法，它能提供激光光谱、发射光谱及荧光强度、量子产率等物理参数，这些参数从各个角度反映了分子的成键和结构情况。

（6）红外光谱法：该法是近年发展起来的一种新型分析测试技术。在有机物分子中，组成化学键或官能团的原子处于不断振动的状态，其振动频率与红外光的振动频率相当。所以，用红外光照射有机物分子时，分子中的化学键或官能团可发生振动吸收，不同的化学键或官能团吸收频率不同，在红外光谱上将处于不同位置，从而可获得分子中含有何种化学键或官能团的信息。

（7）圆二色谱（CD）法：利用不对称分子对左、右圆偏振光吸收的不同进行结构分析。用远紫外 CD 数据能快速计算稀溶液中蛋白质二级结构、辨别三级结构的类型；近紫外 CD 光谱可灵敏地反映芳香氨基酸残基变化。

氨基酸分析是对肽键全部水解后的蛋白质样品进行的，它可给出混合物中各氨基酸的总量，用反相高效液相色谱（RP-HPLC）对氨基酸衍生物进行分离。序列分析用氨基酸分析并不能得到氨基酸序列信息，因此，用 Edman 反复降解法对氨基酸进行部分序列分析，再用 cDNA 的推导来完善该序列。

三、脂质的研究方法

1. 脂质的提取　　为了研究谷物中的脂质，首先需要将脂质从样品中分离出来。最常见的方法就是采用有机溶剂对脂质进行提取。脂质提取的方法很多，方法的选择取决于被分离脂质的特性（中性脂还是极性脂）。用极性溶剂提取，通常得到的主要提取物是碳水化合物和部分蛋白质，而不是脂质，在这种情况下就需要将非脂质成分除去。在脂质提取之前，经常用碱、酸或者酶对样品进行水解，以释放复合脂中的脂质。然而，当分析的目标就是脂质（而非复合脂）时，则不需要水解过程。

（1）索氏提取方法（the Soxhlet extraction）：索氏提取方法是一个经典的标准方法，其主要优点是样品和新鲜溶剂的连续接触，所以提取脂质不需要过滤。缺点是比较费时（一般需要 16~24h）。

（2）微波辅助提取法（microwave-assisted extraction）：利用微波能量作用于样品，同时对溶剂进行加热，从而使得提取效率明显提高。

（3）自动水解提取法（automated hydrolysis and extraction，AHE）：这是一个在密闭系统中，采用酸水解和溶剂提取相结合的商业化方法，分析的第二个步骤是自动索氏提取。这个方法的优点是：整个提取过程的自动化、有一定压力和提取温度的提升。因此，此法提取时间短、效率高。

2. 脂质的分析方法

（1）色谱方法（chromatographic method）：色谱分析方法主要包括薄层色谱（thin-layer chromatography，TLC）、高效薄层色谱（high performance thin-layer chromatography，HPTLC）、高效液相色谱（HPLC）、气相色谱（gas chromatography，GC）等。

（2）质谱（mass spectrometry，MS）：质谱是非常强大的脂质研究方法，它可以对脂质进行定量和定性分析。可以测定脂质的分子质量、经验性分子式，甚至脂质的结构。Murphy（1993）对脂质的质谱分析进行了详细的论述。

（3）核磁共振：核磁共振主要用于脂质结构分析，NMR测定脂质中脂肪酸碳链中的双键；

还可以用于复合脂的分子组成分析。核磁共振可与高效液相色谱和气相色谱联用分析脂质的分子组成。

（4）脂质品质分析相关方法：虽然现代分析手段用于脂质的研究非常普遍，但是一些经典的脂质研究分析方法也很重要。主要包括以下方法：①酸值（acid value，AV），测定的是油中游离脂肪酸的量，表示油的水解程度。②过氧化值（peroxide value，PV），表示油被氧化的状态，提供油中过氧化物（初级氧化产物）含量的信息，这些氧化产物不稳定，很容易分解成酮或者醛。③碘价（iodine value，IV），碘价表示的是脂质的不饱和程度，碘价越高，表示脂质的不饱和程度越高。

关于脂质的提取、分级与纯化可参考网址 http://www.cyberlipid.org/。

主要参考文献

Aitken TR, Geddes WF. 1934. The behavior of strong flours of widely varying protein content when subjected to normal and severe baking procedures. Cereal Chem,11:487-504.

Aitken TR, Geddes WF. 1938. The effect on flour strength of increasing the protein content by addition of dried gluten. Cereal Chem,15:181-196.

Aitken TR, Geddes WF. 1939. The relation between protein content and strength of gluten-enriched flours. Cereal Chem, 16:223-230.

Alais C, Linden G. 1991. Food Biochemistry. New York: Ellis Horwood Ltd.

Bailey CH. 1941. A translation of Beccari's lecture concerning grain(1728). Cereal Chem, 18: 555.

Cluskey JE, Wu YV. 1966. Optical rotatory dispersion of wheat gluten, gliadin, and glutenin in acetic acid and aluminum lactate systems. Cereal Chem, 43:116.

Cluskey JE, Wu YV. 1971. Optical rotatory dispersion, circular dichroism,and infrared studies of wheat gluten protein in varions solvents. Cereal Chem, 48 : 203.

Eliasson AC, Larsson K. 1993. Bread. *In*: Eliasson AC, Larsson K. Cereals in Breadmaking. New York: Marcel Dekker: 325-326.

Finney KF. 1943. Fractionating and reconstituting techniques as tools in wheat flour research. Cereal Chem, 20: 381-396.

Gupta RB, Khan K, MacRitchie F. 1993. Biochemical basis of flour properties in bread wheats. I. Effects of variation in the quantity and size distribution of polymeric protein. J Cereal Sci, 18: 23-41.

Karger PU, Doekes GJ, Wennekes LMJ. 1982. Effect of nitrogen fertilization on quantity and composition of wheat flour protein. Cereal Chem, 59:276-278.

MacRitchie F. 1987. Evaluation of contributions from wheat protein fractions to dough mixing and breadmaking. J Cereal Sci, 6:259-268.

MacRitchie F. 1992. Physicochemical properties of wheat proteins in relation to functionality. Adv Food Nutr Res, 36:1-87.

Osborne TB, Mendel LB. 1920. Nutritive value of proteins of the barley, oat, rye and wheat. The Journal of Biological Chemistry, 3:275-306.

Payne PI, Lawrence GJ. 1983. Catalogue of alleles for the complex gene loci, Glu-A1, Glu-B1, and Glu-D1 which code for highmolecular-weight subunits of glutenin in hexaploid wheat. Cereal Res Commun,11: 29-35.

Uthayakumaran S, Gras PW, Stoddard FL, et al. 1999. Effect of varying protein content and glutenin-to-gliadin ratio on the functional properties of wheat dough. Cereal Chem, 76(3): 389-394.

Wu YV, Cluskey JE, Sexson KR. 1967. Effect of ionic strength on the molecular weight and conformation of wheat gluten proteins in 3M urea solutions. Biochim Biophys Acta, 133: 83.

Wu YV, Cluskey JE. 1965. Optical rotatory dispersion studies on wheat gluten proteins: gluten, glutenin, and gliadin in urea and hydrochloric acid solutions. Archives of Biochemistry & Biophysics, 112(1): 32.

第二章 主要谷物

第一节 概　　述

一、谷物的基本含义

"谷，百谷之总名。从禾，谷声。百谷者，稻粱菽各二十；蔬果助谷各二十也。"按照《说文解字》的解释，谷物应为稻米、高粱、大豆等。

从史书典籍的记载来看，谷物的定义和内涵是在不断演变发展的。《诗经》《书经》中对谷物曾有"百谷"的表述，这里的"百"字并不是确数，而是泛指，用来表示谷物种类数量繁多。《论语》中清晰地用"五谷"表述古代所指的五种谷物。从"百谷"到"五谷"的演变发展，标志着人们对谷物已经有了比较清楚的分类概念。

关于"五谷"这一名词最初造词的含义，并没有留下记载。现在能够看到有关"五谷"的记载，最早见于春秋、战国时期的《论语·微子》："四体不勤，五谷不分"。但是对于"五谷"的解释，汉代及汉代以后主要分为两种观点：一种观点认为"五谷"应为黍、稷、麦、菽、稻，另一种观点则认为"五谷"应为黍、稷、麦、菽、麻。两种观点的区别在于，前者认为"五谷"中包含稻而不包含麻，后者认为"五谷"中包含麻而不包含稻。

也有观点将两种说法结合起来解释谷物的记载，例如，战国时期的《吕氏春秋》的"审时"篇中就曾谈论到栽种禾（稷）、黍、稻、麻、菽、麦等六种作物的情况；"十二纪"篇中说到的作物，同样是这六种。这说明稻、黍、稷、麦、菽、麻应该是当时的主要作物。因此，所谓"五谷"，应该是指这六种作物，或者这六种作物中的五种。

随着农业生产和社会经济、文化的持续发展，"五谷"的概念经历着不断的演变和发展。现在提到的"五谷"，实际已经远超出古代典籍记录的范畴。当前所谓的"五谷"是粮食作物的总称，泛指粮食作物。

传统谷物概念有狭义和广义之分。狭义的谷物是指禾谷类粮食，包括稻谷（*Oryza sativa* L.）、小麦（*Triticum aestivum* L.）、玉米（*Zea mays* L.）、大麦（*Hordeum vulgare* L.）、高粱[*Sorghum bicolor*（L.）Moench]、燕麦（*Avena sativa* L.）、黑麦（*Secale cereale* L.）、粟[*Setaria italica*（L.）Beauv. var. *germanica*（Mill.）Schrad]等。通常习惯上还包括蓼科作物中的荞麦（*Fagopyrum esculentum* Moench.）。广义的谷物（粮食）还包括豆类（legume）、块茎（tuber）等作物的果实。

二、谷物的营养成分

谷物中的营养成分主要包括蛋白质、碳水化合物、脂质、矿物质、维生素和水等，这些营养成分为人体维持正常的生命与健康、保证正常生长发育和从事各种劳动提供了所需要的营养素和能量。不同谷物中各营养成分的含量存在较大差异。表 2-1 列出了三种主要谷物中二十几种营养成分的含量。

表 2-1　三种主要谷物中二十几种营养成分对照表（每 100g 干物质中含量）

营养成分	硬质白小麦	软质白小麦	硬红冬小麦	硬红春小麦	软红冬小麦	杜伦麦	大米（棕色、长粒）	黄玉米	白玉米
水/g	9.57	10.42	13.10	12.76	12.17	10.94	10.37	10.37	10.37
蛋白质/g	11.31	10.69	12.61	15.40	10.35	13.68	7.94	9.42	9.42
脂类/g	1.71	1.99	1.54	1.92	1.56	2.47	2.92	4.74	4.74
碳水化合物/g	75.90	75.36	71.18	68.03	74.24	71.13	77.24	74.00	74.26
维生素									
维生素 B_1/mg	0.387	0.410	0.383	0.504	0.394	0.419	0.401	0.385	0.385
维生素 B_2/mg	0.108	0.107	0.115	0.110	0.096	0.121	0.093	0.201	0.201
烟酸/mg	4.381	4.766	5.464	5.710	4.800	6.738	5.091	3.627	3.627
泛酸/mg	0.954	0.850	0.954	0.935	0.850	0.935	1.493	0.424	0.424
叶酸/mg	38	41	38	43	41	43	20	19	
维生素 E/mg	1.01	1.01	1.01	1.01	1.01		1.20	0.49	
β-胡萝卜素/μg	5	5	5	5	0		0	97	
α-胡萝卜素/μg	0	0	0	0	0		0	63	
维生素 A/IU	9	9	9	9	0	0	0	214	0
矿物质									
钙/mg	32	34	29	25	27	34	23	7	7
铁/mg	4.56	5.40	3.19	3.60	3.21	3.52	1.47	2.71	2.71
镁/mg	93	90	126	124	126	144	143	127	127
磷/mg	355	402	288	332	493	508	333	210	210
钾/mg	432	435	363	340	397	431	223	287	287
钠/mg	2	2	2	2	2	2	7	35	35
锌/mg	3.33	3.50	2.65	2.78	2.63	4.16	2.02	2.21	2.21
铜/mg	0.363	0.400	0.434	0.410	0.450	0.553	0.277	0.314	0.314
锰/mg	3.821	3.400	3.985	4.055	4.391	3.3012	3.743	0.485	0.485

　　一般来说，谷物中蛋白质含量在 7.5%～18%，主要由谷蛋白、清蛋白、醇溶蛋白和球蛋白组成，绝大部分存在于谷物胚乳中。谷物中的蛋白质必需氨基酸组成不平衡，普遍的赖氨

酸含量较低，有些苏氨酸、色氨酸含量也不高。因此，可以采用赖氨酸强化和蛋白质互补的方法来提高谷物蛋白质的营养价值（如种植高赖氨酸含量的玉米）。

谷物中的碳水化合物主要为淀粉，一般含量在 60%以上，主要存在于谷物胚乳中。淀粉分为直链淀粉和支链淀粉，但糯米中的淀粉几乎全为支链淀粉。谷物中直链淀粉为20%～25%。

谷物中脂质含量较低，为 1%～4%。谷物中的脂质绝大部分分布在皮层和胚中，有很高的营养价值，如小麦胚油、玉米胚油和米糠油等，不仅含有丰富的人体必需的不饱和脂肪酸，而且含有丰富的维生素和其他生物活性物质。

谷物中的维生素，以 B 族维生素含量最为丰富，如维生素 B_1、维生素 B_2、烟酸、泛酸和吡哆醇等。黄色籽粒的谷物则含有一定量的类胡萝卜素。谷物中的维生素绝大部分存在于胚和皮层中，加工以后大多数被转移到副产品中去。因此，谷物过度加工会导致其中的维生素大量损失。

谷物中含有大量的矿物质（总计 30 多种），但各元素的含量因品种、气候、土壤、肥水等因素而不同。谷物中磷、钾、镁等元素的含量比较丰富，完全能够满足人体需要，但钙、铁的含量不足。谷物中的矿物质也主要分布在胚部和皮层中，谷物加工过程中，往往将胚和皮层去除，这就会使谷物加工制品中的矿物质含量明显降低。

谷物中的膳食纤维含有较多的非淀粉多糖，包括纤维素、半纤维素、戊聚糖等，主要分布在谷物籽粒的皮层。

第二节 小 麦

小麦是世界历史上最古老的谷物作物之一，一年生（春小麦）或越年生（冬小麦）。小麦主要起源于亚洲地区的西部（近东地区的新月形沃地），随后向西传播至欧洲和非洲，向东传播至印度、阿富汗、中国等。大约在 16 世纪前后，小麦被传播至美洲地区。直到 18 世纪，小麦才开始传入大洋洲。

小麦属于单子叶植物纲禾本科小麦属（*Triticum*）。目前，世界各地种植的小麦以普通小麦为主，其播种面积占世界小麦播种总面积的 90%以上。

一、小麦分类

普通小麦种类很多，各个国家的分类方法并不完全一致。一般来讲，根据小麦的播种日期、生育特性、籽粒皮层色泽、质地等差异，将其分为硬红冬小麦、软红冬小麦、硬红春小麦、软红春小麦及混合小麦 5 类。

参照国际上通行的普通小麦分类方法，中国将小麦划分为硬质/软质小麦、白皮/红皮小麦。目前，我国根据籽粒皮层色泽和质地不同，将商品小麦分为 5 类：硬质白小麦、软质白小麦、硬质红小麦、软质红小麦、混合小麦。

二、小麦的籽粒形态特征与结构

（一）小麦籽粒形态特征

小麦籽粒的形态如图 2-1 所示。小麦的穗轴韧而不脆，脱粒时颖果很容易与颖分离，因此收获所得的小麦籽粒是不带颖的裸粒（颖果）。小麦籽粒的顶端生长着绒毛（称麦毛），下端为麦胚，胚的长度为籽粒长度的 1/4～1/3。在有胚的一面称为麦粒的背面，与之相对的一面称为腹面。麦粒的背部隆起呈半圆形，腹面凹陷，有一沟槽称为腹沟。腹沟的两侧部分称为颊，两颊不对称。

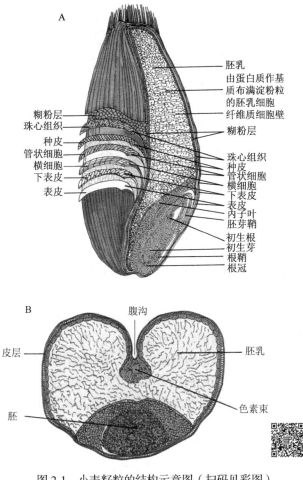

图 2-1　小麦籽粒的结构示意图（扫码见彩图）

A. 小麦籽粒纵切图；B. 小麦籽粒横切图

小麦籽粒的形态特征包括籽粒形状、粒色、整齐度、饱满度、透明度等。这些籽粒形态指标不仅直接影响小麦的商品价值，而且与其加工品质、营养品质关系密切。

（二）小麦籽粒的植物学结构

小麦籽粒在解剖学上主要分为三部分，即皮层、胚乳和胚（图 2-1B）。

1. 皮层　皮层（out layer）由果皮、种皮、珠心层、糊粉层等组成。制粉时，糊粉层随同珠心层、种皮和果皮一同被除去，统称麸皮。图 2-2 是小麦籽粒的果皮及邻近组织的扫描电子显微图。

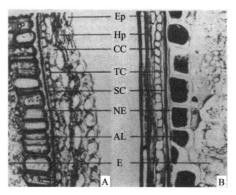

图 2-2　小麦籽粒的果皮及邻近组织的剖面图

A. 横切面；B. 纵切面

Ep. 外表皮；Hp. 下表皮；CC. 横细胞；TC. 管状细胞；SC. 种皮；NE. 珠心层；AL. 糊粉层；E. 淀粉胚乳

果皮占小麦籽粒重量的 5.0%～8.9%，由外果皮（表皮）、中果皮（下表皮）、中间细胞层和管状细胞层（内果皮）等几部分组成。成熟的麦粒果皮厚 40～50μm；约含蛋白质 6%、灰分 2.0%、纤维素 20%、脂肪 0.5%，其余主要为阿拉伯木聚糖等半纤维素。

外果皮（outer pericarp）：为果皮的最外层，由几排与麦粒长轴平行分布的长方形细胞组成，细胞壁（cell wall）很厚，有孔纹，外表面角质化，染有稻秆似的黄色。麦粒顶端的表皮细胞为等径多角形，其中有一些突出为麦毛。

中果皮（mesocarp）：由几层薄壁细胞组成，紧贴表皮的一层形状与表皮相似，另外 1～2 层细胞多少被压成不规则形。

内果皮（inner pericarp）：由一层横向排列整齐的长形厚壁细胞和一层纵向分散排列的管状薄壁细胞组成。麦粒发育初期细胞内含有叶绿素。

种皮（seed coat）：由两层斜长形细胞组成，极薄；外侧紧连管状细胞，内侧紧连珠心层。外层细胞无色透明，称为透明层；内层由色素细胞组成，为色素层。如果内层无色，则麦粒呈白色或淡黄色，为白麦；如果含有红色素或褐色素，则麦粒呈红色或褐色，为红麦。种皮厚度为 5～8μm。

珠心层（nucellar epidermis）：由一层不甚明显的细胞组成，其细胞的内外壁挤贴在一起形成一薄膜状，极薄，与种皮和糊粉层紧密结合不易分开，在 50℃以下不易透水。珠心层厚度约 7μm。

糊粉层（aleurone layer）：占小麦籽粒重量的 4.6%～8.9%，由一层较大的方形厚壁细胞组成，胞腔内充满深黄色的糊粉粒。细胞壁极韧，易吸收水分，放入水中瞬间即涨大。糊粉层厚度为 40～70μm，其中细胞壁厚 3～4μm。糊粉层完全包围整个麦粒，既覆盖着淀粉质胚乳，又覆盖着胚。糊粉层含有相当高的灰分、蛋白质、总磷、植酸盐磷、脂肪和烟酸，糊粉层中的维生素 B_1 和维生素 B_2 含量也高于皮层其他部分。

2. 胚乳　　　胚乳（endosperm）不包括糊粉层，由三层细胞组成：边缘细胞、棱柱形细胞和中心细胞。胚乳细胞，又称淀粉细胞，近乎横向排列，内含淀粉粒。细胞体较大、壁薄、横切面呈多面体，因含有淀粉而呈白色或略黄的玻璃色彩。胚乳细胞中充满着大小和形状各异的淀粉颗粒，小粒近似圆形、粒径 2～10μm，大粒为椭圆形、粒径 10～40μm。从糊粉层到胚乳中心，小粒淀粉的相对数量逐渐减少，而大粒淀粉的数量增加。胚乳细胞壁没有纤维素，主要由阿拉伯木聚糖、半纤维素和 β-葡聚糖组成。

胚乳基本上有两种不同的结构：如果胚乳细胞内的淀粉颗粒之间被蛋白质所充实，则胚乳结构紧密，颜色较深，断面呈透明状，称为角质胚乳；如淀粉颗粒及其与细胞壁之间具有空隙，甚至细胞与细胞之间也有空隙，则结构疏松、断面呈白色而不透明，称为粉质胚乳。

3. 胚   胚（embryo）由胚芽、胚根、胚轴及盾片组成。胚芽外有胚芽鞘和外胚叶保护，胚根外有胚根鞘保护，延伸于胚芽之上的盾片被认为是子叶，其下部有腹鳞。小麦为单子叶植物，因此只有一片子叶。胚轴侧面与盾片相连接，其上端连接胚芽，下端连接胚根。胚是雏形的植物体，含有较多的营养成分，在适宜的条件下能萌芽生长出新的植株，一旦胚受到损伤，籽实就不能发芽。

三、小麦籽粒的物理特性

（一）小麦的色泽、气味与表面状态

正常的小麦籽粒随品种不同而具有特有的颜色与光泽。硬质小麦的色泽呈琥珀黄色、深琥珀色和浅琥珀色；软质小麦除了红、白两个基本色泽外，红皮软质小麦的色泽还有深红色、褐红色、浅红色、黄红色和黄色等。在不良条件的影响下，小麦籽粒就会失去光泽，甚至改变颜色。

小麦籽粒色泽出现异常的原因主要有：①晚熟，晚熟的小麦其籽粒呈绿色；②病害，如受赤霉病菌的侵染，小麦籽粒颜色变浅，有时略带青色，严重时胚部和麦皮上有粉/褐红色斑点或黑色微粒；③储藏时间过久，色泽变得陈旧；④受潮会失去光泽，稍带白色；⑤霉变，小麦发生霉变，麦粒上会出现白色、黄色、绿色和红色斑点，严重的则完全改变其固有颜色，成为黄绿、黑绿色等。

正常的麦粒具有小麦特有的麦香味，如果气味不正常，说明小麦变质或吸附了其他有异味的气体。导致小麦气味不正常的主要原因有：①发热霉变，使小麦带有霉味；②小麦发芽，带有类似黄瓜的气味；③感染黑穗病，散发类似青鱼的气味；④包装和运输工具不干净，使小麦污染后，带有不良的气味。

正常小麦的表面有光泽，储藏时间过长、发热霉变或受潮的小麦，表面会失去光泽而出现各种色泽的斑点，使表面的光滑度变差。麦粒的表面状态，对于小麦的容重起决定作用。粗糙的、表面有皱纹和褶痕的麦粒，其容重比表面光滑的麦粒小。

小麦受微生物侵染后，籽粒的色泽也会发生变化，如受赤霉病菌侵染的小麦籽粒比正常麦粒颜色浅淡，有时略带青色，表皮皱缩干瘪，腹沟内常有毛状物，较严重的胚部和表皮常有粉红色斑点或粉红色霉状物，有的胚部或表皮上还有黑色小微粒。赤霉病麦粒营养低劣，含有毒素，故小麦中混有病麦时，应先行去除，再加工食用。

（二）小麦的粒形、粒度与均匀度

1. 粒形与粒度（kernel shape and size）   小麦籽粒为颖果（caryopsis），不带颖壳（glumes）。小麦籽粒粒形是指其外观形状。小麦籽粒粒形多为长圆形和椭圆形。小麦籽粒大小的尺度则称为粒度。小麦籽粒粒度用长、宽、厚三个尺度表示。所谓长度通常是指从籽粒基部到顶端的距离，腹背之间的距离为粒厚，两侧之间的距离为粒宽，一般都是粒长>粒宽>

粒厚。表 2-2 为中国小麦的粒度范围。

表 2-2　小麦的粒度范围

项目	外形		
	长度/mm	宽度/mm	厚度/mm
尺寸范围	4.5～8.0	2.2～4.0	2.1～3.7
平均	6.2	3.2	2.9

　　小麦粒度是选择和配备筛选设备筛孔的重要依据，与加工工艺参数和工艺效果都有密切的关系。大粒麦比小粒麦的表面积大，小麦皮层占籽粒质量的比例亦相应减少。在相同加工工艺条件下，大粒小麦的出粉率就比较高。加工实验证明，圆形和卵圆形籽粒的表面积小、容重高、出粉率高。另外，圆形籽粒还有利于剥皮制粉。

　　2. 均匀度　　小麦籽粒均匀度（homogeneous degree，又称整齐度）是指麦粒粒形和大小的均一程度。麦粒的均匀度高，对小麦的清理除杂、研磨都有利，也有利于提高出粉率。籽粒均匀度较差的小麦，应在加工工艺中采取分级加工等措施。麦粒群体中颗粒度不均匀的原因，主要与麦粒在穗、小穗和麦秆上的生长位置有关，在同一穗上，中部的麦粒就大于上、下两端的麦粒。

（三）小麦的密度、容重与千粒重

　　1. 密度　　密度（density）是指小麦籽粒单位体积的质量。不同类型的小麦其密度不同。即便是同一品种的小麦，其密度也不完全相同，根据品种和生长情况会有一定的变化。

　　密度的大小还与籽粒的化学成分有关。由表 2-3 可见，小麦籽粒中各种化学成分的密度是有差别的，其中矿物质的密度最大，其次是淀粉，而脂肪的密度最小。小麦籽粒的胚乳中绝大部分是淀粉，故密度大；而胚中富含蛋白质和脂肪，故密度小。

表 2-3　小麦籽粒中各种化学成分的密度　　　　　　　　　（单位：g/cm³）

成分	淀粉	蛋白质	纤维素	水	脂肪	矿物质
密度	1.48～1.61	1.24～1.31	1.25～1.40	1.00	0.92～0.93	2.50

　　密度的大小，取决于籽粒的粒度、饱满度、成熟度和胚乳结构。因为胚乳占有全籽粒的绝大部分，而胚乳中绝大部分为淀粉，因此，胚乳所占比例是影响籽粒密度的主要因素。一般而言，凡是发育正常、充分成熟、粒大而饱满的籽粒，具有较多的胚乳，其密度必然较大，而发育不良、成熟不足、粒小而不饱满的籽粒，皮壳相对含量较多，其密度就较小。如上述条件相同，密度则取决于胚乳的结构。胚乳角质率大的籽粒，结构紧密，密度较大；胚乳粉质率大的籽粒，结构疏松，密度较小。

　　2. 容重　　容重（test weight）是指单位容积中谷物的重量，以 g/L 或 kg/m³ 为单位。容重的大小取决于小麦的密度和麦堆的孔隙度。一般籽粒长宽比越大，籽粒越细长，则孔隙度越大，容重就越小。

　　小麦籽粒表面较光滑，密度较大，粮堆的孔隙较小，所以小麦的容重较稻谷要大，一般为 680～820g/L。软麦的容重偏低。容重大的小麦一般出粉率较高，因此容重是评定小麦等级的重要指标，为世界各国普遍采用。

根据容重可以进行粮堆质量与体积的换算，这对于粮食运输工作中计算装载量和仓储及工厂设计工作中计算仓容量等都有现实意义。

3. 千粒重　　千粒重（thousand kernel weight）是指 1000 粒小麦籽粒所具有的质量，以 g 为单位。由于小麦的含水量很不稳定，千粒重经常受外界条件影响而改变。为了排除水分对小麦千粒重的影响，可根据小麦的含水量换算成以干物质为基础的千粒重，称为"干物千粒重"或"绝对千粒重"。通常所讲的千粒重，是指自然状态下风干籽粒的千粒重。

小麦品种和生长条件的不同，对千粒重有很大影响。千粒重的大小取决于小麦样品的粒度、饱满度、成熟度和胚乳的结构。一般粒大、饱满、成熟而结构紧密的样品，千粒重较大，反之则小。

中国小麦的千粒重一般为 17～47g。随着小麦品种和成熟条件的差异，千粒重的差别比较大。千粒重是度量小麦粒度和籽粒饱满程度的直接指标。在相同水分的条件下，千粒重越大，表明小麦籽粒粒度大、饱满、充实、含粉多。

综上所述，千粒重、密度和容重都与籽粒的粒形、大小和饱满度呈正相关，也即与胚乳所占的质量比例呈正相关。但是，它们之间又各有特点，表现在这三者之间并不总是呈线性关系。这是因为，它们的影响因素不完全相同，粒形和表面性状对容重的影响较大，而对千粒重和密度的影响则较小。因此，在粒形和表面性状不同的情况下，千粒重、密度和容重则会表现出它们的不一致性。

（四）小麦的散落性与自动分级

1. 散落性　　麦堆可以看作是由许多分散的质点（即散粒）组成的，通常将这些分散的质点称为散粒体。由散粒体组成的小麦自然下落主平面时，有向四面流散并形成一圆锥体的性质，称为小麦的散落性（dispersion）。常用静止角或自流角来表示。

当小麦在不受任何限制和外力作用时，自然下落到水平面上，达到相当数量和高度之后，都会自动形成一个圆锥体。圆锥体的母线和底平面线所构成的角度 α 称静止角。它可用度数或 $\mathrm{tg}\alpha$ 表示。

各种小麦由于形状、结构的差异，麦粒间的摩擦力大小也不相同，因而所形成的圆锥体也各不相同。摩擦力大的麦粒所形成的圆锥体较高，其静止角较大，散落性较差；反之，摩擦力小的麦粒所形成的圆锥体较低，其静止角较小，散落性较强。小麦静止角一般为 23°～38°。小麦散落性的大小与静止角的大小成反比。

当小麦沿着某一斜面开始滑动时，该斜面与水平面所形成的夹角称小麦的外摩擦角，即小麦的自流角。如果这一斜面是小麦本身表面，此时，小麦的摩擦角称内摩擦角，其最大的内摩擦角等于小麦的静止角。

散落性的大小与小麦的形状、大小、表面性状、所含水分、杂质的特性及含杂量等有关。小麦越接近球形、表面越光滑、水分越低，其散落性越强、静止角越小。小麦中的杂质对其散落性有一定影响，一般都是降低小麦的散落性。

散落性是散粒体重要特性之一。小麦的装卸和输送工作都要利用它的散落性。此外，麦堆对仓壁的静压力、仓库的实际容量以及自溜管的安装角度等，都需要根据小麦的静止角或自流角进行计算，所以散落性对加工工艺有极大的影响。散落性差的小麦，其流动性差，除了需要较大角度的自溜管和筛面斜度外，同时还影响产量的提高，使仓库不易装满，并容易造成机器和输送管道堵塞等事故。

2. 自动分级 自动分级（automatic grading）不是单一麦粒所具有的特性，而是粮粒群体（粮堆）的性质。在移动或振动过程中，粮粒和杂质混合的散粒群体出现的分级现象称为自动分级。

由于粮粒群体中各组分在粒形、粒度、表面状态、密度等物理特性上的差异，因此在运动过程中，各自所受摩擦力、气流浮力等的影响也不同，在这些因素的综合作用下，粮堆各组分按其物理性质重新排列，形成粮堆的自动分级。产生自动分级后，粮堆的上层为密度小、颗粒大、表面粗糙的物料，下层为密度大、颗粒小、表面光滑的物料。在小麦加工中为了使小麦处于均匀状态，常采取一定的措施防止粮堆的自动分级。但在小麦加工中有时也要利用粮堆的自动分级。

（五）小麦的吸附性与导热性

1. 吸附性 小麦是一种多细胞的有机胶体，其内部分布着多孔性的毛细管。这些大大小小的毛细管纵横贯通，其内壁具有吸附各种气体和水蒸气的能力，这种内壁称有效表面。小麦有效表面面积的总和大致超过小麦本身外部表面面积的 20 倍。除了小麦本身具有多孔毛细管的结构外，组成小麦表面和毛细管内壁的胶质体分子，如蛋白质、淀粉、纤维素和半纤维素等，都具有一部分自由分子吸引力，能吸附外来的气体分子。因此，小麦具有吸附气体及水蒸气的能力，这种能力称为小麦的吸附性（adsorptivity）。吸附能力的大小称为吸附能量。在单位时间内所能吸附的气体或水蒸气数量称为吸附速度。

小麦吸附气体的过程可分为吸着、吸收、毛细管凝结和化学吸附。一种物质的气体或水蒸气分子由外部扩散到麦堆的内部，充满在小麦的间隙中，其中一部分气体或水蒸气的分子就被吸附在小麦的表面上，这称为吸着。另一部分气体或水蒸气的分子通过籽粒内部的毛细管向细胞间隙中扩散，被毛细管的内壁所吸收，这称为吸收。当气体或水蒸气超过饱和度时，就在毛细管中凝结成为液体而转变为液体扩散，这称为毛细管凝结。最后，有一部分气体分子渗透到细胞内部而与胶体微粒密结在一起，甚至和籽粒内部的有机物质起化学反应，而形成一种可逆的"新相"，这就是所谓的化学吸附。这一系列现象概括起来总称为小麦的吸附过程。

但当外界环境中该物质的气体或水蒸气很稀薄或完全不存在，而麦粒内部吸附的气体浓度很高时，则产生一系列与上述方向相反的扩散作用。即被麦粒吸附的气体或液体分子可能部分或全部地从谷粒内部逐渐向外部移动，最后散发到大气中去，这种现象称为解吸。

在一定温度、一定气体浓度或一定空气相对湿度条件下，经过相当长的时间，小麦吸附和解吸过程达到相等的速度，此时这两种过程即达到平衡状态。

按照被吸附气体的种类可以把小麦的吸附分为两类：吸附和解吸水蒸气的，称为小麦的吸湿性；吸附和解吸水蒸气以外的各种气体或蒸气的称为小麦的各种气体或蒸气的吸附。

小麦吸附能量和吸附速度的大小主要取决于以下因素。

（1）周围环境中气体的浓度。环境中气体浓度越大，小麦和气体的相对压力也越大，小麦吸附能力就增强。反之，则减弱。在梅雨季节，空气相对湿度大，小麦吸湿性增强，而使其含水量增加，将使麦粒的散落性减弱，脆性降低，韧性增加。因此，在梅雨季节，小麦及其在制品的清理、筛理分级要困难一些。这就是小麦加工工艺效果经常随气候变化而改变的缘故。

（2）周围环境中气体的活性。气体性质越活泼，小麦的吸附性就越强。如氧气充足，能增强小麦的呼吸强度，加速籽粒中的各种物质的氧化与分解，而引起小麦内部物质的损失，甚至酸败变苦。小麦吸附了煤油、汽油和某些熏蒸药剂、农药等物质后，不易解吸，将使小麦带有种种异味，影响其商品品质，甚至不能食用。

（3）周围环境的温度和小麦本身的温度差。气温高而小麦温度低时，小麦的吸附能力就强，空气中的水蒸气很容易被小麦吸附。

（4）麦粒的化学成分。麦粒中亲水胶体的含量越多，则其吸附性越强；反之，脂肪含量越多，则其吸附性越弱。所以，小麦的吸附性较油料类种子为强，胚的吸附性较其他部位为弱。

（5）麦粒的构造和细胞结构。凡外表粗糙和组织疏松的麦粒，吸附有效面积大，其吸附能力较强；外表光滑和组织坚实的麦粒，其吸附能力较弱。小粒比大粒吸附能力强。硬质粒的蛋白质含量一般比粉质粒高，但硬质粒的胚乳结构要细密得多，硬质粒的吸附能力反而较弱。

由此可见，小麦的吸附性在储藏和加工过程中都具有非常重要的意义。

2. 导热性 物体传递热量的性能称导热性（thermal conductivity）。麦堆中热量的传递主要是通过麦粒间直接接触传导和麦堆中空气的对流两种方式进行的，且以对流为主。

小麦是热的不良导体，小麦的导热性可用导热系数来表示。小麦的导热系数是指 1h 通过 $1m^3$ 正方形体积的小麦，使其上下表面温度相差 1℃时所传递的热量。导热系数表明小麦导热能力的大小。导热系数越大，在单位时间内，通过单位面积的热量越多。

由于空气流过麦堆内孔隙时的阻力较大，对流缓慢，加之空气和小麦的导热系数都不高，因此麦堆也是热的不良导体。麦堆的导热性能与麦堆的形式、大小、密闭情况、孔隙度、含水量等因素有关，其中尤以含水量影响较大。因为水的导热系数比小麦大得多，所以高水分小麦的导热性能比低水分小麦强得多。

由于麦堆具有不良导热性，其温度变化是很缓慢的。这在储藏和加工中可以起着两种不同的作用。当粮温较低时，它不易受外界高温的影响，可以保持较低的粮温，这是有利的一面；在储藏和加工中，如因麦堆发热使粮温升高时，其温度又不易下降，而保持较长时间的高温，这是不利的一面。

（六）小麦硬度

小麦硬度（wheat hardness）被定义为小麦籽粒抵抗外力作用下发生变形和破碎的能力。小麦籽粒质地的软、硬是评价小麦加工品质和食用品质的一项重要指标，并与小麦育种和贸易价格等多方面密切相关。硬度是国内外小麦市场分类和定价的重要依据之一，也是品种选育的重要品质性状目标之一。

小麦籽粒硬度的大小取决于籽粒胚乳细胞中蛋白质基质和淀粉之间的结合强度，这种结合强度受遗传所控制。在硬麦中，蛋白质与淀粉结合紧密，细胞内含物之间结合牢固，研磨时，破损首先发生在细胞壁，而不是通过细胞内含物。在继续研磨时，破损处穿过某些淀粉粒，而不是在淀粉与蛋白质的分界面。软质小麦的胚乳细胞内含物淀粉和蛋白质在外表上与硬麦是相似的，但是，软质小麦的淀粉粒表面黏附有较多的分子质量为 15kDa 的蛋白质，而硬质小麦的淀粉粒表面该蛋白质含量少或没有。淀粉粒蛋白的存在，在物理上削弱了蛋白质与淀粉之间的结合强度。由于蛋白质与淀粉之间的结合不牢固，容易破裂，因此，籽粒用较小的力即可粉碎，产生破损淀粉粒也很少。遗传分析表明，该蛋白质由 2 个多肽 puroindoline a（Pina）和 puroindoline b（Pinb）组成，主要受一对主效基因和一些修饰基因控制。Pina 蛋白缺失或 Pinb 蛋白基因突变均可使小麦胚乳质地变硬。

小麦硬度与小麦加工工艺和最终产品品质密切相关。小麦的制粉品质与籽粒硬度密切相关，硬度是表征小麦研磨品质的主要指标。小麦硬度的变化可使小麦制粉流程中各系统在制品数量和质量、各设备工作效率、面粉出率和面粉质量、加工动力消耗等方面产生很大变化。硬质麦胚乳中淀粉粒与蛋白质基质密结，其胚乳粒（渣）在心磨系统中较难被研细而达到粒度要求，因而研磨耗能较多，但其胚乳易与麸皮分离，出粉率高，小麦麸星少、色泽好、灰分低。而且硬质麦压碎时大多沿着胚乳细胞壁的方向破裂而不是通过细胞内含物，可形成颗粒较大、形状较规整的粗粉，流动性好，便于筛理。软质麦则相反，小麦粉颗粒小而不规则，表面粗糙，粒度分布小且有较多的小粒存在，软麦粉及其制粉中间物料较为蓬松，密实度小，流动性差，容易造成粉路堵塞，筛理效率也较差，综合表现为加工软麦时总出粉率下降，产量降低，总动力消耗增加，操作管理难度增大。

目前，小麦籽粒硬度的测定方法主要有角质率法、压力法、研磨法、碾皮法、近红外法。其中，研磨法主要有研磨时间法、研磨细度法、研磨功耗法 3 种方法。

第三节 稻 谷

稻谷在植物学上属禾本科稻属普通栽培稻亚属中的普通稻亚种，一年生。原生稻最初的起源地理位置尚无定论，通常认为稻谷的演化发生在三个独立的区域：印度、印度尼西亚和中国。根据中国著名农学家丁颖先生的说法，稻谷的传播途径主要分为"南下北上"两条路线：①南下路线是从喜马拉雅山麓栽培稻起源地向南传，主要途径马来半岛、加里曼丹岛、菲律宾群岛等地；②北上路线主要途径长江流域、淮河流域和黄河流域，最后到达日本。

稻谷的生产遍布世界各地，全球六大洲多个国家均有稻谷生产。FAO 统计数据显示，2014 年世界稻谷总收获面积达 16 272 万 hm²，平均单产 4556.9 kg/hm²，总产量达 74 150 万 t。

一、稻 谷 分 类

普通栽培稻谷可分为籼稻谷和粳稻谷两个亚种。籼稻谷粒形细长，长度是宽度的 3 倍以上，扁平，绒毛短而稀，一般无芒，稻壳较薄，腹白较大，硬质粒较少，米质胀性较大而黏性较弱。粳稻谷则粒形短切，长度是宽度的 1.4~2.9 倍，绒毛长而密，芒较长，稻壳较厚，腹白小或没有，硬质粒多，米质胀性较小而黏性较强。

无论是粳稻谷还是籼稻谷，根据稻谷淀粉性质的不同，可将其分为糯稻谷与非糯稻谷两类。糯稻谷淀粉几乎全部为支链淀粉，米质胀性小而黏性大；其中，粳糯稻谷的米质黏性最大。非糯稻谷的淀粉中含有 10%~30% 的直链淀粉，米质黏性小而胀性大；其中，粳稻谷的黏性较籼稻谷的黏性大。此外，糯稻谷和非糯稻谷的色泽存在明显区别：糯稻谷胚乳呈蜡白色不透明，米质疏松；非糯稻谷胚乳呈半透明状，米质硬而脆。

根据生长期长短的不同，还可以将稻谷分为早稻、中稻和晚稻三类。早稻的生长期 90~

125 天，中稻的生长期为 125～150 天，晚稻的生长期为 150～180 天。由于生长期长短和气候条件的不同，同一类型的稻谷的品质也表现出一些差别：早稻谷一般腹白较大，硬质粒较少，米质疏松，品质较差，而晚稻谷则反之，品质较好。

此外，根据栽种地区地理位置、土壤水分等的不同，又可将稻谷分为水稻和陆稻（旱稻）。水稻种植于水田中，需水量多，产量高，品质较好；陆稻则种植于旱地，耐旱性强，成熟早，产量低，谷壳及糠层较厚，米粒组织疏松，硬度低，出米率低，大米的色泽和口味也较差。

中国是世界稻谷的起源地之一，也是世界上最大的稻谷生产国，稻谷是中国最主要的粮食谷物作物之一。稻谷在中国的种植历史悠久，品种繁多，分布极广。据不完全统计，目前中国种植的稻谷品种达 6 万个以上。因此，稻谷分类方法也比较复杂：①按照栽种的地理位置、土壤水分不同，将其划分为水稻和陆稻（旱稻）；②按照稻谷粒形和粒质的不同分为籼稻、粳稻和糯稻；③按照稻谷生长期的长短不同分为早稻、中稻和晚稻；④按照稻谷淀粉性质的不同分为非糯稻与糯稻。

目前，根据中国国家标准 GB1350—2009《稻谷》的规定，按照稻谷的生产期、粒形和籽粒质地的不同，将商品稻谷分为 5 类：早籼稻谷、晚籼稻谷、粳稻谷、籼糯稻谷和粳糯稻谷。

（1）早籼稻谷：生长期较短、收获期较早的籼稻谷，一般米粒腹白较大，角质粒较少。

（2）晚籼稻谷：生长期较长、收获期较晚的籼稻谷，一般米粒腹白较小或无腹白，角质粒较多。

（3）粳稻谷：粳型非糯性稻的果实，糙米一般呈长椭圆形，米质黏性较大胀性较小。

（4）籼糯稻谷：籼型糯性稻的果实，糙米一般呈长椭圆形或细长形，米粒呈乳白色，不透明或半透明状，黏性大。

（5）粳糯稻谷：粳型糯性稻的果实，糙米一般呈椭圆形，米粒呈乳白色，不透明或半透明状，黏性大（表 2-4）。

表 2-4 籼稻谷、粳稻谷、糯稻谷的形态与性质

性质	籼稻谷	粳稻谷	糯稻谷
稻谷形状	细长	短圆	籼糯同籼稻，粳糯同粳稻
稻上绒毛	稀而短	浓密	籼糯同籼稻，粳糯同粳稻
稻芒	大多无芒	大多有芒	籼糯同籼稻，粳糯同粳稻
出糙率	较低	较高	籼糯同籼稻，粳糯同粳稻
腹白（米）	大	小	没有
透明度（米）	半透明	透明或半透明	不透明或半透明
胀性（米）	大	中	小
黏性（米）	小	小	大
硬度（米）	中	大	小
色泽（米）	灰白无光	蜡白有光泽	乳白
沟纹（米）	稍明显	明显	不透明

二、稻谷的籽粒形态特征与结构

稻谷（paddy/rice grain）籽粒由颖壳和颖果两部分组成。稻壳由内颖壳（内稃）和外颖（外稃）组成，内外颖的两缘相互钩合包裹着糙米，构成完全密封的谷壳（图 2-3）。经过加工脱去稻壳后显现出颖果，即是糙米。

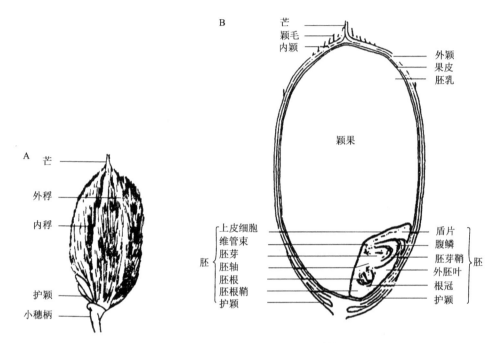

图 2-3　稻谷的籽粒形态特征（A）与结构（B）

颖壳约占稻谷总质量的 20%，它含有约 30%的纤维素、约 20%的木质素、约 20%的灰分（主要为二氧化硅，占灰分总量的 94%～96%）和约 20%的戊聚糖；蛋白质、脂肪和维生素的含量很少，蛋白质含量约为 3%。糙米粒长 5～8mm，粒质量约 25mg，由颖果皮、胚和胚乳三部分组成。其中，果皮和种皮约占 2%，珠心层和糊粉层占 5%～6%，胚芽占 2.5%～3.5%，内胚乳占 88%～93%。稻谷加工过程中，果皮、种皮和糊粉层一起被剥除，故这三层常合称为米糠层。

（一）颖壳

稻谷的颖壳（glumes）由内颖、外颖、护颖和颖尖（颖尖伸长为芒）4 部分组成。外颖比内颖略长而大；内外颖沿边缘卷起呈钩状，互相钩合包住颖果，起保护作用。砻谷机脱下来的颖壳称为稻壳或大糠、砻糠。

颖壳的表面生有针状或钩状绒毛，绒毛的疏密和长短因品种而异，有的品种颖壳表面光滑而无毛。一般籼稻谷的绒毛稀而短，散生于颖面上。粳稻谷的绒毛多，密集于棱上，且从基部到顶部逐渐增多，顶部的绒毛也比基部的长。因此，粳稻谷的表面一般比籼稻谷粗糙。颖壳的厚度为 25～30μm。粳稻谷颖壳的质量占谷粒质量的 18%左右。籼稻谷颖壳的质量占谷粒质量的 20%左右。颖壳的厚薄和质量与稻谷的类型、品种、栽培及生长条件、成熟及饱满程度等因素有关。一般成熟、饱满谷粒的颖壳薄而轻。粳稻谷的颖壳比籼稻谷的薄，而且结构疏松，易脱除。早稻的颖壳比晚稻的颖壳薄而轻。未成熟谷粒的颖壳富于弹性和韧性，不易脱除。内外颖壳基部的外侧各生有护颖一枚，托住稻谷籽粒，起保护内外颖的作用。护颖长度为外颖的 1/5～1/4。

内外颖都具有纵向脉纹，外颖有 5 条，内颖有 3 条。外颖的尖端生有芒，内颖一般不生芒。一般粳稻谷有芒者居多数，而籼稻谷大多无芒，即使有芒，也多是短芒。有芒稻谷容重小，流动性差，而且米饭膨胀性较小，黏性较大。

（二）颖果

稻谷经过加工处理后脱去内外颖后即是颖果（caryopsis），又称糙米。内颖所包裹的一侧（没有胚的一侧）称为颖果的背部，外颖所包裹的一侧（有胚的一侧）称为腹部，胚位于下腹部。糙米米粒表面共有 5 条纵向沟纹，背面的一条称背沟，两侧各有的两条沟纹称米沟。糙米沟纹处的皮层在碾米时很难全部除去。对于同一品种的稻谷来说，沟纹处留皮越多，加工精度越低，所以大米加工精度常以粒面和背沟的留皮程度来表示。有的糙米在腹部或米粒中心部位表现出不透明的白斑，这就是垩白（包括腹白和心白）。垩白是稻谷生长过程中因气候、雨量、肥料等条件的不适宜而造成的。

一般颖壳与糙米之间的结合很松，尤其是当稻谷的水分较低时，几乎没有结合力。另外，稻谷内外颖结合线顶端的结合力比较薄弱，同时，在稻谷的两端及颖壳和颖果之间皆有一定的间隙，这都成为受力而破裂的薄弱点，也是有利于脱壳的内在条件。颖果由果皮、种皮、珠心层、糊粉层、胚乳、胚等几部分组成。

1. 果皮 果皮（pericarp）是由子房壁老化干缩而成的一层薄层，厚度约为 10μm。果皮又可分为外果皮、中果皮和内果皮（叶绿层管状细胞）。籽粒未成熟时，由于叶绿层中尚有叶绿素，米粒呈绿色；籽粒成熟后叶绿素消化、黄化或淡化呈玻璃色。果皮中含有较多的纤维素，由粗糙的矩形细胞组成。果皮占整个稻谷粒重的 1%～2%。

2. 种皮 种皮（seed coat）在果皮的内侧，由较小的细胞组成，细胞构造不明显，厚度极薄，只有 2μm 左右。有些稻谷的种皮内常含色素，使糙米呈现不同的颜色。

3. 珠心层 珠心层（nucellar epidermis）位于种皮和糊粉层之间的折光带，极薄，为 1～2μm，无明显的细胞结构，与种皮很难区分开来。

4. 糊粉层 糊粉层（aleurone layer），又称为外胚层，是稻谷胚乳的最外层，包裹着整个籽粒，有 1～5 层细胞，与胚乳和胚的大部分细胞结合紧密，但是从盾片的腹鳞到盾片和胚芽鞘的联结点这一区域内，糊粉层细胞与胚并不相连。稻谷中糊粉层的厚薄及位置与稻谷品种及生长环境等因素有关。糊粉层厚度为 20～40μm，而且糙米中背部糊粉层比腹部厚，其质量占糙米的 4%～6%。在稻谷中有两种类型的糊粉层细胞：一种是围绕着胚的糊粉层细胞；另一种是围绕着淀粉质胚乳的糊粉层细胞。淀粉质胚乳周围的糊粉层细胞呈立方体，内部充满细胞质。糊粉粒和脂肪体是立方体糊粉细胞的两种主要储藏结构。糊粉粒四周有膜，并含有球状体。脂肪体没有膜，是均质的，而且在籽粒受机械损伤后，脂肪体可以相互融合。稻谷的另一种糊粉层细胞分布在胚周围，与小麦的结构一样，称为变性糊粉层。变性糊粉层细胞与其他糊粉层细胞的主要不同点是：变性糊粉层细胞含细胞质较少，呈矩形，脂肪体既少又小，糊粉粒也小，但有大量泡囊和丝状体囊。

5. 胚乳 胚乳（endosperm）细胞为薄皮细胞，是富含复合淀粉粒的淀粉体。其最外两层细胞（为次糊粉层）富含蛋白质和脂质，所含淀粉体和淀粉粒的颗粒比内部胚乳的小。淀粉粒为多面体形状，而蛋白质多以球形分布在胚乳中。胚乳占颖果质量的 90%左右。胚乳主要由淀粉细胞构成，淀粉细胞的间隙填充着蛋白质。填充蛋白质越多，胚乳结构则越紧密而坚硬，这使得米粒呈半透明状，截面光滑平整，因此称这种结构为角质胚乳。若填充蛋白质较少，胚乳结构则疏松，米粒不透明，断面粗糙呈粉状，称这种结构为粉质胚乳。

6. 胚 胚（embryo）位于颖果的下腹部，呈椭圆形，由胚芽、胚茎、胚根和盾片组成，富含脂肪、蛋白质及维生素等。盾片与胚乳相连接，在种子发芽时分泌酶，分解胚乳中的物质供给胚以养分。由于胚中含有大量易氧化酸败的脂肪，因此带胚的米粒不易储藏。胚与胚乳联结不紧密，在碾制过程中，胚容易脱落。

糙米在碾白过程中，米粒的果皮、种皮、外胚乳和糊粉层等被剥离而成为米糠，果皮和种皮合称为外糠层，外胚乳和糊粉层合称为内糠层。糙米出糠率的大小取决于米糠层的厚度和糠层的表面积。碾米时，除糠层被碾去外，大部分的胚也被碾下来。加工高精度的白米时，胚几乎全部脱落，进到米糠中。

通常稻谷胚乳是硬质且半透明的，但是也有不透明的栽培品系。某些稻谷品种有不透明的区域（称为腹白），这是由胚乳中的空气间隙所引起的。薄壁胚乳细胞紧紧地挤在一起，且具有多角形的复粒淀粉（一粒大的淀粉粒由许多小的淀粉粒所组成）和蛋白质。靠近糊粉层的胚乳细胞中的蛋白质比靠近胚乳中心细胞中的蛋白质含量高。多角形的复粒淀粉可能是在籽粒发育期内由淀粉粒受压复合而成。在禾谷类作物中，稻谷和燕麦是仅有的两种具有复合淀粉粒结构的谷物。单个的稻谷淀粉颗粒是很小的，其直径仅为 2~4μm。糊粉层由排列整齐的近乎方形的厚壁细胞组成。糊粉层细胞比较大，胞腔中充满着微小的粒状物质，称作糊粉粒，其中含有蛋白质、脂肪、维生素和有机磷酸盐。淀粉细胞由横向排列的长形薄壁细胞组成，其细胞比糊粉层细胞更大，而且越进入组织内部，细胞越大。淀粉细胞纵向长度几乎相等，只是横向有伸长。淀粉细胞胞腔中充满着一定形状的淀粉粒，且越是深入胚乳组织内部的细胞，其中的淀粉粒越大。淀粉粒的间隙中充满着一种类蛋白质的物质，如果此类物质多，淀粉粒挤得紧密，则胚乳组织透明而坚实，即为角质胚乳；如果此类物质少，淀粉粒之间有空隙，则胚乳组织松散而呈粉状，即为粉质胚乳。米粒的腹白和心白就是胚乳的粉质部分。

三、稻谷的物理性质

稻谷的物理特性主要指稻谷在加工过程中反映出来的多种物理属性，如稻谷的色泽、气味、粒形、粒度、均匀度、相对密度、千粒重、谷壳率、出糙率、散落性、静止角和自动分级等，这些都与稻谷加工有着密切的关系。因此，全面了解稻米的物理特性是非常重要的。

（一）稻谷的气味与色泽

新收获的稻谷具有特有的香味，无不良气味。如气味不正常，说明谷粒变质或吸附了其他有异味的气体。如果稻谷在流通过程中吸附了异味或发热霉变，便常带有霉味、酸味甚至苦味。陈稻谷的气味远比新稻谷差。

稻谷的表面状态是指稻谷的色泽和表面粗糙程度等，稻谷颜色多为土黄色，糙米颜色多为蜡白色或灰白色，无论是稻谷还是糙米均富光泽。一般陈稻谷的色泽较为暗淡。

由于病虫害的侵蚀、储藏与处理不当等原因，常引起稻谷固有颜色的改变，不仅使稻谷失去原有的正常光泽，色泽变得灰暗，而且米质也会变差。

（二）稻谷的粒形、粒度与均匀度

1. 粒形及粒度（kernel shape and size）　　稻谷粒形，因其类型、品种和生长条件的不同而有很大差异。稻谷的粒形常用长度、宽度和厚度来表示。谷粒基部到顶端的距离为粒长，腹背之间的距离为粒宽，两侧之间的距离为粒厚。粒度常用粒长、粒宽、粒厚的变化范围或平均值表示。

稻谷粒长与粒宽的比例分为长宽比大于 3 的细长粒形、长宽比小于 3 而大于 2 的长粒形、长宽比小于 2 的短粒形。中国稻谷籽粒大小如表 2-5 所示。

表 2-5　中国稻谷籽粒大小

类型	长/mm	宽/mm	厚/mm	长宽比
籼稻谷	8.0	3.2	2.1	2.50
粳稻谷	8.1	3.2	2.0	2.53
糯稻谷	7.4	3.4	2.3	2.18

2. 均匀度　　均匀度（homogeneous degree）是指籽粒的粒形和粒度等一致的程度。稻谷的粒度可用粒度分布曲线表示，均匀度则可根据粒度曲线进行判断。粒度分布曲线中粒数最多而又相邻的两组谷粒的百分数之和在 80% 以上的为高度整齐，在 70%～80% 的为中等整齐，低于 70% 的为不整齐。

稻谷的粒度不仅与稻谷的类型、品种等有关，而且与生长环境及种植技术等有关。另外，由于在收获及流通过程中，没有严格按类型、品种及品质进行分装分储，造成稻谷品种混杂、籽粒大小不匀。在稻谷加工过程中，粒度相差悬殊势必造成清理困难，砻谷和碾米操作难以掌握，导致大米精度不匀，出米率降低。因此，对于品种混杂而且粒度相差悬殊的稻谷，最好先把大粒稻谷与小粒稻谷分开，然后再分别加工，这就是所谓的"稻谷分级加工"。

（三）稻谷的相对密度、容重与千粒重

1. 相对密度　　相对密度（relative density）是指稻谷的密度与 4℃时水的密度之比。稻谷相对密度主要取决于稻谷各种化学成分的含量及其籽粒结构的紧密程度。一般情况下，成熟、粒大而饱满的稻谷相对密度较未熟、粒小而不饱满的稻谷要大。因此，相对密度可作为评定稻谷加工品质的一项重要指标，稻谷相对密度为 1.18～1.22。

2. 容重　　单位容积内稻谷的质量称为容重（test weight），单位为 g/L 或 kg/m³，容重是评定稻谷品质的重要指标。稻谷容重与稻谷品种、类型、成熟程度、水分及含杂质量等有关。一般籽粒饱满、均匀度高、表面光滑无芒、粒形短圆及相对密度大的稻谷，容重较大；反之，则较小。而容重大的稻谷一般品质较好。稻谷及其产品的容重如表 2-6 所示。

表 2-6　稻谷及其加工产品的容重

样品	容重/（g/L）	样品	容重/（g/L）
无芒粳稻谷	560	粳米	800
有芒粳稻谷	512	糯米	780
长芒粳稻谷	456	大碎米	675
籼稻谷	584	小碎米	365
粳糙米	770	米糠	247
籼糙米	748	稻壳	120

3. 千粒重　　千粒重（thousand kernel weight）是指 1000 粒稻谷的质量，以 g 为单位。稻谷千粒重的大小除受水分的影响以外，还取决于谷粒的大小、饱满程度及籽粒结构等。一般来说，籽粒饱满、结构紧密、粒大而整齐的稻谷，胚乳所占比例较大，稻壳、皮层及胚所占的比例较小，其千粒重较大；反之，其千粒重较小。

稻谷千粒重的变化范围为 15～43g，平均为 25g。一般来讲，粳稻的千粒重比籼稻略大。千粒重在 28g 以上的为大粒，26～28g 的为中粒，26g 以下的为小粒。

（四）力学特性及其主要影响因素

稻谷籽粒主要由颖壳、皮层、胚和胚乳 4 部分组成，由于四者的组织结构不同，它们受外力作用时所表现的力学性质也各不相同。

（1）颖壳。主要由粗纤维和二氧化硅组成，质地坚硬，能承受一定的机械作用力，对米粒能起保护作用。研究表明，以内外颖拉开时最低强度为内外颖的破坏强度，一般在 250g 以内。

（2）胚。细胞壁很薄，细胞内主要是具有胶体性质的原生质，它使细胞具有一定的韧性，可以被压扁而不易碎裂。

（3）皮层。细胞壁较厚，主要由纤维素、半纤维素和木质素等组成，其中还填充着一些矿物质，细胞内容物很少，常成空胞。当谷粒成熟时，由于胚乳的充实长大，使皮层细胞被压成薄层。由于它处于籽粒的外层，易于吸收水分，便具有一定的韧性；干燥时，则脆性增加。采用着水碾米，其作用之一，就是使米粒表面皮层吸水后，变得柔软且韧性提高，不易被碾碎或压成片状被碾除。

（4）胚乳。细胞壁薄，因其中充满着具有一定晶体结构的淀粉粒，淀粉粒之间填充有或多或少的储藏性蛋白质，作为黏结材料把淀粉粒粘牢，使胚乳具有不同程度的脆性。稻米籽粒力学特性的差异是由胚乳中淀粉粒和蛋白质基质结合的紧密程度所决定的，胚乳结构紧密、胚乳蛋白质基质较多、淀粉粒和蛋白质结合较牢固的品种，力学特性好，加工中不易产生碎米；相反，胚乳结构疏松、胚乳蛋白质基质较少、淀粉粒和蛋白质结合较松散的品种，力学特性差，加工中易产生碎米。由于胚乳占整个糙米籽粒的 90% 左右，它的结构力学性质对加工工艺的影响最大。

四、糙　米

1. 糙米的定义　　糙米（brown rice）是稻谷经过加工处理，脱去外保护皮层稻壳后的颖果，内保护皮层（果皮、种皮、珠心层）完好的籽粒。与普通精制白米（又称大米或白米）相比，糙米中含有丰富的维生素、矿物质及膳食纤维。

2. 糙米的营养价值　　糙米的皮层和胚中富含脂肪（约19%）、维生素、膳食纤维等营养成分。因此，糙米的营养价值要高于大米。糙米中的油脂不含胆固醇，且比大部分的植物油具有更高的稳定性，又富含维生素E，以及含有可以防止人体老化与调和自律神经的米糠醇。膳食纤维则有助于促进排便，排除体内毒素，同时，还有降低胆固醇、减肥等诸多益处。

五、大　米

1. 大米的定义　　大米（white rice）是稻谷经清理除杂、砻谷、碾米、抛光及成品加工处理等工序后制成的一次加工产品。大米初级加工产品再进行抛光、刷米、去糠、去碎等工序处理，最终得到不同等级的大米加工制品。

2. 大米的化学组成与营养价值　　大米的营养价值较高，除富含淀粉外，还含有蛋白质、脂肪、维生素、矿物质和膳食纤维等。

淀粉是大米的主要成分，存在于胚乳中，是人体热量的主要来源。大米淀粉由支链淀粉和直链淀粉构成。大米中直链淀粉及支链淀粉的含量因品种、气候等不同而不同，糯大米支链淀粉含量比较高。

大米中的蛋白质含量一般为8%～10%，较小麦（10%～15%）、玉米（7%～13%）、大麦（7%～17%）等谷物略低。大米蛋白质的必需氨基酸组成与世界卫生组织（WHO）认定的蛋白质氨基酸最佳配比模式基本相符，仅赖氨酸（第一限制性氨基酸）、苏氨酸（第二限制性氨基酸）含量不足，但大米中的赖氨酸和苏氨酸含量较其他谷物高。大米的生物价（BV）、蛋白质效用比例（PER值）也比小麦、玉米、大麦高。

稻谷的脂类、维生素、矿物质和纤维素等营养成分大部分存在于胚和糊粉层中。稻谷经过砻谷、碾米、抛光及成品加工处理制成大米，上述营养成分绝大部分都被去除，因此，大米中脂类、维生素、矿物质和纤维素的含量均比较低。

六、蒸　谷　米

蒸谷米（preboiled rice），又称速熟米，俗称"半熟米"，是以稻谷为原料，经清理、砻谷、浸泡、蒸煮、干燥等水热处理后，再按常规稻谷碾米加工方法生产的大米制品，具有营养价值高、出饭率高、储存期长、蒸煮时间短等特点。全球超过30%的稻谷是经过预蒸处理后食用的，这种稻谷加工方式在许多国家（特别是南亚地区的国家）得到了广泛应用。

蒸谷米米粒外观呈浅黄色，颜色类似于蜂蜜、琥珀，晶莹润泽，耐嚼适口，芳香甘甜。与普通大米相比，蒸谷米具有营养价值高、出饭率高、蒸煮时间短、易熟、耐储存等优点。稻谷经水热处理后，皮层内的维生素、无机盐类等水溶性营养物质扩散到胚乳内部，可以增加蒸谷米的营养价值；稻谷蒸煮后，大部分微生物被杀死，减少了虫害侵蚀；米酶失活，丧失了发芽能力，延长了储藏期。蒸谷米这一特性极其适于特殊环境和条件下的粮食运输、储存。

第四节　玉　米

玉米属早熟禾本科（Poaceae）玉蜀黍族（Maydeae）一年生谷类植物，英文为 maize/corn，是世界上最重要的谷类作物之一。玉米发源于墨西哥，以此为中心，传播至加拿大北部和阿根廷南部。随后，玉米很快由起源地传播至整个美洲大陆，并传播到了西班牙和亚洲。

玉米是世界上分布最广的作物之一，也是全球三大广泛种植的粮食作物之一，从北纬 58° 到南纬 35°～40° 的地区均有大量栽培。目前，除了南极洲，每个洲都种植着玉米。从栽培面积和总产量看，玉米仅次于小麦和水稻，位居全球第三位。

一、玉 米 分 类

因栽培历史悠久，玉米的种类很多，分类依据主要有：种皮颜色、形态、胚乳结构和用途。

1. 依据生育期不同进行分类

（1）早熟品种：春播 80～100 天，积温 2000～2200℃；夏播 70～85 天，积温 1800～2100℃。早熟品种一般植株矮小，叶片数量少，为 14～17 片。由于生育期的限制，产量潜力较小。

（2）中熟品种：春播 100～120 天，积温 2300～2500℃；夏播 85～95 天，积温 2100～2200℃。叶片数较早熟品种多而较晚播品种少。

（3）晚熟品种：春播 120～150 天，积温 2500～2800℃；夏播 96 天以上，积温 2300℃ 以上。一般植株高大，叶片数多，多为 21～25 片。由于生育期长，产量潜力较大。

2. 依据种皮颜色差异进行分类

（1）黄玉米：种皮为黄色，并包括略带红色的黄玉米。

（2）白玉米：种皮为白色，并包括略带淡黄色或粉红色的玉米。

（3）混合玉米：不符合黄玉米或白玉米要求的玉米。

3. 依据籽粒形态、胚乳的结构及颖壳的有无进行分类

（1）硬粒型：也称燧石型。籽粒多为方圆形，顶部及四周胚乳都是角质，仅中心近胚部分为粉质，故外表半透明有光泽、坚硬饱满。粒色多为黄色，间或有白、红、紫等色。籽粒品质好，是我国长期以来栽培较多的类型，主要作食用粮。

（2）马齿型：又称马牙型。籽粒扁平呈长方形。由于粉质的顶部比两侧角质干燥得快，因此顶部的中间下凹，形似马齿。籽粒表皮皱纹粗糙不透明，多为黄色、白色，少数呈紫色或红色。食用品质较差。它是我国及世界上栽培最多的一种类型，适宜制造淀粉和乙醇或作饲料。

（3）半马齿型：也称中间型。它是由硬粒型和马齿型玉米杂交而来。籽粒顶端凹陷较马齿型浅，有的不凹陷仅呈白色斑点状。顶部的粉质胚乳较马齿型少但比硬粒型多，品质较马齿型好，在我国栽培较多。

（4）粉质型：又称软质型。胚乳全部为粉质，籽粒乳白色，无光泽。只能作为制取淀粉的原料，在我国很少栽培。

（5）甜质型：也称甜玉米。胚乳多为角质，含糖分多，含淀粉较少，因成熟时水分蒸发使籽粒表面皱缩，呈半透明状。多做蔬菜用，我国种植还不多。

（6）甜粉型：籽粒上半部为角质胚乳，下半部为粉质胚乳，我国很少栽培。

（7）糯质型：又称蜡质型。籽粒胚乳全部为角质但不透明，而且呈蜡状，胚乳几乎全部由支链淀粉所组成。食性似糯米，黏柔适口，我国只有零星栽培。

（8）爆裂型：籽粒较小，米粒形或珍珠形，胚乳几乎全部为角质，质地坚硬透明，种皮多为白色或红色，尤其适宜加工爆米花等膨化食品，我国有零星栽培。

（9）有稃型：籽粒被较长的稃壳包裹，籽粒坚硬，难脱粒，是一种原始类型，无栽培价值。

4. 按用途分类，玉米可分为常规玉米和特用玉米

（1）常规玉米：最普通、最普遍种植的玉米。

（2）特用玉米：指的是除常规玉米以外的各种类型玉米。传统的特用玉米有甜玉米、糯玉米和爆裂玉米，新近发展起来的特用玉米有优质蛋白玉米（高赖氨酸玉米）、高油玉米和高直链淀粉玉米等。由于特用玉米比普通玉米具有更高的技术含量和经济价值，因此，国外把它们称为"高值玉米"。

二、玉米的籽粒形态特征与结构

玉米籽粒的形态如图 2-4 所示，主要分为 4 个基本部分，即皮层（cortex，包括果皮和种皮）、胚、胚乳和基部（tip cap），基部是籽粒与玉米芯部的连接点，脱粒时可能与籽粒相连，也可能被去除。

果皮是玉米籽粒的外皮，光滑而密实。种皮是一层极薄的栓化膜，种皮所含的色素决定了籽粒的颜色。糊粉层在种皮和胚乳的中间，它的营养成分较高，蛋白质含量为 22.21%、脂肪含量为 6.93%。玉米中果皮占籽粒重的 4.4%～6.2%，糊粉层占籽粒重的 3%左右。

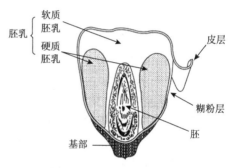

图 2-4 玉米籽粒形态结构

1. 果皮 玉米的果皮包括外果皮、中果皮、横细胞和管状细胞 4 层组织，外果皮由长形而扁平的细胞组成，纵向排列，细胞壁厚；中果皮有十几层纵向排列的细胞，外围细胞与外果皮相似，细胞壁较厚，内层细胞较宽而扁平，细胞壁较薄；横细胞为海绵状薄壁组织，横向排列，细胞间隙较大；管状细胞即内果皮，为纵向排列的细胞层。

2. 种皮 种皮为内果皮的残余物，没有明显的细胞结构，极薄，在横切面上为一条狭窄的黄色带。

3. 胚乳 胚乳是玉米籽粒的最大组成部分，占 80.0%～83.5%（干基）。胚乳主要由蛋白质基质包埋的淀粉粒和细小蛋白颗粒组成。玉米的胚乳分硬质胚乳（hard endosperm，又称角质胚乳）和软质胚乳（soft endosperm，又称粉质胚乳）两类。

胚乳的最外层是糊粉层。糊粉层由单层细胞组成，细胞近方形，壁较厚，细胞内充满糊粉粒，含有大量蛋白质。某些玉米品种的糊粉层细胞中含花青素，这种色素在酸性条件下为红色，在中性条件下为紫色。淀粉细胞比糊粉层细胞大，胚乳中部的细胞更大，淀粉细胞中充满淀粉粒。

4. 胚 在谷物籽粒中，玉米的胚最大。玉米的胚位于籽粒的基部，柔韧，富有弹性。约占整个籽粒体积的 1/3，占整个籽粒质量的 10%～12%。玉米胚的脂肪含量高达 36%～45%，占整个籽粒脂肪总量的 70% 以上。如果胚混入成品中，会导致玉米粉色泽下降，且容易发霉变质，降低玉米粉产品的储存特性。因此，玉米加工过程中应尽可能将玉米胚全部提取分离。与一般谷物粮食籽粒的胚不含淀粉不同，玉米胚中除上皮细胞（吸收层）外，所有细胞中都含有淀粉，胚芽、胚芽鞘及胚根鞘中也含有淀粉。

5. 基部　　基部位于玉米的底部，占玉米籽粒干重的 0.8%～1.1%。玉米的基部由具有海绵状结构的纤维素组成，易于吸收水分，没有食用价值。由于它的韧性较强，脱皮过程中比较容易去除。

三、玉米籽粒的物理性质

1. 粒形与大小　　玉米籽粒形状和大小因品种不同而不同。一般玉米籽粒长 8～12mm、宽 7～10mm、厚 3～7mm。

2. 千粒重、容重、相对密度　　玉米的千粒重为 150～600g，平均 350g。玉米的容重一般为 705～770g/L，容重高的玉米产量高、籽粒皮层薄、角质率高、破碎效率低。水分大的玉米，细胞组织内部含水多，籽粒膨胀，所以它的容重要低于水分小的玉米。

玉米的相对密度为 1.15～1.35；玉米胚的相对密度为 0.70～0.99；淀粉的相对密度为 1.48～1.61，蛋白质的相对密度为 1.24～1.31，纤维素的相对密度为 1.25～1.40。一般情况下，凡发育正常、成熟充分、粒大而饱满的玉米籽粒，其相对密度较发育不良、成熟度差、粒小而不饱满的籽粒为大。

3. 悬浮速度　　玉米自由下落时在相反方向流动的空气作用下，既不被空气带走，又不向下降落，使其处于悬浮状态时的风速，为该玉米籽粒的悬浮速度。悬浮速度的高低与玉米颗粒的形状、大小、相对密度、质量有直接关系。颗粒大、质量重的，悬浮速度就高；反之就低。玉米的悬浮速度为 11～14m/s；玉米胚的悬浮速度为 7～8m/s；玉米皮的悬浮速度为 2～4m/s。

4. 破碎强度　　胚的破碎强度是胚乳的 1～2 倍，玉米在加工过程中，胚乳易碎，胚不易破碎，因而在制糖、制粉过程中，容易将胚分离出来。

四、玉米的化学成分

玉米的化学成分主要包括水、淀粉、蛋白质、脂质、纤维素、半纤维素和矿物质等。玉米中各化学成分的含量随品种和生长条件的不同而不同。玉米籽粒的一般化学成分列于表 2-7。

表 2-7　玉米籽粒的化学成分

化学组分	水	淀粉	蛋白质	脂肪	纤维素	半纤维素	矿物质
含量占籽粒质量的百分数/%	7～23	65～70	10～12	4～10	2～3	5～6	1～2

玉米籽粒水分含量一般在 7%～23%。如果玉米籽粒水分高，加工过程中皮层韧性大，脱皮比较容易，胚与胚乳易于分离。但玉米籽粒水分过高，玉米研磨时易压成片，造成剥刮和筛理困难，使产量下降、动力消耗增大、出粉率降低、操作管理困难；玉米籽粒水分过低，皮层硬而脆，造成难以脱皮、不易碎、提胚率低、粉质差。一般来讲，加工过程中玉米籽粒适宜水分含量为 15%～17%。

淀粉是玉米籽粒中含量最高的成分。玉米籽粒中淀粉含量占 75%～80%，主要存在于胚乳中，在胚中含量非常少。玉米淀粉粒较小，仅比稻谷淀粉颗粒稍大，比大麦、小麦淀粉颗粒均小。玉米淀粉按其结构可分为直链淀粉和支链淀粉两种。普通的玉米淀粉含有 23%～27% 的直链淀粉和 73%～79% 的支链淀粉。黏玉米品种所含的淀粉全部为支链淀粉，这种淀粉糊化后透明度大、黏胶力强。

玉米含有 10%～12% 的蛋白质，仅次于小麦和小米。玉米蛋白质的 75% 在胚乳中，20% 在胚中。玉米籽粒中的蛋白质主要是醇溶蛋白和谷蛋白，分别占 40% 左右，而清蛋白和球蛋白仅占 8%～9%。因此，从营养的角度考虑，玉米蛋白不是人类理想的蛋白质资源。但是玉米胚的蛋白质大部分是清蛋白和球蛋白，所含的赖氨酸和色氨酸确实比胚乳高很多。赖氨酸含量高达 5.8% 左右，且富含一切人体必需的氨基酸。所以玉米胚蛋白质的生物学效价达 64%～72%，而胚乳蛋白质仅为 44%～59%。

玉米中脂质含量占干物质的 4.6% 左右。近代研究培育的新品种，其脂质含量可达 7%。玉米中约 79.3% 的脂质为液体脂质，其余是固体脂质，所以玉米中的脂质属于半干性脂。玉米脂质中有软脂酸、硬脂酸、花生酸、油酸、亚麻二烯酸等。玉米脂质的皂化值一般为 189～192mg KOH/g，碘值为 111～130g/100g。此外，玉米还含有物理性质与脂质相似的磷脂，它们和脂肪一样，均是甘油酯，但是酯键处含有磷酸。玉米磷脂含量在 0.28% 左右。整个玉米粒脂肪的 80% 以上在玉米胚中，玉米胚含油达 40%～50%，而玉米粒其他部分的脂肪含量很少。

玉米籽粒中矿物质含量约为 1.24%，但其组分比较复杂。玉米胚比玉米的其他部位含有更多的矿物质元素，尤其是磷酸盐和钠盐含量更为丰富。

五、特 种 玉 米

特种玉米是指普通玉米以外的经济价值更高或具有特殊用途的玉米品种或类型，它不是玉米分类学上的概念。特种玉米可分为两类：一类是专用玉米，如甜玉米、糯玉米、笋玉米和爆裂玉米；另一类是优质玉米，是在普通玉米基础上通过遗传改良而获得的某种营养成分含量更高的玉米，即国外所说的遗传增值型玉米，如高油玉米、高蛋白玉米、高淀粉玉米、爆裂玉米、高直链淀粉玉米等。

（一）专用玉米

1. 甜玉米 甜玉米（sweet maize）又称蔬菜玉米、水果玉米、罐头玉米等。甜玉米的籽粒含糖量在 10%～15%，有的可达 18%～20%。甜玉米的籽粒含糖量约为普通玉米籽粒含糖量的 10 倍。根据籽粒含糖量的不同，将甜玉米划分为普甜型、加强甜型和超甜型三类。

2. 糯玉米 糯玉米（waxy maize）又称黏玉米、蜡质玉米。糯玉米的胚乳淀粉几乎全部由支链淀粉构成，而普通玉米籽粒的淀粉是由约 72% 的支链淀粉和 28% 的直链淀粉构成。与普通玉米淀粉相比，糯玉米淀粉易于消化。另外，糯玉米籽粒中水溶性蛋白和盐溶性蛋白的含量比较高，而醇溶性蛋白含量比较低，赖氨酸含量一般比普通玉米高 30%～60%。

3. 高淀粉玉米 高淀粉玉米（high starch maize）是指籽粒淀粉含量在 72% 以上的专用型玉米。根据玉米籽粒中直链/支链淀粉含量的比例与结构不同，将高淀粉玉米分为高支链淀粉玉米（胚乳中支链淀粉含量>95%）、高直链淀粉玉米（胚乳中直链淀粉含量>50%）和混合型高淀粉玉米。一般来讲，普通玉米的淀粉含量在 65% 左右，而高淀粉玉米则显著提高了淀粉的含量，使其籽粒的理化特性和营养成分较普通玉米均发生了显著变化。

4. 笋玉米　　笋玉米（baby maize）又称娃娃玉米，是指以采收幼嫩果穗为目的的玉米。一般来讲，笋玉米可分为甜笋兼用和粮笋兼用两大类。

笋玉米富含营养物质，氨基酸、糖、维生素、磷脂、矿物元素等营养物质含量丰富且比较均衡。通常笋玉米的总氨基酸含量在 14%～15%、赖氨酸含量可达 0.6%～1.1%；总糖含量也可达到 12%～20%。

（二）优质玉米

1. 高油玉米　　高油玉米（high oil maize）是一种新型的油粮或油饲兼用型作物，其成熟籽粒含油量一般在 8%～10%，为普通玉米含油量的 1 倍以上。高油玉米的胚比较大，其中集中了高油玉米籽粒中 85% 以上的油脂。高油玉米中富含不饱和脂肪酸，如油酸含量约为 24%，亚油酸含量更是高达 60%～65%。另外，高油玉米中蛋白质、赖氨酸、色氨酸、类胡萝卜素等营养成分的含量也比较高，维生素 A 和维生素 E 含量均高于普通玉米。

2. 优质蛋白玉米　　优质蛋白玉米（quality protein maize）又称高赖氨酸玉米，其成熟籽粒中胚乳蛋白质氨基酸及色氨酸含量较普通玉米高 70%～100%，赖氨酸含量高达 0.4%～0.5%。

普通玉米籽粒中胚乳蛋白质含量较低，尤其是赖氨酸和色氨酸含量比较低，且氨基酸构成不均衡。而优质蛋白玉米中赖氨酸、色氨酸含量比较高，且蛋白质品质比较好，其赖氨酸含量为 0.33%～0.54%，平均达到 0.38%，比普通玉米高 46%；色氨酸含量平均为 0.093%，比普通玉米高 66%。

第五节　大　　麦

大麦别名牟麦、饭麦、赤膊麦，属一年生禾本科植物。大麦培育最可能的起源是 35 000～40 000 年前肥沃的新月地带（crescent）的野生原始大麦，这种原始大麦很可能是一种二棱大麦类型，二棱大麦是从二棱野生种（*Hordeum vulgare* sp. *spontaneum*）和六棱野生型（*Hordeum vulgare*）演变出来的。目前，大麦是全球第五大农作物、第四大禾谷类作物，已成为世界上重要的谷物作物之一。

大麦与小麦的营养成分近似，碳水化合物含量较高，蛋白质、钙、磷含量中等，含少量 B 族维生素，纤维素含量略高。大麦谷蛋白含量低，不能用于制作多孔面包，但可以用于制作不发酵的食物。在非洲及亚洲部分地区尤喜用大麦粉做麦片粥。珍珠麦（圆形大麦米）是经研磨除去外壳和麸皮层的大麦粒，加入汤内煮食，见于世界各地。大麦也是中国主要种植物之一，中国的大麦现多产于淮河流域及其以北地区。

一、大麦的分类

1. 根据小穗的排列和结实性不同分类　　大麦根据小穗的排列和结实性的不同，分为六棱大麦、四棱大麦、二棱大麦和多棱大麦 4 个类型。

1）六棱大麦　　为大麦的原始形态。有六行麦粒围绕一根穗轴而生，其中只有中间对称的两行籽粒发育正常，其左右四行籽粒发育迟缓，粒形不正。麦穗断面呈六棱形，故称六棱大麦。它的穗形紧密，麦粒小而整齐，含蛋白质较多。六棱皮大麦发芽整齐，淀粉酶活力大，特别适于制造麦芽；六棱裸大麦多作粮食用。

2）四棱大麦　　实际也是六棱大麦，只是它的籽粒不像一般六棱大麦那样对称，有两对籽粒互为交错，麦穗断面呈四角形，看起来像是在穗轴上形成四行籽粒。四棱大麦又叫瓶形大麦，其穗形较稀疏，麦粒比六棱大麦稍大，但不整齐，含蛋白质也较多。四棱皮大麦发芽不整齐，多用作饲料；四棱裸大麦可作食用粮。

3）二棱大麦　　二棱大麦是六棱大麦的变种，麦穗扁形，沿穗轴只有对称的两行籽粒，故称二棱大麦。二棱大麦多为皮大麦，籽粒大而整齐，皮薄，淀粉含量高，蛋白质含量少，发芽整齐，是啤酒工业的良好原料。

4）多棱大麦　　四棱大麦和六棱大麦统称多棱大麦。

2. 按用途不同分类　　大麦按用途可分为啤酒大麦、饲用大麦、食用大麦（含食品加工）3种类型。

二、大麦的籽粒形态特征与结构

大麦分有稃和无稃两种类型。有稃大麦的内外稃等长，外稃比内稃宽大，成熟时果皮分泌一种黏性物质，将内外稃紧密地粘在颖果上，脱粒时也很难将其分离。有稃大麦的籽粒是一种假果，俗称壳大麦或皮大麦。无稃大麦成熟收获时，颖果与内外稃分离，是无壳的裸粒，故称裸大麦，又称元麦（江苏）或青稞（青海、西藏）。

裸大麦形态与小麦相似，但比小麦粒扁平，两头稍尖，中间较宽，呈纺锤形，腹沟浅而宽（图2-5）。皮大麦外面包有等长的内外稃各一片，外稃比内稃宽大，从背面包向腹面两侧，上有7条纵脉，顶端有芒或无芒；内稃包住腹面，其基部有一退化的小穗轴，称为基刺。大麦壳有白、黄、紫等几种颜色，麦粒有白、紫、蓝、蓝灰、紫红、棕、黑等多种颜色。大麦的颜色主要取决于稃壳、皮层、糊粉层或胚乳细胞所含花青素、黑色素等色素的种类和含量，白色麦粒不含色素。有稃大麦的稃壳占籽粒质量的10%～25%，六棱大麦的壳重大于二棱大麦。

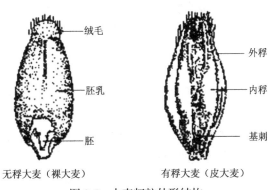

图2-5　大麦籽粒外形结构

裸大麦的麦粒及皮大麦去掉稃壳的麦粒为颖果，主要由果皮、种皮、胚乳及胚等部分组成。果皮包括外果皮、中果皮、横列细胞层及管状细胞层4层组织。外果皮是纵向排列的长方形细胞，顶端可形成短而厚壁的芒状毛；中果皮有2层或3层与外果皮相似的细胞；横列细胞层有2层横向排列的长方形细胞；管状细胞少，且不明显。大麦颖果的胚乳中，糊粉层有2～4层细胞，细胞呈方形；淀粉细胞中充满淀粉颗粒，大麦的淀粉颗粒比小麦的淀粉颗粒小，大粒40μm左右，小粒仅2～7μm。大麦的胚乳也分为角质和粉质两种类型，角质大麦蛋白质含量较高、淀粉含量较低，比较适宜于食用或作饲料；粉质大麦淀粉含量较高、蛋白质含量较低，比较适宜于酿造啤酒。

三、大麦籽粒的物理性质

大麦籽粒的平均尺寸长×宽×厚约为 11.0mm×4.0mm×3.0mm，大麦粒形的平均长宽比为 3.14，属长粒型，容重介于小麦和莜麦之间，千粒重接近小麦。大麦的密度为 0.96～1.11g/cm^3，容重为 600～700g/L，二棱大麦千粒重 36～42g，六棱大麦千粒重 30～40g。大麦的悬浮速度为 8.4～10.8m/s。

四、大麦籽粒的化学组成

大麦籽粒的各组成部分中，谷壳占 13%、果皮与种皮占 2.9%、糊粉层占 4.8%、胚乳占 76.2%、胚占 1.7%、盾片占 1.3%。大麦的化学成分以干物质计，含有淀粉 75%～80%、糖类 2%～3%、蛋白质 8%～18%（氮含量换算蛋白质含量的校正因子为 6.25）、矿物质 2%～3%、其他化合物 5%～6%（表 2-8）。正常大麦籽粒的直链淀粉含量占整个淀粉的 24%。

表 2-8 大麦籽粒的化学成分

化学组分	淀粉	糖类	蛋白质	脂肪	粗纤维	矿物质
含量占籽粒质量的百分数/%	75～80	2～3	8～18	2～3	5～6	2～3

大麦中淀粉占整个籽粒质量的 75%～80%，是主要的可获得性能源，存于胚乳细胞内。大麦淀粉颗粒中，约 97%的组分为化学纯淀粉，另外还含有 0.05%～0.15%的含氮化合物、0.2%～0.7%的无机盐和 0.6%的高级脂肪酸。大麦中含有少量的游离蔗糖、麦芽糖、棉子糖（蜜三糖）、酮糖和异构酮糖。普通大麦中的淀粉主要是支链淀粉，含量为 74%～78%，其余为直链淀粉。

大麦中蛋白质含量为 8%～18%，平均为 13%，约相当于小麦的蛋白质含量，一般高于其他谷物类的蛋白质含量。根据在不同溶剂中的溶解度和沉淀性差异，大麦蛋白被分为清蛋白、球蛋白、醇溶蛋白、谷蛋白 4 种。和小麦相比，大麦中氨基酸种类比较齐全，总体含量略低于小麦；但大麦中必需氨基酸含量略高，特别是第一限制性氨基酸赖氨酸和第二限制性氨基酸苏氨酸的含量均高于小麦含量的 15%左右。

大麦中一般含有 2%～3%的脂肪，主要集中在胚和糊粉层中。由于遗传型品种的不同，有些大麦品种含有高达 7%的脂肪。大麦中的脂肪酸主要为亚油酸、油酸和棕榈酸，不饱和脂肪酸接近总数的 80%。

大麦中矿物质含量比较丰富，总含量为 2%～3%，其主要成分为磷、铁、钙和钾，还有少量的氯、镁、硫、钠及许多痕量元素。大麦籽粒中各部位矿物质含量不同，胚和糊粉层中的矿物质含量比胚乳中的高。同大多数谷物类一样，大麦中的植酸可与其他的矿物质结合，特别是铁、锌、镁及钙，并且这种结合是不可逆的。因此，当将谷物类作为主要膳食成分时，会造成这些矿物质的营养缺乏。

大麦中富含 B 族维生素源，特别是维生素 B_1、维生素 B_6、维生素 B_2 及泛酸。这些维生素中有一部分是与蛋白质结合在一起的，但可通过碱处理而获得。此外，大麦中还含有少量的维生素 E 和叶酸。除维生素 E 外，脂溶性维生素含量很少。维生素 E 主要存在于胚中。

第六节 其他谷物

一、高　粱

高粱属禾本科一年生草本植物。高粱性喜温暖，抗旱、耐涝。按性状及用途可分为食用高粱、糖用高粱、帚用高粱等。中国栽培较广，以东北各地为最多。食用高粱谷粒供食用、酿酒。糖用高粱的秆可制糖浆或生食；帚用高粱的穗可制笤帚或炊帚；嫩叶阴干青贮，或晒干后可作饲料；颖果能入药，有燥湿祛痰、宁心安神的功效；属于经济作物。

（一）高粱的分类与质量标准

高粱籽粒属颖果。成熟的种子大小不一。按照高粱籽粒千粒重的大小，可以将其划分为：①极小粒品种，千粒重在 20.0g 以下；②小粒品种，千粒重在 20.1～25.0g；③中粒品种，千粒重在 25.1～30.0g；④大粒品种，千粒重在 30.1～35.0g；⑤极大粒品种，千粒重在 35.1g 以上。

根据国家标准 GB/T 8231—2007《高粱》规定，按照高粱的外种皮色泽，将高粱分为三类：红高粱，种皮色泽为红色的颗粒；白高粱，种皮色泽为白色的颗粒；其他高粱，上述两类以外的高粱。高粱的质量标准如表 2-9 所示，不完善粒≤3.0%、杂质≤1.0%、水分含量≤14.0%、单宁含量≤0.5%、带壳粒≤5.0%、色泽气味正常、高粱容重≥740g/L 时，等级为 1级，其后容重每降低 20g/L，等级降一级。

表 2-9　高粱质量标准

等级	容重/（g/L）	不完善粒/%	单宁/%	水分/%	杂质/%	带壳粒/%	色泽气味
1	≥740	≤3.0	≤0.5	≤14.0	≤1.0	≤5.0	正常
2	≥720	≤3.0	≤0.5	≤14.0	≤1.0	≤5.0	正常
3	≥700	≤3.0	≤0.5	≤14.0	≤1.0	≤5.0	正常

（二）高粱籽粒的形态结构

高粱籽粒的基部有两片护颖，故高粱籽粒是一种假果。护颖厚而隆起，表面光滑，尖端附近有时有绒毛，常有红、黄、黑、白等多种颜色。高粱的米粒大部分露出护颖外面。

脱去护颖的高粱米一般为圆形、椭圆形或卵圆形，顶端有较明显的花柱遗迹，基部钝圆，有花柄遗迹（图 2-6）。胚位于种子腹部的下端，长形，长达米粒长度的一半。高粱米有红、黄、白、褐等多种颜色。

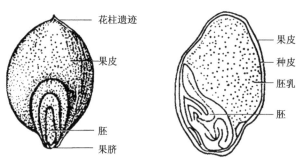

图 2-6　高粱籽粒形态结构

高粱成熟种子的结构可分为果皮、种皮、胚乳和胚 4 部分。其中，皮层约占 7.9%、胚约占 9.8%、胚乳约占 82.3%。

高粱成熟种子的果皮由子房壁发育而来，较厚，由外果皮、中果皮和内果皮 3 层组成。与其他谷物不同，高粱的果皮中含有淀粉粒，这些淀粉颗粒位于中果皮，大小为 1～4μm。内果皮由横细胞和管状细胞组成。

所有成熟的高粱种子均有种皮，但有些品种没有着色的内珠被。着色的内珠被往往含有较多的花青素，其次是类胡萝卜素和叶绿素。种皮里还含有另一种多酚化合物——单宁。种皮里的单宁既可以渗到果皮里使种子颜色加深，也可渗入胚乳中使之发涩。

和其他谷物一样，糊粉层细胞是胚乳的外层。在淀粉质胚乳中，紧靠糊粉层下面的细胞含有较多的蛋白质，几乎没有淀粉粒。蛋白质主要是以直径为 2～3μm 的蛋白质体形式存在。高粱籽粒中同时含有半透明和不透明的胚乳。不透明胚乳中的颗粒间存在着大的空气间隙。高粱胚乳中的淀粉分为直链淀粉和支链淀粉。一般粒用高粱品种直链淀粉与支链淀粉之比为 3∶1，称为粳型。蜡质型胚乳几乎全由支链淀粉组成，也称为糯高粱。胚位于籽粒腹部的下端，稍隆起，呈青白半透明状，一般为淡黄色。

（三）高粱籽粒的单体性质

高粱的粒度为长 3.7～5.8mm、宽 2.5～4.0mm、厚 1.8～2.8mm，其千粒重为 23.0～27.0g，密度 1.14～1.28g/cm³，容重 750g/L 左右。

（四）高粱籽粒的化学组成

成熟的高粱籽粒中，淀粉含量约为 75%、蛋白质含量约为 12%、脂肪含量约为 3.4%、纤维含量约为 2.7%、矿物质含量约为 1.6%，还有约 0.2% 的蜡质。种皮（麸皮）部分主要由纤维与蜡质组成，胚富含粗蛋白质、脂类与矿物质，胚乳部分则主要由淀粉、蛋白质与少量脂类等组成。

高粱籽粒中蛋白质含量在 12% 左右，分为 4 类，即清蛋白、球蛋白、谷蛋白和醇溶谷蛋白。其中，清蛋白和球蛋白所占比率较低，分别为蛋白质的 11.2% 和 5.8%，但氨基酸组成比较完全；谷蛋白和醇溶谷蛋白所占比率较高，分别为 36.3% 和 46.7%。成熟的高粱籽粒中，不同部位的蛋白质含量和种类存在差异，胚乳中的蛋白质占籽粒总蛋白质的 80%，胚占 15%～16%，种皮占 3%～4%。在胚乳中的蛋白质主要是醇溶谷蛋白，胚中主要是清蛋白与球蛋白。醇溶谷蛋白与谷蛋白主要位于淀粉质胚乳的蛋白体与蛋白基质中。醇溶谷蛋白约占胚乳中蛋白总量的 80%，占整个高粱谷物蛋白含量的 70%。

高粱中的脂类含量为 1.4%～6.2%，平均值为 3.4%。其中，胚的含油量高达 28%，占高粱籽粒总脂的 3/4，是含脂量最高的部分；种皮的含油量为 4.9%，占籽粒含油总量的 11%。高粱的粗脂部分是高粱蜡，其特性与巴西棕榈蜡相似。

全谷物脂通常可以分为 3 类：极性脂（磷脂、糖脂）、非极性脂（三酰甘油）与不可皂化脂（植物甾醇类、类胡萝卜素类与生育酚类）。高粱中非极性或中性脂含量最丰富，占 93.2%，其次是极性脂（5.9%），再次是不可皂化脂（0.9%）。高粱与玉米具有相似的脂质分布。高粱的脂肪酸组成与玉米相似，亚油酸占 49%、油酸占 31%、棕榈酸占 14.3%、亚麻酸占 2.7%、硬脂酸占 2.1%。高粱胚的不饱和脂肪酸含量最高，游离脂肪酸含量最低。反之，胚乳部分的不饱和脂肪酸含量最低，而游离脂肪酸含量最高。黄高粱的类胡萝卜素含量（8～30mg/kg）比普通高粱（1.5mg/kg）高。黄高粱中最常见的类胡萝卜素是玉米黄质、叶黄素与 β-胡萝卜素。

淀粉是高粱最主要的组分之一，含量为 65.3%～81%，平均值为 79.5%。70%～80%的高粱淀粉为支链淀粉，20%～30%为直链淀粉。蜡质高粱品种的直链淀粉含量非常低，其支链淀粉的含量接近 100%。在糖高粱中，直链淀粉的含量为 5%～15%。

高粱籽粒的含水量对其加工特性影响显著。水分过高，加工时容易糊碾，特别是春、夏两季加工时更易糊碾，增加动力消耗和碎米含量，营养成分损失较多；水分过低，皮层与胚乳结合紧密，不易碾掉，也易产生碎米，降低产品质量。一般来讲，高粱籽粒的含水量春、夏两季为 14%～15%；秋、冬两季为 16%～17%时，更适宜于加工。

二、燕　麦

燕麦又称莜麦，属禾本科一年生草本植物。燕麦是世界性栽培作物，分布在五大洲 42 个国家，但集中产区主要分布在北半球的温带地区。其中，北纬 41°～43° 是世界公认的燕麦黄金生长纬度带。该地区属于海拔 1000m 以上的高原地区，年均气温 2.5℃，日照平均可达 16h，是燕麦生长的最佳自然环境。

燕麦在中国种植历史悠久，遍及各山区、高原和北部高寒冷凉地带。历年种植面积 1800 万亩[①]，其中裸燕麦 1600 多万亩，占燕麦播种面积的 92%。主要种植在内蒙古、河北、河南、山西、甘肃、陕西、云南、四川、宁夏、贵州、青海等省、自治区，其中前 4 个省、自治区种植面积约占全国总面积的 90%。

（一）燕麦的分类与质量标准

按照染色体组的差异，可将燕麦划分为二倍体（$2n=2x=14$）、四倍体（$2n=4x=28$）、六倍体（$2n=6x=42$）3 个种群 23 种。

按照外稃性状的差异，又可将燕麦分为带稃型和裸粒型两大类。带稃型燕麦的外壳长而硬，成熟时籽粒包于壳中，常被称为皮燕麦，主要用作饲料和饲草；裸粒型燕麦又称莜麦（*Avena nuda*），别名油麦、玉麦、铃铛麦，是原产于中国的燕麦品种，花果期为 6～8 月。目前，世界各国最主要的栽培种是六倍体带稃型的普通燕麦，其次是东方燕麦和地中海燕麦。

中国栽培的燕麦主要分带壳燕麦（颖长而硬）和裸燕麦（颖短而软，俗称莜麦或玉麦）

---

① 1 亩 ≈ 666.7m²

两个变种，裸燕麦又分为小粒（二倍体）和大粒（六倍体）两种类型。

根据国家标准 GB/T 13359—2008《莜麦》的规定，莜麦按照容重共分为 3 个等级。不完善粒≤5.0%、杂质总量≤2.0%、杂质中矿物质含量≤0.5%、水分含量≤13.5%、色泽气味正常、容重≥700g/L 时，等级为 1 级。莜麦的质量标准见表 2-10。

表 2-10　莜麦质量标准

| 等级 | 容重/（g/L） | 不完善粒/% | 杂质/% | | 水分/% | 色泽气味 |
			总量	矿物质		
1	≥700	≤5.0	≤2.0	≤0.5	≤13.5	正常
2	≥670	≤5.0	≤2.0	≤0.5	≤13.5	正常
3	≥630	≤5.0	≤2.0	≤0.5	≤13.5	正常
等外级	<630	—	≤2.0	≤0.5	≤13.5	正常

注："—"为不要求

（二）燕麦籽粒的形态结构

燕麦的果实为颖果，除裸燕麦外，籽粒都有内稃包围，但二者并不粘连。外稃与内稃形成籽粒壳，籽粒壳占籽粒的百分率是判定燕麦质量的重要指标。通常籽粒壳占全籽粒质量的 25%～30%。有时可低到 20% 或高到 45%。燕麦一般千粒重为 14～25g。籽粒一般细长，燕麦粒形分筒形、卵圆形和纺锤形，长为 8～11mm、宽为 1.6～3.2mm。粒色分白、黄、浅黄。籽粒大小因品种不同差异很大，表面具有细长毛。

籽粒由谷壳与皮层、胚乳、胚三部分组成（图 2-7）。皮层包括果皮和种皮。果皮分为外果皮、中果皮、横细胞和内果皮。外果皮（表皮）细胞为薄壁，稍呈串珠状并延长。中果皮（中部薄壁组织）有数层相似的柱状细胞，具有薄壁，籽粒成熟时渐渐解体。横细胞为叶绿细胞层的产物，在成熟籽粒中形成很不明显的单层细胞，排列为整齐的序列。内果皮（管细胞）被强烈吸收，只剩下少数不明显的管细胞。种皮由两层内珠被产生，最后成为很不明显的一层。

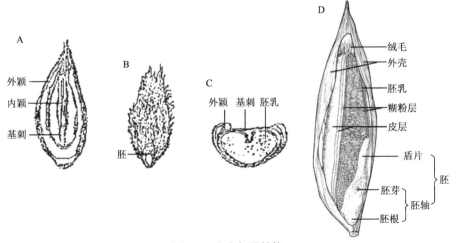

图 2-7　燕麦籽粒结构

A. 带壳籽粒；B. 去壳籽粒；C. 籽粒横切面；D. 籽粒纵切图

燕麦籽粒胚乳外周的糊粉层为一列细胞，与小麦单列细胞相同，细胞稍呈立方形，其壁比小麦、大麦的糊粉层细胞薄。淀粉质胚乳与小麦的粉质胚乳不同，而与大麦的相似，细胞大而壁薄，有多量细小多面体淀粉粒，通常聚集成圆形或椭圆形的团块。蛋白质不能形成面筋质。

燕麦的胚包括子叶、胚茎（轴）、胚芽、胚根几个部分。燕麦的胚富含蛋白质和脂质。

（三）燕麦籽粒的单体性质

燕麦籽粒的长、宽、厚平均尺寸约为 12.0mm、3.0mm、2.5mm，容重 400～500g/L，燕麦比稻谷容重小 11%～16%。千粒重为 20～40g，悬浮速度为 8～9m/s，均和稻谷相当。

（四）燕麦籽粒的化学组成

燕麦籽粒营养成分极为丰富，富含丰富的维生素 B_1、维生素 B_2 和少量的维生素 E、钙、磷、铁、核黄素，以及禾谷类作物中独有的皂苷。燕麦中含有多种能够降低胆固醇的物质，如单不饱和脂肪酸、可溶性纤维素等，它们都可以降低血液中的胆固醇、三酰甘油等的含量，从而减少患心血管疾病的风险（表 2-11）。

表 2-11 燕麦籽粒的化学成分

化学组分	淀粉	蛋白质	脂肪	粗纤维	维生素（部分）					矿物质
					维生素 B_1	维生素 B_2	泛酸	维生素 B_6	烟酸	
含量占籽粒质量的百分数/%	70～80	12～15	6～8	1～2	0.763	0.139	1.349	0.119	0.961	2～3

成熟燕麦籽粒的蛋白质含量一般为 12%～15%，最高的可达 19%以上。燕麦蛋白的氨基酸含量均衡且比例稳定，不随蛋白质含量变化而波动。

与其他谷物相比，燕麦中脂质含量较高，为 6%～8%。90%以上的燕麦脂质富集在麸皮和胚乳中，其中不饱和脂肪酸占脂肪酸总量的 80%以上，而且不饱和脂肪酸中 40%以上为亚油酸。

燕麦的水溶性膳食纤维含量特别高，比小麦粉高 3.7 倍，比玉米面高 6.7 倍。特别是水溶性纤维含量最显著。β-葡聚糖是燕麦水溶性膳食纤维的主要成分，大部分集中在胚细胞壁和亚糊粉层，起着支撑和保护生物体细胞及细胞内生物活性物质骨架的作用。

燕麦麸皮的 β-葡聚糖含量随不同品种、不同栽培法而异，甚至同一品种在不同年份和不同生长环境中都有很大差别。一般情况下含量为 3.0%～6.4%。

除此之外，B 族维生素、叶酸、维生素 H 含量都比较丰富。

三、粟

粟俗称小米，中国古称"稷"，属禾本科一年生草本植物，耐干旱、贫瘠，性喜高温，生育适温 20～30℃，海拔 1000m 以下均适合栽培。粟的籽粒为颖果，直径 1～3mm，千粒重 2～4g。成熟后稃壳呈白、黄、红、杏黄、褐黄或黑色。包在内外稃中的子实俗称谷子，籽粒去稃壳后称为小米，有黄、白、青等色。

粟起源于中国，是中国历史上最重要的粮食作物之一，具有数千年的栽培历史。全世界

90%粟米栽培在中国，华北地区为主要产区。其他生产粟的国家有印度、俄罗斯、日本等。

（一）粟的分类与质量标准

中国是粟的起源地，根据品种类型分类，中国目前将粟划分为东北平原、华北平原、黄土高原和内蒙古高原4个生态型。

根据粟的皮色和粒质又可将其分为粳粟和糯粟两类。

1. 粳粟　　粳粟种皮多为黄色（深浅不一）及白色，有光泽，粳性米质的籽粒不低于95%。

2. 糯粟　　糯粟俗称黏谷子，其种皮多为红色（深浅不一），微有光泽，糯性米质的籽粒不低于95%。

粳粟多作主食，糯粟可制作各种糕点，也可做粥饭。

另外，按照粟的千粒重可将其分为大粒粟和小粒粟两种。千粒重在3.0g及以上的称为大粒粟，千粒重在3.0g以下的称为小粒粟。

根据国家标准GB/T 8232—2008《粟》的规定，按照容重共分为4个等级。不完善粒≤1.5%、杂质总量≤2.0%、杂质中矿物质含量≤0.5%、水分含量≤13.5%、色泽气味正常、容重≥670g/L时，等级为1级，其后容重每降低20g/L，等级降一级。粟米的质量标准见表2-12。

表2-12　粟的质量标准

等级	容重/（g/L）	不完善粒/%	杂质/%		水分/%	色泽气味
			总量	矿物质		
1	≥670	≤1.5	≤2.0	≤0.5	≤13.5	正常
2	≥650	≤1.5	≤2.0	≤0.5	≤13.5	正常
3	≥630	≤1.5	≤2.0	≤0.5	≤13.5	正常
等外级	<630	—	≤2.0	≤0.5	≤13.5	正常

注："—"为不要求

（二）粟米籽粒的形态结构

粟米具有内外稃，因此是假果。外稃较大，从背面包向腹面，中央有3条脉；内稃较小，位于腹面，无脉纹。在放大镜下观察，可看见内外稃表面有密布的小突起。粟米内外稃的颜色有黄、乳白、红、灰褐等多种（图2-8）。

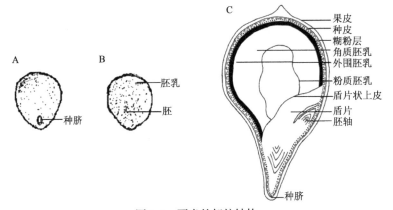

图2-8　粟米的籽粒结构

A. 腹面；B. 背面；C. 纵切图

粟米脱去外壳后的小米，背面凸起，腹面扁平，顶端有花柱的遗迹。基部中央有花柄遗迹。胚位于背面的基部，长形，其长度超过籽粒的一半。腔面基部有圆形深色斑，称为脐。粟米的胚乳也有角质和粉质两种结构。

粟米籽粒直径 1～3mm，千粒重 2～4g，密度 1.00～1.22g/cm³，容重约 620g/L。

（三）粟米籽粒的化学组成

粟米的化学成分主要包括淀粉、蛋白质、脂类、膳食纤维和矿物质等。粟米的一般化学成分列于表 2-13。

表 2-13　粟米籽粒的化学成分

| 化学组分 | 淀粉 | 蛋白质 | 脂肪 | 膳食纤维 | 维生素（部分） | | | | 矿物质 |
					维生素 B_1	维生素 B_2	维生素 E	烟酸	
含量占籽粒质量的百分数/%	63～79	8.6～19.4	1.5～6.8	8～9	0.3	0.2	1.9	2.9	1.6～3.6

粟米的营养很丰富，富含蛋白质、脂肪及钙、磷、铁，每千克粟中蛋白质平均含量为 12.7%、脂肪平均含量为 3.2%、碳水化合物平均含量为 76.2%，除脂肪含量低于玉米外，其余各项均比其他粮食含量高，易于消化，适口性好。另外，粟米的维生素 B_1 和维生素 B_2 的含量也较丰富，并含有人体所必需的甲硫氨酸、赖氨酸、色氨酸及少量胡萝卜素等，是一种营养价值较高的食用粮。粟米在人体内的消化吸收率较高，其蛋白质的消化吸收率为 83.4%、脂肪为 90.8%、糖类为 99.4%。小米有清胃热、止消渴、利小便等功效，可用于医药上，粟谷芽还是良好的消导药，可用于治疗消化不良。

粟米的蛋白质含量较高，平均含量为 12.7%，最高可达 20.8%，明显高于大米、小麦和玉米。粟米蛋白中含有 17 种氨基酸，其中谷氨酸、亮氨酸、丙氨酸、脯氨酸和天冬氨酸是主要的氨基酸成分，占总量的 59%。

粟米的脂质主要存在于胚中，胚的脂肪含量为 34.7%。粟米加工副产物粟米糠中，粗糠含油率为 4.2%，细糠含油率为 9.3%。粟米糠油中富含不饱和脂肪酸，如亚麻酸、亚油酸，其含量在 85%以上，其中亚油酸为 65%。

粟米籽粒中维生素含量较为丰富，主要有胡萝卜素、维生素 B_1、维生素 B_2 和维生素 E。其中维生素 E 含量最高可达 31.36mg/100g，含量明显高于稻米、小麦、玉米和高粱等谷物。粟米中矿物质含量丰富，其中铁含量占有绝对优势。另外，一些微量元素如硒、钙、铜、铁、锌、碘、镁在籽粒中含量也比较高。

四、荞　麦

荞麦别名甜荞、乌麦、三角麦等，蓼科一年生草本植物。荞麦不属于禾本科，但因其使用价值与禾本科粮食相似，因此通常将它列入谷类。

荞麦是短日性作物，喜凉爽湿润，不耐高温旱风，畏霜冻。荞麦在中国大部分地区都有分布，南到海南省，北至黑龙江，西至青藏高原，东抵台湾省。主要产区在西北、东北、华北以及西南一带高寒山区，尤以北方为多，分布零散，播种面积因年度气候而异，变化较大。荞麦在北美洲和欧洲国家也有分布，如俄罗斯、加拿大、法国、波兰等。

（一）荞麦的分类与质量标准

荞麦分为甜荞和苦荞两类。甜荞麦，瘦果较大，三棱形，棱角锐，皮黑褐色或灰褐色，表面与边缘平滑。甜荞麦又分为大粒甜荞麦和小粒甜荞麦两类。大粒甜荞麦，也称大棱荞麦，留存在4.5mm圆孔筛上部分不小于70%的甜荞麦。小粒甜荞麦，也称小棱荞麦，留存在4.5mm圆孔筛上部分小于70%以下的甜荞麦。苦荞麦也称鞑靼荞麦，瘦果较小，顶端矩圆，棱角钝，多有腹沟，皮黑色或灰色，粒面粗糙无光泽。

根据GB/T 10458—2008《荞麦》的规定，荞麦按照容重分为4个等级。不完善粒≤3.0%、杂质总量≤1.5%、杂质中矿物质含量≤0.2%、水分含量≤14.5%、色泽气味正常、大粒甜荞麦容重≥640g/L时，等级为1级，其后容重每降低30g/L，等级降一级；小粒甜荞麦容重≥680g/L时，等级为1级，其后容重每降低30g/L，等级降一级；苦荞麦容重≥690g/L时，等级为1级，其后容重再降低30g/L，等级降一级。荞麦的质量标准见表2-14。

表 2-14 荞麦的质量标准

| 等级 | 容重/（g/L） | | | 不完善粒/% | 互混/% | 杂质/% | | 水分/% | 色泽气味 |
| | 甜荞麦 | | 苦荞麦 | | | 总量 | 矿物质 | | |
	大粒甜荞麦	小粒甜荞麦							
1	≥640	≥680	≥690	≤3.0	≤2.0	≤1.5	≤0.2	≤14.5	正常
2	≥610	≥650	≥660	≤3.0	≤2.0	≤1.5	≤0.2	≤14.5	正常
3	≥580	≥620	≥630	≤3.0	≤2.0	≤1.5	≤0.2	≤14.5	正常
等外级	<580	<620	<630	—	≤2.0	≤1.5	≤0.2	≤14.5	正常

注："—"为不要求

（二）荞麦籽粒的形态结构

荞麦籽粒的果皮较厚，分为外果皮、中果皮、横细胞和内果皮。种皮分为内外两层，种皮中具有色素，呈黄绿色、红褐色、淡褐色等。种子包于果皮之内，由种皮、胚乳和胚组成。胚实质是尚未成长的幼小植株，胚位于种子的中央，嵌于胚乳中，横断面呈S形，占种子质量的20%～30%（图2-9）。胚乳是制粉的基本部分，荞麦胚乳组织结构疏松，呈白色、灰色或黄绿色，且无光泽。胚乳无面筋质，制作面食较困难。甜荞和苦荞胚乳有特殊的荞麦清香味，苦荞胚乳略带苦味。

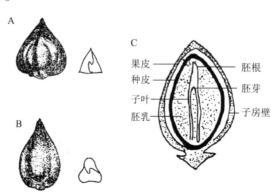

图 2-9 荞麦的籽粒结构

A. 甜荞果实外形、甜荞横切面简图；B. 苦荞果实外形、苦荞横切面简图；C. 荞麦纵切简图

（三）荞麦籽粒的单体性质

荞麦籽粒长度平均为 4.21～7.23mm。甜荞长度大于 5mm，宽度为 3.0～7.1mm，千粒重为 15.0～38.8g，其中，以千粒重为 25.1～30.0g 的中粒品种为主，占 41.4%。苦荞千粒重为 12.0～24.0g，其中，以千粒重为 15.1～20.0g 的中粒品种为主，占 57.7%。甜荞果实容重一般为 550～600g/L，苦荞果实容重一般为 710～720g/L。甜荞籽粒的悬浮速度一般为 7.5～8.7m/s，苦荞籽粒的悬浮速度为 7.0～10.0m/s。

（四）荞麦籽粒的化学组成

荞麦营养成分比较全面，富含蛋白质、淀粉、脂肪、粗纤维、维生素、矿物质等。荞麦的一般化学成分列于表 2-15。

表 2-15　荞麦的基本化学组分

类型	粗蛋白	粗脂肪	淀粉	粗纤维	维生素	
					维生素 B_1	维生素 B_2
含量占籽粒质量的百分数/%	10～12	1.3～2.2	66～73	1.0～1.6	0.38	0.22

荞麦蛋白质平均含量为 10%～12%，其中，清蛋白含量最高，占蛋白质的 36%～42%，醇溶蛋白仅占 2% 左右，荞麦粉无面筋质，面制食品加工特性较差。甜荞的清蛋白和球蛋白结合组分中有 17 种可区别的蛋白质光谱带，甜荞和苦荞蛋白质组分之间有明显差异，在荞麦清蛋白和球蛋白的结合组分中亦有差异；有些荞麦蛋白质组分与荞麦产品的流变学性质是密切相关的。荞麦产品的质构特点与总蛋白质含量有高度相关性。硬度、咀嚼性、弹性模数与总蛋白质含量呈显著负相关，黏度与总蛋白质含量呈显著正相关。

荞麦蛋白中含 19 种氨基酸。苦荞的氨基酸含量更高，其中 8 种必需氨基酸含量都高于小麦、大米和玉米，赖氨酸是玉米的 3 倍，色氨酸是玉米的 35 倍；甜荞的赖氨酸含量是玉米的 1 倍，色氨酸约为玉米的 20 倍。

荞麦淀粉近似大米淀粉，颗粒较小，含量在 70% 左右，但荞麦淀粉的体外消化率均较低，为 46.2%～62.4%。苦荞膳食纤维含量约 1.62%，比甜荞高 60.39%，分别是小麦和大米的 1.7 倍和 3.5 倍。

荞麦脂质含量为 2.1%～2.8%，常温下呈固态。荞麦脂质中含有 9 种脂肪酸，其中油酸和亚油酸含量最多，占总脂肪酸的 87%；亚麻酸占 4.29%，棕榈酸占 6%。另外，在苦荞中还发现有硬脂酸、肉豆蔻酸等，分别占总脂肪酸的 2.51% 和 0.35%。荞麦中脂质含量因产地而异，中国南部地区荞麦含油酸、亚油酸较高（70.8%～76.3%），而北方地区荞麦的油酸、亚油酸含量较高（80% 以上）。

苦荞中维生素含量比较丰富，维生素 B_1、维生素 B_2 含量较高，特别是苦荞富含芦丁，含量高达 1.1%～6.6%（甜荞中含量仅为 0.1%～0.3%）。荞麦中含有丰富的矿物元素，如钾、钙、镁、铜、铁、锌、硒、镉等，但品种和种植地域不同，矿物质和微量元素含量亦存在显著差异。

黄酮类化合物是荞麦多酚最主要的成分，也是荞麦中最重要的生物活性物质。苦荞的黄酮含量远高于甜荞。荞麦中含有芦丁、栎皮素、槲皮素、儿茶素、金丝桃苷、香草酸、丁香酸、山柰酚、桑色素和对香豆酸等，其中芦丁占黄酮类化合物的 70%～85%。

五、黑　麦

黑麦属禾本科一年或越年生草本植物。目前,全世界已经发现的黑麦属有 12 种,分布于欧亚大陆的温寒带。栽培黑麦可能是从野生山黑麦等种类演化而来,具有耐寒、抗旱、抗贫瘠的特性。它的分布范围北可达北纬 48°～49°。俄罗斯黑麦栽培面积最大,产量占世界黑麦总产量的45%,其次是德国、波兰、法国、西班牙、奥地利、丹麦、美国、阿根廷和加拿大。中国较少,主要分布在黑龙江、内蒙古和青海、西藏等高寒地区与高海拔山地。

黑麦富含碳水化合物、蛋白质、矿物质、B 族维生素等。成熟的黑麦籽粒中含淀粉58%～64%、蛋白质 10%～15%、脂质 2%～3%,其蛋白质平均含量是小麦蛋白的 1.2～1.4 倍。黑麦蛋白质中的氨基酸含量相对于普通小麦更加均衡,且各种氨基酸的含量也较普通小麦高 1.1倍左右(表 2-16)。

表 2-16　黑麦与其他谷物的化学及营养组分对照表

指标	黑麦	小麦	大麦(青稞)	脱壳燕麦	糙米	玉米
籽粒质量/mg	15～33	25～45	40	20～27	25～29	250～500
蛋白质含量/%	10～15	9～16	10.6～16	15.3	8.2～9.6	9～13
总蛋白质中赖氨酸含量/%	3.5～4.5	2.7～2.9	2.6	3.7	3.7	2～6
灰分含量/%	1.6～2.1	1.8	1.2～1.8	2	1.6	1.4～2.1
脂质含量/%	2～3	2～3	1.6～2.4	8.7	3.2	4.3～8.4
碳水化合物含量						
淀粉/%	58～64	63～72	50～64	54.9～55.8	77	61～78
纤维素/%	15～17	10～13	8	11～13	3.5	9.5
戊聚糖(全谷物)/%	6.6～9.6	4.3～6.6	1.2～4.7	2.0	1.4～2.4	5.8～6.7
戊聚糖(胚乳)/%	3.6～4.2	1.4～2.5	n/a	n/a	n/a	n/a
β-葡聚糖(全谷物)/%	2.0～2.6	0.6～0.8	3.6～5.9	4.4～6.3	0.11	0.3
β-葡聚糖(胚乳)/%	1.5～2.0	0.2～0.4	n/a	n/a	n/a	n/a
还原糖/%	1.3	2.0	n/a	n/a	0.8～1.5	1～3
矿物质(每100g)						
磷/mg	359～422	150～540	270	502	344	290
钾/mg	387～520	290～620	319	425	281	370
钙/mg	31～70	5～122	27	59	25	30
镁/mg	92～130	90～290	89	158	145	140
铁/mg	2.7～10	2.8～4.2	3.0	4.7	1.8	3.0
铜/mg	0.5～0.9	0.4～2.4	0.43	0.48	0.64	0.4
锰/mg	2.0～7.5	0.5～26	1.3	4.5	3.4	0.5
锌/mg	3.4～3.9	1.9～10	2.3	3.7	2.2	1.4

续表

指标	黑麦	小麦	大麦（青稞）	脱壳燕麦	糙米	玉米
维生素（每100g）						
维生素 B_1/mg	0.46	0.5～1.0	0.26	0.8	0.54	0.38
维生素 B_2/mg	0.18～0.29	0.13～0.31	0.09	0.14	0.08	0.14
烟酸/mg	1.5	4.8～6.4	5.0	0.96	5.58	2.8
泛酸/mg	1.0	0.77～0.91	0.35	1.34	1.54	0.66
维生素 B_6/mg	0.34	0.33～0.47	0.32	0.24	0.68	0.53
叶酸/mg	0.052	0.056	0.019	0.06	0.34	0.03
α-生育酚/mg	1.12～1.20	0.50～1.18	0.34	0.94～1.841	0.13～0.80	0.98～2.11

注：n/a 表示无参考数据

1. 碳水化合物 与所有的禾谷类谷物一样，碳水化合物是黑麦中含量最多的组分，并且黑麦中碳水化合物的主要成分也是淀粉。黑麦的淀粉含量在 60% 左右，主要以两种形式存在于胚乳中，一种是类似于扁豆形状的大颗粒淀粉（颗粒直径约 35μm），另一种则是近似于球形的小颗粒淀粉（颗粒直径约 10μm）。黑麦淀粉具有与小麦、大麦淀粉类似的热学特性（糊化、回生等）。值得一提的是，黑麦淀粉和小麦、大麦淀粉在品质特性上是具有一致性的，在食品制作过程中是可以互相替换使用的。在面包制作过程中，小麦、大麦和黑麦三者淀粉的功能特性是相似的。

2. 蛋白质和矿物质 黑麦蛋白质含量为 10%～15%，中国东北地区种植的黑麦其蛋白质含量最高可达 17.1%。黑麦蛋白质中氨基酸种类丰富，且其总含量普遍高于普通小麦。黑麦中赖氨酸含量高达 0.4%，是普通小麦赖氨酸含量的 1.3～1.6 倍。

黑麦中矿物质含量也很丰富，而且普遍高于普通小麦，钙平均含量是普通小麦的 1～2 倍，铁含量是普通小麦的 2～4 倍。另外，黑麦中还富含硒元素和碘元素。

3. 脂质 黑麦中的脂质含量一般在 2%～3%，不饱和脂肪酸含量比较高，特别是多为不饱和脂肪酸，如 C20:5、C22:6、C18:1～C18:4 等，占脂质总量的 50% 以上。其中，作为人体必需脂肪酸的亚油酸（C18:1）和亚麻酸（C18:3）的含量占 30% 左右，被誉为"脑黄金"的 EPA(C20:5) 和 DHA（C22:6）含量占近 10%。

4. 膳食纤维 膳食纤维被誉为"第七大营养素"，对于人体健康十分有益。黑麦的膳食纤维具有两大特点，一方面，黑麦膳食纤维的含量很高，其平均含量是普通浅色小麦的 2～3 倍；另一方面，在健肠胃、助消化和防抗癌等作用上，黑麦的膳食纤维也是高居所有谷物膳食纤维之首，同时远远超过水果和蔬菜膳食纤维。

5. 木酚素 木酚素，又称木脂素，是组成纤维类复合物的一类多酚化合物，也是植物雌激素的一种。黑麦中木酚素含量较高，而且同时包含开环异落叶松树脂酚和乌台树脂酚两种成分，这是一个与普通小麦的重要区别点，因为普通小麦虽然也含有一定量木酚素，但其中成分仅为开环异落叶松树脂酚。大量研究证实，开环异落叶松树脂酚和乌台树脂酚在人体内可以转变成肠内酯和肠二醇，进而发挥非常良好的防癌抗癌作用，尤其是对于前列腺癌、大肠癌和乳腺癌的防抗效果非常好。

6. 阿魏酸 阿魏酸具有很强抗氧化活性，因为阿魏酸对过氧化氢、超氧自由基、羟基自由基和过氧化亚硝基等都有强大的清除作用，另外还可以抑制产生自由基的酶，促进抗氧化酶的产生。同时，阿魏酸还能保护体内细胞免受过氧化物的侵袭，尤其是羟基自由基和一氧化氮造成的氧化损伤。

7. 烷基间苯二酚　　烷基间苯二酚（ARs）为由国外学者温克特等首次在麦类中发现的一类特殊的酚类化合物。在所研究的诸多谷物里，仅黑麦及小麦等麦类中含有大量的 ARs。ARs 具有多种重要的生物活性作用，如抗细菌（革兰氏阳性菌）、抗肿瘤、抗氧化和稳定细胞膜等，还可以作为食用全麦食品的生物标记。

8. 益生元成分　　黑麦，尤其是黑麦麸，含有极为丰富的果聚糖、戊聚糖、β-葡聚糖和阿拉伯木聚糖等，这些都属于难消化碳水化合物，虽然这些成分难以被人体消化，但具有非常重要的益生元特性，具有调节肠道菌群平衡、降低血中胆固醇、降低餐后血糖的作用，同时还能增加胃肠道的蠕动，促进有害物质排出，对预防肠道疾病具有良好的作用。

主要参考文献

曹亚萍. 2008. 小麦的起源、进化与中国小麦遗传资源. 小麦研究, 29(3): 1-10.

郭予元. 2015. 中国农作物病虫害. 3 版. 北京: 中国农业出版社.

马涛. 2009. 谷物加工工艺学. 北京: 科学出版社.

田建珍. 2011. 小麦加工工艺与设备. 北京: 科学出版社.

徐乃瑜. 1988. 小麦的分类、起源与进化. 武汉植物学研究, 6(2): 187-194.

杨德光. 2007. 特种玉米栽培与加工利用. 北京: 中国农业出版社.

姚惠源. 1999. 谷物加工工艺学. 北京: 中国财政经济出版社.

于国萍. 2010. 谷物化学. 北京: 科学出版社.

周显青. 2011. 稻谷加工工艺与设备. 北京: 中国轻工业出版社.

朱永义. 2002. 谷物加工工艺与设备. 北京: 科学出版社.

Bell GDH. 1987. The history of wheat cultivation. Springer Netherlands, 1987: 31-49.

Delcour JA, Hoseney RC. 2010. Principles of Cereal Science and Technology. 3rd ed. Sao Paulo: AACC Intl. Press.

Dornez E. 2011. Study of grain cell wall structures by microscopic analysis with four different staining techniques. Journal of Cereal Science, 54(3): 363-373.

Hamer RJ, Hoseney RC. 1998. Interactions: The Keys to Cereal Quality. Sao Paulo: AACC Intl. Press.

Khan K. 2009. WHEAT: Chemistry and Technology. 4th ed. Sao Paulo: AACC Intl. Press.

Kulp K. 2000. Cereal Science and Technology. New York: Marcel Dekker, Inc.

Lásztity R. 2000. The Chemistry of Cereal Proteins. Boca Raton: CRC Press, Inc.

MacRitchie F. 2010. Concepts in Cereal Chemistry. Boca Raton: CRC Press, Inc.

Marshall WE. 1994. Rice Science and Technology. New York: Marcel Dekker, Inc.

Morris PC, Bryce JH. 2000. Cereal Biotechnology. Boca Raton: CRC Press, Inc.

Šramková Z. 2009. Chemical composition and nutritional quality of wheat grain. Acta Chimica Slovaca, 2(1):115-138.

Wrigley C. 2016. Encyclopedia of Food Grains. Amsterdam: Elsevier Ltd.

第三章　谷物中的水

第一节　水的结构、性质及相态

水是维持机体正常生命活动所必需的基本物质。水广泛地分布于各类谷物及其制品中，并对谷物及其制品的质量和稳定性有着非常重要的影响。

谷物及其制品中的水通常是以液态形式存在的，冻结后的水则转变为冰。与一些分子质量相近以及原子组成相似的分子（HF、CH_4、H_2S、NH_3 等）相比较，除黏度外，水的其他物理性质均明显不同。冰的熔点、水的沸点比较高，介电常数、界面张力、比热容和相变热（熔化热、蒸发热和升华热）等物理常数也较高，这对谷物加工中可能涉及的冷冻和干燥过程产生重大影响。密度较低的水结冰时体积膨胀（约增大 9%）的特点会破坏谷物制品冻结时的组织结构。水具有比其他液态物质更高的热导值，冰则具有比非金属固体稍高的热导值。在 0℃时，冰的热导值约等于同一温度下水的 4 倍，这表明冰的热传导速率比谷物组织中非流动的水快得多。将水和冰的热扩散值进行比较，发现冰的热扩散速率约为水的 9 倍，当环境条件恒定时，冰的温度变化速率远大于水。因而可以解释在温差相等的情况下，为什么谷物组织的冷冻速率比解冻速率更快。水和冰的物理常数见表 3-1。

表 3-1　水和冰的物理常数

物理量名称		物理常数值	
相对分子质量		18.015 3	
相变性质			
熔点（101.3kPa）/℃		0.000	
沸点（101.3kPa）/℃		100.000	
临界温度/℃		373.99	
临界压力/MPa		22.064（218.6atm[a]）	
三相点		0.01℃和611.73Pa（4.589mmHg[b]）	
熔化热（0℃）		6.012kJ（1.436kcal）/mol	
蒸发热（100℃）		40.657kJ（9.711kcal）/mol	
升华热（0℃）		50.91kJ（12.06kcal）/mol	
其他性质	20℃（水）	0℃（水）	0℃（冰）	−20℃（冰）
密度/（g/cm³）	0.998 21	0.999 84	0.916 8	0.919 3

续表

物理量名称	物理常数值			
黏度/（Pa·s）	1.002×10^{-3}	1.793×10^{-3}		
界面张力（相对于空气）/（N/m）	72.75×10^{-3}	75.64×10^{-3}		
蒸汽压/kPa	2.338 8	0.611 3	0.611 3	0.103 0
热容量/[J/（g·K）]	4.181 8	4.217 6	2.100 9	1.954 4
热导率（液体）/[W/（m·K）]	0.598	0.561	2.240	2.433
热扩散系数/（m²/s）	1.4×10^{-7}	1.3×10^{-7}	11.7×10^{-7}	11.8×10^{-7}
介电常数	80.2	87.9	约 90	约 98

资料来源：江波等，2013
a. 1atm≈1.01×10⁵Pa
b. 1mmHg≈1.33×10²Pa

一、水的结构与性质

（一）水分子

水分子（H_2O）中的氧原子与氢原子成键时，两个氢原子与氧原子的两个 sp^3 成键轨道相互作用，形成两个具有 40%离子性质的共价 σ 键，四个 sp^3 杂化轨道。其中两个 sp^3 杂化轨道为氧原子本身的孤对电子所占据（Φ_1^2，Φ_2^2），另外两个 sp^3 杂化轨道与两个氢原子的 1s 轨道重叠，形成两个 σ 共价键，其中每个 O—H 键的解离能为 4.614×10^2 kJ/mol。定域分子轨道绕着原有轨道轴保持对称定向，形成一个角锥体型的四面体结构，四面体的中心为氧原子所占据，其四个顶点中的两个为氢原子所占据，剩余两个为氧原子的两对孤对电子所占据。水分子两个 O—H 键间夹角为 104.5°，接近完美的四面体夹角 109°28′。氧和氢的范德华半径分别为 0.14nm 与 0.12nm（图 3-1）。以上对水分子的描述只适合于普通的水分子，由于自然界中氧与氢存在同位素，共有 33 种以上 HOH 的化学变体，但这些变体在水中含量很少。

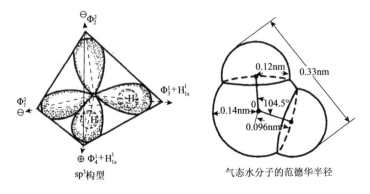

图 3-1　单个水分子的结构示意图（阚建全等，2009）

（二）水分子的缔合作用

氧原子的电负性远大于氢原子，造成氧原子对水分子中 O—H 键的共用电子的强烈拉拽作用，使得氢原子几乎成为带有一个正电荷的裸露质子，整个水分子发生偶极化，形成偶极分子[气态时的偶极矩为1.84D（德拜）]。同时，其氢原子也极易与邻近的另一水分子的氧原子外层上的孤电子对形成氢键，水分子间便通过这种氢键产生了较强的缔合作用。

在水分子中，O—H 成键轨道在四面体的两个轴上（图 3-1），这两个轴代表正力线（氢键给体部位）；氧原子的两个孤对电子轨道位于四面体的另外两个轴上，它们代表负力线（氢键受体部位）。每个水分子最多能够与另外 4 个水分子通过氢键结合（图 3-2）。由于每个水分子具有相等数目的氢键给体和受体，能够在三维空间形成氢键网络结构。因此，水分子间的吸引力比同样靠氢键结合在一起的其他小分子要大得多，如 NH_3 中由 3 个氢给体和 1 个氢受体形成四面体排列，没有相同数目的氢键给体和受体。因此，它只能在二维空间形成氢键网络结构，并且每个分子都比水分子含有较少的氢键。

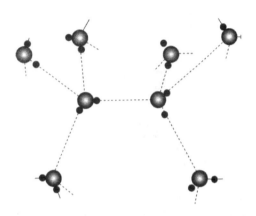

图 3-2 四面体构型中水分子的氢键（虚线表示氢键；大圆和小圆分别表示氧原子和氢原子）（李红等，2015）

水分子的三维氢键缔合，为说明水的异常物理性质奠定了理论基础。水的异常物理性质，与断裂水分子间氢键需要额外能量有关。水反常的介电常数，也与氢键缔合有关，因为水的氢键缔合而生成了庞大的水分子簇，产生了多分子偶极子，从而使水的介电常数显著增大。水的低黏度也与结构有关，因为氢键网络是动态的，当分子在纳秒甚至皮秒这样短暂的时间内改变它们与邻近分子之间的氢键键合关系时，会增大分子的流动性。

与共价键相比，氢键属于弱键，如氢键的键长几乎是 O—H 共价键的键长（0.096nm）的两倍，达到 0.177nm，而其解离能（25kJ/mol）仅相当于大约 5%的 O—H 共价键的解离能。

（三）水的结构

纯水是一种无刚性的、具有一定结构的、排列比气态水分子更有规则的液体。在液态水中，水分子并非以单分子形式存在，而是若干个分子通过氢键缔合形成水分子簇（H_2O）$_n$ 的形式存在，因此，邻近的其他水分子对其取向和运动产生较大的影响。关于水结构的确定模型，目前尚未取得一致，广为接受的主要有 3 种：混合型、填隙式和连续结构（或均匀结构）模型。

混合型结构模型认为：水分子间以氢键形式瞬时地聚集成庞大的水分子簇，并与其他更紧密的水分子处于动态平衡，水分子簇的瞬间寿命约为 10^{-11}s。

连续结构模型认为：水分子间的氢键均匀地分布在整个水体系中，原存在于冰中的许多氢键在冰融化时发生简单的扭曲，由此形成一个由水分子构成的具有动态性质的连续网状结构。

填隙式模型认为：水保留了一种似冰或是笼形的结构，单个水分子填充在整个笼形结构的间隙空间中。

在以上的 3 种模型中，占优势的结构特征是液体水分子以短暂、扭曲的四面体方式形成氢键缔合。所有的模型都认为各个水分子频繁地改变它们的结合排列，即一个氢键快速地终止而代之以一个新的氢键重新形成，而在温度不变的条件下，整个体系维持一定程度的氢键键合和网络结构。

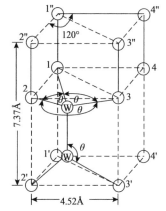

图 3-3　0℃时普通冰的晶胞（圆圈表示水分子的氧原子，Å 为法定计量单位，1Å=10⁻¹⁰ m）（江波等，2013）

（四）冰

冰是由水分子有序排列形成的结晶，水分子间靠氢键连接在一起形成非常"疏松"（低密度）的刚性结构（图 3-3）。从图 3-3 中还可以看出，每个水分子都能缔合另外 4 个水分子，形成四面体结构，所以水分子的配位数为 4。

当从顶部沿着 c 轴俯视几个晶胞结合在一起的晶群时，便可看出冰的正六方形对称结构，如图 3-4A 所示。图中水分子 w 和最邻近的另外三个水分子 1、2、3 及位于平面下的另外一个水分子（正好位于水分子 w 的下面）显示出冰的四面体亚结构。当将图 3-4A 在三维空间上投影时即可得到如图 3-4B 所示的结果。显然，冰结构中存在水分子的两个平行又紧密结合的平面（由空心和实心的圆分别表示）。当冰在受压下"滑动"或"流动"时，它们作为一个单元（整体）滑动，像冰河中的冰在压力下所产生的"流动"。这类成对平面构成冰的"基础平面"，几个"基础平面"堆积可形成冰的扩展结构。图 3-5 表示 3 个基础平面堆积成的结构，沿着平行 c 轴的方向观察，可以看到它具有和图 3-4A 所表示的完全相同的外形，这表明基础平面有规则地排列成了一行。沿着这个方向观察的冰是单折射的，而其余的方向都是双折射的，因此 c 轴也称为冰的光轴。

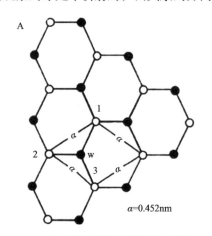

沿 c 轴方向俯视看到的六方形结构

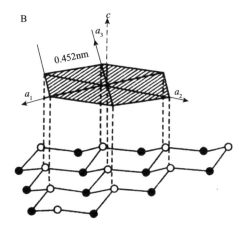

基础平面的立体图

图 3-4　冰的基础平面是由两个高度略微不同的平面构成的结合体（阚建全等，2009）

〇和●分别表示基础平面的上层和下层一个水分子的氧原子

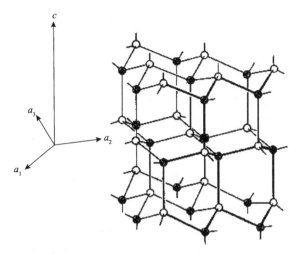

图 3-5 冰的扩展结构（○和●分别表示上层和下层的氧原子）（江波等，2013）

冰有 11 种结晶类型，普通冰的结晶属于六方晶系的双六方双锥体。在常压和 0℃时，只有六方形冰结晶才是最稳定的形式。

冰并不完全是由精确排列的水分子组成的静态体系。实际上，冰晶中的水分子以及由它形成的氢键都处于不断运动的状态。谷物和谷物制品在低温下储藏时的变质速率与冰的"活动"程度有关。

二、纯水的相态

水是地球上唯一的可以三种物理状态同时大量存在的物质。水的状态变化可用相图（phase diagrams）来表征，如图 3-6 所示。相图以压力为纵坐标，温度为横坐标。相图由三面三线一点构成。三面是汽、水、冰三相单独存在的区域。三线（OA、OB 及 OD 曲线）是汽、水、冰相态转换的边界线，在三线所在的位置上，分别有汽-水、水-冰、冰-汽两相共同存在。一点是三线相交的 O 点，即三相点，在此位点汽、水、冰三相共存。此点所在的压力为 611Pa，温度为 0.0098℃。由图 3-6 可知，当我们把压力降低到 611Pa 以下，加热可使冰升华，直接转变为水蒸气，这就是冰冻干燥的原理。OC 是 OA 的延长线，表示 0℃以下的过冷水与水蒸气的平衡曲线，因过冷水是不稳定的状态，故以虚线表示。

通常，水的相态变化，包括变温和恒温两个不同过程。例如，在常压下，对冰加热过程中，将发生冰升温，冰开始融化（冰的熔化点或水的冰点），水升温，水汽化（水的沸点），水蒸气升温的过程。在上述变化过程中，使冰融化为水的热量称为熔化热（heat of fusion），使水汽化为水蒸气的热量称为汽化热（heat of evaporation）。此两部分热量的加入，只使水的相态发生变化，没有温度的升高，此类的热量常称为潜热（latent heat），即熔化潜热（latent heat of fusion）与汽化

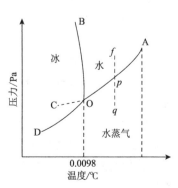

图 3-6 水的相图（张玉军，2007）

潜热（latent heat of evaporization）。与之对应的，无相变时，使冰、水、水蒸气等温度升高的热量则称为显热（sensible heat），比热容就是显热。

第二节　水与非水物质相互作用

谷物及其制品是一个非常复杂的体系。除水以外，谷物中还含有淀粉、蛋白质、脂质、酶等多种物质，谷物的储藏与加工性能及谷物制品的品质，都会在不同程度上受水的影响。因此有必要探讨溶质对各种水分子的本质及行为的影响规律。

一、水与无机盐的作用

与离子或离子基团（Na^+、Cl^-、COO^-、NH_4^+等）相互作用的水是谷物及其制品中结合得最紧密的一部分水，它们是通过离子或离子基团的电荷与水分子偶极子发生静电相互作用（离子-偶极子）而产生水合作用。对于既不具有氢键给予体的位置也不具有接受体位置的简单无机离子，此种结合仅仅是极性作用而已。

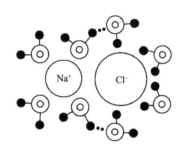

图 3-7　NaCl 邻近的水分子可能出现的排列方式（图中仅表示出纸平面上的水分子）（江波等，2013）

由于水分子具有大的偶极矩，因此能与离子产生强的相互作用。例如，Na^+与水分子的相互作用能（83.68kJ/mol）大约是水分子间氢键键能（20.9kJ/mol）的 4 倍，但低于共价键的键能，pH 变化显著影响溶质分子的解离，从而显著影响其相互作用。图 3-7 表示 NaCl 邻近的水分子（仅指出了纸平面上的第一层水分子）可能出现的相互作用（排列）方式。

在稀盐溶液中，离子的周围存在多层水，离子对最内层和最外层的水产生的影响相反，因而使水的结构遭到破坏，致使最内层的邻近水和最外层的水的某些物理性质不相同，最外层的水与自由水的性质相似。而在高浓度盐溶液中，水的结构与邻近离子的水相同，也就是水的结构完全由离子所控制。

在稀盐溶液中，离子对水结构的影响是不同的，某些离子如 K^+、Rb^+、Cs^+、NH_4^+、Cl^-、Br^-、I^-、NO_3^-、BrO_3^-、IO_3^- 和 ClO_3^- 等，它们大多数是电场强度较弱的负离子和离子半径大的正离子，它们阻碍水形成网状结构，这类盐的溶液比纯水的流动性更大，其中 K^+ 的作用很小。而电场强度较强、离子半径小的离子或多价离子，它们可与 4 个或 6 个第一层水分子发生相互作用，有助于水形成网状结构，因此，这类离子的水溶液比纯水的流动性小，如 Li^+、Na^+、H_3O^+、Ca^{2+}、Ba^{2+}、Mg^{2+}、Al^{3+}、F^- 和 OH^- 等属于这一类。实际上，从水的正常结构来看，所有的离子对水的结构都有破坏作用，因为它们能阻止水在 0℃下结冰。

离子除影响水的结构外，还可通过不同的与水相互作用的能力，改变水的介电常数、决定胶体扩散双电层的厚度及显著地影响水与其他非水溶质和悬浮物质的"相容程度"。因此，蛋白质的构象与胶体的稳定性将受到共存的离子的种类和数量的影响，即通常所说的盐溶和盐析现象。

二、水与极性基团的相互作用

水与溶质之间的氢键键合比水与离子之间的相互作用要弱，但与水分子间的氢键相近。因此，具有形成氢键能力的溶质或许能增加或者至少不破坏纯水的正常结构。但是在某些情况下，溶质氢键键合的位置和取向在几何构型上与正常水的氢键部位是不相容的，于是，这些溶质对水的正常结构也会起破坏作用。尿素就是一个具有形成氢键能力的小分子溶质，由于几何构型的原因，对水的正常结构具有显著的破坏作用。根据类似的理由，可以预料大多数能形成氢键的溶质会阻止结冰。但也应当看到，当体系中加入一种具有形成氢键能力的溶质时，每摩尔溶液中的氢键总数不会明显改变，这可能是由于已断裂的水-水氢键被水-溶质氢键所取代的缘故。因此，这些溶质对水的网状结构几乎没有影响。

水能够与各种合适的基团，如羟基、氨基、羧基、酰胺或亚氨基等极性基团形成氢键。另外，在生物大分子的两个部位或两个大分子之间可形成由几个水分子所构成的"水桥"。图 3-8 为水与蛋白质分子中的两种功能基团之间形成的氢键。

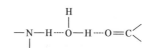

图 3-8　水与蛋白质分子中两种功能基团形成的氢键（虚线）

已经发现，许多结晶大分子中的亲水基团之间的距离与纯水中相邻最近的 O—O 间的距离相等。如果在水化的大分子中这种间隔占优势，将会促进第一层水与第二层水之间相互形成氢键。

三、水与非极性物质的相互作用

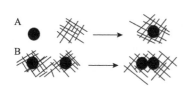

图 3-9　疏水水合（A）和疏水相互作用（B）的图示（黑色圆球代表疏水基，画影线的区域代表水）

把疏水性物质，如烃类、稀有气体、脂肪酸、氨基酸及蛋白质的非极性基团等加入水中，由于极性的差异发生了体系熵的减少，在热力学上是不利的（$\Delta G>0$），此过程称为疏水水合（hydrophobic hydration）（图3-9A）。熵的减少是由于它们与水分子产生斥力，使邻近非极性部分的水-水氢键的增加（水结构增加）所造成的。水对于非极性物质产生的结构形成响应，其中有两个重要的结果；笼形水合物（clathrate hydrate）的形成和蛋白质中的疏水相互作用（hydrophobic interaction）。

笼形水合物是冰状包合物，其中水为"主体"物质，通过氢键形成了笼状结构，物理截留了另一种被称为"客体"的分子。现已证明生物物质中天然存在类似晶体的笼形水合物结构，它们很可能对蛋白质等生物大分子的构象、反应性和稳定性产生影响。笼形水合物晶体目前尚未开发利用。

疏水相互作用，就是疏水基团尽可能聚集（缔合）在一起以减少它们与水分子的接触。这是一个热力学上有利的（$\Delta G<0$）过程，是疏水水合的部分逆转（图3-9B）。

大多数蛋白质中，40%的氨基酸具有非极性侧链，如丙氨酸的甲基、苯基丙氨酸的苯基、缬氨酸的异丙基、半胱氨酸的巯基、异亮氨酸的第二丁基和亮氨酸的异丁基，其他化

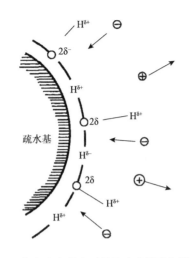

图 3-10　水在疏水基表面的取向（阚建全等，2009）

合物如醇、脂肪酸和游离氨基酸的非极性基等都能参与疏水相互作用，但后者的疏水相互作用的影响不如蛋白质涉及的疏水相互作用那样重要。蛋白质在水溶液环境中尽管产生疏水相互作用，但它的非极性基团大约有 1/3 仍然暴露在水中，暴露的疏水基团与邻近的水除了产生微弱的范德华力外，它们相互之间并无吸引力。从图 3-10 可看出，疏水基团周围的水分子对正离子产生排斥，吸引负离子；这与许多蛋白质在等电点以上 pH 时能结合某些负离子的实验结果一致。疏水相互作用是维持蛋白质三级结构的重要因素，因此，水及水的结构在蛋白质结构中起着重要的作用。

　　如图 3-10 所示，蛋白质的疏水基团因受周围水分子的排斥而靠范德华力或疏水键相互结合得更加紧密，如果蛋白质暴露的非极性基团太多，就很容易聚集并产生沉淀。

第三节　水分活度与谷物及其制品的稳定性

　　谷物及其制品在储藏过程中，由于各种原因，有发生品质劣变，甚至腐败的风险，其主要原因是水的作用。一般来说，同一谷物或同一谷物制品，水分含量越高，其储藏稳定性就越差，然而，不同谷物或谷物制品的水分含量相同时（其他储藏条件也相同），其储藏稳定性可能不同。因此，不能简单地说水分含量相同的不同谷物或谷物制品具有相同的储藏稳定性。在此情况下，引进了水分活度的概念，与水分含量相比，应用水分活度的大小，更能说明谷物及其制品发生腐败的原因。

一、水分活度的定义

　　水分活度是对水分可参与化学反应的有效性的一种反映。例如，若谷物及其制品中相当多的水分和蛋白质分子紧密结合而无法参与水解反应，则水分活度值下降。

　　Lewis 从平衡热力学定律中严密地推导出物质活度的概念，而 Scott 首先将它应用于食品。严格地说，水分活度应按下式定义：

$$A_w = f/f_0$$

式中，f 是溶剂的逸度（逸度是溶剂从溶液逃脱的趋势），而 f_0 是纯溶剂的逸度。在低压（例如室温）下，f/f_0 和 P/P_0 之间的差别小于 1%，因此，水分活度也常用谷物及其制品的水分含量和周围空气的相对湿度来描述，它是谷物及其制品的蒸汽压与同温下纯水的蒸汽压的比值，可用公式表示如下：

$$A_w=P/P_0 = ERH/100$$

式中，A_w 是水分活度；P 是一定温度下谷物及其制品表面的水蒸气分压；ERH=平衡相对湿度；一般说来，P 随体系中易被蒸发的自由水含量的增多而加大。P_0 是相同温度下纯水的饱和蒸汽压，可从有关手册中查出。

对于纯水，其水蒸气压 P 和 P_0 值相等，故 $A_w=P/P_0=1$。然而，一般谷物及其制品不仅含有水，还含有淀粉、蛋白质等非水固形物，其相对水分较少，蒸气压比纯水小，即总是 $P<P_0$，故 $A_w<1$。

关于水分活度的测定方法，可参阅食品化学相关书籍。

二、自由水和结合水

水分活度在谷物及其制品中有时候被定义为自由水（free water）、未结合水（unbound water）、可利用水（available water）。结合水（bound water）或称为束缚水或固定水（immobilized water），通常是指存在于溶质或其他非水组分附近的、与溶质分子之间通过化学键结合的那一部分水，具有与同一体系中自由水显著不同的性质，如呈现低的流动性、在−40℃（显著低于谷物制品的共晶点）不凝固、不能作为所加入溶质的溶剂、在氢核磁共振（HNMR）中使氢的谱线变宽。根据结合水被结合的牢固程度的不同，结合水又可分为：化合水（compound water）、邻近水（vicinal water）和多层水（multilayer water）。自由水（free water）可分为三类：不移动水或滞化水（entrapped water）、毛细管水（capillary water）和自由流动水（free flow water）。

结合水和自由水之间的界限是很难定量地作出截然区分的。只能根据物理、化学性质作定性的区分（表 3-2）。

表 3-2　谷物及其制品中水的性质

项目	结合水	自由水
一般描述	存在于溶质或其他非水成分附近的那部分水，包括化合水和邻近水及几乎全部多层水	位置上远离非水成分，以水-水氢键存在
冰点（与纯水比较）	冰点大为降低，甚至在−40℃不结冰	能结冰，冰点略微降低
溶剂能力	无	大
平均分子水平运动	大大降低甚至无	变化很小
汽化热（与纯水比）	增大	基本无变化
在高水分谷物及制品中占总水分含量/%	0.033～3	约96%

（1）结合水与谷物及其制品中有机大分子的极性基团（如多糖的羟基、蛋白质的羧基及氨基等）通过氢键、离子-偶极键及其他化学键强烈地结合，结合水含量与大分子的数量有比较固定的比例关系。例如，每100g蛋白质可结合的水平均高达50g，每100g淀粉的持水能力为 30～40g。结合水对谷物及其制品的风味起重要作用，当结合水被强行与谷物产品分离时，谷物及其制品的风味和质量就会发生改变。

（2）结合水的蒸汽压比自由水低得多，所以在一定温度（100℃）下结合水不能从谷物及其制品中分离出来。

（3）结合水不易结冰（冰点约-40℃）。由于这种性质，使得谷物的种子和微生物的孢子（几乎没有自由水）得以在很低的温度下保持其生命力；而水分含量较高的谷物制品如冷冻面团等在冰冻后，细胞结构或气室往往被冰晶所破坏，解冻后其内部不同程度地崩溃。

（4）结合水不能作为溶质的溶剂。

（5）自由水能为微生物所利用，绝大部分结合水则不能。

三、水分活度与谷物及其制品的稳定性

虽然在冻结后不能再用水分活度的大小预测谷物及其制品的稳定性，但在冻结之前，谷物及其制品的稳定与否却与水分活度有密切的关系。总的趋势是，水分活度越小，谷物及其制品越稳定，较少出现腐败变质的问题。因此，水分活度是决定谷物储藏期及谷物制品货架期的关键指标。关于水分活度与谷物及其制品的稳定性之间的关系，主要体现在以下三个方面。

（一）水分活度与微生物的关系

就水与微生物的关系而言，谷物及其制品中各种微生物的生长发育，是由其水分活度而不是由其含水量所决定的，即谷物及其制品的水分活度决定了微生物在谷物及其制品中生长与繁殖的时间、生长速率及死亡率。不同的微生物在谷物及其制品中繁殖时对水分活度的要求不同，如图3-11A和表3-3所示。一般来说，细菌对低水分活度最敏感，酵母菌次之，霉菌的敏感性最差，当水分活度低于某种微生物生长所需的最低水分活度时，这种微生物就不能生长。水分活度与微生物生长的关系可以概括为以下几个方面。

表3-3　水分活度与微生物的生长

水分活度	最低水分活度所能抑制的微生物
1.0～0.95	假单胞菌、大肠杆菌、变形杆菌、志贺氏菌属、芽孢杆菌、克雷伯氏菌属、产气梭状芽孢杆菌、一些酵母
0.95～0.91	沙门氏杆菌属、副溶血红蛋白弧菌、肉毒梭状芽孢杆菌、沙雷氏杆菌、乳酸杆菌、足球菌、部分霉菌和酵母
0.91～0.87	假丝酵母、汉逊氏酵母、球拟酵母、小球菌
0.87～0.80	大多数霉菌（产毒素的青霉）、金黄色葡萄球菌、大多数酵母
0.80～0.75	大多数嗜盐细菌、产毒素的曲霉
0.75～0.65	嗜干性霉菌、双孢子酵母
0.65～0.60	耐渗透压酵母和少数霉菌（二孢红曲霉、刺孢曲霉）
<0.50	微生物不增殖

资料来源：卞科，1997

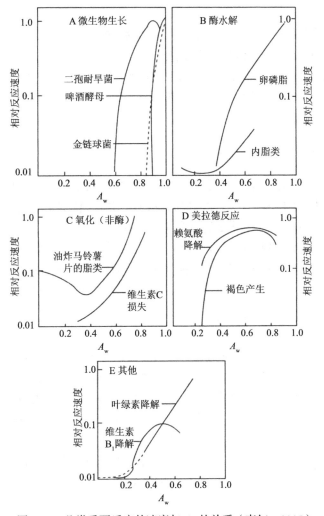

图 3-11 几类重要反应的速度与 A_w 的关系（李红，2015）

（1）水分活度（而不是水分含量）决定微生物生长所需要水的下限值。水分活度在 0.91 以上时，谷物及其制品的微生物变质以细菌为主。水分活度降至 0.91 以下时，就可以抑制一般细菌的生长。水分活度在 0.9 以下时，谷物及其制品的腐败主要是由酵母菌和霉菌所引起的，其中水分活度在 0.8 以下的谷物及其制品的败坏主要是由酵母菌引起的，霉菌在此条件下停止生长。尽管一些适合在干燥下生长的真菌可在水分活度为 0.65 左右时生长，但一般把水分活度 0.70~0.75 作为微生物生长的下限。重要的谷物及其制品中有害微生物生长的最低水分活度在 0.86~0.97。

（2）环境条件影响微生物生长所需要的水分活度。一般而言，环境条件越差（如 pH、营养成分、氧气、压力及温度等），微生物能够生长的水分活度下限越高。因此，在选定谷物及其制品的水分活度时应根据具体情况进行适当的调整。

（3）微生物会发生水分活度的适应性，特别是水分活度的降低是通过添加水溶性物质，而不是通过水的结晶（如冷冻食品）或脱水来实现的情况下更是如此。

（4）如果水分活度是通过添加溶质来实现的，溶质本身可能会起作用，这种作用会使水分活度的作用复杂化。

（5）水分活度能改变微生物对热、光线和化学物质的敏感性。一般来说，在高水分活度时微生物最敏感，在中等水分活度时最不敏感。

（6）微生物产生毒素所需要的最低水分活度比微生物生长所需的最低水分活度高。因此，通过控制水分活度来抑制微生物生长的某些食品中，虽然可能有微生物生长，但在其较低的水分活度下不一定有毒素产生。

（二）水分活度与酶促反应的关系

酶促反应需在酶的催化作用下进行。酶的催化活性取决于酶分子的构象，只有在以水作为介质的环境中，用来维持酶分子活性构象的各种作用力，特别是非极性侧链间的疏水作用力，才能充分地发挥作用。另外，水的存在也有利于酶和底物分子在谷物及其制品内的移动，使之充分地靠拢。谷物及其制品内绝大多数的酶，如淀粉酶、多酚氧化酶、过氧化物酶等，在水分活度低于 0.85 的环境中，催化活性便明显地减弱，但脂酶的活性可保留到 $A_w=0.3$，甚至在 $A_w=0.1$ 的条件下，还能观察到由其催化的脂类水解的反应，如图 3-11B 所示。

（三）水分活度与非酶促反应的关系

水分活度对脂肪非酶促氧化反应的影响较为复杂，见图 3-11C。此反应在水分活度很低时便开始进行，以后随着水分活度升高，反应速度反而降低，降低的趋势一直延续到水分活度为 0.4 左右。从此开始，水分活度升高，反应速度增大，但增大到 $A_w=0.7\sim0.8$ 的最大值后，又出现降低的势头。研究者对这种现象的解释为：水分活度很低时，谷物及其制品中的水与 H_2O_2 结合，防止了它的分解，因此影响了氧化还原反应的进行，$A_w>0.4$ 时，增多的水加大了氧的溶解度，并使大分子膨胀，暴露出了较多的易被氧化的部位，从而加速了氧化作用的进行。在更高的水分活度下（$A_w>0.80$），水分再度增多后，又稀释了反应体系，因而反应速度又开始下降。

非酶促褐变反应即美拉德反应也与水分活度有密切的关系，当水分活度在 0.6～0.7 时，反应达最大值，见图 3-11D。

综上所述，降低食品的 A_w 可以延缓酶促褐变和非酶促褐变的进行，减少谷物及其制品营养成分的破坏，防止水溶性色素的分解。但 A_w 过低，则会加速脂肪的氧化酸败。要使谷物及其制品具有最高的稳定性所必需的水分含量，最好是将 A_w 保持在结合水范围内。这样，可使化学变化难于发生，同时又不会使谷物及其制品丧失吸水性和复原性。

四、水分活度与温度的关系

在水分活度的表达式中，P、P_0 等都是温度的函数，因而水分活度也是温度的函数。Clausius-Clapeyron 方程式比较准确地阐明了水分活度与温度的关系：

$$d(\ln A_w)/d(1/T) = -\Delta H/R \ \text{或} \ \ln A_w = -k\Delta H/R(1/T)$$

式中，R 为气体常数，T 为绝对温度；ΔH 为食品在某一水分下的等量净吸附热（纯水的汽化潜热）；k 为样品中非水物质的本质和其浓度的函数，也是温度的函数，但在样品一定和温度变化较窄的时候，k 可看作常数。

由上式可见，温度升高，水分活度增大。在水分含量不变的条件下，测定食品在不同温度下的水分活度，然后以水分活度的对数（$\ln A_w$）对温度的倒数（$1/T$）作图，可得一直线（图3-12）。显然，$\ln A_w$ 随温度变化的程度是水分含量的函数。通过该线性关系可推得某个水分活度下谷物及其制品的温度系数。例如，可以算出，当样品水分活度大于0.5，温度为2～40℃时，测得的温度系数为0.0034/℃。不同的食品，此系数有所不同，一般来说，温度每变化10℃，水分活度变化0.02～0.03。

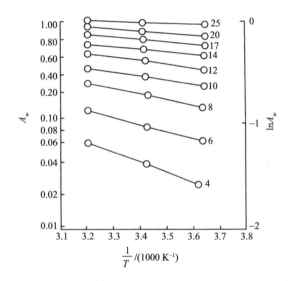

图3-12　Clausius-Clapeyron 关系图（用每克马铃薯干淀粉中的水的克数表示含水量）（李红，2015）

上述试验的温度范围进一步加宽到 0℃以下，可以发现，样品冻结后，直线在结冰的温度时出现转折。对于冻结后的谷物及其制品的 A_w 值，按下面公式计算为宜：

$$A_w = P(纯水)/P_0(过冷水)$$

值得提出的是，冻结前，水分活度是谷物及其制品组成和温度的函数，并以组成为主；冻结后，由于冰的存在，水分活度不再受谷物及其制品中非水组分种类和数量的影响，只与温度有关。

五、水分活度与水分含量的关系

谷物及其制品的水分活度与其水分含量有比较密切的关系。这种关系还因谷物及其制品组成结构的不同而互有差异，吸湿等温线则较为形象地表现了这种关系与彼此间的差异。

（一）吸湿等温线

在温度不变的条件下，以谷物及其制品中的水分含量为纵坐标，以水分活度为横坐标作图，所得曲线即为吸湿等温线，见图3-13。

等温线上较平坦的部分对水不敏感，在此相对湿度区间内，谷物及其制品的吸湿性较差；较陡的部分吸湿性较强，在此区间内，相对湿度的稍微变化就会引起谷物及其制品大量吸湿。图3-13所示为高水分谷物及其制品的吸湿等温线，图中包含了从正常至干燥的整个水分含量范围。这类吸湿等温线由于没有详细地显示最优价值的低水分区的数据，因此，没有很大的用处，通常采用低水分区的吸湿等温线以得到更有价值的曲线，如图3-14所示。

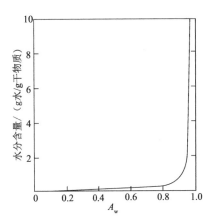

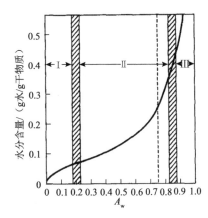

图 3-13　宽水分含量范围的吸湿等温线（阚建全等，　　图 3-14　低水分含量时谷物及其制品吸湿等温线的
　　　　　　2009）　　　　　　　　　　　　　　　　　　　一般形式（20℃）（阚建全等，2009）

通常，吸湿等温线为 S 形，可分为三个区段。区段 I 是吸湿等温线开始时稍陡的一段，这个区段内物料含 0～0.078g 水/g 干物质，水分活度最低，为 0～0.25。区段 I 内，所含的水是与非水组分紧密结合的单分子层水、水合离子的内层水和直径小于 0.1μm 毛细管中凝结的水。这一部分水属于结合水，很难蒸发。这部分水不能作溶剂，–40℃以上不结冰，与谷物及其制品的腐败无关。

区段 II 是吸湿等温线中较为平坦的一段，是对水不太敏感的一段，区段 II 中的水，除保留了区段 I 中的水外，新增多的是非水组分周围的多分子层水，还有直径小于 1μm 的毛细管水。这部分水与谷物及其制品非水组分的结合力稍差，但蒸发能力亦比纯水弱，对物料蒸汽压的贡献也不大。这区段水分活度跨越的范围较大，为 0.25～0.8。新增多的这部分水也不能作溶剂，–40℃以上也不结冰。但在靠近 A_w=0.80 的食品中，新增添的水对样品中的非水组分开始发生溶解作用。并引发了固态组分的膨胀。虽然，对不同谷物及其制品而言，区段 II 内新增添的这部分水的数量会有差异，若把它和区段 I 中的水合计在一起，不论何种食品，都不会超过 0.458g 水/g 干物质。从总体上看，区段 II 中的水也与谷物及其制品的腐败无关，但水分活度接近 0.8 的食品，在常温下就可能有霉烂变质的现象发生。

区段 III 是吸湿等温线中最陡的一段，为毛细管凝结水区，也是表现吸湿性最强的区段，在水分活度（或大气的相对湿度）略有改变的条件下，谷物及其制品的水分含量便有明显的变化。区段 III 中的水，除保留了区段 II 中的水外，新增多的水则属于：自由水中的直径大于 1μm 的毛细管水和被生物膜或生物大分子凝结成的网状结构截留的水。增多的数量，因谷物或食品组成结构的不同而有较大的差异。对于大部分谷物及其制品，含水量增加量为 0.14～0.33g 水/g 干物质，最多的可达到 20g 水/g 干物质。新增的这些水，距谷物及其制品中的非水组分较远，与非水组分的结合力极弱，容易蒸发，可以作溶剂，可冻结成冰，在许多方面与纯水相似，因而是微生物生长繁殖与进行化学反应的适宜环境。

以上三个区段的划分不是绝对的，在相互靠近的区域，可能存在部分重叠。因此，在图3-14 中，三个区段之间不是用线段分隔，而是用狭长的区带来表现这种互相交叉的过程。

（二）吸湿等温线滞后现象

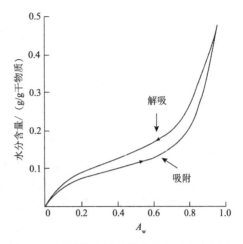

图 3-15　吸湿等温线的滞后现象（阚建全等，2009）

表示水分含量与水分活度间关系的曲线之所以称为吸湿等温线，是因为这些曲线，大多数是在恒温的条件下，把水逐步渗透到干燥的谷物及其制品中，在测定了不同吸湿阶段的水分活度后绘制出来的，这样的等温线也称为回吸等温线。如果沿相反的方向，把高水分含量的谷物及其制品逐步脱水干燥，在测定了不同脱水阶段的水分活度后绘制出的等温线，则称为解吸等温线（图 3-15）。

如图 3-15 所示，同一谷物及其制品的吸湿等温线与解吸等温线并不完全重合，这种现象称为滞后现象。许多谷物及其制品的等温线都有滞后现象，且在同一水分活度时，所对应的水分含量，都是解吸大于吸湿，说明吸湿到食品内的水，还没有充分地被非水组分束缚，没有使谷物及其制品"复原"。以平衡相对湿度表示水分时，可能造成 1.5%～2.0% 的水分差别。

人们已经提出几种理论解释吸附的滞后现象。这些理论涉及的因素包括膨胀现象、局部结构亚稳定、化学吸附、相转变及毛细管现象等，但确切的解释目前尚不存在。

吸附滞后作用在谷物贮藏工作中具有重要的实践意义。它是形成谷堆中水分分布不均匀的主要原因之一。当干燥的谷物与潮湿的谷物混在一起时，就会发生干谷吸湿与潮谷解吸的过程。但这两种水分不会完全拉平，某处水分高，某处水分低，水分高的易产生局部变质，因此，对于不同含水量的谷物应分别加以储藏或处理。另外，谷物干燥后，由于吸附滞后现象其吸附水分较慢，因此，正确掌握干燥贮藏技术，保持密闭条件，以使谷物达到安全贮藏。

需要注意的是，吸湿等温线与温度密切相关，由于温度升高后水分活度加大，同一样品在不同温度下绘制的吸湿等温线，将在曲线形状近似不变的情况下，随温度的升高，在坐标图中的位置顺序向右下方移动。

（三）吸湿等温线方程式

在已确定的描述谷物及其制品的水分吸附等温线的数学模型中，以下几个较具代表性。

（1）改进的 Halsey 模型。

$$\ln A_w = -\exp(C + BT) \times m^{-A}$$

式中，A、B、C 为常数；m、T 分别为食品中的水分含量和温度。

（2）BET（Brunauer，Emmett & Teller）方程。

$$A_w / [m(1 - A_w)] = 1/(m_1 C) + [(C - 1)/(m_1 C)] A_w$$

式中，A_w 为水分活度；m 为水分含量（g 水/g 干物质）；m_1 为 BET 单分子层水值；C 为常数。

（3）Iglesias 方程。

$$A_w = \exp\left[-C\left(m / m_1\right)^r\right]$$

式中，m 为水分含量（g 水/g 干物质）；m_1 为单分子层水值；C、r 为常数。

（4）GAD（Guggenheim-Anderson-de Boer）方程

$$m = Ckm_1 A_w / \left[\left(1 - kA_w\right)\left(1 - kA_w + CkA_w\right)\right]$$

式中，m 为水分含量（g 水/g 干物质）；m_1 为单分子层水值；C、k 为常数。

由于谷物及其制品的化学组成不同和各成分的水结合能力不同，不是所有谷物及其制品的水分吸附等温线均可以用一个方程模型来定量描述。但是，BET 方程是一个常用的经典方程，而 GAD 方程被认为是目前描述水分吸附等温线的最好模型。

第四节　玻璃化转变温度与谷物及其制品的稳定性

自从 Scott 定义了水分活度的概念以来，水分活度在衡量谷物及其制品储藏稳定性和控制微生物生长方面起到了非常重要的作用。通常认为，水分活度高时，谷物及其制品的储藏稳定性差，水分活度低时，谷物及其制品的储藏稳定性好；微生物的生长也与水分活度有直接关系，因此，控制水分活度就可以控制微生物的生长。但是，不同溶质所控制的同一水分活度条件下对微生物生长的影响往往不同，如对诺氏梭菌来说，采用 NaCl 或葡萄糖控制水分活度，在 $A_w = 0.95$ 时细菌停止生长；然而，采用甘油控制水分活度，在 $A_w = 0.935$ 时细菌才停止生长。因此，单独采用水分活度衡量谷物及其制品的储藏稳定性受到了严峻的挑战。20世纪 80 年代后期，越来越多的科学家认识到食品聚合物科学理论——食品玻璃态在谷物及其制品加工储藏等方面的重要性。

一、玻璃态及玻璃化转变温度的定义

水的存在状态有液态、固态和气态 3 种，在热力学上属于稳定态。其中水分在固态时，是以稳定的结晶态存在的。但是复杂的谷物及其制品与其他生物大分子（聚合物）一样，往往是以无定形态存在的。所谓无定形态（amorphous）是指物质所处的一种非平衡、非结晶状态，当饱和条件占优势并且溶质保持非结晶时，此时形成的固体就是无定形态。谷物及其制品处于无定形态，其稳定性不会很高，但却具有优良的谷物及其制品品质。因此，谷物及其制品加工的任务就是在保证谷物及其制品品质的同时，使谷物及其制品处于亚稳态或处于相对于其他非平衡态来说比较稳定的非平衡态。

玻璃态（glassy state）是指既像固体一样具有一定的形状和体积，又像液体一样分子间排列只是近似有序，因此它是非晶态或无定形态。处于此状态的大分子聚合物的链段运动被冻结，只允许在小尺度的空间运动（即自由体积很小），其形变很小，类似于坚硬的玻璃，因此称为玻璃态。

橡胶态（rubbery state）是指大分子聚合物转变成柔软而具有弹性的固体（此时还未融化）时状态，分子具有相当的形变，它也是一种无定形态。根据状态的不同，橡胶态的转变可分成 3 个区域：①玻璃态转变区域（glassy transition region）；②橡胶态平台区（rubbery plateau region）；③橡胶态流动区（rubbery flow region）。

黏流态是指大分子聚合物链能自由运动，出现类似一般液体的黏性流动的状态。

玻璃化转变温度（glass transition temperature，T_g，T_g'）：T_g 是指非晶态的谷物及其制品体系从玻璃态到橡胶态转变（称为玻璃化转变）时的温度；T_g' 是特殊的 T_g，是指谷物及其制品体系在冰形成时具有最大冷冻浓缩效应的玻璃化转变温度。

随着温度由低到高，无定形聚合物可经历 3 个不同的状态即玻璃态、橡胶态、黏流态，各反映了不同的分子运动模式。

（1）当 $T<T_g$ 时，大分子聚合物的分子运动能量很低，此时大分子链段不能运动，大分子聚合物呈玻璃态。

（2）当 $T=T_g$ 时，分子热运动能增加，链段运动开始被激发，玻璃态开始逐渐转变到橡胶态，此时大分子聚合物处于玻璃态转变区域。玻璃化转变发生在一个温度区间内而不是在某个特定的单一温度处；发生玻璃化转变时，谷物及其制品不放出潜热，不发生一级相变，宏观上表现为一系列物理和化学性质的急剧变化，如谷物及其制品的比容、比热容、膨胀系数、导热系数、折光指数、黏度、自由体积、介电常数、红外吸收谱线和核磁共振吸收谱线宽度等都发生突变或不连续变化。

（3）当 $T_g<T<T_m$（T_m 为熔融温度）时，分子的热运动能量足以使链段自由运动，但由于邻近分子链之间存在较强的局部性的相互作用，整个分子链的运动仍受到很大抑制，此时聚合物柔软而具有弹性，黏度约为 10^7Pa·s，处于橡胶态平台区。橡胶态平台区的宽度取决于聚合物的分子质量，分子质量越大，该区域的温度范围越宽。

（4）当 $T=T_m$ 时，分子热运动能量可使大分子聚合物整链开始滑动，此时的橡胶态开始向黏流态转变，除了具有弹性外，出现了明显的无定形流动性。此时大分子聚合物处于橡胶态流动区。

（5）当 $T>T_m$ 时，大分子聚合物链能自由运动，出现类似一般液体的黏性流动，大分子聚合物处于黏流态。

状态图（state diagram）是补充的相图（phase diagram），包含平衡状态和非平衡状态的数据，见图 3-16。由于干燥、部分干燥或冷冻谷物及其制品不存在热力学平衡状态，因此，状态图比相图更有用。

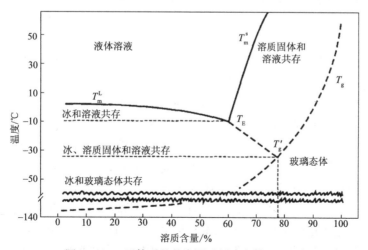

图 3-16 二元体系的状态图（阚建全等，2009）

T_m^L 是融化平衡曲线；T_m^S 是溶解平衡曲线；T_E 是低共熔点；T_g 是玻璃化曲线；T_g' 是特定溶质的最大冷冻浓缩溶液的玻璃化温度。粗虚线代表亚稳态，其他的线代表平衡状态

在恒压下，以溶质含量为横坐标，以温度为纵坐标作出的二元体系状态图如图 3-16 所示。由融化平衡曲线 T_m^L 可见，谷物及其制品在低温冷冻过程中，随着冰晶的不断析出，未冻结相溶质的浓度不断提高，冰点逐渐降低，直到谷物及其制品中非水级分也开始结晶（此时的温度可称为共晶温度 T_E），形成所谓共晶物后，冷冻浓缩也就终止。由于大多数谷物及其制品的组成相当复杂，其共晶温度低于起始冰结晶温度，所以其未冻结相，随温度降低可维持较长时间的黏稠液体过饱和状态，而黏度又未显著增加，这即是所谓的橡胶态。此时，物理、化学及生物化学反应依然存在，并导致食品腐败。继续降低温度，未冻结相的高浓度溶质的黏度开始显著增加，并限制了溶质晶核的分子移动与水分的扩散，则谷物及其制品体系将从未冻结的橡胶态转变成玻璃态，对应的温度为 T_g。

玻璃态下的未冻结的水不是按前述的氢键方式结合的，其分子被束缚在由极高溶质黏度所产生的具有极高黏度的玻璃态下，这种水分不具有反应活性，使整个谷物及其制品体系以不具有反应活性的非结晶性固体形式存在。因此，在 T_g 下，谷物及其制品具有高度的稳定性。故低温冷冻谷物及其制品的稳定性可以用该谷物及其制品的 T_g 与贮藏温度 t 的差（$t-T_g$）来决定，差值越大，谷物及其制品的稳定性就越差。

二、玻璃化转变温度与谷物及其制品稳定性

谷物及其制品中含有淀粉、蛋白质、脂肪等大分子，同时也含有糖类等小分子化合物及水分，而这些组分在谷物及其制品中并非独立存在，而是相互关联、相互作用，因此，谷物及其制品的玻璃化转变十分复杂。

谷物食品中的水分含量和溶质种类显著地影响该类复杂体系的 T_g。不管是小麦粉、小麦面筋蛋白，还是小麦谷蛋白的玻璃化转变温度，都随水分含量的增加而下降。一般而言，每增加 1% 的水，T_g 降低 5～10℃。例如，冻干草莓的水分含量为 0 时，T_g 为 60℃；当水分含量增加到 3% 时，T_g 已降至 0℃；当水分含量为 10% 时，T_g 为 -25℃；水分含量为 30% 时，T_g 降至 -65℃。溶质组成影响玻璃化温度，纯水的玻璃化转变温度为 -135℃，对于纯的、无定形的干燥固体来说，其玻璃化转变温度一般在 0℃ 以上，或接近 0℃。谷物食品的 T_g 随着溶质分子质量的增加而呈比例增高，但是当溶质相对分子质量大于 3000 时，T_g 就不再依赖其分子质量。不同种类的淀粉，支链淀粉分子侧链越短，且数量越多，T_g 也相应越低，如小麦支链淀粉与大米支链淀粉相比时，小麦支链淀粉的侧链数量多而且短，所以，在相近的水分含量时，其 T_g 也比大米淀粉的 T_g 小。谷物食品中的蛋白质的 T_g 都相对较高，不会对食品的加工及贮藏过程产生影响。虽然 T_g 强烈依赖溶质类别和水含量，但 T_g' 只依赖溶质种类。

谷物及其制品中 T_g 的测定方法主要有：差式扫描量热法（DSC）、动力学分析法（DMA）和热力学分析法（DMTA）。除此之外，还包括热机械分析（TMA）、热高频分析（TDEA）、热刺激流（TSC）、松弛图谱分析（MA）、光谱法、电子自旋共振谱（ESR）、核磁共振（NMR）、动力学流变仪测定法、黏度仪测定法和 Instron 分析法。出于 T_g 值与测定时的条件和所用的方法有很大关系，所以在研究谷物食品的 T_g 时，一般可同时采用不同的方法进行研究。需要指出的是，复杂体系的 T_g 很难测定，只有简单体系的 T_g 可以较容易地测定。

表 3-4 是一些谷物与薯类，以及其主要成分——碳水化合物和蛋白质的 T_g' 值。表 3-4 中数据表明，高分子化合物的 T_g' 一般高于低分子化合物的 T_g' 值，谷物及其制品的 T_g' 更接近于高分子化合物的 T_g'，这是由于谷物及其制品以淀粉和蛋白质为主要成分的性质决定的。

表 3-4　部分谷物与薯类、碳水化合物和蛋白质的 T_g' 值

样品	T_g' 值/℃	样品	T_g' 值/℃
羟乙基纤维素	−6.5	异麦芽三糖	−30.5
谷蛋白	−10～−5	麦芽三糖	−23.5
甜玉米	−15～−8	棉子糖	−26.5
糯性玉米（DE 0.5）[a]	−4	蔗糖	−32
木薯淀粉（DE 5）	−6	半乳糖	−41.5
马铃薯淀粉（DE 2）	−5	果糖	−42
马铃薯淀粉（DE 10）	−8	葡萄糖	−43
鲜马铃薯	−12	木糖	−48

资料来源：石阶平等，2008
a. DE 表示葡萄糖当量

总之，对任何谷物及其制品来说，在特定的温度和浓度下的玻璃化转变温度，可以提供一个最佳稳定性温度对水分含量的参考值。

第五节　分子流动性与谷物及其制品的稳定性

分子流动性（molecular mobility，M_m）是分子的旋转移动和平动移动的总度量（不包括分子的振动）。

物质处于完全而完整的结晶状态下其 M_m 为零，物质处于完全的玻璃态（无定形态）时其 M_m 值也几乎为零，其他情况下 M_m 值大于零。决定谷物及其制品 M_m 值的主要成分是水和占优势的非水组分。水分子体积小，常温下为液态，黏度也很低，所以在谷物及其制品体系温度处于 T_g 时，水分子仍然可以转动和移动；而作为谷物及其制品主要成分的蛋白质、碳水化合物等大分子聚合物，不仅是谷物及其制品品质的决定因素，还影响食品的黏度、扩散性质，所以它们也决定食品的分子移动性，故绝大多数谷物及其制品的 M_m 值不等于零。

用分子流动性预测谷物及其制品体系的化学反应速率是合适的，当然也包括酶催化反应、蛋白质折叠变化、质子转移变化、游离基结合反应等。根据化学反应理论，一个化学反应的速率由三个方面控制：扩散系数（因子）D（一个反应要发生，首先反应物必须能相互接触）、碰撞频率因子 A（在单位时间内的碰撞次数）、反应的活化能 E_a（两个适当定向的反应物发生碰撞时有效能量必须超过活化能才能导致反应的发生）。如果 D 对反应的限制性大于 A 和 E_a，那么反应就是扩散限制反应；另外，在一般条件下不是扩散限制的反应，在水分活度或体系温度降低时，也可能使其成为扩散限制反应，这是因为水分降低导致了谷物及其制品体系的强度增加或者是温度降低减少了分子的运动性。因此，用分子流动性预测具有扩散限制反应的速率时很有用，而对那些不受扩散限制的反应和变化，应用分子流动性是不恰当的，如微生物的生长。

大多数谷物及其制品都是以亚稳态或非平衡状态存在的，其中大多数物理变化和一部分化学变化由 M_m 控制。因为分子移动性关系到许多谷物及其制品的扩散限制性质，这类谷物及其制品包括淀粉食品（如面团、糖果和点心）、以蛋白质为基料的谷物制品、中等水分谷物及其制品、干燥或冷冻干燥的谷物及其制品。

在讨论分子流动性与谷物及其制品性质的关系时，还必须注意以下例外：①转化速率不

是显著受扩散影响的化学反应；②可通过特定的化学作用（如改变 pH 或氧分压）达到需宜或不需宜的效应；③试样 M_m 是根据聚合物组分（聚合物的 T_g）估计的，而实际上渗透到聚合物中的小分子才是决定产品重要性质的决定因素；④微生物的营养细胞生长（因为此时 A_w 是比 M_m 更可靠的估计指标）。

第六节　水分与谷物储藏加工的关系

一、水分与谷物储藏的关系

1. 水对谷物呼吸作用的影响　　谷物籽粒脱离植株以后，经过干燥降水，一般处于休眠状态，但其新陈代谢并未停止，仍然进行着呼吸作用。在一般情况下，谷物的呼吸作用是在氧和酶的参与下，籽粒内进行复杂的生物化学变化，分解贮藏物质（如淀粉、三酰甘油等），消耗氧气，产生二氧化碳和水，同时放出能量，以维持自身的生命活动。谷物的呼吸停止，意味着谷物生命力的丧失。呼吸过程中被分解的贮藏物质称为呼吸基质。根据粮食所处环境条件的不同，其呼吸作用可分有氧呼吸与缺氧呼吸两种类型。

谷物呼吸作用的强弱与谷物的水分、温度、粮堆的通气状况及谷物的品质等因素有关。其中，谷物水分的大小是影响谷物呼吸强弱的主要因素。干燥的谷物含游离水极少，呼吸作用很微弱，当谷物中游离水增加时，呼吸作用明显增强，所以，潮湿的谷物呼吸作用很旺盛。谷物的含水量越高，呼吸作用越强。因此，谷物中游离水的增加，是其新陈代谢急剧增强的决定因素。

随着谷物水分的增高，不仅呼吸强度增加，而且呼吸类型也随之变化。当干燥谷物的含水量增加到某一定水平时，其呼吸强度会呈线性急剧增加；此时谷物的水分称为"临界水分"。通常谷物的临界水分为 14%～15%。

2. 储藏过程谷物中的水分迁移　　根据谷物本身含水量的多少及环境温湿度的不同，谷物可以散失本身的水分而变得干燥，或者吸收水分而变得潮湿。已经干燥的谷物，如果存放的地方湿度大、温度高，会吸收空气中的水分而使含水量增高。反之，水分较高的谷物，在温度高、相对湿度小的地方，又会放出水分而使含水量降低。新收获的含水量高的谷物，经过日晒或烘干降低水分，就是这个道理。在贮粮实践中，应经常测定谷物的水分，观察水分变化情况，以便采取措施，改善环境条件，让谷物长期保持结合水水平，保证贮粮安全。

3. 谷物储藏稳定性与安全储藏水分　　在所有影响谷物变质的因素中，起主导作用的是水分。谷物的含水量若能一直保持很低的水平，即使贮藏条件并不很好，谷物也可以贮藏较长的时间而不致变质。据江苏省经验，籼稻水分不超过 14%，只要保管方法合理，其稻谷可以全年不发热、不霉变。如果温度不变，谷物水分的增加，也就是谷物本身的呼吸作用增强，害虫易繁殖及微生物易生长。例如，粮温 15℃的稻谷，其水分在 14%以下，即可抑制害虫繁殖和细菌的生长，谷物本身的呼吸作用也较低，因而可以确保谷物的安全贮藏。

游离水的存在对谷物的安全贮藏是十分不利的，只有当谷物的含水量下降到结合水的范围内，谷物籽粒才能处于休眠状态，生命活动减到最低限度。谷物贮藏实践中规定的各种粮食的安全水分标准，就是在不同的环境条件下，各种粮食的结合水的极限含量。在一般情况下，随着含水量的增加，酶活力上升，呼吸作用增强，贮藏稳定性随之减弱。当水分增加到一定值时，谷物还会生芽。表 3-5 是谷物粮食贮藏的相对安全水分。

表 3-5 常见谷物储藏的相对安全水分（%）

谷物	温度/℃								
	0	5	10	15	20	25	30	35	40
籼稻		18	17	16	15	15	13.5	13	
粳稻		19	18	17	16	16	14.5	14	
大米	18	16 以下	16 以下	16 以下	16 以下	16 以下	16 以下	16 以下	16 以下
小麦	18	17	16	15	14	13	12		

4. 谷物干燥 干燥了的谷物含水量大大减少，细胞原来所含的糖分、酸、脂类、蛋白质等浓度升高，渗透压增大，导致入侵的微生物发生质壁分离现象，使其正常的发育和繁殖受到抑制或停止，防止谷物腐败变质，延长贮存期。一般来讲，干燥的谷物水分含量要求降低到使酶的活动和微生物、害虫等所引起的质量下降可忽略不计时的含水量，即谷物的相对安全水分。关于谷物干燥的原理及干燥条件对谷物品质的影响等内容可参阅粮油储藏加工工艺学相关书籍，本节不再赘述。

二、水分与谷物加工的关系

(一)小麦

1. 小麦各组分的吸水性 小麦要获得最佳加工性能，需要在加工的前段（清理后研磨前）进行恰当的水分调节。小麦就其籽粒结构来说包括胚（1.4%～3.8%）、麦皮（4.6%～6.4%）、糊粉层（6%～8.9%）和胚乳（77%～85%）。胚和麦皮主要由管状细胞组成，组织结构疏松多孔，吸水能力较强；麦皮和胚能够快速吸水并容纳其自身质量 80%的水（约等于整个麦粒的 8%），可称为小麦的蓄水池。糊粉层中的蛋白质对水的快速迁移有阻碍作用，因此渗透速度较慢。胚乳主要由淀粉和蛋白质基质组成，结构紧密，吸水性最差。

2. 水分的渗透速率及其影响因素 目前，国内外主要用水分渗透到籽粒中心所需时间来反映水分的渗透速度，影响渗透速度的因素主要有原粮状况和环境状况。原粮状况主要包括原始水分、粒度、胚乳的组织结构及籽粒中各化学成分等；环境因素主要包括温度和湿度。

Moss 曾研究指出，吸水速度与初始水分正相关，这也正是多次润麦所需时间比一次润麦短的真正原因。

籽粒大小方面，小颗粒比大颗粒吸水速度快，原因是小颗粒具有较大的比表面积。

小麦胚乳的组织结构特性是影响水分渗透速率的重要因素。粉质胚乳疏松多孔，结构不规则，蛋白质分布不连续，故水分渗透作用较强；而角质胚乳结构规则紧密，蛋白质分布连续，故水分渗透作用很弱；同样是粉质胚乳的小麦，渗透速率取决于胚乳结构的规则性，结构较规则的胚乳渗透作用较弱。对于硬度与角质率正相关的小麦（如红麦），水分在小麦籽粒中的渗透速度与小麦的硬度呈负相关。另外，研究者还发现珠心层的透水性较差，严重阻碍了水分向籽粒内部的渗透，这可能是因为珠心层多呈玻璃态分布，结构较紧密。

小麦籽粒中各化学成分的性质、含量及分布也是影响渗透速率不可忽视的因素。蛋白质的吸水量大于淀粉，但其吸水速度非常慢。研究发现，去掉小麦的皮层，水的渗透速度可提高到原来的 3 倍。此外，麦皮乃至亚糊粉层及胚乳中的一些化学成分也会影响水分的渗透速度，如麦皮中的油脂和亲水戊聚糖阻碍着水分的渗透；麦皮中阿拉伯木聚糖的分支程度越高，对水的阻碍越大。事实上，小麦多用打麦机、擦麦机进行清理，麦皮受到破坏，水分可直接通过皮层进入胚乳，这样能提高水分的渗透速度。

环境对渗透速度的影响主要体现在温度和湿度上。大量研究表明，升温能够加快渗透；湿度越大，越有利于水分渗透。在 20～43℃，每升高 12℃，水的渗透速度就会增加 3 倍，当在 43℃以上时，增幅则较小。

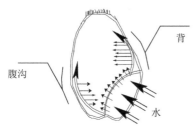

图 3-17　水进入麦粒的推理模型

3. 水分在籽粒中的渗透路线　研究表明，调质过程中胚首先吸水。如果小麦一直浸在水中，大量水通过胚进入胚乳中，而实际调质中，小麦并未一直浸在水中，所以，水是从胚和皮层同时向糊粉层再向胚乳中慢慢扩散的，水分在背部的渗透速度大于腹沟处，原因可能是背部的细胞壁较密集，故毛细管作用较强。不同小麦品种的渗透路线是相同的。水分渗透过程中，由背部及腹沟处的糊粉层作为主渠道，向上扩散至绒毛一端，同时，水分由胚乳细胞壁作为次渠道向麦粒中心扩散，水分在沿细胞壁传播的同时，向周围的淀粉细胞内渗透，见图 3-17。

4. 水分在籽粒中的分布　有学者利用三维磁共振技术研究了调质前软麦籽粒内部水分分布的情况，结果表明，胚乳中的水分含量分布很不均匀，且不呈梯度分布，当小麦平均水分为 12%（湿基）时，水分含量变化为 7.3%～16.4%（湿基），相差达 9.1 个百分点。因此，小麦的着水润麦对制粉有着重要的意义。润麦 2h 后，胚乳中水分梯度分布，每隔 1mm 的距离，水分相差 4%；6h 后水分差降为 2%，24h 后水分便完全达到平衡，且水分分布与加水量无关。另外，在高水分的区域，仍然有一些淀粉颗粒没有吸水，其原因有待于进一步研究。

5. 调质过程中小麦籽粒结构的变化　在调质过程中，皮层以纤维为主，吸水后韧性增加且脆性减弱，从而保证了研磨过程中麦皮的完整性，减少了小麦粉中的麸星含量，有利于提高小麦粉的精度，降低小麦粉灰分。胚乳主要由淀粉粒与蛋白质组成，二者的吸水膨胀系数是不同的。因此，小麦吸水后，蛋白质和淀粉粒之间会产生位移，使胚乳结构变得疏松，不但容易把胚乳研磨成一定的细度，而且大大降低磨粉间的电耗。另外，由于胚乳和皮层膨胀系数的不同，在它们之间也会产生微量位移，从而使皮层和胚乳之间的结合力降低，这有利于皮层、胚乳的分离。最近研究发现，随着水分含量的增加，淀粉的结晶度逐渐增加，最终会达到一个平衡值（约 45%）；当水分大于 19.4% 时，淀粉颗粒中的无定型区域处于橡胶态，其 X 射线衍射图形仅由微晶区域形成；再增大水分含量，又会同时出现结晶区和无定型区的同时分离。当然，上述结果只是针对纯淀粉，而对小麦籽粒中淀粉的变化情况，有待于进一步研究。

6. 调质处理对制粉特性的影响　现代小麦制粉采用了轻研细磨的工艺，该工艺的特点是尽量减少麦皮的磨碎而将胚乳磨成粉，这就对麦皮和胚乳颗粒的力学性能差异提出了更高的要求，即增加麦皮韧性，保持胚乳脆性，所以要求原粮小麦的皮层和胚乳具有不同的含水量，制粉工艺中的润麦（调质）工序就是为了解决这个问题而设计的。通过润麦，由于胚部吸水最快，皮层次之，胚乳尤其是中心部分吸水最慢，这样就使小麦各部分的含水量不一致。皮层水分较胚乳多，增加了皮层的韧性，避免麦皮破碎混入粉中降低面粉质量。表皮润湿的小麦入磨，先经磨碎，然后通过筛选，使麸皮与面粉分开。从而保证出粉率和面粉品质。但若水分过高，胚乳难从麸皮上刮净，又会影响出粉率，还易堵塞筛孔，造成管道堵塞，增大动力消耗，操作管理发生困难等。因此，为了使入磨小麦的水分达到制粉工艺的要求，需要对原粮小麦进行水分调节，一般要求入磨软质小麦的水分达到 14%～15%，硬质小麦的水分达到 15%～17%。

此外，小麦粉必须在水的作用下才能形成面筋，以便揉制面团，制作面条、饼干、面包等多种面食品。

（二）稻谷

谷物加工时，要求谷物的含水量适宜，过高或过低都会影响谷物的物理性质和工艺品质，对加工不利。就制米而言，如果水分过高，稻粒硬度低，则容易碾碎，使碎米增多，从而降低出米率，还会造成清理困难，增加动力消耗；如果水分过低，也容易产生碎米，降低出米率。一般稻谷加工的标准水分是 13.5%～16.0%，籼稻较粳稻为低。

稻谷经砻谷处理，将颖壳去除，得到的籽粒称为糙米；糙米往往要经过碾米加工，除去部分或全部皮层才能得到通常食用的大米。为区别于糙米，这样的大米也称白米或精白米。

1. 糙米的调质　　糙米调质就是在一定的温度下对糙米进行喷雾着水，并将着水的糙米在糙米仓内进行一定时间的湿润，使得糙米皮层和胚软化的过程。糙米调质的目的是使糙米皮层吸水膨胀柔软，形成外大内小的水分梯度和外小内大的强度梯度，使皮层与胚乳结构产生相对位移，糙米外表面的摩擦系数增大。

从大米的生物学结构来看，大米基本是由淀粉组成的，而淀粉主要蕴藏在胚乳中，胚乳是一种复合淀粉，呈球形或椭球形，其内包含着 20～60 个小淀粉颗粒。在电子显微镜下，可以看见胚乳表面有许多小洞，在胚乳细胞内淀粉粒与蛋白体本是紧密结合着的，当其分离时就生成了小洞。从宏观上来看，大米粒是由无数淀粉颗粒组成的，正是因为它是一种多孔物质，大米易吸湿和返潮。每当外界环境的湿度高于大米的含水量时，水分就会由环境向大米中转移，也就是吸湿；当外界环境的湿度低于大米的含水量时，水分就会由大米向环境中转移，也就是散湿。通过对糙米进行均匀加湿使得糙米的糠层组织吸水膨胀软化，形成外大内小的水分梯度和外小内大的强度梯度，糠层与大米籽粒结构间产生相对位移，皮层、糊粉层组织结构强度减弱，大米籽粒胚乳结构强度相对增强，糙米外表面的摩擦系数增大，大大减少了碾米过程中的出碎和裂纹，而大米表面也更光滑，使整精米率大幅度提高。此外，调质碾米也改善了碾米过程中因米温升高而导致大米食用品质下降的情况，通过对糙米的水分调节，尤其是水蒸气处理，大米内部蛋白质分解酶活性、脂肪分解酶活性、游离氨基酸含量、糖化酶活性、蔗糖和各种还原糖含量都有一定的变化，这对于大米的食用品质的改善有较大的作用。

糙米的调质处理技术就是利用以上原理，采用调质机将适量的净水通过喷雾方式，均匀地渗透到籽粒的内部，以适当改变其加工品质和食用品质。通过糙米着水，增加糙米皮层与胚乳之间的水分梯度，从而降低破碎率和动力消耗。水分梯度与破碎率、电耗量存在着密切的关系，由于水分进入皮层及胚产生水分梯度，糙米皮层组织和胚吸水膨胀、松软，皮层与胚乳之间产生相对位移，皮层、糊粉层和胚结构强度减弱，减轻了碾米时的机械压力，因而减少了对米粒的破碎和动力消耗。

一般来说，水稻的生长周期很长，在脱粒时正值高温季节，正常年景收获的早籼稻含水量通常低于 13%，该水分值低于所要求的含水量。过干的稻谷，不但使稻谷产量减少，而且裂纹粒多、籽粒变脆、易折断；另外，含水量低的糙米碾白时需要较大的碾削力、擦离力，使得碎米率高、能耗大。因此，对水分含量过低的糙米，在加工过程中需经过着水调质，将其水分含量调整到最适水平，以达到最佳工艺效果，碾出的大米，外观好看，粒面光洁。因此，糙米调质，实际上是将不应当散失的水分重新予以补充，以补偿糙米水分的损失。

2. 润糙调质过程中糙米的变化　　在润糙时间与碾米能耗关系研究中发现，润糙开始后水分由表皮层向胚乳层逐渐渗透，使糙米的硬度逐渐下降而韧性提高，随着润糙时间的进一步延长，水分由皮层向胚乳层渗透，而皮层的硬度随水分的降低又有所回升，根据实验结果可以认为糙米的各层水分在 450min 以后基本均匀。

润糙过程中水分由糙米皮层向胚乳渗透，润糙开始后皮层由于水分的增加其硬度逐渐下降而韧性逐渐升高，这就产生了碾米试验中整精米率上升、裂纹率及碎米率下降的现象；当水分完成皮层（或称需碾削的糠层）渗透、由外及内达到恰当的水分梯度时，整精米率达到最大值而裂纹及碎米率降至最小值；当水分进一步向胚乳层渗透的过程中，皮层（或称需碾削的糠层）的硬度又有所回升，这也导致了试验中当调质时间增加到一定时间时，其裂纹率及碎米率反而又有所上升、整精米率下降的现象；当糙米内外水分完全均匀一致时，整精米率、裂纹率及碎米率保持在一个稳定值。

糙米经着水调湿和润糙后，会发生以下变化：①由于糙米皮层与胚乳中化学成分及组织结构不同，其吸水速度、吸水能力、吸水膨胀程度等有差异，在界面上会产生一定程度的位移，使皮层与胚乳的结合力下降，皮层易碾除。②皮层润湿后，糙米表面的摩擦因数增大，在相同的碾白压力下擦离作用增加，易于碾白。③保证大米的水分含量合乎国家标准的要求，大米的食用品质得到一定的改善。

（三）玉米

玉米的加工方法根据所获得的主要产品不同可分为干法加工与湿法加工。干法加工其主要产品有玉米糁、玉米粉、玉米胚；湿法加工的产品主要是玉米淀粉及其副产品。与干法加工相比，水分对湿法加工的影响更加明显。在玉米湿法加工的整个工艺过程中，水分的影响是方方面面的，这其中，影响最大的无疑是对浸泡工序及洗涤工序的影响。

玉米浸泡是玉米淀粉生产中重要的工序之一。浸泡过程的正确与否不仅决定以后各道工序过程，而且对整个生产的数量和质量指标都有影响。浸泡的目的是改变胚乳的结构和物理化学性质，削弱淀粉的黏着力，降低籽粒的机械强度，浸泡出部分可溶性物质抑制随玉米带来的微生物的有害活动。在湿法加工过程中，水所起的主要作用包括如下几个方面。

（1）在浸泡工序，水作为添加的亚硫酸及溶出物的溶剂，以及作为传递力的介质。玉米胚乳中的淀粉和蛋白质结合得较牢固，要释放出淀粉，需要削弱淀粉颗粒与蛋白质之间的结合，以利于随后的玉米磨碎工序。在玉米浸泡时，水分通过毛细管渗透进入胚乳，籽粒吸水后受静压力而发生膨胀，玉米籽粒强度及其结构遭到破坏。在这个过程中，溶解于水中的亚硫酸可以断裂玉米蛋白的二硫键，使得蛋白质分子解聚，并使部分不溶性蛋白质转变成可溶的。亚硫酸还能使胚芽钝化，加快可溶性物质向浸泡水中渗透。

（2）在玉米的破碎及胚的分离与洗涤、浆料的细磨与纤维的分离、淀粉与蛋白质的分离及淀粉的洗涤等工序中作为分离和洗涤的介质。例如，利用常压曲筛对胚进行洗涤，或者利用压力曲筛对纤维进行洗涤时，需要加干净的工艺水将淀粉从胚和纤维上洗脱下来。淀粉的洗涤通常采用离心机分离，通过加入净水，随后进行离心分离，利用蛋白质与淀粉相对密度不同而将其分离。实际上，在玉米湿法加工过程中，水分除了上述技术上的重要作用外，耗水量还是工厂的一项非常重要的技术经济指标，由于水资源的日益短缺，能循环利用工艺水从而减少洗涤过程中清洁水的消耗的新工艺，是当前及今后玉米湿法加工研究的一个重点领域。

（3）在淀粉的干燥中作为传热介质。精制后淀粉乳的脱水通常是在卧式刮刀离心机或自动卸料式三足离心机中进行的。经脱水后湿淀粉含水38%左右，脱下的水返回蛋白分离工序中。脱水后的湿淀粉可采用气流干燥系统进行最后的干燥，将其水分含量降到14%以下的安全水分含量。

（四）大麦

大麦最主要的用途是制麦芽。简单地说，制麦芽就是进行控制性发芽，然后对萌芽种子进行控制性干燥，其目的是为了产生高的酶活性和特有的风味，并保持最少的干重损失。制麦芽时，主要包括清理、浸渍、发芽及烘干4个工序，其中后3个工序和水分的关系极其密切。

1. 浸渍　浸渍是在水中浸泡麦粒的过程，其主要目的是使水渗透入麦粒。通常，浸渍完成时要求麦粒水分增至42%～44%的平衡值，此时，细胞中的静水压力等于细胞液的渗透压力。水分向麦粒中心渗透是很重要的。由于水分是以扩散作用的方式向麦粒内部渗透的，因此，浸渍是一个缓慢的过程。浸渍所需的时间取决于水分所需扩散的距离。因此，极饱满的麦粒比一般饱满的麦粒需要较多的时间，这就是为什么要在清理阶段将麦粒按饱满度分级的道理。影响水分渗透时间的其他主要因素是浸渍温度。在较高的温度下，由于水分扩散速度较快，所需要的渗透时间较短。

若浸渍时间太短，大麦浸渍不足，这就意味着麦粒吸水不充分，麦粒中心过干并导致所制麦芽质量差。另外，浸渍过度并不是指水分吸收过量，此时水分含量仍在平衡值，主要是由于浸渍过度延长了麦粒浸泡的时间，推迟了萌芽，促进了霉菌和细菌的生长，产生不良的气味。可采用下列措施预防浸渍过度：对浸渍麦粒进行连续通风或间歇通风，空气能阻止霉菌的厌氧呼吸。并从水中除去二氧化碳（二氧化碳能降低 pH，有利于细菌的生长）；也可将浸渍的麦粒进行搅拌或上下翻动，这样可防止互相接触的麦粒之间集结细菌；用石灰调节水的 pH，定期或连续更换浸渍用水。总之，采取以上措施都是为了控制微生物的生长及防止产生不良气味。

2. 发芽　浸渍充分之后，从水中取出麦粒，置于发芽床上进行发芽。从生理学的观点看，发芽是新植株开始形成的过程，形成两条小根和一根初生茎。发芽一般要经过4～5天，在此期间，应用潮湿的空气对谷物发芽床进行强制通风，气流可连续或间断地送入，温度保持在12℃左右。在发芽期内，谷物发芽床一般要用水润湿两次，用水量约为 0.125kg/kg 谷物。

新植株的生长借谷粒水分、温度和通过发芽床的气流量来控制，其目的是以最低的生长率获得最大的酶活性高的麦芽产量。在较高的温度下发芽，新植株的生长速率高，但酶活性和麦芽产量都低。凭一般经验，当初生茎达籽粒的 1/3 长时，发芽过程即告完成。

3. 烘干　　发芽之后，绿麦芽（不是颜色为绿色，而是不干）含水约 45%，此时要通过干燥使其成为可贮藏的产品，并且使其特有的麦芽风味更浓。在发芽期间，随着新的植株开始生长，大量的酶活跃起来，即酶被激活了。通常，当我们想到麦芽的时候，就会想到：α-淀粉酶和 β-淀粉酶。毫无疑问，在麦芽中，这两种酶是非常重要的，然而它们只不过是两种大量存在的酶而已。问题在于绿芽的干燥既要除去其水分而又不损害酶活性。

在含水量高时，许多酶对热敏感。在不同含水量时，蛋白质的可溶性均随温度上升而下降，但是高水分变性更加严重。通常，酶活性受影响的情况和蛋白质可溶性受影响的情况一样。因此，为了保护酶的活性，加热绿麦芽必须仔细，而且只能在低温下进行。随着水分的除去，温度可逐步提高。当麦芽水分含量降到比较低时，温度可增高到发生褐变反应的程度，这样可使麦芽产生其特有的香味。生产的麦芽，其颜色相当深，有一些用于制黑啤酒。另一种产品干燥成稳定的绿色麦芽。在一般情况下，酶活性和风味与颜色之间需综合考虑，如果想得到高的酶活性，就必须在风味上让步；如果主要考虑风味，就必须在酶活性方面让步。麦芽制作期间，重量损失为 7%～10%。

生产的麦芽一部分用硫进行漂白（在干燥初期用二氧化硫处理）。二氧化硫处理除对颜色有影响外，还增加麦芽中的可溶性蛋白质和蛋白酶的活性。麦芽的用途很广，当然最重要的用途是用于酿造和蒸馏产品的生产。其他重要的用途是作为烘焙工业中的酶源，在早餐食品工业中主要作为一种风味剂。

（五）其他谷物

除了上述提及的谷物外，制造各种其他谷物食品时，也离不开水的作用。例如，在燕麦片等谷物食品加工中所涉及的成型及熟化等工序，必须有水的参与。水还是谷物食品中各种水溶性辅料或添加剂的溶剂，要做出各种各样、风味不同的面制食品，必须将各种辅料或添加剂溶于水中，再加到原料中去。

主要参考文献

江波, 杨瑞金, 钟芳, 等. 2013. 食品化学. 4 版. 北京: 中国轻工业出版社.

阚建全, 段玉峰, 姜发堂. 2009. 食品化学. 北京: 中国计量出版社.

卜科. 1997. 水分活度与食品储藏稳定的关系. 郑州粮食学院学报, 18(4):41-48.

石阶平, 霍军生, 韩雅珊. 2008. 食品化学. 北京: 中国农业大学出版社.

李红. 2015. 食品化学. 北京: 中国纺织出版社.

张玉军. 2007. 物理化学. 郑州: 郑州大学出版社.

第四章　谷物中的碳水化合物

第一节　碳水化合物分类及应用

碳水化合物是自然界中最为广泛的一类化合物，它提供人类膳食 70%～80% 的热量。碳水化合物具有不同的分子结构、大小和形状，使其具有不同的性质，可应用到不同的领域。自然界中的天然碳水化合物大多数是以高聚物（多糖）的形式存在，单糖和低分子质量的碳水化合物含量很少，一般分子质量较低的碳水化合物常由多糖水解得到。碳水化合物可分为单糖、低聚糖（DP2～15，DP 代表聚合度）和多糖（DP>15）。碳水化合物的分子组成一般可用 $C_n(H_2O)_m$ 的通式表示，但后来发现有些糖如鼠李糖（$C_6H_{12}O_7$）、脱氧核糖（$C_6H_{10}O_4$）等并不符合上述通式，并且有些糖还有含有氮、硫、磷等成分。显然用碳水化合物的名称来代替糖类名称已经不适当，但由于沿用已久，至今还在使用这个名称。根据碳水化合物的化学结构特征，碳水化合物的定义为多羟基醛或者酮及其衍生物和缩合物。

碳水化合物与食品加工、烹调和保藏有着很密切的关系，其低分子糖类可作为食品的甜味剂，如蔗糖、果糖等。大分子糖类物质因能形成凝胶、形成糊而广泛应用于食品作为增稠剂、稳定剂，如淀粉、果胶等，此外，它们还是食品加工过程中香味和色素的前体物质，对产品质量产生影响。

碳水化合物是谷物中含量最多的成分，通常占谷物干基的 50%～80%。谷物中的碳水化合物不仅对谷物的品质、加工和应用等具有重要的影响，同时谷物碳水化合物可转化为很多工业产品。谷物是生产淀粉的主要原料，淀粉是一种重要的工业产品，被广泛应用到食品、医药等行业，同时谷物淀粉可进一步转化为淀粉糖、乙醇、有机酸等产品，因此，谷物碳水化合物是一类非常重要的物质。

碳水化合物分为可被人体利用的碳水化合物及不能被人体利用的碳水化合物，可被人体利用的碳水化合物包括淀粉和可溶性糖类，不能被人体利用的碳水化合物包括组成谷物细胞壁结构的多糖，如阿拉伯木聚糖、β-葡聚糖、纤维素，以及其他的一些复杂多糖。

谷物中的碳水化合物可以按照常规分类方法分为单糖、低聚糖和多糖。谷物中主要的单糖为己糖和戊糖，己糖主要是葡萄糖和果糖，戊糖主要是木糖和阿拉伯糖。蔗糖和麦芽糖是谷物中重要的双糖。谷物中游离单糖及低聚糖含量较少，一般在 1%～2%。谷物中 95% 的碳水化合物是多糖类物质，主要是淀粉。另外，谷物中还含有丰富的复杂多糖，是自然界中复杂多糖来源最为丰富的一类原料。由于谷物多糖组成不同、结构不同，理化性质和功能特性也不同。谷物中由于淀粉及复杂多糖含量丰富，因此成为食品、医药、化工等行业产品生产的主要原料。

淀粉是谷物中含量最为丰富的一类碳水化合物，为人类膳食提供能量和营养。淀粉是食品行业、医药行业以及化工行业重要的一类物质，其除了为人类膳食提供能量外，由于其本身具有的特性可赋予食品特定的质构和加工性能，因此，其作为一种食品加工助剂被广泛应用，尤其是应用到各类粮食制品中。除了薯类（马铃薯、红薯及木薯）被用来广泛作为生产淀粉的原料外，在各类谷物中，玉米是工业上生产淀粉的主要原料，除了玉米之外，小麦也越来越受到重视作为淀粉生产的原料，另外，大米、大麦、高粱等也被用于生产淀粉。由于淀粉在食品、医药以及化工等行业的广泛应用，淀粉还经常被改性用于生产不同的改性淀粉，使其更适于在不同行业的应用。另外，淀粉可进一步通过水解生产果葡糖浆、麦芽糖浆、麦芽糖、蔗糖、葡萄糖、果糖等淀粉糖类产品，也可进一步通过发酵生产乙醇、柠檬酸等产品。谷物中多糖除了淀粉外，还含有 10%左右的组成谷物细胞壁的结构多糖，主要是半纤维素（又称戊聚糖、阿拉伯木聚糖）、β-葡聚糖、纤维素。这类物质因为不能被人体消化系统消化，被称为谷物非淀粉多糖，是组成膳食纤维的主要物质。该类物质虽然不能够被人体消化系统吸收，但是由于它们本身所具有的结构和理化特性，对谷物的品质、加工和食用等具有重要的影响。

第二节　谷物中的单糖和低聚糖

单糖是指不能再水解的最简单的多羟基醛或多羟基酮及其衍生物，按照其官能团的特点，单糖可分为醛糖和酮糖；按所含碳原子数目的不同，单糖可分为丙糖（trioses，三碳糖）、丁糖（tetrose，四碳糖）、戊糖（pentose，五碳糖）、己糖（hexose，六碳糖）、庚糖（heptose，七碳糖）等，其中以己糖、戊糖最为重要，如核糖、脱氧核糖属戊糖，葡萄糖、果糖、半乳糖为己糖。常见的醛糖包括 D-葡萄糖、D-半乳糖和鼠李糖，D-果糖是常见的酮糖。单糖多数以 D-糖形式存在，L-糖数量非常少。D-葡萄糖是最为丰富的碳水化合物，天然存在的葡萄糖成为 D 型，表示为 D-葡萄糖。D-果糖是主要的酮糖，果糖是组成蔗糖的两个单糖之一，在高果糖浆（HFS）中含有 55%的果糖，D-果糖是唯一商品化的酮糖，也是在天然食品中游离存在的唯一酮糖。含有相同数量碳原子的简单醛糖和酮糖互为异构体，通过异构化，D-葡萄糖、D-甘露糖及 D-果糖可以相互转化，异构化可以通过碱或酶进行催化。由于单糖是多羟基醛和多羟基酮，其具有亲水性结构。

低聚糖（oligosaccharide）又称寡糖，是由 2～15 个单糖通过糖苷键连接形成的直链或支链的低度聚合糖类。自然界存在的低聚糖一般不超过 6 个单糖残基。食品中最重要的二糖有蔗糖（sucrose）、麦芽糖（maltose）和乳糖（lactose）。根据组成低聚糖的单糖分子的相同与否分为均低聚糖和杂低聚糖，前者是以同种单糖聚合而成，如麦芽糖、环糊精等，后者由不同种单糖聚合而成，如蔗糖、棉子糖。

谷物中常见的单糖为葡萄糖和果糖，二糖为麦芽糖和蔗糖，另外，谷物中含有非常少量的三糖及其他低聚糖。工业上应用的单糖和低聚糖多数通过多糖水解得到。谷物中通常含有 1%～2%的单糖和低聚糖，主要谷物中单糖和低聚糖含量如表 4-1 所示。谷物发芽时单糖和低聚糖含量会增加，尤其是麦芽糖含量增加，由于单糖和低聚糖具有甜味，谷物发芽后会赋予制品特有的风味。

表 4-1　主要谷物中的单糖和低聚糖含量（%）

样品	葡萄糖	果糖	蔗糖	棉子糖	总量
小麦	0.02～0.03	0.02～0.04	0.57～0.80	0.54～0.70	1.31～1.42
糙米	0.12～0.13	0.11～0.13	0.60～0.66	0.10～0.20	0.96～1.10

续表

样品	葡萄糖	果糖	蔗糖	棉子糖	总量
大米	0.04	0.03	0.14	0.02	0.22～0.45
玉米	0.2～0.5	0.1～0.4	0.9～1.9	0.1～0.3	1.0～3.0
大麦	0.1～0.2	0.1	1.9～2.2	—	2.0～3.0
高粱	0.09	0.09	0.85	0.11	0.50～2.50
燕麦	0.05	0.09	0.64	0.19	1.40
黑麦	0.08	0.10	1.90	0.40	3.20

资料来源：Kulp，2000
注："—"表示没有检测到

　　小麦中的低分子质量游离糖由单糖（葡萄糖、果糖和半乳糖）、二糖（蔗糖和麦芽糖）、三糖（棉子糖）组成。面粉中含有 0.57%～0.80%的蔗糖、0.54%～0.70%的棉子糖、0.02%～0.04%的果糖及 0.02%～0.03%的葡萄糖。小麦发芽后麦芽糖含量会增加，使得其面粉制作的馒头等制品具有特定的香甜风味，我国有些地域如山西省的一些地方仍保留将小麦发芽后制粉然后再制作馒头的传统。

　　大米胚乳及胚中主要的低分子糖是蔗糖，另含有少量的棉子糖、葡萄糖和果糖，大米中主要的还原糖是葡萄糖，据报道大米胚中游离低分子糖含量为 8%～25%，其中还原糖含量为 1%～11%，大米中总游离糖含量为 0.22%～0.45%，米糠中总游离糖含量为 6.4%。在玉米籽粒中含有蔗糖、葡萄糖、麦芽糖、果糖、半乳糖、鼠李糖、甘露糖、木糖等，玉米胚乳中主要的游离糖是果糖和葡萄糖，这两种糖在玉米胚乳中含量基本类似，在成熟的玉米籽粒中游离低分子糖含量为籽粒干物质重量的 2%左右。在大麦中发现至少 9 种低分子糖，其中主要是阿拉伯糖、木糖、果糖、鼠李糖、葡萄糖、蔗糖、半乳糖、甘露糖等，蔗糖是大麦中主要的游离低分子糖。在正常大麦品种中，游离低分子糖含量为 2%～3%，青稞中为 2%～4%，高赖氨酸含量大麦中为 2%～6%，高糖大麦中为 7%～13%。据报道，燕麦中总游离糖含量为 0.5%～2.5%，其中蔗糖是主要的糖（0.64%），其次是棉子糖（0.19%）、果糖（0.09%）、葡萄糖（0.05%），另含有很少量的麦芽糖。高粱中游离单糖含量为 0.05%～0.83%，主要是葡萄糖和果糖，其中葡萄糖含量为 0.2%～1.68%。

第三节　谷　物　淀　粉

一、概　　述

　　淀粉（starch）是以颗粒形式存在于植物体内，是大多数植物的重要贮藏物，植物的种子、根、茎、叶中含量比较丰富，由于其结构紧密，因此不溶于水，但能少量分散于冷水中。主要有玉米淀粉、马铃薯淀粉和木薯淀粉等。由于淀粉是在植物细胞中被生物合成的，因此，淀粉颗粒的大小和形状是由宿主植物的生物合成体系和组织环境所产生的物理约束所决定的。从化学组成上看，淀粉是葡聚糖。从单糖的连接方式来看，淀粉是由两不同连接方式的葡聚糖组成的，即直链淀粉和支链淀粉，它们之间的比例随着来源的不同而不同。一般直链淀粉占 10%～20%，支链淀粉占 80%～90%。

　　淀粉是谷物的主要成分，是谷物赖以生长的主要能源物质，同时也是人类膳食的主要能量来源。由于谷物淀粉自身所具有的特性，使得其应用非常广泛，其可以以完整的谷物淀粉颗粒状态

（原淀粉）进行应用，也可以经过改性进行应用，或转化为淀粉的水解产物等进行应用。当淀粉在水中加热时，会吸收水分发生膨胀，该过程为淀粉的糊化过程，淀粉的糊化过程会引起淀粉和水分散液的流变性质发生巨大变化，糊化的淀粉冷却后的重结晶过程为淀粉的老化过程。淀粉在食品、化工等行业的应用主要基于淀粉在加热及冷却过程中糊化和老化性质的差异。谷物淀粉是以完整淀粉粒形式存在的，在淀粉粒内部，淀粉由直链淀粉和支链淀粉组成，同时，在淀粉颗粒中含有少量的蛋白质、脂质、矿物质等。由于淀粉是谷物中最为主要的一类物质，其对谷物的储藏和加工特性具有重要的影响，同时其对谷物加工产品的品质，以及制品的品质也具有非常重要的影响。通过调节淀粉的特性可以改善谷物的加工性能、谷物制品的品质等。从谷物中分离出的淀粉由于其所具有的功能和营养学特性在食品中被广泛应用，商品淀粉主要来源于玉米、小麦、大米及薯类原料，这些来源的淀粉也可以经过物理、化学改性或物理化学联合改性改变原淀粉的功能特性。原淀粉和改性淀粉在食品中可用作增稠剂、黏合剂、凝胶剂、成膜剂等。

　　谷物是淀粉最主要的来源，淀粉占谷物干基的 50%～80%，小麦中淀粉含量为 60%～75%，其主要存在于小麦胚乳中，占小麦胚乳干基的 75%～80%。小麦中淀粉含量与蛋白质含量成反比关系，蛋白质含量高的硬质小麦其淀粉含量相对较少些，而蛋白质含量低的软质小麦其淀粉含量相对较高些，因此，一般来说，软质小麦的淀粉含量较硬质小麦要高些。小麦淀粉可以通过湿法分离过程从面粉中得到。小麦淀粉可应用于各类面制食品的生产，以及用作食品增稠剂、增黏剂等，同时也可进一步生产改性淀粉或进一步水解和发酵得到各种淀粉水解产品和发酵产品。

　　大米中淀粉含量相对较高些，为 75%左右，大米淀粉由于其自身所具有的功能特性，可被应用于化妆品粉饼、冰激凌及布丁中作为增稠剂。玉米中淀粉含量变化幅度很大，如在甜玉米中淀粉含量在 55%左右，而在硬质玉米中，淀粉含量在 65%～85%。黑麦中含有 70%左右的淀粉，直链淀粉含量在 27%左右。高粱中淀粉含量为 60%～80%，糯性及含糖量较高的高粱品种其淀粉含量较低（表 4-2）。

表 4-2　一些谷物中淀粉含量（%）

样品	淀粉	直链淀粉	戊聚糖	β-葡聚糖	总膳食纤维
小麦	63.0～72.0	23.4～27.6	6.6	1.4	14.6
糙米	66.4	16.0～33.0	1.2	0.1	3.9
大米	77.6	7.0～33.0	0.5～1.4	0.1	2.4
玉米	64.0～78.0	24.0	5.8～6.6	—	13.4
大麦	57.6～59.5	22.0～26.0	5.9	3.0～7.0	19.3～22.6
高粱	60.0～77.0	21.0～28.0	1.8～4.9	1.0	10.1
小米	63.0	17.0	2.0～3.0	—	8.5
燕麦	43.0～61.0	16.0～27.0	7.7	3.9～6.8	9.6
黑麦	69.0	24.0～31.0	8.5	1.9～2.9	14.6

资料来源：Kulp，2000
注："—"表示未检测到

二、谷物淀粉的化学组成

　　谷物淀粉由直链淀粉和支链淀粉两类聚合物组成，直链淀粉和支链淀粉是葡萄糖由 α(1→4) 聚合而成，支链淀粉还含有少量的 α(1→6) 键（4%～5%），组成分支状结构，谷物支链淀粉链长一般为 20～26 个葡萄糖单元。直链淀粉是由 D-葡萄糖通过糖苷键连接而成的线性聚合物，其相对分子质量为 150 000～1 000 000，在直链淀粉的线性结构中含有少量的随机分支结构。直链淀粉分子结构中含有还原端和非还原端，以及单螺旋结构和双螺旋结构，在直链淀粉的双螺旋结构内部通常含有脂类物质。直链淀粉的二级结构和三级结构通常通过氢键及范德华力稳定。直链淀粉在水溶液中有两种特别的状态，第一种是趋向形成分子内氢键，即形成结晶区，第二种状态是在溶液中易形成螺旋结构，当碘与这种淀粉螺旋结构结合可形成淀粉碘络合物，呈蓝色，在640nm 波长下有最大吸收，复合物中淀粉的量约为 81%，此数值或者此性质可以用于淀粉混合物中直链淀粉含量的分析。虽然直链淀粉由葡萄糖单位依次连接而成，但直链淀粉在水溶液中不是完全伸直的，它的分子通常是卷曲或者螺旋状，每个螺旋中含有 6 个葡萄糖残基单位。

支链淀粉是 D-吡喃葡萄糖通过 α-1, 4 和 α-1, 6 两种糖苷键连接起来的带分支的复杂大分子（图 4-1）。支链淀粉整体的结构不同于直链淀粉，它呈树枝状，葡萄糖所形成的链分别为A、B、C 三种链（图 4-2）。链的尾端具有一个非还原性末端。A 链是外链，经 α-1, 6 糖苷键与 B 链连接，B 链又经 α-1, 6 糖苷键与 C 链连接，A 链和 B 链的数目大致相等，C 链是主链，每个支链淀粉只有一个 C 链，一端为非还原端，另一端为还原端，只有这个链上的葡萄糖残基是由 α-1, 4 糖苷键连接的。A 链和 B 链具有非还原端，每个分支平均含 20～30 个葡萄糖残基。分支与分支之间一般相距有 11～12 个葡萄糖残基，各分支也卷曲成螺旋状。

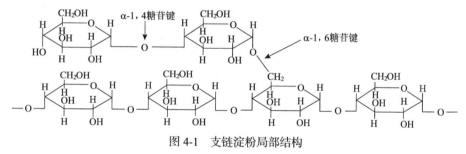

图 4-1 支链淀粉局部结构

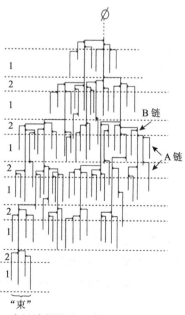

图 4-2 支链淀粉结构示意图（BeMiller, 2009）

　　直链淀粉、支链淀粉的性质不同（表4-3）。不同的谷物中，直链淀粉与支链淀粉的比例有很大差别，从而使谷物淀粉的品质呈现差异性。

表4-3　直链淀粉与支链淀粉的性质比较

特性	直链淀粉	支链淀粉
分子性状	直链分子	分叉分子
聚合度	10～6 000	1 000～3 000 000
末端	一端为还原端，另一端为非还原端	有一个还原端，但有许多个非还原端
碘反应	深蓝色	紫红色
吸收碘量	19%～20%	<1%
老化性质	老化趋势强，溶液不稳定	老化趋势很弱，溶液稳定
复合物结构	与碘或有机物形成复合物	不能与碘或有机物形成复合物
X 射线衍射分析	高度结晶结构	无定形结构
乙酰衍生物	能够形成高强度纤维与薄膜	制成的薄膜很脆

　　大多数谷物淀粉中直链淀粉含量是 20%～30%。不同来源淀粉中直链淀粉含量不同，并且受谷物生长过程中气候和土壤情况的影响。高温可使大米中直链淀粉含量降低，而低温具有相反的作用。玉米淀粉通常含 74%～76%的支链淀粉和 24%～26%的直链淀粉。一些糯性玉米含有超过99%的支链淀粉。玉米直链淀粉的聚合度为 1000～7000。小麦淀粉直链淀粉含量变化范围较窄（23.4%～27.6%），大多数小麦直链淀粉含量约 25%。糯小麦中直链淀粉含量与其他糯性谷物中直链淀粉含量相当，糯小麦淀粉中直链淀粉含量为 1.2%～2.0%；糯玉米中直链淀粉含量为 1.4%～2.7%；糯大麦中直链淀粉含量为 2.1%～8.3%；糯大米中直链淀粉含量为 0～2.3%。糯小麦淀粉的理化特性与糯玉米淀粉相似。

　　大米淀粉中直链淀粉含量可分为以下几类：极低含量（0～9%）、低含量（9%～20%）、中等含量（20%～25%）及高含量（25%～33%）四类。长粒大米淀粉的直链淀粉含量为23%～26%；中等粒大米淀粉的直链淀粉含量为 15%～20%；短粒大米淀粉的直链淀粉含量为 18%～20%。大麦淀粉含有 22%～26%的直链淀粉，其余为支链淀粉。而一些糯大麦仅含 0～3%的直链淀粉，高直链淀粉含量的糯大麦其直链淀粉含量高达 45%。燕麦淀粉的直链淀粉含量与小麦淀粉相似，为 16%～27%，但与小麦淀粉相比，其直链淀粉更线性，而支链淀粉有更多分支。大多数高粱淀粉组成与玉米淀粉相似，含有 70%～80%的支链淀粉和 20%～30%的直链淀粉。蜡质或黏高粱含几乎 100%的支链淀粉，并具有类似于蜡质玉米的独特性质。

　　谷物淀粉含有少量的脂质，通常谷物淀粉中含有的脂质是极性脂质。一般来说，谷物淀粉脂质含量为 0.5%～1%。直链淀粉和脂类化合物之间的交互作用远强于支链淀粉与脂质的交互作用。这可能是极性脂质（如单甘酯、脂肪酸和类脂化合物）与直链淀粉分子形成螺旋复合物，即脂质的烃链与直链淀粉分子螺旋内部相结合。有些谷物淀粉中含有磷和氮等。在谷物中，磷主要以磷酸酯的形式存在，氮通常被认为以蛋白质形式存在，谷物淀粉中这些微量成分的存在会影响谷物淀粉的特性。

三、谷物淀粉颗粒特性及结构

（一）谷物淀粉颗粒特性

淀粉是以颗粒形式存在于植物体内，是大多数植物的重要贮藏物，由于其结构紧密，因此不溶于水，但在冷水中能少量分散于水中。在显微镜下观察，淀粉粒形状大致可分为圆形、椭圆形和多角形 3 种。来源不同的淀粉颗粒大小差别也很大，最大的是马铃薯淀粉，颗粒大小约为 40μm；颗粒最小的为大米淀粉，颗粒大小约为 5μm。同种谷物淀粉的颗粒，大小也不均匀。例如，玉米淀粉的最小颗粒为 2μm，最大颗粒为 30μm，平均大小约 15μm。马铃薯淀粉，大颗粒约为 100μm，小颗粒约为 15μm，平均大小约为 40μm。所有的淀粉颗粒皆显示出有一个裂口，称为淀粉的脐点，是成核中心，淀粉围绕着脐点生长，形成独特的层状结构，称为轮纹。大多数淀粉颗粒在脐点的周围显示独特的层次或生长环。在偏振光显微镜下观察，淀粉粒显现出黑色的十字，这种偏光十字的存在，说明淀粉粒是球状微晶。大部分淀粉分子从脐点伸向边缘，甚至支链淀粉的主链和许多支链也是径向排列的。直链淀粉和支链淀粉如何相互排列尚不清楚，但是它们相当均匀地混合分布于整个颗粒中。

不同谷物来源的淀粉颗粒具有各自特殊的形状和大小（表 4-4 和图 4-3）。淀粉颗粒大小对淀粉的性质具有重要影响，淀粉颗粒大小不同，其糊化、老化及酶解特性等不同，因此有关淀粉颗粒粒径的研究受到广泛的关注，如淀粉颗粒大小决定淀粉作为脂肪替代品的味道和口感，据报道淀粉粒直径为 2μm 或者更小的淀粉颗粒脂肪胶束作为脂肪替代物更具有优势。

表 4-4　3 种谷物天然淀粉与薯类淀粉颗粒性质比较

性质	马铃薯	木薯	玉米	蜡质玉米	小麦
淀粉类型	块茎	根	谷物	谷物	谷物
颗粒形状	椭圆形、球形	截头圆形、椭圆形	圆形、多角形	圆形、多角形	圆形、扁豆形
直径范围/μm	15～100	4～35	2～30	2～30	1～45
直径平均值/μm	40	25	15	15	25
每克淀粉颗粒数目（×10^6）	60	500	1300	1300	2600

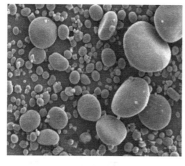
小麦淀粉颗粒

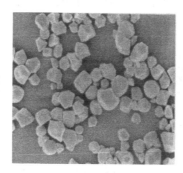
大米淀粉颗粒

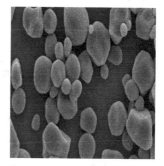
玉米淀粉颗粒

图 4-3　几种主要谷物淀粉颗粒（BeMiller，2009）

淀粉的结晶度、凝胶特性、碘吸附特性和直链淀粉含量等都受到淀粉颗粒大小的影响。随着颗粒从大到小变化，淀粉的结晶度也从大到小变化。支链淀粉的结构也随着颗粒的大小而变化，较大的颗粒含有较少的直链淀粉，而较小颗粒则含有较多的直链淀粉。

小麦淀粉颗粒包含两种基本形式：小球形颗粒（称为 B 淀粉，直径为 5～10μm）和大的卵形颗粒（称为 A 淀粉，直径为 25～40μm）。事实上，在特定的淀粉颗粒大小范围内淀粉粒大小是连续分布的。直链淀粉和支链淀粉混杂在一起，均匀地分布在整个颗粒中。有关小麦 A、B 淀粉颗粒组成，研究结果不同，许多研究认为，A、B 淀粉颗粒的成分和性质相似，但也有研究发现小麦 A、B 淀粉粒组成具有差异性，如有研究发现小麦小颗粒淀粉与碘亲和力较低，表明其直链淀粉含量或一些基本结构存在差异，且小颗粒淀粉的糊化温度范围、水结合能力及对酶的敏感程度都高于大淀粉颗粒。

在小麦中，大淀粉粒重量占胚乳淀粉总重的 70%～80%，而数量却不到胚乳淀粉粒总数量的 10%，工业上生产小麦淀粉的时候，A 淀粉是精制的淀粉，纯度高，含蛋白质等杂质很少；B 淀粉又称为尾淀粉、淤渣淀粉、刮浆淀粉等，是小麦淀粉厂的副产物，数量占胚乳淀粉粒总数量的 90%以上，而重量却不到 30%，A、B 淀粉的粒度相差 8～10μm。对 A、B 淀粉的分离，有微筛法、沉淀法和离心法等。

小麦 A、B 淀粉可以采用如下方式分离：将面粉和水揉成面团，加水量约为面粉重量的 0.5 倍，面团在室温下静置 20min，使面团中的面筋充分形成。向放有面团的容器中逐渐倒入水进行洗涤，直至洗水无色为止，洗涤用水量为面粉质量的 8～10 倍，弃去面筋，将得到的淀粉浆过 120 目筛,在室温下静置 6h，弃去上清液，将余下的淀粉浆在 3000r/min 下离心 15min，弃去上清液，刮下其上层黄色蛋白层，收集下层物质，用无水乙醇进行洗涤、抽滤，然后干燥，得到总淀粉。A 淀粉、B 淀粉的制备：将面粉揉成面团，熟化后进行洗涤、过筛，静置 6h 后将剩余的淀粉浆进行离心，弃去上清液，刮下其上层黄色蛋白层，小心刮下中间黄色的淀粉层，用无水乙醇进行洗涤抽滤，然后干燥，得到 B 淀粉。离心桶内的下层白色物质干燥后得 A 淀粉。

在谷物淀粉颗粒中，大米淀粉颗粒最小,成熟的大米淀粉粒大小为 3～5μm，几乎与小麦淀粉的小球形淀粉颗粒大小相同。大米淀粉的直链淀粉聚合度（DP 值）为 1000～1100，平均链长为 250～320。大米淀粉中直链淀粉的结构特性与小麦和玉米淀粉相似，如表 4-5 所示。许多存在于块茎或根中的淀粉颗粒，如马铃薯和木薯淀粉，往往比谷物淀粉颗粒大且一般密度较低，更容易加热糊化。马铃薯淀粉颗粒的长轴长度可大至 100μm，木薯淀粉和马铃薯淀粉具有较高的 DP 值（2600 和 4900）和较长的平均链长。

表 4-5　3 种谷物淀粉粒与木薯直链淀粉特性比较

来源		β-淀粉酶酶解/%	平均聚合度	每个分子的平均链数	平均链长度	支链分子/%
小麦		88	1300	4.8	270	27
玉米		82	930	2.7	340	44
大米	籼米	73	1000	4.0	250	49
	粳米	81	1100	3.4	320	31
木薯		75	2600	7.6	340	42

资料来源：赵凯，2009

（二）谷物淀粉的颗粒结构

天然淀粉颗粒作为植物能量的储存形式，在生长过程中按照其自身的规律和植物基因的控制形成一定的形状，这些都可以根据扫描电镜观测的结果来了解。但是淀粉颗粒内部的微观结构却需要将颗粒切开通过特定的技术才能观测到。

1. 淀粉颗粒内部的精细结构 淀粉颗粒的生长过程与大多数植物一样也是从内部生长的，外部的环逐渐增大，内部新的环逐渐增加，而在颗粒的核心没有生长环的存在，一般认为这是一个无定形的核。用含 2.5% KI 和 1.0% I_2 的溶液对小麦淀粉进行吸附处理，也证实淀粉颗粒的核心主要是由无定形区域组成的，因为淀粉颗粒的核心吸附碘后的颜色比较深，而颗粒的其他部位的颜色则比较浅。不管淀粉颗粒的大小如何，当其被淀粉酶消化后，从其消化降解的缺口都会显示出淀粉的层状结构（图4-4）。对于淀粉颗粒，每天有一个生长环，显示了谷物淀粉沉积的碳水化合物来源的每日波动。每个生长环由约140nm厚的半结晶生长环（semi-crystalline shell，图4-4A中的阴影环）及厚度相当的无定型区（图4-4A中的空白环）两部分构成，后者相对地较容易受到酸和酶的侵蚀。因此淀粉分子的长度在数值上就等于生长环的厚度。淀粉的半结晶生长环包含16个径向排列的结晶层（crystalline lamella）与无定形层（amorphous lamella）（图4-4B为放大的半结晶环结构），其中的结晶层为支链淀粉外链（A和B）形成的双螺旋平行聚集成的微晶束（厚度约6.65nm），而无定形层由支链淀粉的分支点构成（厚度2nm）。原子力显微镜（AFM）能显示出淀粉颗粒内部更加精细的结构，AFM是在纳米级别上进行的结构分析，证明了直径约为 30nm 的微粒子（blocklet）存在于每一个颗粒内部，有时形成链状结构。切开的天然玉米淀粉颗粒的原子力显微镜像给出了淀粉大分子的辐射状排列的证据，在接近中心的区域有较少的有序双螺旋。

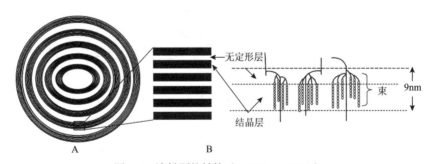

图 4-4 淀粉颗粒结构（BeMiller，2009）

淀粉颗粒内部由结晶区和无定形区组成。淀粉经常被认为是一种半结晶或部分结晶聚合物。淀粉的结晶特性使其具有独特的 X 射线衍射图形。人们根据天然淀粉的 X 射线衍射图形的不同，将淀粉分为 A 型、B 型和 C 型淀粉三大类，这 3 种衍射图形分别与不同的淀粉植物来源相联系：A 型主要来源于谷类淀粉，如玉米淀粉、小麦淀粉等，其对应的 X 射线衍射图形中，在 15°、17°、18°和 23°有较强的衍射峰；B 型来源于块茎类淀粉，如马铃薯淀粉、芭蕉芋淀粉等，在其衍射图中的 5.6°、17°、22°和 24°有较强的衍射峰出现；C 型包含有 A 型、B 型两种晶型，如香蕉中的淀粉和多数豆类淀粉，它的衍射图形也显示了两种图形的综合，与 A 型相比，它在 5.6°处出现了衍射峰，而与 B 型相比，它在 23°却显示的是一个单峰。另外，还有一种 V 形结构则是由直链淀粉和脂肪酸、乳化剂、丁醇及碘等物质混合得到的，在天然淀粉中很少发现，在衍射图中的 12.5°和 19.5°有较强的特征衍射峰出现。用小角 X 射线微焦散射法可以对天然淀粉颗粒内部若干微米区域的结构进行测试和分析，根据散射图形确定其结晶和无定形区域，以及其结晶的轴向，测试结果与提出的支链淀粉的双螺旋结构结晶模型进行对比，可进一步证明淀粉粒结晶生长和晶轴的方向是从颗粒的核心指向颗粒的表面。

淀粉颗粒内部结构由 3 个不同的结构组分组成：①由双螺旋淀粉链形成的高结晶区域；②包含脂质体的淀粉混合物形成的类固态区域；③完全无定形区域。天然淀粉颗粒中无定形和结晶区结构的比例都可以用 ^{13}C CP/MAS NMR 光谱来估计，这提供了对淀粉分子结构进行定量分析的有效途径。

2. 支链淀粉的结构模型　　对于淀粉颗粒结构，大家普遍接受的结构模型是：无定型薄层和结晶薄层交替排列，直链淀粉和支链淀粉镶嵌在其中。大量的研究实验证明，淀粉颗粒中的结晶区域主要是由支链淀粉构成的，而直链淀粉则主要形成无定形区域。长期以来，人们对淀粉中微晶区域的结构进行了多种猜测，并建立许多关于这些结晶结构的模型。

支链淀粉是一种树形结构（图 4-5），1974 年，Robin 等基于对马铃薯淀粉结构的研究提出了支链淀粉的可能的结构模型，将支链淀粉的结构按生长方向分成了交替排列的无定型片层和结晶片层。紧密排列在一起的短的支链相互靠近形成微晶"簇"，簇和簇相互靠近形成了微晶片层，无定形区域主要是由支化点组成（图 4-6），并将连接的支化链分为了 A 链（仅连接在其他链上的糖链）和 B 链（链上有分支的糖链，仅在一个片层中出现的称为 B1 链，在两个片层中同时出现的称为 B2 链，等等），颗粒的结晶区域主要是由模型中的 A 链和一部分外部的 B 链构成，这些链的长度为 12~16（主要是指 A 链的长度），一个完整淀粉"束"长度为 27~28。

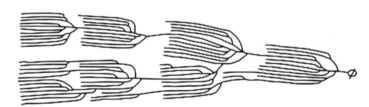

图 4-5　支链淀粉的树状结构模型（BeMiller，2009）

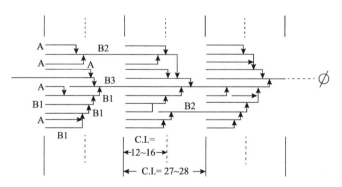

图 4-6　支链淀粉的簇状结构模型（BeMiller，2009）

3. 支链淀粉和直链淀粉结合的双螺旋结构模型　　直链淀粉一般主要形成无定形区域，但是在淀粉颗粒中，并不是所有的直链淀粉都处于无定形区域，许多学者认为，直链淀粉也参与到了结晶区的形成。对于成熟的淀粉，有研究认为，直链淀粉链和支链淀粉链之间形成了双螺旋结构，共同参与到结晶区域中（图4-7）。但是也有研究认为，直链淀粉本身首先形成双螺旋结构，然后再与支链淀粉的双螺旋结构一起组成结晶片层。直链淀粉的双螺旋结构长度要比支链淀粉形成的双螺旋结构长度长很多。在这些双螺旋结构模型中，不管直链淀粉和支链淀粉如何结合，它们都形成了无定形片层和结晶片层的交替排列状态。

4. 影响谷物淀粉颗粒结构的因素 淀粉颗粒中的颗粒结构受到淀粉来源、含水量、直链淀粉含量、基因种类、脂质含量、支链淀粉中的侧链长度、淀粉颗粒的大小、高低温作用及淀粉的成熟程度等因素的影响。

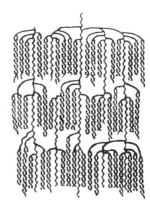

通常A型淀粉中的支链淀粉的侧链较短，它有更多的短链片段，B型淀粉的支链淀粉的侧链较长，C型淀粉中支链淀粉的侧链长度则处于二者的中间。支链淀粉平均链长从20变化到25，晶型从A到C发生改变，在链长很小的变化中，晶型和结晶度有很大的变化。随着链长度的增加，伴随着晶型从A到C到B的变化。支链淀粉短链（DP为10～13）部分在结晶中起着重要的作用。随着直链淀粉含量的增加和支链淀粉平均链长的增加，淀粉的结晶度降低。这些淀粉的结晶结构的比例和晶型依赖于环境温度和

图4-7　直链淀粉和支链淀粉的双螺旋结构模型（BeMiller, 2009）

其他因素，多数学者认为，淀粉颗粒中的晶型由支链淀粉的侧链链长度决定。

一般来说，直链淀粉含量的高低，在很大程度上影响着淀粉结晶度的大小。直链淀粉含量越高，其结晶度越低，这也说明直链淀粉在淀粉颗粒内部主要组成的是无定形区域，而支链淀粉则主要形成结晶区域。直链淀粉含量与支链淀粉平均链长度、短链和长链的比率也有明显的关联关系，这可能是其影响淀粉结晶度的直接原因。另外，直链淀粉含量还影响淀粉颗粒的许多物理、化学和功能特性，如糊化温度、双折射结束点温度（BEPT）、黏度、凝胶稳定性、水溶性和淀粉颗粒在体外被淀粉酶消化时的难易程度等。有研究发现，随着支链淀粉含量的减少（从100%降低到16%，对应的就是直链淀粉含量从0提高到84%），玉米淀粉的晶型从A型经由C型逐渐过渡到B型，而其结晶度则从41.8%降低到17.2%。淀粉晶型从A到B经C型变化大约发生在40%直链淀粉含量处。

淀粉颗粒的水分含量和所处的环境温度也会影响淀粉颗粒的结晶度。当水分含量为10%～50%时不影响淀粉颗粒中双螺旋结构比例，然而当水分含量降低到1%～3%时，会导致双螺旋结构比例明显降低，而且对B型淀粉的影响大于对A型淀粉的影响。当水分含量一定时，环境温度的差异也会影响淀粉颗粒的结晶度，这是由于淀粉作为一个半结晶聚合物，其玻璃-橡胶态转变温度受到水分含量的影响，水分含量越高，其转变温度就越低。

另外，碘及脂质也会影响谷物淀粉的微观结构。研究发现，淀粉与碘结合后，所有的淀粉仍表现出同样的衍射图形，但结晶度下降了，这是因为碘分子结合在颗粒内部的结晶区域，使得存在的双螺旋结构破坏，导致结晶区域的重组，从而使结晶向无定形转变。脂质体的含量多少也会影响到颗粒结晶度的大小，因为颗粒中脂肪和蛋白质可以与直链淀粉形成V形结构的晶体，含量过多会使淀粉颗粒的原有结构受到影响。

小麦淀粉在加热前呈A型。一般认为小麦淀粉是由短链结晶致使其呈A型。A型淀

粉可以通过回生或老化将淀粉转化成 B 型淀粉。因此，糊化的淀粉在一定条件下存储或放置一段时间可呈现 B 型。在有限水分存在下，直链淀粉脂质复合物可呈现 V 形衍射图。在面制品制作过程中，当淀粉糊化时存在天然或添加的脂质，其 V 形结构可以改善产品品质。天然淀粉的结晶化程度易受含水量的影响，在一定中等水分含量时，可得到最高结晶化淀粉。

四、谷物淀粉的糊化与老化特性

（一）谷物淀粉的糊化

1. 淀粉的糊化及影响因素　　糊化作用在狭隘意义上来说，是原淀粉颗粒晶体结构的热无序化，但在广泛意义上讲，它包括淀粉颗粒吸水膨胀和可溶性多糖的析出等过程。淀粉糊化是用来描述在几个不同温度区间淀粉颗粒变化特征的整体术语。这些变化包括双折射现象的消失、X射线衍射消失、吸水淀粉粒膨胀、淀粉颗粒形状和大小的改变、直链淀粉颗粒的浸出等，这些变化导致淀粉形成糊状液或凝胶。

未受损伤的淀粉颗粒不溶于冷水，但发生可逆的吸水并产生溶胀。生淀粉分子靠分子间氢键结合而排列得很紧密，形成束状的胶束，彼此之间的间隙很小，即使水分子也难以渗透进去。具有胶束结构的生淀粉称为 β-淀粉。β-淀粉在水中经加热后，破坏了结晶胶束区的弱的氢键，于是水分子浸入内部，与余下部分淀粉分子进行结合。淀粉粒因吸水，体积膨胀数十倍，生淀粉的胶束即行消失，淀粉粒破裂，偏光十字和双折射现象消失，大部分直链淀粉溶解到溶液中，溶液黏度增加，这种现象称为糊化，处于这种状态的淀粉称为 α-淀粉。

糊化作用可分为 3 个阶段：①可逆吸水阶段，水分进入淀粉粒的非晶体部分，体积略有膨胀，此时冷却干燥，可以复原，双折射现象不变；②不可逆吸水阶段，随温度升高，水分进入淀粉微晶间隙，不可逆大量吸水，结晶溶解；③淀粉粒解体阶段，淀粉分子全都进入溶液。

淀粉糊化通常发生在一个较狭窄温度范围内，糊化后的凝胶体系一般简单地将其称为淀粉糊。淀粉糊最重要的性质就是黏度特性，在应用中起到增稠、稳定的作用。不同来源的淀粉其黏度特性不同。淀粉糊属假塑性非牛顿流体，由于淀粉分子之间的缔合回生，淀粉分子受酸碱环境、高温加热和机械搅拌等的影响降解，以及其他物质存在等，会使淀粉糊的增稠、稳定性复杂化。

冷却后淀粉糊因淀粉分子间的相互作用形成凝胶，如玉米淀粉能形成具黏弹性、坚硬的凝胶，或形成沉淀。天然淀粉中以马铃薯的淀粉糊透明性最好。木薯、蜡质玉米淀粉等的透明性次之，谷物淀粉糊的透明性最差。淀粉糊的成膜性是淀粉分子凝集、分子回生的另一个特性。当少量的淀粉糊平流在平整的玻璃板上后，随着分子的蒸发，分子缔合，逐渐形成干的淀粉膜。膜的柔软度和强度与淀粉分子大小及外界条件有关。

各种淀粉的糊化温度不相同，即使同一种淀粉因颗粒大小不一，所以糊化温度也不一致，通常用糊化开始的温度和糊化完成的温度表示淀粉糊化温度。淀粉的糊化性质不仅与淀粉的种类、体系的温度有关，还受以下因素的影响：①淀粉晶体结构。淀粉分子间的结合程度、分子排列紧密程度、淀粉分子形成微晶区的大小等，影响淀粉分子的糊化难易程度。②直链淀粉与支链淀粉的比例。直链淀粉在冷水中不易溶解、分散，直链淀粉分子间存在的作用相对较大,直链淀粉含量越高,淀粉难以糊化,糊化温度越高。③水分活度。水分活度受盐类、糖类和其他结合剂的影响。因此,体系中如果有大量上述物质存在,水结合力强的成分与淀粉争夺结合水,就会降低水活性和抑制淀粉糊化,或仅产生有限的糊化。④pH。一般淀粉在碱性条件下易于糊化,并且淀粉糊在中性-碱性条件下也是稳定的。⑤糖的浓度。糖浓度高时,可降低淀粉的糊化速率、最大黏度和凝胶强度。⑥脂类及与脂类有关的物质。若食品中存在单酰和双酰甘油乳化剂,均影响淀粉的糊化。

2. 糊化温度 淀粉颗粒的糊化可通过糊化温度或糊化温度范围描述。各种淀粉的糊化温度不相同。即使同一种淀粉因颗粒大小不一,糊化温度也不一致。糊化温度可采用不同的方法确定,不同方法测定的糊化温度有一定差别,甚至是同一种淀粉,不同方法测定的淀粉糊化温度也会有所不同,测定过程中很多参数会影响糊化温度和糊化温度范围。不同淀粉的糊化温度不同(表4-6)。蜀黍、玉米及大米淀粉较其他淀粉具有更高的糊化温度。而燕麦、马铃薯的糊化温度相对较低。

表4-6　几种淀粉的糊化温度

淀粉	开始糊化温度/℃	完全糊化温度/℃	淀粉	开始糊化温度/℃	完全糊化温度/℃
粳米	59	61	玉米	64	72
糯米	58	63	荞麦	69	71
大麦	58	63	马铃薯	59	67
小麦	65	68	甘薯	70	76

淀粉水分含量、淀粉颗粒中直链淀粉含量,以及外源盐、碱等会影响淀粉的糊化温度,如表4-7和4-8所示。

表4-7　主要内源及外源因素对淀粉糊化温度的影响

因素	影响结果
水分	水分大于30%易于糊化
碱	碱可以降低糊化温度,达到一定量时,室温即可以糊化
盐	氯化钠、碳酸钠等可提高糊化温度
极性高分子有机化合物	尿素、二甲基亚砜促进糊化
脂类	抑制淀粉糊化
直链淀粉	含量高难以糊化
小分子溶液和水胶体	糖和其他多羟基化合物可阻止淀粉粒溶胀,提高淀粉糊化温度

表4-8　盐、碱、糖对淀粉糊化温度的影响

化合物	含量/%	糊化温度/℃
NaOH	0.2	56~70
	0.3	49~65

续表

化合物	含量/%	糊化温度/℃
NaCl	1.5	68~73
	3.0	70~79
	6.0	75~83
Na_2CO_3	5	67~76
	10	78~87
蔗糖	5	61~72
	10	60~74
	20	65~78
	30	70~81

3. 双折射和结晶性消失 在偏振光下观察，淀粉颗粒显示双折射性并产生典型的双十字现象。双折射性质产生的基础是由于淀粉颗粒内部淀粉分子呈放射状排列。然而双折射性不等同于结晶度，分子排列有序而不一定具有三维结晶结构。当淀粉在水中加热时，随着加热温度的增加，在偏光显微镜下观察，其双折射现象会逐渐消失。双折射的消失与含水量有关，使用0.1%~0.2%的淀粉悬浮液可以观察到不同温度区间双折射消失的程度不同。在大量水存在下，温度达到50~55℃，显微镜下观察淀粉粒没有什么变化，小麦淀粉样品在65℃左右时，其双折射现象完全消失。当含水量降低，例如，水分含量为50%时，当温度达到75℃时其双折射依然存在；当水分含量低至30%时，甚至加热至132℃时，淀粉颗粒依然有双折射现象，这说明水分含量影响到谷物淀粉的糊化特性。当淀粉糊化结束后双折射消失，此时淀粉的晶体结构被破坏。通过X射线衍射可以观察到淀粉糊化时其结晶区消失。谷物淀粉糊化后可呈现V形结构。结晶区消失的温度范围和速率取决于水分含量及淀粉的类型。随着水分含量的降低，结晶区消失的温度增加，当水分含量低于50%时，结晶区完全消失的温度可高达100℃。

4. 糊化过程淀粉糊黏度变化 淀粉在水中加热时，淀粉颗粒发生破裂，分子结构发生变化，通常表现在其流变特性的变化，如黏度的变化。黏度变化的程度不仅与淀粉的类型有关，而且受含水量的影响。淀粉颗粒悬浮液在特定的程序下加热和冷却，并不断搅拌，由于淀粉内部分子结构变化，黏度随之变化，目前测定淀粉在加热和冷却过程的黏度变化常见的仪器有糊化仪（记录加热过程中随温度变化和黏度之间的变化规律）、黏度仪[布拉班德黏度仪和快速黏度仪（RVA），记录加热和冷却过程中随温度变化和黏度之间的变化规律]。典型糊化仪和黏度仪曲线分别如图4-8和图4-9所示。糊化仪和黏度仪可以测定在特定设定温度程序下不同淀粉随着温度的变化黏度的变化情况，也可以测定如面粉、大米粉、玉米粉等以淀粉为主物料的糊化及老化特性。糊化仪只能测定淀粉类原料的糊化过程，而黏度仪可以测定淀粉类原料的糊化和老化过程。

淀粉的黏度曲线是记录淀粉在加热和冷却过程中的黏度变化，所以从淀粉的黏度曲线中可以得到淀粉的糊化及老化特性参数信息。从曲线上能得到起始糊化温度、糊化温度、升温终点黏度、糊化黏度、降温起点黏度、降温终点黏度、回生值等信息。目前布拉班德黏度仪和快速黏度仪被广泛地应用于不同谷物来源淀粉品质测定以及谷物原料的品质测定。尤其是对于传统蒸煮类食品，谷物的糊化和老化特性对馒头、面条、水饺、米粉等制作具有非常重要的影响，被广泛地作为控制原料特性的一种手段。

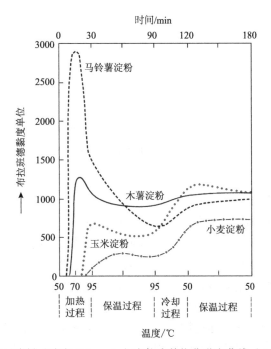

图 4-8 一些常见淀粉（浓度 8%，m/m）布拉班德糊化黏度曲线（BeMiller，2009）

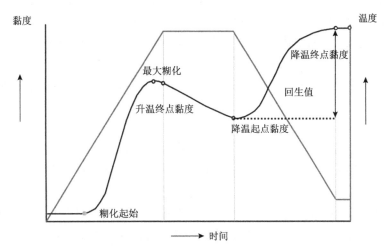

图 4-9 典型的快速黏度仪（RVA）曲线

淀粉的糊化曲线可以反映淀粉在加热时糊化特性的变化和不同,可以得到起始糊化温度、糊化温度、糊化黏度等信息。对于谷物原料如面粉而言,淀粉酶是一个非常重要的指标,同时借助糊化曲线,也可以给出面粉中淀粉酶活性的信息,如图 4-10 所示,并通过糊化特性曲线和参数,得到相关面粉品质数据。不同谷物来源淀粉糊化特性不同,其糊化曲线不同。

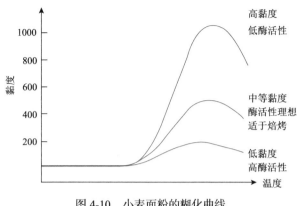

图 4-10　小麦面粉的糊化曲线

（二）谷物淀粉的老化

1. 淀粉老化及影响因素　　经过糊化的α-淀粉在室温或低于室温下放置，冷却后淀粉糊因淀粉分子间的相互作用和结合，会变得不透明甚至凝结而沉淀，这种现象称为老化（又叫回生、凝沉）。淀粉的老化实际上是一个再结晶的过程，是糊化的淀粉分子开始重新排列成有序结构的过程。在老化的初始阶段，两个或多个分子形成一个简单的结合点，然后发展成更广泛的、有序的区域，最后结晶出现，并且，稀溶液中可能会有直链淀粉沉淀析出。淀粉老化过程表现为淀粉糊黏度增加，淀粉糊产生不透明现象或淀粉糊的浑浊度增加，淀粉的稀溶液中有不溶的颗粒沉淀，淀粉形成凝胶等现象。老化过程可看作是糊化的逆过程，但是老化不能使淀粉彻底复原到生淀粉（β-淀粉）的结构状态，它比生淀粉的晶化程度低。老化后的淀粉与水失去亲和力，严重影响食品的质地。一些食品的劣化，如面包陈化失去新鲜感、汤汁失去黏度或产生沉淀，就是由于淀粉的老化。老化的淀粉其溶解度降低，可溶性淀粉含量降低，不易被淀粉酶水解，消化吸收率低。

糊化淀粉的老化是一个重组的过程，老化速率取决于许多因素，包括直链淀粉和支链淀粉的结构、直链淀粉和支链淀粉的比例、温度、淀粉浓度、淀粉的植物来源，以及其他成分的存在和浓度（如表面活性剂和盐等）。在淀粉的组成中，直链淀粉较支链淀粉易老化，因此直链含量高的淀粉容易老化；温度对老化的影响也较大，老化的最适宜温度为2~4℃，温度高于 60℃和低于−20℃都不会发生老化；淀粉糊浓度越低，分子间碰撞机会越多，越容易老化，相反淀粉糊浓度越高越不容易老化，淀粉糊溶液浓度在 30%~60%时容易老化，水分在10%以下的干燥状态及超过 60%以上的水分，则不容易老化；在pH小于 4 的酸性体系及在碱性环境下，淀粉不容易老化；表面活性物质，如脂肪甘油酯、糖脂、磷脂等可延缓淀粉的老化效果。

由于不同来源淀粉组成及结构特性差异，使得其糊化和老化过程中所呈现的特性不同，如表 4-9 所示。小麦和玉米淀粉与马铃薯淀粉比较而言，在糊化中形成的淀粉糊浑浊不透明，糊丝较短，热糊黏度低，容易老化，冷却时形成的凝胶强度大，而马铃薯淀粉则具有较高的热糊黏度，淀粉糊很透明，其糊丝长度较长，这使得小麦、玉米及马铃薯淀粉应用特性不同。

表 4-9 不同淀粉的糊化老化特性

淀粉来源	支链淀粉含量/%	淀粉糊性质					
		热黏度	黏度稳定性	凝胶强度	凝胶透明性	凝沉性	糊丝长短
玉米	27	中	较稳定	强	不透明	强	短
小麦	25	低	较稳定	强	不透明	强	短
木薯	17	高	不稳定	很弱	透明	弱	长
马铃薯	20	很高	不稳定	很弱	很透明	弱	长

淀粉糊的成膜性就是淀粉分子凝集、分子回生的一个特性。当少量的淀粉糊平流在平整的玻璃板上后，随着分子的蒸发，分子缔合，逐渐形成干的淀粉膜，膜的柔软度和强度与淀粉分子大小和外界条件有关。玉米淀粉和小麦淀粉能够形成具黏弹性、坚硬的凝胶，或形成沉淀，而马铃薯淀粉形成凝胶的特性较弱。天然淀粉中以马铃薯的淀粉糊透明性最好。木薯、蜡质玉米淀粉等的透明性次之，谷物淀粉糊的透明性最差。

食品中的许多质量缺陷，如面包老化，黏度的变化，以及汤汁和调味汁中的沉淀，都是由于（或部分由于）淀粉老化造成的，所以理解淀粉老化如何受到淀粉和其他食物成分之间相互作用的影响，可以更好地控制淀粉食品的耐储藏性。虽然淀粉的直链淀粉和支链淀粉都会老化，但支链淀粉对食品的质量变化有更多影响。

2. 谷物淀粉老化应用和控制 淀粉的糊化与老化影响谷物制品制作及品质特性。面制品制作过程中，淀粉的作用体现在：①将面筋稀释到期望的稠度；②通过淀粉酶的作用产生糖；③提供适用于与面筋结合的表面；④加热时部分淀粉糊化时结构变得柔软，进一步拉伸气体细胞膜；⑤通过淀粉糊化使面筋失水，从而使膜变硬，固化面制品外观结构，据报道在淀粉糊化过程中，小麦淀粉可以从面筋中吸收几倍于自身重量的水分，并保持该水分，使周围脱水的面筋基质保持半硬状态，从而形成面制品的外部质构特征。

谷物制品的老化发生在制品存储阶段，老化的面制品使品质变差，面制品老化导致的变化涉及面制品感官品质变化，如香气损失、口感变差，或物理变化，如质构变硬、易产生碎屑等。在面制品制作完成后，产品冷却时老化就开始发生。老化的速率取决于产品配方、蒸煮或烘焙过程和储存的条件。老化是由于无定形淀粉逐渐过渡到回生状态产生部分结晶造成的。在蒸煮或烘焙产品中，刚好有足够的水分使淀粉糊化同时保留颗粒状态时，直链淀粉在产品冷却至室温时大部分已经老化。普遍认为面制品的老化主要由支链淀粉所引起。支链淀粉的老化与其分支结构有关，并且支链淀粉比直链淀粉需要更长的时间才发生老化。

下面以馒头的老化为例讲述淀粉在馒头老化中的作用。馒头的老化有两种：馒头皮的老化和馒头芯的老化。馒头皮的老化是指新鲜的馒头放置一段时间后由于从空气及馒头内部吸收了水分而变得硬而韧，风味变差；馒头芯的老化为馒头芯由软变硬，内部结构变粗糙，黏结力下降，容易掉渣，水分损失，可溶性物质减少，吸水膨胀率下降等。因馒头芯在馒头中所占比例大，影响明显，一般所讲的老化多是指馒头芯的老化，馒头老化的主要原因是淀粉的回生造成的。另外，馒头中的蛋白质对老化也有一定的影响，且多与淀粉有复合作用，从而影响到老化的进程和馒头的硬度。首先在蒸制过程中淀粉受热糊化，淀粉粒破裂，直链淀粉从支链淀粉处游离到间隙水。随着馒头的冷却，一部分直链淀粉很快重结晶形成凝胶，这部分凝胶非常稳定，要使之恢复到原来状态比较困难；随着存放时间延长，支链淀粉也开始形成结晶，使得淀粉粒变硬，馒头芯的老化主要是由此引起。由于支链淀粉是侧链间的聚集，结合能量低，加热至 40～50℃就能使其恢复原状，所以这一过程是可逆的，实际中也证明老化的馒头可以通过重新加热近似恢复到新鲜状态。

实际中可以通过快速黏度仪、流变仪测定淀粉的老化特性，另外，也可以通过差示扫描量热法（DSC）和 X 射线衍射测定淀粉性质的变化，判断淀粉产品是否老化。X 射线衍射半定量法是用来估算淀粉重结晶程度最直接的方法。人们常用热力学分析法研究淀粉结晶程度，使用 DSC 定量测定面制品中老化淀粉及天然淀粉的结晶度是一种有效的方法，通过 DSC 分析可以直接研究不同因素对糊化和老化过程中淀粉热力学性质的影响。热力学分析显示，储存时间、储存温度、储存后再加热等影响面制品及淀粉老化的速率。

五、谷物淀粉水解

淀粉是葡萄糖的聚合物，它可被水解为葡萄糖糖浆、高果糖糖浆和麦芽糊精等具有甜味的产品。和其他多糖分子一样，淀粉易受酶和酸的作用而水解，糖苷键的水解是随机的。淀粉分子用酸进行轻度水解，只有少量的糖苷键被水解，这个过程即为变稀，也称为酸改性或稀化淀粉。淀粉通过酸或者酶催化水解反应而生成的产品为淀粉糖。淀粉糖按照成分组成可以分为液体葡萄糖（葡麦糖浆）、结晶葡萄糖、麦芽糖浆、麦芽糊精、麦芽低聚糖、果葡糖浆等。生产淀粉糖的原料主要有玉米、小麦、木薯、马铃薯等。其中玉米是主要的生产淀粉糖的原料。以淀粉为原料水解或异构化可以得到不同的淀粉糖产品。淀粉转化为不同的淀粉糖产品一般需液化和糖化。

（一）谷物淀粉酶法水解

淀粉转为淀粉糖的方式有酸法、酸酶法和全酶法。应用酸水解法生产淀粉糖时由于高温和盐酸作为催化剂，淀粉在水解为不同的糖类时，也会伴随一系列复合分解反应，产生一些不可发酵的糖类及一系列有色物质，不仅降低淀粉的转化率，而且由于糖液质量差，给后续精制会带来一系列影响，目前绝大部分酸法水解已被酶法所代替。这是由于随着科技的进步，以及对食品安全的关注，酶法淀粉水解生产淀粉糖技术以其高效率、高产品质量、高收率和低污染等特点迅速取代其他方式成为淀粉糖生产的主流。

淀粉水解常用的酶有 α-淀粉酶、β-淀粉酶及淀粉葡萄糖苷酶（糖化酶），3 种酶作用方式不同，如图 4-11 所示。在实际生产过程中，根据最终产物的不同，往往使用其中的两种或两种以上的酶制剂。由于酶制剂的应用及技术的不断发展，谷物淀粉采用酶法水解及转化技术可得到系列的产品。

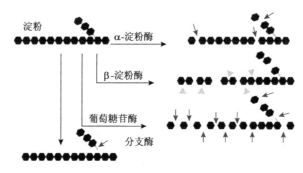

图 4-11　淀粉酶作用方式（Dziedzic，2012）

1. 淀粉液化　　在淀粉糖生产时，在糖化之间首先要对淀粉进行液化处理，液化是利用α-淀粉酶使糊化的淀粉水解为糊精和低聚糖，使淀粉乳黏度降低，流动性增高，工业上称之为液化。将酶液化和酶糖化的淀粉水解工艺成为双酶法，双酶法淀粉水解工艺由于酶制剂作为催化剂的特异性，反应条件温和，副反应少，大大提高了谷物淀粉的转化率，是目前最为理想的淀粉水解制糖方法。

液化过程中淀粉水解为糊精及低聚糖，便于后续糖化酶的作用，但是在液化过程中液化程度不能过低。液化程度过低，会使淀粉乳液黏度大，难于操作；另外，葡萄糖淀粉酶属于外切酶，液化程度过低时，底物分子越小，水解机会越小，从而影响糖化速度；液化程度也不能太高，因为葡萄糖淀粉酶是先与底物分子生产络合物结构，而后发生水解催化反应，若液化程度过高，不利于糖化酶生成络合物结构，从而影响催化效率。

一般情况下将液化 DE 值控制在 10～15，在实际中可以通过碘试纸进行控制。

2. 淀粉糖化　　在淀粉的液化过程中，淀粉经α-淀粉酶水解为糊精和低聚糖，酶法糖化是利用葡萄糖淀粉酶（糖化酶）进一步将这些产物水解为葡萄糖。

淀粉经完全水解，因为水解增重的关系，每 100g 淀粉能生成 111.1g 葡萄糖。

$$(C_6H_{10}O_5)_n + n\,H_2O \longrightarrow n\,C_6H_{12}O_6$$

淀粉（162）　水（18）　　葡萄糖（180）

100g　　　　　　　　　　111.11g

在实际生产中很难达到 100% 的转化率，因此，实际中葡萄糖的实际收率为 105%～108%。在实际过程中糖化工艺如下：淀粉液化结束后，迅速将料液 pH 调至 4.2～4.5，同时迅速降温至 60℃，然后加入糖化酶，在 60℃保温数十小时后，用无水乙醇检验无糊精存在时，将料液 pH 调至 4.8～5.0，同时将料液加热到 80℃，保温 20min，然后将料液温度降低到 60～70℃时开始过滤，滤液进入储糖罐，在 80℃以上保温待用。所以一般控制的糖化条件为：pH 4.2～4.5，温度（60±2）℃，糖化酶用量为 80U/g 淀粉，糖化时间 54h。

（二）淀粉水解程度的衡量指标

淀粉转化成 D-葡萄糖的程度用葡萄糖当量（DE）来衡量，其定义是还原糖（按葡萄糖计）在糖浆中所占的百分数（按干物质计）。DE 与聚合度 DP 的关系如下：

$$DE=100/DP$$

通常将 DE<20 的水解产品称为麦芽糊精，DE 为 20～60 的称为玉米糖浆。其中，DP（聚合度）为在淀粉中结合在一起的葡萄糖分子的数量。例如，如果在溶液中有 1000 个葡萄糖分子，所有的分子 DP=1，则 DE=100，如果有相同数量的分子，有 500 个 DP=2，则其 DE 降为 50。所以通过测定淀粉水解液的 DE 值，可以通过 DP 与 DE 之间的关系式计算 DP 值，通过 DP 值可以确定水解液的平均分子质量。

DE 与淀粉水解液平均分子质量之间具有如下经验公式：

$$DE=19\,000/M_n\quad（公式中\ M_n\ 为平均分子质量）$$

（三）淀粉水解产品的性质和应用

淀粉水解产品（主要是淀粉糖）性质和应用如下。

（1）甜味：甜味是糖类的重要性质，影响甜度的因素很多，糖的甜度高低与糖的分子结构、相对分子质量、分子存在状态及外界因素有关，一般分子质量越大、溶解度越小，则甜度越小。此外，α型和β型也影响糖的甜度和溶解度：不同糖类物质的溶解度不同，果糖最高，其次是蔗糖、葡萄糖。

（2）溶解性：单糖分子中具有多个羟基使它能溶于水，尤其是热水，但不能溶于乙醚、丙酮等有机溶剂。在同一温度下，各种单糖的溶解度不同，其中果糖的溶解度最大，其次是葡萄糖。温度对溶解过程和溶解速度具有决定性影响，一般随温度升高，溶解度增大。

（3）结晶性质：蔗糖易于结晶，晶体能长得很大。葡萄糖也相当容易结晶，但晶体很小，果糖难结晶。糖浆是葡萄糖、低聚糖和糊精的混合物，不能结晶，并能防止蔗糖结晶。糖结晶性质上的差别，在糖果生成上具有重要意义。例如，当饱和蔗糖溶液由于水分蒸发后，形成了过饱和的溶液，此时在温度剧变或有晶种存在情况下，蔗糖分子会整齐地排列在一起重新结晶，利用这个特性可以制造冰糖。

（4）吸潮性和保潮性：吸潮性是指在较高的空气湿度下吸收水分的性质。保潮性是指在较高湿度下吸收水分和在较低湿度下散失水分的性质。果糖的吸湿性大于葡萄糖；而葡萄糖的保湿性大于果糖。不同种类食品对于糖类物质吸潮性和保潮性要求不同，因此在工业生产上要根据不同的要求选取不同的糖品，如面包、糕点、软糖应选吸湿性大的果糖或果葡糖浆，硬糖、酥糖及酥性饼干应选吸湿性小的葡萄糖。

（5）渗透压力：较高的糖浓度可以抑制微生物的生长，糖藏就是应用了此性质。不同的微生物受糖的抑制生长的性质存在差别。50%蔗糖溶液能抑制一般的酵母生长；抑制细菌和霉菌的生长就需要较高的浓度。

（6）代谢性质：血糖是由胰岛素控制，糖尿病患者的胰岛素分泌或功能失调，不能产生足够量来控制血糖的浓度，因此需要控制淀粉和糖的摄入量。葡萄糖不适合于患者食用，但果糖、山梨醇和木糖醇的代谢不需要胰岛素的控制，适合于糖尿病患者服用。

（7）黏度：葡萄糖和果糖的黏度都比蔗糖低，糖浆的黏度较高，应用于多种食品中，可利用其黏度，提高产品的稠度和可口性。

（8）发酵性：酵母能发酵葡萄糖、果糖、麦芽糖和蔗糖等，但不能发酵较大分子的低聚糖和糊精。有的食品需要发酵，如面包、馒头等，有的食品则不需要发酵，如蜜饯、果酱等。生产馒头类发酵食品以使用发酵糖分高的高转化糖浆和葡萄糖为宜。

六、谷物淀粉粒损伤

淀粉以颗粒的形式存在于自然界中，在谷物加工过程中由于碾磨、热等作用会使淀粉颗粒发生损伤，产生损伤淀粉（图4-12），另外，高压也会使淀粉粒发生损伤。从原理上讲，淀粉在加热过程中的糊化过程实际上也是淀粉粒发生损伤的一个过程。所以，淀粉颗粒可通过加热、力的作用发生损伤。破损淀粉颗粒与完整淀粉颗粒主要有两方面不同：一是破损淀粉更易被α-淀粉酶所作用，二是破损淀粉有更强的吸水能力。这也是在淀粉糖生产过程中，在淀粉液化之前，要先加热使淀粉糊化，淀粉颗粒发生破坏，这样才容易被酶所作用。机械损伤可破坏淀粉颗粒边缘的结构，使处于有序状态的多糖链吸收水的量增加，这可使水通过淀粉颗粒上的裂纹进入淀粉颗粒内部。很多研究表明，破损淀粉颗粒的空隙或裂缝可能是淀粉水解、作用及吸水的一个位点。

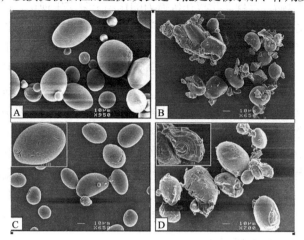

图 4-12　机械碾磨对小麦淀粉粒的损伤（Dhital et al., 2010）

A. 原始小麦淀粉颗粒；B，C，D. 表示不同损伤程度的小麦淀粉颗粒

由于对谷物淀粉粒损伤的研究主要集中在对小麦加工过程淀粉粒损伤特性的研究，下面就以小麦淀粉粒为主介绍淀粉粒损伤原因及损伤淀粉特性变化、应用和控制等。

（一）损伤淀粉的产生原因及影响因素

损伤淀粉主要是在小麦制粉过程中产生的。小麦籽粒胚乳中的淀粉颗粒由于受到磨粉机磨辊的切割、挤压、搓撕等机械力的作用而使淀粉颗粒的完整性受到破坏。这种由于受到机械力的作用表面出现裂纹和碎片，内部晶体结构受到破坏的不完整的淀粉粒被称为损伤淀粉。

面粉中淀粉的损伤程度与小麦的品种、制粉设备、加工工艺、面粉颗粒的粗细度等因素有关。具体为：小麦硬度是影响淀粉损伤的重要因素，较硬的胚乳组织结构在相同研磨条件下具有较高的损伤淀粉含量。硬质小麦蛋白质与淀粉粒之间的结合力强，结构紧密，质地坚硬；软质小麦蛋白质与淀粉粒之间结合力弱，结构与质地松散。加工过程，受到磨辊等机械力的作用，硬麦易于产生损伤淀粉，而软麦所产生的损伤淀粉程度明显低于硬麦。小麦生产线上，一般皮磨使用齿辊，心磨使用光辊，有研究者认为，光辊对淀粉损伤的作用力大于齿辊，但也有资料介绍光辊与齿辊所产生的损伤淀粉相似。使用撞击松粉机产生的损伤淀粉比正常的磨粉机低。小麦的入磨水分不仅对出粉率、面粉白度有很大影响，对损伤淀粉影响也比较大，一般认为，入磨水分越高产生的损伤淀粉含量越低。小麦生产线上不同系统的面粉，其淀粉损伤程度是不同的。一般来说，心磨系统的面粉损伤淀粉含量高于皮磨系统。由于心磨系统的物料碾磨的道数比皮磨多，因此淀粉损伤程度较大。面粉的粗细度表示了面粉加工过程研磨的程度，一般来说，面粉越细，淀粉损伤的程度越高。

小麦 A 淀粉粒和 B 淀粉粒损伤特性不同。从硬质小麦粉中分离总淀粉、A 淀粉、B 淀粉，通过控制粉碎时间，获得不同机械损伤程度的系列淀粉，通过对颗粒特性观察分析并对淀粉糊的性质进行研究发现，损伤淀粉含量随着粉碎时间的延长而升高，在相同处理条件下，小颗粒 B 与大颗粒 A 淀粉相比，淀粉损伤程度增加较多。

（二）淀粉损伤对淀粉功能性质影响

早在1879年，就有研究发现淀粉粒在机械力的作用下会发生损伤，使淀粉的颗粒结构发生改变，从而使淀粉糊化特性、老化特性、酶作用特性和膨润特性等功能特性发生改变。淀粉在水中加热到一定温度，淀粉吸水溶胀、结晶态消失、直链淀粉脱离从颗粒中脱离，支链淀粉膨胀破裂，形成淀粉糊。糊化是淀粉的重要特性之一，淀粉在工业上大部分都应用到淀粉糊的增稠、黏合、改良等作用。淀粉损伤后黏度变低，更容易溶于水中。研究发现损伤淀粉含量增大，支链淀粉和直链淀粉分子质量下降且支链淀粉更容易降解。淀粉损伤会使淀粉颗粒的平均粒度变小，比表面积增大；损伤后的淀粉吸水性升高，损伤淀粉与水合作用具有极好的相关性。研究发现采用机械力作用使高粱淀粉损伤，通过扫描电子显微镜、凝胶过滤色谱、碘着色等手段，发现损伤淀粉含量高的淀粉冷水提取物含量高。淀粉糊的特性包括糊的透明度、表观黏度、抗剪切黏度稳定性、抗酸黏度稳定性、凝胶特性、冻融稳定性等，这些均是淀粉工业应用的重要指标。损伤淀粉对淀粉的糊化特性有很大影响，淀粉粒损伤后淀粉的糊化温度及糊化黏度降低。

（三）损伤淀粉与小麦粉品质关系

小麦品质不同影响碾磨时面粉中损伤淀粉含量，通过研究发现，损伤淀粉含量与小麦籽粒硬度呈极显著正相关。通过改变机械粉碎强度可以控制淀粉粒的损伤程度，淀粉机械损伤程度随着粉碎强度的增加而增大。偏光显微镜观察，淀粉损伤程度增加后，对偏光十字的形状以及中心位置没有影响；通过扫描电子显微镜观察发现，淀粉损伤程度增加后，颗粒形态发生了很大变化，淀粉表面由光滑变为粗糙，出现裂痕或破裂。X射线衍射分析表明，损伤淀粉含量增加会降低淀粉结晶度。

淀粉损伤程度对面粉的粒度也有较大的影响，研究发现，损伤淀粉含量从6.54%增加到12.06%，面粉的平均粒度从70.94μm降到14.77μm。损伤淀粉含量与溶剂保持能力、碱水保持能力成显著正相关，而与淀粉糊化衰减值、面团弱化度呈显著负相关。淀粉损伤程度与面粉的吸水率呈正相关，不同损伤淀粉含量的面粉具有不同的发酵特性，面团的发酵稳定性随着损伤淀粉含量的增加而呈递减趋势。

不同面制品制作时由于品质需求以及制作工艺不同，对损伤淀粉含量要求不同（图4-13）。一般来说，面包、馒头等发酵制品需要较高的损伤淀粉含量，而面条、蛋糕等则需较低的损伤淀粉淀粉含量。

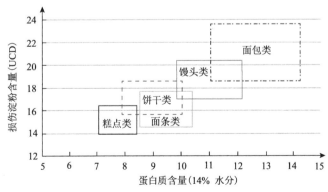

图4-13 不同面制品合适的损伤淀粉含量

UCD为Chopin损伤淀粉仪测定的碘吸收单位

研究还表明，损伤淀粉含量太高或太低的面粉均制作不出优质的馒头，这是因为损伤淀粉含量太高会在面团发酵过程中产生大量的麦芽糖和糊精，使面团内心质地太软而无法支撑较大面积，使馒头体积太小，同时会使馒头出现中心过黏现象。太低的损伤淀粉含量又会使面团吸水率偏低，面团发酵时不能提供足够的麦芽糖作酵母食料而使发酵不充分、产气不足，馒头体积太小。对面条来说，损伤淀粉含量会影响面条煮熟的时间，在煮的过程中由于损伤淀粉的粒度较小，颗粒之间结合比较致密会阻碍水分向面条内部的渗透，并导致过多的干基损失，损伤淀粉含量的增加还会使煮熟的面条较黏，颜色较暗，影响口感。淀粉损伤后易被淀粉酶水解，增加了面团中含糖量，有利于酵母生长繁殖，产生大量的二氧化碳气体，使面包体积增大，并有利于烘焙时面包的着色和增加面包特有的风味等。但损伤淀粉含量过高，则会使面团的耐揉性下降，不利于操作，并导致面团发黏、面包芯结构粗糙、面包体积减小等变化。

损伤淀粉对面粉特性及其食用品质的影响机制，目前普遍接受的观点是α-淀粉酶对损伤淀粉比对完整的淀粉颗粒更加敏感，损伤淀粉更容易被降解为更短链的淀粉分子、糊精和部分还原糖，如麦芽糖等。

七、谷物淀粉的改性

天然淀粉已广泛应用于各个领域，不同领域对淀粉性质的要求不尽相同。由于普通淀粉的物理化学性质使其在食品中的应用具有局限性，如颗粒不溶于冷水，需要加热才得以分散。在特定的应用中，加热情况下天然淀粉的黏度经常太高，所以随着工业生产技术的发展，对淀粉性质的要求越来越高，原淀粉的性质已不适应于很多应用领域。有时通过化学改性使其具有特殊的功能性质，改性淀粉（modified starch）是指利用物理、化学和酶的方法处理天然淀粉，制得使其性质发生变化，加强或具有新的性质的淀粉衍生物。改性淀粉的种类很多。例如，低黏度变性淀粉、预糊化淀粉、醚化淀粉、酯化淀粉、交联淀粉、氧化淀粉等。

淀粉改性的目的是改变天然淀粉的物理和化学特性以改善其功能特征。例如，改善颗粒的凝胶化性质及蒸煮性质、减少老化、抑制凝胶形成、增加淀粉在低温时的分散性及持水能力、减少凝胶脱水收缩、增强疏水性和产生离子型取代物等。改性淀粉具有广泛的功能功能特性，从交联到解聚，促进或抑制吸水，产生短的、线性的或可缩减纹理结构，产生光滑的或糊状的质构，形成软的或脆的涂层，作为乳化剂起稳定作用。

常用的变性处理方法有交联、非交联衍生化、解聚和预糊化，有时使用一种处理方法改性，但常采用复合改性得到变性淀粉。

（一）预糊化淀粉

谷物原淀粉不溶于冷水，可以使用一些技术对淀粉进行物理改性获得所需的性质。这些技术包括淀粉预糊化，使淀粉在生产过程中快速糊化。一些预糊化淀粉可以直接分散到水中，而且不结块，并形成光滑的、黏的淀粉糊，另外可进行其他的处理产生颗粒状或浆状的效果。

淀粉悬浮液在高于糊化温度下加热，采用滚筒干燥法、喷雾干燥法或挤压膨胀法干燥脱水后，即可得到可溶于冷水和能发生凝胶的淀粉产品。预糊化淀粉经磨细、过筛，呈细颗粒状，但由于工艺的不同，颗粒形状存在差异。预糊化淀粉的复水性受粒度的影响，粒度细产品溶于水易于生成糊，具有较高冷黏度、较高热黏度，表面光泽也好，但是复水太快，易凝块，中间颗粒不易与水接触，分散困难。颗粒粗产品溶于冷水速度较慢，生成的糊冷黏度较低，热黏度较高。

根据预糊化淀粉生产所用的设备不同，其生产方法分为喷雾法、挤压膨化法、微波法和滚筒法：①喷雾法。先将淀粉调浆，再将浆液加热糊化，然后用泵输送至喷雾干燥设备进行干燥后得到成品。在生产时淀粉浆液浓度需控制在10%以下，因为浓度高时，会带来喷雾困难。采用此种方法，由于浆液浓度低，水分蒸发量大，能耗高，故生产成本较高。②挤压膨化法。利用挤压机，通过挤压摩擦产生的热量使淀粉糊化，然后通过加压、减压使样品得到膨胀、干燥。此方法能耗较低，生产成本也较低，但由于受到高剪切力的作用，产品黏度低、黏弹性差。③微波法。利用微波使淀粉浆液糊化、干燥，然后粉碎得到成品。此种方法目前还没有在工业上实施。④滚筒法。本方法利用滚筒干燥机进行生产。它将淀粉浆液喷洒在加热的滚筒表面，使其糊化、干燥。该方法是常用的生产预糊化淀粉的方法。在生产中一般将淀粉浆液浓度控制在20%～40%，滚筒温度一般控制在150～170℃。

预糊化淀粉常用于方便食品中，使用时省去蒸煮操作，起到增稠、改进口感和其他好的作用；蛋糕粉中加入预糊化淀粉，制蛋糕时加水易混成面团，包含水分和空气多，体积较大。利用淀粉预糊化的原理，也可以对谷物粉进行处理生产预糊化谷物粉，以改善其特性。

（二）转化淀粉

通过酸法或酶法将淀粉转化为葡萄糖、麦芽糖和低分子质量产品具有很重要的意义。淀粉转化是一个降低原淀粉黏度的过程。它的主要目的是提高淀粉的利用率，增大溶解度，控制凝胶强度，或者改变淀粉的稳定性。转化淀粉是将淀粉粒破裂后，淀粉分子分解，以致淀粉颗粒在水中膨胀时将不再保持其完整性，使用这种方法可生产改性淀粉，因为与天然淀粉相比，它们的黏度低，可以分散在较高的浓度溶液中。

转化的方法包括酸水解、氧化、糊精化、酶转化等，每种方法生产的淀粉产品具有独特的功能。通过酸或酶水解，淀粉被转化为低分子质量产品（淀粉糖浆），该类产品可作为淀粉糖应用于食品行业。酸改性淀粉的制备是用1%～3%盐酸在50℃处理淀粉浆12～14h。处理后，淀粉浆被中和，过滤得到淀粉固体。随着水解的程度增加，可能形成一些副产品，而酶的水解相对较单一，因此，酶水解被广泛应用，这种产品称为低黏度变性淀粉或酸变性淀粉，其热糊黏度、特性黏度和凝胶强度均有所降低，而糊化温度提高，不易发生老化，可用于增稠和制成膜。低黏度变性淀粉（酸变性淀粉）在低于糊化温度时的酸水解，在淀粉粒的不定形区发生，剩下较完整的结晶区。玉米淀粉支链淀粉比直链淀粉酸水解更完全，淀粉经酸处理后，生成在冷水中不易溶解而易溶于沸水的产品。

（三）交联淀粉

通过化学改性，可以控制淀粉颗粒膨胀的数量和速率。用具有多元官能团的试剂，如甲醛、环氧氯丙烷、三氯氧磷、三偏磷酸盐等作用于淀粉颗粒能将不同淀粉分子经交联结合，产生的淀粉称为交联淀粉。常用的交联剂有三偏磷酸钠、氧氯化磷、乙酸与二元羧酸酐的混合物等。简单地说，交联是两种淀粉分子通过共价键结合成更大的分子。这是一种借少量化合物与多个羟基反应被添加到淀粉聚合物的处理方式。交联保持淀粉链的空间结构。交联产生的淀粉颗粒可以抵抗过度蒸煮和其他加工条件的变化，因此交联淀粉具有更好的耐酸性、耐热性、抗剪切力。在蒸煮过程中，交联淀粉可以减少或抑制淀粉颗粒的破裂，与原淀粉形成的黏性结构相比，交联淀粉产品具有更好的最终黏度，可形成无黏性的糊状物。

制取交联淀粉的方法一般是加交联剂于碱性淀粉乳中，在 20～50℃ 反应，达到要求的反应程度后进行中和、过滤、水洗和干燥。三氯氧磷交联淀粉工艺如下：淀粉 200g 与 250mL 的水混合，用氢氧化钠溶液调 pH 到 11 左右，加入 1g 氯化钠，缓慢搅拌，加入三氯氧磷，在室温条件下保持搅拌 2h，用 2% HCl 调到 pH5，停止反应，过滤、水洗、干燥。三偏磷酸钠交联淀粉制备工艺如下：将 180g 玉米淀粉，混入 325mL 水中，其中溶有 3.3g 三偏磷酸钠，用碳酸钠调到 pH10.2。加热淀粉乳到 50℃，反应 80min。不时取样品，过滤、水洗，调到 pH6.7，干燥，测定黏度，继续反应 24h，得到高度交联产品。

交联淀粉主要用于婴儿食品、色拉调味汁、水果馅饼和奶油型玉米食品，作为食品增稠剂和赋形剂。同时，交联淀粉具有良好的机械性能，并且耐热、耐酸、耐碱。随交联程度增高，性质的变化增大，甚至高温受热也不糊化。

（四）稳定化淀粉

另一种淀粉改性类型是稳定化。稳定化包括酯化和醚化，稳定化可以抑制凝胶形成并减少脱水收缩。稳定化淀粉在低温下可形成稳定的淀粉糊，这是通过阻止基团与淀粉聚合物发生反应抑制淀粉老化的过程，抗老化提高了结构及冷冻-解冻稳定性，从而延长食品的货架期，这在冷冻食品中很重要，因为在低温条件下，淀粉聚合物会加速回生，产生不透明的或结构粗糙的或分层的凝胶。

1. 酯化淀粉　　淀粉的糖基单体含有三个游离羟基，能与酸或酸酐形成酯，其取代度能从 0 变化到最大值 3，常见的酯化淀粉有淀粉乙酸酯、硝酸淀粉和磷酸淀粉等。这类淀粉的糊透明而且稳定，在食品工业上，可广泛用于食品的增稠剂、保型剂等。

小麦淀粉醋酸酯的具体生产工艺如下：反应的适宜碱性为 pH7～11，一般用 3%氢氧化钠溶液调整。分批、交替加入氢氧化钠、乙酸酐，保持淀粉乳碱性在此范围内。反应在室温下进行，反应时间一般为 1～6h。低取代度的淀粉乙酸酯可形成稳定的溶液，因为这种淀粉只含有几个乙酰基，所以能够抑制直链淀粉分子和支链淀粉的外层长链发生缔合。用乙酸或乙酸酐处理粒状淀粉便可得到低取代度的淀粉乙酸酯，低取代度的淀粉乙酸酯的糊化温度低，形成的糊冷却后具有良好的抗老化性能。

2. 醚化淀粉　　淀粉糖基单体上的游离羟基可被醚化而得醚化淀粉，包括羟烷基淀粉、羧甲基淀粉、阳离子淀粉等。甲基醚化法为研究淀粉结构的常用方法，用二甲硫酸和NaOH或AgI和Ag_2O制备醚，游离羟基被甲氧基取代，水解后根据所得甲基糖的结构确定淀粉分子中葡萄糖单位间联结的糖苷键。低取代度甲基淀粉醚具有较低的糊化温度，较高的水溶解度和较低的凝沉性。取代度 1.0 的甲基淀粉能溶于冷水，但不溶于氯仿，随取代度再提高，水溶解度降低，氯仿溶解度增高。小麦羟丙基淀粉可用于食品工业中，特别是冷冻食品和方便食品中。其用作肉汁、沙司、果汁馅、布丁的增稠剂，使之平滑，浓稠透明、清晰、无颗粒结构，并有良好的冻融稳定性及耐煮性。

（五）氧化淀粉

淀粉水悬浮液与次氯酸钠在低于糊化温度下反应发生水解和氧化，生成的氧化产物平均每25～50个葡萄糖残基有一个羧基。氧化淀粉的糊黏度较低，但稳定性高，较透明，颜色较白，生成薄膜的性质好。由于直链淀粉被氧化后，成为扭曲状，因而不易引起老化。氧化淀粉在食品加工中可形成稳定溶液，适用作分散剂或乳化剂。

（六）湿热处理淀粉

淀粉物理改性因为绿色环保、经济实惠成为改善淀粉理化性质的常用方法。热处理是一种无化学残留、绿色环保、低成本的有效改善淀粉理化功能性质的物理方法。热处理通常包括常压糊化处理（gelatinizing）和水热处理（hydrothermal treatment）。常压糊化处理广泛用于生产预糊化淀粉或直接将原淀粉糊化后应用，是目前常用的物理改性方法。水热处理可分为湿热处理（heat-moisture treatment，HMT）和韧化处理（annealing，ANN）两种方法。其中 HMT 是在有限水分含量（20%～30%）条件下，较高温度（80～120℃）条件下维持时间从 15min 到 16h，然而 ANN 是在较高的水分含量（50%～60%），处理温度在高于 T_g，低于糊化温度条件下，维持时间较长，为24～60h。HMT 获得的变性淀粉具有类似于交联淀粉的特性，具有优良的冻融稳定性、抗老化特性、较高的抗消化淀粉含量，在冷冻食品、罐装食品等需要优良冻融稳定性以及抗消化淀粉制备等领域有广阔应用前景，是近年来国际上的研究热点。

HMT 过程中，淀粉分子并未因热能作用引起双螺旋解聚，但分子热运动性增加，分子产生移动，最终导致直链-直链分子及直链-脂质分子间通过氢键重新缔合形成新的结晶结构，或者通过结晶内双螺旋的迁移、重新缔合，导致淀粉的结晶区更稳定有序。HMT 改性过程中淀粉分子相互作用的变化引起溶胀力、溶解性、直链淀粉溶出率、糊黏度特性、结晶结构、直链淀粉-脂质复合物、酸和酶水解敏感性、热性质及质构等结构和理化特性的显著变化。较高的温度下 HMT 还会引起淀粉分子链长分布的改变，即淀粉发生了部分糊化和分子降解。HMT 可以使淀粉分子链的结晶区与无定形区的比例改变，使分子结构重新组合，最终表现为淀粉颗粒的膨润力、结晶度、直链淀粉溶出率、糊化特性、凝沉特性、热稳定性的变化。

八、谷物抗消化淀粉

淀粉是植物体内的贮存物质，也是人类的主要食物。淀粉在小肠中很容易被消化，在消化过程中，唾液淀粉酶、胰淀粉酶和异构化酶主要水解淀粉和糖原的 α-1,6 糖苷键。一般情况下，快速消化淀粉和慢速消化淀粉在小肠中都能被完全消化。但是，有一些淀粉却抗酶解或者不能被自身的淀粉酶接近，这些淀粉属于不能利用的多糖进而成为膳食纤维的组成部分。可以通过改变食物的制作和储存方法来降低其在小肠中的抗消化性。普通消化淀粉的能量值是 17kJ/g，而抗消化淀粉的理论能量值为 8～12kJ/g，因此抗消化淀粉可作为低能量的食物。

抗消化淀粉（resistant starch，RS）定义为不能被健康人体的小肠消化吸收的淀粉及淀粉降解产物，一般分为三类。

（1）物理包埋淀粉（RS1，physically trapped starch）指那些被蛋白质或植物细胞壁包裹而不能被酶所接近的淀粉。例如，部分研磨的谷物和豆类中，一些淀粉被裹在细胞壁里，在水中不能充分膨胀和分散，不能被淀粉酶接近，因此不能被消化，但是在加工或咀嚼之后，往往变得可以消化。

（2）生淀粉颗粒（RS2，resistant starch granule）主要存在于生的土豆、香蕉和高直链玉米淀粉中。其抗酶解的原因是具有致密的结构和部分结晶结构，其抗性随着糊化完成而消失。

（3）回生淀粉（RS3，retrograded starch）。淀粉经湿热处理，直链淀粉回生，使酶不能作用。这类淀粉即使经过加热处理，也难以被淀粉酶消化。

另外，化学改性淀粉，如乙酰化淀粉、羟丙基淀粉和交联淀粉，以及由于酶抑制剂或抗营养因子的存在而不能被消化的淀粉，也会增加食品中抗消化淀粉的含量，有些研究者称之为 RS4。

在经过加热处理的食品中，抗消化淀粉的含量差别很大，其中高直链淀粉、豆类和土豆为原料的产品中抗消化淀粉含量比较高。谷物类提供了膳食中的大部分淀粉，但在通常的加工条件下，如焙烤和挤压，只产生少量的 RS（0.7%～6%），如表 4-10 所示。

表 4-10　抗消化淀粉在一些食品中的含量（g/100g 淀粉）

	可消化淀粉/%	抗消化淀粉/%（体外实验）	抗消化淀粉/%（体内实验）	资料来源
面包				
高直链玉米	56.5	35.4	32.5	Granfeldt et al., 1993
裸麦粉粗面包	80.2	11.4	9.4	Steinhart et al., 1992
普通玉米	93.0	5.1	4.2	Granfeldt et al., 1993
100%小麦粉	103.6	0.2	5.4	Jenkins et al., 1987
饼干				
高直链玉米淀粉	63.1	32.6	24.8	Brighenti, 1996
预糊化的蜡质玉米淀粉	101.4	1.0	2.9	Brighenti, 1996
蜡质玉米淀粉	90.9	0.7	2.1	Brighenti, 1996
早餐谷物				
玉米片	87.8	2.3	3.1	Muir and O'Dea, 1993
燕麦片	100.3	0.7	0.6	Englyst and Cummings, 1985
大麦和大米食品				
大麦粒（煮 85min）	84.7	15.8	5.5	Muir and O'Dea, 1993
整粒大米（煮）	97.0	4.6	3.1	Muir and O'Dea, 1993
大米粉（煮）	106.2	1.6	0.7	Muir and O'Dea, 1993
土豆食品				
煮熟，5℃放 24h	93.5	7.0	12.2	Englyst and Cummings, 1985
煮熟	100.6	3.7	3.3	Englyst and Cummings, 1985
豆类食品				
红扁豆（煮）	75.6	23.1	13.8	Steinhart et al., 1992
白豆（煮）	90.9	16.7	16.5	Noah et al., 1995
白豆（压热处理）	85.6	13.8	5.7	Muir and O'Dea, 1993

抗消化淀粉从根本上说是一种 α-葡聚糖，是淀粉回生的产物。结晶的直链淀粉是抗消化淀粉的主要组成部分，由于其特定的物理特性，只有用氢氧化钾或二甲基亚砜（DMSO）溶解后才易于被淀粉酶水解。抗消化淀粉不能被小肠消化和吸收，未被消化的淀粉随后被进入到大肠，并且像许多可溶性纤维一样，在结肠发酵分解为短链脂肪酸、二氧化碳、氢气和甲烷等。像其他膳食纤维一样，抗消化淀粉在正常生理消化中有着重要的作用，抗消化淀粉与常见的膳食纤维来源不同，抗消化淀粉 RS 没有砂砾的口感，抗消化淀粉一般不改变食物的味道或结构特性，这些功能特征使抗消化淀粉成为商业化的原料，然而在食品中有效地使用抗消化淀粉，还需要更多地了解抗消化淀粉的功能和营养特性。

抗消化淀粉一般是在淀粉类食品加热过程产生的，如早餐谷物和蒸煮烘焙产品。根据热处理条件，RS 可能是一些谷物产品的重要组成部分。在热处理条件下，大量的淀粉约 8%（干基）呈现耐淀粉酶分解的特性。在面包的烘焙过程中，一小部分淀粉（0.6%～0.9% 干基）在体外是抗酶消化的。在加工过程中，RS 的形成的机制是直链淀粉的老化。商业化抗消化淀粉被定义为 RS3 淀粉，所以可以通过使淀粉老化的方式生产抗消化性淀粉。在生产淀粉类食品时可通过控制以下因素，如含水量、pH、加热温度和冷却温度等来控制产生的 RS 量。

第四节 典型谷物淀粉特性与制备

淀粉作为一种可再生的聚合物原料，通常以玉米、薯类、小麦等为原料通过湿法加工制得。玉米是世界上最广泛的淀粉生产原料，其次是小麦、马铃薯、木薯。其中淀粉总量的 81%～83% 来自玉米，7%～8% 来自小麦，6% 来自马铃薯，4% 来自木薯，1% 来自其他原料。由于不同谷物籽粒结构特性不同，不同谷物淀粉的生产方法也不同。

一、小麦淀粉特性与制备

（一）小麦淀粉特性

小麦淀粉根据颗粒形状的不同可分为大颗粒的 A 淀粉和小颗粒的 B 淀粉（图 4-14）。A 淀粉粒径为 25～40μm，B 淀粉粒径为 5～10μm，大颗粒 A 淀粉呈椭圆形，重量占胚乳淀粉的 70%～80%，而数量却不到总数量的 10%，小颗粒呈球形，数量占胚乳淀粉粒的 90% 以上，而重量却不到 30%。

  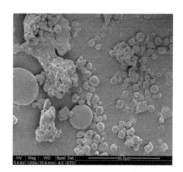

总淀粉 A淀粉 B淀粉

图 4-14 小麦总淀粉、A 淀粉、B 淀粉的 SEM 图（1200 倍）

小麦 A 淀粉和 B 淀粉在颗粒形貌、化学组成、平均分子质量等方面的不同，致使它们在理化性质和功能特性方面存在诸多差异。A、B 淀粉粒表面结构特性不同，A 淀粉表面有沟槽性结构，而 B 淀粉表面则具有小孔状结构，这些表面特征影响到 A、B 淀粉的酶消化性及与其他试剂的作用特性。B 淀粉的糊化温度比 A 淀粉高，且糊化温度范围广，与 A 淀粉相比，B 淀粉相变起始温度（T_o）较低，但其相变峰值温度（T_p）和相变终止温度（T_c）较高。淀粉粒大小对淀粉凝胶的流变学特性有重要影响，B 淀粉含量较高的淀粉的凝胶硬度较大。两种淀粉粒的热糊黏度类似，但与 A 淀粉相比，B 淀粉的热糊稳定性较低且冷糊的黏度较低。

　　A 淀粉和 B 淀粉的结构组成、所占比例、表面结合物特征等影响到小麦的硬度、淀粉功能特性、面团特性及面制品品质等。硬质小麦的大淀粉粒含量高，但体积较小，而软质小麦小淀粉粒含量高，但大淀粉粒的体积较大。

　　小麦 A 淀粉和 B 淀粉从组成上均由直链淀粉和支链淀粉组成，其中，直链淀粉可分为游离的直链淀粉（FAM）和与脂质结合的直链淀粉（LAM），在淀粉粒中的含量分别为 21.5%～25.9% 和 5.0%～7.1%。其中 LAM 含量占直链淀粉总量的 18%～22%。与 B 淀粉相比，A 淀粉中含较多直链淀粉及脂质和 LAM。小麦淀粉在加工和改性过程中可经历不同结构水平的变化。如对籽粒进行机械研磨，会导致籽粒破碎、颗粒损伤、结晶区破坏，甚至分子降解等不同结构水平的降解。

（二）小麦淀粉制备

　　近年来，由于谷朊粉需求量的增加，导致小麦淀粉的产量逐年增加。高蛋白质含量的硬质或低蛋白含量的软质小麦均适宜湿法加工生产淀粉和谷朊粉，在美国湿法加工淀粉和谷朊粉主要采用硬麦，而欧洲则习惯用软麦生产淀粉和谷朊粉。据报道，有大约 15 种以小麦或面粉为原料的小麦淀粉加工方法，其中有 5 种工业化应用的方法，均以面粉为原料，这 5 种方法分别为马丁法、面糊法、阿尔法拉伐/瑞休法、旋流法和三相卧螺法。目前，马丁法、阿尔法拉伐/瑞休法、旋流法主要在北美一些国家使用，三相卧螺法主要在欧洲一些国家使用。面糊法在 1940～1960 年被广泛使用，目前已不太使用。

　　工业化生产小麦淀粉与面筋的方法是一种物理分离过程，即采用物理的方法将水溶液中的淀粉和面筋分开，湿法分离面筋和淀粉取决于它们的水不溶性、密度和颗粒大小，面粉贮存蛋白由于相互之间聚集成颗粒，使得其颗粒大于淀粉而密度小于淀粉，增加温度可以加速面筋蛋白质之间的聚集，面粉的湿法加工过程除了第一阶段面筋蛋白从淀粉中分离出来的方法不同外，其余过程都是相同的，即面筋进一步聚集去除其中含有的淀粉和其他杂质，然后洗涤、脱水、干燥；淀粉通过离心进一步纯化，然后用新鲜水逆流洗涤、干燥。

　　小麦淀粉加工方法由于起始阶段面粉与水形成蛋白质聚集颗粒的大小，以及淀粉和蛋白分离方法的不同而形成不同的加工方法。在马丁法中，面粉蛋白形成机械强度较大的面筋网状结构，面筋束颗粒较大，在分米至米之间，然后面团再进一步分离，面筋和淀粉的分离方法是通过面团加水揉和而实现，持续的揉和过程使淀粉逐步从面团中得到分离。面糊法中，面粉与水搅拌可产生毫米级大小的面筋束的面糊，当面糊与热水混合时，面筋束可聚集成小的面筋块，这些面筋块可通过振动筛分离。在当今比较先进的三相卧螺工艺中，面粉加水混合形成微米至毫米级大小的蛋白质聚合物，它们可在分散体系中聚集成小颗粒的蛋白质基质，然后淀粉和蛋白质的分离通过卧式螺旋离心机实现。在旋流法中，剪切形成的面粉-水混合物含有 1～10cm 长度的面筋束，其通过旋流器得到分离，这些浓缩的蛋白质物料流通过面筋快速聚集成大的颗粒，然后通过筛理的方法分离。

1. 马丁法小麦淀粉和谷朊粉分离方法　　马丁（Martin）法也叫面团洗涤法，最早于1745 年由意大利化学家报道，后经 Martin 完善，是最古老的分离小麦淀粉和谷朊粉的方法。一直到 19 世纪 70 年代，马丁法是最广泛应用的小麦淀粉和谷朊粉生产方法。由于传统马丁法耗水量较大（大约 15t/t 面粉），所以随着时间的推移，传统的马丁法被逐步改进，通过增加过程水的重新循环，以及采用新型淀粉和蛋白有效分离设备而降低新鲜水用量，耗水量从 15t/t 面粉降低到 7～10t/t 面粉。现代马丁法小麦淀粉生产工艺包括 5 个基本步骤：①面粉与水混合形成面团；②从面团中洗出淀粉及可溶物；③面筋干燥；④淀粉精制；⑤淀粉和其他组分干燥。现代马丁法的吨粉水耗为：8～10t，A 淀粉收率≥60%，B 淀粉收率≥10%，谷朊粉收率为≥12%，谷朊粉吸水率为 150%～170%，谷朊粉灰分为 0.8%～1.0%。

2. 面糊法小麦淀粉和谷朊粉分离方法　　面糊法于1944 年由美国的 Hilbert 及其同事研究得到。在面糊法中，面粉与 50～55℃的热水混合，然后形成均一浓稠可流动的面糊，其中水的添加量取决小麦种类和蛋白质含量，硬麦比软麦需较多的水分，蛋白质含量高，戊聚糖及破损淀粉含量高的面粉一般需要添加的水量要多一些。形成的面糊醒发熟化大约30min，以使面筋吸水并开始聚集，然后添加一定量的水，在泵输送过程中剧烈混合，面筋聚集成细小的球状悬浮物，淀粉和蛋白质通过旋转筛分离，然后淀粉的纯化方法与马丁法中淀粉的纯化方法类似。在面糊法中，面粉与水的比例对面筋的得率有较大影响，浓的糊状液可以提高面筋的得率，但纯度稍低，另外，降低剪切泵的速度可以提高面筋的纯度，面粉糊的稠度受面粉与水比例、小麦种类及蛋白质含量的影响。

3. 旋流法小麦淀粉和谷朊粉分离方法　　旋流器法由荷兰的 KSH 公司于 1970 年发明，然后在 1989 年左右成为世界上广泛采用的小麦淀粉加工方法。它利用旋液分离的原理，根据淀粉和面筋的相对密度差别，利用旋流器分离淀粉和面筋。旋流法的出现使得小麦淀粉的加工可以连续化，大大提高了生产效率，为在线检测提供了可能，使得小麦淀粉厂可以实现自动化操控，减轻了劳动强度，稳定了产品品质，比马丁法的用水量少，一定程度上减少了污水排放。

旋流法小麦淀粉和谷朊粉分离方法如下：面粉与水混合形成面团，然后使面团醒发，在剪切力作用下，加入水使面团分散，面团-水分散液通过过滤去除大颗粒，过滤后的分散液直接用泵输送到旋流器中，旋流器顶流是相对密度较轻的蛋白质相，底流是相对密度较大的淀粉相，通常用 4 级旋流器分离面筋和淀粉，紧接着用 8 级旋流器逆流洗涤淀粉以去除基中残留的蛋白等杂质，淀粉乳浓缩，然后干燥得到淀粉（A 淀粉）。富含蛋白质相通过振动筛分离出谷朊粉和 B 淀粉。谷朊粉和 B 淀粉经过纯化、洗涤、脱水和干燥，得到谷朊粉和 B 淀粉产品。

4. 阿尔发拉伐/瑞休法小麦淀粉和谷朊粉生产工艺　　在阿尔发拉伐/瑞休法小麦淀粉和谷朊粉生产工艺中，面粉与水剪切混合形成流动性的面糊，面糊然后与水混合形成面粉-水分散液，然后用两相卧螺分离，一相是淀粉相，一相是富含蛋白质相，淀粉相重新悬浮到水中，并通过筛理、逆流洗涤等技术对淀粉进行纯化，包括去除细纤维以及淀粉的洗涤，A 淀粉的得率占面粉淀粉量的 75%～80%，蛋白质含量小于 0.3%；B 淀粉得率占面粉淀粉量的 10%～15%，蛋白质含量为 2%～5%。富含蛋白质相进行熟化以使蛋白质聚集充分形成面筋颗粒，然后通过筛理纯化、洗涤、脱水和干燥，超过80%的面粉蛋白质成为活性谷朊粉产品，谷朊粉中蛋白质含量大约为80%（干基）。

5. 三相卧螺法小麦淀粉和谷朊粉生产工艺（又称HD工艺） 三相卧螺小麦淀粉和谷朊粉生产工艺是目前最先进的分离淀粉和谷朊粉的工艺，该技术由德国柏林技术大学联合韦斯伐利亚共同研发得到，该工艺被赋予各种不同的名字，如基于卧式螺旋离心机的分离工艺、高压剪切分散工艺等，该工艺最初是用来分离马铃薯淀粉，后来被改进生产玉米淀粉，在1984年以后成为在欧洲最受欢迎的小麦淀粉生产工艺。

三相卧螺法小麦淀粉和谷朊粉分离工艺如下：面粉与水快速混合形成面糊，然后将面糊输送到高压匀质机中，在高压作用下，产生的剪切力有以下两个作用：①将淀粉从面粉中的蛋白质基质中分散出来；②将淀粉和蛋白质形成连续的液体相，其面糊状态基本与瑞休法中面糊的状态类似。将剪切形成的面糊稀释，然后用泵输送到三相卧螺中，该离心机根据相对密度的不同，可将分散相分为三相：重相为A淀粉相，其相对较纯，含有<1%的蛋白质，A淀粉相通过在旋流器中逆流洗涤纯化，然后干燥；中间相主要是面筋、B淀粉和纤维，面筋通过聚集，利用筛理设备将面筋从B淀粉和细纤维中分离出来，另外，B淀粉和纤维中含有的A淀粉可通过碟片离心机分离出来，以提高A淀粉的率，最后纤维利用筛理设备从B淀粉中分离出来；轻相为戊聚糖相，也称为C淀粉相，主要为戊聚糖、可溶性蛋白、细面筋、破损淀粉等。A淀粉的回收率为面粉淀粉量的80%～85%，蛋白质含量<0.3%；B淀粉回收率为面粉淀粉量的8%～12%；面筋的回收率为面粉含量的80%～85%。另外，产品为不溶戊聚糖、水溶物细面筋蛋白质、破损淀粉等的混合物，细面筋可通过筛理回收，剩余的滤液进行蒸发浓缩，得到戊聚糖产品。

三相卧螺小麦淀粉和谷朊粉生产工艺最关键的优点是，黏性戊聚糖和水溶物在生产的初期阶段被从面筋和淀粉中分离，因为戊聚糖可与面筋蛋白相互结合，从而影响面筋的得率；另外，由于戊聚糖在水中黏度很大，也会影响淀粉和蛋白的分离过程，所以在小麦淀粉和谷朊粉分离的初期，利用三相卧螺先将戊聚糖分离处理，可使淀粉和蛋白质有效分离，降低淀粉纯化时新鲜水用量，并且可以降低污水排放，三相卧螺小麦淀粉和谷朊粉生产工艺中水的消耗小于3t/t面粉而阿尔伐拉伐/瑞休法和旋流法中消耗水量为5～7t/t面粉。三相卧螺工艺的另一优点是蛋白质的质量对分离效果与其他方法相比影响不大，因为该方法分离时主要是基于淀粉和蛋白质之间相对密度的不同，对于马丁法和面团法而言，软麦分离效果比硬麦差，因为软麦面团强度低（马丁法），面筋聚集速率低（面糊法）。

由于我国淀粉生产原料主要是玉米，因此，玉米淀粉的生产工艺技术相对非常成熟，而小麦淀粉由于对其研究工艺相对较少，所以小麦淀粉工业化生产过程中还存在一系列问题。我国小麦淀粉生产大部分以马丁法为主，离心法（旋流法）一般被酒厂或乙醇厂采用，三项卧式离心工艺应用很少。另外，国内一般采用后路粉生产淀粉和谷朊粉，这使得生产工艺过程以及产品质量也存在一些问题，如何有效降低分离过程中面团、面糊黏度、水溶相的黏度，如何有效降低成品淀粉黏度，如何有效保证谷朊粉（面筋蛋白）的活性，如何有效实现副产物（B淀粉和戊聚糖）有效利用，如何有效降低生产中废水排放量等等。另外，我国目前还没有淀粉生产相关原料（小麦、面粉）标准。小麦淀粉生产工艺将向低排放或零排放方向发展，干法生产、半干法生产、水循环利用等新技术将会逐步应用。

二、玉米淀粉特性及制备

（一）玉米淀粉特性

玉米是生产淀粉最主要的作物之一，玉米淀粉在世界淀粉市场中占据了80%的市场份额，在食品工业或其他工业上被广泛用作增稠剂、稳定剂、胶凝剂、填充剂、保水剂和黏合剂。玉米淀粉在工业上的用途随着其理化特性和功能特征的不同而不同，因而获得不同用途的淀粉需要了解不同类型玉米淀粉的理化特性。

1. 玉米淀粉的颗粒特性及结构　　淀粉颗粒的形态（大小和形状）在玉米品种间存在显著差异性。SEM观察到的淀粉结构在不同玉米类型之间存在很大差异。普通玉米和糯玉米淀粉颗粒呈球状或多边形状，而甜玉米淀粉为圆裂片状；普通玉米和糯玉米淀粉颗粒的表面均比较平滑，而甜玉米淀粉颗粒表面却比较粗糙，同时含有裂缝和空洞。研究表明，和普通玉米淀粉相比，糯玉米淀粉除了极少数颗粒存在空腔以外，其淀粉的横切面为颗粒结构较为完整。单个玉米淀粉颗粒的直径在不同玉米类型之间的变化为 $6\sim30\mu m$，但也有少量的颗粒的直径为 $0.4\sim4\mu m$。不同类型淀粉的理化特性，如透光度、直链淀粉含量、膨胀势和持水力等都和淀粉的平均颗粒大小有关。

淀粉是一个多晶体系，采用X射线衍射分析，结晶区呈现尖峰特征，非结晶区呈现弥散特征，淀粉颗粒的结晶结构主要呈现3种类型，为A型、B型和C型。通过激光共聚焦显微镜和扫描电镜可以观察到淀粉的中央腔、孔道和生长环结构。淀粉颗粒的微晶结构是影响其功能特性的重要因素，淀粉微晶的破坏可使淀粉颗粒发生膨胀、糊化、溶解、光学双折射率降低、双螺旋结构解开和分散等一系列不可逆转的变化。玉米淀粉中支链淀粉组成结晶区，而直链淀粉则主要组成非晶区。淀粉颗粒中的直链淀粉和支链淀粉的排列形式在不同种类中存在着一定差异。X射线衍射技术可揭示晶体结构的差异，并评价淀粉颗粒的晶体特性。普通玉米淀粉为A型，呈现A型的原因主要是其直链淀粉含量较高。研究表明，不同类型的品种的结晶度表现为糯玉米>普通玉米>甜玉米，造成这种差异的原因是支链淀粉中长短链比例的不同及直链淀粉含量的不同，糯玉米结晶度高的原因是其淀粉几乎不含直链淀粉，且支链淀粉长链的比例较高，而甜玉米结晶度低的原因恰好相反。在糯玉米不同品种中，含有较高长链比例的品种结晶度较高。

普通玉米淀粉的支链淀粉链长一般有 $18\sim25$ 个单位，而高直链淀粉中支链淀粉的分布为 $19\sim31$ 个单位。支链淀粉链可根据其在淀粉颗粒中的相应位置和链长来进行分类。玉米淀粉典型的不同类型的链长平均为 A——$12\sim16$，B1——$20\sim24$，B2——$42\sim48$，B3——$69\sim75$，B4——$101\sim119$。A链、B链的比例在不同玉米类型之间存在很大差异。

2. 玉米淀粉组成　　玉米淀粉主要由直链淀粉和支链淀粉组成，普通玉米的直链淀粉和支链淀粉比例在不同品种之间存在一定的差异。不同玉米类型之间直链淀粉和支链淀粉比也显著不同，普通玉米淀粉中直链淀粉约占25%，糯玉米淀粉几乎不含直链淀粉，高直链淀粉玉米中直链淀粉含量高达 40%～70%，甜玉米中淀粉含量较低而含糖量较高。淀粉中除了直链淀粉和支链淀粉以外，还存在着极少量（<0.4%）的矿质元素（钙、镁、磷、钾、硫等），但除了磷以外，其他矿质元素对淀粉的功能特性影响较小。磷主要以磷酸单酯、磷脂和无机磷形式存在。其含量在糯玉米、普通玉米和高直链淀粉玉米中的含量存在很大差异。磷酸单酯和淀粉中的支链部分以共价键结合，进而增加淀粉糊的透明度和黏度，而磷脂的作用却完

全相反。淀粉脱脂后可以降低淀粉的糊化温度和使凝胶软化。玉米淀粉中游离脂肪酸的存在可以使淀粉具有较高的转变温度，并减少淀粉的回生。

3. 玉米淀粉理化特性

1）玉米淀粉糊化及老化特性　　淀粉的热力学特性受淀粉的结构（如单位链长、分支程度、分子质量、分散性）、淀粉组成（直链淀粉和支链淀粉比及磷含量）和颗粒结构（结晶区和非晶区之比）等因素所控制。淀粉的热力学特性通常用 DSC 测定，评价淀粉热力学特性的 DSC 主要参数有起始糊化温度、峰值温度、终值温度和热焓值等。峰值温度可评价结晶质量（双螺旋长度），热焓值可评价结晶度（质量与数量）且是淀粉颗粒的分子排列序列的指示剂。

淀粉的糊化温度和热焓值在不同类型玉米淀粉间的差异主要受结晶度的影响，具有较高转变温度的淀粉有着较高的结晶度，因为其结构的稳定使淀粉不易糊化。不同来源的淀粉由于其组成的不同而表现出独特的热力学特性，研究发现，玻璃化转变温度和热焓值在不同类型玉米淀粉之间表现为甜玉米<普通玉米<糯玉米。和普通玉米相比，糯玉米淀粉表现出较高的起始糊化温度、峰值温度、终值温度和热焓值。

2）膨胀势、溶解度和透光性　　当淀粉在足量水中加热时，淀粉的微晶结构被破坏，水分子通过氢键和直链淀粉以及支链淀粉分子的羟基结合，进而引起淀粉的膨胀和溶解。淀粉的膨胀可用不同参数（膨胀势、持水力、膨胀积、膨胀因子等）描述。据报道，玉米淀粉可以膨胀至 30 倍以上而不崩解。在不同类型玉米品种中，糯玉米淀粉的膨胀势和溶解度均大于普通玉米和高直链淀粉玉米以及甜玉米淀粉，其原因主要是直链淀粉的作用主要是抑制膨胀。淀粉的膨胀和溶解为结晶区和非晶区中淀粉链的大量互作提供了证据，这种互作受淀粉直链淀粉和支链淀粉比的影响，亦受到直支链淀粉的分子质量、分支链长及其构成的影响。

淀粉溶解度的增加，同时伴随着淀粉糊透光率的增加，其原因主要是颗粒的膨胀使直链淀粉游离出来。淀粉具有较高的透光率是由于颗粒结构的分解以及链的破坏，而较低的透光率性则是因为颗粒残余物以及直链淀粉——脂络合物的存在。研究发现，透光率在不同类型的玉米淀粉之间存在差异，具体表现为甜玉米<普通玉米<糯玉米。透光率在不同普通玉米品种之间存在显著差异，且透光率随着冷藏时间的延长而降低，其原因可归咎于以下几个方面，即颗粒膨胀、颗粒剩余物质、游离出的直链淀粉和支链淀粉的链长、油脂等。

（二）玉米淀粉制备

淀粉是玉米的主要组分，其含量超过玉米粒本身的 70%以上。玉米的生产基本是采用物理方法将玉米种的淀粉与非淀粉组分分开。玉米淀粉分离方法有干法和湿法两种，即利用淀粉和蛋白质相对密度的不同采用干磨法生产，具体原理同小麦淀粉的干法生产。目前玉米淀粉的生产均是采用湿磨法。与小麦淀粉生产不同，玉米淀粉生产时一般采用玉米为原料进行生产，而工业化的小麦淀粉生产方法均采用面粉为原料生产淀粉。

玉米淀粉生产的目的是从玉米粒中尽可能多的得到纯净的淀粉及各种副产品，所以玉米淀粉生产主要是尽可能将淀粉与其他组分，如蛋白质、纤维素、脂质等分开。玉米淀粉生产工艺过程如图 4-15 所示。

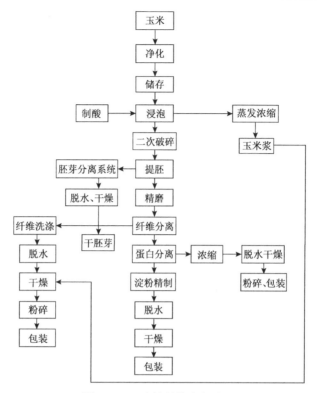

图 4-15　玉米淀粉的生产过程

玉米淀粉制备工艺流程如下。

（1）玉米的浸泡、蒸发。浸泡是玉米淀粉生产非常重要的工序。浸泡的目的是改变胚乳的结构及物理化学特性，削弱蛋白质基质内的连接键，降低玉米颗粒的机械强度，浸出玉米中的可溶物，并遏制玉米中细菌的繁殖。玉米浸泡采用逆流浸泡，将若干个浸泡罐、泵、管道串联起来，新亚硫酸打入浸泡时间最长的玉米罐内，通过罐旁循环泵不停倒浆，同时不停循环加热。浸泡液进行蒸发浓缩。

（2）胚芽分离。胚芽是玉米的重要组成部分，干胚芽中含有 40%左右的脂肪和 15%～20%的蛋白质。经过浸泡后的玉米通过凸齿磨破碎，然后经过胚芽旋流器分离胚芽。

（3）纤维分离、洗涤、脱水、干燥。玉米经过破碎和胚芽分离，含有胚乳碎粒、麸质皮层和部分淀粉颗粒，精磨将最大限度游离出淀粉颗粒，然后经多次洗涤、脱水和干燥得到干的纤维。

（4）分离和精制。经过筛分后粗质淀粉乳含有蛋白质 6%～10%（干基）、脂肪 0.5%～1.0%、可溶物 2.5%～5.0%等杂质，粗淀粉乳再经多级旋流器的洗涤，即可得精制淀粉乳。

（5）脱水、干燥。精制淀粉乳含水 60%～65%，采用离心机脱水降至小于 40%，然后再用气流干燥进行烘干，干燥后的淀粉和空气进入旋风分离器，淀粉由旋风分离器底流排出，通过汇集螺旋闭风器、分料器进入淀粉筛，然后进行包装。

（6）麸质（蛋白）浓缩、干燥和粉碎。由分离机分离出来的稀麸质水浓度很低，蛋白含量约 2%，需浓缩、脱水、干燥才能得到干麸质。浓缩采用碟片浓缩机，脱水则采用过滤机，干燥采用管束干燥机。干燥后麸质粉由螺旋输送至粉碎机，粉碎后包装。

第五节　谷物非淀粉多糖

非淀粉多糖（NSP）是植物组织中除淀粉外所有多糖类碳水化合物的总称，包括纤维素、半纤维素等，是构成谷物细胞壁的主要成分，又称为细胞壁多糖。其不能被单胃动物自身分泌的消化酶水解。非淀粉多糖对单胃动物有抗营养作用，是降低饲料中脂肪、淀粉和蛋白质营养价值的主要因素，但它作为一种膳食纤维，又是一种很好的功能性保健食品。其中的 β-葡聚糖和阿拉伯木聚糖等可溶性半纤维素是当前研究的热点。

一、谷物戊聚糖

（一）戊聚糖的概念、存在及分布

20 世纪初期，随着谷物化学界对小麦品质研究的深入，发现除小麦的主要组成组分——蛋白质和淀粉对小麦品质有重要影响外，一种含量较少且具有较高黏度的组分对小麦品质也起着非常重要的作用。1927 年，Hoffmann 等从面包专用小麦粉中分离得到该种具有较高黏度的非淀粉多糖，经研究证实其主要由戊糖——阿拉伯糖（Ara）和木糖（Xyl）所组成，便将其命名为戊聚糖。戊聚糖是一种非均一性的非淀粉多糖（non-starch polysaccharide，NSP），是含有大量戊糖的聚合物，除戊糖外，根据原料来源的不同还含有一定量的葡萄糖、半乳糖、甘露糖、蛋白质、酚酸等。自从 Hoffmann 分离出戊聚糖并将其命名后，又陆续从其他的谷物如黑麦、大麦、稻谷、高粱等中发现并分离出类似的多糖，也将其命名为戊聚糖。随着研究的深入，人们发现戊聚糖类物质与半纤维素类物质并没有严格的区别，故有人有时也将戊聚糖称为半纤维素，半纤维素相对于戊聚糖而言所包括的范围更广一些，这两个概念都是非淀粉非纤维素多糖类物质的统称，自身并没有确切的含义，戊聚糖更广泛地用于各类谷物中，尤其是小麦和黑麦。半纤维素较广泛地应用于除小麦、黑麦外的谷物品种及自然界中的其他植物。由于戊聚糖、半纤维素是一类物质的统称，是一种杂合的多糖，现更倾向于用其组成来命名该类物质，如阿拉伯木聚糖、阿拉伯半乳聚糖等。

戊聚糖或半纤维素是谷物细胞壁中与纤维素紧密结合的几种不同类型多糖混合物。戊聚糖有些是均一多糖，有的则是杂多糖。实践上把能用 17.5% NaOH 溶液提取的多糖统称为半纤维素。组成半纤维素的糖主要是五碳糖（木糖、阿拉伯糖），另含有少量葡萄糖、甘露糖和半乳糖等。

戊聚糖在小麦、黑麦、燕麦等多种谷物中均有存在，另外，在其他的一些植物中也发现有戊聚糖的存在，如竹子、草类等。戊聚糖是谷物细胞壁的主要组成成分，它与其他多糖如β-葡聚糖、纤维素、果胶及木质素等共同构成植物细胞壁框架而维持结构的完整性（图 4-16）。

戊聚糖中酚酸，尤其是阿魏酸残基的存在可使其与其他多糖及与其他物质之间的连接成为可能，它可通过共价键或非共价键与其他物质相连接而形成多组分的细胞壁网络结构。大多数谷物中胚乳和糊粉层细胞壁物质的 60%～70%由戊聚糖组成，但大麦和大米胚乳细胞壁中戊聚糖的含量相对较少，分别为 20%和 40%左右。谷物的非胚乳部分戊聚糖含量相对较高，尤其是果皮和种皮中具有非常高的戊聚糖含量，如小麦的果皮和种皮中戊聚糖含量在 64%左右，谷物的品种、遗传因素及环境的不同影响到戊聚糖含量的不同，一些常见谷物中戊聚糖的含量如表 4-11 所示。

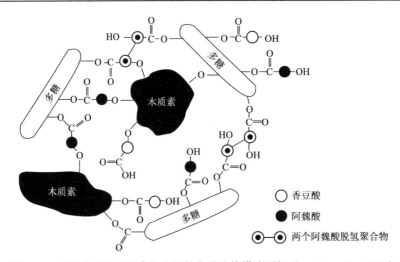

图 4-16　谷物中细胞壁聚合物之间的化学连接模式图架（Izydorczyk，1995）

表 4-11　不同谷物中戊聚糖含量（%）

部位	谷物品种			
	小麦	大麦	燕麦	黑麦
整籽粒	6.6	4.6	5.8	9.0
胚乳	2.3	1.4	0.7	3.9

　　从表 4-11 中可以看出，不同的谷物品种及谷物的不同部位戊聚糖的含量不同，其中以黑麦整粒及胚乳中的戊聚糖含量最高，其次是小麦。从表 4-11 中也可以间接发现，戊聚糖主要存在于谷物的外层皮层部分，内层胚乳部分含量较少。

（二）戊聚糖的结构特性

　　尽管戊聚糖因其所具有的重要性质而引起谷物科研人员的极大研究兴趣，但对其结构的研究却较晚。近年来，由于分析技术和仪器的不断进步，使得研究如戊聚糖该类较复杂物质的结构成为可能。研究发现，戊聚糖主要由阿拉伯木聚糖（arabinoxylan）所组成，即由木糖经 β-（1→4）糖苷键连接而成的木聚糖为主链，阿拉伯糖为侧链连接而成，如图 4-17 所示。

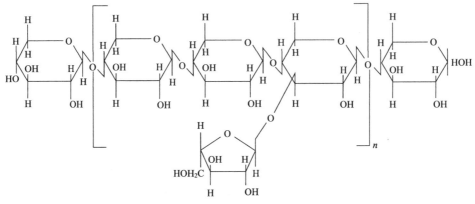

图 4-17　戊聚糖的主要组成成分阿拉伯木聚糖的结构

木糖可在 C2 或 C3 位被阿拉伯糖单独取代，也可在 C2 和 C3 位同时被阿拉伯糖取代。尽管对戊聚糖的结构进行了许多研究，但由于戊聚糖自身组成、结构的复杂性，对不同来源的戊聚糖至今也没有一个固定的、详细的结构模式，主要是由于谷物中的戊聚糖同大多数多糖一样，具有微观结构的高度不均一性，即不可能以一种单一的结构模式来描述其结构。

戊聚糖结构的另一个重要特性就是酚酸主要是阿魏酸的存在，它通过酯化与戊聚糖共价相连，如图 4-18 所示。

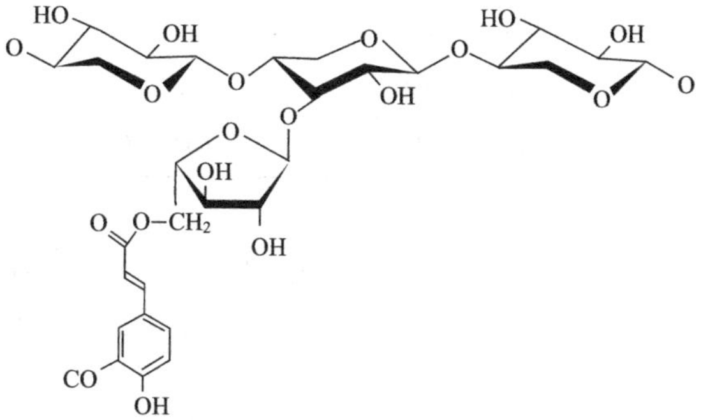

图 4-18　阿魏酸与戊聚糖的酯化结构图

阿魏酸主要存在于谷物的糊粉层中，其次是果皮中，大部分阿魏酸通过酯化的形式与戊聚糖共价相连。阿魏酸在谷物中的含量虽然很少，但对戊聚糖的特性以及谷物的品质和特性起着非常重要的作用。研究发现，谷物的外皮（主要是糊粉层、果皮和种皮）具有较强的抗氧化作用，其中起抗氧化作用的是酚酸类物质，主要是阿魏酸。研究发现，小麦粉面团混合过程中，随着时间的延长，面团的筋力出现衰减，即品质变差，这其中主要是由于阿魏酸所引起。另外，研究发现，阿魏酸与面粉的精度具有较好的相关性，即精度较高的面粉具有较高的阿魏酸含量，而精度较低的面粉具有较低的阿魏酸含量，并通过与灰分与面粉精度之间的对比性研究发现，阿魏酸比灰分能更准确地反映面粉中麸星的含量。阿魏酸具有较好的荧光特性，在检测过程中更容易实现自动化。

近年来，由于分析技术和仪器的不断进步，使得研究像戊聚糖这样复杂化合物的结构成为可能。研究戊聚糖结构常用的方法有甲基化分析、酶或酸降解、高碘酸氧化和核磁共振等，^{13}C-NMR 被认为是研究戊聚糖较好的方法，它不破坏戊聚糖的分子结构，并能快速地测定出戊聚糖的构型、单糖残基的相对含量以及连接键的类型和数量。

（三）谷物戊聚糖的理化性质

1. 戊聚糖的分子质量　　戊聚糖的分子质量不仅与谷物品种有关，还与谷物的生长环境、分子质量的测定方法有关。用不同方法测定的小麦戊聚糖的分子质量如表 4-12 所示。另外，通过对小麦戊聚糖凝胶过滤色谱研究发现，戊聚糖具有较宽的分子质量分布。另外，不同测定方法测出的戊聚糖分子质量有很大不同，另外戊聚糖的存在部位及溶解性也影响到戊聚糖的分子大小。

表 4-12　用不同方法测定的小麦戊聚糖的分子质量

来源	方法	分子质量	聚合度
面粉水溶戊聚糖	沉降/扩散	65 000	492
	黏度, 端基分析	40 000	300
	渗透压法	22 000~119 000	167~901
	凝胶过滤色谱	50 000~100 000	379~756
面粉水不溶戊聚糖	渗透压法	132 000~148 000	1 000~1 138
	沉降/扩散	118 000	894
麸皮水不溶戊聚糖	黏度, 端基分析	40 000	300
胚乳细胞壁 (用碱提取的戊聚糖)	凝胶过滤色谱	800 000~5 000 000	600~38 000

资料来源: Izydorczyk and Biliaderi, 1995

2. 戊聚糖的黏度特性　　将戊聚糖分散于水中, 发现由于其自身所具有的伸展的螺旋式的棒状结构, 可使戊聚糖在水溶液中形成较高黏度的胶体溶液。通过研究发现, 在面粉的水提取物中, 其固有黏度的 95% 是由多糖所引起, 而可溶性蛋白质对其固有黏度的贡献只有 5% 左右, 并且发现, 多糖的黏性成分主要是戊聚糖, 其固有黏度是水溶性蛋白质的 15~20 倍。

3. 戊聚糖的氧化交联性质　　戊聚糖一个非常重要的性质就是其氧化胶凝性质, 也就是在氧化剂存在下, 戊聚糖在水溶液中能形成三维的网状凝胶结构。戊聚糖通过分子链之间的连接形成水和网状凝胶结构的能力, 涉及共价交联 (即经过氧化发生交联) 和非共价交联 (即经过链与链之间的缠绕发生交联)。研究发现, 戊聚糖的氧化胶凝特性主要是由于戊聚糖中的阿魏酸参与氧化交联反应。戊聚糖中的阿魏酸通过氧化交联形成较大的网状结构, 这其中还涉及戊聚糖和蛋白质之间的相互作用, 如图 4-19 所示。研究戊聚糖的氧化交联时常用的氧化剂是过氧化氢和过氧化物酶, 另外, 其他一些可以产生游离基的氧化剂也可以产生氧化交联反应, 如亚氯化铁、高碘酸钠等。

戊聚糖与戊聚糖之间的氧化交联机制

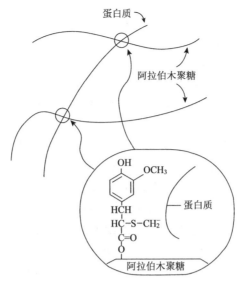

戊聚糖与蛋白质之间的氧化交联机制

图 4-19 戊聚糖的氧化胶凝特性（Izydorczyk and Biliaderi，1995）

4. 戊聚糖的酶解性质 戊聚糖在戊聚糖酶系的作用下可发生降解，使其结构、性质发生变化，所以戊聚糖的酶水解对于研究戊聚糖的性质及结构也有着非常重要的意义。用于研究戊聚糖酶解时的酶主要有木聚糖酶、呋喃阿拉伯糖酶、木糖酶和戊聚糖酶等。因戊聚糖酶系对戊聚糖性质的重要影响，现含有戊聚糖酶系的酶制剂被广泛用于面包烘焙行业和饲料行业。

5. 戊聚糖的营养特性 戊聚糖因其在体内不能被消化的特性，也归属于膳食纤维，因此它也具有膳食纤维的一些重要生理功能，如它可以降低血糖、降低血液中的胆固醇含量，另外，它还具有减肥、通便等一些重要的生理功能，因此可以将其作为一种功能性因子应用于保健食品。

（四）戊聚糖对谷物加工及谷物制品品质的影响

1. 戊聚糖与谷物加工品质的关系 戊聚糖本身作为一种细胞壁物质，其含量多少以及与其他物质之间结合的强弱直接影响谷物的加工。以小麦为例，小麦籽粒的软硬主要由基因控制，另外其他一些不太确定的因素对小麦的硬度也有影响。研究发现，小麦中淀粉颗粒与蛋白质基质之间的结合程度可以很好地解释小麦胚乳质地的差别，并通过进一步研究发现，小麦淀粉颗粒与蛋白质基质之间相互作用的物质可能是非淀粉多糖即戊聚糖，它在蛋白质和淀粉之间起一种类似黏结剂的作用，它不仅影响小麦胚乳的质地结构，同时还影响面粉的品质，另外，小麦戊聚糖含量对润麦也有影响，在润麦时，水分进入软麦的速度较硬麦快，并发现水分渗入速度较慢的硬麦比渗入快的软麦中的戊聚糖具有较高的 Ara/Xyl 值。

戊聚糖作为一种细胞壁物质以及作为蛋白质和淀粉之间的粘连物质，可很大程度地影响蛋白质和淀粉的有效分离。研究发现，在小麦淀粉和谷朊粉的生产中，加入戊聚糖酶系可以非常有效地使蛋白质和淀粉分离，并可以提高淀粉和谷朊粉的得率。

2. 戊聚糖对面制品品质的影响　　　戊聚糖功能性质的研究主要集中于黑麦和小麦，这主要是由于在谷物中只有小麦和黑麦面粉在加水搅拌过程中能形成具有黏弹性的面团结构。研究发现，戊聚糖对黑麦品质，尤其是黑麦的烘焙品质有着非常重要的作用，比蛋白质的影响还重要，由于戊聚糖对黑麦品质的重要影响，人们已通过育种培养出新的黑麦品种，使其具有较高的戊聚糖含量和较高比例的水溶性戊聚糖含量，并且用该品种做出的面包品质较好。

小麦中的戊聚糖主要有以下两个方面的重要特性：一是具有较高的吸水和持水能力，分散于水相中形成黏度较高的溶液；二是在少量氧化剂存在的情况下其具有的氧化交联特性，这使得它对面团的流变学特性及面制品品质有着非常重要的影响，主要表现在以下几个方面：①对面团吸水率的影响。一般认为，面团的吸水率主要与面粉中蛋白质和破损淀粉的量，但研究发现具有高度水化能力的戊聚糖虽然在面粉中占的比例很低（占面粉干重的 1.5%～3%），但在面团的形成过程中，戊聚糖所吸收的水分约占面团总吸水量的 23%，因此，戊聚糖对面团吸水量及面团中水分分布是一种重要的调节剂。②对面团流变性质的影响。研究发现，面团中加入 WSP 可增加面团的延伸性，在实际面团体系中，尤其是当能产生自由基的氧化剂存在时，戊聚糖可发生氧化交联作用，可使面团的内聚力增强，弹性增加，延伸性下降。对于粉质较差的面粉的改良，除了添加面筋蛋白质外，加入适量的戊聚糖也能取得较好的效果。③对面团持气能力的影响。研究发现，戊聚糖有保护蛋白质泡沫抗热破裂的能力，可能是由于戊聚糖的高黏度增加了围绕在气泡周围的面筋——淀粉膜的强度和延伸性，在蒸煮或烘焙时气泡不易破裂，CO_2 扩散离开面团的速率得以延缓，使得面制品体积增大，面制品芯质构的细腻和均匀程度也得以改善。④对制品品质的影响。将适量的戊聚糖添加到面粉中可以增大面包或馒头的体积，超过最适添加量会导致面团过黏，最终制品的体积反而减小。戊聚糖的最适添加量与面粉本身的性质和戊聚糖的分子质量等因素有关。另外，戊聚糖还可以延缓面制品化，延长其货架寿命。

二、谷物葡聚糖

谷物中的 β-葡聚糖都有着共同的结构特征，β-葡聚糖是一种线性无支链的多聚糖，β-吡喃葡萄糖是构成 β-葡聚糖的基本结构单位。β-葡聚糖有 2 种同分异构体：β-（1→4）葡聚糖（70%～72%）和 β-（1→3）葡聚糖（28%～30%），隔 2～3 个连续的 β-1，4 键就插有一个 β-1，3 键，β-葡聚糖中 β-（1→3）和 β-（1→4）键的排布无一定的规则，而对某一种来源的 β-葡聚糖来说 β-（1→3）与 β-（1→4）两者的比值较为恒定。谷物中 β-葡聚糖如表 4-13 所示。

表 4-13　一些谷物中 β-葡聚糖的类型和含量（%）

β-葡聚糖的类型	谷物及副产品						
	小麦	大麦	黑麦	小黑麦	高粱	玉米	大米
可溶性 β-葡聚糖	0.4	3.6	0.9	0.2	0.1	微量	0.1
不可溶性 β-葡聚糖	0.4	0.7	0.1	1.5	0.1	微量	微量

（一）谷物 β-葡聚糖提取分离方法

1. 物理法　　通过干磨、筛分、空气分级技术可制备富含 β-葡聚糖的谷物粉。如先将大麦在 85℃干燥 20h 以钝化内源 β-葡聚糖酶，然后干磨过筛（50 目）数次，再将麦麸反复粉碎过筛（100 目），最后得到含 28%左右总 β-葡聚糖的大麦麸制品。其中可溶性 β-葡聚糖占总 β-葡聚糖的 55%左右，这样得到大麦制品中 β-葡聚糖的浓度比原始大麦中高 2.4～4.9 倍。Benny 等通过小型空气分级机和筛分机生产出含 β-葡聚糖 9%的大麦制品。另外，也有许多关于从燕麦粉、青稞粉以及其麸皮中干法富集 β-葡聚糖的报道，通过干法可以将原料中的 β-葡聚糖富集 1 倍以上。

2. 化学法　　β-葡聚糖的提取工艺研究已有 30 多年的历史。早期的β-葡聚糖是通过室温下在燕麦中提取的，但其产品的纯度不高，含有脂肪酸、蛋白质、淀粉等多种杂质。研究发展到现在，β-葡聚糖的提取方法已有水法、酸法、碱法及微波法等。尽管提取方法有多种，但是提取工艺流程总体上相差不大。不同提取方法β-葡聚糖的提取率、黏性、链的长度、相对分子质量等性质不尽相同。Bhatay等通过对β-葡聚糖提取率比较后发现，碱提法得率高于水提法，但分子质量要小；而用盐酸等强酸几乎可完全提取β-葡聚糖，但黏度降低很大，而且用酸提法易使谷物淀粉水解过度,大量葡萄糖会混入产品中，造成产品纯度低，同时在生产过程中要考虑制冷，增加成本。在碱性条件下β-葡聚糖酶作用强度低，避免提取过程中β-葡聚糖被酶解，所以目前国内外大都采用的是碱提法。

目前纯化 β-葡聚糖的方法常用的有超滤纯化、透析纯化、等电点脱蛋白结合溶剂沉淀法纯化、活性炭脱蛋白结合乙醇沉淀纯化、乙醇沉淀结合聚酰胺柱层析纯化等方法。目前主要采用乙醇或硫酸铵沉淀后，再进行透析处理，把氨基酸、小分子肽和葡萄糖与 β-葡聚糖分离，从而纯化 β-葡聚糖。它能提取到纯度高、黏度高的 β-葡聚糖，但透析法耗时较长，且不适宜大规模生产。活性炭脱蛋白结合乙醇沉淀法具有较好的脱色效果，但脱蛋白效果一般。等电点脱蛋白结合乙醇沉淀纯化具有成本低、简便易行等优点，虽然产品纯度不高，但对于大规模的工业化生产仍具有应用价值，这也是目前工业化生产最常用的方法。

（二）β-葡聚糖理化特性研究

1. 溶解性　　β-葡聚糖由于在分子结构上存在β-（1→3）键而能溶于水，这与仅由β-（1→4）键连接的纤维素是不同的。但由于一部分β-葡聚糖分子结构中存在少量连续的β-（1→4）键连接的葡萄糖，使其难溶于水，所以β-葡聚糖分为可溶和非可溶性两种。β-葡聚糖也可溶于酸和稀碱，其溶解性受分子质量大小、β-葡聚糖酶活性、温度、pH和介质离子强度等影响。

2. 凝胶特性　　凝胶现象是多糖的一个共有现象，它会影响部分食品的质地，如果冻、布丁等。β-葡聚糖加热至不同温度时，可以形成性质完全不同的凝胶，即热可逆和热不可逆两种。β-葡聚糖形成的凝胶具有高热稳定性、耐冷冻解冻性、耐酸碱性、脂肪包容性好、成膜性好、成胶条件单一等优点。β-葡聚糖凝胶形成也受多种因素的影响，加热速率和分散方法对β-葡聚糖水溶液扩散的胶体特征有影响。β-葡聚糖的相对分子质量对凝胶的形成也有一定的影响，相对分子质量低易形成凝胶。其次浓度、酸碱度、无机盐等对其也有较大的影响。β-葡聚糖凝胶的形成也与其结构、分子质量、存放时间及剪切等因素有关。

3. β-葡聚糖的相对分子质量分布　　　相对分子质量分布是β-葡聚糖的一个重要特性。相对分子质量直接影响β-葡聚糖的溶解性、在水溶液中的存在状态及一些流变学特性等，进而影响到β-葡聚糖生理功能的发挥。Wood报道了大麦β-葡聚糖相对分子质量为 $(2\sim2.5)\times10^5$，并认为大麦β-葡聚糖相对分子质量高于黑麦（1×10^5），低于燕麦（3×10^5）。Igarashi等通过超离心法测定水溶性β-葡聚糖的相对分子质量为 200 000～300 000。研究表明，β-葡聚糖相对分子质量为 300 000～600 000。由于β-葡聚糖是复合的葡萄糖聚合糖，结构复杂，相对分子质量很难精确确定。目前国内外有以下几种方法用来测定β-葡聚糖的相对分子质量：黏度法、沉淀法、渗透压法、高效体积排阻色谱法（HPSEC）等。较为常用也较为准确的是高效体积排阻色谱法（HPSEC），黏度法较为方便快速，但不能完全反映分子质量的大小，且受多种因素的影响。

4. β-葡聚糖的流变特性　　　β-葡聚糖的生理功能特性和它的流变特性密切相关，如在大鼠的降血糖试验中β-葡聚糖溶液黏度越大则降血糖效果越好，流变特性是由β-葡聚糖的结构、分子大小以及溶液的状态所决定的。β-葡聚糖溶液黏度随剪切速率的增高而逐渐降低，表现为典型的剪切稀化型非牛顿流体。β-葡聚糖溶液黏度与其分子质量成正比，与溶液温度成反比；在相同浓度下，β-葡聚糖分子质量越大则其流体牛顿幂律方程的流动指数 n 越小；与中性溶液相比，弱酸性或弱碱性环境均可导致β-葡聚糖溶液黏度的下降。β-葡聚糖的黏弹性能受β-葡聚糖浓度、分子质量和体系温度的影响。随着β-葡聚糖浓度的增加和分子质量的增大，其流体的黏性行为特征减少而弹性行为特征增强。随着流体温度升高，β-葡聚糖流体的黏性和弹性行为均逐渐减弱。

5. β-葡聚糖的生理功能及抗营养特性　　　β-葡聚糖是一种线性非淀粉多糖，是一种抗营养因子。其抗营养性主要与以下几方面有关：①β-葡聚糖的高黏性，降低了食糜通过速度，并与酶和底物结合，降低饲料养分吸收。②β-葡聚糖的高亲水性，导致肠黏膜表面水层厚度增加，降低饲料养分的吸收。③β-葡聚糖可吸附 Ca^{2+}、Zn^{2+}、Na^+ 等离子和有机质，从而影响这些物质代谢。

目前生物医学界普遍认为，谷物 β-葡聚糖具有清肠、调节血糖、降低胆固醇、提高免疫力等四大生理功能。β-葡聚糖是膳食纤维的组成部分，膳食纤维对人体的一个最主要的功能是预防结肠癌，医学上的解释是膳食纤维减少了肠道黏膜和致癌物质的接触，从而使肠内物质快速通过内脏，从而达到清肠的作用。β-葡聚糖的另一个重要作用是降血脂，其原理是由于β-葡聚糖和水混合后具有黏性，食用后减少了肠胃道吸收脂肪酸的速率。β-葡聚糖能显著降低实验动物血浆胆固醇含量，防止心血管疾病、预防肿瘤和提高机体的免疫能力。有关 β-葡聚糖降低胆固醇的机制尚不清楚，目前存在以下 4 种假说：①β-葡聚糖结合胆汁酸并排泄到体外，从而降低胆汁酸水平和血浆胆固醇浓度。胆汁酸是体内胆固醇在肝脏代谢中主要产物，胆汁酸由胆囊分泌进入消化道，它可以乳化脂类物质，促进脂类物质消化吸收。胆汁酸排泄增加，一方面加快胆固醇在肝脏中代谢；另一方面又降低消化道中脂类物质乳化，从而影响脂类的吸收，最终引起血浆胆固醇下降。②β-葡聚糖可被肠道中微生物发酵而产生短链脂肪酸，如乙酸、丁酸等，这些物质可抑制肝脏中胆固醇合成。③β-葡聚糖可促进低密度脂蛋白胆固醇的分解。④β-葡聚糖黏度高，可使消化道中黏度升高，影响消化道对脂肪、胆固醇及其他物质的吸收。

三、谷物膳食纤维

（一）膳食纤维概念

膳食纤维是一直被认为没有营养价值的粗纤维，过去也很少受到重视。但是，随着社会经济和人们生活水平大幅度提高，饮食结构也发生了较大的变化。在人们的膳食结构中，植物类摄入量明显减少（也就是膳食纤维的摄入量减少），高热能、高蛋白、高脂肪的动物性食品摄入量大大增加，这样就使人们的膳食营养失衡，因而导致当今的肥胖症、高血压、糖尿病、心血管疾病等"富贵病"发病率不断上升。为此，膳食纤维被现代医学界以及营养界公认为人体健康所必需的"第七大营养素"。

由于膳食纤维的组成复杂性，膳食纤维目前也没有非常明确的定义，最被认可的版本包括：生理、化学和 Englyst 的定义。生理上的定义，是由 Trowell 首先定义和提出的，将膳食纤维定义为植物多糖和木质素，抗人体内的酶水解消化的物质。化学定义，是将膳食纤维定义为非淀粉多糖和木质素。Englyst 将膳食纤维定义为非淀粉多糖，主要是为了简单起见和分析方法的适应性，这一定义的主要争议是把木质素除外。

（二）膳食纤维分类

按膳食纤维在水中的溶解能力分为水溶性膳食纤维（SDF）和水不溶性膳食纤维（IDF）两类。SDF是指不被人体消化道酶消化，但可溶于温水、热水，和水结合会形成凝胶状物质，且其水溶液又能被其 4 倍体积的乙醇再沉淀的那部分膳食纤维（DF），主要是细胞壁内的储存物质和分泌物，另外还包括部分微生物多糖和合成多糖，其组成主要是一些胶体物质。SDF主要包括：植物类果实和种子黏质物，果胶、阿拉伯胶、角叉胶、瓜尔豆胶、琼脂，以及半乳糖、甘露糖、葡聚糖、海藻酸钠、微生物发酵产生的胶和人工合成半合成纤维素，另外还有真菌多糖等。IDF是指不被人体消化道酶消化且不溶于热水的那部分膳食纤维，主要是植物细胞壁的组成成分，包括纤维素、半纤维素、木质素和动物性的甲壳质及壳聚糖等。

按膳食纤维的来源可分为植物类（包括海藻）膳食纤维、动物类膳食纤维、合成类膳食纤维。其中，植物类膳食纤维是目前人类膳食纤维的主要来源。动物类膳食纤维主要是甲壳质类和壳聚糖类。合成类膳食纤维主要是以葡聚糖为代表。葡聚糖属于合成或半合成的水溶性膳食纤维，具有优良品质改良作用，如颗粒悬浮、控制黏度、利于膨胀、奶油口感、热处理稳定性能等。

（三）谷物膳食纤维及功能

大麦及麸皮、米糠、燕麦和燕麦糠等中都含有丰富的水溶性纤维，水溶性纤维可减缓消化速度和促进胆固醇排泄，有助于调节免疫系统功能，促进体内有毒重金属的排出。所以可让血液中的血糖和胆固醇控制在理想水平，还可以帮助糖尿病患者改善胰岛素水平。小麦麸皮、玉米皮、米糠等是膳食纤维丰富的来源。非水溶性纤维可降低罹患肠癌的风险，同时可经由吸收食物中有毒物质预防便秘和憩室炎。

玉米皮中总膳食纤维在 80% 左右，是较好的水不溶性膳食纤维来源，麦麸中膳食纤维含量为 43%～45%，玉米皮及小麦麸皮中可溶性膳食纤维含量比其他谷物低。燕麦麸皮是膳食纤维很好的来源（24%～32%），具有较高的可溶性膳食纤维。燕麦因具有较高的 β-葡聚糖含量，被认为具有较好营养学价值。燕麦的 β-葡聚糖含量为 3.9%～6.8%。燕麦可降低胆固醇、防止心血管疾病，降低胆固醇的主要功能成分是 β-葡聚糖（FDA，1997），并推荐每天饮食 β-葡聚糖含量≥3.0g，约 75g 燕麦。一系列的研究也证实，燕麦麸皮产品可以降低胆固醇水平。小麦麸皮中由于含有的主要是不溶性膳食纤维，其可有效防控便秘、结肠癌和肥胖。

第六节　谷物碳水化合物分析方法

碳水化合物的分析包括测定谷物样品中含量分析、多糖组成分析、分子质量测定、结构分析等。大多数的碳水化合物的分析测定采用色谱分析法。气液色谱（GLC）和高效液相色谱法（HPLC）等仪器分析方法具有分离效率、定量和分析速度上的优势，在很大程度上取代了早期的纸色谱和薄层色谱法（TLC），并广泛应用于糖的分析测定。目前，通常选用色谱分析方法分析碳水化合物，但物理、化学和生物化学方法在糖类分析中也占有一席之地。物理方法主要有旋光法和折光率测定法等。化学和生物方法可通过直接或间接测定提供定性和定量分析。因淀粉是重要的多糖，同时，也是谷物组成中最为重要的成分，因此，在多糖组成、特性及结构分析时重点以淀粉为例进行讲述。

一、碳水化合物定性和定量分析

（一）单糖的定性分析

单糖经无机酸处理，脱水生成糠醛或糠醛衍生物。戊糖生成糠醛，己糖则生成羟甲基糠醛。糠醛或糠醛衍生物在浓无机酸作用下，能与酚类物质缩合生成有色物质。通常使用的酸为硫酸，如用盐酸则需要加热，常用的酚类物质有 α-萘酚、甲基苯二酚、间苯二酚、间苯三酚等。用于单糖定性鉴定时的呈色反应有以下几种。

1. Molish 反应（α-萘酚反应）　　该反应是鉴定单糖最常见的反应。单糖在浓酸作用下形成的糠醛及其衍生物与 α-萘酚作用，形成红紫色复合物。游离存在及结合存在的糖均呈现阳性颜色反应，此外，其他物质如葡萄糖醛酸、甲酸等皆呈现近似颜色的阳性反应，因此，阴性反应证明没有糖类物质存在，而阳性反应，则说明有糖类物质存在的可能性。

2. 蒽酮反应　　糖经浓酸水解，脱水生成的糠醛及其衍生物与蒽酮反应生成蓝-绿色复合物，该反应常用于己糖的定性和定量测定。

3. Seliwanoff反应（间苯二酚反应）　　该反应是鉴定酮糖的特殊反应，在酸作用下，己酮糖脱水生成羟甲基糠醛，后者与间苯二酚结合生成鲜红色化合物，反应非常迅速，仅需要 20～30s。在同样的条件下，醛糖形成羟甲基糠醛较慢，只有在糖浓度较高或需长时间的煮沸时，才呈现微弱的阳性颜色反应。

4. Bial反应（甲基间苯二酚反应）　　戊糖与浓盐酸加热形成糠醛，在有 Fe^{3+} 存在下，它与甲基间苯二酚缩合，形成深蓝色的沉淀物，己糖也能发生反应，但生成灰绿色至棕色的沉淀物，可用此反应鉴定戊糖和己糖。

5. Fehling反应（费林反应）　　在碱性溶液中还原糖能将金属离子（铜、汞、银等）还原，糖本身被氧化成酸类化合物，此性质常用于检验糖的还原性，并且成为测定还原糖含量各种方法的依据。费林试剂是含有硫酸铜与酒石酸的氢氧化钠溶液。硫酸铜与碱溶液混合加热，则生成黑色的氧化铜沉淀。同时有还原糖的存在，则生成黄色或砖红色的氧化亚铜沉淀，糖分子的醛基被氧化成羧基。

6. Barfoed反应　　该反应是在酸性条件下进行的还原反应。在酸性溶液中，单糖和还原二糖的还原速度有明显差异。单糖在3min内就能还原Cu^{2+}，而还原二糖则需20min左右，所以该反应可以用来区分单糖和二糖。

（二）糖的定量测定

总糖（碳水化合物）包括单糖、二糖、寡聚糖、多糖，其中单糖和部分二糖具有还原性也统称还原糖，能够溶于水的糖统称可溶性糖，多糖分为可溶性多糖和不可溶性多糖，如果胶、黄原胶等多糖为可溶性多糖，纤维素、淀粉为不可溶性多糖。糖的测定方法很多，大致可以分为三类：化学法（费林试剂法、高锰酸钾法、蒽酮比色法等）、物理化（旋光法、折光法、比重法等）、物理化学法（电位法、分光光度法、色谱法等）。

在化学法测定糖含量时，只有少数采用化学计量法，大部分是采用非化学计量法，也就是写不出化学反应的反应，如铜试剂法、硝基试剂法、硫酸或盐酸处理后的比色法。采用非化学计量法测定糖含量时要严格按照方法规定的步骤进行，并需制作标准曲线。还原糖的化学计量反应仅限于醛糖的次亚碘酸法，本方法根据消耗的I_2即可计算还原糖的量。化学计量反应是说反应依据一定的反应式进行，并可以计算反应物的浓度，所以测定时应排除其他物质的干扰。

糖和强酸共热下与酚类物质的反应常用于定量测定糖的含量。蒽酮法适合己糖含量测定，三氯化铁/地衣酚-盐酸法适合戊糖含量测定，苯酚-硫酸法是一种适用于测定所有糖类的一般方法。苯酚-硫酸法测定总糖含量时包括两个阶段：浓硫酸使糖脱水为糖醛和羟甲基糖醛，这些物质与苯酚缩合生成黄色物质，其强度与碳水化合物的浓度成正比。单糖、寡糖、多糖及它们的衍生物与苯酚在浓硫酸条件反应后生成橙色物质，包括具有游离还原基或潜在还原基的甲基醚也有同样反应。测定结果作为总碳水化合物含量。

色谱分析方法。在许多谷物中存在葡萄糖、果糖、蔗糖和麦芽糖复杂的混合物，单独使用还原糖方法测定它们是十分困难的，最有效的方法是色谱分析法或特异性酶法。高效液相色谱法从20世纪70年代开始应用于糖混合物的分析。高效液相色谱法可以完全将大多数谷物中的单糖和二糖分离开，并已广泛应用于分子质量较高的寡糖的分析。高效液相色谱分离柱可使用的填料范围广泛，以水为洗脱介质，采用示差折光检测器，可以提供良好的分离效果。气液色谱也是一种有效的分离分析方法，但糖类物质必须是衍生糖。对大多数常规分析，实际应用中多采用高效液相色谱法，而在专业领域分析中气液色谱有自己的优点。

（三）淀粉定性和定量分析方法

淀粉作为最为重要的多糖，在食品中应用广泛。因此，无论是淀粉的数量，还是淀粉的类型（原淀粉、变性淀粉、抗消化性淀粉等）都是食品质量控制的重要参数，因此测定淀粉含量非常重要。

有关淀粉的分析方法，相关的研究机构所和政府机构已建立相应的测定标准。例如，分析化学家协会（AOAC）中有几种测定淀粉含量的方法，谷物化学家协会（AACC）也有谷物及其衍生物中淀粉含量的测定标准方法。同样，我国国家标准中也规定了淀粉含量的测定方法。在过去十年多的时间，已有大量有关物理、化学和生化方法用于淀粉含量的测定，如表4-14所示。

表 4-14　淀粉分析的主要方法

类型	方法
经典方法	碘-碘化物法（定性） 氧化还原滴定法 质量测定法 旋光法
现代方法	高效液相色谱法 近红外光谱法 紫外-可见光谱法

1. 定性分析　　含有淀粉的样品被碾磨（如需要），成为分散均匀的细小颗粒，将少量的样品加入适量体积的沸水中，保持 5min，然后将混合物冷却，滴入几滴碘-碘化钾试剂，有淀粉存在的情况下出现深蓝色。

2. 淀粉含量的定量分析　　常用的淀粉含量定量分析方法有酶法、旋光法、比色法等。淀粉分析时一般先采用 80%的热乙醇洗涤谷物除去低分子质量糖类，其次用热碱性乙醇去除干扰物质蛋白质和脂肪。大多数淀粉测量分析方法都涉及多糖水解和水解产物（通常为葡萄糖）的测量。我国目前粮食中广泛采用的淀粉含量测定方法有酶法（GB/T 5514—2008 粮油检验粮食、油料中淀粉含量测定）和旋光法（GB/T 20378—2006 原淀粉淀粉含量的测定–旋光法）两种。

1）酶法测定淀粉含量　　目前，酶法测定淀粉含量的方法是国内外通用的一种淀粉含量的测定方法。酶法测定淀粉含量的方法包括在约 95℃高温下用 α-淀粉酶水解样品，得到糊精，然后采用纯化的淀粉转葡萄糖苷酶对液化的糊精定量水解成葡萄糖，使用葡萄糖氧化酶-过氧化物酶法测定葡萄糖量。此方法适用于谷物产品中淀粉含量及大多数改性淀粉含量的测定。该法已通过 AACC 批准（AACC76-11）。而我国广泛采用的粮食中酶法淀粉含量测定方法（GB/T 5514—2008）与国际上采用的 AOAC 和 AACC 方法不同，其原理是将待测定的样品除去淀粉和可溶性糖类后，经 α-淀粉酶水解为双糖，双糖再用盐酸水解为具有还原性的单糖，最后测定还原糖含量，折算成淀粉含量。目前可用酶法测定试剂盒测定淀粉含量（AACC76-13），该方法基本与 AACC76-11 类似，只是将试剂采用试剂盒的标准化方式，简化了操作方法。商业化的淀粉含量测定试剂盒，可测定谷物原料、谷物加工产品、面制食品、米制食品等中的淀粉含量。

2）旋光法测定淀粉含量　　旋光法测定淀粉含量的方法由于方法简便被广泛用于谷物及其制品中淀粉含量测定。该方法包括以下几个步骤：通过溶解适当数量的淀粉在盐酸或三氟乙酸中制备标准溶液，然后将混合物在沸水中精确搅拌15min，随后冷却至室温，加入一定体积的 4%磷钨酸钠溶液，最后得到的溶液摇匀、过滤。按照同样的方法处理样品，若样品不是粉末形式，需小心碾磨粉碎样品得到均匀细颗粒样品。然后进行旋光测定，通过特定公式计算得到淀粉含量。

（四）直链淀粉含量测定

有多种定量测定直链淀粉和支链淀粉含量的方法，最广泛使用的直链淀粉含量测定方法是比色法，此方法基于碘与直链淀粉生成蓝色络合物。粉碎的谷物样品于 NaOH 溶液中在100℃下反应 10min，乙酸中和并使得最终 pH 为 4.5。然后加入碘溶液（100mL 水溶液中有0.2g 碘和 2.0g 碘化钾），用分光光度计测定该溶液在 620nm 时的吸光度。因为脂质可与葡聚糖的线性部分形成与碘-直链淀粉复合物类似的螺旋复合物，因此脂质可竞争性与直链淀粉结合抑制碘-直链淀粉复合物的形成。因谷物淀粉中通常含有 0.6%～1.3%的脂质，这会降低碘的亲和力和直链淀粉含量，因此，在测定谷物直链淀粉含量时要除去脂质。一种改进的直链淀粉含量测定方法是基于直链淀粉和碘之间的反应。淀粉溶解在二甲基亚砜溶液中，并用乙醇沉淀淀粉。所提取的淀粉再溶于尿素-二甲基亚砜，用乙醇再脱脂，然后将所得溶液与碘反应，测量蓝色的直链淀粉-碘复合物的吸光度，从而确定淀粉与碘结合能力。

（五）损伤淀粉含量测定

损伤淀粉测定方法按照反应原理来分主要有两大类：非酶法和酶法。第一，非酶或直链淀粉法，其原理是依据淀粉粒损伤后直链淀粉的可提取性增加；第二，酶法，其测定原理是基于淀粉粒损伤后易被淀粉酶水解。第一种方法是基于直链淀粉的冷浸出，而第二方法是基于破损淀粉易受 α-淀粉酶和 β-淀粉酶分解。酶法的原理是利用损伤淀粉对酶的敏感性，包括 Farrand 法、比色法、分光光度法、滴定法、酶联呈色法、旋光法等，其中 Farrand 法、分光光度法、滴定法应用的较为广泛。酶法测定损伤淀粉含量已通过 AACC 批准（AACC76-30A），目前该测定谷物中损伤淀粉的方法已被商业化为试剂盒进行测定，简化了测定方法。酶法测定谷物损伤淀粉的方法（α-淀粉酶法 GB/T 9826—2008）也是我国国家标准的测定方法。目前常用于测定破损淀粉含量的方法是酶法和碘量分析法。酶法的依据是破损淀粉颗粒易受 α-淀粉酶的分解，分解产物用分光光度计测量。碘量法是依据破损淀粉颗粒与碘的反应能力变强，该反应可用电流分析法或比色法测定，目前广泛采用的损伤淀粉测定仪就是基于碘量法测定谷物中的损伤淀粉含量。其他分析方法，如近红外光谱技术和高效液相色谱法也有应用。

（六）抗消化性淀粉（RS）的测定

抗消化淀粉的测定比较复杂，尽管研究者们在这方面进行了很多研究和改进，但迄今为止，还没有找到简便、可靠的测定方法。在抗消化淀粉的研究初期，研究者们采用了不同的体内实验方法，测定进入大肠的抗消化淀粉的数量。体内实验方法可分为直接法和间接法。直接法包括回肠插管实验、收集老鼠回肠中的排泄物进行分析等。间接测定包括分析大肠中几种表征发酵特性的指标如呼出的氢气、血液中的乙酸含量等，上述体内测定方法非常繁琐和复杂，后来研究者们又提出了许多种体外预测抗消化淀粉含量的方法。根据所用的消化酶的不同，这些方法大致可分为两大类：胰淀粉酶法和耐高温淀粉酶法。其中胰淀粉酶法是尽可能地模拟淀粉在体内的消化环境，以期反映淀粉在体内的消化和发酵状况，其中较为典型的是 Berry 的方法，其是模仿体内消化环境的体外 RS 测定法，实验结果比较接近于以回肠造口术的患者为研究对象的体内实验结果。耐高温淀粉酶法是从 AOAC 测定膳食纤维的方法衍生而来，因为最初发现 RS 是在膳食纤维的残渣中，这是 RS1 部分。但在美国，因为膳食纤维的定义没有得到权威机构 FAD 的认可，RS 被归类在膳食纤维中，计算在膳食纤维含量内。一种改进的 TDF 方法，使用二甲基亚砜可直接测量 RS，使用 DMSO 和不使用 DMSO 测得的 TDF 值的差异可以解释 RS 是否存在。

（七）膳食纤维的测定

膳食纤维作为一类复杂的组分，尽管到目前为止已提出多种膳食纤维的分析方法，但只有少数被广泛认可。基于膳食纤维的生理功能定义，AOAC 方法是经美国分析化学家协会认可的分析膳食纤维的标准方法。样品制备和处理是大多数膳食纤维测定的一个极其重要的初始步骤，因为彻底提取非膳食纤维成分，特别是淀粉，非常有必要，以避免过高估计膳食纤维含量。因此样品必须充分解散、脱脂，使大分子物质分散，酶能顺利地与大分子物质接触。预处理过程中，应尽可能将样品消化和纤维测量的干扰降至最小，因为加热、脱水和研磨等都可能会改变纤维和其他食物成分的溶解度。

当样品的脂肪含量大于 5%时需要脱脂，在脱脂前或脱脂后，干法研磨是粉碎样品最常见的手段，较干和均匀的粉末样品能方便准确地获得具有代表性的样品以用于分析。在膳食纤维含量测定时，应控制测定样品的粒度，因为非常小的颗粒可造成膳食纤维含量降低，尤其是在使用化学水解法或洗涤法时。

膳食纤维含量测定通常采用重量测定法。该方法是首先通过蛋白酶和淀粉酶进行模拟消化，之后回收残渣并进行重量测量，该过程不断被各国研究人员改进，并成为总膳食纤维测定的 AOAC 标准方法。此方法中首先用酶处理样品去除蛋白质和淀粉，然后用乙醇沉淀，再将残渣过滤、洗净并称重。残渣包括残余蛋白、矿物质、变性蛋白及灰分。未被消化而残留的淀粉被认为是不可利用的，因此这种淀粉也属于膳食纤维的范畴。该重量测量法测定膳食纤维含量是相对简单且精确的。这一方法是一些官方测定膳食纤维标准方法的基础，如 AACC 测定膳食纤维的方法（AACC32-05，AACC32-06）也是基于重量测定法测定膳食纤维含量。

可溶性纤维由于它独特的生理功效，越来越受到关注，总膳食纤维 AOAC 方法被修改，可分别测定总膳食纤维含量（TDF）、可溶性纤维（SF）和不溶性纤维（IF）。分析膳食纤维的非重量测量法基主要是用 GC 或 HPLC 来测量纤维多糖的糖类组成。GC 或 HPLC 可以给出膳食纤维中单糖成分的相关信息，如 Englyst 分析膳食纤维的方法实际上是测定谷物中非淀粉多糖（如非 α-葡聚糖），将分析样品分散至二甲基亚砜中，使淀粉更易被 α-淀粉酶水解，非淀粉多糖类物质用乙醇沉淀析出，然后用硫酸处理水解得到单糖，糖醛酸通过比色法测定，中性糖由 GLC 测定，由于在使用酸水解多糖时，木质素会发生消除反应而损失，其所测得的膳食纤维的量比用非降解法所测得的量少很多。

（八）戊聚糖的测定

测定谷物及谷物产品中戊聚糖含量的方法主要有以下几种：①色谱法，样品首先用酸水解为其组成单糖，然后用色谱分离测定单糖的含量，戊聚糖的含量以其主要组成单糖阿拉伯糖（Ara）与木糖（Xyl）之和表示，该方法测定准确，特异性较强，但测定较复杂、费时，对仪器的要求程度也较高。②比色法，戊聚糖被热酸水解为糠醛，再与显色剂地衣酚、间苯三酚等反应，根据反应颜色与吸光度的相关性，由吸光度计算戊聚糖的含量。③Duffau 蒸馏法，样品与热酸共沸，使戊聚糖水解为糠醛，用四溴化法测定蒸馏出的糠醛量，以换算成戊聚糖含量。另外，也可以通过测定膳食纤维（DF）含量的方法来间接表示戊聚糖含量。目前戊聚糖含量较常见的方法是地衣酚或间苯三酚比色法，较快速方便，已被农业部列为标准的检测方法。

（九）β-葡聚糖含量的测定

测定谷物 β-葡聚糖含量的方法有：①黏度法，这是最早的测定方法，原理是根据 β-葡聚糖的黏性特性测定，但 β-葡聚糖的黏度同时与含量和分子质量有关，且不同的提取条件下的黏度特性也有明显的不同。因此该法可靠性较差，准确性低，现很少有人采用。②沉淀法，原理是利用特定盐或有机溶剂沉淀抽提液中的β-葡聚糖，该法局限于抽提不能完全排除其他物质干扰。③酶法，最常用的就是由 McCleary 提出的酶法，即 AOAC995.16 法。原理是采用特定β-葡聚糖内切酶得到寡糖，再进一步用β-葡萄糖苷酶将寡糖水解为葡萄糖，后采用葡萄糖氧化酶/过氧化物酶试剂显色测定葡萄糖含量。该法简便，用样量少，但价格相对较高，是目前定量β-葡聚糖广泛使用的方法，已被美国谷物化学协会（AACC）认可。我国目前国标中测定谷物β-葡聚糖也是基于酶法测定。④荧光法，荧光物质（Calcofluor）可与β-葡聚糖专一性结合形成复合物，引起荧光谱强度变化，此法自动化程度高，但只能检测水溶性β-葡聚糖。⑤苯酚-硫酸法，其原理是单糖与强酸加热产生糠醛或糠醛衍生物，然后通过显色剂缩合成有色络合物，再进行比色定量。但此法对β-葡聚糖无专一性，样品中的多糖和寡糖都被浓酸水解成单糖，并通过苯酚显色，所以尽管其测定简单快速，但测定结果误差较大。⑥层析法，此法测定较准确，其原理是用内（1→3）（1→4）-β-D-葡萄糖水解酶对葡萄糖专一性水解，生成寡糖，后者在 C18 柱中分离，以水作为流动相和折射率检测，最后用反相高效液相层析定量检测。此法设备贵、耗时长、成本高。⑦刚果红法，刚果红与β-葡聚糖的结合具有专一性，在一定条件下，刚果红与β-葡聚糖形成有色物质，反应液吸收光度的变化与β-葡聚糖含量成正比。但此法多用于测定啤酒中β-葡聚糖含量,在测定固体样品时β-葡聚糖分子易被其他分子包裹不能充分溶解，使显色不足,故不适于测定固体品中β-葡聚糖含量。此法操作简单，但测定的结果偏低。

二、淀粉的结构分析

　　淀粉由直链淀粉和支链淀粉组成。虽然淀粉化学组成比较简单，但对其结构分析并不容易。对于任何聚合物而言，组成它的化学单体的序列是非常重要的。蛋白质很容易通过组成它的 20 种氨基酸顺序判断其特性，但对于淀粉和其他葡聚糖来讲，则很难将单一类型的碳水化合物组织成有意义的次序，因此需要用特殊参数来描述淀粉组分的特性。不同的链及链段相互连接构成淀粉的结构特性。在淀粉的链及链段中，A 链为不被取代的链，而 B 链则可被其他链替代，大分子支链淀粉还含有一个 C 链，其具有唯一的还原末端。实验表明，C 链无法同 B 链区分开。B 链还可进一步分为 Ba 和 Bb 链，前者可被一条或多条 A 链取代，而后者可被一条或多条 B 链取代。所以可以根据淀粉的链组成及链长描述淀粉的结构特性。采用淀粉酶对淀粉进行限制性水解，可以获得不同的链段。用于淀粉结构分析的酶有三类，其中，第一类是最为广泛的脱支酶，因其可专一地水解 α-1,6 糖苷键，故可将链段从大分子上水解下来。第二类是外切酶，从淀粉非还原末端附近水解 α-1,4 糖苷键，因其水解不能越过分支点，所以，水解后，大部分外链被去掉，剩下含有分支点的极限糊精。葡萄糖淀粉酶属于外切酶中的特例，在一定条件下，其可以水解分支点，因此，可将最终淀粉完全水解为葡萄糖。第三类是内切酶，主要作用于内链，同时其也可以水解外链。

（一）直链淀粉和支链淀粉的分级

　　进行淀粉结构分析时，通常将淀粉样品按其组成，分成直链淀粉和支链淀粉，在有些情况下还包含中间级分。在对淀粉进行分级前，应将淀粉脱脂处理，一般采用索氏抽提法，用 85%甲醇作溶剂，然后将淀粉样品完全溶解。一般将淀粉溶解于二甲基亚砜，或 6～

10mol/L 尿素溶液，或 90% DMSO 和 10% 6～10mol/L 尿素混合溶液中，并在室温或沸水浴下搅拌。有时候也采用 0.5mol/L KOH 或 NaOH 作为溶剂溶解淀粉。脱脂处理后淀粉样品中直链淀粉的含量可由 IA（碘吸收能力）计算得出，以直链淀粉的 IA 值为 20，则表现直链淀粉百分比=IA 淀粉/20×10。

分离直链淀粉和支链淀粉的方法有很多，最主要的有两类。一类方法是以溶解度的差异为依据，它包括温水抽提法、盐类分离法、聚合物控制结晶法等。另一类方法是以直链和支链淀粉分子结构特性差异为依据，如色谱分离和纤维素吸附法。但由于色谱法所用的上样量较少，所以以多用于对已分离的直链淀粉和支链淀粉进行纯度检验。

经典的直链淀粉和支链淀粉分级方法是使直链淀粉与正丁醇形成不溶性复合物，从而在溶液中沉淀出来，而支链淀粉则留在上清液中。凝胶渗透色谱（GPC）也可用于实验室淀粉的分级，支链淀粉从柱的空体积洗脱出来，易于收集，而直链淀粉则部分进入凝胶颗粒中。一般采用 Sepharose CL 2B 凝胶颗粒，采用碱液洗脱。

（二）直链淀粉分析

传统意义上一般认为直链淀粉为线性长链分子，由 α-1, 4 糖苷键连接而成，而实际上大多数淀粉含有少量分支。直链淀粉的分析一般包括其含量分析和结构分析。

1. 直链淀粉含量分析 碘与直链淀粉能形成深蓝色复合物，复合物颜色和强度与链长（CL）有关。CL>80 时，光的最大吸收波长大于 610nm，若链长缩短，则光的最大吸收波长减少，复合物颜色逐渐变红。支链淀粉上的短链，光的最大吸收波长为 530～575nm。蓝值（BV）的定义为在 680nm 下，1mg 淀粉溶解在 100mL 碘液中（含 2mg 碘和 20mg 碘化钾）的吸光度值。直链淀粉的蓝值（BV）为 1.01～1.63，而支链淀粉的蓝值为 0.08～0.38。蓝值易于测定，主要用于直链淀粉的定性分析。

最常用的直链淀粉定量测定方法是测定淀粉吸收碘的能力（IA），已有自动安培电位滴定法用于测定 IA。多数情况下，每 100g 直链淀粉可吸收约 20g 碘，而支链淀粉则仅吸收 0.5～1.1g。脱脂处理后淀粉样品中直链淀粉含量可由 IA 计算得到，以直链淀粉的 IA 值为 20，则表观直链淀粉百分比=IA 淀粉/20×100。

2. 直链淀粉结构分析 直链淀粉分子大小通常用聚合度（DP），而不用分子质量来表示。DP可以通过光散射测定特性黏度或采用Park-Johnson试剂，以Hizukuri等改良的还原末端分析测定。可用HPSEC法采用折光检测器（RI）和小角激光光散射仪（LALLS）偶联检测来测定一系列样品中直链淀粉分子大小。

相当一部分直链淀粉，依淀粉来源不同，一般占总量的 10%～50%，含有轻度分支的大分子。这些分支的分子较线性分子大，一般每分子有 5～20 个链。用硼氢化钠处理玉米分支直链淀粉 C 链的还原端，用氚（3H）做标记，发现其链长分布为 200～700。Takeda 等对玉米直链淀粉级分在正丁醇溶液中进行进一步分离，发现有少量的高分子质量的分支成分仍在上清液中，这表明直链淀粉中含有一部分分支短链，它们可能形成较小的不完全束结构。

（三）支链淀粉分析

支链淀粉是一种高分支的束状结构，主链通过 α-1, 4 糖苷键连接而成，支链通过 α-1, 6

糖苷键与主链相连，支链淀粉含有还原端的 C 链（主链），C 链具有很多侧链，称为 B 链（内链），B 链又具有侧链，与其他的 B 链和 A 链相连，A 链（外链）没有侧链。支链淀粉结构高度分化，分子质量较直链淀粉大得多，采用 GPC 或 SEC 研究其链长分布时，没有合适的媒介。另外，支链淀粉容易形成分子聚集体或存在链段断裂的风险，所以难以获得支链淀粉这种大分子的精确平均链长组成。一般支链淀粉的重均相对分子质量（$M_{r,m}$）为（$2\sim700$）$\times10^{6}$，依植物来源、分析方法以及采用溶剂的不同，而有所差别。支链淀粉数均相对分子质量（$M_{r,n}$）要低得多。

支链淀粉广泛存在于谷类、薯类等农作物中，其含量高达 75%～80%，而黏性的糯米及黏玉米中，淀粉的组成则全部为支链淀粉。支链淀粉具有抗老化、改善冻融稳定性、增稠、高膨胀性及吸水性等特性，广泛应用于食品、包装、水溶性及生物可降解膜、医药和建筑工业等领域。因此，研究支链淀粉的含量、组成及结构，建立它们与功能性质之间的联系，是开发利用淀粉资源的必要理论基础。

1. 支链淀粉含量分析　　目前，支链淀粉定量测定的方法较少，大多数支链淀粉含量的测定方法主要依据淀粉与碘能够形成复合物，可以发生显色反应，支链淀粉与碘作用显紫红色。因此，可以采用吸光度法对其进行定量测定。

双波长分光光度法是目前国内较常用的一种简便快捷的测定支链淀粉含量的方法。用分光光度计对淀粉扫描液进行扫描得到碘-支链淀粉复合物的吸收光谱，根据吸收光谱确定支链淀粉的测定波长和参比波长，依据回归方程可求出支链淀粉的含量。

在双波长方法的基础上，可采用三波长分光光度法测定支链淀粉的含量，此方法主要在于 3 个测定波长的选择，首先选择碘-支链淀粉复合物的最大吸收波长为 λ_2，然后任意选择一个较短的波长为 λ_1，利用作图法确定参比波长作为 λ_3，三波长法测定支链淀粉含量可选用 466nm、535nm 和 650nm。此方法可以展现很好的准确性及重现性，与双波长法相比更敏感，避免了碘-直链淀粉复合物的干扰，尤其适合支链淀粉含量的测定。但是，由于选用 3 种不同波长进行测定，操作过程比较复杂，目前关于三波长分光光度法在淀粉研究中的应用还甚少。

除此之外，还有一些方法可以用来测定支链淀粉的含量，如碘-电位滴定法、Juliano 比色法等。电位滴定法是在含有淀粉的碘化钾酸性溶液中，以一定浓度的碘酸钾滴定，溶液中产生的碘分子与淀粉之间借助范德华力形成复合物。当有游离碘存在时，即产生电位，电流表也相应变化，以消耗碘酸钾溶液的体积为横坐标，电流表上的安培数为纵坐标，用外推法确定滴定的终点，在曲线两臂的交点处再向下作垂线，交于横坐标上某一点，此点所示碘酸钾的体积即为滴定终点，再称取标样支链淀粉做出标准曲线，根据公式计算出样品中支链淀粉的含量。此方法受到直链淀粉-碘复合物的影响，准确性较差。

2. 支链淀粉结构分析　　支链淀粉属高分支化形态分子，链与链之间通过 α-1,6 糖苷键连接，分支点在淀粉颗粒的不定形区，组成密集的分支，构成束状结构。一个单独的淀粉集群结构包括多个束状结构，且可以在酶的作用下进一步水解成糊精甚至更细微的结构。

支链淀粉结构分析，必须对其进行预处理，使支链淀粉发生脱支反应，主要采用的方法为分级沉淀法。将淀粉溶解于纯二甲基亚砜（DMSO）中，水浴加热放置一段时间后，在特定条件下离心，将其分散在定量定温的水中，加入一定量的正丁醇和 3-甲基丁醇，分散液搅拌煮沸后静置，冷却至 50℃时，放入保温盒中室温保存 12h，然后冷温下保存 24h 再进行超高速离心，加入 3 倍的乙醇，冰箱贮存 2h，将脱支后的淀粉再次超高速离心，用冷乙醇洗涤出来。

　　支链淀粉的链长分析一般选用高效排阻色谱（HPSEC）、高效离子交换色谱-脉冲安培检测（HPACE-PAD）、凝胶渗透色谱（GPC）等仪器方法。HPSEC 和 HPAEC-PAD 已经广泛应用于支链淀粉链长分布分析，这些方法可测得重均分布，至于数均分布还要结合其他方法。近年来，荧光标记技术已经被引入对支链淀粉结构分析，通过技术的结合，可实现支链淀粉的重均分布和数均分布的直接测定。

　　采用 HPSEC 分析时，选择 SB-803HQ 和 SB-802.5HQ × 2 三个色谱柱连接到设备体系中。荧光标记技术主要包括荧光反应和折射率（RI）反应，应用的是荧光检测器和 RI 检测器。以质量分数 50% DMSO 和 50% NaCl 配制的溶液作为洗脱液，流速控制在 0.25mL/min，柱温为 50℃，可以测定出单元链 A、B1、B2、B3 的百分含量和支链淀粉平均链长。

　　支链淀粉具有 A、B、C 三种链。A、B1 链属于短链，具有单独束状结构，B2、B3 为长链，连着 2～3 个束状结构。无论任何来源的支链淀粉，基本都含有主要的短链组分和少量的长链组分。两组分的区分在 DP 为 30～40 的范围。然而，大多数支链淀粉具有多模式分布，这可通过 HPSEC 获得证实。一般认为支链淀粉的长链横跨多短链形成的束结构，并可进一步分为 B2（DP 35～60）、B3（DP 60～80）等链。在一些支链淀粉中也发现了 DP 值在 10^3 数量级的极长链。

主要参考文献

陈璞. 2009. 玉米淀粉工业手册. 北京: 中国轻工业出版社.

李浪, 周平, 杜平定. 1994. 淀粉科学与技术. 郑州: 河南科技出版社.

刘亚伟. 2001. 淀粉生产及其深加工技术. 北京: 中国轻工业出版社.

张友松. 2007. 变性淀粉生产与应用手册. 北京: 中国轻工业出版社.

赵凯. 2009. 食品淀粉的结构、功能与应用. 北京: 中国轻工业出版社.

BeMiller JN. 2009. Starch : Chemistry and Technology. New York: Academic Press.

Dhital S, Shrestha AK, Gidley MJ. 2010. Effect of cryo-milling on starches: functionality and digestibility. Food Hydrocolloids, 24:152-163.

Dziedzic SZ. 2012. Handbook of Starch Hydrolysis Products and Their Derivatives. New York: Springer.

Elessandra da Rosa Zavareze. 2011. Alvaro Renato Guerra Dias. Impact of heat-moisture treatment and annealing in starches: A review. Carbohydrate Polymers, 83 (2011): 317-328.

Eliasson AC. 2009. Starch in Foods:Structure, Function and Applications. Boca Raton: CRC Press.

Izydorczyk MS, Biliaderi CG. 1995. Cereal arabinoxylans: advances instructure and physicochemical properties. Carbohydrate Polymers, 28 (1995): 33-48.

Kulp K. 2000. Handbook of Cereal Science and Technology. New York: Marcel Dekker,Inc.

Lazaridou A, Biliaderis GG. 2007. Molecular aspects of cereal b-glucan functionality: Physical properties, technological applications and physiological effects. Journal of Cereal Science, 46(2007):101-118.

Liu C, Li LM, Hong J, et al. 2014. Effect of mechanically damaged starch on wheat flour, noodle and steamed bread making quality. International Journal of Food Science and Technology, 49: 253-260.

Sayaslan A. 2004. Wet-milling of wheat flour: industrial processes and small-scale test methods. Lebensm. -Wiss. u.-Technol, 37 (2004): 499-515.

Shi YC. 2013. Resistant Starch: Sources, Applications and Health Benefits (Institute of Food Technologists Series). Hoboken: Wiley-Blackwell.

Van Der Borght A, Goesaert H, Veraverbeke WS, et al. 2005. Fractionation of wheat and wheat flour into starch and gluten: overview of the main processes and the factors involved. Journal of Cereal Science, 41 (2005): 221-237.

Vasanthan T, Temelli F. 2008. Grain fractionation technologies for cereal beta-glucan concentration. Food Research International, 41 (2008): 876-881.

第五章 谷物中的蛋白质

第一节 小麦蛋白质

小麦蛋白质无疑是研究得最为透彻的谷物蛋白质。现代分离技术表明小麦蛋白极其复杂。仅单一小麦品种的胚乳就可通过等电聚焦结合凝胶电泳技术分离出多达 46 种麦醇溶蛋白组分，若再加上胚乳中的麦谷蛋白，小麦将含有超过 100 种不同的储藏蛋白成分。除此之外，小麦蛋白还含有各种酶、调控蛋白及运输蛋白等代谢活性蛋白。小麦蛋白的复杂性表明，仅依靠溶解性对其进行分类还不足以说明小麦蛋白质组成与其品质之间的关系，这是由于许多储藏蛋白组分可能具有相似的溶解性，但具有不同的分子质量及结构。

成熟的小麦籽粒含有 8%～20%的蛋白质。小麦蛋白质在籽粒中的分布很不均匀。皮层中的蛋白质大约占小麦籽粒总蛋白的 19%。小麦胚乳中最主要成分是面筋蛋白质和淀粉。胚乳细胞的淀粉粒之间充塞有蛋白体，蛋白体主要由面筋蛋白组成，外围胚乳细胞中的蛋白质比其他部分胚乳细胞的蛋白质多。胚乳的蛋白质占整个籽粒蛋白质的 70%～75%。胚中的蛋白质含量大约占小麦籽粒总蛋白的 8%。

小麦面粉蛋白质一般比籽粒稍低，这是由于制粉过程中除去的麸皮蛋白质含量较高（16%～20%）所致。这其中面筋蛋白质（麦醇溶蛋白和麦谷蛋白）占小麦面粉总蛋白的 80%～85%。所谓面筋，实际是小麦面粉用水洗去淀粉及可溶性物质后剩余的黏弹性复合物，面筋的大约 80%是面筋蛋白质，是赋予面筋复合物黏弹性的最主要成分。

本节从分类、分离、鉴定到结构和功能性质等方面，详细介绍了关于小麦蛋白质化学及其与小麦加工关系的主要研究成果。

一、分　　类

1. 以溶解性为基础的分类　　20 世纪初，奥斯本（Osborne，1907）根据溶解性的不同将小麦籽粒中的蛋白质分为清蛋白（溶于水）、球蛋白（不溶于水但溶于盐溶液）、麦醇溶蛋白（溶于 70%～90%乙醇）和麦谷蛋白（溶于稀酸和稀碱溶液）。其中，麦醇溶蛋白占总量的 40%～50%，麦谷蛋白占 30%～40%，球蛋白占 6%～10%，清蛋白占 3%～5%。奥斯本分类方法的缺点是由该方法获得的组分具有广泛的异质性，组分之间有相互重叠的现象，或者说难以获得高纯度的组分。

2. 以分子质量为基础的分类　　就研究蛋白质的组成-功能特性关系而言，按分子质量分类优于按溶解度分类。由于小麦蛋白质是多种蛋白质组分的混合物，仅靠溶解度差别将其分离不太现实。例如，乙醇水溶液在提取醇溶蛋白的同时也能提取少部分的谷蛋白。小麦蛋白质按分子质量大小可分为单体蛋白质（monomeric protein）和聚合蛋白质（polymeric protein）。单体蛋白质主要包括麦醇溶蛋白（gliadin）、清蛋白（albumin）和球蛋白（globulin），它们没有分子间的二硫键（disulphide bond），只有分子内的二硫键（MacRitchie，1992）。

聚合蛋白质主要包括麦谷蛋白聚合物（glutenin polymer，GP）、高分子质量清蛋白（主要是 β-淀粉酶及丝氨酸蛋白酶抑制剂）和高分子质量球蛋白［麦豆球蛋白（triticin）］3 种蛋白质组分。这些蛋白质组分都是通过分子内和分子间二硫键连接形成的。

3. 以氨基酸序列为基础的分类　在 20 世纪 70 年代，利用氨基酸测序和分子克隆技术，Shewry等（1986）通过对小麦面筋蛋白质和大麦及黑麦蛋白质的研究，提出了一种新的分类方法，后来经过改进，已经发展成为经典的分类方法。该方法将醇溶谷蛋白（prolamin）分成三个主要类型。

第一类为高分子质量醇溶蛋白，对应着麦谷蛋白（glutenin）的高分子质量谷蛋白亚基（high-molecular-weight glutenin subunit，HMW-GS），这是由于 glutenin 还原后获得的 HMW-GS 可溶于醇溶液，实际上为还原性的醇溶谷蛋白。

第二类为富硫的醇溶蛋白。在氨基酸序列分析的基础上发现这类蛋白质对应着小麦 α-型醇溶蛋白（α-gliadin）、γ-型醇溶蛋白（γ-gliadin）和 B-型及 C-型低分子质量谷蛋白亚基（low-molecular-weight glutenin subunit，LMW-GS）。

第三类为贫硫的醇溶蛋白。ω-醇溶蛋白缺乏半胱氨酸残基。此外，ω-醇溶蛋白也会出现含有一个半胱氨酸残基的变异形式。

4. 以生物学功能为基础的分类　谷物蛋白质按其生物学上的特征，可分为储藏蛋白质和代谢蛋白质（Shewry and Tatham，1990）两大类。小麦储藏蛋白质主要指面筋蛋白质（gluten protein），包括麦醇溶蛋白和麦谷蛋白，按其分子质量大小可分为低分子质量储藏蛋白质（麦醇溶蛋白）和高分子质量储藏蛋白质（麦谷蛋白）两个亚类。代谢蛋白质包括各种酶、调控蛋白及转运蛋白等。

本章为叙述方便，并不严格按照上述单一分类的方法组织材料，而是几种分类方法结合使用。

二、胚乳中的储藏蛋白质

（一）麦醇溶蛋白

麦醇溶蛋白（gliadin）可用 70%乙醇或其他有机溶剂从面筋蛋白中提取。绝大多数麦醇溶蛋白以单体形式存在，无亚基结构，其氨基酸组成多为非极性，单肽链依靠分子内二硫键和分子间的非共价相互作用连接，形成紧凑的三维球形结构，分子质量为 30~75kDa。因此，本章后述的单体蛋白质一般指的是麦醇溶蛋白。由于麦醇溶蛋白的组成存在多态性，通过双向电泳或反相高效液相色谱（RP-HPLC）等现代分析技术已经可鉴定多达数百种的麦醇溶蛋白组分。

1. 命名　最初麦醇溶蛋白是以其在酸性电泳（A-PAGE）中的迁移率分为一个慢速组（ω-麦醇溶蛋白）及 3 个快速组（按迁移率顺序分别为 α-麦醇溶蛋白>β-麦醇溶蛋白>γ-麦醇溶蛋白）。后来对氨基酸序列的分析表明，电泳迁移率不能很好地反映蛋白质的组成特征，发现 α-麦醇溶蛋白和 β-麦醇溶蛋白其实差别不大，同属一组（α/β-型）。于是重新根据氨基酸组成和 N 端序列分析将麦醇溶蛋白分为 3 组，α/β-麦醇溶蛋白、γ-麦醇溶蛋白和 ω-麦醇溶蛋白。后来 ω-麦醇溶蛋白又进一步细分为 $ω_5$-麦醇溶蛋白和 $ω_{1,2}$-麦醇溶蛋白。在同一组内，因单个氨基酸残基的取代、缺失和插入而引起的结构差别很小。

此外，按分子质量大小，小麦醇溶蛋白还可粗分为两组。α/β-麦醇溶蛋白和 γ-麦醇溶蛋白具有大约 30kDa（28 000～35 000Da）的分子质量，而 ω-麦醇溶蛋白的分子质量是 α-麦醇溶蛋白、β-麦醇溶蛋白和 γ-麦醇溶蛋白的大约 2 倍。其中 ω_5-麦醇溶蛋白（约 50 000Da）比 $\omega_{1,2}$-麦醇溶蛋白（约 40 000Da）具有更高的分子质量。

从各组分的氨基酸组成来看，α-麦醇溶蛋白、β-麦醇溶蛋白和 γ-麦醇溶蛋白为富硫醇蛋白，ω-麦醇溶蛋白为贫硫醇蛋白。

2. 基因定位及多态性 普通小麦是一个异源六倍体（AABBDD），具有 3 套染色体（AA、BB 和 DD），每一套包含 7 对同源染色体（分别称为第 1、2、3、4、5、6 和 7 部分同源染色体），总共 42 个染色体。编码小麦蛋白质的基因为这 7 对染色体之一，但编码面筋蛋白质的基因仅存于第 1（1A、1B 和 1D）和第 6 部分同源染色体上（6A、6B 和 6D）。

图 5-1 给出了编码面筋蛋白质的染色体位置。由图 5-1 可见，编码麦醇溶蛋白的基因位于第 1 部分（1A、1B 和 1D）和第 6 部分同源染色体（6A、6B 和 6D）的短臂上。其中，γ-麦醇溶蛋白和 ω-麦醇溶蛋白（贫硫醇蛋白）主要由第 1 部分同源染色体短臂上与 Glu-3 位点紧密连锁的 Gli-1 位点（Gli-A1、Gli-B1 和 Gli-D1）编码，且 γ-基因和 ω-基因是紧密连接的。α-麦醇溶蛋白和 β-麦醇溶蛋白主要由第 6 部分同源染色体短臂上的 Gli-2 位点（Gli-A2、Gli-B2 和 Gli-D2）编码，同样，编码 α-多肽和 β-多肽的基因成簇分布。总的来说，α/β-型和 γ-型是麦醇溶蛋白的主要成分，而 ω-型含量很低。

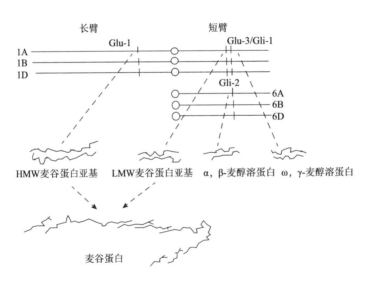

图 5-1 编码小麦面筋蛋白质的基因位点

3. 氨基酸组成及一级结构 各种麦醇溶蛋白组分的氨基酸组成具有一些共同特征。例如，各种组分的谷氨酸含量均较高，且主要以谷氨酰胺存在，脯氨酸含量也较高，天冬氨酸及天冬酰胺含量相对较低，缺乏碱性氨基酸，尤其是赖氨酸（表 5-1 和表 5-2）。从营养观点来看，赖氨酸是小麦蛋白质的限制性氨基酸。低含量的赖氨酸、天冬氨酸和组氨酸，与低羧基含量一起，使得麦醇溶蛋白成为已知的带电量最少的蛋白质。

表 5-1 麦醇溶蛋白组分的氨基酸组成（残基摩尔数/100kg 蛋白质）[a]

氨基酸类别	总醇溶蛋白	麦醇溶蛋白			
		α_2	β_3	γ_3	ω_{42}
赖氨酸	5.0	3.1	4.4	5.6	2.6
组氨酸	14.5	17.5	14.0	12.2	4.5
精氨酸	15.0	14.7	14.1	10.6	2.2
天冬氨酸	20.0	25.0	25.3	15.0	0.7
苏氨酸	18.0	12.5	15.6	18.9	13.5
丝氨酸	38.0	46.3	50.1	38.1	46.5
谷氨酸	317	339	313	343	386
脯氨酸	148	127	146	163	255
甘氨酸	25.0	21.6	22.9	23.3	7.2
丙氨酸	25.0	23.1	28.2	28.9	2.5
半胱氨酸	10.0	16.3	19.6	16.7	0.0
缬氨酸	43.0	38.4	40.6	36.1	2.8
甲硫氨酸	12.0	8.8	5.2	9.4	0.0
异亮氨酸	37.0	38.1	40.7	39.4	15.4
亮氨酸	62.0	69.1	62.4	55.6	30.3
酪氨酸	16.0	26.6	27.7	3.3	9.7
苯丙氨酸	38.0	30.6	32.1	48.9	75.3
色氨酸	5.0	3.4	5.5	6.7	1.5
酰胺	301	ND	ND	ND	ND

资料来源：Huebner et al., 1967

a. 为方便比较氨基酸的计算单位已经将"残基摩尔数/每摩尔蛋白质的质量"通过归一化处理后转换为（残基摩尔数/100kg 蛋白质），后述氨基酸计算单位若无特别说明同上，ND 表示未测定

表 5-2 麦醇溶蛋白的氨基酸含量的范围（残基摩尔数/100kg 蛋白质）

氨基酸类别	麦醇溶蛋白					
	α	β	γ	ω_1	ω_2	ω_3
碱性氨基酸	35～50	28～37	25～28	27	20～21	8～12
谷氨酸和谷氨酰胺	282～333	291～342	321～342	422	475～476	386～400
脯氨酸	124～137	128～145	133～162	168	167～169	214
半胱氨酸	17～22	19～22	17～21	8	0	0
甲硫氨酸	6～9	5～12	7～14	3	0	0
苯丙氨酸	30～34	29～42	32～47	73	81～88	75～80

资料来源：Charbonnier et al., 1980

在氨基酸组成上，各麦醇溶蛋白组分之间除了相似特征之外也存在一定的差异，尤其是富硫醇溶蛋白（α/β-和 γ-）和贫硫醇溶蛋白（ω-）之间。α/β-醇溶蛋白和 γ-醇溶蛋白中亮氨酸含量较高，且谷氨酰胺和脯氨酸的比例比 ω-小麦醇溶蛋白低得多（表 5-1 和 5-2），它们的硫含量均较高，α/β-麦醇溶蛋白与 γ-麦醇溶蛋白的差别体现在酪氨酸含量上，前者要高些。相对而言，ω-麦醇溶蛋白特别富含谷氨酰胺、脯氨酸和苯丙氨酸，其谷氨酰胺和脯氨酸的含量比 α/β-麦醇溶蛋白、γ-麦醇溶蛋白要高，某些 ω-麦醇溶蛋白的谷氨酸含量大于 50%，而苯丙氨酸含量约占 10%，上述 3 种氨基酸约占到整个组成的 80%；ω-麦醇溶蛋白是典型的贫硫氨基酸，缺乏半胱氨酸和甲硫氨酸，因此不能形成二硫键。

α/β-和 γ-两种组分的氨基酸序列既有相似特征也存在不同。例如，两种组分均含有两种明显不同的结构区域，即其 N 端结构域（序列片段Ⅰ和Ⅱ，图 5-2）均明显不同于 C 端结构域（序列片段Ⅲ～Ⅴ，图 5-2）。N 端结构域（比例占整个序列的 40%～50%）主要由富含谷氨酰胺、脯氨酸、苯丙氨酸和酪氨酸的重复序列组成，且 α/β-和 γ-各不相同。α/β-麦醇溶蛋白的重复单元为十一肽 QPQPFPQQPYP，它通常重复 5 次并被单个残基的取代所改性。γ-麦醇溶蛋白的典型重复单元为七肽 QPQQPFP，它重复达 16 次并伴有其他残基的插入。在 C 端结构域内部，α/β-麦醇溶蛋白和 γ-麦醇溶蛋白是类似的。它们均具有非重复性的序列，含有比 N 端结构域更少的谷氨酰胺和脯氨酸。除个别例外，α/β-麦醇溶蛋白和 γ-麦醇溶蛋白的 C 端结构域分别含有 6 个和 8 个半胱氨酸残基，相应形成 3 个和 4 个链内二硫键（图 5-2），无法和其他醇溶蛋白分子或麦谷蛋白亚基形成分子间交联。

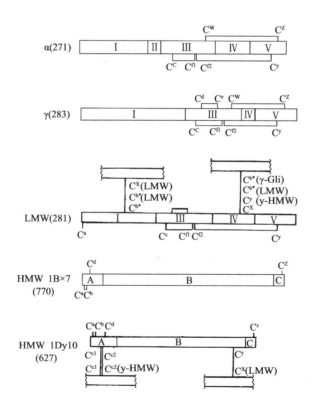

图 5-2　面筋蛋白各组分或亚基和二硫键的结构（Grosch and Wieser，1999）

ω-麦醇溶蛋白含有高度重复的富含谷氨酰胺和脯氨酸的 N 端氨基酸序列（如 PQQPFPQQ）。ω-醇溶蛋白表面疏水性不如 α/β-麦醇溶蛋白和 γ-麦醇溶蛋白高。由于某些侧链存在带电残基，使得 ω-麦醇溶蛋白成为面筋蛋白中亲水性最强的组分。

4. 高级结构　　从二级结构来看，α/β-麦醇溶蛋白和γ-麦醇溶蛋白的N端结构域以β转角构造为特征。但由于β转角在肽链上分布的不规则，使之不能形成β螺旋超二级结构，因而分子不具有弹性。非重复的C端结构域含有较大比例的α螺旋和β折叠结构，以α螺旋为主，主要为球状结构。

由于编码蛋白质的基因位点突变，一小部分的麦醇溶蛋白含有奇数的半胱氨酸，可在醇溶蛋白之间相连或与麦谷蛋白亚基相连。这类麦醇溶蛋白被认为是麦谷蛋白聚合的终止子。所形成的寡聚体被称为高分子质量麦醇溶蛋白，聚合体麦醇溶蛋白或醇溶麦谷蛋白，它由 α/β-麦醇溶蛋白和 γ-麦醇溶蛋白和可形成链间二硫键链接的低分子质量谷蛋白亚基构成，分子质量变化范围为 100～500kDa。

早期研究认为，麦醇溶蛋白的分子结构通常是球形的。实际上，由于存在高含量的脯氨酸残基，α 螺旋结构会被脯氨酸侧链所打断，导致 α 螺旋的比例相对较低，主要为自由卷曲结构，因此，可认为即使存在球形结构，也是相当松散的。

结构表征最充分的麦醇溶蛋白组分是 α-麦醇溶蛋白（或称为 A-麦醇溶蛋白），这一组分是由众多非常相似的成分构成的混合物，其在水溶液和醇溶液中主要形成聚集物，一定条件下也可解离。使用圆二色谱（CD）和极性分光光度仪分析 α-麦醇溶蛋白的构象表明，该组分在一定 pH（约 5.0）和离子强度（0.005mol/L）条件下的水溶液中可聚集形成纤维。由于含有大量的脯氨酸残基（不能参与 α 螺旋），似乎 α-麦醇溶蛋白的 α 螺旋结构片段应该较短。然而，实际上 α-麦醇溶蛋白具有相当数量的 α 螺旋结构，大约 33% 的多肽链是 α 螺旋结构。该蛋白质分子的酪氨酸、色氨酸、苯丙氨酸和半胱氨酸残基在水溶液中的光学特征显示其具有稳定的构象。当从水溶液换成醇水溶液的时候，α-麦醇溶蛋白会形成新的稳定构象，其主要特征是酪氨酸和色氨酸侧链的光学特征消失，而由苯丙氨酸侧链形成的、新的稳定构象在 280nm 及 268nm 附近显示出新谱带。在醇水溶液中，α-麦醇溶蛋白的单体聚集形成微纤维。在 pH 3 的水溶液中，α-麦醇溶蛋白因带正电易发生解离并部分展开，随着 pH 增加，羧基离子化，分子所带正电荷被抵消，肽链将以特殊形式折叠和聚集形成微纤维。这种聚集作用因离子强度的增加而加强。疏水相互作用可能对于形成 α-麦醇溶蛋白的聚集物起重要作用。关于 α-麦醇溶蛋白结构的最新研究表明，这些蛋白质的分子结构可能比早期研究认为的更加复杂，关于其高级结构的更详细的信息需要更多研究。

ω-麦醇溶蛋白的结构不紧凑，主要为 β 转角和少量的 α 螺旋、β 折叠结构，虽然 β 转角有规则地分布于整个肽链，但由于分子中半胱氨酸的缺乏，肽链间不能交联形成弹性聚合物，有点类似于 α-麦醇溶蛋白。

（二）麦谷蛋白

麦谷蛋白（glutenin）为通过链间二硫键连接的聚合蛋白质（polymeric protein），在非解离状态下由一系列大小不同的聚合体组成，称为麦谷蛋白聚合物或聚合体（glutenin polymer），它们是自然界最大的分子，其分子质量从大约 50 万到超过千万道尔顿。这些聚合物被还原后按分子质量分为 HMW-GS（67～88kDa）和 LMW-GS（20～45kDa）两类。

还原二硫键后获得的麦谷蛋白亚基在醇溶液中具有类似于麦醇溶蛋白的溶解性，有时也称为还原醇溶谷蛋白，易与非还原条件下提取的醇溶蛋白混淆。麦谷蛋白聚合物又可按溶解性分为十二烷基硫酸钠（SDS）-可溶麦谷蛋白（SDS-soluble glutenin）及 SDS-不可溶麦谷蛋白（SDS-insoluble glutenin）两类，SDS-可溶性谷蛋白聚合体的分子质量较小，主要决定面团的延伸性，不溶性蛋白分子质量较大，对面团的弹性和强度起主要作用。其中的 SDS-不可溶麦谷蛋白也称为麦谷蛋白大聚体（glutenin macropolymer，GMP）或不可提取聚合体蛋白（unextractable polymeric protein，UPP）或残余蛋白（residue protein），甚至也有称为"胶状蛋白"（gel protein）的，是小麦胚乳贮藏蛋白中分子质量最大的一部分蛋白质，其含量多少反映了麦谷蛋白聚合物的分子质量分布（molecular weight distribution，MWD）情况，而麦谷蛋白的分子质量分布被认为是面团性质和焙烤性能的主要决定因素之一。GMP 含量（20~40mg/g）与烘焙品质高度相关，对于面团特性的贡献很大，可以作为面筋强度和面包体积的重要预测指标。

1. 高分子质量麦谷蛋白亚基（HMW-GS）　　　　HMW-GS属于面筋蛋白质家族的低含量成分（约10%）。每个小麦品种含有 3~5 个HMW-GS，它们可分成两个不同的类型，x型和y型，分别具有 83 000~88 000Da 和 67 000~74 000Da 的分子质量。

1）命名　　　对 HMW-GS 的命名是按照其编码基因组（A，B，D）、类型（x，y）和 SDS-PAGE 电泳迁移率（编号 1-12）进行的。

最初，Payne 等（1980）以 SDS-PAGE 方法所得到的 HMW-GS 图谱为基础，提出了针对亚基的"数字命名"系统。其基本原则是：按迁移率的大小，对 SDS-PAGE 图谱中的 HMW-GS 谱带，用阿拉伯数字进行编号。迁移率最小的谱带编号为 1，其余谱带的编号顺序与迁移率递增顺序一致。对后来新发现的谱带，按发现的先后顺序用新的数字命名，且数字可为小数（如 2.2 亚基）或带*号（如 2*亚基），但与迁移率无必然关系。

后来，Payne 等（1983）又提出了针对等位基因的"字母命名"系统。该系统用小写字母作为表示等位基因的符号，每个字母表示一种等位基因。在 Glu-A1、Glu-B1 和 Glu-D1 三个基因位点上，分别用小写字母按字母表的先后顺序表示不同的等位基因。例如，Glu-A1 位点上编码亚基 1 和 2*的等位基因分别可表示为 Glu-A1a 和 Glu-A1b 等位基因，Glu-A1c 编码的亚基不表达，为假基因，定名为 Null。这种命名方法的显著特点是，对于新鉴定出的 HMW-GS，很容易用一个空着的字母表示其等位基因，而且不影响其他基因的命名。Payne 主张采用上述"字母命名"法和"数字命名"法同时对等位基因和其编码的亚基命名，即"字母-数字"结合命名法（图 5-3）。

为了加深研究者对上述命名系统的理解和便于使用，Payne 根据分析结果又绘制了 Glu-A1、Glu-B1 和 Glu-D1 基因位点上不同亚基的相对迁移率示意图（图 5-3）。图中 3 个位点（3 个等位基因群）的左边均绘制了品种'中国春'的迁移模型（定为标准带型），根据这些标准带型可以确定 3 个位点中的任何一个位点内的等位变异体的相对位置。一个品种含有的任一变异类型组合，其亚基均分别来自于 3 个等位基因群。在电泳的凝胶板上，Glu-B1 位点基因编码的亚基处于 Glu-A1 和 Glu-D1 位点的亚基之间，Glu-D1 位点上连锁基因控制的 2 个成对亚基分别处在 Glu-B1 位点亚基之上和之下。因此，图 5-3 直观地反映了每个基因位点内亚基的相对位置，而没有反映各基因位点之间亚基的相对位置。图中电泳的方向从上到下；阿拉伯数字表示亚基的编号、小写字母表示其等位基因的编号。

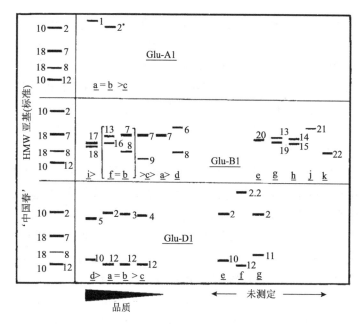

图 5-3　HMW 在 3 个基因位点上的等位变异及采用 SDS-PAGE 分离的组分与烘焙品质的关系（Payne et al.，1984；1987）。左边的'中国春'谱带模型作为电泳迁移率的标准。小写字母表示 Payne 等（1983）指定的等位基因，其大小等级（箭头表示）是按照品质评价给出的（Payne et al.，1984）

2）基因定位及多态性　　HMW-GS 由位于第一部分同源染色体长臂上的 1A、1B 和 1D 三个复合位点控制（图 5-1），分别被命名为 Glu-A1、Glu-B1 和 Glu-D1 位点（统称 Glu-1 位点），每个位点包含两个紧密连锁的基因，根据两者编码的分子质量大小被分别定名为 x 型（高）和 y 型（低）。理论上，普通小麦的每一品种有 6 个不同的 HMW-GS，但由于某些位点的基因不表达或处于"沉默"状态，实际上，多数小麦品种只有 3～5 个 HMW-GS，其中 0～1 个由 Glu-A1 位点编码、1～2 个由 Glu-B1 位点编码、2 个由 Glu-D1 位点编码。

虽然对于某一特定品种，只产生 3～5 个 HMW-GS，但是，由于基因存在等位变异，造成不同小麦品种间近 20 种不同类型的 HMW-GS，其中，Glu-A1 位点编码的亚基数目最少，Glu-B1 位点编码的亚基数目最多。Payne 等（1984）分析了大约 300 个普通小麦品种的等位基因变异情况，发现 Glu-A1 位点有 3 种等位基因（编码 1、2*和 Null 亚基），Glu-B1 位点有 11 种等位基因（编码 7、7+8、7+9、6+8、20、13+16、13+19、14+15、17+18、21 和 22 等亚基及组合），Glu-D1 位点有 7 种等位基因（编码 2+12、3+12、4+12、5+10、2+10、2.2+12 和 2+11 等亚基及组合）。如前所述，Glu-D1 位点会同时表达 x 型和 y 型，导致亚基常相伴产生（如 2+10 亚基组合）。

近年来，新的亚基不断被鉴定出来，有研究在分析 66 份中国地方小麦品种基础上，发现了 Bx7**+By8 和 Bx7+By8** 两个新亚基组合。另一方面，亚基出现的频率（或等位变异概率）也有不少研究。如在分析 5129 份中国小麦初选核心种质样品后发现，Glu-A1、Glu-B1 和 Glu-D1 位点的主要等位变异形式分别为 N、7+8 和 2+12。

3）氨基酸组成及一级结构　　氨基酸组成分析表明，HMW-GS 富含甘氨酸、谷氨酸及脯氨酸，其摩尔分数分别为 0.172、0.32～0.36 及 0.1～0.13。

不同于醇溶蛋白，HMW-GS 由 3 个结构区域（图 5-2）构成：一个包含 80～105 个残基的 N 端非重复结构域（A），一个包含 480～700 残基的中心重复结构域（B）及一个包含 42 个残基的 C 端非重复结构域（C）。其中，结构域 A 和 C 含有大量的带电残基及大多数甚至全部的半胱氨酸。结构域 B 含有大量的谷氨酰胺、脯氨酸、甘氨酸和极低含量的半胱氨酸（0 或 1），以重复的六肽（QQPGQG 单元）作为骨架，骨架上具有内插的六肽（如 YYPTSP）和三肽（如 QQP 或 QPG）。可见，来自重复序列的氨基酸形成了蛋白质的中心部分。HMW-GS 的氨基酸组成说明了中心重复区域具有疏水性，N 端、C 端区域具有亲水性。

y 型含有 7 个半胱氨酸，结构域 A 具有 5 个，而结构域 B 和 C 各含 1 个。目前仅发现 y 型亚基结构域 A 中相邻的 2 个平行半胱氨酸和另一个 y 型亚基相应的残基形成两个链间二硫键，结构域 B 中的半胱氨酸和 LMW-GS 的一个半胱氨酸形成一个二硫键。

x 型除 Dx5 亚基外均含有 4 个半胱氨酸，结构域 A 含 3 个而结构域 C 含 1 个（图 5-2）。结构域 A 的 2 个残基通过链内二硫键连接，余下 2 个残基通过链间二硫键连接。Dx5 亚基在结构域 B 的 N 端还含有另外 1 个半胱氨酸，可形成链间二硫键。

x 型和 y 型之间的最重要差别在于 A 和 B 结构域。例如，不同于 x 型亚基，y 型在结构域 A 具有 1 个 18 个残基长的内嵌片段，其上含有 2 个相邻半胱氨酸，且 y 型的结构域 B 的典型重复单元不是高度保守的。

4）高级结构 通过光谱、黏度和小角度 ε-射线分析表明，HMW-GS 中心结构重复序列通过 β 转角形成松弛的 β 螺旋超二级结构，这是一种特殊的超二级结构，β 转角有规律地分布，在 β 转角区域中疏水性和形成氢键能力强的氨基酸较多。β 螺旋结构对面团的弹性起决定性作用。非重复的结构域 A 和 C 是由规则的 α 螺旋构成的球状结构。

2. 低分子质量麦谷蛋白亚基（LMW-GS） LMW-GS 是麦谷蛋白的主要成分，它们大约占面筋蛋白的 20%。起初 LMW-GS 被当作区别于麦醇溶蛋白单体的高分子质量麦醇溶蛋白（Beckwith et al., 1966）。后来，因其黏度和电泳迁移率不同于麦醇溶蛋白，Nielsen 等（1968）将其称为低分子质量麦谷蛋白。

1）命名 Payne 和 Corfield（1979）根据 SDS-PAGE 电泳迁移率，将经还原的麦谷蛋白亚基分为 A、B 和 C 组，A 组对应于 HMW-GS，B 和 C 组对应于 LMW-GS。他们还发现，还原后的高分子质量麦醇溶蛋白的 SDS-PAGE 电泳迁移率类似于 B 和 C 组的 LMW-GS 亚基。Jackson 等（1983）进一步细分了 LMW-GS，他根据 SDS-PAGE 迁移率鉴定了 3 组 LMW-GS，分别称为 B 组和 C 组及另外的 D 组（表 5-3 和图 5-4）。从图 5-4 可看出，A、B 和 C 亚基的电泳迁移率与其名字的字母顺序一致（低到高），而 D 型亚基却有不同，D 型亚基的电泳移动性介于 A 和 B 型亚基之间，接近于 ω-麦醇溶蛋白迁移的位置。

表 5-3 LMW-GS 的不同命名系统汇总

命名依据		
SDS-PAGE 迁移率	LMW-GS 组	主要序列类型
	B	LMW-s, LMW-m
	C	α-型，γ-型
	D	ω-型

续表

命名依据		
N 端氨基酸序列	**LMW-GS 型**	**N 端氨基酸序列**
	LMW-s	SHIPGL-
	LMW-m	METSH(R/C)I-
	LMW-i	ISQQQQ-
	α-型	VRVPVP-
	γ-型	NMQVDP-
	ω-型	KELQSP-
		ARQLNP-

资料来源：Jackson et al.，1983

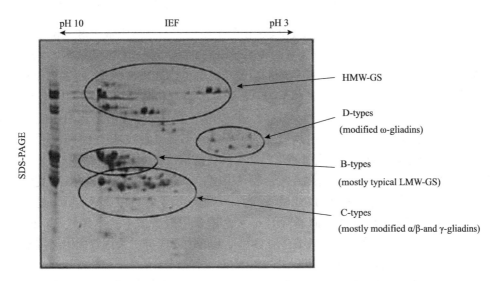

图 5-4　普通小麦品种'中国春'的麦谷蛋白亚基的双向电泳（IEF×SDS-PAGE）图（标记了 HMW-GS
和 LMW-GS 的 B-、C- 和 D- 型分组）（Jackson et al.，1983）

HMW-GS表示高分子质量谷蛋白亚基；D-types(modified ω-gliadins)表示D-型（改性ω-醇溶蛋白）；B-types(modified typical LWM-GS)
表示B-型（改性典型的低分子质量谷蛋白亚基）；C-types（mostly modified α/β-andγ-gliadins）表示C-型（大多数改性的α/β-醇溶蛋
白和γ-醇溶蛋白）

　　大多数所谓典型的 LMW-GS（typical LMW-GS）属于 B 组，此外，一小部分含有类似于
麦醇溶蛋白的 N 端序列的成分也存在于该组。以 N 端氨基酸序列为基础，还可以按照其第一
个氨基酸残基组成对典型的 LMW-GS 进行分组（表 5-3）：丝氨酸（serine）、甲硫氨酸
（methionine）和异亮氨酸（isoleucine）分别称为 LMW-s、LMW-m 和 LMW-i 型。此外，还
有一小部分 LMW-GS，由于氨基酸序列和麦醇溶蛋白高度同源，可认为是改性麦醇溶蛋白
（modified gliadin）。

　　2）基因定位及多态性　　LMW-GS 由位于第一部分同源染色体短臂上的 Glu-A3、Glu-B3
和 Glu-D3 的基因位点编码（图 5-1）。Gupta 和 Shepherd（1990）总结了来自 32 个国家的 222
种普通小麦的等位基因变异情况，表明 Glu-A3 位点有 6 种等位基因，Glu-B3 位点有 9 种等
位基因，Glu-D3 位点有 5 种等位基因（图 5-5）。1A 染色体上的 Glu-A3 编码较少的 LMW-GS，

某些品种的 Glu-A3 位点不编码（基因沉默）LMW-GS。另外，1B 染色体上的 Glu-B3 编码的 LMW-GS 具有广泛的多态性。

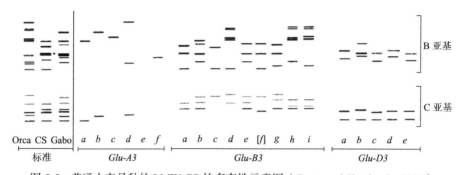

图 5-5　普通小麦品种的 LMW-GS 的多态性示意图（Gupta and Shepherd，1990）

3种参考谱带分别是 'Orca'、'中国春'（CS）和 'Orca'。虚线表示模糊谱带。每组内的a和b谱带分别来自 '中国春' 和 'Gabo'

　　3）氨基酸组成及一级结构　　LMW-GS 在分子质量和氨基酸组成上和 α/β-麦醇溶蛋白和 γ-麦醇溶蛋白相似。LMW-GS 也含有两种明显不同的结构域，其 N 端结构域（序列片段 I，图 5-2）主要由富含谷氨酰胺和脯氨酸的重复单元如 QQQPPFS 构成，而 C 端结构域（序列片段 III～V，图 5.2）的序列片段 III 和 V 与 α/β-麦醇溶蛋白和 γ-麦醇溶蛋白相似。LMW-GS 含有 8 个半胱氨酸残基，其中的 6 个位置与 α/β-麦醇溶蛋白和 γ-麦醇溶蛋白相似，形成链内二硫键连接（图 5-2）；为 LMW-GS 所特有的另外 2 个半胱氨酸残基位于序列片段 I 和IV，由于相互间存在空间位阻而与其他面筋蛋白的半胱氨酸形成链间二硫键。

　　Jackson 等（1983）首次发现普通小麦品种 '中国春' 的麦谷蛋白中存在 3 个类似麦醇溶蛋白（gliadin-like）的亚基（称为 D-亚基）。他们发现 D-型麦谷蛋白亚基实际上是含有一个半胱氨酸的 ω-麦醇溶蛋白变体，而通常的 ω-麦醇溶蛋白缺少该半胱氨酸残基。N 端序列与 α-型和 β-型醇溶蛋白相似的 LMW-GS 是 C-型亚基的主要成分，采用双向电泳鉴定出了至少 30 种成分（Masci et al.，2002）。

　　在所有基因型中，B 组的 LMW-s 型亚基含量最丰富，它们的平均分子质量（35 000～45 000Da）大于 LMW-m 型亚基（30 000～40 000Da）。LMW-s 的 N 端氨基酸序列是 SHIPGL-（或 SCIPGL-），而 LMW-m 亚基的是可变的，包括 METSSHIGPL-、METSRIPGL-和 METSCIPGL-。应注意的是，这里所说的 N 端氨基酸序列是指 N 端始点附近的一个短序列，和前述的由许多重复序列单元构成的所谓 N 端区域（或结构域）不同。然而，LMW-s 和 LMW-m 型亚基均含有 8 个半胱氨酸残基，其中的 2 个参与分子间二硫键。Masci 等（1998）从普通小麦品种 Yecora Rojo 分离出一个 LMW-GS 基因，并分析相应的 LMW-s 型多肽产物——42kDa LMW-GS，表明 N 端序列 SHIPGL-可能来源于翻译水平上的差异基因加工（differential gene processing），因为从编码 42kDa LMW-GS 的基因导出的完整氨基酸序列是 MENSHIPGL。可见，LMW-s 和 LMW-m 型的核苷酸序列并不存在区别。

　　Pitts 等（1988）首先鉴定的 LMW-i 型可以看作是典型 LMW-GS（s 型和 m 型）的突变形式。这类 LMW-GS 缺少通常的六肽（如 SHIPGL-）或九肽 N 端序列，直接从信号肽之后的重复结构域开始，以 ISQQQQ-为其 N 端序列。虽然缺失前述 N 端序列，C 端结构域却含有全部 8 个半胱氨酸残基（图 5-6）。

　　以 B 组、C 组和 D 组的结构特征为基础，Kasarda（1989）提出存在两个 LMW-GS 功能组。第一组，包括大部分 B 型亚基，因其能形成 2 个分子间二硫键，可作为聚合体生长的增链剂（chain extender）；第二组，包括大部分 C 型和 D 型亚基，可作为聚合体生长的终止子，仅含有一个能形成分子间二硫键的半胱氨酸残基。

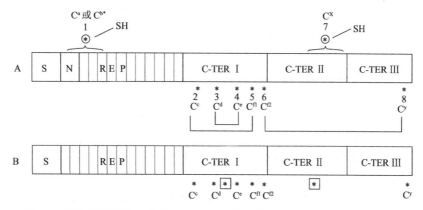

图 5-6　从编码基因导出的典型 LMW-GS 的结构示意图（Pitts et al.，1988）

A. LMW-m和LMW-s型；B. LMW-i型。S：信号肽；N：N端区域；REP：重复结构域（小方框表明重复基元）；C-TER Ⅰ，Ⅱ，Ⅲ：C端区域（详见文中）。半胱氨酸残基被带数字的星号，或Kohler字母体系（1993）标记。A中圈着的星号指出最可能参与分子间二硫键的半胱氨酸残基。它们的位置也是变化的（如括号标记所示）。B中框住的星号标记出LMW-i型LMW-GS的C端结构域的另外两个额外的半胱氨酸残基

4）高级结构　　对 LMW-GS 的二级结构了解不多。Tatham 等（1987）认为，LMW-GS 的 N 端重复结构域形成不规则分布的 β 转角，而非重复的 C 端结构域以 α 螺旋为主。研究表明，42kDa 的 LMW-GS（LMW-s 型）的重复结构域是高度柔性的。这个亚基含有两个半胱氨酸残基参与分子间二硫键，称为第 1（Cys-43 或者 Cb*）和第 7 个（Cys-295 或 Cx），后面这个残基实际上可与若干个其他多肽相连，如 HMW-GS 和 γ-麦醇溶蛋白变体（可能为 C-型 LMW-GS）。据推测这些残基位于高度柔性的区域，这可能是其促进聚合作用的机制。42kDa 的 LMW-GS 中余下的 6 个半胱氨酸残基参与分子内二硫键，类似于 γ-麦醇溶蛋白。

Orsi 等（2001）研究了分子内二硫键对于 LMW-GS 正确折叠的作用，发现 3 个分子内二硫键对于 LMW-GS 的结构稳定作用不同。最重要的连接在第 2（Cys-134 或 Cc）和第 5 个（Cys-169 或 Cf1）半胱氨酸残基之间，其缺失可造成蛋白大量聚集。可能该二硫键的形成是适当折叠的关键步骤：缺少时，附着位点被暴露，导致生成不溶聚集体。相反，除去另外两个分子内二硫键 Cys-142/Cys-162（Cd/Ce）或 Cys-170/Cys-280（Cf2/Cy）中的任何一个，并未造成明显的聚集效应。

3. 麦谷蛋白聚合体（glutenin polymer）　　麦谷蛋白只有在还原条件下才以单体亚基形式存在，面团中的麦谷蛋白主要以聚合体形式存在。要并入正在生长的聚合体，亚基至少需要可形成链间二硫键的两个半胱氨酸。HMW-和 LMW-GS 正好满足这一要求，它们可作为"增链剂"，通过形成链间二硫键延长聚合链。需要指出的是，疏水键和氢键等次级键在稳定麦谷蛋白聚合体结构方面具有重要的作用。麦谷蛋白亚基上的巯基既可形成链内连接也可形成链间连接。虽然有研究证明 HMW-GS 和 LMW-GS 可以各自自组装形成纯的聚合体，目前普遍认为，大多数的麦谷蛋白聚合体是两种亚基的杂合体。但至今为止，在 HMW-和 LMW-GS 之间发现的唯一交联是在 y-HMW-GS 的 B 结构域的半胱氨酸残基和 LMW-GS 的 C 端结构域

的半胱氨酸残基之间形成的二硫键。

　　早期，有学者提出了麦谷蛋白的线性聚合体模型，认为 HMW-GS 和 LMW-GS 通过二硫键按头尾相接的方式随机聚合成线性聚合体。部分 LMW-GS 自身也形成聚合体，这是由于其摩尔比例比 HMW-GS 高许多，导致杂合后还有 LMW-GS 剩余。后来的大量研究证明，HMW-GS 和 LMW-GS 不是随机缔合的。对天然麦谷蛋白部分还原后释放的二聚体的分析表明，x 型和 y 型 HMW-GS 优先缔合（x-y 二聚体），而 x-x 型和 y-y 型缔合很少。根据这些实验结果，Graveland 等（1985）提出了高度有序的麦谷蛋白聚合体模型。麦谷蛋白聚合体包括纯的 LMW-GS 聚合体及两端连有两个 x 型亚基的 y 型 HMW-GS 构成的基本单元聚合形成的杂合体。对于后者，由两个 B-LMW-GS 和一个 C-LMW-GS 构成的三聚体和 HMW-GS 主链相接形成支链。最终总共有 4 个 LMW-GS 三聚体和一个 y-HMW-GS 相连。然而，有学者认为，与随机模型相比，该模型对于解释面团稠度等流变特性还不如随机模型。

　　Wieser 等（2006）提出了一种与上述非随机模型相似的、能较好解释各种实验现象的麦谷蛋白的"双单元"（double unit）模型。HMW-GS 聚合主链是通过头尾连接形成的，而 LMW-GS 可通过 N 端和 C 端结构域的半胱氨酸形成线性聚合体侧链（图 5-7）。聚合的终止子是谷胱甘肽或具有奇数个半胱氨酸的麦醇溶蛋白。根据对麦谷蛋白的亚基组成（HMW-GS 对 LMW-GS 质比率为约 1∶2，x 型对 y 型 HMW-GS 比率约为 2.5∶1）和亚基分子质量的定量分析，麦谷蛋白聚合体的所谓"双单元"结构可能含有由—S—S—共价连接的 2 个 y 型 HMW-GS，4 个 x 型 HMW-GS 和大约 30 个 LMW-GS，其中的 y 型和 y 型、x 型和 x 型之间以平行方式排列，形成部分对称结构的"双单元"模型。这一"双单元"结构的分子质量高达 150 万 Da。最大的麦谷蛋白大聚体（GMP）可能包含超过 10 个这样的"双单元"，其 x 型与 y 型比率和 HMW-GS 与 LMW-GS 比率更大。

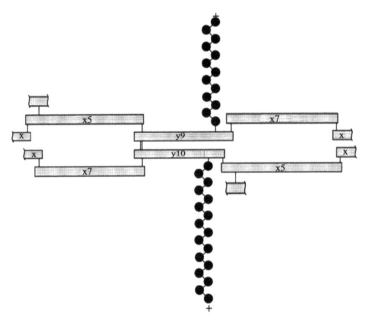

图 5-7　LMW-GS（●）和 HMW-GS（▭）的链间二硫键连接形成的"双单元"结构模型

（Wieser et al.，2006）

如上所述，由于对分子内和分子间二硫键的形成动力学了解还不够，还无法确定聚合是以随机方式还是以非随机方式进行。LMW-GS 是麦谷蛋白聚合体的主要成分，其数量比HMW-GS 多 2～3 倍（Kasarda，1989）。Lindsay 和 Skerritt（1998）研究了从麦谷蛋白聚合体逐步还原解离麦谷蛋白亚基的机制，发现 LMW-GS 最初是以二聚体形式解离，在增加还原剂（DTT）浓度之后以单体形式解离。B 亚基在低 DTT 浓度条件下解离，而 C 亚基在更宽的还原剂浓度范围内解离。这被解释为 B 亚基存在于最大的聚合体中，因而其分子间键首先被打断。B 亚基具有类似于黏合剂的可以稳定麦谷蛋白聚合体的性质，一旦它们被解离，完全的解聚合就会发生。透射电镜（TEM）显示，LMW-GS 形成不连续的簇状结构，虽然无法测定这种缔合是共价还是非共价的。LMW-GS 的结构特征如重复区的长度、第一个半胱氨酸残基等均对聚合行为有影响。此外，可形成分子间二硫键的半胱氨酸残基数量和聚合能力正相关。例如，由于 B 亚基具有两个可形成分子间二硫键的半胱氨酸，而 C 亚基只含有一个，体外重新氧化之后，B 亚基比 C 亚基形成更多的聚合体，后者大多数仍然以单体形式存在。

三、代谢活性蛋白质

除了面筋蛋白质之外，水溶性的清蛋白和盐溶性的球蛋白占面粉总蛋白质的 10%～20%。α-淀粉酶/胰蛋白酶抑制剂、丝氨酸蛋白酶抑制剂及嘌呤硫蛋白（purothionin）（Hernandezlucas et al.，2002）等清蛋白具有双重作用，作为发芽胚的营养物质及发芽前昆虫和真菌病原体的抑制剂。Purothionin 影响籽粒硬度。虽然有报道指出清蛋白和球蛋白也对面包制作品质有影响，通常认为它们对面粉品质不起主要作用。从营养观点看，两种蛋白均很重要，因为它们均具有相当高的必需氨基酸含量。小麦清蛋白是小麦蛋白质中唯一在天然状态下在水中易于溶解的组分。而小麦球蛋白的溶解需要加入一定量的盐。小麦球蛋白和大豆球蛋白具有高度同源性，功能性质相似。小麦清蛋白和球蛋白具有许多与其他水溶性或盐溶性植物蛋白质相似的功能性质。例如，小麦球蛋白具有类似大豆球蛋白的一些功能，如具有较好的乳化性、起泡性及泡沫稳定性等，且其乳化性质和起泡性质与溶解性质密切相关，影响其溶解性的离子强度、pH、浓度及温度等因素均会显著影响其功能性质。因此，小麦非储藏蛋白质在水或盐溶液中具有通常的胶体分散液的性质。应用过程中，可参考针对乳蛋白及大豆球蛋白的功能性质方面的研究方法和结果。

四、小麦蛋白质的功能性质

就小麦蛋白质的功能性质而言，研究比较透彻的是面筋蛋白。小麦面筋（又称谷朊粉）指的是用水冲洗生面团，洗出淀粉和水溶性蛋白质之后剩下的复杂黏性复合物；其蛋白质含量达 75%以上，此外还含有少量淀粉、纤维、糖、脂肪、类脂和矿物质等（表 5-4）。

表 5-4　小麦面筋的化学成分（%）

成分	麦醇溶蛋白	麦谷蛋白	其他蛋白	淀粉	脂肪	糖类	灰分
含量	43.02	39.10	4.40	6.65	2.80	3.12	2.00

表 5-5 给出了面筋中的蛋白质各组分的分子质量、比例及部分氨基酸组成。由表 5-5 可见，面筋蛋白中 α/β-醇溶蛋白含量最高，γ-醇溶蛋白含量次之，然后是 LMW-GS。氨基酸组成以谷氨酸和脯氨酸为主，HMW-GS 还含有较高的甘氨酸。面筋中蛋白质主要以单体或通过二硫键形成的寡聚体、多聚体形式存在。面筋蛋白的分子质量为 $3×10^4 \sim 1×10^7$ Da。研究表明，蛋白质的质和量与小麦烘焙品质密切相关，尤其是面筋蛋白质（主要是贮藏蛋白质）的组成和结构是影响小麦面团黏弹性和烘焙品质的主要因素。面筋蛋白质通过赋予面团持水性、黏结性、黏弹性等来对烘烤品质起着决定性的作用。

表 5-5　面筋蛋白主要组分的特征

类型	相对分子质量（×10³）	比例 [a]/%	部分氨基酸组成/%				
			谷氨酰胺	脯氨酸	苯丙氨酸	酪氨酸	甘氨酸
ω₅-醇溶蛋白	49~55	3~6	56	20	9	1	1
ω₁,₂-醇溶蛋白	39~44	4~7	44	26	8	1	1
α/β-醇溶蛋白	28~35	28~33	37	16	4	3	2
γ-醇溶蛋白	31~35	23~31	35	17	5	1	3
x-HMW-GS	83~88	4~9	37	13	0	6	19
y-HMW-GS	67~74	3~4	36	11	0	5	18
LMW-GS	32~39	19~25	38	13	4	1	3

资料来源：Abonyi et al.，2007

a. 按占总面筋蛋白质百分比计算

（一）面筋的形成机制及结构

关于面筋形成的机制，存在各种假说，多数人认为面筋是面粉中的面筋蛋白质在存在能量输入条件下吸水膨胀而形成的。面粉加水揉成面团的过程中，面筋蛋白质表面的极性基团先将水分子吸附，经过一段时间后，水分子逐渐扩散到面粉内部，使得面筋蛋白质的体积膨胀，面筋蛋白质分子充分吸水膨胀后，分子中的极性基团与水分子相互联结起来，最终形成了面筋网络。由于面筋蛋白质分子结构中含有巯基，在面筋形成的过程中，它们很容易通过氧化作用互相连接形成二硫键。这就扩大和加强了面筋网络组织，随着时间的延长和对面团的不断揉压，促使面筋网络进一步完善。这就是面筋形成的大致过程。可见，面筋主要是面粉中本身存在的醇溶蛋白和麦谷蛋白混合体系通过吸水膨胀形成的，若该体系遭到破坏则无法形成面筋。

Tuhumury 等（2014）以冷冻干燥面筋及湿面筋为对象，研究了复水过程中存在及不存在 NaCl 条件下面筋网络的形成机制。共聚焦激光扫描显微镜（CLSM）和透射电镜（TEM）图像分析均表明，加入 NaCl 后面筋形成纤维状结构，而无 NaCl 存在时，面筋以大的颗粒聚集体形式存在（图 5-8）。对于鲜湿面筋也观察到类似结果，说明冷冻干燥处理对面筋的活性影响很小。面筋形成过程中，盐的存在与否对麦谷蛋白/麦醇溶蛋白比率、巯基及二硫键含量的影响不大，主要是对次级键的作用产生影响。NaCl 的存在增加了复水面筋中非共价作用及 β 折叠结构，但所形成的面筋基质弹性相对较弱，拉伸性能下降。

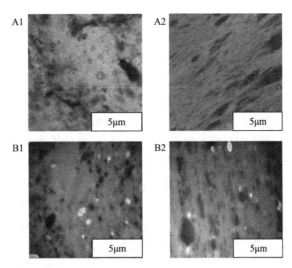

图 5-8　复水面筋的共聚焦显微镜（A1，A2）及透射电镜 TEM（B1，B2）图像（左和右分别表示未加盐及加盐样品）(Tuhumury et al.，2014）

　　通过对面筋的微结构、理化及流变学性质的研究，Tuhumury 等提出了存在及不存在 NaCl 条件下面筋网络形成的机制。在面粉中，麦醇溶蛋白以球状蛋白体形式存在，麦谷蛋白以折叠的天然形式存在（图 5-9 A）。当蛋白体水化的时候，分子展开，麦谷蛋白分子间的氢键断裂，促使麦谷蛋白与水通过氢键作用，在面筋网络内部形成环状区域（图 5-9B）。水化及和面过程中形成的较多的环状区域导致面筋网络形成大聚集体结构。当存在较低浓度 NaCl 时，在水化及和面过程中，盐掩盖了面筋蛋白表明的电荷，减少了蛋白之间的静电排斥，促使蛋白之间更紧密的聚集。当使用 2% NaCl 浓度的时候，NaCl 对水分子及面筋蛋白聚集的效应更加明显。这可能是由于盐造成面筋蛋白水化速率下降，导致面团形成时间更长。NaCl 对面筋结构的效应取决于面粉的蛋白含量，其对低蛋白含量的面粉的效应比对高蛋白含量的面粉要高。当水分子与钠和氯离子作用的时候，面筋蛋白结构因水分子数量减少将发生构象的改变。面筋样品在存在 NaCl 时 β 折叠结构显著增加，且面粉的蛋白含量越低，面筋越可能形成具有 β 折叠结构的构造特征。麦谷蛋白之间的氢键及疏水相互作用可能是面筋结构的 β 折叠结构增加的原因。这一原因导致形成取向性更加明显的结构（图 5-9C）。

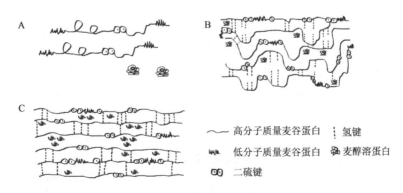

图 5-9　水化过程中加或不加盐条件下面筋结构形成的示意图（Tuhumury et al.，2014）

A. 面粉中折叠的天然面筋结构；B. 无盐面筋；C. 加盐面筋

（二）面筋的性质

1. 水合性　　小麦面筋（wheat gluten）主要成分为蛋白质，其蛋白质由于谷氨酰胺和脯氨酸含量较高，且在麦谷蛋白分子间可形成大量的氢键，水化的时候，分子展开，麦谷蛋白分子间的氢键断裂，促使麦谷蛋白与水通过氢键作用，最终形成面筋网络，面筋网络的形成表明小麦面筋具有一定的水化性质，能吸水膨胀。通常，高质量的面筋可吸收数倍面筋量的水。小麦面筋的这种吸水性对于面团的形成尤为重要，而面团形成是各种面制品制作的基础。此外，面筋吸水后可增加产品得率。如前所述，盐或离子强度对面筋的水合性质具有很重要的影响。

2. 溶解性　　小麦面筋蛋白是一种混合蛋白质，它没有明显的等电点，也就难以找到其正负电荷的平衡点。因此，面筋蛋白不溶于水。其中，麦醇溶蛋白在pH 6~9的水溶液中溶解度最小，在70%乙醇溶液中溶解性较好，而麦谷蛋白在稀酸和稀碱中的溶解性较好。面筋蛋白的溶解性差是由于缺少可电离的基团及部分面筋蛋白（麦谷蛋白）的分子质量非常高造成的。构成面筋蛋白的氨基酸既含有极性也含有非极性侧链。非极性侧链是其在水中溶解性低的主要原因，这称为疏水效应。非极性侧链频率是表征疏水效应的关键参数，其定义为色氨酸、异亮氨酸、酪氨酸、苯基丙氨酸、脯氨酸、亮氨酸和缬氨酸残基的数目除以总氨基酸残基的数目。另一个影响溶解性的关键参数是带电基团的频率，它被定义为天冬氨酸、谷氨酸、组氨酸、赖氨酸和精氨酸残基占总氨基酸残基的比率。面筋聚合蛋白的重复区域含有大量的疏水性谷氨酰胺残基，相比于与溶剂（水）的作用，其更倾向于在分子间相互缔合形成氢键结构（β折叠）。由于与溶剂分子定向排列的残基数量下降时，熵是减小的，将导致面筋蛋白的不溶性聚集可自发地进行。

3. 黏弹性　　如前所述，麦谷蛋白和麦醇溶蛋白是构成面筋蛋白质的两种主要成分。麦醇溶蛋白分子呈球状，以单体形式存在，分子质量较小，具有延伸性，但弹性小。麦谷蛋白分子为纤维状，以聚合体形式存在，分子质量较大，具有弹性，但延伸性小。在面筋或面团形成过程中，麦谷蛋白形成连续的网状蛋白基质，麦醇溶蛋白作为填充剂，分布在蛋白基质中。这两者共同作用，使得小麦面筋具有其他植物蛋白质所没有的独特黏弹性，并使面团适合制作透气性产品。

1）面筋的黏弹性质　　由于面筋的流变学性质被面团中存在的大量的淀粉和水所掩盖，测定面团的流变学性质可获得的关于面筋蛋白质结构的信息不多。麦醇溶蛋白赋予黏性和延展性，而麦谷蛋白赋予弹性及抗延展性质。两种蛋白之间的平衡对于面筋的流变学行为很重要（图5-10）。麦谷蛋白的黏弹性质决定了优质面团的混合性质及最终的面包品质。然而，似乎很难找到流变学性质和烘焙性能之间的良好相关性。大量研究表明，许多因素影响面团流变性质和烘焙品质。如水分含量和面粉类型均对表征面团弹性的储能模量（G'）和相位角具有显著影响，这些参数是通过在线性黏弹性区进行的振荡实验测定的，而振荡实验对水分含量非常敏感。

图 5-10　麦醇溶蛋白、麦谷蛋白及面筋的结构模式

A. 麦醇溶蛋白；B. 麦谷蛋白；C. 面筋（麦醇溶蛋白+麦谷蛋白）

2）凝胶性　　水溶性蛋白质加热到临界温度就会变性，变性后相互聚集成不易溶于水的球形或纤维状颗粒，并固定大量的水分，形成广泛的三维网络结构，这种性质称为凝胶性。面筋蛋白质与其他蛋白质不同，水溶性差，对热的敏感性差，如不加热到 100℃左右，便不会胶凝。这说明面筋中的分子间多为—S—S—交联，即面筋蛋白是牢固的三级或四级结构构成的。因此，如果用还原剂切断面筋蛋白的—S—S—交联，其热敏感性就会显著提高。

3）乳化性和起泡性　　由于小麦面筋中含有一定量的胶质，因此在应用中能提高产品如灌肠制品的黏度、持水性和起泡性，比脱脂大豆蛋白粉有更强的亲油性。其乳化性好，对产品游离的不饱和脂肪酸有较强的吸附力。

起泡性要求蛋白分子能到达气泡表面并快速展开，小麦面筋的起泡能力受黏度、疏水性和溶解性的影响。由于面筋蛋白质水中溶解性很低，造成其起泡性不佳。要想获得良好的起泡性质和泡沫稳定性，需要对面筋蛋白质进行改性。第一种提高起泡性质的常用的方法是通过酶法水解成低分子多肽，随着分子质量下降，溶解性将大大增加，且小分子比大分子具有更好的表面活性，与对照相比，面筋蛋白质水解物的起泡能力大大增加。但需要注意的是，起泡能力大未必泡沫稳定性就好，在低分子质量的多肽吸附到界面后，若分子质量过小，造成界面黏度较低，多肽在界面上成膜能力下降，泡沫稳定性反而会下降。第二种提高起泡性质的常用的方法是采用酶法及酸法脱酰胺，脱酰胺后的面筋蛋白质可离子化基团显著增加，产物变得水可溶，称为可溶性面筋蛋白质，这类蛋白质分子具有良好的乳化活性、乳化稳定性及起泡活力，且泡沫稳定性不会因分子质量太低而下降。

（三）影响面筋结构的因素

1. 面筋复合物的组成和数量　　不溶性蛋白质是形成黏聚性（cohesive）面团的必要前提。在存在淀粉和水的条件下，不仅要求蛋白质不溶，还需要足够的数量以形成连续的蛋白质相。早期的研究表明，在稀有机酸（如乳酸或乙酸）中易分散的蛋白质的数量和面筋、面团的流变学特性呈负相关，而不易分散组分数量增加则可改善样品的流变特性。面包制作质量和乙酸可溶性麦谷蛋白负相关，和乙酸不溶性麦谷蛋白（残余蛋白或麦胶蛋白）正相关。这些结果为发展小麦烘焙品质的评价方法（面筋溶胀力测定，Zeleny沉降测定）提供了基础。

不同小麦其面筋蛋白质的氨基酸组成相对稳定并具有如下特征：①高含量的谷氨酸；②相对高含量的脯氨酸；③低含量的碱性氨基酸（赖氨酸、精氨酸和组氨酸）；④高度酰胺化；⑤一定含量的半胱氨酸和胱氨酸。

总氨基酸组成和流变学特性无明显的相关性。二硫键（胱氨酸）总含量和流变学特性有显著关系，其线性相关系数为 0.3～0.6。相关性低表明，不仅二硫键的绝对数量，而且其分布对于流变学性质也很重要。关于二硫键的影响后面还会专门讲述。

酰胺取代度（degree of amidation）和流变学特性存在相关性。随着取代度增加，表征面团弹性的松弛时间增加，但在最优取代度达到最大值后，继续增加取代度反而会降低松弛时间。据认为这是由于酰胺基数量的增加促进了面筋结构次级非共价键的形成，从而改善面筋的流变学性质。但这个解释无法说明为何在最高取代度时存在负效应。

通常认为构成面筋复合物的不同组分的比例影响面筋和面团的流变学性质。其中，醇溶蛋白和谷蛋白的比率似乎是控制小麦面筋和面团的最重要的因素，这两种主要组分的比率接近 1∶1 时对于烘焙质量是最优的。

有学者研究了采用凝胶过滤色谱分离的春小麦粉的蛋白质组分与面团流变特性及烘焙品质的关系。发现谷蛋白数量和混合能量正相关,醇溶蛋白数量和混合能量负相关。谷蛋白组分可进一步通过凝胶过滤色谱分为高分子质量(谷蛋白Ⅰ)和低分子质量(谷蛋白Ⅱ)级分。谷蛋白Ⅰ含量与混合能量和面包体积正相关。与谷蛋白Ⅰ相似,残余蛋白(不溶于 0.5mol/L 乙酸)也有增加面包体积的效应。

2. 巯基和二硫键 天然麦谷蛋白的二硫键结构不稳定,从成熟籽粒到终产品(如面包)会经历连续变化。单体结构的α/β-麦醇溶蛋白和γ-麦醇溶蛋白分别具有 3 个和 4 个链内二硫键,而多聚合的LMW-和HMW-GS同时具有链内和链间键。除了二硫键本身的性质之外,二硫键结构的状态还控制着麦谷蛋白的分子质量分布,而麦谷蛋白的分子质量分布被认为是决定面团品质的关键因素之一。因此,深入了解二硫键的功能对于认识面筋蛋白质的结构和性质具有重要意义。二硫键的极端重要性可以通过添加还原剂弱化面团和添加硫醇阻隔剂或氧化剂增强面团的方式得到证明。在面包制作过程中,与面团强度及面包体积正相关的麦谷蛋白大聚体(GMP)的形成过程中,存在三个竞争性的特征氧化还原反应:维持聚合作用的游离—SH基的氧化;终止子终止聚合作用的反应;可使GMP解聚的麦谷蛋白和硫醇化合物(如谷胱甘肽)之间的SH/SS交换反应。在和面过程中,氧气对于形成GMP是必需的,此外,溴酸钾、碘酸钾和L-抗坏血酸等氧化剂也具有类似于氧气的效应。游离巯基的产生则表明,和面过程中也存在二硫键的断裂,特定条件下会弱化面筋结构。此外,醒发过程中S—S键会发生可改善面筋网络的重组。

焙烤过程使面筋蛋白质的结构和功能产生激烈的变化。例如,由于存在热诱导的二硫交换反应,大多数常温下只形成分子内二硫键的 α/β-麦醇溶蛋白和 γ-麦醇溶蛋白的半胱氨酸可共价结合至麦谷蛋白聚合物上,导致麦谷蛋白聚合体分子质量增加及在尿素或 SDS 中的提取率显著减少。

最近关于二硫键和巯基(mercapto group)的发生和分布的研究揭示,面粉和面团中存在某些重要的氧化还原剂,如游离的还原型谷胱甘肽(GSH)、氧化型谷胱甘肽(GSSG)和蛋白质-谷胱甘肽二硫化混合物(G-S-S-Prot)等。加工过程中 GSH 作为还原剂,对半胱氨酸的巯基有保护作用。

通过研究二硫键的断裂引起流变学性质的变化可加深对巯基和二硫键作用的理解(Lasztity,1999)。仅依靠二硫键的绝对数量无法准确预测蛋白质的流变性质,二硫键的位置也很重要。由于二硫键可能是分子内或分子间的,因此,两者的比率对于流变特性的发展非常重要。对经过还原处理的面筋进行重新氧化的研究表明,流变性质接近天然面筋的产物其分子内二硫键数量也很高,而只含分子间而无分子内二硫键的产物弹性较差。上述结果表明,为了获得优质的黏弹性面团,不仅需要分子间二硫键参与形成蛋白质分子的四级结构(聚合体),还需要分子内二硫键来帮助蛋白质分子正确折叠,形成稳定的二级、三级结构。

3. 氢键 面筋蛋白质含有大量可形成氢键的侧链基团(表 5-6)。氢键对面筋的流变学特性起重要作用。大多数不溶性面筋可在高浓度尿素溶液或氢键破坏剂中分散。下面从脱酰胺、酯化、乙酰化及碱处理等几个方面的影响来阐述氢键对面筋流变学特性的影响。

表 5-6　面筋蛋白质中的功能性基团（mmol/100g 蛋白质）

基团	氨基酸	麦醇溶蛋白	麦谷蛋白
酸性	谷氨酸	27	36
	天冬氨酸		
碱性	赖氨酸	3	52
	精氨酸		
	组氨酸		
	色氨酸		
酰胺基	谷氨酰胺	309	266
	天冬酰胺		
巯基和二硫基	半胱氨酸	12	12
	胱氨酸		
总离子基	酸性+碱性	66	87
总极性基	羟基+酰胺基	381	365
总非极性基		390	301

资料来源：Pomeranz，1968

面筋蛋白质中存在大量酰胺基，其数量比其他极性基团高，酰胺基对形成氢键起重要作用。研究发现，与未脱酰胺面筋相比，脱酰胺面筋中存在着更多的氢键，它们可被尿素破坏从而导致其构象发生改变。脱酰胺后，释放的羧基可以在溶液中解离，从而显著增加面筋蛋白的电荷，改善其在水中的溶解性及与溶解性相关的起泡、乳化能力等性质。

酯化包括游离羧基的酯化或氨基的酯化。通过甲醇或乙醇与羧基进行酯化反应的研究表明，随着酯化取代度增加，面筋的流变学特性恶化，松弛时间明显缩短，本征黏度明显下降，说明形成了更紧凑及不对称的分子结构，其原因可能是由于烷基化蛋白质具有高度疏水性的特征。

乙酰化面筋的流变学特性比天然面筋差许多。内聚力的大大降低表明，伯氨基对于形成分子间非共价氢键起重要作用。

面筋与氢氧化钠反应产生某些非常有意思的结果。碱处理可引起二硫键的破坏，但不影响氨基。在 40℃下长时间反应只水解约 6%的氨基。碱处理面筋的分子质量未发生明显变化。若如通常认为的那样，面筋主要是较小的亚基通过二硫键连接构成的，则面筋的分子质量应该被碱处理急剧降低。分子质量不变说明，将亚基维持在一起形成大聚合体的主要作用力可能并非二硫键。可能氢键、疏水相互作用及静电吸引力一起是决定蛋白复合物四级结构的主要作用力。然而，无法解释为何无明显分子质量分布变化的情况下，面团和面筋流变学特性发生急剧恶化。

4. 疏水相互作用　面筋蛋白质含有若干疏水侧链氨基酸（丙氨酸、亮氨酸、苯丙氨酸、异亮氨酸、缬氨酸和脯氨酸）。此外，长极性侧链（赖氨酸和谷氨酸）的疏水部分也具有疏水键形成的潜力。

面团和面筋的形成是在水介质中进行的。从热力学观点看，非极性基团和水的作用是不利的，倾向于在非极性基之间发生相互缔合（其结果是这些基团和水的作用更弱）。通常，疏水键的形成是吸热过程，即由于熵变（TΔS）超过焓变（ΔH）的效应，吉布斯自由能的变化是负的。疏水键的强度随温度的升高而增加，直到某一极限温度，所以疏水键对于蛋白质的热稳定性具有特别重要的作用。

醇溶蛋白在非极性溶剂中可溶解并丧失其延伸性，表明疏水键对于面筋蛋白质功能性质的重要性。当用烷烃-水乳状液对干燥面筋进行复水时，很少量的高级烷烃就对面团流变学特性产生不利的影响，面筋延伸性变差并变脆。但对于戊烷和己烷，发现松弛时间和造成同等程度变性所需的混合力增加，尤其是对于品质较差的面筋。作用主要发生在烷烃和面筋蛋白的疏水侧链之间。加入少量的戊烷和己烷时，与蛋白质形成较弱的疏水键，可延伸或保护蛋白的疏水网络结构，阻止其在水化、溶胀和胶溶过程中因无限溶胀和解聚而发生聚集。当加入更长的烷烃时，与蛋白质形成较强的疏水键，以致蛋白分子侧链间的相互作用被烷烃和蛋白分子侧链间的疏水键所取代，破坏了黏弹性网络结构。

脂肪酸对面筋流变学性质的影响也取决于碳原子数。对于甲酸和乙酸，成胶效应占优，流变学性质迅速恶化；随着脂肪酸碳原子数的增加，可引起松弛时间增加；而进一步增加脂肪酸碳原子数（棕榈酸和硬脂酸）则又导致流变学特性的轻微恶化。造成上述后两种情况不同的原因在于，一方面，具有 3～5 个碳原子的脂肪酸能增加松弛时间（弹性增加），表明这类脂肪酸能促进蛋白质分子之间的疏水键缔合；另一方面，更长的脂肪酸导致松弛时间下降，表明更强的疏水性混合物和蛋白质的作用可导致蛋白质分子间已经存在的疏水键的断裂。

5. 分子质量分布　　面筋蛋白质的分子质量分布（molecular weight distribution, MWD）同其组成一样，也是决定面筋质量的重要因素。麦醇溶蛋白是具有相似分子质量的一类单链多肽，分子质量大约为 70kDa（ω-gliadin）。相反，麦谷蛋白是通过二硫键连接的 HMW–GS 和 LMW-GS 两类亚基形成的多链聚合体。按 SDS-PAGE，前者的表观分子质量为 80～120kDa，而后者为 40～55kDa（B-亚基）和 30～40kDa（C-亚基）。由于聚合作用，麦谷蛋白的分子质量变化很广，最低的大约 100kDa，而最高的难以测定，但已证明可高达上千万道尔顿并分布很宽。黏度通常随分子质量升高而增加。但是，在达到某一临界分子质量之后，黏度增加得更加迅速。这是由于超过临界分子质量之后，分子间出现了缠结作用，在多肽链上形成众多的结点，具有较强的抵抗流动的性质。这些缠结点（交联）可增加面筋聚合体的强度。因此，面筋蛋白质尤其是麦谷蛋白的分子质量分布对面筋蛋白质的功能特性有非常重要的影响。

面筋蛋白质的分子质量可通过两种方式变化（图 5-11）：单体对聚合体的相对比率变化及聚合体的 MWD 变化。过去，由于难以溶解麦谷蛋白聚合体，对单聚合与多聚合蛋白的比率（第一种变化）无法测定。近年来，由于尺寸排阻高压液相色谱（SE-HPLC）结合超声技术的应用，使得其测定成为可能。然而，超声虽然可将 SDS 不可溶解的麦谷蛋白降解，从而测定该部分的比例，却会造成部分大分子的降解。用光密度扫描 SDS-PAGE 电泳谱带可获得 HMW/LMW 的比率，从而测定 MWD 发生的变化（第二种变化）。如后面所述，在实际中，也可用 SDS 不可提取聚合蛋白（SDS-unextractable polymeric protein, SDS-UPP，后面简称为 UPP，即前述的 SDS 不可提取麦谷蛋白或残余蛋白或 GMP）的含量对 MWD 进行相对测定。

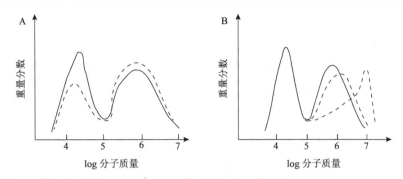

图 5-11　面筋蛋白质分子质量分布（MWD）变化的两种方式示意图（MacRitchie and Lafiandra，1997）
A. 单体及多聚合体的相对比率变化；B. 聚合体的MWD变化。虚线表示变化后的MWD

　　然而，目前测定麦谷蛋白聚合体的真实分子质量仍然是个难题，这是因为：第一，无法溶解全部蛋白而不引起其天然状态的改变；最难溶解的蛋白质是分子质量最大的谷蛋白，两个主要因素对其有影响：离子化基团的缺乏和分子质量确实太大。第二，缺乏测定大分子分子质量的可靠技术。总的来说，当分子质量提高后，大多数测定分子质量的方法都会失效。较新的可部分解决上述难题的测定大聚合物 MWD 的方法包括场流分级法（field flow fractionation，FFF）、多角度激光散射（multi-angle laser light scattering，MALL）和多层 SDS-PAGE 等。

　　1）高分子的分子质量分布　　小麦中的聚合体蛋白具有多分散性（化学成分相似但分子质量不同的混合物）。根据小麦聚合体蛋白的多分散性，Ewart（1990）提出，麦谷蛋白聚合体是具有很少支链的线性聚合物，但 Graveland 等（1985）提出具有分支结构的模型。按照线性聚合物模型，聚合体蛋白具有类似于人工合成的线性聚合物的特征。因此，合成聚合物的理论可以应用于聚合体蛋白。很久以前就已经了解高聚物的物理性质取决于其分子质量。分子质量低时，其玻璃化转变温度（T_g）低于常温，常温下聚合物将以黏性液体存在；分子质量更高时，在拉伸应力试验中聚合物转变为具有低强度和高延伸性的弹性体。在分子质量大于 10^5Da 时，聚合物呈现出分子缠结现象，并表现出较大的强度和延伸性，具有类似橡胶体的行为。由于高分子的多分散性，通常采用平均分子质量对聚合物进行表征。有几种常用的表示平均分子质量的方法。最简单的是数均分子质量（number-average molecular weight），它是样品总质量除以分子数。数均分子质量是通过对渗透压或冰点降低等依数性性质的测定获得的。另外，重均分子质量（weight-average molecular weight）计算时给高分子以额外的权重。这种平均值是通过光散射或超高速离心测定那些不仅与聚合物数量而且与颗粒质量有关的性质获得的。另外一种平均，Z 均分子质量，给高分子以更高的权重。

$$数均，\overline{M}_n = \sum_{i=1}^{\infty} N_i M_i \Big/ \sum_{i=1}^{\infty} N_i$$

$$重均，\overline{M}_w = \sum_{i=1}^{\infty} N_i M_i^2 \Big/ \sum_{i=1}^{\infty} N_i M_i$$

$$Z 均，\overline{M}_z = \sum_{i=1}^{\infty} N_i M_i^3 \Big/ \sum_{i=1}^{\infty} N_i M_i$$

N_i和M_i分别是分子数量和第i个成分的分子质量。

通过黏度测定，还可以计算黏度平均分子质量，其关系取决于聚合物及溶剂特征。图 5-12 给出了这些平均分子质量之间的关系。对于单分散体系，数均和重均分子质量一致。随着多分散性增加，它们之间的差别也增加。

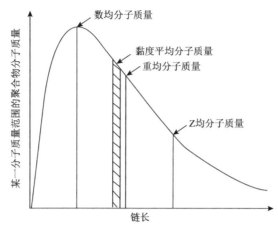

图 5-12　几种平均分子质量间的定性关系（McGrew，1958）

分子质量和 MWD 是对聚合物影响最大的性质。小麦粉的技术性能很大程度上取决于面团的混合（揉混及粉质特性）、单轴拉伸和双轴拉伸（吹泡示功特性）等面团流变性质。因此，有必要了解依据分子质量和 MWD 来表征聚合物拉伸性质的方法。用来预测聚合物拉伸强度（σ）的 Florry（1945）方程为

$$\sigma = \sigma_0(1 - M_T / M_n)$$

式中，σ_0为高分子质量时的极限拉伸强度；M_T为临界或阈值分子质量；M_n为聚合物的数均分子质量。这个方程对于单分散体系较适合而对于多分散体系不太适合。因此，Bersted 和 Anderson（1990）建立了对于多分散体系更适用的 Flory 方程的修正形式。他们的基本假设是，只有那些形成有效缠结的分子对于拉伸强度有贡献：

$$\sigma = \sigma_0(1 - M_T / M_n^*)\phi$$

式中，σ_0为上一方程中的极限拉伸强度；M_T为有效缠结的阈值分子质量；ϕ为分子质量>M_T的组分；M_n^*为这一组分（分子质量>M_T的组分）的数均分子质量。

在研究拉断伸长率（或拉伸比）的过程中，发现其与两种动力学过程有关。第一种是聚合物链次级键的断裂。第二种是，一旦缠结节点之间的链被完全伸展，相对于另一链的进一步移动只能通过链滑过缠结而发生。这两种动力学过程：非共价键的断裂及通过缠结点的滑动，可通过艾伦活化能速率理论处理，每种过程均有其合适的活化能。延伸性的大小主要取决于相对于样品拉伸速率的链滑过缠结点的速率。

上面的理论与决定小麦粉适合不同用途的面团流变性质有关。聚合物拉伸实验中的拉伸强度和延伸性理论可以直接应用于理解蛋白质组成如何控制面团强度及延伸性的变化。面团混合特性也可和聚合物行为关联。面团和面机的剪切和拉伸应力将面筋蛋白质发展成连续的

网络，赋予面团黏弹性质。在分子水平上，可推测这些力将麦谷蛋白大分子拉伸成为更伸展的构象。若只有单聚蛋白（麦醇溶蛋白）与淀粉混合，面团将无法形成，从而也就无面团般的弹性性质。麦谷蛋白的分子质量越大，需要越多的能量来解开纠缠的分子以形成面团。结果，分子越大，恢复力及弹性越大。

　　2）蛋白组成及 MWD 与面团特性的关系　　由于完全溶解面筋蛋白质并对其进行表征很困难，因此要将面筋蛋白质的 MWD 和面团性质相关联是很难的。使用超声结合尺寸排阻高效液相色谱（SE-HPLC）可以较准确地测定面粉样品中 3 种主要蛋白（麦醇溶蛋白、麦谷蛋白及残余蛋白）的比例（Singh et al.，1990）。因此，如前面的图 5-12 所示，在改变 MWD 的两种方式中，可测定聚合体对单聚体的比率。这可将 MWD 变化和各种面团性质参数相联系，如图 5-13 所示。

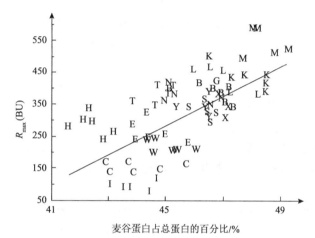

图 5-13　6 种氮肥水平下 15 个品种的 84 种面粉的最大抗延伸阻力（R_{max}）与麦谷蛋白聚合体占总蛋白的百分比（PPP）的关系（Gupta et al.，1992）

C, Chile 1B; N, Condor; K, Cook; E, Egret; B, Gabo; G, Gamenya; H, Halberd; I, Israel M68; M, Mexico 8156; L, Olympic; S, Osprey; X, Oxley; T, Timgalen; Y, Wyuna; W, WW15. 图中给出了最佳拟合直线，线性回归相关系数0.665***

　　图 5-13 中将最大抗延伸阻力（R_{max}）对 6 种不同氮肥施用水平下的 15 个小麦品种的系列面粉样品的麦谷蛋白聚合体占总蛋白的百分比（PPP）进行作图。较高的相关系数（$r=0.665***$）解释了≈40%的变异。类似相关性也曾在揉面仪面团形成时间（MDDT）中发现，MDDT 是与 R_{max} 紧密相关的面团强度的另一参数。关于无法解释的那部分变异，可从不同品种的数据点各自聚集成簇的现象进行分析。例如，品种 Halberd 的数据点落在最佳拟合直线的上方，而品种 Israel M68 的数据点落在直线下方。来自这两个品种的麦谷蛋白聚合体的还原 SDS-PAGE 模式显示，Halberd 及 Israel M68 的 HMW/LMW 比率的平均值分别为 0.34 和 0.18。这表明 Halberd 的麦谷蛋白聚合体的 MWD 比 Israel M68 的移向更高的分子质量。

　　通常认为，HMW/LMW 比率和 MWD 之间存在明显的相关性。图 5-14 表明，SDS 不可提取麦谷蛋白聚合体（UPP）占总蛋白的百分比和 HMW/LMW 比率存在正相关。可见，图 5-13 中 R_{max} 的线性回归相关系数的无法解释那部分变异可能与麦谷蛋白聚合体的 MWD 相关。图 5-14 的研究中，一系列 HMW/LMW 比率变化的小麦粉样品可通过同一小麦品种（Olympic）生长在不同硫肥施用水平下获得。

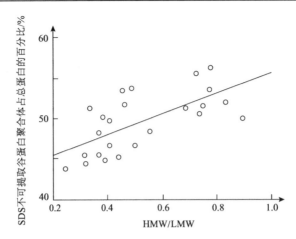

图 5-14 生长于不同硫和氮肥水平下的品种'Olympic'面粉样品的不可提取谷蛋白聚合体（UPP）占总蛋白的百分比与 HMW/LMW 比率的关系（MacRitchie and Gupta，1993）

3）以 UPP 间接测定分子质量分布（MWD） 聚合体的溶解性随着分子质量的增加而降低，可利用这种关系通过 SDS 溶液不可提取麦谷蛋白聚合体的比例来对蛋白聚合体的 MWD 进行测定。其步骤包括首先采用 SDS 溶液提取所有的单聚体蛋白及一部分多聚体蛋白。随后通过对 SDS 溶液中不可提取的残余蛋白悬浮液进行超声处理以提取残余蛋白并获得 UPP。最后可通过 SE-HPLC 分离可提取和不可提取谷蛋白样品来对 UPP 比例进行定量测定（Bean et al.，1998）。

4）UPP 在组成-功能关系中的应用 研究发现，对于部分蛋白质样品，由 R_{max} 测定的面团强度和聚合体蛋白（如前所述，主要指的是麦谷蛋白聚合物，包括 SDS 可溶及不可溶谷蛋白）占总蛋白的百分比（percentage of polymeric protein in total protein，PPP）间并无明显相关性。然而，对于同样的样品，R_{max} 和 UPP（即 GMP）却有很好的相关性，它和品质参数有很好的关联。图 5-15 给出了相关的结果。与 UPP 而非 PPP 的高相关性表明，不是所有的聚合蛋白，而仅是最高分子质量的那部分组分，对于面团强度（R_{max}）有贡献。

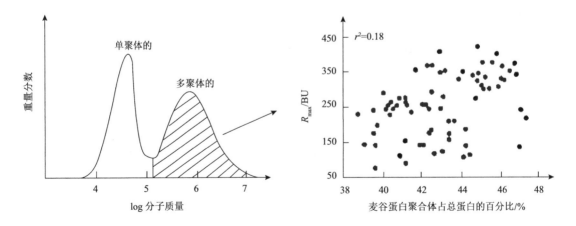

图 5-15 74 个重组近交系的最大抗延伸阻力与聚合体蛋白（PPP）及不可提取聚合体蛋白（UPP）占总蛋白的百分比的关系（MacRitchie and Lafiandra，1997）

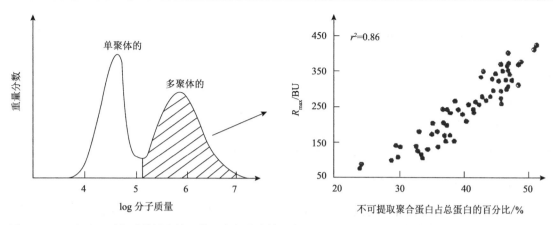

图 5-15　74 个重组近交系的最大抗延伸阻力与聚合体蛋白（PPP）及不可提取聚合体蛋白（UPP）占总蛋白
的百分比的关系（MacRitchie and Lafiandra，1997）（续）

　　Bangue 等进一步研究了来自 5 个不同地区的 31 个品系的 158 个小麦品种蛋白质样品。如图 5-16 所示，对 SE-HPLC 曲线下的面积以 0.4min 洗脱时间间隔进行分割，建立了按洗脱积分面积（图 5-16 阴影部分）计算的聚合体蛋白占总蛋白百分比（PPP）与最大抗延伸阻力（R_{max}），以及聚合蛋白占面粉百分比（FPP）和延伸性（E_{xt}）的相关性。对于每个地区及所有样品，均发现在某一洗脱时间，R_{max}、E_{xt} 与洗脱积分面积存在最大相关系数（r），如表 5-7 所示。

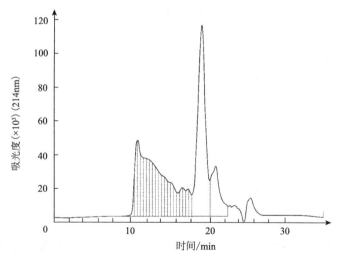

图 5-16　小麦蛋白质的 SE-HPLC 曲线。对色谱曲线按 0.4min 的洗脱时间间隔进行了垂直分割
（Bangur et al，1997）

表 5-7　最大抗延阻力（R_{max}）与聚合蛋白占总蛋白百分比（PPP）及延伸性（E_{xt}）与聚合蛋白占面粉百分比（FPP）具有最高相关系数时对应的洗脱时间 [a]

区域	洗脱时间（最大相关系数）	
	R_{max} vs.PPP/min	E_{xt} vs.FPP/min
Dooen(n=31)	14.4(0.510***)	16.0(0.662***)
Narrabri(n =32)	13.2(0.430**)	16.4(0.791***)

区域	洗脱时间（最大相关系数）	
	R_{max} vs.PPP/min	E_{xt} vs.FPP/min
Turretfield(n =32)	13.6(0.696***)	16.8(0.742***)
Wagga(n =32)	12.8(0.643***)	16.4(0.744***)
Wongan Hills(n =31)	13.2(0.446**)	16.8(0.649***)
区域（n =158）	13.2(0.489***)	16.8(0.859***)

资料来源：Bangur et al.，1997

a. 31 个小麦品种

***，** 分别为 0.01 和 0.05 的显著性水平

无论是 R_{max} 还是 E_{xt}，r 均随着洗脱时间增加而增加，在达到最大值后下降。对于所有的样品，聚合蛋白组分均从 0min 开始洗脱，直到大约 13.2min 时获得 R_{max} 与 PPP 的最大相关系数。在 13.2min 的分界点相应于分子质量大约为 250kDa。由于采用标准球蛋白进行分子质量校正时，假定麦谷蛋白和标准球蛋白分子的构象是相似的，而实际上并非如此，这可能导致测定结果很粗略。然而，这不妨碍只有当聚合蛋白大于一定的分子质量才对面团强度有贡献这一重要结论的成立。对于实验样品，以最高 r 对应的洗脱时间为基础的对面团强度有贡献的聚合蛋白代表了大约总聚合蛋白的 60%。表 5-7 显示 R_{max} 的最大 r 值非常低，仅能解释相当小一部分 R_{max} 的变异。按照 Bersted 和 Anderson（1990）的理论，两个主要的变量决定了面团的拉伸强度：大于阈值分子质量的聚合物组分和该组分的数均分子质量。由于大多数这个分子质量范围的蛋白在死体积洗脱，无法给出其 MWD，可能这些蛋白的 MWD 明显不同于后面洗脱的蛋白组分，这可能造成了另一大部分 R_{max} 的变异。

5）决定面筋蛋白质分子质量分布的因素　　有 4 个蛋白质组成的因素决定面筋聚合蛋白质的分子质量分布：①HMW/LMW-GS 比率（也包括 B-型对 C-型 LMW-GS 的比率，虽然影响要小些）；②Glu-1 位点的等位变异（如 HMW-GS 的 5+10 相对于 2+12）；③存在链终止子（ω-麦醇溶蛋白，只含有一个半胱氨酸残基，以及 α-和 γ-LMW-GS）；④LMW-GS 的数量及其等位形式（半胱氨酸残基）。

这些因素影响 UPP 等聚合蛋白的数量和 MWD。除了上述基因型的影响，环境因素也很重要，如硫、氮、热和水胁迫等环境因素也影响 MWD。

（四）面筋蛋白质在面团形成过程中的作用

面筋蛋白质主要由麦谷蛋白和麦醇溶蛋白组成，它们在面粉中占总蛋白质质量的 80%以上，面团的特性与它们的性质直接有关。首先，这些蛋白质的可离解氨基酸含量低，所以在中性水中它们不溶解；其次，它们含有大量的谷氨酸酰胺和羟基氨基酸，所以易形成分子间氢键，使面筋具有很强的吸水能力和黏聚性质，其中黏聚性质还与蛋白质的疏水相互作用有关；最后，这些蛋白质中含有—SH，能形成二硫键。所以，在面团中它们紧密连接在一起，使其具有韧性。当面粉被揉捏时，面筋蛋白质分子发生伸展，二硫键形成，疏水相互作用增强，面筋蛋白转化形成了立体的、具有黏弹性的蛋白质网状结构，并包埋了淀粉粒和其他的成分。如果此时加入还原剂破坏二硫键，则可破坏面团的内聚性结构；但若加入氧化剂 $KBrO_3$ 使二硫键形成，则有利于面团的弹性和韧性。面粉中存在的氢醌类、超氧离子和易被氧化的

脂类也被认为是促进二硫键形成的天然因子。

1. 面团形成　　面团的形成（dough development）需要三个关键的因素：面粉、水和能量。面团是一个浓缩体系，和面和压片产生的剪切和拉伸力使面团中的面筋蛋白质相互连接成网络结构。面团在形成过程中获得了黏弹性，且在最大稠度的时候为最优。面团的形成过程涉及由剪切和拉伸力造成的麦谷蛋白大分子的平衡构象的变化伸展。伸展的分子具有类似于橡胶的弹性恢复力。放置过程中维持其高弹性的力主要来自于麦谷蛋白分子的缠结耦合对分子收缩的阻碍。在面团混合过程中，伸展的麦谷蛋白构象发生收缩。混合的应力引起分子定向。聚合物分子对应力作出响应的机制有三种：解缠结、链定向和链断裂。在混合过程中三种机制均可能发生。最大的麦谷蛋白分子的断裂是由于缠结点处的链无法迅速自由滑动以应对应力。断裂的共价键是麦谷蛋白亚基之间的二硫键。最大的应力在分子中心产生，在该处链断裂的可能性最大（Singh and MacRitchie，2001）。

2. 面团中的蛋白质　　面筋组分对面团功能性质的作用很复杂。当分离的麦醇溶蛋白和淀粉、水混合的时候，形成纯黏性物质，无面团那样黏弹性质。相反，纯麦谷蛋白形成延伸性低的类似橡胶的物质。因此，面团的弹性是由麦谷蛋白在和面过程中赋予的。研究者试图采用各种方法来解释面团中蛋白质相互作用的分子机制。未发展面团（undeveloped dough）被定义为已经充分水化而无变形的小麦粉（即未受到机械作用）。发展面团（developed dough）被定义为未充分发展的面团因适当的能量输入而转变成充分发展的蛋白基质。

麦谷蛋白和麦醇溶蛋白二者的适当平衡是非常重要的。麦谷蛋白的分子质量高达 10^6Da，而且分子中含有大量的二硫键（链内与链间），而麦醇溶蛋白的分子质量仅为 10^4Da，只有链内的二硫键。麦谷蛋白决定面团的弹性、黏合性以及抗拉强度，而麦醇溶蛋白决定面团的流动性、延伸性和膨胀性。面团的强度与麦谷蛋白大分子有关，若麦谷蛋白的含量过高，会抑制发酵过程中残留的 CO_2 气泡的膨胀，抑制面团的鼓起；但是若麦醇溶蛋白含量过高，则会导致过度的膨胀，结果是产生的面筋蛋白膜易破裂，面团塌陷。在面团中加入极性脂类，有利于麦谷蛋白与麦醇溶蛋白的相互作用，改善面筋蛋白的网络结构，而中性脂肪的加入则十分不利。球蛋白的加入一般不利于面团网络结构，但是变性后的球蛋白加入面团，则可消除其不利影响。

面团在揉捏时，如果揉捏的强度不足，就会使面筋蛋白质的三维网状结构不能很好地形成，结果是面团的强度不足；如果是过度的揉捏，则也会使得面筋蛋白质的一些二硫键断裂，造成面团的强度下降。面团在焙烤时，面筋蛋白质所释放出的水分能被糊化的淀粉所吸收，但面筋蛋白质仍然可以保持40%～50%的水分。面筋蛋白质在面团揉捏过程中已经呈充分伸展状态，在焙烤时不会进一步伸展，即不会再发生大的变性。但焙烤能使面粉中可溶性蛋白质（清蛋白和球蛋白）变性和凝聚；这种局部的胶凝作用有利于面包芯的形成。

3. 和面过程　　大多数对聚合体蛋白的研究与HMW-GS、LMW-GS蛋白组分或其编码基因的影响有关。用来描述面筋形成的分子模型包括麦谷蛋白和它们之间的交联。和面（dough mixing）过程中小麦聚合体蛋白的相对数量发生了变化，面筋的强度随聚合体蛋白的数量增加而增强。然而，聚合体蛋白相对数量的变化只解释了小部分的品质变异。在面团形成和过度搅拌造成的面团塌陷过程中，麦谷蛋白聚合体的分子质量和组成发生了特定的变化，并对面团特性及面粉最终使用品质产生重要的影响。此外，有的研究推测，二硫键通过二硫键-巯基交换反应对面团形成过程做出贡献。然而，目前还无法完全理解面团加工过程中面筋聚合物的结构以及分子缔合的变化规律。

第二节　小麦蛋白质与其他物质的相互作用

（一）面筋蛋白质与脂质的相互作用

众所周知，麦醇溶蛋白提取物总是含有脂质。据报道面筋蛋白质的醇溶组分（主要是麦醇溶蛋白）含有大约 10%的非蛋白成分，其中的 0.6%是碳水化合物，而剩下的 9.4%被认为是脂质。提取物的脂质含量可能会因麦醇溶蛋白的提取步骤不同而变化。面团中大多数的蛋白-脂质复合物是可测定的，它们是在存在磷脂条件下对蛋白质进行水化形成的。已经提出了多种模型来解释面团中蛋白-脂质相互作用的机制。

某些小麦脂蛋白的研究结果支持这样的假定，即蛋白-脂质复合物是通过在大量的蛋白质极性侧链和极性磷脂或糖脂之间的作用形成的，且不应排除疏水相互作用的效应。

过去的大多数研究集中于蛋白-脂质复合物的脂质成分，而未重视具有特殊脂质结合能力的蛋白质成分。有学者研究了麦醇溶蛋白-脂质相互作用的机制。对未脱脂面粉或不同方法脱脂的麦醇溶蛋白的组成分析表明，从采用丁醇饱和水溶液处理后的面粉提取的麦醇溶蛋白不含脂质，而从采用正丁醇和己烷或单纯己烷脱脂后的面粉提取的麦醇溶蛋白组分中仍然存在一部分的脂质。对麦醇溶蛋白提取物的组成分析表明，麦醇溶蛋白提取物可通过 Sephadex G-200 凝胶过滤色谱分为五个级分。脂质存在于级分 I 和 III。级分 I 含有极性脂质而级分 III 含有中性脂质。对于 7 种不同的麦醇溶蛋白提取物和其相应的级分，脂质和碳水化合物都是直接相关的，或者说两者以某种形式结合。来自脱脂面粉的麦醇溶蛋白提取物只含高分子质量麦醇溶蛋白成分，而来自未脱脂面粉的麦醇溶蛋白提取物还含有另外的低分子质量成分，表明低分子质量麦醇溶蛋白成分结合在脂质分子上。此外，在存在脂质的情况下，麦醇溶蛋白的低和高分子质量组分可以形成更高分子质量的聚集物。脂质，主要是糖脂，似乎对于形成这些聚集物有重要的作用，而这可能是这些脂质影响面包制作品质的主要原因。完全脱脂的麦醇溶蛋白组分和所分离脂质的重组实验表明，高分子质量和低分子质量麦醇溶蛋白以脂质为媒介结合形成聚集物是可逆的。

脂质在面包制作中的重要作用促使更进一步研究脂质-面筋蛋白相互作用。最近，大多数研究证实在面筋的主要成分（麦醇溶蛋白和麦谷蛋白）中均存在脂质结合蛋白。有研究分离出一种特殊的脂质结合蛋白，称为 Ligolin。从面粉的麦醇溶蛋白组分中还分离出了另一种脂质结合蛋白。因此，按照某些研究者的观点，类似于 Ligolin 的脂质结合蛋白不是唯一的。Ferry 和 Lasztity 等（1970）曾讨论过面筋蛋白复合物-脂质作用的模型。

实际上，Olcott 等（1947）早在 1947 年就发现小麦脂类对于面筋网络结构的形成和黏弹性的表达是至关重要的。不同的麦醇溶蛋白-谷蛋白与脂类或麦醇溶蛋白-谷蛋白与淀粉互作的模型现已被用来解释脂类-蛋白质相互作用。通过电子显微镜、X 射线观察，有学者提出了面筋蛋白质通过卵磷脂与淀粉结合，在早期最清楚地阐明了脂类和蛋白质的相互作用及它们对面团弹性的作用。用同样的方法有人提出含有脂双分子层的脂蛋白膜模型。Hamer 等（1998）提出了麦醇溶蛋白-糖脂-麦谷蛋白模型，其中糖脂的亲水端与麦醇溶蛋白结合，疏水端与麦谷蛋白结合。后来有学者提出了一个淀粉-糖脂-面筋复合体模型，光谱分析表明，糖脂与面筋间由氢键和范德华力结合，核磁共振谱显示谷蛋白遮蔽了糖脂中亚甲基信号，说明两者间有疏水结合。

上述模型是根据脱脂和重组试验或利用水和有机溶剂对小麦蛋白质进行复杂分馏程序提出的。这些试验说服力不强，因为试验过程中面团的结构发生了很大的改变，而分离的蛋白质富含脂类并不意味着其间发生了相互作用。Marison 等（1987）运用无干扰光谱技术和冷冻断裂电子显微技术，证明在面筋蛋白质和脂类之间无脂蛋白复合物形成，这些脂类对于面筋的形成并不是必要的。他们认为，脂类与蛋白质的相互作用可能存在两种基本作用机制。

（1）氧化还原机制：包括脂肪氧化酶催化的多不饱和脂肪酸的氧化作用和面筋蛋白的二硫键的重排。小麦脂肪氧化酶是 I 类脂肪氧化酶，适宜 pH 6～6.5，能专一催化多元不饱和脂肪酸的加氧反应，主要作用底物是亚油酸酯和亚麻酸酯，生成具有共轭双键的过氧化物，后者偶联氧化面粉中的类胡萝卜素使面粉增白。脂肪氧化酶作为漂白剂非常有效，还能增强面团耐揉性，改善面团流变学特性。在面团中有足够氧的情况下，氧气既和脂肪反应也和蛋白的巯基反应，同时脂肪氧化酶对脂类作用产生的脂类过氧化物也氧化蛋白中的巯基形成二硫键或其他氧化产物，二硫键的形成改善了面团的流变学属性。

（2）脂类-蛋白复合物对气-水（气泡）界面形成和稳定作用：通常，在面团的液相发泡性与面包体积之间有着良好的相关性；消泡剂、非极性脂类如三酰甘油和游离脂肪酸使面包体积缩小，相反，极性脂类改善面团的持气性，对增加面包体积起良好作用。

（二）面筋蛋白质与阿拉伯木聚糖的相互作用

1. 阿拉伯木聚糖对面筋蛋白质网络结构形成的影响 根据溶解性可将阿拉伯木聚糖（AX）分为水溶性的（WE-AX）和水不溶性的（WU-AX）两类。有流变学实验表明，水溶性和水不溶性戊聚糖均不利于面筋蛋白质网络结构的形成。然而，另外的研究却认为，WE-AX对焙烤品质具有积极的作用，WE-AX的影响取决于其数量，少量的WE-AX可增大面包的体积。这是由于少量的WE-AX可吸附并包裹在蛋白膜表面，增强了蛋白膜的弹性和延伸性，使其免受破坏，延缓了气体的扩散，增强了面团中气孔的持气能力，维持了气室的结构，有助于增大面包体积；而过量的水溶性WE-AX则会降低面包的体积。因此，WE-AX对面包品质的影响不确定。但通常认为WU-AX对面包的品质有严重的破坏作用，烘焙过程中，包裹在气孔上的WU-AX会阻碍气体释放，导致面包芯气孔大小不均匀，从而影响烘焙品质。

2. 阿拉伯木聚糖与面筋蛋白质的相互作用机制 在全麦面包制作的面团混合阶段，小麦面筋蛋白质通过吸水形成网状结构，从而使发酵和烘焙过程中面包体积可以充分的胀发。而全麦面包中的麸皮成分会刺破小麦面筋蛋白质网络，同时细胞壁中的AX形成的凝胶附着在小麦面筋蛋白上，抑制了面筋蛋白质网络结构的形成，造成全麦面包的体积比白面包体积小。此外，即使在小麦粉面包中，不溶性阿拉伯木聚糖（WU-AX）颗粒也可干扰面筋网络形成。图 5-17 为小麦粉面团的激光共聚焦扫描显微镜微结构图，其中白色亮点为AX形成的凝胶，暗背景为面筋蛋白质的网络结构。从图 5-17 可见，不溶性颗粒物质附着在面筋蛋白质的网络结构上，阻碍了其网络结构的形成。

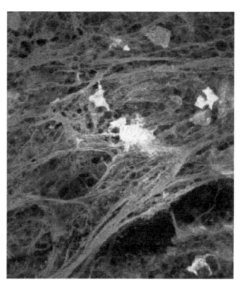

图 5-17　小麦粉面团激光共聚焦扫描显微镜微结构（Autio, 2006）

也有研究证明，AX 的凝胶与面筋蛋白质竞争吸水，从而抑制了面筋蛋白质网络结构的吸水形成。木聚糖酶可以降低 AX 结合水的能力，使水分从 AX 迁移至面筋蛋白质中，实现了面团中水分的重新分布，从而为面筋蛋白的形成提供先决条件。

Neukom 和 Markwalder（1978）对 AX 与面筋蛋白质的交联方式提出过三种假说：①AX 中的阿魏酸二聚体通过其芳香环进行共价结合形成交联；②面筋蛋白质中的酪氨酸残基与阿魏酸的芳香环形成交联；③面筋蛋白质中的酪氨酸上的芳香环之间形成交联。后来有研究认为，AX 中的阿魏酸侧链被羟自由基氧化，并与蛋白质中的半胱氨酸残基进行交联，并推测是阿魏酸上的活性双键而不是芳香环基团参与了氧化反应。但别的研究者却认为，二者是通过 WE-AX 中阿魏酸的芳香环进行联结的。虽然不少研究均认为 AX 与面筋蛋白可通过阿魏酸连接，但尚无形成共价结合的直接证据。

（三）面筋蛋白质与淀粉的相互作用

小麦蛋白质和淀粉的相互作用显著影响加工品质。在面团加工和烘焙过程中，这些相互作用可能影响面团的流变学特性和持气性。还有证据表明蛋白质和淀粉相互作用能影响面包的老化特性。Greenwell（1986）在淀粉颗粒表面发现一个 15kDa 的与软质小麦有关的低分子质量蛋白质，认为这种软质小麦淀粉颗粒表面结合的蛋白质可能会降低蛋白质和淀粉的结合程度，从而引起胚乳硬度的降低。在面团和面包加工过程中，蛋白质和淀粉相互作用贯穿其中。揉混和发酵过程中的蛋白质膜和淀粉颗粒密切联系，蛋白质形成连续的基质，淀粉颗粒填充其中，形成连续的致密的结构。蛋白质和淀粉的相互作用和水分含量有关。在低水分含量时这种作用比高水分含量要强。在最优的面团形成条件下，淀粉颗粒作为锚点，有利于伸展的面筋纤维的形成。除了水分，很多组分影响蛋白质和淀粉的相互作用。当面团过度揉混或与过量的半胱氨酸揉混时，会导致较强的相互作用；提高蛋白质含量也会导致较强的作用，但是提高 pH 会降低这些作用；添加面筋会增强这种作用，脱脂也会提高这种作用。然而，总的来说，目前对面筋蛋白质与小麦淀粉的相互作用的机制知之甚少，这可能是由于目前的分析技术还难以直接探测两者相互作用的本质。

第三节　小麦蛋白质与储藏加工的关系

（一）储藏过程中小麦蛋白质的变化

新收获小麦磨制的面粉品质较差，不宜直接使用，如制作面条易发黏、浑汤、易断条、不筋道，制作馒头发黏、色泽灰暗、易塌或皱缩；面包在烘焙时或出炉后，特别容易出现塌陷和收缩的现象。将新收获的小麦经过一定时间的储藏，也就是经过后熟之后，面粉的流变学特性逐渐趋于稳定，烘焙品质、蒸煮品质逐渐得以提高和改善，更适宜于加工和食用。新收获的小麦和面粉的品质指标在后熟期间的变化是一个过程性的现象，影响这一变化的因素很多，也很复杂，其中小麦蛋白质在储藏过程中的变化，是影响小麦最终品质的重要因素。研究表明，小麦及面粉在储藏过程中，储藏初期总蛋白质含量及湿面筋含量呈现波浪式变化，一段时间后逐渐达到平稳，因此，整个储藏过程中，总蛋白质含量基本不变。随着储藏时间的延长湿面筋含量及沉降值基本不变。因此，许多研究认为，小麦在储藏过程中品质发生变化不是由于蛋白质含量的变化引起的，而可能是由于蛋白质结构和组成的改变造成的。

为了证实上述观点，有研究选用 5 种不同筋力、不同产地的小麦为原料，研究了新收获小麦在储藏过程中蛋白质的变化规律。研究发现，储藏过程中沉降值的变化较小，面筋指数逐渐升高，这说明面筋蛋白质的内部结构发生了变化。清蛋白含量在储藏初期变化较为剧烈，随后变化不大；球蛋白、醇溶蛋白、谷蛋白含量的变化趋势都是略微上升。但另外的研究结果却存在不一致的地方，即随着储藏时间的延长，醇溶蛋白含量逐渐下降，而麦谷蛋白含量逐渐上升。通常，随着储藏时间的延长，巯基含量逐渐下降，而二硫键的含量有逐渐上升的趋势。储藏过程中吸水率是逐渐上升的趋势，稳定时间变化不大，拉伸曲线面积、拉伸阻力、延伸度都是逐渐上升的趋势。这些结果说明，后熟过程中低分子质量的储藏蛋白通过空气氧化作用形成二硫键连接，聚合成大分子聚合体，从而改善了面团流变学特性及小麦品质。然而，储藏期过长，小麦品质将出现明显变化。

（二）小麦蛋白质与加工的关系

1. 小麦蛋白质数量对加工品质的影响　　小麦蛋白质含量是小麦划分等级的首要指标。不同食品对蛋白质含量的要求不同，面包、面条及馒头通常要求蛋白质含量中等偏上，饼干糕点则要求含量偏低。

众多研究认为，蛋白质是决定面包加工品质的重要因素，较高的蛋白质含量常常具有较好的面包加工品质。蛋白质含量决定了面包体积变异的 99.7%和面包评分变异的 89.1%。然而仅凭蛋白质的量并不能解释面包加工品质的所有变异，蛋白质的其他因素如蛋白质质量，即蛋白质各组分的类型、含量及比例也同样重要。

研究表明，对同一品种而言，蛋白质含量与面包体积之间存在着极强的线性关系，但不同品种之间其直线的斜率存在很大差异，说明不同品种之间其面包加工品质随蛋白质含量的变化而变化的幅度是不同的，这部分差异可能来源于蛋白质的组成及其比例的不同。小麦品质主要取决于蛋白质中的面筋蛋白质，而构成面筋蛋白质的醇溶蛋白和麦谷蛋白组成上的差异影响着不同品种小麦的面团特性和面包加工品质。

优质馒头加工要求蛋白质含量中等偏高，面筋强度中等，采用机械加工要求蛋白质含量较高，而采用手工加工时则较低的蛋白含量也能获得较好的馒头品质。有报道建议，10%左右的蛋白质含量的面粉制作的馒头较好；蛋白含量显著低于10%时，质地与口感都较差；蛋白含量显著大于10%时，尤其是大于13%时，制作的馒头表皮皱缩且颜色发黑。高蛋白质含量有利于增加馒头的体积和比容，但不利于馒头外观、结构和弹韧性的改善，明显降低馒头的总分。

不同种类的面条对蛋白质含量和面筋强度的要求不同，日本面条偏向白、亮、光滑、软但富有弹性，要求蛋白质含量为10.0%～11.0%，但小麦蛋白质含量对日本加碱面条感官质量中的光滑性有负面效应。中国面条一般要求亮度高、光滑性好、硬度适中偏高且有咬劲，因此对蛋白质含量的要求更高。例如，有研究认为小麦蛋白质含量12.0%～14.0%，湿面筋含量28%～32%，制作的面条品质较佳。关于蛋白质含量与面条感官质量是否存在相关性并不十分确定，有的研究认为无相关性，有研究则认为蛋白质含量和面条感官质量中硬度和弹性具有正相关关系。

蛋白质含量与饼干、糕点的加工品质相关性较小，面粉蛋白质含量8.0%～10.0%，籽粒蛋白含量9.0%～11.5%适于饼干、糕点加工。

对20 184份中国小麦品种研究表明，蛋白质含量变幅为7.5%～28.9%，平均为15.1%。对我国北部和黄淮冬麦区的优质小麦品种（系）（包括4份澳大利亚优质品种作为对照）的研究表明，蛋白质含量变幅为11.3%～15.4%，平均为13.4%。这表明，我国小麦的蛋白质含量并不低，蛋白质含量不是制约我国北方地区小麦加工品质的主要因素，但面筋质量与国外优质专用小麦有较大差距，必须进一步改良贮藏蛋白质的质量。

2. 小麦蛋白质组成对加工品质的影响

1）清蛋白和球蛋白　　　清蛋白和球蛋白是非面筋蛋白质，通常认为面筋蛋白质决定着小麦面粉的面包制作潜力，但是非面筋蛋白质对其也有作用。许多低分子质量清蛋白或球蛋白是酶抑制剂，包括 α-淀粉酶抑制剂，而许多高分子质量清蛋白或球蛋白是酶，如 β-淀粉酶。因为非面筋蛋白质中包括多种内源性的酶和酶的抑制因子，它们对面包制作有或多或少的影响。但是，在实际应用中，它们的重要性还不十分明确。脂结合蛋白质可能影响脂类和面筋蛋白质的相互作用，进而影响面筋蛋白质的功能。有证据表明，高分子质量球蛋白和较差的面包烘焙特性有关。

2）麦醇溶蛋白　　　醇溶蛋白占贮藏蛋白质的大约一半，是贮藏蛋白质的主要成分，一般认为其与面团的黏性和延伸性有关，与麦谷蛋白共同决定小麦的品质。γ-醇溶蛋白中含有44.5kDa和45.0kDa谱带的品种面筋强度较大，表现出优良的中国面条制作品质，而41.0kDa谱带与弱面筋强度相关，但中国品种的45.5kDa谱带也与弱面筋强度相关。42.3kDa、62.7kDa、39.6kDa、11.4kDa和23kDa等醇溶蛋白谱带对沉降值起增效作用。由于麦醇溶蛋白编码基因与LMW-GS编码基因紧密连锁，目前多数认为麦醇溶蛋白对品质性状的贡献来源于LMW-GS的间接作用。

3）高分子质量麦谷蛋白亚基　　　HMW-GS仅占小麦贮藏蛋白质的10%左右，但对加工品质起着决定性作用。有两种不同的方法将面包制作性能与HMW-GS组成相关联。

第一种是Ng和Bushuk（1988）建立的通过HMW-GS组成预测单位面包体积（unit loaf

volume，ULV，面包体积/1%蛋白含量）的方程：

$$ULV\ (cc) = 4.96 + 42.96(17+18) + 27.48(8) + 22.87(5+10) + 18.10(7) + 14.54(9)$$
$$+ 7.79(2*) + 2.47(1) - 10.03(20)$$

上式中括号内数值表示不同等位变异的 HMW-GS 的数量。

　　第二种，也是应用更广泛的方法，是 Payne（1987）根据不同小麦品种的烘焙表现，在比较各 HMW-GS 的基础上，为每个亚基分配了品质评分（以 SDS-沉降值为基础）（表 5-8）。把对单个亚基的评分相加可计算某一特定品种的品质总分，可能的最大值为 10。该 HMW-GS 的 Glu-1 评分和预测系统，可以直接用来预测小麦面粉或面团的品质。Payne 认为，Glu-A1 位点上亚基对品质的贡献高低顺序为 1 和 2>Null；Glu-B1 位点上的高低顺序为：17+18>7+8>7+9>6+8；Glu-D1 位点上的高低顺序为：5+10>2+12>4+12。

表 5-8　以单个或成对 HMW-GS 的 SDS-沉降值实验为基础的面包制作品质评分

评分	位点		
	Glu-A1	Glu-B1	Glu-D1
4（好）			5+10
3	1	17+18	
3	2*	7+8	
3		13+16	
2		7+9	2+12
2			3+12
1（差）	Null（缺失）	7	4+12
1		6+8	
1		20	

资料来源：Payne，1987
注：Glu-A1 和 Glu-B1 最大得分均为 3，Glu-D1 最大得分为 4，最大累计得分为 10

　　Payne 的标准在预测国外品种时能获得理想的结果，但对我国小麦品种有一定的局限性，为此国内学者在分析大量供试小麦的基础上，提出了适合国情的评分系统。主要结论为，Glu-A1 位点上亚基对品质的贡献高低顺序为 2>1>Null；Glu-B1 位点上的高低顺序为7>7+8>7+9；Glu-D1 位点上的高低顺序为 5+10>4+12>2+12。国内外评分系统虽然观点不同，但是，对于 Glu-D1 位点都公认 5+10 亚基对品质的贡献较大。

　　位点内单个亚基对加工品质的贡献差异较大，2*和 5+10 亚基通常与优良的面包加工品质有关，而 N 和 2+12 则与较差的烘烤品质有关。

　　HMW-GS 三个位点（Glu-A1、Glu-B1 和 Glu-D1）对品质的贡献存在加性效应，以 Glu-D1 位点的作用最大（Panye et al.，1987）。三个位点的效应大小为 Glu-D1>Glu-B1=Glu-A1，可能是由于 Glu-D1 和 Glu-B1 编码的亚基数目较多的缘故。

　　有研究认为，亚基评分可解释中国小麦品质变异的 48%～78%，与国外品种相比，中国育成品种中优质亚基出现频率不高，1 和 2*及 5+10 的比例分别为 42.6%和 15.7%，这是我国小麦品质较差的主要原因。因此，改进 HMW-GS 组成是提高我国小麦加工品质的重要途径。

　　位点间互作也是决定品质性状的重要因素，个别亚基的重要作用依赖于其他亚基的协同作用，如 Payne 等（1987）发现当 5+10 出现时，7+8 和 7+9 才会优于其他等位变异形式。

HMW-GS 等位变异对加工品质的贡献还取决于蛋白质组分的数量。蛋白质含量较低时，Glu-D1 位点 2+12 和 5+10 的变异对面包体积无明显影响，随着蛋白质含量的提高，其影响越来越大。蛋白质含量在 10%～15% 时，HMW-GS 等位变异对面包加工品质有明显影响，超过 15% 则不会产生影响。

有研究认为，小麦 HMW-GS 中的 14+15、5+10 和 4+12 亚基是适合制作优质面条的亚基，尤以 14+15 亚基为好；1、N、7+8、7+9 和 2+12 亚基不是制作优质面条的适宜亚基。对于三个位点上的不同亚基组合，（1、14+15 和 2+12）是制作优质面条的理想亚基组合，（N、14+15 和 2+12）、（1、7+8 和 5+10）、（1、7+8 和 2+12）以及（1、7+8 和 4+12）是制作优质面条的较好组合，而（N、7+8 和 2+12）、（1、7+9 和 2+12）、（N、7+9 和 2+12）不适合制作优质面条。

4）低分子质量麦谷蛋白亚基　　LWM-GS 占贮藏蛋白的 40% 左右，LMW-GS 对于面筋复合物的形成及其流变学特性都有贡献。由于编码基因与麦醇溶蛋白编码基因位点紧密连锁，电泳中的迁移率和麦醇溶蛋白相似，并且编码的蛋白具有丰富的多态性，导致 LMW-GS 种类很多，使得它与品质性状的相关性研究较为困难，直到现在对 LMW-GS 的作用还不是十分清楚。一般认为，LMW-GS 对面筋形成的作用不如 HMW-GS 重要。

LMW-GS 具有游离的半胱氨酸残基，可以与 HMW-GS 形成分子间二硫键，LWM-GS 优质与否与其亚基的分子结构直接相关，具有两个以上游离半胱氨酸残基的亚基（B-亚基）可以使面筋网络得以延伸和形成较大的麦谷蛋白聚合体，表现为面筋强度较大，也是延伸性形成的重要基础；而具有一个游离半胱氨酸残基的亚基（C-亚基和 D-亚基）则相反，它们对麦谷蛋白聚合物生长具有链终止的作用，面筋强度较弱。大多数对 LMW-GS 的定量评价是关于 B-亚基的，因为它们是最丰富的及最易测定的。对于 C-亚基和 D-亚基的了解不多。

LMW-GS 不同位点的等位变异似乎对加工品质具有不同的作用。例如，Glu-A3 等位变异可能影响新西兰小麦的蛋白质含量、SDS 沉降体积及揉面仪峰值，而 Glu-D3 等位变异对于 SDS-沉降值未有任何影响。关于 LMW-GS 特定的等位形式和普通小麦的品质参数的相关性的报道通常存在矛盾，可能的解释在于基因互作和环境效应可能起主要作用。虽然似乎 LMW-GS 的数量效应是主要的，该蛋白质结构的差别也可能具有作用。

通常，Glu-1 和 Glu-3 位点对面团特性和加工品质存在加性效应和互作效应。因此，判断亚基对加工品质的影响必须同时考虑 Glu-3 位点及 Glu-1 和 Glu-3 位点的互作。

亚基组合为 2*、7+8、2+12、Glu-A3b、Glu-B3b 和 Glu-D3b 的品种的延展性最好，亚基组合为 Glu-A3b、Glu-B3b 和 Glu-D3b（或 Glu-D3c），以及 Glu-A3c、Glu-B3b 和 Glu-D3c 的品种，面包品质较好。

中国小麦 Glu-A3a、Glu-A3d、Glu-B3j（1B/1R）、Glu-B3d 分布频率较高，Glu-1、Glu-3 位点及互作显著影响面团特性及面包和面条加工品质，1、7+8、5+10、Glu-A3d 与稳定时间、最大抗阻和面包体积呈显著正相关，Glu-A3d 和 Glu-B3d 与较好的面条品质相关，而 Glu-B3j（1B/1R）显著影响小麦品质特性。刘丽等（2004）的研究结果有些不同，她们初步明确了我国高、低分子质量的优质亚基组合对加工品质的影响，即 1、7+9、5+10、Glu-A3d、Glu-B3b 的组合最优，N、20、2+12、Glu-A3d、Glu-B3j 的组合最差。与 HMW-GS 一样，优质 LMW-GS 频率低也是导致我国小麦面筋品质较差的原因之一。

5）麦谷蛋白大聚体（GMP）　　分子质量极大的、SDS缓冲液中不溶性的GMP含量与面团流变学特性及烘焙品质有密切的关系，可以作为面筋强度和面包体积的预测指标。Weegels等（1996）发现，GMP含量与面团形成时间、和面时间、面团最大抗延伸阻力及面包体积呈显著正相关，GMP含量越高，面筋的弹性和强度越大。

不同分子质量大小的麦谷蛋白聚合体均由HMW-GS和LMW-GS组成，但GMP中HMW/LMW要高得多，而且x-HMW/y-HMW的比率较低。谷蛋白聚合体中HMW-GS和y-HMW的相对含量提高时，GMP含量增加，面筋强度加大，弹性增强。有研究认为，聚合体蛋白的MWD分布比含量更重要，是决定面筋物理特性及面包烘烤品质的关键因素。

Glu-1和Glu-3位点等位变异对GMP含量具有显著影响。Larroque等（2003）对近等基因系的研究表明，随着Glu-1无效位点增多，UPP含量显著降低；Glu-B1和Glu-D1位点的贡献最大，HMW-GS组合为1、17+18、5+10的品系GMP含量达49.5%，而3个位点全部缺失的品系含量仅为11.7%。

基因型、环境及其互作效应显著影响GMP含量。研究表明，环境条件先引起HMW-GS数量的变化，进而影响GMP含量，最终导致加工品质的变化。

6）贮藏蛋白质组分含量　　不仅蛋白质含量及亚基等位变异影响加工品质，贮藏蛋白的组分含量也是决定小麦加工品质的关键因素。

国外对贮藏蛋白质含量与加工品质之间的关系研究较深入，而国内研究还不够。我国小麦蛋白质含量并不低，也不缺少优质亚基，但对于面包制作而言，面筋质量仍然较差，其可能原因是贮藏蛋白组成不合理，组分比例及相对含量可能是主要问题。

如前所述，在面团形成过程中，麦谷蛋白和麦醇溶蛋白对小麦蛋白质功能特性的贡献是不同的。储藏蛋白质两个方面的组成特征决定了面团的物理特性：一是小麦面筋中麦醇溶蛋白与麦谷蛋白含量比率（Gli/Glu）；二是麦谷蛋白的分子质量分布（MWD）。

Uthayakumaran等（1999）进行的重组试验表明，在保持蛋白质含量不变时，增大Glu/Gli比例可增加面团形成时间、揉面峰值阻力、最大抗延阻力和面包体积，降低面团延伸性；当保持Glu/Gli比值不变时，提高蛋白质含量也同样增加了面筋强度和面包体积。这表明，必须同时考虑蛋白质含量和Glu/Gli比值对面团特性的影响。

麦醇溶蛋白组分含量与面团特性相关性较弱。一般通过面粉重组试验来研究醇溶蛋白总量及其各组分对品质性状的影响，且多集中在ω-醇溶蛋白和γ-醇溶蛋白，但结果差异较大。有研究认为，麦醇溶蛋白与面团特性没有直接的相关性，它对面团特性的影响来源于麦醇溶蛋白总量以及其与麦谷蛋白含量的相对比例。

大量的研究表明，面团性质受HMW-GS数量的影响较大。HMW-GS中x型对面团性质的贡献比y型更重要。就单个亚基而言，Dx5亚基（额外含有一个可用于链间交联的半胱氨酸）和Bx7亚基（数量最大）被认为对于面团特性和面包体积尤其重要。

唐建卫等（2008）选用近几年北方冬麦区育成的优质品种和高代品系及山东省主栽品种为材料，采用反相高效液相色谱（RP-HPLC）和尺寸排阻色谱（SE-HPLC）方法对贮藏蛋白组分进行量化，并分析它们与面团流变学特性、面包、面条和馒头加工品质的关系。

结果表明，贮藏蛋白各组分含量与面粉蛋白质含量和面团流变学特性的关系不同。麦谷蛋白总量（Glu）、高分子质量麦谷蛋白亚基（HMW-GS）含量和低分子质量麦谷蛋白亚基（LMW-GS）含量与反映面筋强度的和面时间、稳定时间、拉伸面积和最大抗延阻力呈1%显著正相关（$r = 0.61 \sim 0.83$），与面包品质均呈显著正相关（$r = 0.34 \sim 0.85$），而 Gli/Glu 与这些参数均呈显著负相关（$r = -0.85 \sim -0.57$，$P<0.05$）（图 5-18A）。SDS 不溶性谷蛋白聚合体占总蛋白的百分含量（%UPP）与面团流变学特性（延伸性除外）呈 0.1% 显著正相关，相关系数为 $0.66 \sim 0.89$。进一步分析表明，%UPP 与面团的稳定时间和最大抗延阻力（图 5-18B）呈对数关系，决定系数分别达 0.84 和 0.86，是反映面团强度的较好指标。%UPP 与面包总分呈显著正相关（$r = 0.76$，$P<0.001$），决定系数为 0.58。

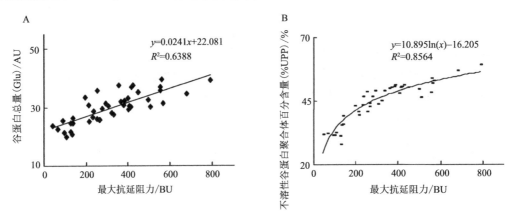

图 5-18　Glu（A）和 %UPP（B）与最大抗延阻力的关系（唐建卫，2008）

可见，贮藏蛋白组分中麦谷蛋白总量和 %UPP 是影响面筋强度的主要原因。HMW/LMW 比率与面团流变学特性相关均不显著，与之前认为其对面团的流变学特性有重要影响的观点不同。x-HMW-GS 含量与面团流变学特性多呈显著正相关（$r = 0.51 \sim 0.68$），而 y-HMW 与面团流变学特性相关性多不显著。国外学者也发现，x-HMW 比 y-HMW 对面团品质特性更重要，前者与面团和面筋最大抗延阻力、面包体积呈显著正相关，尤其是 5 和 7 亚基的贡献最大，强筋面粉中 HMW-GS 相对表达量远高于弱筋粉。

与对面团流变学特性和面包品质的正向效应不同，贮藏蛋白组分含量对面条和馒头品质影响相对较小，且多为负向效应。Glu、HMW-GS、LMW-GS 和 %UPP 与面条的色泽、硬度、总分和馒头的光滑度呈 5% 显著负相关（$r = -0.63 \sim -0.36$），而 Gli/Glu 与这些参数呈 5% 显著正相关（$r = 0.37 \sim 0.57$）。麦醇溶蛋白总量及各组分含量与馒头的应力松弛时间呈 1% 显著正相关，与馒头的总评分呈显著负相关。

3. 和面过程对小麦蛋白质的影响　Weegels 等（1996）研究了面团混合过程中 GMP 的亚基组成。结果表明，混合过程中 GMP 部分解聚为 SDS-可提取蛋白，导致剩余的 GMP 的亚基组成发生变化。对于具有亚基组成 7+9 和 2+12 的麦谷蛋白，10%（品种 Camp Remy）或 25%（Obelisk）的亚基 9 仍然留存于 GMP 中。对于品种 Rektor（具有 7+9 和 5+10 亚基），11% 亚基 5 留存于 GMP 中。在混合之后，其他的亚基更少留存于 GMP。在随后的醒发过程中，亚基发生了重新聚合，并以不同速率及数量并入 GMP。与 x-型亚基 1/2x、2、5 和 7 相比，y-型亚基 9、10 和 12 并入的速率及数量更高。除了可通过 x-型（4 个 SH）和 y-型（5 个 SH）亚基的 N 端的半胱氨酸含量的变化来解释上述结果，GMP 的亚基数量和醒发时间变化可很好地（变异的 91%）解释亚基发生了重新聚合的过程。上述结果表明，加工过程中 GMP 的组成可以按面粉和加工的技术参数进行预测，数量上的差别比质量差别似乎更重要。

4. 小麦蛋白质的组成-功能关系的研究方法

1）品种调查　　品种调查的目的是研究一系列品种的特定组成与功能特性之间的关系。Finney 和 Barmore（1948）采用产自不同地区的蛋白质含量变化较大的系列品种，通过烘焙实验研究了组成-功能关系，得到两个主要结论：面包体积随面粉蛋白质含量线性增加；直线的斜率为品种的特征值。在低蛋白水平，直线聚集于一点，但随着蛋白含量增加，直线发散（图 5-19）。斜率最大的品种品质最好，而具有斜率最低的品种品质最差。这一研究表明，除了蛋白数量之外，蛋白的质量对于小麦粉的面包烘焙品质也很重要。同时也说明，质量的差别与蛋白数量紧密相关，只有达到一定的数量后，品种间的显著差异才能表现出来。

许多研究尝试将不同品种的蛋白质组成和功能性质相联系。例如，麦谷蛋白/麦醇溶蛋白比率和面团强度相关。然而，建立这样关系的尝试常被证明是不成功的。随着表征小麦蛋白质的尺寸排阻高效液相色谱（SE-HPLC）的出现，利用这一更精确的方法测定蛋白质组成获得了更大的成功。关于这类研究，可参阅本节"蛋白组成及 MWD 与面团特性的关系"相关内容。

2）分离和重组　　一种直接测定组成-功能关系的方法包括先将不同化学组分从小麦粉中分离，随后可以两种方式进行下一步实验。第一种是将不同数量的组分回添到面粉中并测定功能性质的变化。这种方法被用来阐明小麦粉中脂质和蛋白的作用。图 5-20 给出了一个小麦粉中脂肪变化对面包体积影响的重组实验例子，其中的烘焙实验是在优化条件下进行的。先用氯仿提取面粉中的脂质，随后将其按照递增顺序回添至脱脂面粉中。在脂肪含量介于脱脂粉和原粉之间时，添加少量脂质降低面包体积，直到最小值；在这之后，继续添加脂质，面包体积增加，在脂肪含量高于原粉时达到平稳值。

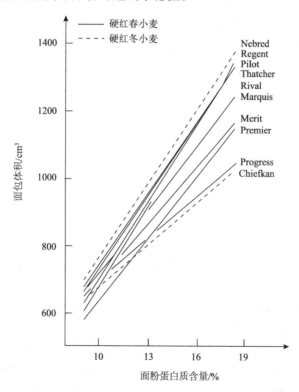

图 5-19　面粉蛋白质含量和不同品种小麦的面包体积之间的关系（Finney and Barmore，1948）

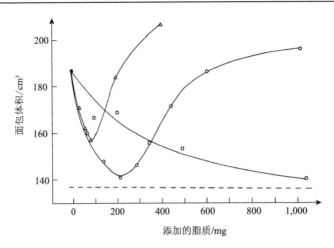

图 5-20　在脱脂面粉中添加极性和非极性脂质对面包体积的影响（圆圈表示全脂，三角表示极性脂，方框表示非极性脂；虚线表示醒发结束时的体积）（Macritchie and Gras，1973）

　　这类重组实验成功的重要前提是假定分离对组分的功能性质不产生显著影响。为了验证这个假设，采用无需回添的、具有不同脂肪含量的脱脂粉和原粉来重复上述实验结果，从而避免提取步骤对脂肪功能性质的可能影响。获得的曲线与回添分离脂肪于脱脂面粉的曲线十分一致，证实重组实验中体积的变化不是由于脂肪提取过程产生的，而仅是由于其数量的变化产生的。类似的实验同样可以通过添加面筋蛋白来改变面粉的蛋白含量进行。在优化烘焙实验中，增加面粉的蛋白水平会线性地增加面包体积。

　　第二种方法是在不同面粉之间交换相应的组分。面粉来自两个小麦品种，一个（A）品质优于另一个（B），均被分成三个组分：面筋蛋白、淀粉和可溶物。交换每种面粉的组分并通过烘焙实验测定面包的体积，以查明哪个成分对品质的贡献最大。在这类交换实验中，组分组合的总数通过下面的简单方程给出：

$$组合数 = x^n$$

式中，x 为面粉数；n 为级分数。

　　对于两种面粉，每种分成三个级分，组合数是 $2^3=8$。应注意前面两个组合只是面粉各自的三个成分的简单重组。保证这两种重组粉的功能性质与原始粉一致是至关重要的。只有这样，随后的交换实验结果才是可信的。研究表明面筋蛋白组分对于体积差别有重要贡献。

　　3）采用近等基因系　　近等基因系（near-isogenic line）对于探索组成-功能关系很有价值。它们之间仅是一个或几个基因不同。该方法的优点在于比较只局限于具有相同基因背景的品系之间，不像品种调查研究那样，基因变异可能产生叠加效应。下面将说明如何应用近等基因系获得组成-功能关系的信息。在考虑编码面筋蛋白的主要位点（Glu-1、Gli-1/Glu-3 和 Gli-2）之前，需要提及，早期研究建立的一系列'中国春'小麦品种的近等基因系为这个工作提供了基础。

　　（1）Glu-1 位点。Lawrence 等（1988）及 Payne 等（1987）建立了具有不同 HMW-GS 数目的近等基因系。Lawrence 等建立的这套品系是通过品种 Olympic 的突变系（在 Glu-B1 位点缺失）和品种 Gabo 的同基因系（在 Glu-A1 和 Glu-D1 位点缺失）杂交获得的。这产生HMW-GS 数目从 5 个降为 0 的品系。图 5-21 给出了不同系的 SDS-PAGE 模式。基因删除

（deletion）对功能性质也有影响。随着 HMW-GS 的数目从 5 降低为 0，揉混仪面团形成时间（MDDT）和烘焙实验面包体积均下降。这个结果证实 Payne、Corfield 和 Blackman（1981）的品种调查研究结论，他们发现，虽然仅占小麦总蛋白质的 10%～15%，HMW-GS 是对功能性质贡献最大的蛋白质成分。另一有意思的结果是，HMW-GS 的总量随着编码亚基的数目近似线性地下降。

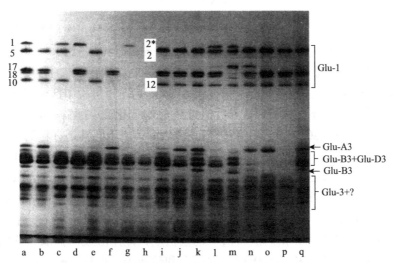

图 5-21　HMW-GS 品系（a～h）及小麦黑麦易位系（i～q）的 SDS-PAAGE 模式（Gupta et al., 1995）

(a)含有Glu-A1, Glu-B1, Glu-D1; (b)缺少Glu-A1; (c)缺少Glu-B1; (d)缺少Glu-D1; (e)缺少Glu-A1, Glu-B1; (f)缺少Glu-A1, Glu-D1; (g)缺少Glu-B1, Glu-D1; (h)缺少Glu-A1, Glu-B1, Glu-D1位点。谱带i～q表示LMW-GS位点数量变化的品系：(i) Gabo; (j)缺少Glu-B3; (k)缺少Glu-D3; (l)缺少Glu-A3, Glu-B3; (m)缺少Glu-A3, Glu-D3;(n, o)缺少Glu-B3, Glu-D3; (p)缺少Glu-A3, Glu-B3, Glu-D3和(q) Gabo

　　除了缺失品系，其他类型的近等基因系是那些发生等位变异的小麦。Lawrence 等（1988）利用大量小麦品种中的自然突变来选择只有 HMW-GS 特定位点不同的近等基因系，获得 Glu-D1 位点等位变异的两种基因 Glu-D1a 和 Glu-D1d，结果表明，某些等位基因（如编码 5+10 HMW-GS 的 Glu-D1d）与较强的面团强度和优良的面包制作性能相关，而另外的等位基因（如编码 2+12 HMW-GS 的 Glu-D1a）与低面团强度和差的面包制作性能相关。另一种引入变异以建立近等基因系的方法是位点的易位（如 1B/1R），具体可参阅相关文献。

　　（2）Gli-1/Glu-3 位点。由于 Glu-3（LMW-GS）位点和编码 ω-麦醇溶蛋白和 γ-麦醇溶蛋白的位点紧密连锁，很难如 HMW-GS 一样获得 Glu-3（LMW-GS）位点缺失的近等基因系，最接近的系是小麦/黑麦易位系。在这些易位系中，小麦第一组同源染色体上的 1～3 个短臂均被二倍体黑麦的相应短臂代替，这就造成编码 LMW-GS 的 Glu-3 位点的缺失，并被编码黑麦碱的 sec-1 位点取代。黑麦碱是类似于麦醇溶蛋白的单体蛋白。图 5-21 与 HMW-GS 基因缺失系一起，给出了小麦/黑麦易位系的 SDS-PAGE 模式。随后比较了这两种品系的面团强度（最大抗延阻力 R_{max}）。随着麦谷蛋白基因被删除，R_{max} 下降。然而，HMW-GS 缺失系下降程度更大。最近发现了 Gli-1/Glu-3 位点缺失或该位点等位变异的品系。研究表明，Gli-B1/Glu-B3 位点缺失的效应是降低 PPP 及相应的 MDDT。当 Gli-1/ Glu-3 位点的 D-基因组发生等位变异时，例如，品质较差的'中国春'（CS）等位基因被品质较好的 'Cheyenne'（CNN）取代，造成 PPP 下降，但 UPP 增加。

　　（3）Gli-2 位点。编码 α-/β-麦醇溶蛋白的 Gli-2 位点现在被看作是同一组。对俄罗斯品种

'Saratovskaja'及其 Gli-A2 和（或）Gli-D2 位点缺失的近等基因系的组成-功能关系研究表明，Gli-2 位点缺失可以增加麦谷蛋白/麦醇溶蛋白比率，提高面团强度，虽然其增加的数量不大。

第四节　大米蛋白质

一、概　　述

受品种、气候和农业技术等因素的影响，糙米（brown rice）的蛋白质含量为 7.1%～15.4%（以 N×5.95 计算）。稻谷在碾米过程产生大米（milled rice）（40%～55%），以及稻壳（20%）、米糠（10%）和碎米（10%～22%）三种主要副产物。通常，碾米获得的各产品的蛋白质含量如下：大米 8%；稻壳 3%；米糠 17%；碎米 8.5%。因为碾米过程中部分富含蛋白质的糊粉层被除去，造成大米蛋白质含量较低，其数值可从 5.6% 变化到 13.3%。和其他谷物一样，胚和糊粉层的蛋白质含量（20%～25%）高于胚乳。然而，由于胚乳是籽粒的主要部位，大部分的蛋白质存在于胚乳中。因此，大米蛋白质的性质主要由胚乳的储藏蛋白质决定。

了解大米蛋白质的组成、结构和性质是对其进行开发利用的基础。大米蛋白质种类很多，一般以基于溶解性的奥斯本方法对其进行分类。首先用水提取大米或米糠所得到的蛋白质组分称为清蛋白；随后用稀盐溶液提取残渣得到的蛋白质组分为球蛋白；再用 70% 的乙醇提取的组分为醇溶蛋白；最后的残渣中的蛋白质只能用酸或碱提取，分别称为酸溶性蛋白和碱溶性蛋白，二者统称为谷蛋白。谷蛋白和醇溶蛋白也称为贮藏蛋白，是大米中的主要蛋白质成分，尤其是谷蛋白占大米总蛋白质的 80% 以上，而醇溶蛋白占 10% 左右；清蛋白和球蛋白含量极少，是大米中的生理活性蛋白质，在稻谷发芽的早期，它们起着重要的生理作用。所用品种及提取方法不同，大米蛋白质的可溶性组分变化很大（表 5-9）。其中最重要的组分是米谷蛋白（oryzenin），而醇溶蛋白含量较低则是大米蛋白质的一个重要特征。

表 5-9　糙米和大米的蛋白质组分（g/100 蛋白质）

谷物	蛋白质组分			
	清蛋白	球蛋白	醇溶蛋白	谷蛋白
糙米	9.8～15.3	9.8～15.3	3.3～7.1	77.8～84.5
	5.84	14.17	9.17	70.9
	4.4～11.6	7.9～13.4	1.6～4.8	74.3～83.3
	3.0～18.7	0～12.2	2.9~20.6	55.0～88.1
	13.0	14.5	9.9	62.6
	5.0	10.0	5.0	80.0
大米	2.9～9.9	6.6～11.0	1.9～4.2	73.6～87.0
	6.5	12.7	8.9	71.9
	0.85～3.36	7.24～8.97	5.60～8.66	82.06～84.16
	0～2.6	4.7～19.9	0.4～10.3	61.8～89.7
	0.9～1.0	1.4～2.8	5.5～8.4	89～91

不同组分在大米粒中的分布是不均匀的。由于清蛋白和球蛋白富集于胚和糊粉层（表5-10），而储藏蛋白（米谷蛋白和醇溶蛋白）在胚乳中含量最高，因此，清蛋白和球蛋白的比例在大米的外层是最高的，向米粒中心逐渐下降。

表5-10　米糠与大米、糙米蛋白质组分的含量比较（g/100g 蛋白质）

谷物	蛋白质组分			
	清蛋白	球蛋白	谷蛋白	醇溶蛋白
糙米	9.73 ± 1.02	7.48 ± 1.1702	74.95 ± 4.04	5.53 ± 0.62
大米	6.24 ± 0.63	5.98 ± 0.32	78.76 ± 3.78	6.91 ± 1.00
米糠	42.71 ± 2.47	12.5 ± 1.84	40.25 ± 2.55	3.24 ± 0.07

不同蛋白组分在碾米产品中的分布也不均匀。米糠含有较高含量的清蛋白和球蛋白，但超过90%的米谷蛋白位于大米中。某些高蛋白品种生产的糙米的蛋白质含量比普通品种的要高45%，而高蛋白品种的胚乳的蛋白质含量比普通品种的要高49%。增加的蛋白质含量主要位于淀粉质胚乳。组织解剖研究表明，高蛋白品种含有更多的可被苯胺蓝黑染色为蓝色的球状蛋白体。但是，赖氨酸含量随蛋白质含量增加而增加得很少，当总蛋白含量增加49%时，大米的赖氨酸含量仅增加了大约28%。此外，高蛋白品种的蛋白质消化率稍低。

品种之间、糙米和精米之间、不同解剖部位之间及不同碾米产品之间的氨基酸组成的差别均与不同蛋白质组分的分布有关。表5-11给出了大米、糙米及其他碾米产品的氨基酸组成数据。副产物中含有大部分的胚和糊粉层中的蛋白质，富含赖氨酸而谷氨酸含量稍低。糯稻和普通稻谷中的蛋白质的氨基酸组成差别不大。低蛋白和高蛋白栽培品种的总蛋白氨基酸组成存在差别，大米的蛋白质含量和赖氨酸含量之间呈负相关。这种负相关关系是由于胚乳的蛋白质含量增加得多，而胚和糊粉层的蛋白质含量增加得少。这表明增加了的蛋白主要来自于储藏蛋白质，而代谢活性蛋白质的数量变化很小，如其他许多谷物观察到的那样。

表5-11　不同稻谷加工制品与胚氨基酸组成比较（g/16.8g N）[a]

氨基酸	稻谷加工制品				
	胚	米糠	精米	糙米	大米
异亮氨酸	3.7	3.9	4.5	3.4～4.0	4.6
亮氨酸	8.1	7.2	8.3	6.5～8.5	8.9
赖氨酸	4.5	4.9	4.4	3.2～3.9	3.6
甲硫氨酸	3.0	2.2	2.6	1.5～2.1	1.8
苯丙氨酸	5.2	4.4	6.7	5.1～5.7	5.1
苏氨酸	3.7	3.8	3.7	3.1～3.9	3.1
色氨酸	1.5	1.4	1.5	未检出	1.1
缬氨酸	5.5	5.7	5.7	4.0～6.2	4.9
丙氨酸	5.5	6.6	6.0	5.3～6.5	4.8
精氨酸	6.6	7.7	7.2	7.4～9.3	7.4

氨基酸	稻谷加工制品				
	胚	米糠	精米	糙米	大米
天冬氨酸	9.5	9.2	9.4	8.5~9.5	0.0
半胱氨酸	1.2	2.2	1.3	1.7~2.4	1.7
谷氨酸	15.3	14.3	16.8	16.5~19.4	16.6
甘氨酸	4.6	5.2	5.3	4.3~1.7	4.9
组氨酸	1.6	2.8	1.6	2.0~2.5	2.3
脯氨酸	8.1	4.5	5.9	4.1~1.6	4.4
丝氨酸	5.5	5.7	5.7	4.6~5.2	4.0
酪氨酸	4.9	3.3	6.0	3.0~4.4	3.4

a. 部分数据从 g/16g N 中重新计算获得

高达 95% 的大米胚乳储藏蛋白主要以称为蛋白体（protein body，PB）的分散颗粒形式存在，蛋白体有两种类型，即 PB-Ⅰ 和 PB-Ⅱ 型。电子显微镜观察表明，PB-Ⅰ 呈类似于淀粉颗粒的层状结构，颗粒致密，直径为 0.5~2μm，主要由醇溶蛋白构成。PB-Ⅱ 呈椭球形，不分层，质地均匀，颗粒直径约 4μm，主要由米谷蛋白组成。两种蛋白体常相伴存在。大米蛋白质的胱氨酸含量较高，含有较多的—S—S—键。这些链内或链间—S—S—键使蛋白质多肽链聚集成致密分子，这可能是形成上述蛋白体的重要原因。聚丙烯酰胺凝胶电泳（PAGE）分析结果显示，PB-Ⅱ 蛋白体含有分子质量为 64kDa、140kDa、240kDa、320kDa、380kDa、500kDa 及超过 2000kDa 的组分，表明 PB-Ⅱ 蛋白体的高度聚合性，这正是谷蛋白的典型特征。

与玉米、小麦的蛋白质相比，大米蛋白质具有营养价值优、人体吸收利用率高等特点，其生物效价达 27，远高于其他植物蛋白。大米蛋白质还具有低过敏性。此外，大米蛋白质富含各类氨基酸，尤其是赖氨酸含量居谷物类食物第一位。大米蛋白的另一特征是相对较低的谷氨酸（谷氨酰胺）含量。

二、大米储藏蛋白质

（一）大米醇溶蛋白

大米醇溶蛋白（rizine）属于低分子质量储藏蛋白，可以通过 70%（V/V）乙醇或 50% 丙醇提取，也可采用加入还原剂的乙醇溶液对其进行提取。除非特别说明，本节所述的大米醇溶蛋白均是以未含还原剂的溶剂提取的天然醇溶蛋白。此外，还可采用物理技术对籽粒中的 PB-Ⅰ 蛋白体（主要为大米醇溶蛋白）进行分离。

大米中的醇溶蛋白含量随提取溶剂不同会有差别。采用 70% 乙醇和 60% 丙醇提取时，7 种来自国际水稻研究所（IRRI）的大米（平均蛋白质含量为 8.8%）的平均醇溶蛋白含量分别为 3.0% 和 6.5%。根据已经发表的数据，通常认为其值在 5%~10% 较合理。和糙米、白米相比，米糠中清蛋白含量较高，而谷蛋白含量较低。与小麦、大麦和玉米醇溶蛋白相比，对大米醇溶蛋白的研究相对较少，这是由于其相对较低的含量及对大米品质的次要作用。早期电泳研究显示，大米醇溶蛋白含有一条 17kDa 的主要的谱带及一条 23kDa 的微量谱带。最近的电泳分析表明，醇溶蛋白可分为 3 个不同的组分，分别具有 10kDa、13~15kDa 和 16kDa 的分子质量；而通过等电聚焦分析发现 5 条谱带，pI 分别为 5.6、7.1、7.3、7.6 和 8.0，其中 pI 为 7 的谱带对应的蛋白质是主要成分。另外的研究将醇溶蛋白分为 4 个亚类，总谱带数为 19。

大米醇溶蛋白可用于大米品种的鉴定，可采用的方法包括酸性电泳、RP-HPLC 及 HPLC 等，图 5-22 给出了利用醇溶蛋白的 HPLC 模式鉴定大米品种的结果。

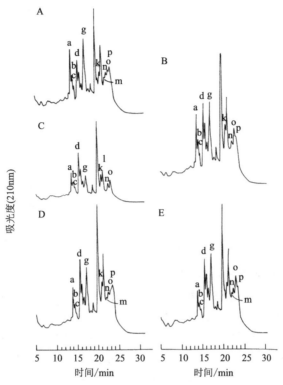

图 5-22 长粒米品种的醇溶蛋白 HPLC 模式（Lookhart，1987）
A. L-201；B. Leah；C. Lebonnet；D. Lemont；E. Skybonnet

大米醇溶蛋白的氨基酸组成类似于其他谷物醇溶蛋白（表 5-12），赖氨酸含量非常低，谷氨酸含量较高，色氨酸（Trp）含量也很低。存在还原剂条件下提取的醇溶蛋白组分的氨基酸组成有些不同，胱氨酸和甲硫氨酸含量较高，可能是由于从该组分同时还提出了富硫的米谷蛋白多肽。

表 5-12 大米醇溶蛋白及米谷蛋白的氨基酸组成（g/16.8g N）

氨基酸	醇溶蛋白		米谷蛋白	
	Lindner 等	Shewry 等[*]	Iwasaki 等	Takeda 等
赖氨酸	0.6	0.8	3.5	5.6
组氨酸	未检出	1.4	2.5	4.0
精氨酸	4.7	4.7	10.6	10.3
天冬氨酸	6.9	6.4	10.6	8.7
谷氨酸	18.3	19.0	20.2	18.1
丝氨酸	6.5	6.3	6.9	6.1

氨基酸	醇溶蛋白		米谷蛋白	
	Lindner 等	Shewry 等*	Iwasaki 等	Takeda 等
苏氨酸	2.3	3.4	3.7	3.3
甲硫氨酸	0.2	3.1	1.4	1.0
半胱氨酸	未检出	4.2	1.3	—
甘氨酸	5.5	6.1	4.5	4.6
丙氨酸	5.0	6.1	5.0	4.8
异亮氨酸	—	4.1~6.5	2.5	4.0
亮氨酸	未检出	10.3	7.9	10.0
缬氨酸	5.2	6.0	6.5	6.0
脯氨酸	7.3	6.2	4.2	8.3
苯丙氨酸	4.1	4.4	6.2	5.8
酪氨酸	5.3	5.4	5.1	2.9
色氨酸	未检出	未检出	—	未检出

*表示存在还原剂条件下提取的总醇溶蛋白；"—"表示未测定

对大米醇溶蛋白的氨基酸序列的了解不如对小麦、大麦和玉米等的序列了解得多。对大米胚乳中的主要醇溶蛋白的氨基酸序列分析表明，其由 131 个氨基酸残基组成，分子质量为 14 930Da。大米胚乳醇溶蛋白富含谷氨酰胺（22%）、谷氨酸、亮氨酸（13%）和丙氨酸残基（7%），未检出赖氨酸、半胱氨酸和甲硫氨酸残基。氨基酸序列分析结果与从 cDNA 克隆导出的成熟蛋白分子的氨基酸序列一致。以 HPLC 和氨基酸组成分析结果为基础，发现大米中可能存在若干同源醇溶蛋白，随后从大米胚乳中纯化出了另一种类似于主要醇溶蛋白的醇溶蛋白组分。两者氨基酸序列具有 92% 的同源性。这表明大米中存在若干为多基因家族所编码的同源醇溶蛋白组分。它们具有相似的组成结构特征，如含有高含量的谷氨酰胺、亮氨酸和丙氨酸及低含量的赖氨酸、组氨酸、半胱氨酸和甲硫氨酸。所纯化的醇溶蛋白疏水性很强，其中心区域含有许多疏水性残基，而亲水残基主要集中于 N 端和 C 端区域。

（二）米谷蛋白

米谷蛋白（oryzenin）是大米中的高分子质量贮藏蛋白质，分子质量为 60~600kDa，由二硫键连接的多个亚基组成。其中 3 个主要亚基的分子质量分别为 38kDa、25kDa、16kDa（或 33kDa、22kDa、14kDa），其 16kDa（14kDa）多肽可能属于醇溶蛋白。因此，米谷蛋白聚合体实际上主要是由前两个大分子质量亚基构成的。

生物合成研究表明，米谷蛋白在基因表达时首先合成的是分子质量为 57kDa 的米谷蛋白前体（proglutelin），它再裂解并经过修饰形成 22kDa（β-亚基）和 33kDa（α-亚基）的成熟多肽。米谷蛋白前体是由这两个亚基通过二硫键连接而成的。等电聚焦分析表明，分子质量为 33kDa 的亚基是酸性多肽，pI 为 5~8；分子质量为 22kDa 的亚基是碱性多肽，pI 为 8~11，其与豌豆 β-球蛋白同源，因此推测主要的米谷蛋白成分是豆球蛋白类似物（legumin-like）。SDS 可以破坏二硫键的连接，改变 SDS 的用量，可以发现存在分子质量为 22~23kDa 和 37~

39kDa 的组分，对应于前述的 22kDa 和 33kDa 亚基。分子质量为 14kDa 左右的亚基，pI 为 8.7～9.0。氨基酸分析表明，米谷蛋白的氨基酸成分类似于其他谷物的谷蛋白，赖氨酸、甲硫氨酸、半胱氨酸和组氨酸均比天然醇溶蛋白（未加还原剂提取）高。

不少学者开展了对米谷蛋白亚基的鉴定工作，指出编码米谷蛋白亚基的为多基因家族，所编码的基因包含 4 个亚科，分别为 A-型、B-型、C-型及 D-型。其中 A-型（或 α-型）和 B-型（或 β-型）亚基对应的基因为主要编码亚科（subfamily），分别编码 4 个（GluA-1、GluA-2、GluA-3 和假基因 GluA-4）和 5 个（GluB-1、GluB-2、GluB-4、GluB-5 和假基因 GluB-3）亚基成员。某一亚科内（A-型或 B-型）的米谷蛋白亚基具有超过 80% 的氨基酸序列相似性（同源性），在 A-型和 B-型亚科之间具有 60% 的序列相似性。

最近，武汉大学的丁毅团队（He，2013）采用双向变性电泳（2D/SDS-PAGE），LC-MS/MS 及免疫印迹技术从粳米和籼米谷蛋白中鉴定出两个新的亚基，其中之一的氨基酸序列与 A-型和 B-型谷蛋白亚科的同源性分别为 58% 和 67%，将其命名为 GluC；另一亚基与 A-型、B-型和 C-型谷蛋白亚科的同源性分别为 59%、75% 和 65%，属于 B-型亚科，将其命名为 GluBX，该亚基富含赖氨酸但缺乏半胱氨酸，是大米中营养价值较高的天然蛋白。

赖氨酸是包括大米在内的大部分谷物的第一限制性氨基酸。米谷蛋白亚基中的 B-型比 A-型含有更多的赖氨酸，因此，人们推断含有更多 B-型米谷蛋白的大米比含有更少 B-型米谷蛋白的大米营养价值更高。目前，已经报道了 15 个米谷蛋白基因，其中粳稻中的 9 个基因已经被鉴定和表征。但是，有些基因仍未鉴定。所有的米谷蛋白成员均具有相似的分子质量和高度的序列同源性。

三、代谢活性蛋白质

水溶性清蛋白和盐溶性球蛋白均具有高度异质性，虽然含量均较低，却含有多种具有重要生物功能的成分。各种组分可通过盐析和透析、凝胶色谱和电泳等技术进行分离。采用凝胶过滤色谱 Sephadex G-100 柱可将大米清蛋白分成 4 个组分，其分子质量从 10～200kDa 变化，成分非常复杂。最近有采用淀粉凝胶电泳将其分成大约 20 个成分的报道，该研究发现，来自 3 个品种的大米其清蛋白具有许多相似性，同时也存在明显的差别。个别品种中只发现一条谱带，而有的品种存在几条强度显著不同的谱带。由于清蛋白中半胱氨酸含量很低，不易形成二硫键，因而清蛋白更容易溶于水，这间接说明二硫键的存在对于稳定蛋白聚合体是非常重要的。

国外有研究表明，清蛋白可以通过电泳进行大米的品种鉴定。然而，通过等电聚焦分离中国大米的清蛋白组分，可获得在 pH3.5～9.5 均匀分散的超过 50 个的斑点，由于模式的复杂性，研究者认为清蛋白不适合用于中国大米的品种鉴定。

Houston 和 Mohammed（1970）采用将大米球蛋白粗提取液的 pH 调整至 4.5 而分离出 α-球蛋白，凝胶色谱显示其分子质量为大约 25kDa。后来，有研究者通过凝胶电泳分离米糠、胚及胚乳中的球蛋白，发现大米球蛋白是高度异质性的，具有复杂的结构。凝胶过滤色谱（Sephadex G-200 柱）可将米糠和胚中的球蛋白分成 3 个组分。中间组分，称为 α-球蛋白，是米糠和胚的主要成分，分子质量大约为 150kDa。凝胶过滤色谱（DEAE-Sephadex A-50）进一步将这个球蛋白组分分离为 3 个主要成分（α-1、α-2 和 α-3）。通过电泳和沉降发现，α-1、α-2 和 α-3 均是异质性的。例如，所分离的 α-1 球蛋白由 10 个组分构成。α-1 球蛋白含有少量的碳水化合物和羟基脯氨酸，后者是弱碱性的氨基酸。因此，α-1 球蛋白并非是完全由氨基酸组成的简单蛋白，而是含有糖成分的结合蛋白。这些非氨基酸成分不仅影响大米球蛋白质的性质，同时也可能赋予大米球蛋白质特殊的生理功能。从大米胚乳中分离的球蛋白经凝胶色谱可分为 4 个组分，分子质量为 16～130kDa。有研究认为，球蛋白电泳模式不同也可用作品种鉴定。

　　分析大米清蛋白和球蛋白的氨基酸组成表明。大米清蛋白是大米 4 种蛋白质中赖氨酸含量最高、谷氨酸含量最低的蛋白质。谷氨酸和精氨酸是球蛋白中主要的氨基酸成分，含硫氨基酸（甲硫氨酸）含量也较高（超过 10%）。酪氨酸含量较低，组氨酸和赖氨酸缺乏。

　　和其他谷物一样，稻谷种子也含有各种酶。从实践观点看，淀粉酶、脂肪酶和氧化还原酶是最重要的。成熟的稻谷籽粒含有的 α-淀粉酶和 β-淀粉酶活性很低。凝胶电泳分析发现，稻谷种子中的 β-淀粉酶有多种形式。关于 α-淀粉酶的研究更多，尤其是发芽种子中。等电聚焦分析表明，稻谷与小麦、黑麦、大麦和黑小麦不同，不含高等电点的 α-淀粉酶，只含有低等电点的 α-淀粉酶。大米在储藏过程中的糖化酶（分解淀粉）活性是变化的。当糖化酶活性下降时，将影响大米淀粉蒸煮过程中的胶凝条件。此外，对大米中的脂肪水解酶也有一定的研究。

　　和其他谷物一样，稻谷籽粒中也发现蛋白酶抑制剂。米糠的胰酶抑制剂是分子质量为 14 500Da 的碱性蛋白质，其氨基酸组成（序列）类似于其他谷物种子的胰酶抑制剂。此外，籽粒中还发现了半胱氨酸蛋白酶抑制剂和丝氨酸蛋白酶抑制剂。从大米胚乳提取物检测出低含量的昆虫 α-淀粉酶抑制剂活性。采用 RP-HPLC 分离大米清蛋白，13 个 HPLC 组分含有一种或多种 α-淀粉酶抑制剂。和小麦的 α-淀粉酶抑制剂一样，大米中的抑制剂也非常稳定。

四、大米蛋白质的功能性质

　　1. 溶解性　　大米蛋白质的水溶解性不是很好，主要是由于大米蛋白质的主要成分为通过二硫键彼此交联而聚合形成的碱溶性米谷蛋白，而溶于水的清蛋白含量很低（占总蛋白的 2%～5%）。大米蛋白质溶解性不仅与其氨基酸组成有关，还与其存在状态有关系。在 pH4～7 时，大米蛋白中的米谷蛋白溶解性增长缓慢，而接近 pH9 时，蛋白溶解性迅速增加。改性会对大米蛋白质溶解性产生一定的影响。酸法脱酰胺后的大米蛋白质其溶解性增加，溶解度最高可达 96.6%。高温热变性的大米蛋白质溶解性较低，可能是由于形成不溶性聚集物并凝固造成的。

　　2. 乳化性　　乳化性包括乳化活性和乳化稳定性两个方面，乳化性质是蛋白质的重要功能性质。由于低溶解性和高分子质量是造成大米蛋白乳化性能不好的重要原因，因此，可通过改性来提高大米蛋白的溶解和乳化等功能性质。酸碱可改变大米蛋白质的带电性质和电荷分布，改变其分子的空间构象，在提高其溶解度的同时也改善其乳化和起泡等功能性质。稀碱溶液提取的米谷蛋白一旦溶解，其乳化活性可与大豆球蛋白相媲美。蛋白酶水解制备的大米蛋白水解产物，其乳化性大大提高。用风味蛋白酶处理大米蛋白质，在 pH7 情况下，水解液乳化能力高于酪蛋白，乳化稳定性比牛血清蛋白更高。采用碱性蛋白酶对米渣蛋白进行限制性水解也可改善其水溶性和乳化性。最近发现，经转谷氨酰胺酶作用后，大米蛋白乳化性也有明显提高。Na_2SO_3 也可改善大米蛋白的乳化性质，这与其使大米蛋白的溶解性增加以及引起蛋白质分子结构变化有关（还原二硫键）。

3. 起泡及泡沫稳定性　　研究发现，在最佳酶解反应条件下，反应初始阶段，随着水解度增加，大米蛋白酶解物的起泡性升高，当水解度达 10.4%时，起泡性最高（37.5%）；之后随水解度的增加，起泡性迅速下降，当水解度达 11.5%后，起泡性开始缓慢下降；起泡稳定性也具有类似变化趋势。另外的研究发现，随大米蛋白质浓度增加，其起泡性及起泡稳定性均有所提高。为获得最佳起泡特性，需要兼顾溶解性和疏水性，使亲水和疏水达到一种良好平衡。例如，喷雾干燥的大米蛋白溶解性和表面疏水性都很差，导致其起泡性要低于冷冻干燥产品。有的研究者认为，不溶的蛋白质聚集体会提高起泡稳定性，在pH4～7时，大米蛋白中的米谷蛋白溶解性和乳化性都增加缓慢，而接近pH9 时，两者均迅速增加。经链霉蛋白酶水解后大米蛋白质水解产物随其氮溶解指数升高，起泡性也有很大提高。又如，当用中性蛋白酶水解大米糖渣中的蛋白质时，控制水解度为9.0时，蛋白发泡性能最佳。

4. 持水性及持油性　　蛋白质持水性与食品储藏过程中保鲜及"保型"有密切关系，另外，还与食品黏度有关。而吸油性则与蛋白质种类、来源、加工方法、温度及所用油脂有关。由于大米蛋白质水溶性及醇溶性均较差，限制了其持水性与持油性。对富士光、沙沙泥及彩稻等不同品种大米蛋白质进行研究发现，大米蛋白吸油性均较差，均为 1g/g左右。但经脱酰胺改性后，大米蛋白的持水性和持油性均有所改善，脱酰胺度在 35.7%时，持水性最低，为2.4g/g，持油性达到最高，为 3.4g/g；脱酰胺度为 42.4%时，持水性与持油性相当，都为 2.6g/g。

五、大米蛋白质与储藏加工的关系

1. 大米储藏过程中蛋白质的变化　　大量的研究表明，在大米储藏过程中，大米中的蛋白质组分布并不是固定不变的。虽然储藏过程总蛋白质含量不变，但大米蛋白质的结构和类型均会发生变化，进而也影响了米饭的流变特性。在此过程中，最重要的变化是由于巯基氧化交联形成二硫键而引起的大米蛋白质溶解性和分子质量的变化。

有研究报道，在为期 7 年的大米储藏过程中，大米蛋白质的溶解性通常会下降，尤其是清蛋白溶解性下降更大，乙酸可溶性蛋白的含量也逐渐下降。二硫键数量在储藏过程中明显增加（或巯基含量下降）。例如，从储藏后的大米中分离的米谷蛋白在储藏之前含有 0.2%的巯基，储藏之后含有 0.14%的巯基。

通常，大米在储藏过程中低分子质量多肽的数量下降，而高分子质量多肽的数量增加。这可从米谷蛋白分子质量发生的变化给予说明，储藏引起的米谷蛋白亚基的分子质量分布的相对变化比米谷蛋白聚合体的分子质量分布的变化小，后者的分子质量在储藏过程中几乎加倍。这种多肽组成的变化可能影响缔合力，并在增加米谷蛋白聚合体（未解离）的表观分子质量方面起着重要作用。

储藏过程中，蛋白质分子质量增大将导致胚乳中的蛋白体结构更加致密。这一系列变化将导致蒸煮后蛋白质与淀粉的网络结构致密，限制了淀粉粒的吸水膨胀和柔润，导致米饭的黏性下降而硬度增加。此时若加入适量的还原剂破坏二硫键，则米饭的黏性提高，说明大米蛋白质的变化是导致大米流变学性质变化的重要因素。

此外，游离氨基酸含量在大米的储藏过程中有所增加，说明部分蛋白质发生了水解反应，但大米粒外层的游离氨基酸含量在储藏过程中有少量损失，这可能和美拉德非酶促褐变有关，这可从大米的白度有所下降间接证实。

2. 大米加工过程中蛋白质的变化　　大米蛋白质不仅在储藏中有大分子聚合体的形成，

在加热时也可观察到蛋白质分子的明显聚合。例如，爆炒大米花时，分子质量为24kDa、34kDa和68kDa的多肽可以聚集成$4×10^4$kDa的巨大聚合体，但分子质量为13～16kDa的醇溶蛋白不参与这种聚合体蛋白的形成。

蛋白质含量和蛋白质组成是影响大米烹调和加工特性的重要因素，因此有很多研究人员对大米粉蛋白质的组成进行了研究。有报道采用近红外线反射光谱来衡量米粉中的蛋白质组成（球蛋白、醇溶蛋白和米谷蛋白），研究表明，近红外线反射光谱可以用来快速分析大米粉中蛋白质的含量和组成。Oszvald等（2008）采用SE-HLPC研究了大米面团中储藏蛋白的特性，对大米中蛋白质含量和面团性质的关系进行了探讨，研究结果表明，蛋白质中由二硫键连接的网络结构增加了糯米的糊化刚性、硬度和黏度。而对于非糯性米，由于蛋白质的水化使得网络结构产生和糊化的面团浓度增加，从而使其刚性和米饭硬度增加。

在大米发芽过程中，大米中的两种蛋白体发生解离，但二者的可消化性明显不同，PB-Ⅱ因没有致密的硬核更容易被消化水解，而PB-Ⅰ在发芽后9天时仍保持着坚硬的片层结构。SDS-PAGE分析发现，发芽过程中，PB-Ⅱ不断有新的电泳谱带，即新的蛋白质组分出现，而PB-Ⅰ的组分很稳定，说明两种蛋白质分子在代谢方面是有差异的。

苯丙酮尿症（PKU）是一种常见的氨基酸代谢病，是由于苯丙氨酸（PA）代谢途径中的酶缺陷，使得苯丙氨酸不能转变成为酪氨酸，导致苯丙氨酸及其酮酸蓄积，并从尿中大量排出。该病在遗传性氨基酸代谢缺陷疾病中比较常见，主要临床特征为智力低下、神经症状、脑电图异常、湿疹、皮肤抓痕征、色素脱失和鼠气味等。大米蛋白质的苯丙氨酸含量比其他谷物高，不适合苯丙酮尿症患者食用。

第五节　玉米蛋白质

一、概　　述

玉米籽粒的蛋白质含量取决于品种、农业条件和其他因素，变化为6%～18%。爆裂型（popcorn）玉米和甜玉米的蛋白质比马齿型（dent）玉米和硬粒型（flint）玉米高。

果皮的蛋白质含量最低（4%～6%），胚乳含有平均8%～9%的蛋白质，胚的蛋白质比例最高（17%～20%）。虽然胚乳中蛋白质相对含量比整个籽粒低，它却含有籽粒总蛋白质的75%。蛋白质含量从籽粒外层向中心逐渐下降。

奥斯本的方法广泛应用于提取玉米蛋白质。按溶解性，将获得清蛋白、球蛋白、醇溶蛋白和谷蛋白。不同组分的比例随品种和农业条件变化。玉米籽粒的主要蛋白质成分是胚乳中的储藏蛋白质，主要是玉米醇溶蛋白和玉米谷蛋白。

不同研究者报道的数据变化较大是由于提取不同级分存在技术困难和所采用方法的差别。在提取玉米蛋白质的方法中，最早的为Mertz（1957）的方法，后来Landry和Moureaux（1970，1983）发展了现在常用的提取和分级方法：在采用经典的奥斯本方法提取盐溶性蛋白和玉米醇溶蛋白组分之后，加入β-巯基乙醇到溶剂中提取谷蛋白组分。在采用β-巯基乙醇处理后，提取出了3个谷蛋白组分，分别是醇水溶液（G1）、碱性缓冲溶液（G2）和SDS溶液（G3）组分。该方法的优点是提取得很干净，只有5%的总氮未被提取出来。Paulis、Wall和Fey（1983）使用了不同的方法：在除去盐溶蛋白之后，通过含有0.5%乙酸钠的醇水溶液提取玉米醇溶蛋白，随后将还原剂加到剩余的混合物中，通过透析可将谷蛋白分级为水不溶和水溶性谷蛋白。

　　玉米籽粒的氨基酸组成以低赖氨酸和酪氨酸含量为特征。玉米颖果由果皮和种皮、胚芽、胚轴、胚根、子叶、胚乳等部分组成。胚乳因品种的不同比例有所不同，通常为干重的 80%以上。蛋白质是玉米中主要营养物质之一。各部分及玉米加工副产品的蛋白质组成成分如表 5-13 所示。在胚乳中蛋白质含量为 8%。玉米主要用于高果糖浆、淀粉及工业乙醇的加工，而加工的副产品根帽（TIPcap）、玉米纤维饲料（CGF）、玉米蛋白粉（CGM）、玉米酒精糟及可溶物（DDGS）分别含有 9.1%、23.0%、65.0%及 27.0%的蛋白质。

表 5-13　蛋白质在玉米各个部位及加工副产品中的分布（%干基）

成分	整粒	胚乳	胚芽	果皮	TIPcap	CGF	CGM	DDGS
蛋白质	7.8	8.0	18.4	3.7	9.1	23.0	65.0	27.0

　　玉米胚乳中的贮藏蛋白质主要是谷蛋白和醇溶蛋白。其中，玉米醇溶蛋白（zein）是玉米中最主要的贮藏蛋白质，占胚乳总蛋白质的 35%～60%（表 5-14）。

表 5-14　玉米中各类蛋白质的含量（%干基）

类型	溶解性	整个颖果	胚乳	胚芽
清蛋白	水	8	4	30
球蛋白	盐	9	4	30
谷蛋白	碱	40	30	25
醇溶蛋白	醇	39	47	5

二、玉米储藏蛋白质

（一）玉米醇溶蛋白

　　玉米醇溶蛋白（zein）于 1821 年被首次分离。玉米醇溶蛋白位于玉米胚乳细胞内直径约 1μm 的蛋白体内，按玉米品种及分离方法不同，占胚乳蛋白的 44%～79%，是玉米中的主要储藏蛋白质。

　　通常所说的玉米醇溶蛋白实际上是具有不同分子质量和溶解性的蛋白质混合物。除了乙醇水溶液之外，玉米醇溶蛋白也溶解于其他醇水溶液，尤其是异丙醇水溶液。也有采用冰醋酸、苯酚和其他的有机溶剂提取。若要制备较纯的玉米醇溶蛋白，推荐采用不含盐和还原剂的异丙醇水溶液。

　　和其他谷物醇溶蛋白一样，玉米醇溶蛋白也采用奥斯本分级法进行分离。通常将采用乙醇水溶液（或异丙醇水溶液）提取的玉米醇溶蛋白称为天然玉米醇溶蛋白（native zein 或 zein-Ⅰ），以区别于采用含有还原剂（如 2-巯基乙醇）的乙醇水溶液直接提取的总玉米醇溶蛋白（total zein）。当按奥斯本方法顺序提取清蛋白、球蛋白和玉米醇溶蛋白（zein-Ⅰ）后的残余物采用含有还原剂（2-巯基乙醇）的乙醇水溶液提取时，部分谷蛋白被抽提出来。有研究者将这个蛋白质组分称为 zein-Ⅱ或醇溶性还原谷蛋白（alcohol-soluble reduced glutelin，ASG）。因此，总玉米醇溶蛋白实际上包含 zein-Ⅰ和 zein-Ⅱ两个组分，或者说，除了醇溶蛋白外，还含有一部分谷蛋白亚基。

1. 玉米醇溶蛋白的分离和鉴定

1）天然玉米醇溶蛋白的分离和鉴定　　通过 Sephadex LH-20、Sephadex G-100 和 G-200 凝胶色谱柱及离子交换色谱等技术，可将天然玉米醇溶蛋白分离为几种至十几种不同成分，显示出其组成的异质性。另一个有效的分离方法是采用反相高效液相色谱（RP-HPLC）技术，如图 5-23 所示，采用 55%的异丙醇溶液提取的玉米醇溶蛋白在反相色谱上显示 15～17 个峰。随后的酸性电泳和等电聚焦分析表明，天然醇溶蛋白的色谱图上的每个峰可进一步分出 3～10 个成分，而在提取之后经还原及烷基化处理的醇溶蛋白的每个色谱峰可分出 1～5 个不同成分。还原及烷基化处理后成分数量的减少说明部分醇溶蛋白组分是通过分子间二硫键形成的聚合体。采用凝胶电泳分离玉米醇溶蛋白成分是最有效的方法之一。最近研究者从玉米醇溶蛋白中分离鉴定出 25 条多肽，另外，采用双向电泳（先等点聚焦后 SDS-PAGE）可将醇溶蛋白分成 22 个不同的多肽斑点。

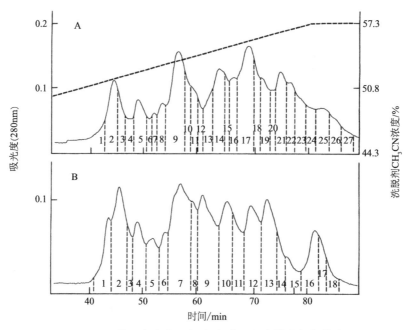

图 5-23　天然（A）和还原及烷基化玉米醇溶蛋白（B）的反相高效液相色谱（Paulis and Bietz，1988）
溶于 8mol/L 尿素，采用线性梯度从 42.3%到 57.3% CH_3CN（+0.1% CF_3COOH）的 SynChropakRP-P(C_{16})柱

如前所述，天然玉米醇溶蛋白在提取过程中未受到还原剂的作用，能很好地保留玉米醇溶蛋白的原本性质。

早期的研究曾经按溶解性差别将天然玉米醇溶蛋白分为 α-玉米醇溶蛋白和 β-玉米醇溶蛋白（Turner et al.，1965；Wilson，1991；Lasztity，1995）两类。α-玉米醇溶蛋白能溶于 95%的乙醇水溶液或 85%的异丙醇水溶液，而 β-玉米醇溶蛋白可溶于 60%的乙醇水溶液。SDS-PAGE 测定表明，95%的乙醇水溶液（不含还原剂）提取的 α-玉米醇溶蛋白主要由两条高迁移率的谱带构成，Argos 将其分别命名为 zein 19（Z19，分子质量为 19～22kDa）和 zein 22（Z22，分子质量为 22～26kDa）组分，此外，该蛋白组分还含有若干条低光密度、低迁移率（高分子质量）的谱带。若天然 α-zein 在电泳分离前经过还原剂预处理，则其电泳图上只出现两条主要谱带，表明低迁移率的蛋白谱带是由 zein 19 和 zein 22 单体通过二硫键连接构成的二聚体（分子质量为 45kDa）或四聚体组成的。

2）总玉米醇溶蛋白（存在还原剂条件下提取）的分离和鉴定　　研究者用各种溶剂系统及分离技术鉴定了大量的玉米醇溶蛋白多肽，造成玉米醇溶蛋白命名的混乱。迄今为止，提出过许多命名系统，如由 Osborne（1924）、Landry 和 Moureaux（1970）、Wilson（1985）、Esen（1987）和 Wallace 等（1990）提出的命名法。

目前，除了前述针对天然玉米醇溶蛋白的分类外，另外一种按照分子质量、溶解性及免疫学特征进行分类的方法也在广泛使用。在后一种分类方法中，提取溶剂中包含了还原剂，因此，其某类组分的成分和后面所说的玉米谷蛋白存在部分重叠。

这种分类方法按溶解性（存在还原剂条件下）及分子质量等不同将玉米醇溶蛋白分为 4 类：α（19kDa 和 22kDa，占总醇溶蛋白的 75%～85%）、β（14kDa 和 16kDa，10%～15%）、γ（28kDa，5%～10%）和 δ（10kDa，痕量）（Coleman and Larkins，1999；Shewry and Tatham，1990）。

α-zein 含量最丰富，占到全部玉米醇溶蛋白的大约 70%。含量第二丰富的为 γ-zein，占总醇溶蛋白的约 20%。α-zein 可以采用单纯醇水溶液提取（如 95%乙醇水溶液），而其他几种玉米醇溶蛋白的提取溶剂必须加入还原剂。

需要强调的是，这种分类方法中的 β-zein 是采用含还原剂的醇水溶液提取的，不同于前述提到的天然醇溶蛋白中的 β-zein 级分。按照上述分类方法，前面提到的称为 β-zein 的玉米醇溶蛋白（60%的乙醇提取）实际上是含有 α-zein 和 β-zein、γ-zein 及 δ-zein 4 种成分的混合物。商业玉米醇溶蛋白主要由 α-zein 组成（Wilson，1988）。其他类型的玉米醇溶蛋白（β、γ 及 δ）易胶凝，胶凝对于商业醇溶蛋白而言是不好的性质。α-zein 之所以是商业玉米醇溶蛋白中的主要成分，是因为提取所采用的溶剂和原料。商业玉米醇溶蛋白不是从全籽粒而是从玉米蛋白粉（corn gluten meal）中提取。玉米蛋白粉是玉米湿法加工的副产物。玉米湿法加工使用了 SO_2 来软化籽粒并除去淀粉。SO_2 可断裂二硫键而弱化基质结构，还原 β-zein、γ-zein 及 δ-zein 中的二硫键。一旦还原，总蛋白中含量居第二位的 γ-zein 水溶性大大增加，并从浸泡液中流失。商业醇溶蛋白的提取溶剂（86%异丙醇水溶液）还会降低 β-zein、γ-zein 及 δ-zein 在提取液中的溶解性，如 β-zein 和 γ-zein 不溶于含有 90%异丙醇的水溶液。

RP-HPLC 可将玉米醇溶蛋白分为 16 个或更多的峰，每个色谱峰进一步用等电聚焦分离成几种单一成分。RP-HPLC 分离主要依赖于蛋白质的表面疏水性，这是可以用来对蛋白质进行分类的另一重要特征。

2. 玉米醇溶蛋白的氨基酸组成及其一级结构　　α-玉米醇溶蛋白组分中的 Z19（有研究者将其称为 A-zein）和 Z22（或 B-zein）的脯氨酸含量（9%～10%）较低，但谷氨酸和谷氨酰胺（20%）、亮氨酸（18%～20%）和丙氨酸（12%～24%）含量较高，不含色氨酸。

目前，已经知道大部分编码醇溶蛋白多肽的结构基因，并已经测定出其中几条多肽的氨基酸序列。

编码玉米醇溶蛋白的结构基因似乎位于 3 条不同染色体上。编码 Z19 多肽的 7 个基因位于第七染色体短臂上的 30 个交换单元（crossover unit）区域，而编码 Z22 多肽的 9 个基因及编码 Z19 的另外 3 个基因分散在第四染色体的两个臂上。第十染色体也发现有结构基因。醇溶蛋白的结构基因多达上百个，虽然不会全部存在于同一品系。推测每个基因可能存在不同克隆数目，导致不同多肽的含量变化。

Z19 含有 210～220 个氨基酸残基而 Z22 含有 240～245 个氨基酸残基。两者的氨基酸序列相似。序列上均含有非重复的 N 端和 C 端区域及重复的中心区域。中心区域由约 20 个氨基酸残基的序列单元重复串联组成。Z19 具有 9 个重复的单元，而 Z22 视情况可能含有 10 或 9 个。这一重复的基序（motif）比小麦、黑麦和大麦醇溶谷蛋白的长。Z19 和 Z22 的 N 端区域同源，前 10 个氨基酸残基高度保守，只有两个残基不同。两者的主要差别在于 Z22 的 C 端区域插入了一个 9 个氨基酸残基的序列。这将其 C 端结构域的大小从 10 增加为 19 残基。N 端含有几乎所有的带电残基和一个（Z22）或两个（Z19）半胱氨酸残基。

玉米醇溶蛋白富含谷氨酸（21%～26%）、亮氨酸（20%）、脯氨酸（10%）和丙氨酸（10%），但缺乏能带电的碱性和酸性氨基酸，尤其是缺乏色氨酸和赖氨酸，这说明玉米醇溶蛋白的营养价值不高（表 5-15）。高比例的非极性氨基酸和碱性、酸性氨基酸残基的缺乏决定了玉米醇溶蛋白的溶解行为。天然 α-玉米醇溶蛋白（α-zein）和 β-玉米醇溶蛋白的氨基酸组成存在显著不同，α-玉米醇溶蛋白含有更少的组氨酸、精氨酸、脯氨酸和甲硫氨酸。

表 5-15　玉米醇溶蛋白的氨基酸组成（%）

类型	氨基酸	含量	类型	氨基酸	含量
非极性	甘氨酸	0.7	极性	酪氨酸	5.1
	丙氨酸	8.3	含硫氨基酸	甲硫氨酸	2.0
	缬氨酸	3.1		半胱氨酸	0.8
	亮氨酸	19.3	碱性	赖氨酸	未检出
	异亮氨酸	6.2		精氨酸	1.8
	苯丙氨酸	6.8		组氨酸	1.1
	色氨酸	未检出	酸性	天冬氨酸	未检出
	脯氨酸	9.0		天冬酰胺	4.5
极性	丝氨酸	5.7		谷氨酸	1.5
	苏氨酸	2.7		谷氨酰胺	21.4

3. 玉米醇溶蛋白的高级结构　　早期研究认为，玉米醇溶蛋白是不对称分子，近似为长椭圆状的棒形。分子轴径比为（15∶1）～（25∶1）。最近采用旋光色射（OCD）和圆二色谱（CD）研究表明，α-玉米醇溶蛋白主要由 α 螺旋结构组成（45%），而 β 折叠比例为大约 15%，其余部分为转角和自由卷曲。Argos 等提出了一个关于玉米醇溶蛋白构象的螺旋轮模型（图 5-24）。这个结构模型以 Z19 和 Z22 存在 9 个同源重复单元为基础，Z22 玉米醇溶蛋白上还存在第十个重复单元。Z19 和 Z22 的重复单元的共有序列如下：

$$
\begin{array}{ccccccccccccccccccccc}
 & & & & F & & A & & A\,A & & & & & & & & & & & & \\
L & Q & Q & \underline{L} & L & P & N & Q & L & A & N & \underline{N} & \underline{S} & P & A & Y & L & Q & Q \\
 & & & & L & & F & & L\,V & & & & & & & & & & & & \\
-2 & -1 & 1 & 2 & 3 & 4 & 5 & 6 & 7 & 8\ 9 & 10 & 11 & 12 & 13 & 14 & 15 & 16 & 17 & 18 & 19
\end{array}
$$

上式中同一位置上和下行表示存在两种可供选择的氨基酸残基可能；数字表示碱基顺序。

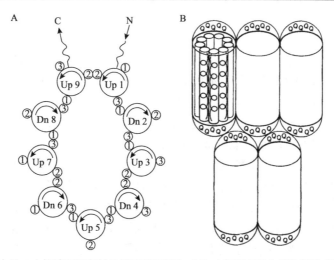

图 5-24 玉米醇溶蛋白的 9 个螺旋反平行结构模型俯视图（A）和玉米醇溶蛋白的堆积排列模型（B）（Argo, 1982）

小圆圈表示氢键极性片段，数字为片段编号；"Up"和"Dn"表示反平行螺旋的"上"和"下"方向

这一序列两端连着谷氨酰胺残基，具有交错排列的极性残基和疏水性残基块。Argo 认为，以残基的水合势、极性和二级结构性质为基础，每个重复单元形成一个 α 螺旋，位置 –2、–1 和 19 的残基构成转角区域。当重复单元呈现为 α 螺旋轮形式时，其上有三个极性片段，相应于残基 1 和 12、7 和 18、6 和 13。

Argo 进一步认为，9 个螺旋以反平行的环状排列，通过其中两个极性片段上的残基形成分子内氢键而稳定（图 5-24）。可见，玉米醇溶蛋白的高级空间结构是 9～10 个圆（α 螺旋）依次成拓扑学反平行重复折叠而成。

这种排列方式将使第三个极性片段游离，并与其他处于同一平面的玉米醇溶蛋白分子形成分子间氢键，最终多个分子间在同一平面内及不同平面之间形成稳定的堆积排列结构（图 5-24B）。模型预测蛋白质分子稍不对称，与先前的结论不一致。

Matsushima 等（1997）基于玉米醇溶蛋白在 70% 的乙醇水溶液中的小角度 X 射线衍射测定提出了一个玉米醇溶蛋白的三维结构模型（图 5-25）。他们认为，α-玉米醇溶蛋白的重复单元形成不对称的瘦长的棱状颗粒，约 16nm 长，分子轴径比约为 6∶1。在这一模型中，棱状结构以串联的形式呈线性堆积在一起，由富含谷氨酰胺的转角结构连接，并通过分子内氢键稳定。尽管此种结构的两头是亲水性的，但其他部分是高度疏水的，因此这种结构可以很好的发生有序的聚集并延伸其结构。

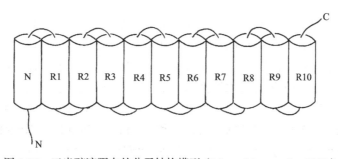

图 5-25 玉米醇溶蛋白的分子结构模型（Matsushima et al., 1997）

（二）玉米谷蛋白

1. 提取和分离　　　按照奥斯本方法从提取水溶性、盐溶性和醇溶性蛋白后的残余蛋白里提取的玉米胚乳蛋白的碱溶部分，不像醇溶蛋白组分那样可以准确区分。从最广的定义看，玉米谷蛋白（glutelin）组分含有所有的提取盐溶性和醇溶性蛋白后剩余的胚乳蛋白。按这个定义，玉米谷蛋白不仅含有储藏蛋白，还含有部分结构蛋白（膜蛋白、结合蛋白和细胞壁蛋白）。采用碱溶液提取可能造成蛋白质的降解。首先，半胱氨酸和精氨酸可能会降解，谷氨酰胺侧链可能会部分脱酰胺。不引起降解的可选择的溶剂通常仅能提取少量的谷蛋白。由于谷蛋白提取的困难，最近广泛应用添加还原剂（以断裂二硫键）的提取方法。Landry 和 Moureaux（1970）等的方法在前面已经叙述过。为了阻止巯基进一步重新氧化形成二硫键，大多数还原谷蛋白多肽被烷基化后再进行表征。含有还原剂（2-巯基乙醇或亚硫酸盐）的 SDS 溶液几乎可以溶解所有的玉米蛋白质。因此，SDS 溶液可有效地溶解还原后的谷蛋白。图 5-26 给出了采用含有还原剂的溶剂的提取方案。玉米谷蛋白可通过采用琼脂糖柱的凝胶过滤色谱分为几种成分。

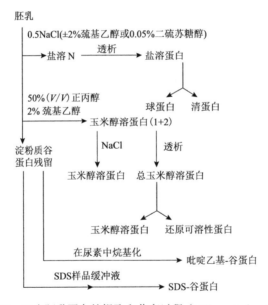

图 5-26　玉米胚乳蛋白的提取和分离过程（Wilson et al.，1981）

还原后的（及烷基化）谷蛋白可通过不同方法分离。在 Landry-Moureaux 方法里按溶解性不同分成 3 个级分（G1、G2 和 G3 谷蛋白）（G1 溶于乙醇，G2 溶于含有 2-巯基乙醇的 pH10 的缓冲溶液，G3 溶于含有 2-巯基乙醇的 pH10 的 SDS 缓冲溶液）。术语醇溶性还原谷蛋白（ASG）也被使用，并进一步被分为水溶性和水不溶性成分。还原谷蛋白可以通过凝胶过滤色谱分离。采用 Sephadex G-200 柱可以分离出 6 个成分（A、B、C、D、E 和 F），分子质量分别是 >70kDa、70kDa、53kDa、38kDa、25kDa 和 17.5kDa。Esen 通过磷酸纤维素柱分离醇溶性还原谷蛋白，获得分子质量为 20～30kDa 的 8 个成分。最近 RP-HPLC 也被用于分离还原谷蛋白及品种鉴定。

和其他谷物蛋白一样，对玉米谷蛋白亚基的最好分离方法还是凝胶电泳。对谷蛋白亚基的电泳研究表明，除了 Z19 和 Z22 之外还存在许多其他类型多肽。整个还原谷蛋白含有分子质量为 11～120kDa 的至少 20 个成分。某些谱带非常类似于天然玉米醇溶蛋白（如 Z19 和 Z22），而另外的部分谱带和盐溶性蛋白相似。这些结果带来如下几个问题。

（1）它们确实是特定的谷蛋白多肽？若如此，这些多肽和天然玉米醇溶蛋白同源？

（2）玉米谷蛋白大分子聚合体是否包含某些玉米醇溶蛋白多肽？

（3）部分从还原谷蛋白分离的多肽是否等同于盐溶蛋白经 PAGE 分离的多肽？

2. 组成和结构　　　谷蛋白或ASG的氨基酸组成和玉米醇溶蛋白相似，但组氨酸、精氨酸、脯氨酸、甘氨酸和甲硫氨酸含量更高，而亮氨酸、异亮氨酸和苯丙氨酸含量更低。

玉米谷蛋白是由具有不同性质的通过二硫键连接形成的不同多肽构成的。按二硫键断裂前后物理性质的不同，推测有 3 种二硫键：分子内键、将蛋白连接成线性的有限分子质量的分子间键，以及在三维上引起蛋白广泛交联致使其不溶的分子间键。

对玉米谷蛋白的结构研究不如玉米醇溶蛋白多。通常认为玉米谷蛋白大分子聚合体是由二硫键连接的不同多肽（亚基）组成的。亚基按溶解性可分类如下。

（1）水溶性（同时也溶于醇）亚基[醇溶性还原谷蛋白（ASG），也称为水溶性 ASG（WSASG）]；G-2 谷蛋白，类似于醇溶蛋白（prolamin-like）的多肽；富含脯氨酸的或 γ-玉米醇溶蛋白；还原可溶性蛋白（reduced soluble protein，RSP）。

（2）醇溶性亚基，也称为 C-玉米醇溶蛋白（C-zein）和 D-玉米醇溶蛋白（D-zein）。

（3）碱溶性（不溶性残余蛋白）亚基。

从上面玉米谷蛋白的分类可看出其和玉米醇溶蛋白有很多容易混淆的地方。目前至少 4 个体系被使用：奥斯本系统、Wilson 系统、Landry-Moureaux 系统和 Esen 命名系统。需要对玉米胚乳蛋白有更多的了解才能够寻找到大家均可接受的分类方法。

在还原谷蛋白获得的多肽中，水溶性亚基研究最多，后面的叙述里将使用还原可溶性谷蛋白（reduced soluble glutelin，RSG）的名称。凝胶电泳显示，主要的最具特征性的 RSG 成分是一条称为 RSG-1 的表观分子质量为 28kDa 的多肽，但还含有微量的低迁移率的成分（58kDa）（RSG-2）。RSG 含有约 200 个氨基酸残基及高含量的半胱氨酸（7%）。在一个由 11 个氨基酸残基构成的短 N 端序列之后是 8 个具有高度保守的 Pro-Pro-Pro-Val-His-Leu 六肽序列的重复结构域。余下的分子，包括 C 端序列是非重复性的。某些小麦、黑麦和大麦的富含硫的高分子质量醇溶谷蛋白与 RSG-1 具有部分同源性。重复区域的极性本质使得 RSG-1 在还原状态下易溶解于水中，而高含量的半胱氨酸又使其氧化后可形成醇不溶和水不溶的聚合体。RSG 蛋白在胚乳中主要分布在蛋白体的边缘。在不同基因型中这些蛋白成分的位置存在变化。

谷蛋白还原后获得的醇溶多肽组分还含有其他蛋白成分。例如，存在两种具有分子质量为 15～17kDa 及 9～11kDa 的蛋白质，分别被称为 Z15 和 Z10 或 C-玉米醇溶蛋白（C-zein）和 D-玉米醇溶蛋白（D-zein）。它们的氨基酸组成不同于前述的主要多肽，它们含有更多的甲硫氨酸和半胱氨酸。9～11kDa（Z10-zein 或 D-zein）成分具有高含量的甲硫氨酸（超过 10%），高含量的甘氨酸及中等含量的亮氨酸。C-玉米醇溶蛋白在蛋白体中似乎不会形成聚集体。与 Z19 和 Z22 玉米醇溶蛋白相比，由于其高含量的半胱氨酸残基，这些蛋白质更可能形成分子间二硫键。

三、代谢活性蛋白质

通常有 3 种方法分离玉米清蛋白和球蛋白：经典的奥斯本方法，Mertz 的方法及 Landry 和 Moureaux 的方法。

清蛋白只含有链内二硫键。在凝胶过滤色谱上可分出 5 个不同的峰。采用凝胶电泳，清蛋白和球蛋白均可分离出大约 20 种不同的成分，表明水溶性和盐溶性蛋白的异质性。此外，水溶性蛋白中的某些谱带可能属于还原后的谷蛋白亚基。水溶性的胚乳蛋白在电泳上可分为 3 个区（A、B 和 C）。在顶部区域的主要谱带命名为 A'。在 A'谱带下命名为 B1，它是 B 区 7 条谱带中的第一条。迁移最快的谱带命名为 C。B2 和 B3 谱带的强度是正常近交系的特征谱带。

球蛋白的 SDS-PAGE 模式不同于清蛋白的地方在于，它们含有更少的谱带，其中某些谱带的数量更多。

不同于储藏蛋白质，可溶性蛋白质的氨基酸组成以高含量的必需氨基酸和低含量的谷氨酸为特征。清蛋白和球蛋白氨基酸组成非常相似，只有细微差别。清蛋白的天冬氨酸、脯氨酸、甘氨酸和丙氨酸含量比球蛋白的要高，但谷氨酸和精氨酸的含量要低些。

和其他谷物一样，玉米籽粒也含有各种酶，其中淀粉酶、蛋白酶、过氧化物酶和其他氧化酶较重要。

发芽前后玉米中的淀粉酶活性变化较大。发芽前玉米籽粒中的淀粉酶活性不高，但是，玉米发芽过程中淀粉酶活性迅速增加。按照淀粉酶等电点不同可将谷物分为两组：含有高 pI（>5.8）和低 pI（<5.5）成分的谷物（大麦、小麦和黑麦等），以及只含有低 pI 成分的谷物（燕麦、小米、高粱和大米）。然而，玉米具有中等 pI（5.5～6.0）及低 pI 成分，无法严格按上述原则归类。玉米中至少存在 3 种 α-淀粉酶，其等电点分别为 5.2～5.7、4.6～4.8 及 4.0～4.2，它们具有不同的活性。

玉米籽粒各部分均含有蛋白酶（多肽酶）。蛋白酶组成上是异质性的。除了果皮和淀粉质胚乳外的籽粒各部位均发现内切多肽酶。内切多肽酶具有类似胰蛋白酶的活性，以同工酶形式存在，可通过电泳迁移率区分。玉米还含有相当数量的胰蛋白酶抑制剂，它们与其他谷物中发现的胰蛋白酶抑制剂有相似的分子质量和性质。

对普通及高赖氨酸玉米的过氧化物酶分布的研究表明，胚芽中含量最高。此外，过氧化物酶在普通玉米和突变型 opaque-2 玉米间存在显著不同。对玉米中的脂肪酶（lipase）和脂肪氧合酶（lipoxygenase）研究得较少，其在玉米储藏中的重要性需要进一步研究。蔗糖合成酶分子质量大约为 365kDa，占可溶性胚乳蛋白的大约 2.8%。此外，玉米中还含有一定量的核糖核酸酶（ribonuclease）及 α-葡萄糖苷酶。

四、玉米蛋白质的功能性质

由于玉米醇溶蛋白是玉米蛋白质中最重要的组分，对玉米蛋白质的功能性质的研究主要集中于玉米醇溶蛋白。

1. 玉米醇溶蛋白的黏弹性 自从发现玉米蛋白具有一定的黏弹性质后，分离用于烘焙产品的玉米蛋白质的兴趣与日俱增。众所周知，小麦是一种独特的谷物，因为其储藏蛋白质能够形成黏弹性的网络面团。这种形成黏弹性蛋白质网络的能力使得小麦能制作可塑的、易加工的面团及高质量烘焙产品。由于面筋能形成面团及制作高质量的烘焙产品，很难找到面筋的代替品。目前，仅发现少数非小麦蛋白质具有类似面筋的部分黏弹性质，玉米醇溶蛋白是其中之一。

Lawton（1992）最早尝试以玉米醇溶蛋白制作面团。玉米醇溶蛋白和玉米淀粉按 10%和 90%的比例混合来模拟小麦粉的两种主要组分（蛋白和淀粉）。当在高于玉米的玻璃转化温度（T_g）进行混合的时候，玉米醇溶蛋白-淀粉预混粉能够形成类似于小麦粉的黏弹性面团。玉米醇溶蛋白的黏弹性质取决于其 T_g 或温度和水含量。但在粉质仪中混合时，面团需要在 35℃条件下混合，而不是 25℃和 30℃，才能产生想要的黏弹性面团。就如小麦粉面团一样，黏弹性玉米醇溶蛋白-淀粉面团的形成也取决于蛋白纤维网络的发展。低于玉米醇溶蛋白的 T_g 时，无蛋白纤维形成，因此也就无黏弹性面团形成。

在混合及面团形成过程中，玉米醇溶蛋白经历了显著的变化。混合之前，采用 FTIR 测定发现玉米醇溶蛋白含有 65%的 α 螺旋和 30%的 β 折叠。在 35℃形成的黏弹性水化面团中，α 螺旋和 β 折叠的比率分别变化为 30%和 48%。上述结果表明，玉米醇溶蛋白-淀粉预混粉形成黏弹性面团取决于温度和混合中的剪切力。大于 T_g 的温度与剪切混合一起是形成类似于小麦粉的面团所需要的 β 折叠增加及 α 螺旋下降的起因。然而，与小麦面筋相比，β 折叠结构是不稳定的。随着玉米醇溶蛋白所制作的面团冷却，β 折叠结构及黏弹性会损失。β 折叠不仅对于玉米醇溶蛋白-淀粉黏弹性面团形成是必需的，而且这些结构的数量与通过揉混仪测定的抵抗混合的面团品质是直接相关的。

Schober 等（2008）采用 20%玉米醇溶蛋白和 80%的玉米淀粉形成的黏弹性面团成功制作了面包。加入羧丙甲基纤维素（HPMC）作为功能性成分，其他成分包括水、酵母、盐和糖。面团在 40℃而不是 30℃下混合。HPMC 是一种表面活性亲水胶体，不仅具有持气能力，而且有助于形成玉米醇溶蛋白纤维。玉米醇溶蛋白纤维对于形成黏弹性面团是关键的，通过粉质和揉混仪应用剪切于玉米醇溶蛋白-淀粉水混合物，以混合的形式促进玉米醇溶蛋白纤维的形成。通过手工揉混玉米醇溶蛋白-淀粉混合物，其对混合物输入的能量比机械揉混过程更低。对玉米醇溶蛋白-淀粉面团系统的能量输入的效应还未清楚，但混合条件可能影响 β 折叠的数量及促进蛋白纤维性网络形成。就蛋白纤维形成而言，应该使用 HPMC 来增加玉米醇溶蛋白的功能性，从而增加面团保留气体的能力。脂质在玉米醇溶蛋白-淀粉面团形成中也起重要作用。从玉米醇溶蛋白颗粒表面部分除去脂质，有助于获得更强的面团及更高品质的面包，这是由于蛋白-蛋白相互作用的增加造成的。

2. 玉米醇溶蛋白的溶解性　　玉米醇溶蛋白具有独特的氨基酸组成，其分子中不仅存在着大量的疏水性氨基酸，同时还含有较多的含硫氨基酸，但缺乏能带电的酸性、碱性和极性基团氨基酸，因此，玉米醇溶蛋白具有独特的溶解性，它不溶于水，也不溶于无水醇类，但可溶于 60%～95%的醇类水溶液中，还溶于强碱（pH>11）、十二烷基硫酸钠（SDS）、高浓度尿素、丙二醇和乙酸等有机溶剂。

3. 玉米醇溶蛋白的成膜性　　现代形态学研究发现，从乙醇溶液里快速提取出来的醇溶蛋白聚集体会结合在一起，从而形成纤维状结构。这种纤维状结构可能就是醇溶蛋白膜的结构基础，早在 20 世纪 70 年代，人们就已经认识到玉米醇溶蛋白的成膜特性，目前已经广泛应用到工业生产之中，但玉米醇溶蛋白成膜特性的机制仍在探讨之中。

在玉米醇溶蛋白中有许多含硫氨基酸，这些氨基酸可以形成很强的分子内二硫键，它们和分子间的疏水键一起构成了玉米醇溶蛋白成膜特性的分子基础。在玉米醇溶蛋白成膜特性的研究中，最近出现一项新的制样技术——"分子梳"法，观察到大小在8nm左右的棒状结构，这些结构与纤维状结构非常相似，且呈现出不同的外观形态，如棒状、哑铃状分叉等结构形态。一些棒状结构已经环绕形成圆环结构，还有一些游离球状蛋白颗粒分散其中，这些游离的球状蛋白颗粒大小和棒状结构的径向大小差不多。这些蜿蜒的棒状结构相互缠绕形成一张非常精致的大网结构，这种网状结构也许就是玉米醇溶蛋白良好成膜特性的结构基础。在醇溶蛋白的成膜研究中，当成膜液涂布后，随着溶剂的挥发，薄膜脱水、干燥使得膜形成液中蛋白质的浓度增大。当达到一定的浓度时，蛋白质凝聚，分子间形成维持薄膜网状结构的氢键、二硫键及疏水键，从而形成玉米醇溶蛋白膜。对玉米醇溶蛋白的成膜条件进行研究的结果表明，玉米醇溶蛋白在乙醇、乙二醇中溶解性都很好，应用于食品及药品领域时，以乙醇作为溶剂最佳。有研究报道，玉米醇溶蛋白的最佳成膜条件为：乙醇浓度为80%，乙醇与玉米醇溶蛋白的比例为 1∶10，40℃下恒温干燥成膜，成膜介质为不锈钢，此外，添加油酸可提高膜的抗张强度，添加甘油可提高膜的透明度。

五、玉米蛋白质与储藏加工的关系

1. 储藏对玉米蛋白质的影响　　通常，在常温和低温储藏过程中，玉米蛋白质含量及不同玉米蛋白质组分的变化远不如脂肪酸值变化显著和重要，但在高温及高湿条件下长期储藏，玉米蛋白质可能会发生明显的结构变化。这可通过对玉米种子的人工加速老化试验间接证实。种子老化是种子贮藏过程中普遍存在的一种现象，可影响种子的萌发、幼苗生长及后期种子的产量与品质。种子的"老化"或"劣变"是指降低种子生存能力的、导致种子丧失活力及萌发力的不可逆转的变化，是一个伴随着种子贮藏时间的延长而发生和发展的、自然而不可避免的过程。人工加速老化测定是模拟自然老化过程，从影响种子活力的两个关键因素温度和相对湿度入手，采用高温、高湿处理种子，加速种子衰老进程，再测定老化后种子的各种生理指标。在加速老化的储藏实验中，玉米蛋白质的溶解模式发生了改变。清蛋白、球蛋白及采用无还原剂溶剂提取的天然醇溶蛋白组分（zein-Ⅰ）的含量随储藏时间而下降，采用还原剂溶剂提取的还原性醇溶蛋白（zein-Ⅱ）变化不大，而玉米谷蛋白的含量显著增加，说明实验条件下玉米谷蛋白聚合体的分子质量由于其他多肽的并入（可能通过分子间二硫键交联）而大大增加了。

2. 干燥对玉米蛋白质的影响　　将收获时含有 25%水分的玉米干燥至 15%的水分时，热风烘干机的气流温度（15～143℃）对玉米蛋白质的溶解性及组成分布有显著的影响。在温度增至 143℃的过程中，盐溶性蛋白提取率（以 0.5mol/L NaCl 提取）显著下降（图 5-27），其电泳模式也明显改变。以 70%乙醇–0.5%乙酸钠提取的玉米醇溶蛋白数量轻微下降。当玉米在较高的温度，尤其是 143℃条件下干燥时，0.5% SDS+巯基乙醇溶液可提取的玉米蛋白数量显著增加，表明加热过程中形成了分子间二硫键（图 5-28），即玉米蛋白发生了显著的聚合，或者说玉米谷蛋白数量增加了，这也可从玉米加热过程中巯基数量明显下降得到证实（图 5-29）。在最高干燥温度条件下，赖氨酸及可利用的氨基酸含量也轻微下降，玉米种子的活力则随干燥的温度升高而急速下降。

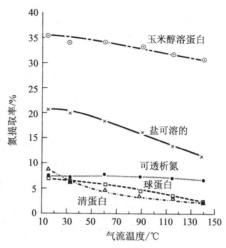

图 5-27 干燥气流温度对整粒玉米中蛋白提取率的影响（Wall et al., 1975）

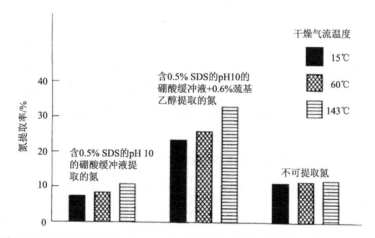

图 5-28 不同温度下干燥的玉米残渣的 0.5% SDS+巯基乙醇溶液可提取的氮产率（Wall et al., 1975）

玉米残渣为经过0.5mol/L NaCl和70%乙醇-0.5%乙酸钠提取后的脱脂玉米粉

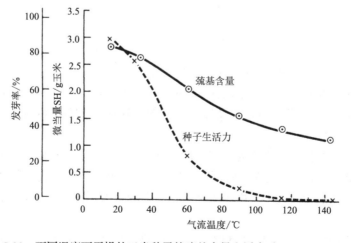

图 5-29 不同温度下干燥的玉米种子的巯基含量和活力（Wall et al., 1975）

3. 湿法加工对玉米蛋白质的影响 玉米湿法加工对其蛋白质成分影响可能比干法加工要大。如前所述，这主要是玉米湿法加工过程中一般需要有浸泡的工序来软化玉米籽粒，削弱淀粉和蛋白的结合力。通常，玉米胚乳中的淀粉和蛋白质结合得较牢固，要释放出淀粉，需要削弱淀粉颗粒与蛋白质之间的结合，以利于随后的玉米磨碎工序。在玉米浸泡时，籽粒吸水发生膨胀，玉米籽粒强度及其结构遭到破坏。在这个过程中，亚硫酸起着很大的作用，这是由亚硫酸的氧化还原性质及防腐性质所决定的，这两种性质取决于亚硫酸的浓度和温度。亚硫酸经过玉米的半渗透种皮进入玉米籽粒内部，断裂玉米蛋白分子内或分子间的二硫键，解开蛋白质分子的聚集，并使部分不溶性蛋白质转变成可溶性蛋白质（图 5-30）。亚硫酸还能使胚钝化，使种皮由半渗透变成完全渗透，加快可溶性物质向浸泡水中渗透。

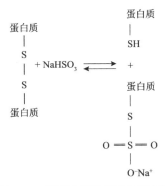

图 5-30 亚硫酸氢钠与蛋白质中的二硫键反应机制

玉米浸泡时发生的物理化学变化改善了玉米的化学成分特性。约 70% 的无机盐（灰分）、42% 的可溶性碳水化合物和 16% 的水溶性蛋白质从玉米粒进入浸泡液中，而淀粉、脂肪、纤维素和戊聚糖没有变化，只是在百分比上与未浸泡的玉米相比稍有增加（表 5-16）；未浸泡玉米中的 7%～10% 干物质转移到浸泡液中，其中大约一半为胚的浸出物。

表 5-16 玉米浸泡前后化学成分的变化

玉米成分	组分的百分含量（基于干物质重量%）		玉米成分	组分的百分含量（基于干物质重量%）	
	浸泡前	浸泡后		浸泡前	浸泡后
淀粉	69.80	74.70	戊聚糖	4.93	5.27
蛋白质	11.23	8.42	可溶性碳水化合物	3.51	1.73
纤维素	2.32	2.48	灰分	1.63	0.52
脂肪	5.06	5.40	其他物质	1.52	1.48

4. 玉米蛋白粉（玉米黄粉）的利用 玉米黄浆为湿法生产玉米淀粉进行麸质分离过程中产生的副产物，是从淀粉乳分离蛋白质时得到的黄浆水，其主要成分是不溶于水的玉米蛋白，经干燥可得到玉米黄浆粉，又称玉米黄粉，其含有 31%～60%，甚至高达 70% 的蛋白质。

玉米蛋白粉含有的蛋白质主要为醇溶蛋白（68%）和谷蛋白（22%），另有极少量的球蛋白（1.2%）和清蛋白。玉米蛋白水解后可得到异亮氨酸、亮氨酸、谷氨酸和丙氨酸等氨基酸，其中谷氨酸和亮氨酸的含量较多。由于玉米蛋白粉营养价值不高，其工业应用比人类食用更具前景。

玉米黄浆干粉通常作为提取玉米醇溶蛋白的原料，在微生物研究中，也被作为氮源加入到培养基中，同时玉米黄浆干粉也会应用到饲料工业中，利用玉米黄粉还可提取谷氨酸等，以及制备可降解材料及具有多种生理功能的玉米活性肽，如谷氨酰胺肽高 F 值（fischer ratio）低聚肽、降血压肽和玉米蛋白肽等，从而大幅度提升玉米的附加值。

由于玉米黄浆不易储存、不易运输及容易变质等缺点，需要通过干燥的方式将玉米黄浆制备成便于应用的玉米黄浆干粉。在脱水过程中，不同的干燥方式对玉米蛋白粉的功能性质有显著的影响。采用真空冷冻干燥和喷雾干燥得到的蛋白粉经过乙醇提取后，提取率为 42.37%，比热风干燥得到的提取率（25.49%）高近 1 倍，因此喷雾干燥或者真空冷冻干燥获得的玉米蛋白粉更利于制备玉米醇溶蛋白。用玉米黄粉加工制备蛋白膜可以降低成本，而预处理方式不同会对蛋白膜品质造成差异，通过比较几种干燥方式对玉米醇溶蛋白成膜性的影响，发现热风干燥得到的蛋白膜感官评价更适合应用到膜保藏技术。三种干燥方法得到的玉米黄浆蛋白的持水力和吸油性均差异不大；乳化性能分析中，喷雾干燥得到的玉米黄浆蛋白的乳化性随 pH 变化显著；真空冷冻干燥得到的玉米黄浆蛋白起泡性及其稳定性较好。

第六节　大麦蛋白质

一、概　　述

大部分大麦栽培品种有稃壳。有稃大麦（或称皮大麦）的蛋白质含量为 8%～13%（按 N×6.25 计算）。蛋白质含量受氮肥施用量影响很大。研究发现，随着氮肥施用量的增加，蛋白质含量可从 7.78% 增加到 12.94%。

大麦籽粒中胚的蛋白质含量最高（超过 30%），而胚乳最低。大麦籽粒的糊粉层不同于其他谷物，大多数谷物籽粒的糊粉层是单层，而大麦籽粒的糊粉层至少是双层。糊粉层细胞含有由蛋白质构成的颗粒体，其蛋白质含量比胚乳细胞高得多。胚乳细胞也含有蛋白体，虽然其主要成分是淀粉。

大麦胚乳中的蛋白质也可按溶解性分为清蛋白、球蛋白、醇溶蛋白和谷蛋白。清蛋白的含量一般较低（占总蛋白的 3%～5%），而球蛋白的相对含量比小麦要高（占总蛋白的 10%～20%）。如小麦一样，大麦蛋白质的主要成分是大麦醇溶蛋白（35%～45%）和谷蛋白（35%～45%）。大麦蛋白质在不同溶解性组分中的分布取决于品种及农业技术（氮肥施用）。对籽粒成熟过程中蛋白质的累积研究表明，大麦醇溶蛋白和谷蛋白合成于籽粒发育的后期，并沉积于蛋白体和蛋白基质中，清蛋白组分合成于籽粒发育的较早期，而球蛋白合成的时间处在两者之间。此外，大麦的储藏蛋白可能含有盐溶性蛋白。

不同蛋白组分的比例常常随籽粒总蛋白含量的变化而变化。储藏蛋白的数量，尤其是大麦醇溶蛋白的含量随总蛋白含量增加而显著增加，而其他蛋白组分的含量增加较少。

大麦总蛋白的氨基酸组成类似于其他谷物，含有较高的谷氨酸（谷氨酰胺）和脯氨酸含量，较低的碱性氨基酸含量，以及一定数量的半胱氨酸。总蛋白的氨基酸含量取决于氮肥施用水平及总蛋白含量。大麦籽粒中氮含量随氮肥施用量的增加而增加，这将导致籽粒中赖氨酸的相对含量下降，这是由缺乏赖氨酸的大麦醇溶蛋白合成的增加所致。通过高赖氨酸品种的选育研究，已发现玉米中存在高赖氨酸品系 opaque-2 和 floury-2，而从世界各地收集的大麦品种中选育的第一个大麦高赖氨酸品系是 Hyproly。大麦种子的高赖氨酸含量与低大麦醇溶蛋白含量相关。

二、大麦储藏蛋白质

（一）大麦醇溶蛋白

按照前述的分类系统，大麦的低分子质量储藏蛋白，也称为大麦醇溶蛋白（hordein），代表采用70%乙醇（不含还原剂）提取的一类蛋白质，也可以使用异丙醇（55%，V/V）提取。此外，部分研究者也将高分子质量大麦储藏蛋白（大麦谷蛋白）还原后获得的醇溶性多肽包括在大麦醇溶蛋白里。这类多肽被命名为D-hordein。除了采用上述溶剂提取大麦醇溶蛋白外，还可通过机械分离方式来分离胚乳中的蛋白体而获得该蛋白组分，这是由于胚乳中的蛋白体主要由大麦醇溶蛋白构成。大麦醇溶蛋白是大麦的主要蛋白组分，占大麦蛋白质含量的约36%，对大麦的加工和营养品质有重要影响。

从大麦中提取到的大麦醇溶蛋白组分是多种成分的混合物，需要继续采用各种分离技术将其分离为各亚类成分。其中最好的分离方法是凝胶电泳和双向凝胶电泳及RP-HPLC。采用这些方法，胚乳的醇溶蛋白组分可被分成15~20条不同的多肽谱带（斑点）。然后可按分子质量（电泳迁移率）将这些多肽分成不同组。多数研究者将大麦醇溶蛋白分为B和C两组。另外一些研究者还分出第三组，将其称为A组。由于该组醇溶蛋白的分子质量很小，其氨基酸组成和前两组同源性不高，且该组蛋白质部分溶解于盐溶液，所以有人倾向于认为它们不属于储藏蛋白质。因电泳谱带的数量和分布属于品种特征，被用于品种鉴定，可采用的方法包括RP-HPLC、毛细管电泳及免疫方法等。

采用β-巯基乙醇和S-吡啶乙基（PE）对大麦醇溶蛋白样品进行还原和烷基化处理，随后通过凝胶电泳对上述衍生物进行分析，结果表明，PE-hordeins在PAGE上显示的谱带模式具有异质性。和小麦醇溶蛋白相比，PE-hordeins的3条强染色谱带，对应于ω-麦醇溶蛋白，2条或4条淡染色谱带，对应于γ-麦醇溶蛋白，而余下的4条或5条中等强度染色谱带，对应于β-麦醇溶蛋白。而SDS-PAGE则揭示，PE-hordeins有5条主要的谱带，其相应的表观分子质量如下：32kDa、38kDa、47.4kDa、53.2kDa和65.6kDa。最近，类似于小麦醇溶蛋白，有研究将大麦醇溶蛋白分为5种组分（α-、β-、γ-、δ-和ε-大麦醇溶蛋白）。

表5-17为大麦醇溶蛋白的氨基酸组成。其特征是低的赖氨酸含量及高的谷氨酸、谷氨酰胺和脯氨酸含量。

表 5-17　大麦醇溶蛋白的氨基酸组成（mol%）

氨基酸	ω-醇溶蛋白（单倍体小麦）	大麦醇溶蛋白（普通大麦）	大麦醇溶蛋白（高赖氨酸大麦）	C-大麦醇溶蛋白
赖氨酸	0.13	0.5	1.0	0.0
组氨酸	0.56	1.0	0.8	0.60
精氨酸	1.08	2.0	2.1	0.84
天冬氨酸	1.18	1.6	3.4	0.83
谷氨酸	45.2	34.7	31.2	41.1
丝氨酸	4.89	4.2	5.1	2.61
苏氨酸	1.05	2.0	2.9	0.99
甲硫氨酸	0.13	0.9	1.0	0.22

续表

氨基酸	ω-醇溶蛋白（单倍体小麦）	大麦醇溶蛋白（普通大麦）	大麦醇溶蛋白（高赖氨酸大麦）	C-大麦醇溶蛋白
半胱氨酸	痕量	1.6	0.2	痕量
甘氨酸	0.89	2.5	5.4	0.41
丙氨酸	1.57	2.4	3.8	3.4
异亮氨酸	2.22	3.8	3.4	3.02
亮氨酸	4.70	6.9	7.8	4.31
缬氨酸	0.80	4.6	4.9	1.11
脯氨酸	26.2	23.0	19.0	31.9
苯丙氨酸	8.09	5.9	5.1	9.03
酪氨酸	1.17	2.4	2.3	2.29

大麦醇溶蛋白的氨基酸序列与其他谷物的醇溶蛋白高度同源。编码大麦醇溶蛋白的基因位于第 5 部分同源染色体上。多肽被连锁的位点 Hor-1 和 Hor-2 编码。目前，根据其编码基因的特点，普遍认为大麦醇溶蛋白分为 B 和 C 组，而不包括前述的 A 组。

B-组大麦醇溶蛋白（因其高含硫氨基酸量也称为富硫大麦醇溶蛋白）通过分子内二硫键连接，以单体混合物形式存在，但也可能形成二硫键稳定的聚合体。B-组大麦醇溶蛋白由第 5 染色体短臂上的结构位点（Hor-2）编码。Hor-2 位点包含两个基因亚类，分别编码结构不同的多肽。

B-组大麦醇溶蛋白可被 SDS-PAGE 分成分子质量为 36～45kDa 的不同成分。大量研究均证实，B 组大麦醇溶蛋白至少含有两个不同的亚组。迁移率最快的主要谱带称为 B1-大麦醇溶蛋白，而最慢的主要谱带称为 B2-大麦醇溶蛋白。纯化后的成分其氨基酸组成差别很小，高含量的脯氨酸（20%）和谷氨酸（谷氨酰胺）（30%～35%）是其典型特征。双向电泳分析表明，具有不同 Hor-2 等位基因的 8 个来自欧洲的大麦品种的 B-大麦醇溶蛋白组分总共含有 47 种多肽。某一特定品种的多肽数目可从 8 变化到 16，而单一多肽占总 B-组分的比例可从 1%变化到超过 40%。这 47 种多肽可分为三组（Ⅰ、Ⅱ和Ⅲ）。所有 8 个品种均含有来自组Ⅲ的多肽，其中的 7 个品种还含有来自Ⅰ和Ⅱ组中的其中一组的多肽，但任何品种都不会同时含有来自三组的多肽。此外，富硫大麦醇溶蛋白（即 B 组）也可被分为 B-组和 γ-组。

B1-大麦醇溶蛋白的氨基酸序列主要是从其克隆DNA导出的，克隆基因编码一个含有271个氨基酸残基的氨基酸序列。N 端序列（A 区域）含有信号肽（19 个氨基酸），其剩下部分包括 9 个由谷氨酰胺-脯氨酸构成的模块，其优先出现的核心序列为 PQQP，可被一或两个其他残基分隔，赋予该段序列高达 78%的谷氨酰胺-脯氨酸含量。第二部分（B 区域）含有 164 个氨基酸，41%为谷氨酰胺和脯氨酸，含有八肽（PQQPXPQQ）的重复单位，还包含有 7 个半胱氨酸残基。最后部分（C 区域）含有 35 个氨基酸，但不含谷氨酰胺和脯氨酸，不含重复单元。B1 多肽的电荷多样性主要是由于其 C 端半段的基因位点的突变。而在 N 端区域插入或删除谷氨酰胺-脯氨酸模块，是 B-大麦醇溶蛋白多肽家族的长短具有多样性的主要原因。已知的 B1 和 B2 型多肽的氨基酸序列大约 80%同源。

C-大麦醇溶蛋白（贫硫醇溶蛋白）不含半胱氨酸（可能有甲硫氨酸）。它们占到大麦醇溶蛋白组分的 10%～20%。来自不同大麦品种的 C-大麦醇溶蛋白的 SDS-PAGE 显示，主要谱带的分子质量为 54～60kDa，其数目随品种而变化。某些情况下，还可能存在低（49kDa）或高（72kDa）分子质量的痕量谱带。C-大麦醇溶蛋白的氨基酸组成也以高含量的谷氨酸（谷氨酰胺）和脯氨酸为特征。和其他储藏蛋白质一样，苯丙氨酸含量也很高。和 B-大麦醇溶蛋白一样，C-大麦醇溶蛋白多肽链的主要部分也由八肽重复单位组成。这些多肽含有几乎完全重复的八肽（PQQPFPQQ）模体（motif），但靠近氨基端区域含有五肽。这些模体（motif）明显与 B-大麦醇溶蛋白的相似，表明这两组蛋白的高度同源性。在 C-大麦醇溶蛋白多肽重复单元的两端非重复 N 端和 C 端结构域分别连接了 12 个和 7 个氨基酸残基，其中后者含有一个甲硫氨酸残基，可能是整个 C-大麦醇溶蛋白多肽唯一的含硫氨基酸。

氨基酸测序、圆二色谱分析和水动力学性质研究表明，C-大麦醇溶蛋白分子是棒状的，具有高含量的 β 转角和低含量的 α 螺旋及 β 折叠结构。

（二）大麦谷蛋白

大麦谷蛋白占大麦总蛋白的大约 29%。大麦储藏蛋白中的谷蛋白不如小麦谷蛋白研究得多。大麦谷蛋白由通过分子间二硫键连接在一起的多肽构成。它们不溶于乙醇，但可溶于稀碱或稀酸溶液。如前所述，将高分子质量大麦储藏蛋白还原后可获得溶于醇溶液的亚基，有研究者将这类多肽归于醇溶蛋白组分，并将其称为 D-大麦醇溶蛋白。

虽然大麦谷蛋白可以通过凝胶色谱或不同溶剂分为不同的亚类，关于其结构的详细研究，是利用二硫键被还原后经过凝胶电泳分离获得的多肽（亚基）为对象进行的。欧洲大麦栽培品种在 SDS-PAGE 上可分离出单一亚基（D-大麦醇溶蛋白，高分子质量谷蛋白亚基）的谱带，其他大麦品种有一条或两条谱带，但其迁移率更快。D-大麦醇溶蛋白多肽由位于第 5 染色体的长臂上的单一结构位点（Hor-3）编码。

大麦谷蛋白以高含量的谷氨酸和脯氨酸，以及相对高含量的甘氨酸为特征。

对大麦谷蛋白高分子质量亚基（D-大麦醇溶蛋白）的构造研究不多。然而，大麦、黑麦的 D-大麦醇溶蛋白和小麦谷蛋白亚基的 N 端氨基酸序列及远紫外圆二色谱分析表明，这三者结构非常相似。

三、代谢活性蛋白质

不同品种大麦的水溶性蛋白质组成基本相同。大麦的水溶性蛋白质主要是清蛋白，存在于胚乳细胞的糊粉层中，占大麦蛋白质总量的 3%～4%，包括绝大部分的酶，如 β-淀粉酶，有报道称其主要有 9 种不同分子质量的蛋白质（12 319.0～63 739.4Da），其中低分子质量蛋白质（<20 000Da）占到整个水溶蛋白质总量的 60%以上，其他分子质量的蛋白质含量基本相差不大。另外的报道却指出，清蛋白包括 16 种组分，等电点为 pI4.6～5.8。

大麦的盐溶性蛋白质主要是球蛋白，不同品种大麦的球蛋白组成基本相同，分子质量分别为 26kDa、100kDa、166kDa 和 300kDa。球蛋白等电点为 pI4.9～5.7，球蛋白的含量为大麦蛋白质总量的 31%左右。和水溶性蛋白质的分布相比，盐溶性蛋白质中高、中、低分子质量蛋白质分布比较均匀，其低分子质量蛋白质的相对含量减少，而高分子质量蛋白质含量相应的有所增加。有报道指出，大麦球蛋白由 4 种组分（α、β、γ 及 δ）所组成。α-和 β-球蛋白分布在糊粉层里；γ-球蛋白分布在胚里，当发芽时它的含量变化最大。

四、大麦蛋白质的功能性质

1. 溶解性 大麦清蛋白可溶于水、稀的中性盐溶液，以及酸、碱溶液中。大麦球蛋白是种子的贮藏蛋白，不溶于纯水，可溶于稀的中性盐溶液。大麦醇溶蛋白主要存在于大麦籽粒的糊粉层里，等电点为 pI6.5，不溶于纯水及盐溶液，溶于 50%～90%的乙醇溶液，也溶于酸、碱溶液。大麦谷蛋白不溶于中性溶剂和乙醇溶液，溶于碱性溶液。

2. 乳化性 图 5-31 显示了大麦醇溶蛋白、玉米醇溶蛋白和大豆分离蛋白的乳化性及乳化稳定性。比较可知，大麦醇溶蛋白的乳化及乳化稳定性与大豆分离蛋白不相上下，在食品行业中的应用很有前景。

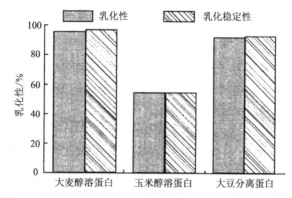

图 5-31 大麦醇溶蛋白、玉米醇溶蛋白和大豆分离蛋白的乳化性和乳化稳定性对比（曹威，2015）

3. 持水性、持油性 大麦醇溶蛋白、玉米醇溶蛋白和大豆分离蛋白的持水性与持油性如图 5-32 所示。比较可知大麦醇溶蛋白的持水性相对较差，但持油能力良好。

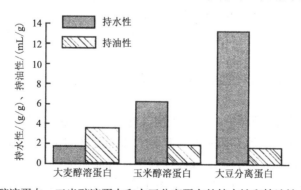

图 5-32 大麦醇溶蛋白、玉米醇溶蛋白和大豆分离蛋白的持水性和持油性（曹威，2015）

五、大麦蛋白质与储藏加工关系

大麦与麦芽是啤酒生产的主要原料，其化学成分与质量直接影响啤酒的质量。因此，为了提高啤酒质量，首先必须对大麦及麦芽的化学成分及其在酿造中的作用有所了解。

　　二棱大麦是六棱大麦的变种。二棱大麦籽粒均匀整齐,比较大,淀粉含量相对较高,蛋白质含量相对较低,是酿造啤酒的最好原料。

　　大麦中的蛋白质含量及类型直接影响大麦的发芽力、酵母营养、啤酒风味、啤酒的泡持性、非生物稳定性、适口性等。其中蛋白质含量是大麦质量的关键指标之一。大麦蛋白质含量的高低及类型,直接影响制麦和酿造工艺及啤酒的质量。大麦的蛋白质含量与麦芽中的 α-氨基氮、可溶性氮、蛋白酶活力呈正相关,与浸出物呈负相关。

　　选择含蛋白质适中的大麦品种对啤酒酿造具有十分重要的意义。大麦中蛋白质含量一般在 8%～14%,个别可达 18%。制造啤酒麦芽的大麦蛋白质含量需适中,一般在 9%～12%为好。蛋白质含量太高时有如下缺点:相应淀粉含量会降低,最后影响到浸出率的收得率,更重要的是会形成玻璃质的硬麦;发芽过于迅速,温度不易控制,制成的麦芽会因溶解不足而使浸出物收得率降低,也会引起啤酒的混浊,降低了啤酒的非生物稳定性;蛋白质含量高易导致啤酒中杂醇含量高。蛋白质过少,会使制成的麦汁对酵母营养缺乏,引起发酵缓慢,造成啤酒泡持性差、口味淡薄等。在大麦原料中经常面对的问题是蛋白质含量过高,所以在制造麦芽时通常是寻找低蛋白质含量的大麦品种。近年来,由于辅料比例增加,利用蛋白质质量分数在 11.5%～13.5%的大麦制成高糖化力的麦芽也受到重视。

　　大麦清蛋白在加热时,从 52℃开始,能由溶液中凝固析出;麦汁煮沸中,凝固加快,与单宁结合而沉淀。

　　由于大麦含有较高含量的球蛋白（占总蛋白的大约 31%）,其性质对酿造影响很大。溶解的大麦球蛋白与清蛋白一样,在 92℃以上部分凝固。β-球蛋白的等电点为 pI4.9,由于在麦汁制备过程中不能完全沉淀析出,发酵过程中酒的 pH 下降时,它就会析出而引起啤酒混浊。发芽时,β-球蛋白的水解程度较小。在麦汁煮沸时,β-球蛋白水解至原始大小的 1/3 左右,同时与麦汁中的单宁,尤其与酒花单宁以 2:1 或 3:1 的比例相互作用,形成不溶解的纤细聚集物。β-球蛋白含硫量为 1.8%～2.0%,并以—SH 基活化状态存在,具有氧化趋势。在空气氧化的情况下,β-球蛋白的巯基氧化成二硫化合物,形成具有二硫键的更难溶解的硫化物,啤酒变混浊。因此,β-球蛋白是引起啤酒混浊的根源。

　　大麦醇溶蛋白主要存在于麦粒糊粉层里中的 δ 组分和 ε 组分也是造成啤酒冷混浊和氧化混浊的重要成分。大麦醇溶蛋白还是麦糟蛋白的主要成分。

　　大麦谷蛋白也有 4 种组分,它和大麦醇溶蛋白一样是构成麦糟蛋白的主要成分,其含量为大麦蛋白质含量的 29%。

　　经历发芽、糖化及煮沸发酵等一系列酿造过程后仍能保持活性的蛋白质称为热稳定蛋白质,其中能够促进啤酒泡沫生成并增强啤酒泡沫稳定性的蛋白质称为泡沫蛋白质,这两种蛋白质是决定啤酒口感风味、泡沫及胶体稳定性等品质的主要因素。大麦热稳定蛋白质分为热稳定性的水溶蛋白质（清蛋白）、盐溶蛋白质（球蛋白）、醇溶蛋白质（醇溶蛋白）和碱溶蛋白质（谷蛋白）。其中,大麦中重要的泡沫蛋白质是 Z-蛋白和 LTP-蛋白,Z-蛋白占水溶蛋白的 5%左右,能够增强泡沫的稳定性及啤酒的非生物稳定性,LTP 是小分子球蛋白,分子质量约 10kDa。热稳定蛋白质在酿造过程中分子的大小和构象发生了改变,促使其泡沫活性也发生了变化,因此,对大麦及啤酒中热稳定性蛋白质的研究越来越多并受到广泛的关注。

第七节　燕麦蛋白质

一、概　　述

燕麦籽粒的平均蛋白质含量为 11%～15%，而燕麦仁（oat groat）的蛋白质含量为 12.4%～24.5%。燕麦仁的蛋白质含量在所有谷物中是最高的。与其他谷物蛋白质相比，燕麦蛋白质具有某些独特的性质。从燕麦的氨基酸组成看其营养价值更高，这是由于燕麦蛋白质组分和其他谷物蛋白质组分的分布不一样，燕麦中营养价值较高的清蛋白和球蛋白的比例要高许多。

燕麦籽粒的主要部分是壳、麸皮、糊粉层、淀粉质胚乳和胚。胚占籽粒的 3%左右，麸皮和淀粉质胚乳的比例大约为 1∶2（含量分别约为 30%和 60%）。胚的蛋白质含量最高（>30%），麸皮蛋白含量也较高（约20%），而淀粉质胚乳则含有大约10%的蛋白质。燕麦壳的蛋白质含量一般低于 2%。燕麦胚乳外部含着一层围绕淀粉质细胞的糊粉层。糊粉层细胞含有蛋白-碳水化合物颗粒体。胚乳细胞含有淀粉颗粒和蛋白体。胚乳中的亚糊粉层细胞含有很少的淀粉颗粒和大量的蛋白体，而中心的淀粉质胚乳细胞主要由淀粉粒组成，期间散布着蛋白体。燕麦的胚乳蛋白体不同于其他谷物，主要由染色较淡（密度较低）的内含物基质组成。燕麦缺少如小麦和其他谷物那样的特征蛋白基质。燕麦和其他谷物在蛋白质成分结构上的区别和它们之间蛋白组分分布的区别是一致的。燕麦的蛋白质含量可通过样品氮含量乘上系数 6.25 得到（有的研究认为，系数 5.5～5.8 更准确）。蛋白质浓度在品种之间变异较大，即使同一品种在不同环境下也存在明显不同。

氮肥施用水平对蛋白质浓度有较大影响，但燕麦的氨基酸组成随氮含量增加而改变的幅度不如其他谷物那样明显。有报道指出，随着燕麦籽粒的蛋白质含量的增加，赖氨酸、甘氨酸、丙氨酸和半胱氨酸比例轻微下降。

在氨基酸组成上，燕麦的赖氨酸含量比其他谷物高，谷氨酸（谷氨酰胺）和脯氨酸含量比较低。

目前，燕麦胚乳蛋白主要还是按奥斯本的方法进行分类。未采用按生化特征分类的方法，这是由于燕麦的蛋白组分分布和其他谷物很不一样。在小麦和其他谷物中，储藏蛋白在盐溶液中是不溶的，而在燕麦中，大部分盐溶液中可溶的球蛋白也属于胚乳的储藏蛋白。通常认为燕麦胚乳含有相对低含量的醇溶谷蛋白和较高含量的球蛋白。

不同蛋白质组分的比率取决于提取条件。当采用蒸馏水提取水溶性蛋白时，由于谷物中存在少量的盐，提取的蛋白质组分可能含有球蛋白。球蛋白的溶解性取决于用于提取的盐溶液的离子强度。采用含有 1.0mol/L NaCl 和 0.05mol/L Tris（羧甲基）甲胺的 pH8.5 的溶液提取球蛋白可获得最大提取率。通常采用 70%（V/V）乙醇提取醇溶蛋白，也有研究者推荐最好采用 52%乙醇提取。燕麦种子蛋白只有在含有 SDS 的碱性缓冲溶液中才会完全溶解。此外，还经常在提取溶剂中加入还原剂（如 2-巯基乙醇）。通常水溶性清蛋白和醇溶蛋白占燕麦蛋白的大约30%，剩下的为燕麦球蛋白和燕麦谷蛋白，其比率大约为 2∶1。

各组分的氨基酸组成有明显差别。清蛋白的赖氨酸含量最高，和其他谷物醇溶蛋白一样，燕麦醇溶蛋白也以低含量的碱性氨基酸和高含量的谷氨酸（谷氨酰胺）为特征。

二、燕麦储藏蛋白质

（一）球蛋白

如前所述，燕麦是唯一的主要蛋白为盐溶性球蛋白（globulin）的谷物。球蛋白的比例变化较大（从 40%～50%到 70%～80%）。超速离心、电泳、RP-HPLC 和其他技术测定表明，燕麦球蛋白组分（avenalin）为多肽混合物。从 1mol/L NaCl 提取的燕麦籽粒提取物中分离和鉴定出了 3S、7S 和 12S 球蛋白。其中的主要成分 12S 球蛋白是四级结构与豆类球蛋白非常相似的寡聚体蛋白。12S 球蛋白组分具有 322kDa 的分子质量。还原条件下的 SDS-PAGE 揭示，存在两个分子质量为 32kDa 和 22kDa 的亚基，分别称为 α-亚基和 β-亚基。天然球蛋白中 α-亚基和 β-亚基以二硫键连接，形成分子质量为 54kDa 的二聚体。12S 球蛋白是由 6 个 54kDa 二聚体亚基构成的六聚体。α，β-二聚体的分子质量变化范围较宽（50～70kDa），其中 α-亚基从 32kDa 变化到 43kDa，而 β-亚基从 19kDa 变化到 25kDa。

等点聚焦分析表明 α-亚基为酸性亚基，等电点在 pI5～7；β-亚基称为碱性亚基，等电点处于 pI8～9，而分子质量较大的多肽偏酸性。等电聚焦还表明，两个亚基均是异质性的。α-亚基包含 20～30 种成分，而 β-亚基包含 5～15 种成分。氨基酸组成分析表明，β-亚基的碱性氨基酸（组氨酸、精氨酸和赖氨酸）含量，以及天冬氨酸和谷氨酸含量比 α-亚基高。此外，α-亚基的甲硫氨酸含量较低。12S 球蛋白组成和结构上与豆类 11S 球蛋白的相似。燕麦 12S 球蛋白的氨基酸序列与大豆 11S 球蛋白有 30%～40%同源性，而与大米球蛋白有 70%的同源性。

燕麦还含有微量的 3S 和 7S 球蛋白。7S 球蛋白的主要成分是 55kDa 多肽。从燕麦中还分离出一个 3S 组分，它至少含有两个成分，分子质量分别是 15kDa 和 20kDa。另外，在燕麦中还检出了某些微量成分（分子质量 65kDa）。

与 12S 球蛋白相比，3S 和 7S 球蛋白的特点是甘氨酸含量相对较高，但谷氨酰胺和谷氨酸含量相对较低。

燕麦和大麦的 3S 和 7S 球蛋白在免疫学和结构上与豆类和棉花种子球蛋白很相似。虽然燕麦球蛋白和大豆球蛋白具有相似的分子结构，但加热条件下两者性质有很大差别。

（二）燕麦醇溶蛋白

通常采用 70%乙醇提取燕麦醇溶蛋白（avenin）。燕麦醇溶蛋白大约占燕麦粉的 15%。各种分离技术（凝胶过滤色谱、等点聚焦、HPLC、RP-HPLC、离子交换色谱、SDS-PAGE、二维电泳）研究表明，燕麦醇溶蛋白是各种多肽的混合物，其中最有效的分离技术——双向电泳分析表明，燕麦醇溶蛋白由 20 多个分子质量为 20～34kDa 的成分构成。

SDS-PAGE 可以作为燕麦的品种鉴定技术。和其他谷物一样，燕麦醇溶蛋白多肽也可以按电泳迁移率分为 α-、β-、γ-和 δ-燕麦醇溶蛋白。等电聚焦分析发现存在三个主要组分（等电点分别为 6、7.6 和 9）。采用 RP-HPLC 可将燕麦醇溶蛋白粗提取物分成两组共 30 个成分。第一组，主要是非醇溶蛋白，由微量成分组成；第二组，对应于燕麦醇溶蛋白，是主要成分，这类蛋白按其疏水性氨基酸（Leu、Ile、Val、Phe）的变化进一步被分成三个亚组。HPLC 也被成功应用于品种鉴定。燕麦醇溶蛋白及其不同组分的氨基酸组成相似。氨基酸组成很好地反映了燕麦在谷物分类中所处的中间位置。一方面，燕麦醇溶蛋白具有类似于小麦、黑麦和大麦的高度酰胺化的谷氨酸和精氨酸；另一方面，它具有类似于大米、小米和玉米醇溶谷蛋白的相对低含量的脯氨酸（大约10%）及相对高含量的亮氨酸（11%）及缬氨酸（8%）。

燕麦醇溶蛋白前23个残基的序列如下：

| 1 | 2 | 3 | 4 | 5 | 6 | 7 | 8 | 9 | 10 | 11 |

THR-THR-THR-VAL-GLN-TYR-ASN-PRO-SER-GLU-GLN

| 12 | 13 | 14 | 15 | 16 | 17 | 18 | 19 | 20 | 21 | 22 | 23 |

TYR-GLN-PRO-TYR-PRO-GLU-GLN-GLN-GLU-PRO-PHE- VAL

研究者认为，所有的燕麦醇溶蛋白多肽可能都具有同源的N端氨基酸序列，但存在非同源的N端序列块。燕麦醇溶蛋白的N端氨基酸与其他谷物醇溶谷蛋白的相关性不紧密。尤其是前三个氨基酸残基是苏氨酸在其他谷物中不太常见。

对通过离子交换和HPLC分离的三个燕麦醇溶蛋白多肽成分的N端氨基酸序列分析表明，三个蛋白多肽成分的序列在前40个氨基酸上是相同的。测定了其中的一个燕麦醇溶蛋白多肽的完全氨基酸序列（编号为N19），其在乳酸钠PAGE迁移率比其他醇溶蛋白多肽（某个微量成分除外）更快，且其在大多数燕麦品种中均存在。燕麦醇溶蛋白N19含有182个氨基酸残基。通过计算获得的分子质量（21kDa）与氨基酸组成和电泳迁移率非常一致。按摩尔分数计，它含有0.307谷氨酰胺、0.115脯氨酸、0.04半胱氨酸、0.016甲硫氨酸和0.6疏水性氨基酸。它含有独特的N端氨基酸序列及三个保守区域——A（残基43~67）、B（残基86~121）和C（残基150~174），这三个区域存在于所有谷物的富硫醇溶蛋白中。最近报道的燕麦醇溶蛋白组分的氨基酸序列分析表明，其含有三个重复的PFVQn型序列，$n=3$、4或5。

（三）燕麦谷蛋白（残余蛋白）

通常燕麦谷蛋白被定义为在除去水溶性清蛋白、盐溶性球蛋白和醇溶蛋白之后采用碱或酸溶液提取的蛋白组分。然而，这类提取通常不完全，仍然存在某些无法提取的蛋白。在除去清蛋白、球蛋白和醇溶蛋白后，可以采用含有2-巯基乙醇和SDS的碱溶液实现对剩余蛋白的完全溶解。但是，提取出的蛋白质除了包含燕麦谷蛋白之外，还可能包含部分非储藏蛋白质。此外，燕麦谷蛋白的提取数量常与清蛋白、球蛋白和醇溶蛋白的提取效率有关。因此，其值变异很大（5%~66%）。也有研究认为，上述残余物里的主要蛋白质其实是球蛋白，并指出谷蛋白占燕麦蛋白的量少于10%。

三、代谢活性蛋白质

大多数燕麦代谢活性蛋白质存在于水溶性清蛋白组分中。然而，不能排除球蛋白组分和谷蛋白（残余）组分也含有这类蛋白质。燕麦清蛋白占总蛋白1%~12%。主要的清蛋白成分具有14~17kDa、20~27kDa和36~47kDa的分子质量。多数清蛋白等电点在pI4~7.5。

从实际应用角度看，最重要的代谢活性蛋白质是酶。像别的谷物一样，燕麦米含有多种酶，如蛋白酶、麦芽糖酶、α-淀粉酶、苔聚糖酶、苯氧基乙酸羟化酶、磷酸酶、酪氨酸酶和脂肪酶等。

生产燕麦食品时，需要在加工前通过各种水热或其他处理手段灭活脂肪酶。因为水解和氧化引起的脂肪降解将会导致酸败，这是燕麦产品储藏和加工主要的限制因素。众多对脂肪酶活性及其分布的研究发现，脂肪酶活性不是均匀分布于燕麦籽粒中，它主要分布于糊粉层中，并与颖果表面的组织紧密结合连接。按照燕麦籽粒中的脂肪酶的分布，脂肪酶活性在籽粒表面的麸皮层中较高，而在内部胚乳中较低。

酪氨酸酶的存在可为滚筒干燥热处理对燕麦脂肪酶的失活效果提供方便的比色测定方法。燕麦 α-淀粉酶相似于玉米、高粱、小米和大米，不同于小麦、大麦和黑麦。燕麦还存在低活性的植酸酶。因为热处理，商业产品中实际上没有植酸酶活性。

四、燕麦蛋白的理化、功能性质

1. 热性质　　图 5-33 给出了清蛋白和球蛋白的 DSC 量热图。清蛋白组分显示宽峰，其 T_d（变性温度或最大峰值温度）大约为 87℃。球蛋白组分显示一个尖锐的吸热峰，T_d 大约为 110℃，半峰宽大约为 9.6℃。球蛋白的焓变 ΔH 为 5.39cal/g，由于难于建立精确的基线，清蛋白的焓变无法计算。燕麦球蛋白的变性温度显著高于其他植物蛋白质，如大豆球蛋白的变性温度大约为 90℃。醇溶蛋白和谷蛋白无吸热峰。球蛋白的半峰宽较窄，表明其热转变具有协同性。清蛋白的吸热峰较宽，表明其热转变是由多步骤构成的，这与该蛋白混合物的异质性有关。如小麦面筋蛋白质一样，燕麦醇溶蛋白缺少明显的吸热峰，可能是由于极性作用断裂引起的吸热被大量疏水键引起的放热所抵消。

2. 溶解性　　图 5-34 给出了 4 种蛋白组分的 pH 溶解度曲线。清蛋白在整个 pH 范围内几乎完全溶解。球蛋白具有钟罩型溶解度曲线，最小溶解性在 pH6～7，在碱性和酸性端具有较高溶解性（超过 90%）。燕麦醇溶蛋白也具有钟罩型溶解度曲线，最小的溶解性在 pH5～6。燕麦醇溶蛋白的溶解性在碱性 pH 比酸性的高。燕麦谷蛋白组分在 pH3～8 具有低溶解性（低于 20%）。碱性端的溶解性（pH10.5 大约 90%）比酸性端大得多（pH1.5 大约 30%）。所有燕麦蛋白组分在碱性条件下溶解性均较高，说明可以采用碱提取大部分燕麦蛋白。

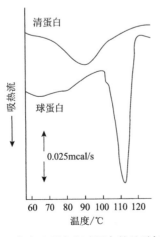

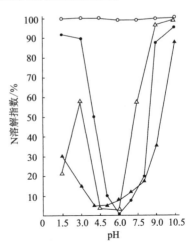

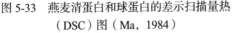

图 5-33　燕麦清蛋白和球蛋白的差示扫描量热　　　图 5-34　燕麦蛋白组分的 pH-溶解度曲线（Ma，1984）
（DSC）图（Ma，1984）　　　　　　　　　　○. 清蛋白；●. 球蛋白；△. 醇溶蛋白；▲. 谷蛋白

3. 乳化性 表 5-18 给出了燕麦可溶性组分的功能性质。与乳状液界面面积有关的乳化活性指数（EAI）在球蛋白的 27.6m²/g 及谷蛋白的 45m²/g 之间。除了醇溶蛋白之外，燕麦蛋白组分的乳状液稳定指数（ESI）均较低。

表 5-18 燕麦蛋白组分的功能性质 [a]

组分	EAI/ (m²/g)	ESI/ min	FBC/ (mL/g)	WHC/ (mL/g)	起泡性/ %	泡沫稳定性/%	
						静置 30min	静置 50min
清蛋白	31.2	3.2	2.8	2.4	240	70	47
球蛋白	27.6	3.0	1.6	0.8	100	73	60
醇溶蛋白	36.8	9.5	1.7	0.9	50	67	63
谷蛋白	45.0	2.0	2.1	1.9	45	37	27

a 两次重复测定的均值；EAI 表示乳化活性指数；ESI 表示乳化稳定指数；FBC 表示脂肪结合能力；WHC 表示水化能力

图 5-35 给出了 4 种蛋白组分的 pH-EAI 曲线。清蛋白在酸性（pH 3.0～4.5）和碱性（pH 9.5）比中性（pH 6.0～7.5）的 EAI 要高。然而，在高酸性（pH 1.5），清蛋白具有低的 EAI 值。其他 3 种组分的 pH-EAI 曲线与溶解度曲线相似，在最低溶解性具有最低的 EAI 值。

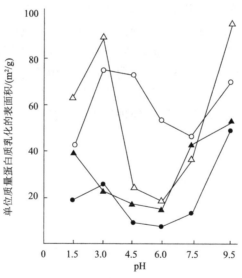

图 5-35 燕麦 4 种蛋白组分的 pH-EAI 曲线（Ma，1984）
○. 清蛋白；●. 球蛋白；△. 醇溶蛋白；▲. 谷蛋白

4. 起泡及泡沫稳定性 清蛋白具有比其他 3 种组分大得多的起泡性，甚至可以与鸡蛋白相当（250%）。这可能是由于这个组分具有高溶解性及非蛋白质成分。除了谷蛋白之外，所有组分的泡沫稳定性均较高。Ma（1984）研究了在 pH1.5～9.5 时的起泡和泡沫稳定性。清蛋白在酸性pH具有低起泡及泡沫稳定性，最小为pH3.0。随着pH增加，起泡和泡沫稳定性均逐渐增加，在pH6.5 逐渐变平缓。其他组分的pH起泡曲线与pH-溶解度曲线相似，在微酸性pH具有最低起泡性。随着pH的增加，球蛋白和谷蛋白的泡沫稳定性均增加，而醇溶蛋白的泡沫稳定性在碱性pH比酸性或中性pH低。

5. 持水性、持油性　　清蛋白和谷蛋白的水合能力（water hydration capacity, WHC）比球蛋白和醇溶蛋白的高得多。在许多食物蛋白质中均发现水合能力和溶解性之间存在反比关系。因此，燕麦谷蛋白的高WHC可能是由于其低溶解性所致。清蛋白组分的非蛋白质成分，如碳水化合物，可能对其高WHC有贡献，尽管通常碳水化合物的溶解性也较高。

持油性（fat-binding capacity）。油吸收能力对于诸如肉代替品等的应用是很重要的功能性质。燕麦清蛋白比其他的组分具有显著高的油结合能力（FBC）。清蛋白具有最低的体相密度，与油吸收是由于材料对油的物理包埋的观点一致。

五、燕麦蛋白质与储藏加工的关系

有研究表明，燕麦在储藏过程中随储藏时间从 12 个月增加为 24 个月，蛋白质含量分别下降 10.98%及 15.95%。燕麦蛋白质含量下降可能是由于蛋白质的水解。

有学者在商品化燕麦片不同生产环节在线取样，分析蒸煮、烘干和微波烘烤等工艺对燕麦中营养品质及加工特性的影响。发现，燕麦加工过程中蛋白质含量没有显著性变化。燕麦片加工不同阶段燕麦全粉蛋白质消化率在整个消化过程中均呈上升趋势，胃蛋白酶和胰蛋白酶作用初期蛋白质体外消化率均急剧上升，之后趋于平缓（图 5-36）。整个消化阶段，燕麦蛋白质体外消化率由小到大依次为：原料燕麦粉（76.9%）＜ 蒸煮和烘干后燕麦粉（82.11%和 82.42%）＜ 微波烘烤后燕麦粉（87.09%）。大量研究表明，热处理主要是通过破坏蛋白质分子二级和三级结构，使蛋白质分子的立体结构伸展，氢键和二硫键被打开，蛋白质大分子转化成多肽或寡肽，被包埋的酶作用位点由于分子结构松散而暴露出来，加速酶对它的降解速度。因此，燕麦经过蒸煮后其被包埋的酶作用位点也会暴露出来，从而提高燕麦蛋白质消化率，再经过微波烘烤处理使得更多被包埋的酶作用位点暴露，故燕麦蛋白的消化率进一步得到提升，更适合人们食用。

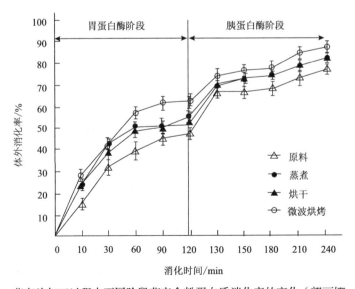

图 5-36　燕麦片加工过程中不同阶段燕麦全粉蛋白质消化率的变化（郭丽娜，2015）

第八节 高粱蛋白质

一、概　述

高粱蛋白质含量随品种、农业技术和其他因素变化较大。高粱的平均蛋白含量为 11%～12%，其变异为 8.7%～16.8%、4.7%～17.0% 或 6%～25%。

和其他谷物一样，高粱不同组织中蛋白质的分布不均匀。胚的蛋白质含量最高，可达 20%。胚乳蛋白质含量较低，但胚乳的最外层富含蛋白质。种皮蛋白含量最低。因胚乳是高粱籽粒最大的组织，有超过 80% 的高粱蛋白质位于胚乳中。和其他许多谷物一样，高粱籽粒蛋白质浓集于球状蛋白体及蛋白体镶嵌其中的网状结构的蛋白基质中。通常采用扫描和透射电镜对高粱胚乳中的蛋白体和蛋白基质进行研究。对经 α-淀粉酶脱淀粉处理的高粱胚乳组织进行切片观察表明，球状蛋白体具有层片状的内部结构，直径为 2～4μm，比玉米的要大。采用 60% 热乙醇可溶解大部分蛋白体，余下的为蛋白基质，说明蛋白体主要由醇溶蛋白组成，而蛋白基质主要由谷蛋白组成。

糊粉层富含蛋白质，也含有蛋白体，糊粉层蛋白体主要属于可溶性球蛋白组分。胚盾片的薄壁组织也可分离出蛋白体，其外观和组成上类似于糊粉层蛋白体。胚的蛋白体具有某些酶活性，如蛋白酶、α-和 β-葡萄糖苷酶、焦磷酸酶和核糖核酸酶活性等。

在同一品种内，角质和粉质胚乳中的蛋白含量不同，粉质胚乳平均蛋白含量为 6.1%，而角质胚乳平均为 10.8%。

奥斯本的分级方法及其改良方法广泛应用于高粱蛋白质的提取。在提取清蛋白和球蛋白之后，采用 60% 的热乙醇提取高粱醇溶蛋白（kafirin），最后，采用 0.4% 的氢氧化钠溶解高粱谷蛋白。醇溶蛋白的提取也可采用叔丁醇水溶液。

还可采用 Landry 和 Moureaux 等报道的方法提取高粱蛋白质。该方法可还原二硫键并改变天然胚乳蛋白的状态。可溶性蛋白组分的数量如表 5-19 所示。

表 5-19　不同研究者报道的高粱籽粒的可溶性蛋白组分（% 总蛋白）

清蛋白	球蛋白	醇溶蛋白	谷蛋白
1.3～7.7	2.0～9.3	32.6～58.8	19.0～37.4
16.0	16.0	48.0	25.0
3.0	3.0	37.0	35.0
23.4	11.6	51.8	18.9
12.2～17.2	未检出	30.9～43.5	36.2～43.6

如表 5-19 所示，报道的数据出入很大，可能是由于分离方法的不同及品种的不同引起的。和高赖氨酸玉米一样，高粱也存在高赖氨酸品种。高赖氨酸品种的醇溶蛋白含量较低，这是因其胚乳含有的蛋白体数量更少，体积更小。粉质突变型品种赖氨酸含量的提高是由于富含赖氨酸的谷蛋白含量增加，而缺乏赖氨酸的醇溶蛋白含量减少。硬质胚乳比软质胚乳含有更多的蛋白体，醇溶蛋白亚类组分的分布也不同。

高粱蛋白的氨基酸组成和玉米相似，通常含有高的谷氨酸、亮氨酸、丙氨酸、脯氨酸和天冬氨酸。除了高赖氨酸突变型外，赖氨酸含量均较低。氨基酸组成取决于蛋白质含量。谷氨酸、丙氨酸、亮氨酸和蛋白质含量高度正相关；相反，赖氨酸、甘氨酸和蛋白质含量高度负相关。

二、高粱储藏蛋白质

（一）低分子质量贮藏蛋白质

高粱醇溶蛋白（kafirin）在许多方面与玉米醇溶蛋白相似。高粱醇溶蛋白通常可用70%热乙醇水溶液或60%叔丁醇水溶液提取。它也溶解于6mol/L盐酸胍+8mol/L尿素+二甲基亚砜，甲基甲酰胺及50%乙酸。需要注意的是，和玉米醇溶蛋白一样，下面在讲述高粱醇溶蛋白性质的时候，需要区分是以不含还原剂的70%醇水溶液提取的天然高粱醇溶蛋白，还是以含有还原剂的醇水溶液提取的总高粱醇溶蛋白，两者在组成上存在一定差别。

1. 天然高粱醇溶蛋白的分离、鉴定 乙醇水溶液可溶级分是不同蛋白质的混合物，可采用不同方法分离。采用30%（V/V）叔丁醇从高粱粉中仅提取出部分高粱醇溶蛋白，称为β-kafirin。采用90%叔丁醇可从上述剩余物中提取的蛋白质，称为α-kafirin。凝胶过滤色谱、等电聚焦及SDS-PAGE、RP-HPLC等现代分离技术均证实高粱醇溶蛋白及其α-组分和β-组分的异质性。还原及烷基化的高粱醇溶蛋白与未还原的高粱醇溶蛋白相似，说明天然高粱醇溶蛋白的二硫键主要是分子内的。

通常，乙醇水溶液（不含还原剂）提取的醇溶蛋白在SDS-PAGE上显示28kDa、22kDa和19kDa的三条谱带。按前述方法分离的α-kafirin在SDS-PAGE上显示分子质量分别为28kDa（α1-kafirin）及22kDa（α2-kafirin）两条谱带。β-kafirin只含有一条分子质量为19kDa的谱带。

不透明（opaque）胚乳含有显著低的醇溶蛋白。硬粒型高粱的α-醇溶谷蛋白在透明（vitreous）胚乳中占醇溶谷蛋白的80%～84%，在不透明（opaque）胚乳中占66%～71%。β-醇溶谷蛋白在高粱透明胚乳中占总醇溶谷蛋白的7%～8%，在非透明胚乳中占10%～13%。

图5-37给出了4个高粱品种中提取的kafirin（K）及醇溶还原谷蛋白（ASG）的RP-HPLC色谱图。结果表明，相同基因型高粱醇溶蛋白的大部分成分相似，但数量上存在差异。自交品系（inbred strain）的籽粒通常含有某些不同的醇溶蛋白。杂交（hybrid）品系含有来自双亲的蛋白，其中来自母本的占优势。不同品种高粱的醇溶蛋白存在变化。在酸性电泳上，不同品种的醇溶蛋白显示出差别。最近，酶联免疫评价也被成功用于定量α-kafirin、β-kafirin和γ-kafirin（γ-kafirin为还原谷蛋白的醇溶性亚基）的相对比例。发现高粱醇溶蛋白含量和分布与籽粒硬度有关。关于ASG的特征将在后面说明。

60%叔丁醇提取的天然高粱醇溶蛋白的N端氨基酸分析表明，不同的高粱醇溶蛋白具有高度同源性，应是同一个多基因家族编码的紧密相关的蛋白家族。22kDa kafirin（α2-kafirin）的N端氨基酸序列如下：H₂N–   I Q SLA   AIA   QFLPAL–。

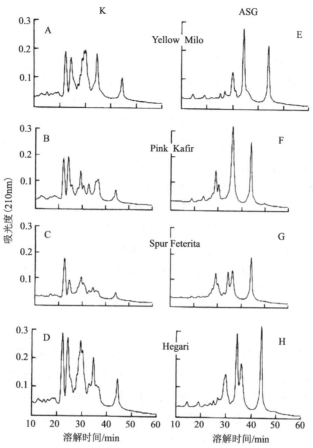

图 5-37　从 Standard Yellow Milo（A 和 E）、Pink Kafir（B 和 F）、Spur Feterita（C 和 G）和 Hegari（D 和 H）高粱籽粒中提取的 kafirin（K）及醇溶还原谷蛋白（ASG）的 RP-HPLC 色谱图（Sastry et al.，1986）

转录获得的 kafirin 前体含有一条 21 个氨基酸残基的信号肽，成熟过程（翻译后修饰）中被清除，形成从第 22 个氨基酸开始的如上所述的 N 端序列，这是种子胚乳中的成熟蛋白的形式。

如前面所述，Argos 在一级结构上的九个同源重复单元及圆二色谱分析结果为基础，提出了 22kDa 和 19kDa 玉米醇溶蛋白的结构模型。推导的 kafirin 的氨基酸序列在其 C 端区域具有 8 个重复氨基酸片段，重复单元具有如下的序列：L L LN LALANPAAYLQQQQ。

序列和相应的玉米醇溶蛋白的高度同源。基因分析表明，存在少于 20 种编码 22kDa kafirin（α2-kafirin）和 19kDa kafirin（β-kafirin）的基因组，大大少于玉米醇溶蛋白编码相应多肽的基因组数量（超过 100 个）。

Kafirin 组成测定表明，如玉米醇溶蛋白一样，高粱醇溶蛋白富含谷氨酸（谷氨酰胺）和非极性氨基酸（如亮氨酸、丙氨酸）。它们实际上不含赖氨酸。色氨酸含量不清。

2. 总高粱醇溶蛋白（还原条件下提取）的分离、鉴定　　由于天然高粱醇溶蛋白主要形成分子内二硫键，其对加工的重要性不如能通过分子间二硫键形成聚合物的其他醇溶蛋白组分。因此，下面所采用的分类方法更具有实践意义。

还原条件下的醇溶液提取的高粱醇溶蛋白，在 SDS-PAGE 凝胶 15～30kDa 的范围内出现了若干的电泳带系。基于它们的分子质量、溶解性、结构以及免疫交叉反应的不同，这些蛋白质被分成了与玉米醇溶蛋白对应的三种醇溶蛋白：α-高粱醇溶蛋白、β-高粱醇溶蛋白、γ-高粱醇溶蛋白。第四种对应于 δ-玉米醇溶蛋白的为 δ-高粱醇溶蛋白，只是从克隆 DNA 的序列上被证明是存在的，而在蛋白质水平上还没有很好地表征。

1）α-高粱醇溶蛋白　　作为高粱籽粒中的主要储藏蛋白质，α-高粱醇溶蛋白约占总醇溶蛋白的 80%，分子质量为 23～27kDa，可被 SDS-PAGE 电泳分成 23kDa 和 25kDa 两条谱带。α-高粱醇溶蛋白含有 0.01（摩尔分数）的半胱氨酸，说明其具有形成二硫键交联的潜力。采用双向电泳、HPLC 和毛细管电泳技术的分析显示 α-醇溶蛋白可被分成更多的组分。

由 10 个基因编码的高粱醇溶蛋白非常类似于玉米 22kDa 的 α-醇溶蛋白。这些蛋白质的序列已经被报道，结果显示了 93% 以上的序列同源性；它们的不同主要在第 70 个氨基酸残基附近，也就是 10 个由 15～20 个氨基酸组成的串联重复序列中的第二个重复序列中的谷氨酰胺残基的含量，该重复序列富含谷氨酰胺、脯氨酸、丙氨酸、亮氨酸，并且具有高度简并性。此外，圆二色性和红外线的光谱学研究和傅里叶光谱分析发现，高粱和玉米的 α-醇溶谷蛋白的主要成分具有类似的二级结构，其中有 40%～60% 的 α 螺旋，也有 β 折叠的结构。

2）β-高粱醇溶蛋白　　据报道，β-高粱醇溶蛋白占总醇溶蛋白的 7%～8%。其在 10%～60% 叔丁醇+还原剂中的溶解性及与 β-玉米醇溶蛋白的免疫交叉反应性为组分的鉴定提供了依据，β-高粱醇溶蛋白可分为三个主要成分，分子质量分别为 16kDa、18kDa 和 20kDa。

与 β-玉米醇溶蛋白一样，β-高粱醇溶蛋白也只有一个 β-醇溶蛋白基因。β-高粱醇溶蛋白基因编码一个由 172 个氨基酸组成的、分子质量为 18.745kDa 的蛋白质。这个蛋白质有 16 个甲硫氨酸和 10 个（偶数）半胱氨酸[半胱氨酸含量为 0.058（摩尔分数）]，表明 β-高粱醇溶蛋白能形成分子内和分子间二硫键。它的序列与 β-玉米醇溶蛋白高度同源。而 β-玉米醇溶蛋白只有 7 个（奇数）半胱氨酸。因此，较高的半胱氨酸含量及偶数个半胱氨酸残基使得 β-高粱醇溶蛋白主要以更高分子质量的聚合体形式存在，还可能作为将其他高粱醇溶蛋白连接在一起的寡聚体链延伸剂。

3）γ-醇溶蛋白　　γ-高粱醇溶蛋白在透明胚乳中占总醇溶蛋白的 9%～12%，在非透明胚乳中占 19%～21%。可用水+还原剂或 10%～80% 叔丁醇+还原剂体系溶解。SDS-PAGE 分析表明，γ-kafirin（谷蛋白的醇溶性亚基）主要含有一条单独谱带，分子质量为 28kDa，与 γ-玉米醇溶蛋白的迁移模式一致。γ-高粱醇溶谷蛋白的半胱氨酸含量为 7mol%，表明其可参与交联反应。蒸煮及未蒸煮的、还原及非还原的高粱的 60% 叔丁醇提取物的比较表明，最大数量的交联寡聚体是由 γ-醇溶谷蛋白+α-醇溶谷蛋白构成的。不存在还原剂条件下，γ-高粱醇溶蛋白可形成二聚体（约 49kDa）及多聚体，还原后的亚基可溶解于水。

主要 γ-高粱醇溶蛋白的氨基酸序列与 γ-玉米醇溶蛋白具有高度同源性。不同之处在于 γ-高粱醇溶蛋白多了 4 个重复的由脯氨酸、脯氨酸、脯氨酸、缬氨酸、组氨酸和亮氨酸组成的基序。这可能与两者的溶解性有关。

4）δ-醇溶蛋白　　关于 δ-高粱醇溶蛋白，由于无法直接从电泳上检测到，目前主要是通过编码其的 cDNA 的分子克隆实验进行研究的。DNA 序列的转录预测了一条分子质量为有 16kDa 的含有较多甲硫氨酸（17%）的 147 个氨基酸的多肽。然而，已发现两种 δ-高粱醇溶蛋白 DNA 序列，它们与 14.4 kDa 的 δ-玉米醇溶蛋白具有高度的同源性。

（二）高分子质量贮藏蛋白质

高粱的高分子质量储藏蛋白质（高粱谷蛋白）可以采用稀碱溶液提取。为了避免碱引起的降解，也可采用其他溶剂提取。尿素和 SDS-尿素溶剂不如稀碱溶液有效。若溶剂中含有还原剂，将增加其溶解性。烷基化还原蛋白 85%～89%溶解于 6mol/L 盐酸胍。也可采用 Landry 和 Moureaux 的顺序提取方法来获得不同的谷蛋白级分。二硫键的还原导致分子质量下降。这些事实表明高分子质量储藏蛋白含有多个被分子间二硫键连接的亚基。

高粱谷蛋白亚基可以采用如其他谷物一样的技术分离。一部分亚基溶于乙醇水溶液和水。这个级分称为醇溶性还原谷蛋白（ASG）或还原可溶性蛋白（RSP），也称为 γ-高粱醇溶蛋白。高粱 RSP 在磷酸纤维素色谱上显示三个峰，但大多数成分存在于第三个峰对应的蛋白质组分中。RSP 在 SDS-PAGE 及磷酸纤维素色谱上显示其第一个组分由 28kDa 和 17kDa 两条谱带组成，第二个级分含有 28kDa、16kDa 和 14kDa 谱带，而第三个组分含有 28kDa 的主要谱带和 15kDa 的微量谱带。RSP 的主要成分存在于第三个组分中。采用 RP-HPLC 和 IEF 研究了高粱谷蛋白的醇溶亚基，两种分离技术均证实亚基存在多样性。IEF 模式显示，在同一品种中，ASG 的大多数谱带和高粱醇溶蛋白相似，但等电点接近 pI8 的谱带似乎比相应的高粱醇溶蛋白更多。这种差别可能是由于蛋白质提取率的变化，导致交联二硫键数量上的变化及与高粱醇溶蛋白组成上的差别。

比较高粱醇溶蛋白和 RSP 的 RP-HPLC 模式表明，RSP 的单一谱带含有不同等电点的多个异构体。SDS-PAGE 表明，存在 28kDa 的主要谱带和约 49kDa 的微量谱带。

采用乙醇水溶液和还原剂提取天然高粱籽粒的蛋白体。TEM 显示，交联高粱醇溶蛋白位于蛋白体内。电泳显示高粱醇溶蛋白和交联高粱醇溶蛋白之间存在极大的相似性。

总高粱谷蛋白的氨基酸组成以高含量的谷氨酸和谷氨酰胺、亮氨酸、脯氨酸和丙氨酸为特征。赖氨酸含量较低，但比醇溶非还原的高粱醇溶蛋白要高。还原高粱谷蛋白的水溶性组分（RSP）含有高的脯氨酸含量和半胱氨酸含量。

关于高粱谷蛋白亚基的精细结构的了解不多。异源高粱 RSP 的 N 端的一级结构显示其不具有多态性，前 11 个残基的其中 10 个与玉米 RSP 的相应序列相同。高粱同源多肽也含有在玉米中发现的重复的六肽 Pro-Pro-Pro-Val-His-Leu。

三、代谢活性蛋白质

水溶和盐溶性高粱蛋白是异质的。高粱整个籽粒中高单宁含量降低了蛋白质提取率，可能是由于单宁-蛋白相互作用。从普通品种中提取的清蛋白和球蛋白的比例比从高单宁高粱中提取的要高。高赖氨酸高粱比普通高粱的清蛋白和球蛋白含量更高。清蛋白和球蛋白通常比储藏蛋白的营养价值更高。

高粱还含有复合蛋白如糖蛋白和脂蛋白，但这方面研究较少。

和其他谷物一样，高粱也含有多种酶。从实际看，淀粉酶、蛋白酶和某些氧化酶最重要。关于高粱中酶的研究开展得不多。发芽高粱中只发现低等电点（pI<5.5）的 α-淀粉酶。高粱中的酶抑制剂未见详细研究。高粱中也存在 α-葡萄糖苷酶和 β-葡萄糖苷酶、焦磷酸酶及核糖核酸酶。

四、高粱蛋白质的功能性质

由于高粱蛋白质无法像小麦面筋蛋白质一样形成黏弹性的面团，因此，对高粱蛋白质的功能性质了解还不够。且由于大多数高粱蛋白质包含在相对内部的蛋白体里面，它们在食品中的功能性可能受到限制，除非采用酶、还原剂降解，或通过加工从蛋白体中释放蛋白。和其他杂粮一样，高粱粉通常需要和小麦粉混合制备成预混粉，才能制作成面包、馒头和面条等各种面制品。将高粱粉加入小麦粉中，通常由于高粱蛋白质对小麦面筋蛋白质的稀释作用，导致预混粉制作的面团流变学特性变差，其制品品质变差，与对照小麦粉相比。然而，由于预混粉成分复杂，对于研究高粱粉的功能性质并不是很好的体系。可采用高粱醇溶蛋白、淀粉及水组成的混合体系，并与玉米醇溶蛋白在相应体系下的行为做比较，来阐明高粱在食品制作中的功能性质。

有研究比较了玉米醇溶蛋白和高粱醇溶蛋白的功能特性。当以 50%浓度（m/m）的油酸作为塑化剂的时候，高粱醇溶蛋白能够像玉米醇溶蛋白一样生成树脂。尽管如此，它不能形成类似于玉米醇溶蛋白的黏弹性面团。高粱醇溶蛋白仍然以分散颗粒的形式存在于淀粉和水基质中。

研究者将这归咎于商业玉米醇溶蛋白仅含有 α-玉米醇溶蛋白，如通过 SDS-PAGE 测定所显示那样。而实验室提取的高粱醇溶蛋白物中，含有 α-高粱醇溶蛋白及 γ-高粱醇溶蛋白。研究者推测在玉米醇溶蛋白和高粱醇溶蛋白中均发现的 γ-蛋白组分，比 α-醇溶蛋白具有更大的疏水性，使得其不适合蛋白分离物的水化及随后和水及淀粉混合时的塑化。然而，关于不同高粱醇溶蛋白亚类的疏水性的数据仍然不是很清楚。例如，在 RP-HPLC 上 α-高粱醇溶蛋白比其他类型的高粱醇溶蛋白洗脱更晚，且比 γ-高粱醇溶蛋白需要更加非极性的溶剂溶解，表明 α-高粱醇溶蛋白比 γ-高粱醇溶蛋白疏水性更强。另一假设是富含半胱氨酸的 γ-高粱醇溶蛋白在半胱氨酸残基之间会交联形成二硫键。这就解释了为何高粱醇溶蛋白形成的树脂更硬及更抗拉伸。也解释了为何实验中分离的高粱醇溶蛋白无法形成黏弹性面团，因为蛋白分子内或蛋白分子间形成二硫键阻止了适当的结构变化或黏弹性网络结构形成。

大部分的研究以商业玉米醇溶蛋白为原料，由于商业玉米醇溶蛋白和实验室分离的高粱醇溶蛋白功能性质可能存在很大的不同，因其提取步骤不同，应用的时候需要格外小心。理论上，由于不同的分离程序显著影响蛋白质的功能性质，为了准确比较它们的功能性质，高粱醇溶蛋白和玉米醇溶蛋白应该以相同的方式进行提取。应该采用实验室提取的玉米醇溶蛋白代替商业玉米醇溶蛋白，以确定两种蛋白质组分之间功能性质存在的差别。

通常实验室分离的相对纯的 α-玉米醇溶蛋白具有类似于商业玉米醇溶蛋白的性质。然而，实验室分离的高粱醇溶蛋白却不具有相同的功能性质。由于 α-和 β-高粱醇溶蛋白之间疏水性的相似性，α-高粱醇溶蛋白比 α-玉米醇溶蛋白更加难于分离得到较纯的形式。因此，通过控制提取溶剂的极性可较容易地从 β-玉米醇溶蛋白中分离出 α-玉米醇溶蛋白。相反，由于 α-和 β-高粱醇溶蛋白具有相似的疏水性，很难提取到不受 β-高粱醇溶蛋白污染的 α-高粱醇溶蛋白。虽然实验分离的玉米醇溶蛋白在水中也能够形成聚集物，目前还无法确定其是否能如商业玉米醇溶蛋白那样形成具有一定黏弹性的面团。实验室分离的玉米醇溶蛋白缺乏半胱氨酸，说明二硫键交联对玉米醇溶蛋白树脂及面团形成不是必需，就如小麦面筋一样，而是通过其他的作用促进面团形成。例如，疏水相互作用对玉米醇溶蛋白功能性质贡献较大。为了使高粱醇溶蛋白如商业玉米醇溶蛋白一样起作用，在加工和分离方面需要理解为何商业玉米醇溶蛋白会具有明显的黏弹性。可以确定的是，不是所有玉米醇溶蛋白提取物均具有同样的功能性质。从玉米蛋白粉中分离的商业玉米醇溶蛋白在加工过程经受过不同的处理，包括暴露于有机溶剂、碱性 pH 及高温等，尤其是玉米蛋白粉生产过程中还受到还原剂（二氧化硫）对其二硫键的断裂作用，所有这些步骤均对玉米醇溶蛋白的功能性质有改性作用。通过理解玉米醇溶蛋白功能性质背后的原因和机制，可以对高粱醇溶蛋白进行适当改性，以形成黏弹性的高粱醇溶蛋白-淀粉面团。这可能有助于开发不含面筋的烘焙食品。

五、高粱蛋白质与储藏加工的关系

高粱籽粒的蛋白消化率对于人类营养、动物饲料乃至生物燃料生产均是重要的影响因素。降低高粱蛋白消化率的因素包括：多酚化合物、籽粒结构及受热情况等。关于高粱蛋白消化率研究方面的重要方法是 Mertz 等建立的体外胃蛋白酶消化率方法。对高粱蛋白消化率研究得最多的因素是湿热的效应，这是因为蒸煮过程中高粱蛋白的消化率会下降。在蒸煮过程中，蛋白链内或链间会形成二硫键连接，这类二硫键交联形成抗消化酶的网络状蛋白结构。而在生原料中不会出现这类情况。比较生的及湿热蒸煮过的高粱粉（粥）表明，高粱的蛋白质消化率在蒸煮的时候下降了 15%，而玉米蛋白的消化率一般会在蒸煮过程有所增加。玉米和高粱关系很近，经常用来与高粱作比较。未煮过的玉米和高粱具有相似的消化率，表明高粱在蒸煮过程中发生了阻止蛋白消化的结构变化。蒸煮会降低高粱醇溶蛋白的提取率，导致消化后的残余蛋白中的不可提取蛋白超过生原料粉的两倍。这个研究强调了高粱醇溶蛋白对高粱相对于玉米的较低的蛋白消化率的贡献。如之前讨论过的那样，高粱醇溶蛋白被分成 4 个亚类：α、β、γ 和 δ。β-和 γ-高粱醇溶蛋白具有高含量的半胱氨酸，是潜在的二硫键的来源，并被认为浓缩于蛋白体的外层，包围着处于醇溶蛋白体中心的 α-高粱醇溶蛋白。这种结构对于蛋白质消化率有直接的影响。有学者研究了胃蛋白酶消化对蒸煮和未蒸煮过的高粱粉中醇溶蛋白组分的效应。研究结果表明，蒸煮高粱粉更难以消化。研究蒸煮过程中蛋白溶解性的变化，发现蒸煮对 β-高粱醇溶蛋白和 γ-高粱醇溶蛋白的影响比对 α-高粱醇溶蛋白的影响大。

有研究通过加入 α-淀粉酶结合超声来提高高粱粉的消化性，淀粉消化可改善 β-高粱醇溶蛋白和 γ-高粱醇溶蛋白的提取率，而超声会降低其提取率。然而，这个研究中超声处理时间为 4min 且未提及是否冷却样品。因此，超声过程产生的热可能促进了二硫键形成或蛋白聚集。

此外，经过还原及超声预处理的蒸煮样品比单独蒸煮的具有稍高的蛋白提取率。γ-高粱醇溶蛋白似乎是最受该处理影响的，而 α-高粱醇溶蛋白在处理中变化较小。随着蒸煮进行，高粱粉的蛋白消化率从未蒸煮时的 69.2%下降为 43.6%。在加入还原剂之后，消化率从未蒸煮时的 93.0%变为 56.2%。

采用透射电镜（TEM）观察了存在及不存在还原剂下，未蒸煮和蒸煮高粱粉的蛋白体的消化情况。经过还原的未蒸煮样品其高粱蛋白体的消化率最高。即使存在还原剂（亚硫酸氢钠）条件下，蒸煮后的高粱粉其蛋白体消化率还是会大大降低。有研究认为这是由于蛋白体外部的 β-高粱醇溶蛋白和 γ-高粱醇溶蛋白通过二硫键交联形成坚硬外壳，阻止了对内部的更易消化的 α-高粱醇溶蛋白的接近，而后者才是高粱中的主要醇溶蛋白成分。蒸煮促进了通过二硫键聚合的高粱蛋白体的形成，且在高粱中比玉米中更甚。可见，蒸煮导致高粱和玉米中高分子质量聚集体的形成，尤其是形成两种分子质量分别为 45kDa 和 47kDa 的"非还原性及非消化性"蛋白体。

加入还原剂可断开蒸煮过程中所形成的二硫键。存在 2-巯基乙醇的条件下，蒸煮高粱粉的蛋白消化率增加更大，相比于未经还原处理的蒸煮样品。当存在还原剂条件下蒸煮时，其他谷物如玉米、大麦、大米及小麦的消化率变化很小。这表明高粱相比于其他谷物，在蒸煮过程中二硫键的形成对于蛋白消化率的影响更重要。这与蒸煮高粱、玉米和大米的共聚焦激光扫描电镜上显示的仅高粱蛋白形成网络状结构的结果一致。发酵也增加生和蒸煮高粱粉的蛋白消化率，由于不溶蛋白的下降。

高粱谷蛋白是主要的籽粒贮存蛋白质之一，它与醇溶蛋白一起决定着总蛋白质生物价。但是，对这种蛋白几乎没有研究，这与籽粒中含有单宁造成它难于提取有关。单宁化学性质活泼，易与蛋白质结合，使其具有抗营养作用，植物单宁抗营养作用，可以认为是多种因素综合作用结果。单宁与植物蛋白结合成不易消化的分子复合物，降低肠道微生物对氮的有效利用；单宁与植物细胞表面大分子物质（如多糖、纤维素等）结合，降低细胞壁或细胞膜通透性，使细胞内营养成分不易溶出以被利用；单宁与口腔唾液蛋白结合，产生不良涩味，降低动物摄食量；单宁与动物消化道内微生物分泌的酶结合，使其活性丧失，减慢饲料消化速度，延长胃排空时间，降低摄食量；单宁对肠道微生物广谱抑菌性，使动物对含单宁饲料消化能力降低或丧失。单宁与蛋白质结合在一起，妨碍对谷蛋白有效提取。另外，单宁也影响高粱的食用适口性。

主要参考文献

曹威, 李芳, 黄庆荣. 2015. 大麦醇溶蛋白的提取及其理化性质研究. 粮食加工, 40(4): 40-43.

郭丽娜, 钟葵, 佟立涛, 等. 2015. 燕麦片加工过程中营养品质及加工特性变化. 中国粮油学报, 30(1): 39-43.

唐建卫, 刘建军, 张平平, 等. 2008. 贮藏蛋白组分对小麦面团流变学特性和食品加工品质的影响. 中国农业科学, 41(10): 2937-2946.

Abonyi T, Király I, Tömösközi S, et al. 2007. Synthesis of gluten-forming polypeptides. 1. biosynthesis of gliadins and glutenin Subunits. Journal of Agricultural & Food Chemistry, 55(9): 3655-3660.

Argo P, Pedersen K, Marks MD, et al. 1982. A structural model for maize zein proteins. Journal of Biological Chemistry, 257(17): 9984-9990.

Autio K. 2006. Effects of cell wall components on the functionality of wheat gluten. Biotechnology Advances, 24: 633-635.

Bangur R, Batey IL, Ckenzie EM, et al. 1997. Dependence of extensograph parameters on wheat protein composition measured by SE-HPLC. 2001. Journal of Cereal Science, 25(3): 237-241.

Bean SR, Lyne RK, Tilley KA, et al. 1998. A rapid method for quantitation of insoluble polymeric proteins in flour. Cereal Chemistry, 75: 374-379.

Beckwith AC, Heiner DC. 1966. An immunological study of wheat gluten proteins and derivatives. Archives of Biochemistry & Biophysics,17(2): 239-247.

Bersted BH, Anderson TG. 1990. Influence of molecular weight and molecular weight distribution on the tensile properties of amorphous polymers. Journal of Applied Polymer Science, 39: 499-514.

Coleman CE, Larkins BA. 1999. The prolamins of maize. *In*: Shewry PR, Casey R. Seed Proteins. The Netherlands:Kluwer Academic Publishers: 109-139.

Esen A. 1987. A proposed nomenclature for the alcohol-soluble proteins (zeins) of maize (*Zea mays* L.). Journal of Cereal Science, 5(2): 117-128.

Ewart JAD. 1990. Comments on recent hypotheses for glutenin. Food Chemistry, 38: 159-169.

Ferry JD. 1970. Viscoelastic Properties of Polymers. New York: John Wiley and Sons.

Finney KF, Barmore MA. 1948. Loaf volume and protein content of hard winter and spring wheats. Cereal Chemistry, 25: 291-312.

Flory PJ. 1945. Tensile strength in relation to molecular weight of high polymers. Journal of the American Chemical Society, 67: 2048-2050.

Graveland A, Bosveld P, Lichtendonk WJ, et al. 1985. A model for the molecular structure of the glutenins from wheat flour. J Cereal Sci, 3:1-16.

Graveland A, Bosveld P, Lichtendonk WJ, et al. 1985. A model for the molecular structure of the glutenins from wheat flour. Journal of Cereal Science, 3(1): 1-16.

Greenwell P, Schofield JD. 1986. A Starch granule protein associated with endosperm softness in wheat. Cereal Chemistry, 63: 379-380.

Grosch W, Wieser H. 1999. Redox reactions in wheat dough as affected by ascorbic acid. Journal of Cereal Science, 29(1):1-16.

Gupta RB, Batey IL, MacRitchie F. 1992. Relationships between protein composition and functional properties of wheat flours. Cereal Chemistry, 69: 125-131.

Gupta RB, Popineau Y, Lefebvre J, et al. 1995. Biochemical basis of flour proteins in bread wheats. Ⅱ. Changes in polymeric protein formation and dough/gluten properties associated with the loss of low Mr or high Mr glutenin subunits. Journal of Cereal Science, 21(2): 103-116.

Gupta RB, Shepherd KW. 1990. Two-step one-dimensional SDS-PAGE analysis of LMW subunits of glutelin. Theoretical & Applied Genetics, 80(1): 65-74.

Hamer RJ, Hoseney RC. 1998. Lipid-carbohydrate interactions and the quality of baked cereal products. In:Interactiona: the keys to cereal quality. St. Paul: American Association of Cereal Chemists, Inc.

He Y, Wang S, Ding Y. 2013. Identification of novel glutelin subunits and a comparison of glutelin composition between japonica and indica rice (*Oryza sativa L.*). Journal of Cereal Science,57:362-371.

Hernandezlucas C, Caleya RFD, Carbonero P, et al. 2002. Reconstitution of petroleum ether soluble wheat lipopurothionin by binding of digalactosyl diglyceride to the chloroform-soluble form. Journal of Agricultural & Food Chemistry, 25(6): 1287-1289.

Houston D, Mohammad A. 1970. Purification and partial characterization of a major globulin from rice endosperm. Cereal Chem, 47: 5-11.

Huebner FR, Rothfuss JA, Wall JS. 1967. Isolation and chemical comparison of different γ-gliadins from hard red winter flour. Cereal Chemistry, 44: 221.

Jackson EA, Holt LM, Payne PI. 1983. Characterisation of high molecular weight gliadin and low-molecular-weight glutenin subunits of wheat endosperm by two-dimensional electrophoresis and the chromosomal localisation of their controlling genes. Tag.theoretical & Applied Genetics.theoretische Und Angewandte Genetik, 66(1): 29-37.

Kasarda DD. 1989. Glutenin structure in relation to wheat quality. *In*: Pomeranz Y. Wheat is Unique. American Association of Cereal Chemists: 277-302.

Larroque OR, Gianibelli MC, LafiandraD, et al. 2003. The molecular weight distribution of the glutenin polymer as affected by the munber, type and experession levels of HMW-GS. Proceeding of the tenth international wheat genetics symposium. Rome: Poestum: 447-450.

Lasztity R. 1995. The Chemistry of Cereal Proteins. 2nd. Boca Raton: CRC Press: 189-190.

Lawrence GJ, MacRitchie F, Wrigley CW. 1988. Dough and baking quality of wheat lines deficient in glutenin subunits controlled by the Glu-A1, Glu-B1 and Glu-D1 loci. Journal of Cereal Science, 7: 109-112.

Lawton JW. 1992. Viscoelasticity of zein-starch doughs. Cereal Chemistry, 69(4), 351-355.

Lindsay MP, Skerritt JH. 1998. Examination of the structure of the glutenin macropolymer in wheat flour and doughs by stepwise reduction. Journal of Agricultural & Food Chemistry, 46(9): 3447-3457.

Lookhart GL, Albers LD, Pomeranz Y, et al. 1987. Identification of U.S. rice cultivars by high-performance liquid chromatography. Cereal Chemistry, 64(4): 199-206.

Ma C, Harwalkar V. 1984. Chemical characterization and functionality assessment of oat protein fractions. Journal of Agricultural and Food Chemistry, 32: 144-149.

Macritchie F, Gras PW. 1973. The role of flour lipids in baking. American Association of Cereal Chemists, 50: 293-320.

MacRitchie F, Gupta RB. 1993. Functionality-composition relationships of wheat flour as a result of variation in sulfur availability. Australian Journal of Agricultural Research, 44:1767-1774.

MacRitchie F. 1992. Physicochemical properties of wheat proteins in relation to functionality. Advances in Food and Nutrition Research, 36: 1-87.

Marison D, Leroux G, Akoka S, et al. 1987. Lipid-protein interactions in wheat gluten: aphosphoms magnative resonance spectroscopy and freeze-fraction electron microscopy study. Journal of Cereal Science, 5: 101-115.

Masci S, D'Ovidio R, Lafiandra D, et al. 1998. Characterization of a low-molecular-weight glutenin subunit gene from bread wheat and the corresponding protein that represents a major subunit of the glutenin polymer. Plant Physiology, 118: 1147-1158.

Masci S, Rovelli L, Kasarda DD, et al. 2002. Characterisation and chromosomal localisation of C-type low-molecular-weight glutenin subunits in the bread wheat cultivar Chinese Spring. Theoretical and Applied Genetics,104(2): 422-428.

Matsushima N, Danno G, TakezawaH, et al. 1997. Three-dimensional structure of maize α-zein proteins studied by small-angle X-ray scattering. Biochimica et Biophysica Acta, 1339: 14-22.

McGrew FC. 1958. Structure of synthetic high polymers. Journal of Chemical Education, 35: 178-186.

Mertz ET, Bressani R. 1957. Studies on corn proteins. 1. A new method of extraction. Cereal Chemistry, 34: 63-69.

Neukom H, Markwalder HU. 1978. Oxidative gelation of wheat flour pentosans: a new way of cross-linking polymers. Cereal Foods World, 23: 374-376.

Nielsen HC, Beckwith AC, Wall JS. 1968. Effect of disulfide-bond cleavage on wheat gliadin fractions obtained by gel filtration. Cereal Chemistry, 45: 37-47.

Olcott HS, Mecham DK. 1947. Characterization of wheat gluten. I. Protein-lipid complex formation during doughing of flours. Lipoprotein nature of the glutenin fraction. Cereal Chemistry, 24: 407-414.

Orsi A, Sparvoli F, Ceriotti A. 2001. Role of individual disulfide bonds in the structural maturation of a low molecular weight glutenin subunit. Journal of Biological Chemistry, 276(34): 323-329.

Osborne TB. 1907. The scientific results of the ziegler polar expedition. (Scientific Books: The Proteins of the Wheat Kernel). Sicence, 26(677): 864-865.

Paulis JW, Bietz JA. 1988. Characterization of zeins fractionated by reversed-phase high-performance liquid chromatography. Cereal Chemistry, 65(3): 215-222.

Payne PI. 1987. Genetics of wheat storage proteins and the efect of allelic variation of bread-making quality. Annual Review of Psychology, 38: 141-153.

Payne PI, Corfield KG. 1979. Subunit composition of wheat glutenin proteins, isolated by gel filtration in a dissociating medium. Planta, 145(1): 83-88.

Payne PI, Holt LM, Jackson EA, et al. 1984. Wheat storage proteins: their genetics and their potential for manipulation by plant breeding: discussion. philosophical transactions of the royal societ of London. Series B, Biological Sciences, 304: 359-371.

Payne PI, Law CN, Mudd EE. 1980. Control by homoeologous group 1 chromosome of high-molecular-weight subunits of glutenin, a major protein of wheat endosperm. Theoretical & Applied Genetics, 58.

Payne PI, Lawrence GJ. 1983. Catalogue of alleles for the complex gene loci, Glu-A1, Glu-B1, and Glu-D1 which code for high-molecular-weight subunits of glutenin in hexaploid wheat. Cereal Research Communications, 11(1): 29-35.

Pitts EG, Rafalski JA, Hedgcoth C. 1988. The nucleotide sequence of a gene encoding a low molecular weight glutenin subunit from hexaploid wheat. Nucleic Acids Research, 16(23): 11376.

Pomeranz Y. 1968. Relation between chemical composition and bread-making potentialities of wheat flour, in Advances in food research. New York: Academic Press: 335.

Sastry L, Paulis JW, Bietz JA, et al. 1986. Genetic variation of storage proteins in sorghum grain: studies by isoelectric focusing and high-performance liquid chromatography. Cereal Chemistry, 63(5): 420-427.

Schober TJ, Bean SR, Boyle DL, et al. 2008. Improved viscoelastic zein-starch doughs for leavened gluten-free breads: their rheology and microstructure. Journal of Cereal Science, 48: 755-767.

Shewry PR, Tatham AS, Forde J, et al. 1986. The classification and nomenclature of wheat gluten proteins: A reassessment. Journal of Cereal Science, 4(86): 97-106.

Shewry PR, Tatham AS. 1990. The prolamin storage proteins of cereal seeds: structure and evolution. Biochemical Journal, 267(1): 1-12.

Singh H, Macritchie F. 2001. Application of polymer science to properties of gluten. Journal of Cereal Science, 33(3): 231-243.

Singh NK, Donovan GR, Batey IL, et al. 1990. Use of sonication and size-exclusion HPLC in the study of wheat flour proteins. I. Dissolution of total proteins in unreduced form. Cereal Chemistry, 67: 150-161.

Tatham AS. 1987. The conformations of wheat gluten proteins, II, aggregated gliadins and low molecular weight subunits of glutenin. Journal of Cereal Science, 5(3): 203-214.

Tuhumury HCD, Small DM, Day L. 2014. The effect of sodium chloride on gluten network formation and rheology. Journal of Cereal Science, 60: 229-237.

Turner JE, Boundy JA, Dimler RJ. 1965. Zein: A heterogeneous protein containing disulfide-linked aggregates. Cereal Chemistry, 42: 452-459.

Uthayakumaran S, Gras PW, Stoddard FL, et al. 1999. Effect of varying protein content and glutenin-to-gliadin ratio on the functional properties of wheat dough. Cereal Chemistry, 76(3): 389-394.

Wall JS, James C, Donaldson GL. 1975. Corn proteins: Chemical and physical changes during drying of grain. Cereal Chemistry, 52(6): 779-790.

Wallace JC, Lopes MA, Paiva E, et al. 1990. New methods for extraction and quantitation of zeins reveal a high content of gamma-zein in modified opaque-2 maize. Plant Physiology, 92(1): 191-196.

Weegels PL, van de Pijpekamp AM, Graveland A, et al. 1996. Depolymerisation and repolymerisation of wheat gluten during dough processing 1. Relationships between GMP content and quality parameters. Journal of Cereal Science, 23, 103-111.

Wieser H, Bushuk W, MacRitchie F, et al. 2006. The polymeric glutenins. In: the Unique Balance of Wheat Quality. St.Paul: American Association of Cereal Chemistry, 213-240.

Wilson CM. 1985. A nomenclature for zein polypeptides based on isoelectric focusing and sodium dodecyl sulfate polyacrylamide gel electrophoresis. Cereal Chemistry, 62: 361-365.

Wilson CM. 1988. Electrophoretic analysis of various commercial and laboratory-prepared zein. Cereal Chemistry, 65: 72-73.

Wilson CM, Shewry PR, Miflin BJ. 1981. Maize endosperm proteins compared by sodium dodecyl sulfate gel electrophoresis and isoelectric focusing. Cereal Chemistry, 58(4): 275-281.

第六章 谷物中的脂质

第一节 脂质概述

脂质是一类结构多变、种类繁多的生物有机分子，它是由脂肪酸和醇结合形成的酯及其衍生物。脂质具有重要的生理功能，如磷脂和糖脂是生物膜的重要组成部分，与生物膜的功能特性如柔软性、对极性分子不可透性等具有密切关系。脂质也是人类的重要营养物质之一，每摄入 1g 脂质可释放 38kJ 热量，是生物代谢极为重要的储能方式。同时，它也是维生素类物质的良好溶剂。脂质还能提供人体内不能自身合成的不饱和脂肪酸，增加食品风味等。在谷物的储藏加工过程中，脂质在谷物中的含量和分布与制品的储藏特性及食用品质具有重要关系。

脂质对食品质构的影响取决于脂质的状态和食品机制的特性，脂肪晶体的熔化特性对质构、稳定性、分散性和口感发挥了极大的作用。在很多食品中，脂质是固态基质的完整部分，它的物理状态赋予最终产品良好的流变学性能。脂质结晶（如起酥油）赋予最终产品如嫩度、口感、热传递和保质期长等特性。

脂质对食品外观影响很大，如食品乳状液的颜色、巧克力和糖果的起霜现象等。食品的风味和口感受脂质类型及浓度影响。

一、脂质分类

谷物中的脂质按照它们的化学结构和组成，可分为简单脂质、复合脂质和衍生脂质。其中，简单脂质是由脂肪酸和甘油形成的酯。它可分为：三酰甘油，由 3 分子脂肪酸和 1 分子甘油组成；蜡，主要由脂肪酸和长链醇或固醇组成。复合脂质是指除含有脂肪酸或醇外，还含有其他非脂分子的成分。它可分为：磷脂类，其非脂成分为磷酸和含氮碱。根据醇成分不同分为甘油磷脂和鞘磷脂；糖脂类，其非脂成分是糖（半乳糖、己糖等），根据醇成分不同，又分为鞘糖脂和甘油糖脂。衍生脂质由简单脂质和复合脂质衍生而来或与之关系紧密，同时具有脂质的一般性质，如取代烃，有脂肪酸及其碱性盐和高级醇，并含有少量脂肪醛、脂肪胺和烃；甾醇类，包括甾醇、胆酸、强心苷等；萜类，包括大多数天然色素、香精油等；其他脂质，包括维生素、脂多糖、脂蛋白等。

根据脂质在水中和水界面上的特性不同，分为极性和非极性两大类。其中，非极性脂质在水中溶解度极低，不能在空气-水或油-水界面分散成单分子层，因而不具有界面可溶性。这类脂质包括长链脂肪烃如胡萝卜素，芳香烃如胆甾烷，长链脂肪酸和醇形成的酯，长链脂肪酸的固醇酯，甘油的长链三醚等。极性脂质可分为三类。第一类具有界面可溶性，但不具有容积可溶性，不能形成双分子层，如三酰甘油、二酰甘油、胆固醇等；第二类是成膜分子，可以形成双分子层，如磷脂酰胆碱、鞘磷脂、单酰甘油等；第三类是可溶性脂质，具有界面可溶性，但形成的单分子层不稳定，如长链脂肪酸钠和钾盐、皂苷等。

根据脂质存在状态差异可分为游离脂类和结合脂类。其中，游离脂类是以游离状态存在，可用石油醚等溶剂提取，结合脂类是与蛋白质和淀粉结合的脂质，可用饱和丁醇水溶液或氯仿-甲醇-水溶液提取。

二、脂 质 组 成

（一）脂肪酸

脂肪酸是天然脂质加水分解生成的脂肪族羧酸化合物的总称，天然脂质中含有脂肪酸800 种以上，已经得到鉴别的就有 300 种。脂肪酸的碳链长度、饱和程度以及顺反结构差异导致其物理化学特性不同，最终组成的三酰甘油性质也不相同。每个脂肪酸可以由通俗名、系统名和简写符号组成。其中，简写符号可以先写出脂肪酸的碳原子数目，再写出双键数目，两个数目之间用冒号隔开。如十六酸（软脂酸）的简写符号为 16:0，十八碳烯酸（油酸）的简写符号是 18:1。双键位置用Δ右上标数字表示，数字是指双键键合的两个碳原子的号码（从羧基端开始计数）中较低者，在号码后面用 c（*cis*，顺式）和 t（*trans*，反式）标明双键的构型。例如，顺-9-十八碳烯酸（油酸）简写 $18:1\Delta^{9c}$。

1. 饱和脂肪酸　　　饱和脂肪酸一般为 $C_4 \sim C_{30}$，其特点是碳氢链上不存在双键结构。油料和谷物籽粒中的饱和脂肪酸主要是软脂酸、硬脂酸和花生酸等，它们的构型可用一条锯齿形的碳氢链表示，如硬脂酸的构型为

天然脂质常见的饱和脂肪酸见表 6-1。

表 6-1　一些常见的脂肪酸

系统命名	俗名	英文名称	分子式	简写符号
正己酸	羊油酸	caproic acid	$C_5H_{11}COOH$	6:0
十六酸	软脂酸	palmitic acid	$C_{15}H_{31}COOH$	16:0
十八酸	硬脂酸	stearic acid	$C_{17}H_{35}COOH$	18:0
二十酸	花生酸	arachidic acid	$C_{19}H_{39}COOH$	20:0

2. 不饱和脂肪酸　　　不饱和脂肪酸是指碳链中含有双键。天然脂质中的不饱和脂肪酸主要是十八碳烯酸和二十碳四烯酸等，如表 6-2 所示。

表 6-2　一些常见的不饱和脂肪酸

系统命名	俗名	英文名称	分子式	简写符号
9-十六碳烯酸	棕榈油酸	palmitoleic acid	$CH_3(CH_2)_5CH{=}CH(CH_2)_7COOH$	$16:1\Delta^9$
9-十八碳烯酸	油酸	oleic acid	$CH_3(CH_2)_7CH{=}CH(CH_2)_7COOH$	$18:1\Delta^9$
9,12-十八碳二烯酸	亚油酸	linoleic acid	$CH_3(CH_2)_3(CH_2CH{=}CH)_2(CH_2)_7COOH$	$18:2\Delta^{9,12}$
5,8,11,14-二十碳四烯酸	花生四烯酸	arachidonic acid	$CH_3(CH_2)_4CH{=}CH(CH_2)_3CH{=}CH(CH_2)_3COOH$	$20:4\Delta^{5,8,11,14}$

多数脂肪酸可以在人体中合成，含有三个双键以上的脂肪酸称为多不饱和脂肪酸。不饱和脂肪酸按空间结构不同分为顺式结构和反式结构两种。其中，植物脂质中不饱和脂肪酸的双键为顺式构型，空间构象呈弯曲状。而双键从顺式构型转为反式构型后，双键两端的碳原子所结合的氢原子分别位于双键的两侧，空间构象呈线形。必需多不饱和脂肪酸是人体功能必不可少，必须由膳食提供，如亚麻酸和亚油酸等，这些脂肪酸对人体有特殊的生理功能。

氢化脂质生产工艺特征会使部分双键的顺式构型转变为反式构型，形成反式脂肪酸，膳食中大多数反式脂肪酸来源于氢化脂质。与顺式脂肪酸相比，反式脂肪酸的双键键角小，酰基碳链刚性较强，其直链分子熔点较高。反式脂肪酸的空间结构处于顺式不饱和脂肪酸和饱和脂肪酸之间。反式脂肪酸所形成的三酰甘油熔点要高于顺式脂肪酸。

反式脂肪酸在人体新陈代谢中酶的交叉反应与顺式脂肪酸不同。早期反式脂肪酸作为饱和脂肪酸的替代品应用于食品工业，然而近些年的研究确认其危害明显大于饱和脂肪酸。如反式脂肪酸能增加低密度脂蛋白胆固醇，降低高密度脂蛋白胆固醇，从而增加心脏病和肥胖病的发生概率；可干扰必需脂肪酸的代谢、抑制必需脂肪酸的功能；能结合机体组织的脂质，抑制多不饱和脂肪酸的合成；可能导致肿瘤等。

（二）酰基甘油

谷物脂质的本质是酰基甘油，其中主要是三酰甘油（甘油三酯）、此外还有少量的单酰甘油（甘油一酯）和二酰甘油（甘油二酯）。常温下呈液态的酰基甘油称油，呈固态的称酯，谷物酰基甘油多为油。

三酰甘油是由 1 分子甘油和 3 分子脂肪酸缩合而成的酯，其结构通式如下：

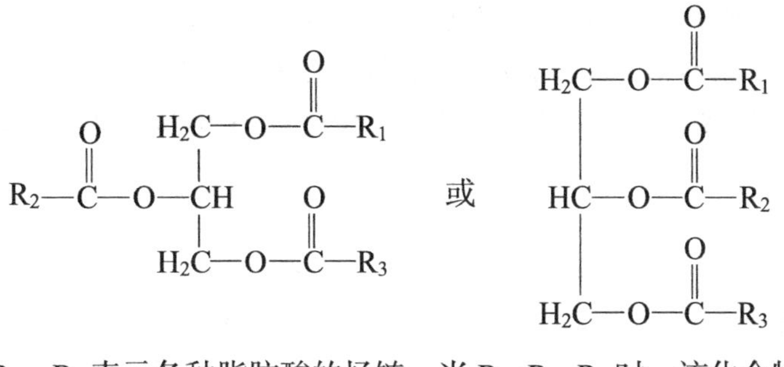

通式中 R_1、R_2、R_3 表示各种脂肪酸的烃链。当 $R_1=R_2=R_3$ 时，该化合物称为简单三酰甘油，如油酸甘油酯，硬脂酸甘油酯等。当 R_1、R_2 和 R_3 中任何两个不同或 3 个各不相同时，称为混合三酰甘油。混合三酰甘油含有的脂肪酸可以形成不同的排列方式。大多数谷物脂质是简单三酰甘油和混合三酰甘油混合物。

（三）磷脂

磷脂包括磷酸甘油酯和神经鞘磷脂，油料种子中的磷脂大多与蛋白质、酶、苷或糖以结合态形式构成复杂的复合物。油料种子中磷脂含量最高的是大豆。磷酸甘油酯是磷脂酸的衍生物，常见的有卵磷脂、脑磷脂、磷脂酰甘油和二磷脂酰甘油等。一般植物油料中主要由磷脂酰胆碱、磷脂酰乙醇胺和磷脂酸等磷脂组成，不同原料、品种中的磷脂含量不同。谷物油料磷脂的脂肪酸组成与其三酰甘油的相近，但大豆磷脂的亚油酸含量高于三酰甘油，而油酸含量较相应三酰甘油的低。

磷脂是构成生物膜的重要组成成分，具有特殊的生理功能。它可以促进神经传导，提高大脑活力并预防脂肪肝，它还能降低血液黏度，促进血液循环。

（四）糖脂

糖脂是指糖通过其半缩醛羟基以糖苷键与脂质连接的化合物。糖脂是一种极性脂，谷物中的糖脂分为甘油醇糖脂和神经酰胺糖脂两类。甘油醇糖脂是由双脂酰甘油和己糖结合而成的化合物。不同糖脂的己糖含量不同，含有硫酸基的糖脂称为硫脂。糖脂的脂肪酸成分主要为亚麻酸（约占 90%），硫脂的脂肪酸成分主要为亚油酸、亚麻酸和软脂酸。神经酰胺糖脂是由脂肪酸、鞘氨醇和单糖分子组成，其结构式是由鞘氨醇和脂肪酸形成神经酰胺，羟基和单糖分子通过 β-糖苷键连接。谷物中常见的神经酰胺糖脂主要有 N-脂酰鞘氨醇己糖苷和 N-脂酰鞘氨醇乙三糖苷等。

（五）蜡

蜡是不溶于水的固体，它是由高级一元醇与高级脂肪酸所形成的酯。蜡既不被脂肪酶水解，也不易被皂化，在人或动物的消化道中不能被消化，所以无营养价值。蜡存在于皮肤、毛皮、植物叶和果实表面以及许多昆虫的表皮上，其生物学意义是起保护作用。如上所述，磷脂、蜡属脂类中的可皂化物，固醇为不可皂化物，在生物学上它们都具有重要的生理意义，但在食品营养上，其重要性不如脂质。

蜡包括烃类及其衍生物和蜡酯。其中，烃类混合物链长在 $C_{21}\sim C_{37}$，高等植物的蜡中的烃类主要集中在 C_{29} 和 C_{31} 的饱和烃。植物蜡是由脂肪酸和脂肪醇形成的单酯。其中，脂肪酸一般包括 $C_{12}\sim C_{36}$，脂肪醇一般含有偶数碳原子的直链饱和醇，其中 C_{26} 和 C_{28} 为主要成分。蜡中还含有游离醇、游离脂肪酸、甾醇化合物等。谷物中蜡的含量也不相同，如米糠油中含有 0.4% 的蜡，大豆中含有 0.002% 的蜡，蜡质玉米中含有 0.01%～0.03% 的蜡。

（六）其他脂类

1. 萜类　　萜类是异戊二烯的衍生物，其不含脂肪酸，不能被皂化。谷物中常见的萜类由类胡萝卜素、维生素 E、维生素 K 等。其中，类胡萝卜素是胡萝卜素、番茄红素及其氧化物的总称。谷物中常见的类胡萝卜素有 α-胡萝卜素、β-胡萝卜素、玉米黄素等。小麦胚中胡萝卜素较多，如硬质红色春小麦和硬质红色冬小麦的胡萝卜素含量分别为 5.65mg 和 5.81mg。

2. 甾醇类　　甾醇类属于脂类中的不皂化物，结构中含有环戊烷多氢菲环，有 α 型及 β 型。甾醇分子结构中的侧链及双键数目、空间位置决定了其特性的不同。甾醇溶于脂质和部分有机溶剂（如乙醚、氯仿、丙酮等）。小麦和玉米胚油中含有多种甾醇。脂质精炼加碱脱酸时，大部分甾醇可被皂粒吸附，并用来制备豆甾醇、β-谷甾醇等物质。谷物甾醇具有很好的生理功能，能用于合成调节水、蛋白质和盐代谢的甾类激素，可作为治疗心血管疾病和顽固性溃疡等药物。

3. 脂蛋白　　脂蛋白是由蛋白质、极性脂肪和三酰甘油通过共价键组成的聚集体，能溶于水，可通过合适的溶剂提取和分离成蛋白质和脂肪。这个聚集体是通过蛋白质的疏水部分的非极性链与脂肪酰基的疏水端相互作用保持稳定。

三、脂质理化性质

（一）脂质的物理性质

1. 颜色和气味　　纯的三酰甘油是无色无味的黏稠液体或蜡状固体。天然脂质的颜色来源于脂质中溶解的如类胡萝卜素等色素物质，气味由非脂质成分引起，还有少量的挥发性短链脂肪酸。

2. 密度和溶解度　　三酰甘油的密度范围一般为 $0.91\sim0.94g/cm^3$。三酰甘油不溶于水，略溶于低级醇，易溶于乙醚、氯仿、石油醚等非极性有机溶剂。脂质的密度一般与其相对分子质量成反比，与组成中脂肪酸的不饱和程度成正比。大多数脂质的相对密度都小于1。

3. 熔点　　天然脂质是多种三酰甘油的混合物，因此只有一个大概的范围。其熔点与脂肪酸组成有关，一般随组分中不饱和脂肪酸双键数目和低相对分子质量脂肪酸的比例降低而增高。

4. 流变学特性　　大多数液体油是中等黏度的牛顿流体，在室温下通常为 $30\sim60mPa\cdot s$。液体油的黏度随着温度的升高而急剧下降，通常以对数形式下降。大多数固体脂肪是由分散在液体油基质中的脂肪晶体混合物组成，表现为塑性流体，它的流变学特性主要取决于浓度、形态、相互作用及脂肪结构等。脂质组成中，脂肪酸的不饱和程度越高其黏度越低；不饱和程度相同的脂质，其脂肪酸相对分子质量越大，脂质黏度越大。脂质被氧化或加热聚合后黏度增大。

5. 光学性质　　脂质的折光率随其组成中脂肪酸的碳数、双键数增加而增大。在 $200\sim380nm$ 的紫外光谱区，含有共轭双键的不饱和脂肪酸有明显的特征吸收，而饱和脂肪酸和非共轭酸没有显著吸收。例如，亚油酸在此紫外区没有显著吸收峰，但经强碱催化共轭化后产生的二共轭和三共轭异构体产生明显的吸收峰。顺式脂肪酸在红外光谱区有不明显的吸收峰，而反式双键在 $970cm^{-1}$ 处有明显的吸收，并且多烯酸吸收峰强度与所含的反式双键数目成正比。拉曼光谱中，顺式脂肪酸的双键在 $1656cm^{-1}$ 有强吸收，反式双键在 $1670cm^{-1}$ 有强吸收。

6. 乳化剂　　乳化剂是一类分子中具有亲水和亲油基团的表面活性剂，它能使两个互不相溶的液体形成均匀稳定的乳状液，从而改善食品组织结构、口感和外观，提高食品品质和保存性。乳状液可分为水包油（O/W）型、油包水（W/O）型和多重（W/O/W）型。天然脂质如磷脂具有很好的乳化性。其他合成脂质如单硬脂酸甘油酯可用于制备水包油和油包水型乳状液，蔗糖脂肪酸酯具有良好的乳化、分散、抗老化和防止结晶等功能。

（二）脂质的热性质

1. 脂质的聚合　　脂质加热到 $200\sim300℃$时，会发生热聚合和热氧化聚合。其中热聚合是在无氧高温条件下发生的聚合反应，此反应特质是脂肪酸中共轭双键与非共轭双键发生反应，生成具有毒性的聚合物。亚麻油等含有大量不饱和脂肪酸的脂质极易发生热聚合作用，因此不宜采用亚麻油油炸食物。热氧化聚合是在有氧高温条件下发生的聚合反应，其聚合的程度与温度、氧接触面积有关，金属物质（如铜、铁等）等条件有关。因此油炸食品设备的设计应避免使用铜结构，减少脂质的热氧化聚合作用。

2. 脂质的缩合　　在高温条件下，脂质会发生部分水解，随后缩合成大分子质量的醚化合物。油炸过程中，食品中水分与油接触，或油与水蒸气接触，都会引发脂质的水解，发生热缩合作用。

3. 脂质的分解　　脂质被加热到 300℃以上时便发生热分解，其分解产物有醛、酮、醇和酸等，这些物质具有很强烈的刺激性气味。这不仅使脂质品质变坏，营养价值降低，还会对人体健康不利。因此，食品加工时要求煎炸温度控制在 180℃以下，设备材质采用不锈钢材料，并避免与铜、铁等金属物质接触。

4. 烟点、闪点和燃烧点　　当脂质在不通风条件下加热，出现稀薄连续蓝烟时的温度称为烟点。脂质烟点高低受脂质中脂肪酸组成所限。含有短碳链或不饱和度大的脂肪酸的脂质的烟点比长碳链或饱和脂肪酸组成的脂质的烟点低。游离脂肪酸、磷脂等含量高的脂质的烟点相对较低。脂质的闪点是在严格规定条件下将脂质加热至某一温度，脂质产生的气体与周围空气形成混合气体遇火焰引起闪燃，此温度称为脂质的闪点。一般脂质的闪点不低于 225～240℃。脂质的燃烧点是在严格规定条件下加热脂质，当遇到火焰时脂质立即燃烧，且燃烧时间不少于 5s，此温度称为脂质的燃烧点。

（三）脂质的化学性质

1. 水解反应　　在加热、酸、碱及脂酶的作用下，脂质与水可发生水解反应，生成游离脂肪酸。如果在碱溶液中水解，产物之一为脂肪酸的盐类，俗称皂，其反应称为皂化反应。酸性或中性条件下的水解为可逆反应，其反应特征取决于水的比例和酯的性质。水解过程可分为三步，首先三酰甘油脱去一个酰基生成二酰甘油，随后二酰甘油再脱去一个酰基生成单酰甘油，最后单酰甘油继续脱去酰基生成甘油和脂肪酸。此水解反应的特点为第一步水解反应速率较慢，第二步反应速率较快，而第三步反应速率降低，这是由于脂质在水中的溶解度逐渐增加，并伴随后期生成的脂肪酸对水解产生抑制作用。

脂肪酶或酯酶可以在温和条件下催化脂质水解产生脂肪酸，因此在催化热敏性脂质方面具有特殊的优势。此外，它能选择性水解脂质，可用于脂质的改性和结构分析、脂肪酸富集等。

水解反应一般会造成食物品质的下降。如食品在烹饪油炸过程中，脂质会和食品水分发生反应形成游离脂肪酸，脂肪酸的低沸点会使油的发烟点降低，导致油品质降低，油炸食品风味变差。同时，游离脂肪酸容易发生氧化酸败，造成食物品质的下降。因此人们会采取一定的工艺措施减缓或降低脂质的水解。然而，有时候脂质的轻度水解可以形成食品的特有风味，如干酪、面包和酸奶的制作等。

2. 加成反应　　脂质的加成反应一般包括氢的加成、卤素的加成和羟汞化反应。氢的加成可分为催化氢化和非催化氢化。催化氢化指脂质不饱和键在催化剂作用下与氢气发生加成反应。非催化氢化是氢供体转移到脂肪酸的双键上，反应为顺式加成，常用的氢供体为二亚胺。脂肪酸卤素的加成反应主要用于脂质分析，也可用于产品的分离、结构鉴定等。卤素加成为反应亲电加成，首先形成鎓离子，接着卤素负离子从背面亲核进攻。顺式双键生成苏式加成产物，反式生成赤式加成产物。常用的卤素加成试剂为 Br_2、ICl 和 IBr 等，其中氟、氯的加成反应剧烈，需要在低温下进行，碘单质不能单独加成。多不饱和脂肪酸中非共轭双键能够完全加成，而共轭双键剩余一个双键不能加成。羟汞化反应是由不饱和脂肪酸和乙酸汞、甲醇或其他亲核试剂反应生成的含汞加成物，其中经 $NaBH_4$ 还原得到的甲氧基脂肪酸常用于质谱分析中确定双键的位置。

3. 乙酰化反应　　含羟脂肪酸的脂质可与乙酸酐等酰化剂形成乙酰化脂质或其他酰化脂质。脂质的羟基化程度一般用乙酰值表示，即 1g 乙酰化产物中释放乙酸所需要的 KOH 毫克数。常见的脂质的乙酰化在 2～20，蓖麻油由于较高的脂肪酸含量，其乙酰值为 124～150。

四、脂质的改性加工

1. 脂质氢化　　脂质氢化是双键加氢的化学过程。该过程的本质是脱去脂肪酸中的双键使其稳定性增加。它可改变脂质特性从而使它们在常温下呈现固态，表现出不同的结晶性能，并具有更好的氧化稳定性。脂质氢化的另一个用途是破坏类胡萝卜素的双键从而使脂质脱色。由氢化作用制得的产品包括人造奶油、起酥油和部分氢化油等。

氢化反应需要催化剂参与和控制初始温度使脂质呈液态，氢气作为底物。氢化反应需使用精炼脂质，因为一些污染物会降低催化活性。氢化反应一般在 200～300℃范围内进行间歇或连续式反应。常用镍作为催化剂，用量为 0.01%～0.02%。反应时间为 40～60min，可通过折射率监控反应变化。催化剂在反应结束后通过过滤回收，并继续使用。

氢化反应的机制包括不饱和脂肪酸和催化剂在双键两端的结合，吸附到催化剂上的氢将破坏一个碳-金属络合物，而另一个碳与催化剂相连，形成半氢化状态。随后，半氢化状态与另一个氢反应，破坏碳与催化剂之间的键，形成氢化脂肪酸。氢化反应发生的同时也会有逆反应的发生，如氢不够时，脂肪酸将从催化剂上释放，重新形成双键。低氢气压力、低搅拌速度、较高的温度和催化浓度等反应条件会导致高含量几何异构体产生（如反式脂肪酸），这在操作工艺中尤其需要注意。多不饱和脂肪酸的氢化反应速率高于单不饱和脂肪酸，这是由于较多的催化剂吸附于多不饱和脂肪酸的双键上，并增加了脂质的稳定性。

2. 酯交换　　酯交换是三酰甘油中酰基的重排。酯交换是随机的过程，其最终产物不同于最初脂质中的三酰甘油，是改变了脂质的熔化特性而没改变脂肪酸组成。酯交换由于改变了三酰甘油的空间构型，从而改变了脂质的结晶特性。酯交换可以通过酸解、醇解、甘油解和酯基转移来实现。其中，酯基转移是常用的方法。一般通过添加酰基钠（如乙酰钠）来加速酯基转移。带负电的二酰甘油可以攻击三酰甘油脂肪酸上带正电的羰基，形成过渡态复合物。随后，脂肪酸转移到二酰甘油上，阴离子迁移到脂肪酸的位点上。酰基转移过程可以酯内交换也可以酯间交换。酯交换反应介质必须具备低含量的水、游离脂肪酸和过氧化物，反应温度在 100～150℃，反应时间 30～60min。此反应可通过加入水钝化催化剂来停止反应。

酯交换也能在混合脂质中进行，这会产生新的同时包含饱和脂肪酸和不饱和脂肪酸的三酰甘油，这会扩宽塑性范围并形成更稳定的晶形。酯交换也可在酯酶作催化剂的条件下进行，它能改变脂肪酸和三酰甘油组成使脂质更加营养，物体特性更加优越。然而这种方法由于成本较高，只应用于可可奶油替代品和配方脂质中。

五、脂质的提取、分离与结构鉴定

脂质不溶于水，从组织中提取和分离需要借助有机溶剂和某些特殊技术。一般地，脂质混合物的分离是根据它们的极性差别或在非极性溶剂中的溶解度差别进行，含酯键连接或酰胺键连接的脂肪酸可用酸或碱处理，水解可用于成分的分析。

1. 有机溶剂提取　　如三酰甘油、蜡和色素等非极性脂质可用乙醚、氯仿或苯溶剂来提取，这些溶剂不会发生因疏水作用引起的脂质聚集。而磷脂、糖脂等膜脂要用极性有机溶剂如乙醇或甲醇提取，这种溶剂可在降低脂质分子间的疏水作用同时，减弱膜脂与膜蛋白之间的氢键结合和静电相互作用。常用的提取剂有氯仿、甲醇和水的混合液。向所得的提取液加入过量的水使之分为两个相，上相是甲醇、水，下相是氯仿。脂质留在氯仿相，极性大的分子如蛋白质、多糖进入极性相（甲醇、水），取出氯仿相并蒸发浓缩，干燥，称重。

2. 色谱分离 被提取的脂质混合物可采用层析色谱方法进行分离。例如，采用硅胶柱吸附层析可把脂质分成非极性、极性等多个组分。当脂质混合物（氯仿提取液）通过硅胶柱时，由于极性和荷电的脂质与硅胶结合紧密被留在柱上，非极性脂质则直接通过柱子，出现在最先流出的氯仿溶液中，不荷电的极性脂质可用丙酮洗脱，极性大的或荷电的脂质可用甲醇洗脱。分别收集各个组分，再在不同系统中层析，以分离单个脂质组分。采用高效液相色谱法和薄层层析法可以更有效地将脂质分离。

3. 混合脂肪酸的气液色谱分析 气液色谱可用于分析分离混合物中的挥发性成分。除了某些脂质具有天然挥发性以外，大多数脂质沸点很高，分析前需要将脂质转变为相应的衍生物以降低沸点。例如，分析脂质或磷脂样品中的脂肪酸，一般需要采用甲醇和盐酸混合物中加热，使脂肪酸转变成甲酯混合物，然后进行气液色谱分析。洗脱的顺序取决于柱中固定液的性质及样品中成分的沸点和其他性质。利用气液色谱技术，可分离具有各种链长和不饱和程度的脂肪酸。

4. 脂质结构的测定 某些脂质对在特异条件下的降解非常敏感，如三酰甘油，甘油磷脂中的所有酯键连接的脂肪酸只要用温和的酸或碱处理就能被释放。而鞘脂中酰胺键连接的脂肪酸需要较强的水解条件才能释放。专一酶可以水解脂质中特定的键。此外，采用示差分析法可以研究三酰甘油的晶形、磷脂的液晶现象，脂质氢化程度。采用 IR-和 H-NMR 光谱测定能快速且准确测定食品中脂质含量，确定烃链长度和双键的位置，它是基于流体中氢原子比固体中固定化的氢原子有更好的核磁共振效应，这种无损的方法对于测定种子的含油量尤为重要。

第二节 小麦中的脂质

脂质是小麦中的微量成分，占籽粒重量的 3%～4%。其中，25%～30%在胚中，22%～33%在糊粉层中，4%在外果皮中，其余的 40%～50%在淀粉性胚乳组分中。在糊粉层和胚中，70%的脂质是由中性脂质组成的（主要是三酰甘油）。在淀粉胚乳中，大约 67%的胚乳脂质是淀粉脂质即极性脂质（磷脂和糖脂），33%是淀粉粒以外的籽粒各部分中的脂质，称为非淀粉脂质。小麦中脂质的脂肪酸成分随品种和栽培条件不同而存在一些差异。

一、小 麦 脂 质

小麦与其他谷物不同，其脂质含量变动范围不大。但在硬红春小麦、硬红冬小麦、软红冬小麦和硬粒小麦之间，以及大粒型和小粒型之间有差异。对于完整籽粒，酸水解的总脂类为 1.7～2.4；石油醚可提取脂为 1.4～2.6；乙醚可提取脂为 1.9，总脂类为 2.1～3.8。

表 6-3 列出了麦粒中乙醚提取的粗脂肪的分布。整粒小麦的脂质中有 64%～67%的非极性脂、18%～21%的糖脂和 6%～14%的磷脂。胚中脂质含量最高，其极性脂类比例也最大。麸皮的极性脂类中所含的磷脂比糖脂多，而胚乳脂类中糖脂比磷脂多。

表 6-3 小麦籽粒中的粗脂肪分布

小麦组织	占整粒的比例/%	粗脂肪/%
完整小麦籽粒	100	1.8
麦麸	—	5.1～5.8
果皮	5.0～8.9	0.7～1.0
外种皮或透明部分	0.2～1.1	0.2～0.5
糊粉层	4.6～8.9	6.0～9.9
胚乳	74.9～86.5	0.75～2.16
外胚乳	—	2.2～2.4
内胚乳	—	1.2～1.6
胚	2.4～2.95	28.5
胚轴	1.0～1.6	10.0～14
盾片	1.1～2.0	12.6～32.1

注："—"表示未测定

小麦粉中的淀粉脂质主要由单酰脂质、溶血磷脂酰胆碱和游离脂肪酸组成，它们可与直链淀粉形成复合物。一般通过水-丁醇使淀粉膨胀或冷冻干燥等的方法使淀粉粒产生缝隙，结构破坏，使脂质分子溶出。小麦粉中的非淀粉脂一般用极性溶剂提取。小麦粉中各种非极性脂以不同比例存在。其中，游离脂质占 0.8%～1%，结合脂质占 0.6%～1%，两者组成差别很大，游离脂质中约 67% 是非极性，结合脂质中约 67% 是极性的。极性脂质是糖脂和磷脂的复合物，游离极性脂质中糖脂比磷脂多，而结合极性脂质中磷脂较多。

小麦淀粉和谷朊粉是小麦粉深加工的主要产品之一。其中，小麦淀粉中的脂质含量为1.1%，约 75% 是磷脂。在淀粉脂肪酸中，棕榈酸占总量的 56%，而非淀粉脂肪酸中亚油酸占60%。淀粉中 71% 的自由脂肪酸是饱和脂肪酸。淀粉中的大部分脂质被认为是以淀粉颗粒内含物的形式存在，若不发生淀粉凝胶作用就不会对面团加工产生较大影响，但会影响黏度特性和面粉特性。

淀粉结合脂是很难获得的，因为面团形成过程中它会与谷朊粉蛋白产生交互作用。其他脂质与谷朊粉中的成分结合，很难用溶剂提取出来。谷朊粉脂质与小麦粉脂质的比较如表 6-4所示。用饱和丁烷在常温下提取脂质，用硅酸柱分离极性和非极性成分，薄层色谱分离次组分，分析方法为半定量分析法。结果显示：①谷朊粉中极性脂和非极性脂比例为 1.6∶1，面粉中极性脂和非极性脂比例为 1.8∶1；②谷朊粉含有更多的糖脂；③虽然谷朊粉中含有高于95% 的小麦粉糖脂，但它仅包括 53% 的面粉磷脂。

表 6-4 小麦淀粉和谷朊粉的脂组分（%）

脂质类型	含量	
	面粉	谷朊粉
总非极性脂	35.6	37.9
总极性脂	64.4	62.1
总磷脂	19.5	14.0
磷脂酰酸	2.3	4.8

续表

脂质类型	含量	
	面粉	谷朊粉
磷脂酰甘油	4.0	2.7
卵磷脂	2.1	3.6
半乳糖脂	19.4	25.1
其他脂（自由脂肪酸、甾醇等）	25.5	23.0

　　小麦胚芽油富含多不饱和脂肪酸。其中，最主要的脂肪酸是 18:2（亚麻油酸），占总量的 60%。饱和脂肪酸中大多数是 16:0（软脂酸），而 18:0（硬脂酸）的含量低于 2%。脂肪酸组成如表 6-5 所示。高含量的多不饱和脂肪酸对人体非常有益，然而高含量的亚麻酸使油脂更容易氧化酸败。小麦胚芽油中主要的三酰甘油是 1-棕榈酸-2,3-甘油二亚油酸酯（29%）、甘油三亚油酸酯（16%）、1-棕榈酸-2-亚油酸-3-三油酸甘油酯（12%）。

表 6-5　小麦胚芽油的脂肪酸组成（%）

脂质类型	脂肪酸组成			
	16:0	18:0	18:1	18:2
实验室提取小麦胚芽油	16.5	0.5	15.5	58.1
	17.4	0.9	12.3	58.0
	17.5	0.6	12.3	58.7
	17.5	0.5	13.8	59.3
商业小麦胚芽油	12.3	2.0	19.3	61.2
	13.7	1.5	21.8	57.9
	15.5	1.3	22.2	57.3
	21.0	1.0	18.8	52.2
	7.1	4.1	22.7	66.1

　　己烷提取脂质中含有 3.6%～10.1% 的极性脂。这些极性脂成分主要是磷脂，以及低含量的糖脂。小麦胚芽油中的非极性脂的组成如表 6-6 所示。

表 6-6　小麦胚芽油的非极性酰基酯组成（%）

脂质类型	组成			
	16:0	18:0	18:1	18:2
甾醇酯	17.5	0.6	12.3	58.7
三酰甘油	17.5	0.5	13.8	59.3
自由脂肪酸	15.5	1.3	22.2	57.3
二酰甘油	21.0	1.0	18.8	52.2
单酰甘油	7.1	4.1	22.7	66.1

二、小麦脂质与其他主成分的交互作用

（一）脂质-蛋白质交互作用

脂质与蛋白质的相互作用可能存在两种作用机制：第一，氧化还原机制。这包括脂质氧化酶分解脂质中的多不饱和脂肪酸的氧化作用，以及由脂质诱发的面筋蛋白中蛋白质二硫键的重新排列。小麦脂质氧化酶是 I 类脂质氧化酶，适宜 pH 6.0～6.5，能够催化脂质中多不饱和脂肪酸的加氧反应，主要作用底物为亚油酸酯和亚麻酸酯，生成含有共轭双键的过氧化物，这种物质会偶联氧化面粉中的类胡萝卜素成分，从而使面粉增白。研究指出，脂肪氧化酶具有很好的漂白作用，应用于面制品中可增强面团的耐揉性，改善面团的流变学特性。当面团中含有足够的氧气时，氧气在和脂质反应的同时，也和蛋白质中的巯基反应。并且，脂肪氧化酶对脂质作用产生的脂质过氧化物能氧化蛋白中的巯基形成二硫键或其他氧化产物，而二硫键的形成改善了面团的流变学特性。第二，在面团形成、醒发和烘烤过程中，脂质-蛋白复合物有利于气-水界面（气泡）的形成，并对面团中的气泡有稳定的作用。非极性脂质如三酰甘油和游离脂肪酸的增加会使面包体积缩小，而极性脂质如磷脂能改善面团的持气性，对增加面包体积起到很好的作用。溶液中未能与脂质结合的可溶性蛋白质会和极性脂质竞争吸附气泡薄膜层。大多数可溶性蛋白质对薄膜层是亲和的，在脂质含量高的溶液中，蛋白质作为主体吸附在薄膜上。然而，当脂质含量较低时，蛋白质被其他物质置换下来。食物表面吸附层中一般含有蛋白质和脂质。当高于特定温度，吸附层中脂质会侧面扩散，并在气泡膨胀时，脂质由低表面张力区移到高表面张力区，稳定薄膜。吸附层中的蛋白质分子会形成弹性层，并在气泡膨胀时，通过蛋白质变形来消除表面张力，稳定薄膜。当肽或蛋白质与双分子层脂质互作时，形成倒置的薄膜可促进气-水界面脂质的扩散。

（二）脂质-碳水化合物交互作用

碳水化合物是小麦籽粒中的主要成分之一，脂质和它的相互作用对烘烤品质起着重要作用。淀粉粒中存在的直链淀粉-脂质复合物是作用主体，而籽粒和面粉中的脂质和碳水化合物间不发生作用，只有面团制作过程中，它们之间才会发生相互作用。

小麦中的碳水化合物主要包括中性糖、淀粉、戊聚糖、纤维素等。戊聚糖主要存在于细胞壁和胚乳中，它的主要成分是阿拉伯木聚糖。小麦中的阿拉伯木聚糖会与面团中气-水面的竞争，加热后有稳定蛋白质气泡的作用。在面团和烘烤工序的最初阶段，气-水表面的成分对烘烤品质极其重要。谷物面粉中纤维素含量较低，为提高麦面粉膳食纤维的含量，可适当加入可食用纤维。然而，这类纤维素的加入会对面包的烘烤表现和品质产生不利影响。这时，极性脂质的加入可改善这种情况。一般来说，脂质和多糖的相互作用可能有两种形式：脂质分子与多糖分子结合，如直链淀粉-脂质复合物；脂质相和多糖间的相互作用，如纤维素衍生物-表面活性剂复合物。脂质可使淀粉胶凝起始温度升高，促进直链淀粉凝胶的形成，并影响其流变学特性。

在对淀粉加工处理过程中，直链淀粉-脂质复合物形成，会对淀粉溶解性、溶胀性、流变性、糊化及老化产生影响。直链淀粉的螺旋状结构能与大部分的非极性小分子以及两性分子

的疏水基团结合。脂类与直链淀粉形成复合物的动力来源于直链淀粉螺旋结构内部的疏水性和疏水分子从水相向弱极性环境转移的过程。脂类和直链淀粉形成复合物,并且影响淀粉特性,如减少吸水率、减缓老化和酶的水解。直链淀粉与单酰基酯以及表面活性剂形成的复合物阻止了直链淀粉的流失,限制了淀粉颗粒在水中的热膨胀,降低了淀粉的水结合能力。有研究表明,硬脂酰乳酸钠与直链淀粉形成的复合物在95℃时不稳定,直链淀粉从淀粉颗粒上流失,溶液被冷却后,直链淀粉-表面活性剂复合物能够重新形成。

三、小麦脂质与储藏加工的关系

脂质在贮藏加工中会发生一系列化学反应,其中以氧化反应对脂质的稳定性及含脂食品的稳定性影响最大。脂质氧化是一个动态平衡过程,它不仅会生成氢过氧化物,也会使氢过氧化物分解和聚合。当氢过氧化物的含量增加到一定值,分解速率和聚合速率都会增加。反应底物和反应条件的不同造成反应的动态平衡结果不同。空气氧化会对脂质造成很大的影响,氢过氧化物分解产生的醛、酮、酸等小分子具有强烈刺激性气味,影响口感。此外,氢过氧化物继续氧化生成的二级氧化产物和聚合物,会对肝脏组织造成损害。

自动氧化是一个自催化过程,同时也是一个自由基链反应。自动氧化反应机制可分为链引发、链传递与链终止三个阶段。链引发:涉及脂肪酸去氢形成烷基自由基,进而通过双键电子离域导致双键移动保持稳定,多不饱和脂肪酸则是通过形成共轭双键。双键迁移主要生产高稳定性的顺式或反式的共轭,其中顺式共轭为主导,且更稳定。以亚油酸为例,其结构中的亚甲基断裂去氢,双键重排产生两种异构体,去氢后的烷基自由基分布于不同位置,且脂肪酸的不饱和程度越大越易激发。在多不饱和脂肪酸中,亚甲基碳的碳氢共价键结合力减弱,去氢反应变得更容易,呈亚甲基连接的戊二烯构型,更易于氧化。亚油酸是油酸易氧化程度的10~40倍,这是因为多不饱和脂肪酸增加一个额外双键则会增加一个亚甲基碳上去氢的位点,亚甲基碳数增加氧化速率增加。链传递:传递阶段首先将氧加到烷基自由基上。空气中的氧气或臭氧是二价自由基,均含有两个电子,具有相同的自旋方向,无法共存与同一轨道。臭氧自由基能量较低,无法直接发生去氢反应,而氧自由基可直接和烷基自由基反应,反应受到扩散速率限制。烷基自由基和臭氧上一个自由基反应形成一个共价键,最终生成过氧化自由基。过氧化自由基能量较高,可促进其他分子的去氢反应。不饱和脂肪酸的碳氢键较弱,易受到过氧化自由基攻击。过氧化自由基加氢生成脂肪酸氢过氧化物、新的自由基和另一个脂肪酸。反应从一个脂肪酸传递至另一个脂肪酸。链终止:这一过程为两个激发态结合形成非激发态。当暴露于空气中时,由于受到氧气扩散速率的限制,氧原子连到烷基自由基上,形成过氧化自由基,链终止反应发生在过氧化自由基和烷基自由基之间。氧气浓度较低环境下,链终止反应仅发生在烷基自由基间,形成脂肪酸二聚物。

谷物中一般含有脂质氧化酶,它能催化氧与脂质反应生成氢过氧化物,亚油酸、亚麻酸和花生四烯酸是最普通的底物。酶促氧化反应产物具有旋光性,不同来源的脂质酶对反应底物具有选择性。在需氧反应中,酶促氧化反应机制与自动氧化相似,其氧化历程为自由基型氧化。在缺氧条件下,酶促氧化反应生成的产物较为复杂。

脂质酸败包括氧化酸败和水解酸败,其中氧化酸败是由脂质氧化所致,水解酸败是指含短碳链脂肪酸的脂质经水解产生的酸败。脂质氧化和脂质水解均能产生小分子的醛、酮、酸等带有刺激性气味的物质，形成"哈喇味"，这种现象称为脂质酸败。脂质中脂肪酸的多变性造成酸败时的过氧化值差异，如豆油、棉籽油、葵花籽油、玉米油等过氧化值达到 60～75mmol/kg 时闻到酸败气味。酸败后的脂质产生了很多对人体健康不利的物质，其酸值、过氧化值、碘值、羟值等指标均发生变化，因此酸败过的脂质不宜食用。

影响酸败的因素包括原料质量、加工条件、储藏条件和颗粒大小等。谷物受到物理损伤或收获前气候潮湿、粮食受微生物污染都会造成谷物脂质中脂肪酸部分分解，影响其储藏特性。湿度较高时，脂质较易水解。当水分含量低于 5%，可有效减少非酶促氧化酸败。排空氧气可防止氧化酸败，但不能抑制水解酸败。

脂质在贮存过程中过氧化值很低时会形成不良风味，称为回味，不同的脂质有不同的回味。豆油、亚麻油和菜籽油等含有亚油酸和亚麻酸较多的脂质极易产生这种现象，例如，豆油回味会产生"豆腥味""青草味"或"鱼腥味"等，这可能是亚麻酸氧化产生戊烯基呋喃类化合物，或亚油酸酯氧化产生戊烷基呋喃类化合物所致。

（一）储藏过程中小麦脂质的变化

小麦储藏过程中，其脂质物质的变化主要有两种途径：水解作用与氧化作用。脂质水解生成游离脂肪酸，或氧化生成醛类、酮类等化合物。脂肪酶是脂质分解代谢中第一个参与反应的酶，一般认为它对脂质的转化速率起着调控的作用，它不仅催化甘油酯生成游离脂肪酸从而影响储粮品质，而且高活性的脂肪酶会影响小麦的食用品质，一般可通过脂肪酸值变化来评价小麦等谷物的品质。小麦在储藏过程中，其脂质酶活力呈现上升的趋势；游离脂肪酸含量也逐渐增加，储藏温度越高，游离脂肪酸含量增加速率越快。在储藏过程中，脂肪酶活性增加速率是脂氧合酶的 10～20 倍。因此，脂质主要是在脂肪酶的作用下发生水解生成游离脂肪酸，在这种条件下，就会导致脂肪酶活性与游离脂肪酸含量的相关性较高。

小麦粉储藏过程中，脂质组分发生了变化。小麦粉储藏会引起自由脂酸度和自由脂肪酸含量的增加，这是因为即使在 12%～14%水分含量情况下部分脂质也会发生水解。自由脂肪酸的积累率在储藏初期较快，随后逐渐降低。其浓度不同，按照弱筋面粉、中筋面粉、强筋面粉的顺序依次增大，这个顺序与面粉中分解脂质的酶的活性一致。储藏过程中弱筋面粉和强筋面粉的脂组分变化趋势相似。三酰甘油成分浓度发生较大变化，减小的数量与水解后脂肪酸积累的量相当。半乳糖单甘酯的增加说明了半乳糖二酰甘油浓度的减小。长期储藏引起的脂质变化不局限于水解。自由甾醇发生显著的酰化作用，并在 5 年的储藏后显著增加甾醇酯的浓度。

一项关于 15℃储藏 6 个月的面粉的研究表明，总脂含量有所降低但不显著，脂肪酸组成没有变化。而在长期的储藏中发现，总提取的非淀粉脂质在 36 个月后有较大幅度的降低，24 个月开始总脂肪酸浓度显著降低。总酯化的和非酯化的脂肪酸含量降低被认为是亚麻油酸含量的降低，等于非淀粉脂组成中 12%～15%总亚麻酸含量。脂质的氧化可以根据类胡萝卜素含量的降低确定。

（二）小麦脂质与加工的关系

1. 脂质对小麦粉物理特性和面团特性的影响 面团形成过程中空气进入到面团中，并在后续的揉捏和成型操作中造成气室结构的改变。空气进入面团要有一个类似产生气泡的过程，而表面活性化合物，它们在空气和水之间的界面上吸附，很大程度上决定形成气泡的方式，以及气泡数量、大小分布和稳定性。面团的表面活性成分是蛋白质和脂质。它们的相对比例和脂质组成决定了气泡结构的特性。

当面粉加水形成面团过程中，由于部分极性脂和非极性脂发生化学变化形成脂-蛋白复合体和脂-淀粉复合体，造成可提取的脂质含量减少。在此过程中，极性脂质分子通过疏水键与麦谷蛋白结合，同时非极性分子通过氢键与醇溶蛋白分子结合。面粉可提取脂质引起的一些面团特性的变化是由于其对面筋蛋白的作用，这将最终引起面团的峰值形成时间的改变。逐渐减少面粉中的脂质含量会使面团的结构更加稳定。脱脂面粉形成的面团通常具有轻微的、不够平滑的结构，但发酵过程会改善这个问题。脂质对面团特性的效果是可逆的，如通过加入提取脂质，原面团特性能够恢复。尽管脂质并不像面筋蛋白一样在面团中形成连续结构，但它能改变蛋白质的连接作用，引起面团特性的改变。脂质能增加面粉颗粒间的黏度。脂质的发泡特性在脱脂面粉的水悬浊液中更强，这在进行降落数值测定实验时需要注意，脂质的去除同样增加了面粉的白度。淀粉脂质在烘焙阶段有一定的作用。但非淀粉脂质中的游离脂质和结合脂质，在面团形成、制成面包及面包陈化各阶段均有重要作用。脱脂小麦粉制作的面团强度变大，面团表面变得粗糙，且脱脂粉面团的形成时间显著增加，吸水率极显著增加，面团稳定时间极显著减少，粉质质量指数极显著减小，这些表明脱脂粉面团较原面粉面团品质劣化。

2. 脂质对面包品质的影响　　向脱脂小麦粉中添加非极性脂超过一定量，对面包体积和面包芯质有着不良影响。有研究表明，游离亚油酸等脂肪酸可能存在消泡剂作用，使面包的体积缩小。在面包烘焙过程中，极性脂能抵消非极性脂的不利作用，改善烘焙品质。有研究表明，在100g脱脂小麦粉中分别加入0.2g极性脂和非极性脂，面包体积各不相同。加入非极性脂时面包体积缩小，而加入极性脂，面包体积有一定的增加。糖脂和磷脂都是良好的发泡剂和面团中气泡稳定剂，特别当蛋白质存在时效果更加明显。小麦粉中添加糖脂，可使面包体积显著增加，质地松软，延长储藏期。其原理可能是糖脂的结构特性表现出良好的水溶性与亲脂性。糖脂与麦胶蛋白通过氢键结合，与麦谷蛋白通过疏水结合，形成麦胶蛋白-糖脂-麦谷蛋白的复合物。同时，部分糖脂与淀粉粒结合，在烘焙条件下形成蛋白质-糖脂-淀粉复合物，使面包芯软化，并起到抗老化作用。由以上可以看出，极性脂质对焙烤特性有利，而非极性脂是有害的。研究表明，在没有极性脂质的情况下，面包体积随着非极性脂质的增加急剧减少，并在添加0.5%含量的脂时达到稳定值。当极性脂含量从0增至0.5%，面包体积增加至越来越高的恒定值，表明非极性脂质的有害作用逐渐被抵消。极性脂组分可以小幅度提高质构评分，并增加面包体积，而非极性脂组分明显降低了面包体积和增加了面包屑的硬度，但碎屑纹理似乎更精细和更均匀。

表面活性剂与面团中的蛋白质相互作用，可促进面团醒发，使面包体积增大。它们也可能与淀粉相互作用使面包芯软化，并且起抗陈化作用。许多表面活性剂兼有上述两种功能。商业用表面活性剂常为复杂的混合物。对于面团醒发和改进面包体积来说，最好的表面活性剂应有亲水物-亲脂物，平衡值（HLB）为6～14。但要最好的综合性能时，常将HLB值较高和较低的表面活性剂混合使用，并将阳离子和阴离子表面活性剂混合使用。有人发现蔗糖酯的HLB值为14，其薄层色谱迁移率与双半乳糖酰二酰甘油相当，对于改进面包体积最为有效。

在面团中，表面活性剂与蛋白质结合，并置换出某些面粉中的脂类。某些表面活性剂可以完全或部分地置换面粉中的游离脂类。表面活性剂和极性脂质也可以使添加的蛋白质并入面筋中。这些效果可用面粉中的极性脂质和表面活性剂在麦醇溶蛋白、麦谷蛋白、外加蛋白质及淀粉颗粒表面之间形成亲水键和疏水键来解释。

当面粉用蛋白质浓缩物，而不是用面筋来增强时，或用非小麦或淀粉加以稀释时，面包的体积和质量均受损害。蛋白质浓缩物的有害影响，可用天然或合成的糖脂或磷脂，或使用促进面团醒发的表面活性剂来克服。使面包芯软化的表面活性剂性能，与直链淀粉和单酰甘油复合能力有关。有人认为，表面活性剂不溶解直链淀粉，使它不能脱离糊化的淀粉颗粒，并且表面活性剂在淀粉表面复合，能减少颗粒之间的凝聚，阻止水分的转移。

3. 脂质对馒头和面条品质的影响　　小麦粉中粗脂肪含量与馒头品质呈正相关，对馒头的体积和柔软度都有积极的作用，主要是由于脂质与淀粉形成复合物，阻止淀粉分子间的缔合作用，从而阻止淀粉的老化。有研究表明，弱筋小麦粉脱脂后加工的馒头体积、比容、气孔数都增加，宽/高减小。中筋和强筋小麦粉脱脂后加工的馒头体积、比容、气孔数、宽/高都减小，脱脂后小麦粉馒头的气孔总面积和直径平均值都增加。脱脂后弱筋小麦粉馒头的硬度、黏附性、胶着性和咀嚼性极显著减少，回复性显著增加。中筋和强筋小麦粉馒头 TPA 参数的影响则相反，脂类虽然不能阻止馒头的老化但可以延缓老化。Omeranz 等将面粉中的脂质、起酥油、植物油和乳化剂分别添加到未处理的和脱脂的软麦粉中，然后比较由这两种面粉制成馒头的体积、柔软度及综合评分，结果表明，面粉脱脂后显著降低了馒头的体积、柔软度。

脱脂后小麦粉的面条表面硬度、咀嚼性和胶着性增加，黏附性的绝对值增加，剪切力和坚实度都显著增加，蒸煮时间减少，干物质损失率增加。有研究表明，硬质和软质小麦粉脱脂后挂面的白度和强度增加；熟面条的剪切应力增加而表面硬度减少，表现在面条的咀嚼力增加和煮面损失增加；非极性脂能有效地恢复熟面条表面硬度，而非极性脂和糖脂减小了干面条的断裂强度。非极性脂和糖脂会降低挂面的断裂强度，小麦面粉脱脂后挂面的强度和白度增加，脱脂后蒸煮面条需要的时间减少，但熟面条的切应力增加、表面咀嚼力增加、煮面损失增加。

第三节　稻米中的脂质

稻米中脂质含量及组成受稻谷成熟期温度、加工精度、提取方法等因素的影响。脂质在稻米籽粒中的分布是不均匀的，胚中含量最高，其次是种皮和糊粉层，胚乳中含量极少。糙米中脂质含量一般在 1%～4%，其脂类组成大致为：游离脂类 2.14%～2.61%、结合脂类 0.21%～0.27%、牢固结合的脂类 0.24%～0.32%、脂类总量为 0.86%～3.1%。

一、稻米脂质

表 6-7 列出了稻米中脂类的分布情况。据测定，胚乳蛋白体含有胚乳中脂类总量的 80% 及蛋白质总量的 76%。从白米外层分离得到的蛋白体中含有 50% 脂质，而从米糠分离蛋白体仅含有 14% 的脂质。糙米中的非极性脂类比其他脂肪含量少的谷物（如大麦、小米及小麦）中多，但糖脂和磷脂较少。

表 6-7　稻米籽粒组织和碾磨产物中脂质的分布（%）

稻谷组织或部分	在籽粒中所占比例	在脱壳米粒中所占比例	脂肪含量
完整谷粒	100		1.9～3.1
谷壳	23～29		0.2～0.44
糙米		100	2.4～3.9
脱胚糙米	70～76	97～98	1.6～3.2
颖果			2.36
颖果表面		5～8	0.25
糠（果皮+胚）		1.2～1.9	17.5～25.3
胚		2～3	22.0～37.2
白米		1～3	8.8～15.3
碎米		89～94	0.3～0.6

去除表皮层、胚和部分糊粉层后的大米脂质含量一般在 0.2%～2%。稻米的脂肪酸组成主要有亚油酸（18:2，21%～36%）、油酸（18:1，32%～46%）、棕榈酸（16:0，23%～28%），还有少量的肉豆蔻酸（14:0，0.5%～0.8%）、硬脂酸（18:0，1.4%～2.4%）、棕榈油酸（16:1，0.4%～0.7%）、亚麻酸（18:3，0.4%～1.3%），以及微量的月桂酸（12:0）、花生酸（20:0）、花生四烯酸（20:4）等。

米糠中脂质含量为 13%～22%，米胚中的脂质含量在 30%以上。米糠和米胚油脂中不饱和脂肪酸和饱和脂肪酸含量比例约为 80：20。米糠油富含亚油酸、亚麻酸等必需脂肪酸，是潜在的功能性脂质。此外，米糠油中类脂物（脂质衍生物、甾醇和胡萝卜素等）种类多，并且含量很高。谷维素是脂质醇与阿魏酸结合成酯的混合物，具有抗高血脂、抗氧化和调节肠胃神经等功能。米糠皮层中谷维素含量为 0.3%～0.5%，米糠毛油中含量为 1.8%～3.0%，稻谷品种、种植条件和加工方式对其含量有一定的影响。在米糠谷维素中，环木菠萝醇类阿魏酸酯的含量为 75%～80%，甾醇类阿魏酸酯含量为 15%～20%。米糠油中含有 3%～5%的糠蜡，以 C_{22} 和 C_{24} 的饱和脂肪酸与 C_{28}、C_{30}、C_{34} 和 C_{36} 的饱和脂肪醇的酯为主，其中高级脂肪醇占 55%左右。纯的糠蜡为白色或淡黄色固体，无黏度但有一定的硬度，可在碱性介质中水解。米糠油中含有一定量的生育酚和生育三烯酚，其中生育三烯酚特别是 γ-生育三烯酚含量在谷物中含量非常高。米糠油中不皂化物中烃类物质含量为 5%～10%，其中角鲨烯含量占50%～60%，较其他谷物高。角鲨烯是生物体代谢不可缺少的物质，具有降血脂、降胆固醇等生理功能。米糠油不皂化物中甾醇含量约为 80%，其甾醇中 β-谷甾醇占 55%～63%。

二、稻米脂质与储藏加工的关系

（一）储藏过程中稻米脂质的变化

稻米中不饱和脂肪酸所占的比例较大，这些不饱和脂肪酸在空气中的氧及稻米中相应酶的作用下，氧化较快。与稻米中含量较多的淀粉和蛋白质相比，脂质更容易促使稻米陈化变质，导致稻米食用品质下降。稻米中的脂质主要集中在米粒的外层，稻米在储藏过程中一直伴随着脂质的水解和氧化。非淀粉脂和淀粉脂总量在室温下储藏 6 个月保持不变。然而，由于甘油酯的水解，使得非淀粉脂中游离脂肪酸含量增加，非淀粉脂中的亚油酸和亚麻酸氧化产生丙醛、丙酮、戊烷和己烷，从而导致陈米米饭中羰基化合物含量增加。脱脂对陈米米饭的蒸煮硬度和黏度影响很小，但对米粉糊的黏度曲线有影响，使其黏度值、回升值和峰值黏度下降。稻谷在室温下暴露于光亮中会加快脂质的自动氧化，而高温和光照对蒸谷米的影响则较小。这是因为蒸谷米经高温处理后再碾成米，其内部的脂肪酶、脂氧合酶已被破坏的缘故。加工精度对稻米的自动氧化有较大的影响，相比较而言，加工精度对蒸谷米的影响却不大。稻米的脂肪酸极易受到空气中氧和米粒中酶的作用而变质。脂氧合酶活性低的稻米品种储藏品质较好。

储藏条件的不同使稻谷中脂质的分解速率不同，高温比低温、高湿度比低湿度分解速度快。糠层中极性脂质比非极性脂质分解速度快，磷脂分解率较高。胚乳中脂质的分解呈现相同的趋势而且更强烈，非极性脂质相对较稳定，极性脂质，特别是磷脂分解速度最快。

脂质在糙米储藏过程中的变化会直接影响到糙米糊化特性。例如，经储藏后其糊化温度均有所下降，而最高黏度、最终黏度均有不同程度的上升。低温储藏的糙米变化幅度较小，而脱去非淀粉脂的糙米在储藏过程中最高黏度值、最终黏度值均有所下降。

稻谷的储藏特性决定了储藏后大米的食用品质。稻谷中的脂质含量虽少于淀粉、蛋白质等成分，但最容易发生变化，经酯酶的催化能分解成甘油和脂肪酸，从而使稻谷脂肪酸增加。稻谷加工时，皮层的脂质和脂质酶同时被机械力作用，在米粒中沉积在一起，脂质酶作用于脂质，在稻谷的表层产生脂肪酸，并与其他脂质氧化导致稻谷产生异味。

随着储藏时间的延长，稻谷脂质酶活性、脂肪酸含量和脂氧合酶活性均增加，相同条件下脂质酶活性是脂氧合酶活性的10～20倍。湿度条件也是影响因素之一，干燥之后的稻谷脂质酶活性、脂肪酸含量均明显下降，脂氧合酶活性无明显变化。在储藏过程中，稻谷脂质水解使脂肪酸含量增加，脂酸酸包藏在直链淀粉的螺旋结构中，与直链淀粉形成配合物，并螺旋状密集结晶化，使稻谷在蒸煮时糊化所需的水分难以通过，限制了淀粉的膨胀，使米饭蒸煮时变得硬而黏性小，影响了淀粉的糊化。

（二）米糠油的制备

米糠油工艺制备方法有机械压榨法、溶剂浸出法和酶催化处理法。溶剂浸出法是采用有机溶剂（异丙酮等）对米糠中的油脂进行浸提。机械压榨法为例的操作工艺主要包括清选、蒸炒、饼粕、压榨和过滤几个步骤。其中，清选可用风选、筛选等方法除去米糠内的碎米及其他杂质。蒸炒可将米糠直接放入平底炒锅中，温度为120℃，蒸炒10min。或将米糠放入蒸锅中，加入适量水，保持蒸炒压力490～686.6kPa，结束时温度为130℃，水分含量为4%～5%。将蒸炒好的料坯放入螺旋式压饼机中压榨成饼粕。压榨采用90型或95型榨机进行压榨，压榨时先快榨，时间为3～5min，然后慢榨，待大部分油被压榨出来后进行沥油，沥油时高压泵升压至定点。将压榨好的毛糠油用帆布或双层白布在滤油机上过滤，过滤温度控制在70℃。压榨出来的毛糠油，必须经过精炼才能食用。

酶催化法包括米糠的预处理、酶浸出、油和其他组分的收集。预处理是将米糠磨成粉状（20目）同水混合，在95℃加热15min以钝化脂肪酶的活性或米糠在120℃蒸炒1min。预处理米糠冷却，用HCl将水和米糠混合物的pH调至4.5，加入果胶酶和纤维素酶，在指定温度下进行酶催化反应，待反应完全升至80℃加热5min灭酶，加入浸提剂浸出油脂。

第四节　其他主要谷物中的脂质

一、玉米脂质与储藏加工的关系

玉米脂质含量为 0.4%～17%，约 85%存在于胚乳中。玉米胚中脂质含量约占 45%，脂质组成由 72%的液体脂质和 28%固体脂质组成。有研究发现，玉米中有 4.2%～4.4%的游离脂类和 0.3%～0.9%的结合脂类。其组成为：游离脂类 4.59%～5.55%、结合脂类为 0.29%～0.39%、牢固结合的脂类为 0.13%～0.45%。完整籽粒和胚芽中脂类的组成成分相似，但胚乳中脂类的饱和程度稍高。胚乳的脂肪酸组成与所用的抽提溶剂有关，但胚的脂肪酸组成几乎不受溶剂影响。玉米油中酰基甘油由 85%左右的不饱和脂肪酸组成，并含有丰富的亚油酸和花生四烯酸。玉米油中还含有 1.1%～3.2%的磷脂及 2%～2.5%的不皂化物（维生素 E、角鲨烯和甾醇等）。

玉米湿磨工艺分离出的胚乳结构中含有 50%的脂质。胚乳油可被连续螺旋挤压，产生的粉中含有 7%～10%脂质；原玉米油和精炼玉米油的成分如表 6-8 所示。

表 6-8　玉米油的组分（%）

成分	等级	
	粗榨油	精炼油
三酰甘油	95.6	98.8
自由脂肪酸	1.7	0.03
磷脂	1.5	
甾醇	1.2	1.1
生育酚	0.06	0.05
蜡	0.05	
类胡萝卜素	0.0008	

精炼玉米油去除了自由脂肪酸、磷脂、蜡质和类胡萝卜素。主要的三酰甘油脂肪酸大约含有 60%亚麻油酸、25%油酸、13.5%棕榈酸和硬脂酸。精炼玉米油的碘值变化较小。

玉米脂质在储藏期间发生两种变化：①氧化作用产生大量生物活性氧自由基，玉米脂肪由于呼吸作用和水解酶的作用，生成大量游离脂肪酸，这些游离的脂肪酸受到自由基的攻击而发生氧化，产生许多小分子烃类、酮醛类等挥发性物质，以及更多的自由基和终产物丙二醛。②水解作用产生脂肪酸、甘油等。通常，低水分玉米脂质分解是以氧化作用为主；高水分玉米则是以水解作用为主。在脂类变化中，脂肪酸变化最为显著，脂肪酸与玉米储存品质有较高的相关性。脂肪酸值变化受到的影响因素较多，温度、湿度、霉菌、籽粒含水量、酶活力和呼吸强度等都会影响脂肪酸值的变化，粮堆发热、烘干温度不当也会引起玉米的脂肪酸败，脂肪酸值升高。在玉米储藏过程中，霉菌会影响玉米胚及其他部分脂肪的变化，脂肪酸值与籽粒水分和温度呈明显正相关。

玉米加工过程中所提取的玉米胚芽水分含量较高，并且含有一定量的脂肪氧合酶，易导致酸败变质，酸价急速升高。因此，新提玉米胚应及时处理制油。若玉米胚必须储藏一段时间，就需要将新胚烘干或采用挤压膨化处理法，使解脂酶钝化，水分降低，再作储存。玉米油的制备工艺一般包括玉米胚提纯去杂、蒸炒、压榨（榨饼）、毛油、过滤得到玉米胚清油等几个步骤。玉米胚的制油工艺一般采用螺旋榨油机压榨，可采用两台压榨机两次压榨法。第一榨机入榨料温度为120℃，水分为3%～4%，饼厚6mm，饼残油量控制为10%左右。第二榨机为复榨，其入榨料温度为125℃，水分为2.5%～3%，饼厚4.5～5mm，榨出饼残油可降低至5.5%以下。

二、燕麦脂质与储藏加工的关系

燕麦油脂由于较高的不饱和脂肪酸含量对人体具有重要的保健作用，可以保持细胞膜的相对流动性，保持细胞的正常生理功能；使胆固醇酯化，降低血液中胆固醇和三酰甘油的含量，降低血液黏稠度，提高脑细胞的活性；促进维生素的吸收。燕麦中的脂质含量为3.1%～11.6%，主要集中在胚乳中。影响燕麦脂质含量的因素主要有原料品种、环境因素和测定方法等。

燕麦有相当大的遗传学多样性，这也影响到其脂质含量。表6-9列出了燕麦中脂质分布情况，有人曾测定了4000个以上的样品，发现燕麦片的含油率为3.1%～11.6%，其中90%以上含油率超过5%～9%。有5种含油率高于11%，另外有25种则低于4%。还有人对445个燕麦栽培品种进行了分析，发现48个二倍体品种的含油率为3.5%～9.0%，6个六倍体品种的含油率为5.5%～8.0%，391个六倍体品种的含油率为2.0%～11.0%。冬性品种的含油率比春性品种略高。在成熟过程中，脂肪含量和脂肪酸组成也有所变化。

表6-9　燕麦中脂质分布情况（%）

燕麦组织和部分	在麦粒中比例	在麦片中比例	粗油（干基）	游离脂类	结合脂类
完整麦粒	100		5.4		
壳	19～40		0.6～1.7	2.0～2.3	0.6
麦胚	64～81	100	5～9	5.5～8.0	1.4～1.6
胚+麸皮	31		7.4～9.0		
麸皮		24	0.2	6.4～6.8	1.0～1.3
果皮+麸皮	3				
糊粉层		6～8			
胚		7	11.2～30.7	20.6～22.3	2.6～2.8
盾片				10.6～12.6	3.3～4.1
胚轴					
胚乳		50～69	6.2～6.7	5.2～6.8	1.0

燕麦脂质包括三酰甘油、磷脂、糖脂、游离脂肪酸和甾醇等。在燕麦脂质中，棕榈酸、油酸和亚油酸占总脂肪酸含量95%以上，其中棕榈酸13%～28%、硬脂酸1%～4%、油酸19%～53%、亚油酸24%～53%、亚麻酸1%～5%。此外，还含有月桂酸、棕榈酸、花生四烯酸、二十碳不饱和脂肪酸及微量木蜡酸和神经酸。有人测得燕麦片中的脂类含量，游离脂类为4.4%～7.0%、结合脂类为0.3%～0.5%、结合紧密的脂类为0.2%～0.4%、磷脂为0.2%～0.5%。燕麦游离脂类和结合脂类中的三酰甘油比其他谷物的相应脂类中的三酰甘油少，但其他成分相似。其磷脂包含18%磷脂酸、9%磷脂酰乙醇胺、10%磷脂酰肌醇、30%磷脂酰胆碱、19%溶血磷脂酰胆碱（表6-9）。

燕麦片及其各部分的游离脂类、结合脂类及总脂类的脂肪酸组成无较大的差异。全燕麦片、胚、外皮、无胚颖果的总脂类及麸皮、小盾片、胚轴，以及胚乳的游离脂类和结合脂类的脂肪酸组成均在以下范围内：14:0 为 0.1%～1.6%、16:0 为 15%～28%、16:1 为<0.8%、18:0 为 0.7%～3%、18:1 为 27%～52%、18:2 为 31%～48%、18:3 为<5.7%。

燕麦脂质在贮存期间会发生很大变化，整粒未受损伤燕麦中脂质在常温低湿度下变化不大。但贮存或处理不当，游离脂肪酸含量会上升，正常贮存燕麦 7 个月后游离脂肪酸占总脂质 4%，而浸过水燕麦则高达 16%。一些被试验处理过燕麦游离脂肪酸量甚至达 30%～40%。

燕麦脂肪含量高、脂酶活性高，加工时需要蒸煮以钝化脂肪酶。通常在 90～100℃，水分含量大于 12%时经几分钟就可以使脂肪酶钝化。如果不经过这样处理，在 2～3 天内游离脂肪酸含量会迅速增长。不同品种的脂肪酶活性差别加大。有研究表明，在同一种植地区的 350 个品种中脂肪酶活力最大的是脂肪酶活力最小的品种的 21 倍。不同加工阶段燕麦油脂其脂肪酸种类和组成大致相同，主要由油酸、亚油酸、硬脂酸、花生四烯酸构成，且脱壳、烘烤、切粒及片状的燕麦样品的不饱和脂肪酸相对含量在 85%左右，其中切粒状态的不饱和脂肪酸含量最高。加工过程对脂质组成有多种影响。燕麦粉湿法分级会使淀粉和蛋白质中三酰甘油水解，但对纤维内脂质没影响。工业化去壳再湿热处理得到干燕麦粉三酰甘油含量降低，但游离脂肪酸增加。加工中亚麻酸含量下降与氧化相关，伴之挥发性氧化产物增加。而总脂质含量在加工中变化不大。加工时也可能发生脂肪酸复合，使游离脂肪酸含量和油脂酸价下降。

主要参考文献

陈海华, 王雨生, 王慧云, 等. 2016. 脂肪酸的链长和不饱和度对脂肪酸-普通玉米淀粉复合物理化性质的影响. 中国粮油学报, 31(3): 30-36.

迟晓元. 2005. 小麦脂肪及其与加工品质关系的研究. 泰安: 山东农业大学硕士学位论文.

李昌模, 张钰斌, 李帅, 等. 2015. 反式脂肪酸生成机理的研究. 中国粮油学报, 30(7): 141-146.

刘军海, 裴爱泳, 朱向菊. 2003. 燕麦脂质及其应用. 粮食与油脂, (5): 19-20.

乔国平, 王兴国. 2002. 功能性油脂-结构脂质. 粮食与油脂, (9): 33-36.

宋伟, 丁超, 胡寰翀. 2010. 储藏条件对小麦游离脂肪酸值上升速度的影响. 食品科学, 31(10): 301-303.

夏吉庆, 郑先哲, 刘成海. 2008. 储藏方式对稻米黏度和脂肪酸含量的影响. 农业工程学报, 24(11): 260-263.

杨慧萍, 刘璐, 宋伟. 2013. 不同储藏条件下粳稻谷脂肪酸值及气味变化研究. 中国粮油学报, 28(6): 85-89.

叶霞. 2003. 稻谷储藏过程中重要营养素变化的动力学研究. 重庆: 西南农业大学硕士学位论文.

张辉, 吴迪, 李想, 等. 2012. 近红外光谱快速检测食用油必需脂肪酸. 农业工程学报, 28(7): 266-270.

张玉荣, 王东华, 周显青, 等. 2003. 稻谷新陈度的研究: 稻谷储藏品质指标与储藏时间的关系. 粮食与饲料工业, 2003(8): 8-10.

Abulnaja KO, Tighe CR, Harwood JL. 1992. Inhibition of fatty acid elongation provides a basis for the action of the herbicide, ethofumesate, on surface wax formation. Phytochemistry, 31: 1155-1159.

Barnes PJ, Lowy GD. 1986. The effect on quality of interaction between milling fractions during the storage of wheat flour. 1. Cereal Sci, 4: 225-232.

Baya A W, Fretzdorff B, Muenzing K. 1986. The behaviour of lipids during storage of wheat under controlled atmosphere. Getreide Mehl Brot, 40: 71-78.

Benatti P, Peluso G, Nicolai R, et al. 2004. Polyunsaturated fatty acids: biochemical, nutritional and epigenetic properties, J Am Coll Nutr, 23: 281-302.

Caponio F, Giarnetti M, Summo C, et al. 2011. Influence of the different oils used in dough formulation on the lipid fraction of taralli. J Food Sci, 76(4): 549-554.

Carr NO. 1991. Lipid binding and lipid-protein interaction in wheat flour dough. Reading: University of Reading

PhD thesis.

Chel-Guerrero L, Parra-Perez J, Betancur-Ancona D, et al. 2015. Chemical, rheological and mechanical evaluation of maize dough and tortillas in blends with cassava and malanga flour. J Food Sci Technol, 52 (7): 4387-4395.

Chevallier S, Colonna P, Buleon A, et al. 2000. Physicochemical behaviors of sugars, lipids, and gluten in short dough and biscuit. J Agric Food Chem, 48 (4): 1322-1326.

Doblado-Maldonado AF, Arndt EA, Rose DJ. 2013. Effect of salt solutions applied during wheat conditioning on lipase activity and lipid stability of whole wheat flour. Food Chem, 140 (1-2): 204-209.

Galliard T. 1983. Enzymic oxidation of wheat flour lipids. In: Holas J. Developments in Food Science, Vol. 5A. Progress in Cereal Chemistry and Technology. Amsterdam: Elsevier.

Geng P, Harnly JM, Chen P. 2015. Differentiation of Whole Grain from Refined Wheat (T. aestivum) Flour Using Lipid Profile of Wheat Bran, Germ, and Endosperm with UHPLC-HRAM Mass Spectrometry. J Agric Food Chem, 63 (27): 6189-6211.

Gurr MI. 1983. The nutritional significance of lipids. In: Fox PF. Developments in Dairy Chemistry 2: Lipids. London: Applied Science.

Hamilton RJ. 1995. Commercial waxes: Their composition and application. In: Hamilton RJ. Waxes: Chemistry, Molecular Biology and Functions. Ayr, Scotland: The Oily Press.

Jensen RG. 1992. Fatty acids in milk and dairy products. In: Chow CK. Fatty Acids in Foods and Their Health Implications. New York: Marcel Dekker.

Khozin-Goldberg I, Didi-Cohen S, Shayakhmetova I, et al. 2002. Biosynthesis of eicosapentaenoic acid (EPA) in the freshwater eustigmatophyte Monodus subterraneus. J Phycol., 38: 745-756.

Li N, Oshima T, Shozen KI, et al. 1994. Effects of the degree of unsaturation of coexisting triacylglycerols on cholesterol oxidation. J Am Oil Chem Soc, 71: 623-627.

Liu K. 2011. Comparison of lipid content and fatty acid composition and their distribution within seeds of 5 small grain species. J Food Sci, 76 (2): 334-342.

Ma S, Wang XX, Zheng XL, et al. 2016. Physicochemical properties of wheat grains affected by after-ripening, Quality Assurance and Safety of Crops & Foods, 8 (2): 189-194.

Mead JF, Alfin-Slater RB, Howton DR, et al. 1986. Lipids: Chemistry, Biochemistry and Nutrition. New York: Plenum Press.

Morrison WR, Tan SL, Hargin KD. 1980. Methods for the quantitative analysis of lipids in cereal grains and similar tissues. 1. Sci Food Agric, 31: 329-340.

Murakami Y, Yokoigawa K, Kawai F, et al. 1996. Lipid composition of commercial bakers' yeasts having different freeze-tolerance in frozen dough. Biosci Biotechnol Biochem, 60 (11): 1874-1876.

Murphy DJ. 2005. Plant Lipids: Structure, Biogenesis and Utilisation. Oxford : Blackwell.

Pixton SW, Warburton S, Hill ST. 1974. Long-term storage of wheat. III. Some changes in the quality of wheat observed during 16 years storage. I. Stored Prod Res, 11: 177-185.

Sebedio JL, Grandgirard A. 1989. Cyclic fatty acids: Natural sources, formation during heat treatment, synthesis and biological properties. Prog Lipid Res, 28: 303-336.

Shearer G, Warwick M. 1983. The effect of storage on lipids and breadmaking properties of wheat flour. In: Barnes PI. Lipids in Cereal Technology. London: Academic Press.

Tao H, Wang P, Ali B, et al. 2016. Fractionation and reconstitution experiments provide insight into the role of wheat starch in frozen dough. Food Chem, 190: 588-593.

Warth AH. 1956. Chemistry and Technology of Waxes. New York: Reinhold.

Yoon Y, Choe E. 2007. Oxidation of corn oil during frying of soy-flour-added flour dough. J Food Sci, 72 (6): 317-323.

第七章 谷物中的酶类

第一节 概　　述

1833 年，法国化学家安塞姆·佩恩（Anselme Payen）发现了人类历史上首个具有淀粉催化活性的蛋白质，1877 年，德国生理学家威廉·库诺（Wilhelm Kühne）将这种具有生理催化活性的物质命名为"酶"（enzyme）。酶是活细胞内产生的具有高度专一性和催化效率的蛋白质或核酸，是具有较复杂空间结构的有机催化剂。生物体在新陈代谢过程中，几乎所有的化学反应都是在酶的催化下进行的。细胞内的蛋白质，90%都有催化活性。

谷物细胞与其他生物体一样，细胞内外的各种化学变化都是在酶催化下进行的。酶与其他催化剂一样，通过降低化学反应的活化能等方式来改变反应速度，并不改变反应的平衡系数，并在反应前后本身不变；但酶作为生物催化剂（biological catalyst），与一般的无机催化剂相比具有以下特点。

（1）催化效率高：谷物细胞中大多数反应没有酶的催化几乎是不能进行的，而酶催化反应的反应速率比非催化反应高 $10^8 \sim 10^{20}$ 倍，比非生物无机催化剂高 $10^6 \sim 10^{13}$ 倍。

（2）专一性强：一般催化剂对底物没有严格的要求，能催化多种反应，而酶只催化某一类物质的一种反应，生成特定的产物。因此酶的种类也是多种多样的。酶只催化某一类反应物发生特定的反应，产生一定的产物，这种特性称为酶的专一性。

（3）反应条件温和：谷物细胞中的大部分反应条件都相对苛刻，因此，也限制酶促反应不需要高温高压及强酸强碱等剧烈条件，在常温常压下即可完成。

（4）酶的活性受多种因素调节：无机催化剂的催化能力通常是不变的，而酶的活性则受到很多因素的影响，如底物和产物的浓度、pH 及各种激素的浓度都对酶活有较大影响。细胞内还可通过变构、酶原活化、可逆磷酸化等方式改变酶活，从而对机体的代谢进行调节。

（5）稳定性差：大多数酶只能在常温、常压、近中性的条件下发挥作用。高温、高压、强酸、强碱、有机溶剂、重金属盐、超声波、剧烈搅拌，甚至泡沫的表面张力等都有可能使酶变性失活。不过自然界中的酶是多种多样的，有些酶可以在极端条件下起作用。

一、酶的命名与分类

酶的命名法有两种：习惯命名与系统命名。习惯命名以酶的底物和反应类型命名，有时还加上酶的来源。习惯命名简单、常用，但缺乏系统性、不准确。1961 年，国际酶学会议提出了酶的系统命名法。规定应标明酶的底物及反应类型，两个底物间用冒号隔开，水可省略。如乙醇脱氢酶的系统命名是：醇：NAD+氧化还原酶。

按照催化反应的类型，国际酶学委员会（IEC）将酶分为六大类。在这六大类里，又各自分为若干亚类，亚类下又分小组。亚类的划分标准：氧化还原酶是电子供体类型，移换酶是被转移基团的形状，水解酶是被水解的键的类型，裂合酶是被裂解的键的类型，异构酶是异构作用的类型，合成酶是生成的键的类型。

（1）氧化还原酶类（oxidoreductase）：催化氧化还原反应，如葡萄糖氧化酶，各种脱氢酶等。是已发现的量最大的一类酶，具有氧化、产能、解毒等功能，在生产中的应用仅次于水解酶。需要辅助因子，可根据反应时辅助因子的光电性质变化来测定。按系统命名可分为19个亚类，习惯上又可分为 4 类：脱氢酶、氧化酶、过氧物酶和氧合酶。

（2）转移酶类（transferase）：催化功能基团的转移反应，如各种转氨酶和激酶分别催化转移氨基和磷酸基的反应。转移酶也叫移换酶，多需要辅酶，但反应不易测定。按转移基团性质，可分为 8 个亚类，较重要的有：一碳基转移酶、磷酸基转移酶、糖苷转移酶等。

（3）水解酶类（hydrolase）：催化底物的水解反应，如蛋白酶、脂肪酶等。起降解作用，多位于胞外或溶酶体中。有些蛋白酶也称为激酶。可分为水解酯键（如限制性内切核酸酶）、糖苷键（如果胶酶、溶菌酶等）、肽键、碳氮键等 11 亚类。

（4）裂解酶类（hydrolase）：催化从底物上移去一个小分子而留下双键的反应或其逆反应。包括醛缩酶、水化酶、脱羧酶等。共 7 个亚类。

（5）异构酶类（isomerase）：催化同分异构体之间的相互转化。包括消旋酶、异构酶、变位酶等。共 6 个亚类。

（6）合成酶类（ligase）：催化由两种物质合成一种物质，必须与 ATP 分解相偶联。也叫连接酶，如 DNA 连接酶。共 5 个亚类。

二、酶 的 活 力

酶的活力简称酶活，指酶催化一定化学反应的能力。酶活的单位为 U，指在特定条件下，1min 内转化 1μmol 底物所需的酶量为一个活力单位。温度规定为 25℃，其他条件取反应的最适条件。

酶的纯度通常用比活值来表示，即每毫克酶蛋白所具有的酶活力，单位是 U/mg。比活值越高则酶越纯。

酶的转化数：每分子酶或每个酶活性中心在单位时间内能催化的底物分子数（TN）。相当于酶反应的速度常数 K_p，也称为催化常数（K_{cat}）。$1/K_p$ 称为催化周期。碳酸酐酶是已知转换数最高的酶之一，高达每分钟 3.6×10^7，催化周期为 1.7μs。

一般采用测定酶促反应初速度的方法来测定活力，因为此时干扰因素较少，速度保持恒定。反应速度的单位是浓度/单位时间，可用底物减少或产物增加的量来表示。因为产物浓度从无到有，变化较大，而底物往往过量，其变化不易测准，所以多用产物来测定。

三、酶 的 结 构

（一）酶分子的化学组成

绝大部分酶本质上是蛋白质，与其他蛋白质一样，由氨基酸构成，具有一、二、三、四级结构，也能被蛋白酶水解。酶也会受到某些物理、化学因素作用而发生变性，失去活力。酶分子质量很大，具有胶体性质，不能透析。

有些酶完全由蛋白质构成，属于简单蛋白，如脲酶、蛋白酶等；有些酶除蛋白质外，还含有非蛋白成分，属于结合蛋白。其中的非蛋白成分称为辅助因子（cofactor），蛋白部分称为酶蛋白，复合物称为全酶。辅助因子一般起携带及转移电子或功能基团的作用，其中与酶蛋白以共价键紧密结合的称为辅基，以非共价键松散结合的称为辅酶。

有 30% 以上的酶需要金属元素作为辅助因子。有些酶的金属离子与酶蛋白结合紧密，不易分离，称为金属酶；有些酶的金属离子结合松散，称为金属活化酶。金属酶的辅助因子一般是过渡金属，如铁、锌、铜、锰等；金属活化酶的辅助因子一般是碱金属或碱土金属，如钾、钙、镁等。

由一条肽链构成的酶称为单体酶，由多条肽链以非共价键结合而成的酶称为寡聚酶，属于寡聚蛋白。有时在生物体内一些功能相关的酶被组织起来，构成多酶体系，依次催化有关的反应。构成多酶体系是代谢的需要，可以降低底物和产物的扩散限制，提高总反应的速度和效率。有时一条肽链上有多种酶活性，称为多酶融合体。例如，糖原分解中的脱支酶在一条肽链上有 α-1,6-葡萄糖苷酶和 4-α-D-葡聚糖转移酶活性。

（二）酶的活性中心

酶相对分子质量一般在 1 万以上，由数百个氨基酸组成。而酶的底物一般很小，所以，直接与底物接触并起催化作用的只是酶分子中的一小部分。有些酶的底物虽然较大，但与酶接触的也只是一个很小的区域。因此，通常认为，酶分子中存在一个活性中心，它是酶分子的一小部分，是酶分子中与底物结合并催化反应的场所。活性中心是由酶分子中少数几个氨基酸残基构成的，它们在一级结构上可能相距很远，甚至位于不同的肽链上，由于肽链的盘曲折叠而互相接近，构成一个特定的活性结构。因此活性中心不是一个点或面，而是一个小的空间区域。

活性中心的氨基酸按功能可分为底物结合部位和催化部位。前者负责识别特定的底物并与之结合，它们决定了酶的底物专一性。催化部位是起催化作用的，底物的敏感键在此被切断或形成新键，并生成产物。二者的分别并不是绝对的，有些基团既有底物结合功能又有催化功能。

有些酶在细胞内刚刚合成或分泌时，尚不具有催化活性，这些无活性的酶的前体称为酶原。酶原通过激活才能转化为有活性的酶。酶原的激活是通过改变酶分子的共价结构来控制酶活性的一种机制，通过肽链的剪切，改变蛋白的构象，从而形成或暴露酶的活性中心，使酶原在必要时被活化成为有活性的酶，发挥其功能。

（三）同工酶

同工酶是同一生物催化同一反应的不同的酶分子。同工酶的催化作用相同，但其功能意义有所不同。不同种生物有相同功能的酶不是同工酶。同工酶具有相同或相似的活性中心，但其理化性质和免疫学性质不同。同工酶的细胞定位、专一性、活性及其调节可有所不同。每种同工酶都有其独特的功能意义。

四、酶促反应的动力学

酶促反应的动力学是研究酶促反应的速度以及影响速度的各种因素的科学。动力学研究既可以为酶的机制研究提供实验证据，又可以指导酶在生产中的应用，最大限度地发挥酶的催化作用。

（一）米氏方程

米氏方程（Michaelis-Menten equation）由 Leonor Michaelis 和 Maud Menten 在 1913 年提出，是酶学中极为重要的可以描述多种非变异构酶动力学现象、表示一个酶促反应的起始速度 V（有些资料中也称为 V_0）与底物浓度[S]关系的速度方程，米氏方程形式如下：

$$V = V_{max} \frac{[S]}{K_m + [S]}$$

式中，V_{max} 表示酶被底物饱和时的反应速度，K_m 值称为米氏常数，是酶促反应速度 V 为最大酶促反应速度值一半时的底物浓度。在酶促反应中，底物在低浓度下，反应相对于底物是一级反应；而当底物浓度处于中间范围时，反应（相对于底物）是混合级反应；当底物浓度增加时，反应由一级反应向零级反应过渡；当底物浓度[S]逐渐增大时，速度 V 相对于[S]的曲线为一双曲线。

酶促反应中的米氏常数的测定和 V_{max} 的测定有多种方法。例如，固定反应中的酶浓度，然后测试几种不同底物浓度下的起始速度，即可获得 K_m 和 V_{max} 值。但直接从起始速度对底物浓度的图中确定 K_m 或 V_{max} 值是很困难的，因为曲线接近 V_{max} 时是个渐进过程。因此，通常情况下，我们都是通过米氏方程的双倒数形式来测定：

$$\frac{1}{V} = \frac{K_m + [S]}{V_{max}[S]} = \frac{K_m}{V_{max}} \frac{1}{[S]} + \frac{1}{V_{max}}$$

将上式中的 1/V 对 1/[S]作图，即可得到一条直线，该直线在 Y 轴的截距即为 1/V_{max}，在 X 轴上的截距即为 1/K_m 的绝对值。示意图如图 7-1 所示。

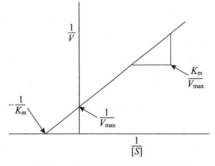

图 7-1　米氏方程双倒数示意图

（二）多底物反应的机制

许多酶催化的反应比较复杂，包含多种底物，它们的反应按分子数分为几类，单分子称为 uni，双分子称为 bi，三分子称为 ter，四分子为 quad。较为常见的是双底物双产物反应，称为 bi-bi 反应：

$$A+B \longrightarrow P+Q$$

目前认为大部分双底物反应可能有如下三种反应机制。

（1）依次反应机制：需要 NAD^+或 $NADP^+$的脱氢酶的反应就属于这种类型。辅酶作为底物 A 先与酶生成 EA，再与底物 B 生成三元复合物 EAB，脱氢后生成产物 P，最后放出还原型辅酶 NADH 或 NADPH。

（2）随机机制：底物的加入和产物的放出都是随机的，无固定顺序，如糖原磷酸化的反应。

（3）乒乓机制：转氨酶是典型的乒乓机制，酶首先与底物 A（氨基酸）作用，产生中间产物 EA，底物中的氨基转移到辅酶，使辅酶中的磷酸吡哆醛变成磷酸吡哆胺，即 EA 转变为

FP，然后放出产物 P（α-酮酸），得到酶 F，再与底物 B（另一个酮酸）作用，放出产物 Q（相应的氨基酸）和酶 E。由乙酰辅酶 A、ATP 和 HCO_3^- 三个底物生成丙酰辅酶 A 的反应也属于乒乓机制。

（三）影响反应速度的因素

1. pH 的影响　　大部分酶的活力受 pH 的影响，在一定的 pH 活力最高，称最适 pH。一般酶的最适 pH 在 6～8，少数酶需偏酸或碱性条件，如胃蛋白酶最适 pH 在 1.5，而肝精氨酸酶在 9.7。

pH 影响酶的构象，也影响与催化有关基团的解离状况及底物分子的解离状态。最适 pH 有时因底物种类、浓度及缓冲溶液成分不同而变化，不是完全不变的。

大部分酶的 pH-酶活曲线是钟形曲线，但也有少数酶只有钟形的一半，甚至是直线。如木瓜蛋白酶底物的电荷变化对催化没有影响，在 pH4～10 是一条直线。

2. 温度的影响　　酶活随温度变化的曲线是钟形曲线，有一个最高点，即最适温度。温血动物的酶最适温度是 35～40℃，植物酶在 40～50℃。这是温度升高时化学反应加速（每升温 10℃反应速度加快 1～2 倍）与酶失活综合平衡的结果。一般酶在 60℃以上变性，少数酶可耐高温，如牛胰核糖核酸酶加热到 100℃仍不失活。酶在结晶状态下可以耐受较高的温度，而在溶液中容易失活。

3. 激活剂的影响　　凡是能提高酶活性的物质都称为激活剂。大部分激活剂是离子或简单有机化合物。按照分子大小，可分为三类。

（1）无机离子：可分为金属离子、氢离子和阴离子三种。起激活剂作用的金属离子有钾、钠、钙、镁、锌、铁等，原子序数在 11～55，其中镁是多种激酶及合成酶的激活剂。阴离子的激活作用一般不明显，典型的例子是动物唾液中的 α-淀粉酶受氯离子激活。

（2）中等大小有机分子：某些还原剂如半胱氨酸、还原型谷胱甘肽、氰化物等，能激活某些酶，打开分子中的二硫键，提高酶活，如木瓜蛋白酶、D-甘油醛-3-磷酸脱氢酶等。另一种是乙二胺四乙酸（EDTA），可螯合金属，解除重金属对酶的抑制作用。

（3）蛋白质类：指可对某些无活性的酶原起作用的酶。

五、谷物加工中的酶

谷物能产生多种酶，随着生物化学、分子生物学等生命科学的发展，谷物中各种酶的分子结构、作用机制的研究得到发展。在各种酶的作用下，谷物细胞能够在常温常压下以极高的速度和很大的专一性进行化学反应，以满足生命活动的需要。在谷物的产后、储存、加工等各个环节中，酶也具有非常重要的作用，与谷物的储藏品质、加工品质等均有着极其密切的关系。

现在已报道发现的酶类有 4000 多种，催化超过 5000 类的生化反应，经国际分类与命名的有 6 类 2000 多种，世界上生产酶制剂企业 100 多家，生产近千个品种，年产量以美国居首，丹麦、日本次之，我国年产约 150 万 t。现应用工业酶 60 多种，治疗和诊断用酶 120 多种，酶试剂 300 多种。酶制剂行业用量以谷物食品应用为主，占总产销量的 54%，其中淀粉加工 30%，酿造 19%，焙烤 5%。现阶段的研究发展方向主要为：应用固定化异构酶，大量生产高果糖浆；筛选耐高温的糖化酶、蛋白酶、脂肪酶等。

酶催化效率高，在 37℃左右温度下，反应速度是非酶催化反应速度的 10^{12}～10^{23} 倍。根据来源的不同，谷物生产加工过程中所涉及的酶可以分为内源酶和外源酶两种，其活力对加工和保藏中调节和控制食品质量特征起着重要作用。同时，酶制剂还具有专一性强、添加量少、改良效果好的优点，现代谷物加工中使用不同种类的酶制剂可以很大程度地改善其加工品质和产品特性，常用的酶制剂根据作用谷物中底物成分的不同可以分为四大类，具体种类和应用如表 7-1 所示。

表 7-1 谷物加工中酶制剂的种类与应用

品种	来源	催化反应	加工应用
Ⅰ 糖酶			
A、α-淀粉酶	大麦芽 黑曲霉 米曲霉 米根霉 枯草杆菌 地衣芽孢杆菌	淀粉，糖原+H_2O——→糊精，寡糖，单糖（α-1,4 葡聚糖键）	改进小麦粉制品风味；缩短食品干燥时间；在面包制造中为酵母提供可发酵的糖；改进面包的体积和质构；有助于水分在烘焙食品中保留
B、β-淀粉酶	小麦 大麦芽 多黏芽孢杆菌 蜡状芽孢杆菌	淀粉，糖原+H_2O——→麦芽糖 +β-限制糊精（α-1,4 葡聚糖键）	在焙烤（小麦酶）工业中，供可发酵的麦芽糖以产生 CO_2 和乙醇
C、半纤维素酶	黑曲霉	半纤维素+H_2O——→β-糊精	让食品胶有控制地降解；从面包中除去戊糖胶；提高蛋白质的营养有效性
D、乳糖酶 β-半乳糖苷酶	黑曲霉 米曲霉	乳糖+H_2O——→半乳糖+葡萄糖	改进含乳面包的烘焙质量
Ⅱ 蛋白质水解酶			
A、菠萝蛋白酶 B、无花果蛋白酶 C、木瓜蛋白酶	菠萝 无花果 木瓜	一般水解蛋白质和多肽并产生低分子质量肽，植物蛋白酶一般水解多肽酰胺和酯（包括碱性氨基酸、亮氨酸、甘氨酸多肽），同时产生低分子质量肽	控制和改良蛋白质的功能性质；制备水解蛋白改进曲奇和华夫；改进热谷物食品品质
D、霉菌蛋白酶 E、细菌蛋白酶	黑曲霉 米曲霉 枯草杆菌 地衣芽孢杆菌	微生物蛋白酶水解多肽和产生低分子质量肽	改进面包颜色、质构和形态特征；控制面包的流变性质；改进饼干华夫、薄型蛋糕和水果蛋糕的风味、质构和保存质量
F、胃蛋白酶	猪或其他动物胃	水解相邻于芳香族氨基酸或二羧基氨基酸的肽链的多肽，同时产生低分子质量肽	生产水解蛋白质
G、胰蛋白酶	动物胰	水解多肽酰胺和酯，被作用键包括 L-精氨酸和 L-赖氨酸的羧基同时产生低分子质量肽	生产水解蛋白质
Ⅲ 氧化还原酶			
A、脂氧合酶	大豆粉	亚油酸+O_2——→LOOH 和其他 1,4-（氢过氧化物）戊二烯多不饱和脂肪酸	氢过氧化物漂白面团中的类胡萝卜素和氧化面筋蛋白中的巯基，以改进面团流变性
B、葡萄糖氧化酶 C、过氧化氢酶	黑曲霉	葡萄糖+O_2——→葡萄糖酸+H_2O_2 $2H_2O_2$——→$2H_2O$ +O_2	除去饮料中的 O_2 以防止不良风味和提高保藏稳定性；改进焙烤食品的颜色和质构及面团的加工性

续表

品种	来源	催化反应	加工应用
Ⅳ 异构酶			
A、葡萄糖异构酶	放线菌	葡萄糖 ⇌ 果糖	制备高果糖、玉米糖浆时将葡萄
B、木糖异构酶	链球菌	木糖 ⇌ 木酮糖	糖转变成果糖

资料来源：唐忠，1995

　　与其他生物反应催化剂一样，酶在谷物细胞及产品加工过程中的催化作用也是在一定条件下进行，受到反应温度、pH、抑制剂、激活剂等因素影响，影响因素错综复杂。

　　（1）温度：酶对温度的高敏感性是其重要特性，绝大多数酶 50～60℃就开始变性、失活，80℃会被破坏，低温时酶反应速度放慢；谷物和微生物产生的内源酶最适温度为 40～50℃，随作用时间、溶液 pH、底物浓度、抑制剂、激活剂等反应条件变化，酶的耐热值也发生变化，如用酶法生产葡萄糖时，在液化型细菌淀粉酶中加入少量氯化钙，此酶在 93℃时 15～20min 不失活。

　　（2）pH：酶是极性物质，溶液 pH 改变显著影响酶反应速度，多数酶最适 pH 在 5～8，谷物中的内源酶最适 pH 为 4.5～6.5，以麦芽 β-淀粉酶为例，其最适 pH 为 5.2，过酸或者过碱都会降低酶的活性，影响反应速度。同时，最适 pH 还会受其他反应条件影响，如麦芽 β-淀粉酶糖化淀粉的最适 pH 会随着一定范围内温度的升高而逐渐加大。值得注意的是，最适 pH 与最适温度，并不是酶的特性常数，只有在一定条件下才有意义。

　　（3）抑制与激活：谷物中有许多物质能减弱、抑制，甚至破坏酶的催化作用。早在 20 世纪 40 年代就有小麦种子中 α-淀粉酶抑制剂的报道，它是一种电迁移率为 0.2、分子质量为 21 000Da 的蛋白质。除了禾谷作物和豆类作物的种子中的内源性酶抑制蛋白，有机磷、氰化物、重金属离子等外源性化合物也能对酶产生不可逆的抑制作用。此外，部分磺胺、丙二酸类化合物能与酶进行非共价键的可逆结合而引起酶活力降低或丧失，用透析等物理方法可去除抑制，使酶复活。

　　（4）底物浓度：增加底物浓度，酶与底物结合成中间产物浓度增大，加快产物生成速度，当底物浓度高到某一程度，酶分子会全部与底物分子结合，反应速度达到最大值，此时增加反应产物浓度导致反应速度降低，抑制酶促反应。

　　（5）水分活度：完整的谷物种子能在 13%含水量条件下保藏 3～5 年，而食用品质无明显变化，此时谷粒中的水活度 A_w 约为 0.7。主要原因是当谷物籽粒中的水分活度较低时，内源酶活力被抑制，只有酶的水合作用达到一定程度时才显示出活性，如 β-淀粉酶需要在 A_w 以上时才显示出水解淀粉的活力。

　　随着人们对食品安全越来越重视，要求谷物产品添加剂安全、高效，开发应用安全、天然的成分作为食品品质改良剂成为谷物加工添加剂研究的热点。酶作为一种具有生物催化活性的蛋白质，有高度专一性、催化效率高、操作条件温和，在安全、高效和易操作等方面具有一般改良剂所无法比拟的优点，在谷物加工生产领域占有相当重要的地位。

第二节　淀　粉　酶

　　淀粉酶（amylase）又称淀粉分解酶，广泛存在于动植物和微生物中，而存在于谷物中的淀粉酶经发芽后含量和活性会有大幅度的提高。淀粉酶属于水解酶类，是能催化淀粉水解转化成葡萄糖、麦芽糖及其他低聚糖的一类酶的总称，它能催化淀粉、糖原和糊精中的糖苷键。

淀粉酶一般作用于可溶性淀粉、直链淀粉、糖原等葡聚糖，水解 α-1,4 糖苷键，但淀粉酶很难对完整的淀粉粒发生酶解作用，破碎淀粉粒对淀粉酶的作用比较敏感。谷物中的淀粉酶按作用方式主要分为 4 类，即 α-淀粉酶、β-淀粉酶、葡萄糖淀粉酶和脱支酶。此外，在谷物加工过程中环麦芽糊精葡聚糖转移酶和葡萄糖异构酶也应用广泛。

一、α-淀粉酶

α-淀粉酶（α-amylase）又称液化酶。高等植物，如玉米、水稻、高粱、谷子等均含有 α-淀粉酶，发芽大麦中含有丰富的 α-淀粉酶。谷物 α-淀粉酶有多种同工酶，如从小麦芽 α-淀粉酶中分离出 5 或 6 种同工酶，并且 α-淀粉酶随着谷物发芽酶含量与活力均有增加。α-淀粉酶以随机的方式水解淀粉分子内的糖苷键，它作用的模式、性质和降解物因酶的来源不同而略有不同。

在小麦籽粒形成过程中伴随着营养物质的积累，α-淀粉酶也随之合成，并在小麦发芽时大量产生。α-淀粉酶的活性与发芽时的温度、发芽时间存在着密切的关系。同时发芽小麦中由于 α-淀粉酶活性很高，淀粉便会在 α-淀粉酶的作用下分解，进一步水解成低分子糖类，所以低分子糖类含量也相应较高。降落数值是目前国内外通用的检测 α-淀粉酶活性的指标，它可以反映小麦面粉中淀粉酶活性高低。正常成熟的小麦 α-淀粉酶活性较低，降落数值为 350～400s，而随着小麦的发芽或萌动，其降落数值下降明显，降落数值低于 190s 的小麦的食用品质和储藏稳定性将会受到明显影响。

小麦发芽对 α-淀粉酶活性影响强烈，随发芽程度加深，α-淀粉酶活性迅速增强。α-淀粉酶活性高的谷物籽粒，其内部的糖类物质分解很快，非常有利于籽粒胚的萌发生长。但过高的 α-淀粉酶活性对小麦的加工品质不利，如 α-淀粉酶活性对面条品质影响很大，当降落值低于 200s 时，面条韧性差，易出现大量断条。α-淀粉酶目前主要应用在食品加工领域。例如，将小麦芽粉添加到面粉制作面包能明显增大面包体积，改善面包的感官质量，如纹理、弹性、口感和表皮色泽等。

（一）α-淀粉酶的结构

α-淀粉酶的分子质量为 15 600～139 300Da，国际酶学分类编号 EC.3.2.1.1，作用于淀粉时从淀粉分子的内部随机切开 α-1,4 糖苷键，生成糊精和还原糖，由于产物的末端残基碳原子构型为 α 构型，故称 α-淀粉酶。现在 α-淀粉酶泛指能够从淀粉分子内部随机切开 α-1,4 糖苷键，起液化作用的一类酶。

目前，很多不同种类和来源的谷物 α-淀粉酶的晶体结构都已进行了 X 射线衍射研究，并得到了高分辨率的晶体结构图。所有 α-淀粉酶均为分子质量在 50kDa 左右的单体，由经典的三个区域（A、B、C）组成：中心区域 A 由一个（β/α）β-圆筒构成；区域 B 由一个小的 β 折叠突出于 β3 和 α3 之间构成；而 C 端球型区域 C 则由一个 Greek-key 基序组成，为该酶的活性部位，负责正确识别底物并与之结合（图 7-2）。为保持 α-淀粉酶的结构完整性和活性，至少需要一个能与之

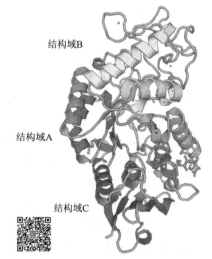

结构域B

结构域A

结构域C

图 7-2　α-淀粉酶分子空间结构
（扫码见彩图）
（序列来源 RCSB Protein Data Bank）

紧密结合的 Ca^{2+}，而 Cl^- 往往是 α-淀粉酶的变构激活因子，并且在所有 Cl^- 依赖性的 α-淀粉酶中，组成催化三联体的残基都是严格保守的。

（二）α-淀粉酶的性质

不同来源的 α-淀粉酶的酶学和理化性质有一定的区别，它们的性质对在其在工业中的应用影响也较大，在工业生产中要根据需要使用合适来源的酶，因此对淀粉酶性质的研究也显得比较重要。

1. 底物特异性 α-淀粉酶和其他酶类一样，具有反应底物特异性，不同来源的淀粉酶反应底物也各不相同，通常 α-淀粉酶显示出对淀粉及其衍生物有最高的特异性，这些淀粉及衍生物包括支链淀粉、直链淀粉、环糊精、糖原和麦芽三糖等。

2. 最适 pH 和最适温度 反应温度和 pH 对酶活力影响较大，不同来源的 α-淀粉酶有各自的最适作用 pH 和最适作用温度，通常在最适作用 pH 和最适作用温度条件下酶相对比较稳定，在此条件下进行反应能最大程度地发挥酶活力，提高酶反应效率。因此，在工业应用中应了解不同的酶最适 pH 和最适温度，确定反应的最佳条件，最大限度地提高酶的使用效率是很重要的。

通常情况下 α-淀粉酶的最适作用 pH 一般在 2～12。真菌和细菌类 α-淀粉酶的最适 pH 在酸性和中性范围内，如芽孢杆菌 α-淀粉酶的最适 pH 为 3，碱性 α-淀粉酶的最适 pH 在 9～12。另外，温度和钙离子对一些 α-淀粉酶的最适 pH 有一定的影响，会改变其最适作用范围。不同微生物来源的 α-淀粉酶的最适作用温度存在着较大差异，其中最适作用温度最低的只有 25～30℃，而最高的能达到 100～130℃。另外，钙离子和钠离子对一些酶的最适作用温度也有一定的影响。

3. 金属离子 α-淀粉酶是金属酶，很多金属离子，特别是重金属离子对其有抑制作用；另外，巯基、N-溴琥珀酰亚胺、p-羟基汞苯甲酸、碘乙酸、血清白蛋白、乙二胺四乙酸和乙二醇双（2-氨基乙醚）四乙酸（EGTA）等对 α-淀粉酶也有抑制作用。

α-淀粉酶中至少包含一个 Ca^{2+}，Ca^{2+} 使酶分子保持适当的构象，从而维持其最大的活性和稳定性。Ca^{2+} 对 α-淀粉酶的亲和能力比其他离子强，其结合钙的数量在 1～10。结晶高峰淀粉酶 A（TAA）包含 10 个 Ca^{2+}，但只有一个结合很牢固。通常情况下结合一个 Ca^{2+} 就足以使 α-淀粉酶很稳定。用 EDTA 透析或者用电渗析可以将 Ca^{2+} 从淀粉酶中除去，加入 Ca^{2+} 可以激活钙游离酶。用 Sr^{2+} 和 Mg^{2+} 代替 TAA 中的 Ca^{2+}，在 Sr^{2+} 和 Mg^{2+} 过量的情况下也能使其结晶。加入 Sr^{2+}、Mg^{2+} 和 Ba^{2+} 可以激活用 EDTA 失活的 TAA。通常情况下，有 Ca^{2+} 存在淀粉酶的稳定性比没有时要好，但也有实验显示 α-淀粉酶在 Ca^{2+} 存在时会失活，而经 EDTA 处理后却保留活性，此外，Ca^{2+} 对 β-淀粉酶没有影响。

4. 电场强度 不同强度电场导致酶活性增加的效应不同，并且呈非单调性变化。原因是不同强度电场对酶蛋白分子的构象产生了不同影响，处理酶所用的电场能量虽然不足以改变酶蛋白氨基酸序列，但可以改变酶蛋白的构象。

二、β-淀粉酶

β-淀粉酶（β-amylase）又称淀粉 β-1,4-麦芽糖苷酶。此酶存在于大多数谷物中，如大麦、小麦、大豆和稻米等。与 α-淀粉酶不同，β-淀粉酶存在于饱满的整粒谷物中，通常其含量并不随谷物发芽而急剧升高。近年来发现不少微生物中也有β-淀粉酶存在，其对淀粉的作用方式与谷物中的β-淀粉酶大体一致。谷物籽粒中淀粉的降解和转运主要由β-淀粉酶参与催化，谷物籽粒通过参与淀粉的降解和转运为萌发提供能量，如水稻种子萌发过程中的β-淀粉酶活性是种子发芽势和活力的可靠指标。此外，大麦β-淀粉酶与麦芽糖化力密切相关，因此也是衡量麦芽糖化力大小的主要育种指标。

（一）β-淀粉酶的结构

β-淀粉酶的分子质量为 53 000～64 000Da，国际酶学分类编号 EC3.2.1.2，作用于淀粉时通过外切淀粉或寡葡聚糖等相关化合物中的 α-1,4 葡聚糖的非还原性末端，直到第一个 α-1,6 分枝点，从而释放麦芽糖和β-极限糊精。

绝大多数禾本科作物种子的β-淀粉酶属于单体蛋白。大麦、黑麦和水稻胚乳专一型β-淀粉酶的氨基酸序列中有一定相似性，如氨基酸序列中都含有高度保守的谷氨酸（Glu）残基。研究大麦β-淀粉酶氨基酸全序列发现其羧基端有 4 个富含甘氨酸的重复区段，而黑麦是 3 个重复区段。另外，麦芽糖和 α/β 环糊精分别是β-淀粉酶的非竞争性和竞争性抑制剂。

β-淀粉酶的蛋白质结构包括一个典型的（β/α）β-桶状蛋白核心和一个羧基端的长环结构（图 7-3）。活性中心的 Glu186 和 Glu380 位于（β/α）β-桶状蛋白核心的深部，此结构被认为是切割多聚糖非还原性末端的最佳结构。Glu186 和 Glu380 分别承担酸和碱性催化作用，其中 Glu186 充当酸碱催化反应中的质子供体，Glu380 则在活化水分子中起着重要作用。此外，Glu186 和 Glu380 对从淀粉中释放 β-麦芽糖起着关键的催化作用，Glu380 是接触反应部位的配对物。1996 年，Totsuka和 Fukazawa 提出了 β-淀粉酶催化降解底物的假说：位于桶状核心活性位点 Glu186 和Glu380 附近的 Leu383 在催化反应时插入环糊精形成包合体，以维持活性位点与底物结合的稳定性，从而有利于催化反应的进行。

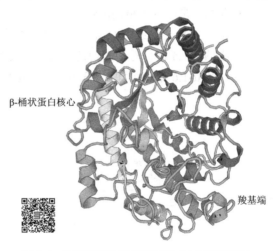

β-桶状蛋白核心

羧基端

图 7-3　β-淀粉酶分子空间结构（扫码见彩图）
（序列来源 RCSB Protein Data Bank）

以谷物胚芽以及发育的籽粒为底物，把β-淀粉酶分为 Sd_1 和 Sd_2 型，而籽粒中的β-淀粉酶同工酶则分为 Sd^d 和 Sd^f 型。其中，Sd_2 还分为高热稳定型 Sd_2H 和低热稳定型 Sd_2L，而 Sd_1 介于两者之间。β-淀粉酶编码基因序列的不同可能直接影响谷物品质。

（二）β-淀粉酶的性质

由于β-淀粉酶是植物淀粉降解酶中热敏感性最强的酶之一。因此，其热稳定性在整个发酵过程中起决定作用。例如，大麦β-淀粉酶的热稳定性是影响啤酒酿造过程中可发酵性的重要因素。因此，热稳定性可以用作对谷物品质性状选择的育种指标。根据β-淀粉酶热稳定性的不同，β-淀粉酶大致可分为 3 种热稳定型：高耐热型（A 型）、中耐热型（B 型）和低耐热型（C型），而且它们具有明显的地理特征，其中 B 型被认为是谷物中 β-淀粉酶最基本的原型。

β-淀粉酶作用于淀粉分子时，从非还原末端逐个水解下来麦芽糖，不能快速地使淀粉分子变小，但是能够使其还原力直线上升，所以 β-淀粉酶又称为糖化酶。与碘液的呈色反应不如 α-淀粉酶的变化明显，只是由深蓝色变浅，不会变为紫红色和无色。

β-淀粉酶作用的最适 pH 为 5.0～6.0，不同来源的 β-淀粉酶的稳定性不同，如大豆 β-淀粉酶比小麦和大麦的 β-淀粉酶稳定。

β-淀粉酶的相对分子质量一般高于 α-淀粉酶。β-淀粉酶的作用不需要无机化合物作辅助因素，酶蛋白中的巯基对 β-淀粉酶的活性是必需的。如果在酶液中加入血清白蛋白和还原型谷胱甘肽则可以防止酶失活。

钙离子对 β-淀粉酶有降低稳定性的作用，这与提高 α-淀粉酶稳定性的效果是相反的，可以利用这一差别使 β-淀粉酶失活从而纯化 α-淀粉酶。

三、葡萄糖淀粉酶

葡萄糖淀粉酶（glucoamylase）的系统名称为 α-1,4 葡聚糖葡萄糖苷水解酶或 γ-淀粉酶，又称糖化酶，是一种单链的酸性糖苷水解酶，具有外切酶活性，国际酶学分类编号 EC3.2.1.3（图 7-4）。它从淀粉或类似物分子的非还原末端顺序切开 α-1,4 糖苷键，生成 β-葡萄糖。直链淀粉中的 α-1,4 糖苷键的酶切速度是支链淀粉中的 α-1,6 糖苷键的酶切速度的 30 倍。此外，它也能水解 α-1,6 糖苷键和 α-1,3 糖苷键。这种酶可以从培养的细菌和真菌中获得。由于可以催化葡萄糖转化为麦芽糖，因此该酶在淀粉糖化过程中可导致葡萄糖产量的降低。葡萄糖淀粉酶的分子质量为 69 000Da 左右。不同来源的葡萄糖淀粉酶在糖化的最适温度和 pH 方面有差别。

葡萄糖淀粉酶的底物专一性很低，它不但能从淀粉分子的非还原末端切开 α-1,4 糖苷键，也能切开 α-1,6 糖苷键和 α-1,3 糖苷键，不过速度较慢。理论上，葡萄糖淀粉酶可将淀粉 100%地水解成葡萄糖，事实上，不同来源的葡萄糖淀粉酶对淀粉的水解能力有所差别。该酶并不能使支链淀粉完全地降解，这可能与支链淀粉中的糖苷键排列方式有关，不过当有 α-淀粉酶参加反应时，葡萄糖淀粉酶能够完全降解支链淀粉。

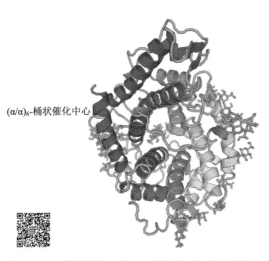

(α/α)₆-桶状催化中心

图 7-4　葡萄糖淀粉酶分子空间结构（扫码见彩图）
（序列来源 RCSB Protein Data Bank）

葡萄糖淀粉酶作用于淀粉时反应液的碘色反应消失得很慢，淀粉糊液黏度下降得也很慢，但是因为酶解产物葡萄糖的不断积累，淀粉糊液的还原能力上升很快。葡萄糖淀粉酶的催化速率与底物大小有关，一般底物分子越大，水解速率越快，不过当相对分子质量超过麦芽五糖时，水解速率不会增加。

四、脱 支 酶

脱支酶为水解支链淀粉或类似物中 α-1,6 糖苷键的一类酶的总称,包括异淀粉酶(isoamylase,EC3.2.1.68)、支链淀粉酶(pullulanase,EC3.2.1.41)等。在谷物,如大米、大麦、小麦和玉米中均发现有脱支酶的存在。由于该酶的作用是催化水解支链淀粉及其相关大分子化合物中的糖苷键,故被命名为脱支酶。脱支酶常被用于酿造加工和水解淀粉,它与 β-淀粉酶结合使用,可以生产麦芽糖含量高的淀粉糖浆。

脱支酶的活性需要金属离子,加入金属络合物 EDTA 进行反应,酶活性几乎全部丧失。镁离子和钙离子对酶活性略有激活作用,汞离子、铜离子、铁离子和铝离子则对酶活性有着强烈抑制作用,此外,钙离子能够提高异淀粉酶的 pH 稳定性和热稳定性。

脱支酶能专一性地切开支链淀粉分支点的 α-1,6 糖苷键,从而剪下整个侧支,形成长短不一的直链淀粉。支链淀粉溶液经异淀粉酶水解后,其碘色反应从红色变成蓝色。根据作用方式的不同,脱支酶可分为直接脱支酶和间接脱支酶,根据对底物特异性要求,直接脱支酶可以分为支链淀粉酶和异淀粉酶(图 7-5)。不同来源的异淀粉酶对于底物作用的专一性有所不同。

五、环麦芽糊精葡聚糖转移酶

环麦芽糊精葡聚糖转移酶又名环麦芽糊精转移酶(cyclodextrin glycosyltransferase,EC2.4.1.19),简称 CGT。CGT 酶是一种多功能型酶,分子结构如图 7-6 所示,它能催化 4 种不同的反应:3 种转糖基反应(歧化反应、环化反应和偶合反应)和水解反应。

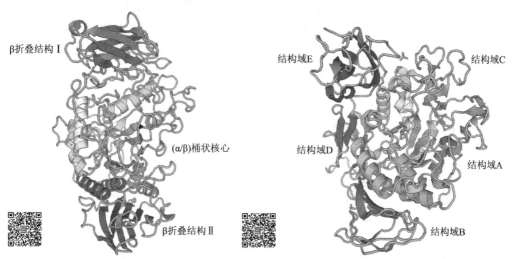

图 7-5　异淀粉酶分子空间结构(扫码见彩图)　图 7-6　环麦芽糊精葡聚糖转移酶分子空间结构(扫码见彩图)
　　　(序列来源 RCSB Protein Data Bank)　　　　　　(序列来源 RCSB Protein Data Bank)

歧化反应是 CGT 酶的主要反应,该反应先把一个直链麦芽低聚糖切断,然后将其中一段转移到另外的直链受体上,如果底物是淀粉,歧化主要发生在 CGT 酶催化反应的初始阶段,表现为淀粉糊化液黏度快速下降。环化反应是 CGT 酶催化的特征反应,是一种分子内转糖基化反应,原理是将直链麦芽低聚糖上非还原末端的 O-4 或 C-4 转移到同一直链上还原末端的 C-1 或 O-1 上。环化和歧化反应的主要区别在于前者发生在一个底物内,后者则发生在两个底物之间。偶合反应是环化反应的逆反应,它可以将环糊精的环打开,然后转移到直链麦芽低聚糖上，这可以解释在淀粉转化为环糊精过程中，随着时间延长产物由 A-环糊精向 B-环糊精移动的现象，在反应体系中存在高浓度麦芽低聚糖或葡萄糖的情况下容易发生偶合反应。水解反应则是将直链淀粉分子切断，然后两段均转移到水分子上，CGT 酶具有轻微的水解活性。这 4 种反应的机制基本相同，仅仅是受体分子不同。CGT 酶在表观上是一种从淀粉分子的非还原末端开始降解的外切酶，不能跨过支化点，但是，在分析 CGT 酶作用于分子质量较大的底物（直链淀粉）生成大圆环时发现其采用的是内切方式，因此，CGT 酶在表观上显示出外切型主要是由于采用低分子质量或者高度支化的淀粉或糊精作为底物，这些底物比高分子质量的直链淀粉更容易发生反应（图 7-7）。

环状糊精是环麦芽糊精葡聚糖转移酶制备的主要商业产品，但是，由于它能够催化多种反应，因此其底物和产物的选择性相当混杂。例如，它能与葡萄糖和淀粉反应生成不同链长的低聚麦芽糖，也能使糖（许多单糖）与醇基如抗坏血酸和类黄酮偶联，这几个反应可用于制备具有独特功能的新型食品配料与添加剂，CGT 的最适 pH 一般在 5～6。近几年获得了更耐热的 CGT，其最适温度已从 50～60℃提高到 80～90℃，不同来源的 CGT 倾向于生成链长不同的环状糊精。

六、葡萄糖异构酶

葡萄糖异构酶（Gl）又称木糖异构酶（D-xylose isomerase）或 D-木糖乙酮醇异构酶（图 7-8）。根据国际生化协会的酶分类法，此酶属于 EC5.3.1.5。该酶为水溶性酶，可转化 D-葡萄糖为 D-果糖的细胞内酶，但它在活体内的功能主要是把 D-果糖转化为 D-木酮糖。葡萄糖异构酶是在 1957 年才被发现的（Marshall and Kooi，1957），Marshall 等将嗜水假单胞杆菌（*Pseudomonas hydrophila*）培养在以 D-木糖为碳源的培养基上时，发现菌体内积累了葡萄糖异构酶，它能催化 D-葡萄糖变构至 D-果糖的异构化反应。此后经多人研究，知道了很多微生物能产生葡萄糖异构酶。

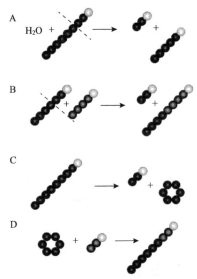

图 7-7　CGT 酶催化反应示意图
（Bavd，2000）

A. 水解反应；B. 歧化反应；
C. 环化反应；D. 偶合反应

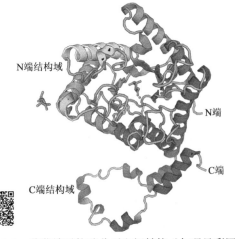

图 7-8　葡萄糖异构酶分子空间结构（扫码见彩图）
（序列来源 RCSB Protein Data Bank）

在果葡糖浆的生产中，葡萄糖异构酶是工业上大规模从淀粉制备高果糖浆（high fructose cord syrup，HFCS）的关键酶，并且该酶还能够将木糖异构化为木酮糖，再经微生物发酵后生产乙醇。应用这种酶可以使葡萄糖浆中 90%以上的糖分转化为果糖，使甜度大大提高，因而可用淀粉作原料生产出食用性良好的葡果糖浆。为了解决食糖供应不足，20 世纪 60 年代末期以来，葡萄糖异构酶的生产与应用的研究引起了人们的重视。

通过葡萄糖酶的异构化可以制取葡萄糖—果糖糖浆。这一转化在 pH7.5，温度为 60℃的反应器中进行，且需要从微生物中提取的异构酶固定于载体上。由于发生异构化的葡萄糖仅占 42%，要想得到高浓度的产品（如 55%），只能通过加人果糖才能实现。通过色谱浓缩法可以从糖浆中得到果糖。提高反应的温度会提高果糖在平衡中所占的比例。因此，现在尝试通过蛋白质工程来研制一种能够在高于 60℃情况下仍然可用的异构酶。这种酶甚至在 95℃下仍比较稳定，可以直接生产出果糖含量为 55%的糖浆。

七、淀粉酶的作用

在谷物加工过程中起主要作用的淀粉酶主要是 α-淀粉酶和 β-淀粉酶。α-淀粉酶能水解淀粉、直链淀粉、麦芽糊精和寡糖中 α-1,4 糖苷键，并且 α-淀粉酶是糊精化酶，随机作用于糊化淀粉，不能作用于 β-糖苷键，另外由于 α-淀粉酶的作用使淀粉分子变小，更有利于 β-淀粉酶的作用，这样使面团中酵母可利用的糖量增加，促进酵母的代谢，对发酵面制品的品质非常重要。同时由于 α-淀粉酶的作用，产生较多的还原糖，有利于增加面包的风味、表皮色泽，并改善面包的纹理结构，增大面包体积。而 β-淀粉酶有糖化作用，它从淀粉链的非还原端产生 β-麦芽糖，但只能作用于糊化淀粉，不能作用于完好的淀粉，对碾磨破坏的淀粉作用速度较低。未发芽的小麦粉含有大量 β-淀粉酶和少量 α-淀粉酶，β-淀粉酶热稳定性差，只能在面团发酵时起作用。由于淀粉酶在发酵过程中对淀粉分子进行了有益的修饰，进而可以有效改善谷物食品的质地、体积、颜色、货架期等方面的性质。

1. 淀粉水解　工业上，淀粉转化利用从起始 pH4.5，固体含量 30%～40%的淀粉浆开始。首先迅速升温至 105℃（使淀粉糊化）然后降温至 90～95℃，并将 pH 调到 6.0～6.5，继而加入耐高温的 α-淀粉酶（细菌淀粉酶）和 Ca^{2+}，保持 1～3h，这样淀粉就液化转变成直链和分支糊精（麦芽糊精）混合物，水解程度控制在 DE8～15（DE=葡萄糖当量），这样就可以防止淀粉在随后的冷却步骤中胶凝（"液化"一词来源于此）。从这点出发，淀粉转化有三个路径：一个是用于 DE15～40 的麦芽糊精（用作黏稠剂、填充剂、胶黏剂）的生产，这通过将上述水解产物进一步用淀粉酶水解得到（在一些情况下，开始用 HCl 来使糊化淀粉液化）。其他两个路径用于甜味剂的生产，此时需要将温度降到约 60℃，将 pH 调到 4.5～5.5，以满足所使用酶的最适条件。当要得到 95%～98%的葡萄糖糖浆（DE95）时，固体含量应占到 27%～30%，添加糖化酶（通常使用固定化酶柱），保持 12～96h，然后精制得到 DE 值大于 95 的葡萄糖糖浆，进一步浓缩到固体含量为 45%，调节 pH7.5～8.0，温度 55～65℃，在添加 Mg^{2+} 条件下通过固定化葡萄糖异构酶柱，得到 42%果糖（52%葡萄糖）的高果糖玉米糖浆，它还可以进一步精制和（或）富集成 55%的果葡糖浆，通过添加真菌（生麦芽糖酶）α-淀粉酶或 β-淀粉酶的方法可以提高液化淀粉产麦芽糖的产量，可产出一系列用于甜食制作的麦芽糖（30%～88%）糖浆，取决于所用的生麦芽糖淀粉酶的来源，积聚在产物混合物中占主导地位的低聚麦芽糖为 2～5 个糖单元（图 7-9）。

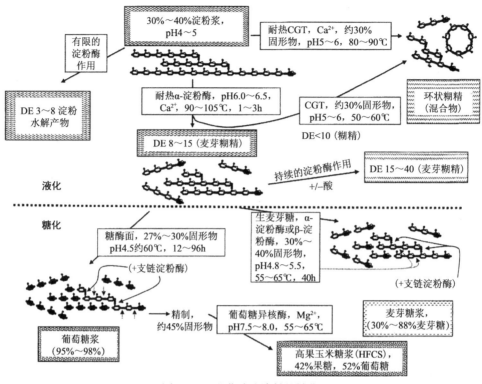

图 7-9　工业化酶法淀粉的转化

　　两种由淀粉加工的非甜味剂产品是在淀粉加热升温到糊化点前加入 α-淀粉酶，这样可以更好地控制水解度和水解形式（DE3～8），以生成可以形成热凝胶的糊精和可以作为脂肪替代物的糊精（一般称为淀粉水解产物）。这些产品详细制作方法可参见相关专利文献，其过程通常为在一系列温度下有限的淀粉酶作用。在 pH 调整到 5～6 之后，将耐热的 CGT 添加到淀粉浆中，然后在 80～90℃进行水解。CGT 作用于淀粉生成的环状糊精的总产量与淀粉浓度及液化程度成反比。因此，环状糊精产品的商业生产常在淀粉固体含量约 30% 下进行（一些专利文献报道 1%～33%），以兼顾效率和得率。耐热的 CGT 能在 Ca^{2+} 存在的情况下水解天然（糊化的）淀粉和转糖苷（环化）。不耐热的 CGT 同样能起作用，但先要将淀粉液化到 DE 10 左右，以防止形成凝胶，然后在降低的温度下（50～60℃）加入 CGT。脱支酶对淀粉的预处理或协同作用可提高环状糊精的产量，也可以通过添加一些试剂（溶剂或表面活性剂）的方法引导反应朝一个或多个环状糊精类型方向进行。

　　今后，改善淀粉加工及转化的重点将放在拓展酶的 pH 稳定范围（至 pH4～5）和降低 α-淀粉酶对 Ca^{2+} 的需求量上，以及提高 β-淀粉酶作用生淀粉的能力。对于所有涉及的酶，提高其热稳定性也是很重要的，因为这样能提高生产效率和实现单步加工。另外，反应产物的选择性始终是研究的重点，以提高目标产物的产量或控制产品的组成。

　　2. 发酵面制食品　　淀粉酶在发酵面制食品的生产中得到广泛应用，其中 α-淀粉酶应用得最多。起初认为，淀粉酶主要是通过为酵母提供更多的可发酵碳水化合物起作用。淀粉酶添加到面粉中，和面时以降解破损淀粉和（或）补充面粉的内源淀粉酶活性。

　　面粉中只含有少量可被酵母代谢利用的糖，添加 1%～2% 的蔗糖和淀粉糖浆利于酵母的生长，因而可提供面团发酵所需的二氧化碳气体，使面包芯孔隙更均匀、结构更细腻，而面包皮的弹性也会更大。不含发芽粒小麦制得的面粉仅含有少许 α-淀粉酶，因此在面团加工中，只有少量的淀粉被降解成可发酵的麦芽糖。由麦芽糖度可以了解淀粉降解的程度，以麦芽粉或微生物制剂的形式添加 α-淀粉酶可增加面粉的淀粉水解能力。

在谷物萌芽时 α-淀粉酶的活性以及麦芽糖和葡萄糖的含量增加，因此，添加发芽谷物粉会增强面团中酵母的生长发育。然而，弱筋面粉中添加发芽谷物粉可能会因麦芽的蛋白水解活性而不利，不具有蛋白水解酶活性的 α-淀粉酶制剂可从微生物中获得。

在发酵面制品生产中，适量添加 α-淀粉酶能够调节麦芽糖生成量，添加 β-淀粉酶能改善糕点馅心风味。添加的淀粉酶不但能加快酵母菌的发酵速度，产生的剩余还原糖还可参与美拉德反应，赋予面包表皮棕黄色的色泽，同时通过脱水糖、糠醛、还原酮、芳香羰基化合物等反应产物配合发酵形成的芳香物质而赋予面包香味。

添加淀粉酶可降低面团黏性、增加面制品的体积、提高发酵面制品的柔软度（抗老化）以及改善产品的外皮色泽。大部分这些效应都归因于蒸制或焙烤期间淀粉糊化时的部分水解。黏度的降低（变稀）可加快面团调制和蒸煮或烘焙过程中的传质和反应，帮助改善产品的质构和体积。抗回生效应被认为是直链淀粉特别是支链淀粉的有限水解所产生的，淀粉分子的有限水解在一定程度上迟滞了糊化淀粉的老化，这也是到目前为止仍然在蒸制或焙烤面制品食品中应用 α-淀粉酶的主要原因。过量的 α-淀粉酶会导致面制品质地发黏，这与 DP20～100 的分支麦芽糊精的积累有关。因此，对特定产品而言，必须注意淀粉酶的正确添加量。淀粉酶在焙烤工序中不应有活性或在后加工时不应有残余活性。在具体应用中，根据酶的温度稳定性确定淀粉酶的添加量，控制淀粉酶在焙烤期间的作用和残留活力。最近，麦芽糖类型的 α-淀粉酶在抗老化方面性能与抗老化剂一样优越。因为相对于传统的 α-淀粉酶的内切作用，麦芽糖类型的 α-淀粉酶产生较短的低聚麦芽糖（DP7～9）以及较大的糊精（可起到增塑剂的作用）。因此，生麦芽糖酶能保持面包中糊化淀粉网状结构的完整性（柔软，但不黏糊），淀粉分子的轻微减小对保持面包的弹性、迟滞老化有利。

淀粉酶对于发酵面制品质地的影响主要体现在黏度、硬度和弹性等几个方面。α-淀粉酶活性适中时可达成一定的平衡，有助于软化面制品中心区域。适中的 α-淀粉酶活性能使酵母均匀地进行发酵，产生 CO_2，产气能力与持气能力相配合，均匀扩张，相应产生均匀的中心粒度。综合来看，合适的 α-淀粉酶活性既可使面制品的硬度较小，又可使弹性较大，从而通过控制 α-淀粉酶活性可使这两种质地特性达到最佳水平。表 7-2 中的例子阐明了不同来源的 α-淀粉酶对面包焙烤质量的影响，虽然麦芽和真菌淀粉酶表现出相似的效果，但来自枯草芽孢杆菌的热稳定性 α-淀粉酶（甚至在烤箱中活力会延长），会很容易被过量使用。通过 α-淀粉酶和 β-淀粉酶的活性作用形成的产物也适合于作为非酶促褐变反应的作用底物，这利于面包皮的香气和颜色的形成。

表 7-2　α-淀粉酶制剂对焙烤效果的影响

α-淀粉酶		白面包		
			面包屑	
来源	活性 [a]/U	体积/mL	气孔	结构
无添加麦芽	0	2400	一般	一般
	140	2790	好	好
	560	3000	好	好
	1120	2860	一般	好

续表

α-淀粉酶			白面包	
			面包屑	
来源	活性 ª/U	体积/mL	气孔	结构
曲霉	140	2750	很好	很好
	560	2900	好	好
	1120	2950	一般	一般
枯草芽孢杆菌	7	2600	好	好
	35	2600	好	一般
	140	2640	差	很差

a. 每 700g 面粉 α-淀粉酶活性

3. 酿造　　自 1833 年在发芽的谷物中发现了"糖化"活性，并引发了 α-淀粉酶及 β-淀粉酶的商品化以来，淀粉水解酶一直被认为是酿造工业的必需酶。然而，发芽谷物的内源淀粉酶不足以作用全部的可发酵碳水化合物，因为其浓度不足，热稳定性不能满足加工条件的要求，且（或）谷物中还存在内源性抑制剂。因此，有必要添加 α-淀粉酶和 β-淀粉酶、葡萄糖淀粉酶和支链淀粉酶以及细胞壁水解酶（几乎只来源于微生物）。以充分利用谷物中的可发酵碳水化合物。添加葡聚糖酶和木聚糖酶水解葡聚糖（与纤维素相似，但以 β-1,3 和 β-1,4 糖苷键连接）和木聚糖（主要为木糖聚合物，主要的细胞壁半纤维素成分）。添加 α-淀粉酶和 β-淀粉酶以完全降解淀粉水解产生 α-糊精及 β-糊精，而这些只有不耐热的麦芽淀粉酶是做不到的。残余的限制糊精也是最终产品的组成部分。然而，通过添加糖化酶或支链淀粉酶可以将限制糊精转变为可发酵性糖。采用该办法可生产出低卡路里（"轻淡型"）啤酒。外源酶在"糖化"阶段（或随后）添加，在中等温度（45～65℃）下作用，在后面的"麦芽汁"煮沸阶段被破坏。

第三节　蛋　白　酶

蛋白酶（protease）是一类裂解肽链中肽键的酶，广泛存在于动植物体内，它们在谷物种子萌发、细胞分化、形态发生、逆境胁迫、衰老、细胞程序化死亡等生命过程中都发挥着非常重要的功能。蛋白酶的作用主要包括：①消除错误折叠、修饰及定位的蛋白；②为合成新的蛋白质提供氨基酸；③通过限制性切割促使酶原成熟；④降低关键酶和调节蛋白含量以此控制新陈代谢平衡；⑤切除已定位蛋白的定位信号。近年来，蛋白酶的研究越来越受到人们的关注，谷物蛋白酶在贮藏蛋白的沉积和降解、对生物和非生物胁迫的响应、植物衰老等重要的植物代谢、信号转导和生长发育过程等方面的研究均取得了重要进展。

一、蛋白酶的分类

蛋白酶种类繁多，前尚无统一的分类标准。通常，根据肽链降解的起始位点可将蛋白酶分为肽链外切酶（exopeptidase）和肽链内切酶（endopeptidase，EP）。肽链外切酶从肽链的一端开始切割，又可分为氨基肽酶（aminopeptidase，AP）和羧肽酶（carboxypeptidase，CP）（图 7-10）。肽链内切酶是从肽链的内部进行切割，并按照它们催化活性中心基团的特性进行分类。肽链内切酶的主要种类都已在植物中发现，包括丝氨酸蛋白酶（serine proteinase,

EC3.4.21）、半胱氨酸蛋白酶（cysteine proteinase，EC3.4.22）、天冬氨酸蛋白酶（aspartic proteinase，EC3.4.23）和金属蛋白酶（metalloproteinase，EC3.4.24）。根据蛋白酶作用的最适 pH 可分为中性蛋白酶（最适 pH 为 6.0～8.0）、碱性蛋白酶（最适 pH 为 9.0～11.0）和酸性蛋白酶（最适 pH 为 1.0～3.0）三类。除此以外，还可以根据被水解的底物来分类，如胶原蛋白酶和弹性蛋白酶等。

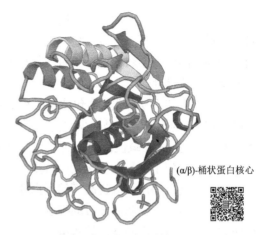

(α/β)-桶状蛋白核心

图 7-10　羧肽蛋白酶分子空间结构图（扫描见彩图）
（序列来源 RCSB Protein Data Bank）

二、谷物中的蛋白酶

蛋白酶大量存在于动物性食物中，在谷物和蔬菜中含量相对较少。谷物中，如小麦、大麦等含有少量的蛋白酶类，如在小麦籽粒中蛋白酶主要位于胚及糊粉层内，酶活性很高，而胚乳中酶活性很低。谷物中的蛋白酶与木瓜蛋白酶类似，属于内肽酶，在发芽时蛋白酶活力有所增加，随着发芽程度的加深，水解蛋白酶含量也会随之非线性增加。在萌发对谷物（小麦、玉米、小米、高粱等）种子蛋白质的影响的研究中发现，随着种子发芽时间的延长，蛋白质含量呈下降趋势，这主要是由于蛋白酶的激活，蛋白酶的含量与活力增加。在蛋白酶的作用下，储藏蛋白被分解成供胚发育的氨基酸，从而使游离氨基酸增加，再将氨基酸运转到胚的生长部分，然后以各种不同的方式重新结合起来，形成各种性质的蛋白质。

在对谷物中的蛋白酶活性进行测定时，利用蛋白酶水解酪蛋白，生成含酚基的氨基酸能还原磷钼酸、磷钨酸，得到钼蓝和钨蓝的混合物，根据蓝色的深浅即可确定酶活力的大小。

三、蛋白酶的作用

蛋白酶具有将蛋白质水解成肽和氨基酸的功能，能提高和改善蛋白质的溶解性、乳化性、起泡性、黏度和风味等，因此，常应用于改善面制品品质、防止谷物发酵饮品产生混浊等工艺中。

1. 面制品品质改良　　蛋白酶对面粉的品质有很大的影响。蛋白酶可以改变面粉中的面筋性能和面团特性，使面团弹性降低、面团的延伸性增强。例如，在制作烘烤食品时，一般面粉中的蛋白酶的活性较低，不能对面筋蛋白质进行分解，而新磨制的面粉中半胱氨酸残基含有未被氧化的巯基是蛋白酶的强力活化剂，在面团发酵的过程中，能激活蛋白酶活性从而水解蛋白质造成面团发黏，破坏面团的网络结构，降低面团的持气能力，导致面团发酵体积小、弹性差和易裂，面包体积小，板结僵硬。面粉在储藏过程中因巯基氧化而失去对蛋白酶的激活作用，因此，面粉磨后熟化一段时间能避免出现以上情况。新磨制的面粉添加氧化剂使巯基氧化，也能防止蛋白酶的激活，保持面筋蛋白质的正常性能，避免出现上述情况。

适当地添加蛋白酶，可使面团的弹性适中并缩短面团调制时间。当使用高面筋含量或筋力较强的面粉生产饼干、曲奇、比萨饼等要求弱面筋力的食品时，适量使用蛋白酶可有助于降低面团弹性，缩短面团稳定时间，使产品不变形、蓬松性好。在利用快速发酵法制作面包时，适量使用蛋白酶，可以缩短面团形成时间，并改变面团的流变学性质。亚硫酸盐等还原剂也能使面团变得柔软松弛，不过其作用原理不同，亚硫酸盐使蛋白质二硫键断裂，而蛋白酶使蛋白质肽键断裂。

　　面团配方和面粉种类（面包或饼干粉）决定面团的强度和流变性质，影响最终产品质量。面团pH通常约为6.0，但是在少数情况下pH范围会较宽，有时达到pH8.0。细菌（*Bacillus* spp.）蛋白酶的最适pH在碱性范围，而一些真菌（*Aspergillus* spp.）蛋白酶的最适pH则在酸性范围。蛋白酶常用于改善和优化某一特定产品的面团强度，也用于缩短达到合适面团黏弹性的混合时间。蛋白酶还可以提高面筋蛋白质受损的面粉品质。添加外源性蛋白酶的主要目的是实现面筋蛋白在面团调制阶段的控制水解。不过，蛋白酶在烘焙阶段仍能继续作用，直至加热使它完全失活。面筋蛋白的水解可以减弱面筋网络结构，增强面团的延展性和黏弹性，这有利于提高面包的均一性和柔软度。采用具有合适的肽键选择性的蛋白酶可以使水解得到更好的控制，避免过度水解，并通过控制蛋白酶的添加量，在焙烤环节酶失活前获得期望的水解度。蛋白质过度水解会导致终产品的体积和质构缺陷。用面筋强度较弱的面团成型制作一些食品（如披萨、威化饼或饼干）时，可以使用特异性较差的蛋白酶（或蛋白酶混合物）。蛋白酶的选择性对产品质量具有非常重要的影响，因为蛋白酶具有不同的底物特异性，对主要的面筋蛋白质——小麦醇溶蛋白或麦谷蛋白的水解作用是不同的（表7-3）。这是不同的外源性蛋白酶对面团质量改善程度不同的原因。

表7-3　蛋白酶对主要面筋蛋白的水解选择性

蛋白酶制剂	相对活力		活性比率
	麦谷蛋白	小麦醇溶蛋白	（麦谷蛋白/小麦醇溶蛋白）
A	1.00	2.17	0.46
B	0.50	0.17	3.00
C	0.69	0.064	11.00
D	1.30	0.90	1.40
E	0.37	0.19	2.00
F	0.55	0.87	0.63
G	0.60	0.038	16.00
H	2.07	3.02	0.68
I	2.68	0.38	7.00

资料来源：Tucker，1995
注：原文献中没有对蛋白酶制剂做具体说明

　　2. 谷物发酵产品生产　　在以谷物为原料的酒精发酵中，蛋白酶可分解谷物中的蛋白质，增加酵母营养，促进酵母生长和发酵，从而有助于缩短发酵时间，提高原料出酒率。向酒精发酵醪中添加酸性蛋白酶，发酵周期可缩短33%，原料出酒率提高1%～2%。酸性蛋白酶用于白酒生产，除出酒率得以提高，发酵时间缩短外，还有助于白酒香味物质的形成，并可降低白酒中杂醇含量。木瓜蛋白酶和酸性蛋白酶还可用于啤酒澄清，防止啤酒中的单宁与蛋白质复合物形成的沉淀浑浊。酸性蛋白酶用于酿造醋的生产，可缩短酿醋周期，提高原料出醋率。

3. 谷物制品风味改良　　特征风味是谷物制品品质的一个影响因素，蛋白质的特征风味是由于蛋白质结合了少量的其他化合物而形成，纯蛋白质的风味一般是比较平淡的。蛋白质经蛋白酶水解后释放出这些风味成分，其中包括一些不良风味的成分，同时也可能导致蛋白质产生一些苦味。苦味的产生是由于在蛋白酶水解过程中，多肽的数量增加，暴露了原本埋藏在蛋白质结构内部的一些疏水性氨基酸，当它们与味蕾作用就产生了苦味。如果采取有控制的酶水解，使蛋白质的酶解反应停止于某一阶段就可以减少疏水性氨基酸的暴露，从而减少蛋白质的苦味；在面筋筋力较强的情况下人为地加入一些蛋白酶，可增加面团中的多肽和氨基酸的含量，而氨基酸是香味物质形成的中间产物，多肽又是潜在的滋味增强剂，所以它可以提高最终产品的风味，改善产品的香气。此外，蛋白酶的水解产物——肽和氨基酸也可作为酵母的氮源来促进发酵。在发酵初期，酵母可以利用存在于面粉中的含氮化合物，但到了发酵后期，若不加入蛋白酶，含氮不足的问题就会显现出来。

第四节　脂类转化酶

脂类转化酶广泛地存在于动植物和微生物中，谷物中的脂类转化酶大多分布在种子的皮层和胚中。脂类转化酶能与其他的酶协同发挥作用催化分解油脂类物质，提供植物种子生根发芽所必需的养料和能量。目前用于谷物加工中的脂肪转化酶大多来源于微生物，主要由于微生物种类多、繁殖快、易发生遗传变异，具有比动植物更广的作用 pH、作用温度范围以及底物专一性，且微生物来源的脂类转化酶一般都是分泌性的胞外酶，适合于工业化大生产和获得高纯度样品。

一、脂　肪　酶

脂肪酶（lipase，编号 EC3.1.1.3）是水解油脂酯键的一类酶的通称，又称三酰甘油酯酰水解酶或三酰甘油酶。相对分子质量范围一般在 16 000～200 000。脂肪酶是一类脂肪水解酶，能催化天然底物油脂（三酰甘油）水解，产生双甘酯、单甘酯、脂肪酸和甘油。脂肪酶是一种糖蛋白，糖基部分以甘露糖为主，占分子质量的 2%～15%，酶分子由亲水部分和疏水部分组成，活性中心近疏水端（图 7-11）。小麦、水稻、荞麦、大麦和玉米等谷物的脂肪酶是植物脂肪酶中研究较多的一类。

脂肪酶是催化油脂水解的酶类，这类酶的活性包括两个方面：其一，专一性水解甘油酯键，释放更少酯键的甘油酯和甘油以及脂肪酸；其二，在无水或少量水系中催化水解的逆反应，即酯化反应。脂肪酶具有对油-水界面的亲和力，酶大分子包含疏水头和亲水尾两部分，只有在最佳水含量时，脂肪酶才表现出最大活力。

从催化特性看，脂肪酶可催化酯类化合物分解、合成和酯交换。许多脂肪酶对脂肪酸残基及酯键的位置的转移有选择性。脂肪酶反应不需要辅酶，反应条件温和，副产物少，不过脂肪酶不能作用于分散在水中的底物分子，只能在异相系统（甘

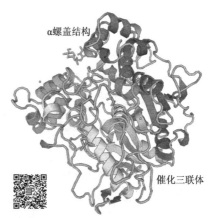

图 7-11　谷物脂肪酶分子空间结构
（扫码见彩图）
（序列来源 RCSB Protein Data Bank）

油酯和水所组成的非均相体系乳浊液）或有机相中应用，脂肪和水之间的界面是酶的作用部位。

大多数脂肪酶的最适 pH 为 8.0～9.0，但也有少数脂肪酶的最适 pH 偏酸性，大多数脂肪酶的最适温度为 30～40℃，但某些食物中的脂肪酶甚至在冷冻至-29℃时仍有活性。除了底物、pH 和温度外，盐对脂肪酶的作用也有影响。

常温下，谷物中的脂肪酶主要分布在两个部分：皮层和胚中；皮层中含 75%～80% 的酶活，胚中含 20%～25% 的酶活。活性的相对分布比例与温度有关，当温度逐渐升高，外壳中的脂肪酶失活较快，而胚中的脂肪酶热稳定性较高；当温度升至 75℃时，二者的脂肪酶酶活基本接近。一般而言，谷物籽粒在未发芽或遭破坏时，其脂肪酶活力较低，有 2.17～9.42U/g 的酶活，且较为稳定；籽粒萌发的时候，其脂肪酶活力能提高数十倍。现在已经对包括小麦、燕麦和大麦在内的许多谷物中的脂肪酶活性进行了鉴别和研究。如大麦中含有脂肪酶，不过脂肪酶活性在大麦中很低，一部分脂肪酶活性存在于芽根中，在发芽过程显著增加，干燥与除根后酶活性下降。脂肪酶的活性与大麦品种有关。

脂肪酶分子通常由亲水、疏水两部分组成，活性中心靠近分子疏水端。脂肪酶结构有 2 个特点：①脂肪酶都包括同源区段：His-X-Y-Gly-Z-Ser-W-Gly 或 Y-Gly-His-Ser-W-Gly（X、Y、W、Z 是可变的氨基酸残基）；②活性中心是丝氨酸残基，正常情况下受 1 个 α 螺盖保护；③多数脂肪酶都有 1 个螺旋片段，一般称为"盖子"，当酶处于闭合状态时，活性位点被"盖子"覆盖。当存在脂质微囊时，"盖子"打开与其结合，催化脂肪水解。

二、脂（肪）氧合酶

脂氧合酶（lipoxygenase，编号 EC1.13.11.12，LOX）俗称脂肪氧化酶、脂肪加氧酶或脂肪氧合酶，广泛存在于各种植物中，特别是豆科植物中，其中，尤以大豆中活力最高。分子质量一般为 90 000～100 000Da，是一种含非血红素铁蛋白的氧合酶，酶蛋白由单肽链组成，属氧化还原酶（图 7-12）。

脂氧合酶通过专门催化具有顺、顺-1,4 戊二烯结构的不饱和脂肪酸的加氧反应，生成脂肪酸氢过氧化物，而由脂氧合酶启动合成的一系列环状或脂肪族化合物，统称为氧脂，一般将此代谢过程称为 LOX 途径或十八碳酸途径。在谷物中，脂氧合酶底物主要是亚油酸（LA）、亚麻酸（LNA）等，其加氧位置是 C9 和 C13 位，参与谷物植株的物质运输和细胞间的信息传递等。脂肪氧化酶的两种异构酶 LOX 1 和 LOX 2 已有所报道。LOX 2 把亚油酸转变成 1,3-氢过氧化物；LOX 1 把亚油酸转变成反式-2-壬烯醛的前驱物 9-氢过氧化物，大麦中仅含有 LOX 1 的活性。目前，有研究者已从水稻成熟种胚中也分离出了三种 LOX 同工酶，根据层析图谱洗脱顺序的不同，分别命名为水稻 LOX-1、LOX-2 和 LOX-3，其中 LOX-1 和 LOX-2 属于第 II 类 LOX，即 13-LOX，而 LOX-3 属于第 III 类 LOX

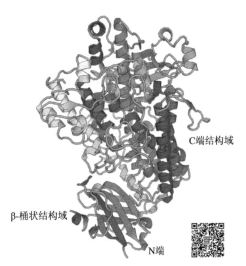

C端结构域

β-桶状结构域

N端

图 7-12　脂氧合酶分子空间结构（扫码见彩图）

（序列来源 RCSB Protein Data Bank）

即 9-LOX。另外，在藻类、面包酵母、真菌以及氰细菌均发现有 LOX 的存在。

每个 LOX 蛋白分子含有一个非血红素铁原子（Fe-LOX）。对大豆（soybean）LOX-1 的研究发现，只有含三价铁离子（Ⅲ）的 LOX 有催化活性，化合价由无活性的二价铁离子（Ⅱ）变为有活性的三价铁离子（Ⅲ）的过程是过氧化物依赖的（Alexander Grechkin，1998）。在脂肪氧合酶催化反应机制上，Tappel 等认为，LOX 所催化氧化的亚油酸不同于亚油酸自动氧化过程。首先是亚油酸氧合 LOX 形成复合体；再在酶的表面形成一个双游离基活化体，即一个氢离子和一个电子从亚油酸上转移至氧分子上；双游离基在酶分子表面结合形成亚油酸过氧化氢；此过氧化氢物与酶分离并脱落下来。而自由基理论认为，首先氢原子从底物上离开，同时铁离子被还原；分子氧与底物自由基反应，形成过氧化自由基，在此过程中有可能伴随 O_2 转变成 O_2^- 自由基，最后过氧自由基被 LOX 中的铁还原，生成氢过氧化合物，而 LOX 中的铁转变为 Fe^{3+}，重新转变为活性态。近年来，大豆 LOX 中质子电子的转移反应证实了 LOX 反应过程中的氢转移理论，认为催化的氢原子从底物亚油酸转移到铁离子上；质子和电子同时在供体和受体之间转移；从而产生有效的氢隧道效应。因此，从以上几种理论都可以看出 LOX 催化中心与铁离子有着密切的关系。

大多数脂肪氧化酶的最适 pH 是 7.0～8.0，酶活力最高时为 pH 为 7.0～8.0，在 pH 低于 7 时，酶活力下降的部分原因是脂肪氧化酶的底物亚油酸溶解度下降的结果。脂肪氧化酶的最适温度为 20～30℃，耐热性较低，经过轻度的热处理就可达到纯化的要求。研究表明，80℃是脂肪氧化酶的最高温度界限。

谷物籽粒中含有 2%～3%的脂质，在采收、贮藏和运输的过程中，由于物理损害可引起脂酶与脂质之间的反应，导致游离脂肪酸含量的迅速上升，而谷物中 LOX 能进一步催化不饱和脂肪酸过氧化生成脂氢过氧化物，后者则再被脂氢过氧化物裂解酶（hydroperoxidelyase，HPL）和脂氢过氧化物异构酶（hydroperoxideisomerase，HPI）降解或自动氧化为具有挥发性的己醛、戊醛和戊醇等羰基类低分子化合物，从而产生与谷物陈化变质有关的陈霉味。另外，由于 LOX 产生的脂氢过氧化物、活性氧和自由基等具有高度的氧化活性，因此还可能直接参与稻谷中的贮藏蛋白等大分子的分子内和分子间二硫键氧化交联，影响它们的结构和功能，同时也可能与氨基酸和维生素相结合，降低稻谷的食用和营养价值。因此，在谷物加工中对 LOX 进行钝化或者添加脂氧合酶抑制剂可以明显地阻止脂质过氧化作用，减缓贮藏粮食氧化变质的速度，保持清新气味，提高耐贮性。Borrelli 等研究表明，降低 LOX 活性有利于延长杜伦小麦籽粒、通心粉和通心面等的保存期，进而提高产品的附加值，其他研究者对普通小麦的研究得出了相似的结果。另一些研究认为，低活性 LOX 或 LOX 缺失体可以有效减轻脂质的氧化反应，减轻籽粒的氧化变质，从而延长其储藏期，减少粮食的浪费。同时降低 LOX 活性被认为是长期保存种子的重要方法之一，这比冷冻储藏更加可行（图 7-13）。

脂氧合酶是近些年发现的与植物代谢有密切关系的一种酶，研究认为，它可能参与植物生长、发育、成熟、衰老、脂质过氧化作用和光合作用、伤反应及其他胁迫反应等各个过程，特别是成熟、衰老过程中自由基的产生以及乙烯的生物合成，都发现有脂氧合酶的参与，因此它被认为是引起机体衰老的一类重要的酶。

由于脂氧合酶的可以通过氧化不饱和脂肪酸形成氢过氧化脂肪酸的自由基，与谷物中的各种结构成分发生反应，因此，脂氧合酶也作为改良剂在各种谷物制品中被广泛使用。

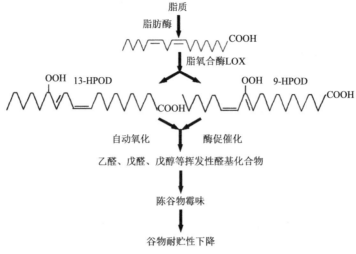

图 7-13　谷物中 LOX 与耐贮关系（Barnes，1991）

三、脂类转化酶的作用

（一）脂肪酶对面制品品质影响

脂肪酶是常用的谷物制品改良剂的一种，利用酶作用后释放出的链较短的脂肪酸可以增加和改进食品的风味和香味，利用脂肪酶催化的醇解和酯化反应来生产各种香精酯可以作调料剂。目前应用于面粉工业脂肪酶主要来源于微生物，其最适作用条件为 pH 7.0，温度 37℃，可被钙离子及低浓度胆盐激活，在实际应用过程中能产生强筋、增白、抗老化、品质调理等作用。

脂肪酶是面团的常用配料，作为面团品质改良剂（弥补谷物内源性脂肪酶的不足）使用，在不影响面团流变特性的情况下起到增加面包体积、使面包组织结构和气孔更为均匀、延缓老化的作用。这是因为脂肪酶可以水解谷物中的和（或）添加的脂肪生成乳化剂：单酰甘油和二酰甘油，而这些水解产物可以帮助面团中的孔隙（小气室）的形成和稳定。单酰甘油能与直链淀粉形成复合物，降低烘焙后的面包淀粉的回生（老化）速率。用于烘焙的脂肪酶主要来源于根毛霉和根霉，它们都可以水解糖脂、磷脂和酰基甘油；磷脂和糖脂水解产物是极好的表面活性剂。在面条配方中也有脂肪酶，它可以增加面条的白度，白度是面条质量的一个重要指标。这里脂肪酶的作用是水解脂肪成分产生不饱和脂肪酸，不饱和脂肪酸氧化产生氧化性产物漂白面团。脂肪酶还可以减少干面条的断裂和烹饪时的黏结。脂肪酶的这种作用与它能减少淀粉的沥出有关，也许这是通过淀粉同脂肪酸和甘油酯水解产物形成复合物来实现的。

（1）面团强筋作用：因为面粉中的脂肪分极性脂质和非极性脂质，面团中的强极性脂如磷脂，利于面筋网络的形成，非极性脂质三酰甘油，则损害面团的筋力结构。脂肪酶作用于三酰甘油阻止了其与谷蛋白的结合，从而起到增筋作用，因为谷蛋白决定面团的弹性和黏合性，谷蛋白多时面团的筋力就强，另外，三酰甘油的水解有利于磷脂的形成，使面筋网络增强。从而提高了面团的筋力，改善了面粉蛋白质的流变学特性，增加了面团的强度和耐搅拌性，以及面包的入炉急胀能力，使其组织细腻均匀，面包芯柔软，口感更好。

（2）增白作用：面粉中的粉色取决于面粉中带有色素的麸皮以及溶于脂肪中的叶黄素和叶红素，而脂肪酶分解脂肪使溶于脂肪中的色素解释出来，与氧有更大的接触空间，色素被氧化褪色，达到二次增白的效果。在面条面团中使用脂肪酶，可使天然脂质得到改性，生成脂质和淀粉复合物，可防止直链淀粉在膨胀和煮熟过程中渗出，减少面团上出现斑点。

（3）面团调理功能：通过与其他酶制剂如葡萄糖氧化酶、真菌 α-淀粉酶复配，能使面包体积更大、急胀更好、组织更细腻。特别是脂肪酶与葡萄糖氧化酶联用具有良好的协同增效作用，葡萄糖酶能解决脂肪酶所达不到的强度，脂肪酶解决了葡萄糖氧化酶所达不到的延伸度，对不同面粉的粉质均有明显的改善作用，稳定时间和评价值等均显著提高，改善了面团的操作性能和焙烤制品的品质。

（4）抗老化、保鲜作用：脂肪酶水解脂肪成单酰甘油和二酰甘油等，单酰甘油和二酰甘油在揉和过程中会形成微小颗粒，插入淀粉粒之间，部分与淀粉粒发生作用，覆盖于淀粉粒表面，形成油膜，起到润滑、分离作用，从而有效阻止了淀粉颗粒之间的重结晶，起到抗老化作用。此外，在谷物淀粉质凝胶类食品的加工中，脂肪酶可以氧化不饱和脂肪酸使之形成过氧化物，过氧化物可氧化蛋白质分子中的硫氢基团，形成分子内或分子间二硫键，并能诱导蛋白质分子（主要是麦谷蛋白）聚合，使蛋白质分子变得更大，从而改变凝胶网络结构，达到凝胶类食品抗老化的目的。

（二）脂氧合酶对面粉及面制品品质影响

通常认为脂肪氧合酶会损害食品和脂质的品质，但在面团形成中脂肪氧合酶可起到有益的氧化作用。脂肪氧合酶氧化不饱和脂肪酸（不饱和酸由添加脂肪酶催化脂肪水解产生）产生具有氧化能力的产物，这些物质氧化巯基使面筋蛋白产生二硫键的交联，增进面团网络结构，提高面团黏弹性。将大豆（或蚕豆）粉（富含脂肪氧合酶）添加到面包面团中，可以减少传统氧化剂（如溴酸盐）的添加量。上述次级氧化反应也会破坏内源性类胡萝卜素，并对最终产品有漂白的作用，而这对面条和一些面包是有利的。

小麦粉中适量添加大豆粉或是纯化的大豆LOX可增加面团耐受力、提高流变学特性，还可能提高面包的体积，它对面团流变学特性的影响只有在空气存在下强力搅拌时才表现出来。脂肪氧合酶还可通过耦合反应破坏胡萝卜素的双键结构，小麦粉中的类胡萝卜素类色素会被所加的具酶活性大豆粉漂白，这在生产白面包时是理想的效果。具酶活性大豆粉添加量限制在大约1%，因为含量太高会产生异味。

据证实具酶活性大豆粉中非专一性脂肪氧化酶是引起面粉改良作用（图7-14）和漂白效果的原因，这种酶与小麦内源性脂肪氧化酶相反，释放过氧自由基，协助氧化类胡萝卜素类和其他面粉成分。

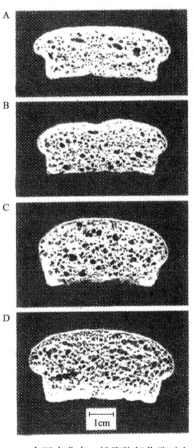

图 7-14　大豆中非专一性脂肪氧化酶对小麦粉质量的改善作用（Kieffer and Grosch，1979）

A. 对照（无添加剂，面包体积为31mL）；B. 脂肪氧化酶被热钝化的脱脂大豆粗粉提取物（体积为31mL）；C. 脂肪氧化酶活力为290U的脱脂大豆粗粉提取物（体积为35mL）；
D. 酶活力为285U的Ⅱ型酶的钝化物（体积为37mL）

由于脂肪氧合酶可催化氧分子对面粉中的具有顺，顺-1,4 戊二烯结构的多不饱和脂肪酸的油脂发生氧化，形成氢过氧化物，氢过氧化物进而氧化蛋白质分子的巯基（—SH）形成二硫键（—S—S—）并能诱导蛋白质分子聚合，使蛋白质分子变得更大，从而增加面团的筋力，同时消除面粉中蛋白酶的激活因子—SH，防止面筋蛋白水解。因此，脂肪氧合酶还能改善食品的质感，使面制品内部柔软，延缓回生的速度，改善食品的口感，增大面团的耐搅拌力及改善流变学特性等。

脂肪氧合酶的同工酶会导致共氧化反应，通过自由基反应机制生成多种自动氧化产物包括醛和酮（羰基）。共氧化作用也会漂白类胡萝卜素、破坏（原）营养素。在增加面包面团以及相关烘焙产品的白度方面，共氧化作用能产生有用的和理想的结果。氧自由基的生成还会提高面团的面筋强度和黏弹性。小麦面粉中的脂肪氧合酶的漂白活性较低，可以在面包面团中加入大豆和豌豆粉，以漂白面粉中的类胡萝卜素，提高面团品质。很多其他植物也具有多种脂肪氧合酶同工酶，包括大多数的谷物和食荚菜豆。

因此，可以将由氧合酶导致的氧化性哈喇味归因于两种原因；原因之一是亚油酸和亚麻酸氧化生成了 LOOH，然后进一步化学分解为不同的芳香醛和酮；原因之二是直接酶解产物脂肪酸自由基释放到食物中，引发共氧化和自由基自动氧化反应。当将缺乏特定异构体的大豆粉添加到面包面团时，同工酶 1 能最大程度地增加面包体积，而同工酶 2 能最大程度地增加面团的筋力强度和黏弹性。同工酶 2 也能产生让人不愉快的气味，这就是为什么在面包面团中增加豆粉加入量控制在<1%的范围内的原因。

第五节　细胞壁降解酶

谷物细胞壁与其他植物细胞壁类似，是植物细胞区别于动物细胞的主要特征性结构之一，它是由聚合糖、糖基蛋白、木质素、脂类通过氧键、酯键、酸键等化学键形成的复杂的网络交联结构。针对细胞壁中的每一种成分，以谷物植物为主要营养来源的动物、微生物都能代谢产生相应的降解酶，这些降解酶统称为细胞壁降解酶。部分细胞壁降解酶也存在于谷物自身细胞中（图 7-15）。

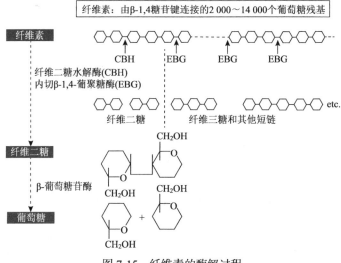

图 7-15　纤维素的酶解过程

一、谷物细胞壁结构与化学组成

谷物细胞壁是谷物活细胞的重要组成部分，与谷物植株的一切生命活动都有关联。它主要能增强植株的机械强度、调控细胞的生长、抵御病菌危害及逆境影响、参与植株的物质运输和细胞间的信息传递等。谷物细胞壁由胞间层（middle lamella）、初生壁（primary wall）和次生壁（secondary wall）三部分组成。其中，胞间层主要由果胶质组成；初生壁是由原生质体分泌形成的最原始的细胞壁，主要由多糖、蛋白质和一些离子（钙离子）等组成。其多糖主要是纤维素、半纤维素和果胶质。这些多糖和蛋白质等交联在一起，构成了一种以纤维素为构架的不规则交错的网状结构；次生壁的结构与组成高度特异化。它是由纤维素、半纤维素和木质素等构成的有规则的、疏水性的网络结构。

二、细胞壁降解酶分类与性质

谷物细胞壁降解酶根据所作用底物的不同约有 14 类，见表 7-4，其中主要参与分解的有纤维素降解酶、半纤维素降解酶和果胶降解酶三大类（Cooper，1984）。

表 7-4　谷物细胞壁降解酶种类

纤维素酶	β-1,4-内切葡聚糖酶
	纤维素二糖水解酶
	β-葡萄糖苷酶
果胶酶	内切聚半乳糖醛酸酶
	外切聚半乳糖醛酸酶
	内切多聚半乳糖醛酸酶
	外切多聚半乳糖醛酸酶
	果胶甲基酯酶
半纤维素酶	α-葡萄糖苷酶
	β-葡聚糖酶（昆布多糖酶）
	α-1,3-β-1,4-葡聚糖酶
	α-半乳糖苷酶
	β-半乳糖苷酶
	β-1,4-半乳聚糖酶
	β-1,4-木聚糖酶
	β-木糖苷酶
	α-阿拉伯呋喃糖酶

资料来源：Walton，1988

（一）纤维素降解酶

谷物细胞壁中纤维素的酯解过程如图 7-15 所示。纤维素由葡萄糖以 β-1,4 糖苷键连接而成，是一类同质糖，与其降解相关的酶可以分为三类：内切纤维素酶（EC3.2.1.4）将纤维素水解成寡聚葡萄糖，其蛋白质分子结构如图 7-16 所示；外切纤维素酶（EC3.2.1.91）将晶体纤维素水解成纤维二糖；β-葡萄糖苷酶（EC3.2.1.21）将寡聚葡萄糖降解成葡萄糖。内切纤维素酶和 β-葡萄糖苷酶还可以降解木糖葡聚糖骨架。生产中常用的纤维素酶商品标签所注活性通常为内切纤维素酶的活性，即用羧甲基纤维素（CMC，代表纤维素的非晶体部分）作底物，然而天然的纤维素不溶于水且部分以晶体形式存在；另外，由于晶体纤维素是反刍动物降解细胞壁成分的限制性因素之一，而晶体纤维素在外切纤维素酶和内切纤维素酶的协同下才能有效酶解。

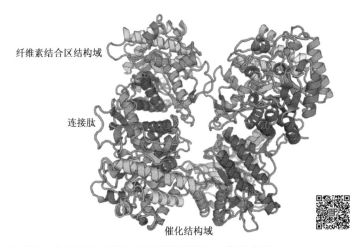

图 7-16　真菌纤维素酶分子空间结构（扫码见彩图）（序列来源 RCSB Protein Data Bank）

（二）半纤维素降解酶

半纤维酶与纤维素酶相比更为复杂，涉及其主链骨架降解的就可以分为两类。在大多数谷物的细胞壁中，半纤维素是以木聚糖为骨架，杂多糖及酚酸等为支链的多聚体，降解其主链骨架相关的酶包括木聚糖酶（EC3.2.1.8）和 β-1,4-木糖苷酶（EC3.2.1.37），前者先将木聚糖降解成寡聚糖小分子，然后在后者的作用下进一步降解成木糖。而在裸子植物细胞壁中半纤维素主要由半乳甘露聚糖和甘露聚糖为骨架，降解酶包括：β-内切甘露聚糖酶（EC3.2.1.78）和 β-甘露糖苷酶（EC3.2.1.25），β-甘露聚糖酶因其内切活性又称 β-内切甘露聚糖，其先将甘露聚糖降解成寡聚糖，然后 β-甘露苷酶从还原端进一步将其降解成甘露糖。

降解侧链的酶种类更多，包括：从木糖葡聚糖分子中释放 α-木糖的 α-D-木糖苷酶，从木聚糖骨架上移除半乳糖残基的 α-葡萄糖醛酸酶（EC3.2.1.131）；参与阿拉伯糖降解的 α-L-阿拉伯呋喃糖苷酶（EC3.2.1.55），阿拉伯木糖阿拉伯呋喃糖水解酶；涉及半乳糖降解的 α-D-半乳糖苷酶（EC3.2.1.22）、β-D-半乳糖苷酶（EC3.2.1.23）、内切半乳糖糖酶（EC3.2.1.89）和外切半乳糖酶；关于糖链上酯键切除的乙酰酯酶（EC3.1.1.6）和阿魏酸酯酶（EC3.1.1.73），前者作用于半纤维素中支链多聚糖以及木质素与半纤维素之间的阿魏酸酯键，后者消除木聚糖上的乙酰基，从而协助其他酶对半纤维素的降解。

实际生产中，一般用其主链降解酶的活性表示其降解半纤维素的能力，但是越来越多的研究表明，某些支链降解酶（乙酰酯酶和阿魏酸酯酶）是植物细胞壁多糖降解的限制性酶。所以使用谷物表皮作主要饲料组成的产品中，酶制剂配伍应考虑到酯酶的添加，包含阿魏酸酯酶的酶制剂配伍可以大大提高其降解饲料细胞壁的效率。

　　木聚糖是禾本科谷物植物半纤维素的主要成分。许多微生物可以产生内切 β-1,4-木聚糖酶和内切 β-1,4-木聚糖苷酶，其中大部分属于糖苷酶家族 10 和 11（其他家族也有木聚糖酶），能够水解以 β-1,4 连接的直链木糖聚合物（具有多种取代基团，如阿拉伯糖）。木聚糖酶具有多种同工酶。有内切型和外切型（内切型在食品中尤为重要）。木聚糖是主要的半纤维素成分，和纤维素一起构成植物细胞壁的主要部分。木聚糖酶在植物（特别是谷物）、细菌、真菌中均有发现，分子质量通常在 16～40kDa。环状芽孢杆菌木聚糖酶的催化残基是 GLU_{78}（亲核体）和 GLU_{172}（广义酸/碱），后者的 pKa 值在 6.7（游离酶）和 4.2（底物结合形式）两者间交替变化。来源于突光假单胞菌（*Pseudomonas fluorescens*）的木聚糖酶 A 存在–4 到+1 的底物亚位点。一般而言，亚位点含 4～7 个残基。细菌木聚糖酶可以从芽孢杆菌、欧文氏菌和链霉菌中发现（图 7-17），而真菌木聚糖酶可以在曲霉和木霉（*Trichoderma* spp.）中发现。

作用 pH 受来源影响，细菌木聚糖酶的最适 pH 为 6.0～6.5，而真菌木聚糖酶的最适 pH 为 3.5～6.0；另外，大部分木聚糖酶在 pH3～10 有宽的 pH 稳定性。最适温度在 40～60℃。

　　半纤维素酶中的内切木聚糖酶通常应用于果蔬加工和谷物酿造工业，用以降低麦芽汁的黏度，使分离/过滤步骤容易进行，减少浑浊的形成，并提高产量。来源于木霉和青霉（*Penicillium* spp.）的木聚糖酶在湿磨中应用，用以从谷物（尤其是小麦）的麸质中分离出淀粉。

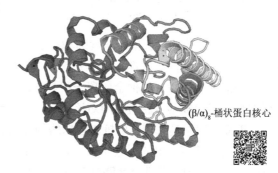

$(\beta/\alpha)_8$-桶状蛋白核心

图 7-17　细菌木聚糖酶分子空间结构（扫码见彩图）
（序列来源 RCSB Protein Data Bank）

（三）果胶降解酶

　　果胶是谷物细胞壁中另一类杂多聚糖，由鼠李糖间隔的半乳糖醛酸组成主链骨架，半乳糖和阿拉伯糖等支链通过鼠李糖与主链连接。降解其主链的酶包括：多聚半乳糖醛酸酶（果胶酶）（EC3.2.1.15 和 EC3.2.1.82）、果胶酸酯裂解酶（EC4.2.2.2）和胶质裂解酶（EC4.2.2.10），降解支链相关的酶与半纤维素类似。多聚半乳糖醛酸酶又可分为内切半乳糖醛酸酶、外切半乳糖醛酸酶和鼠李糖半乳糖醛酸水解酶，它们分别作用于果胶骨架的不同位置。当前在应用上果胶降解相关的酶也通常由多聚半乳糖醛酸酶活性来代表，这种代表性在比较不同来源的果胶降解酶将大大受限果胶酶的分子结构如图 7-18 所示。

（四）β-葡聚糖酶

　　β-葡聚糖酶（β-glucanase，β-1,3-1,4-葡聚糖酶），能产生 β-葡聚糖酶的植物主要为大麦、燕麦、小麦和稻谷等谷类作物，β-葡聚糖酶是一类酶系家族，根据作用方式不同，可分为内切型和外切型（图 7-19）。前者存在于谷物种子、某些真菌和某些细菌中，能催化水解谷物细胞壁中的 β-葡聚糖，其中包括内切型 β-1,4-葡聚糖酶、内切型 β-1,3-葡聚糖酶。后者存在于谷物种子中，其中又包括外切型 β-1,4-葡聚糖酶、外切型 β-1,3-葡聚糖酶。

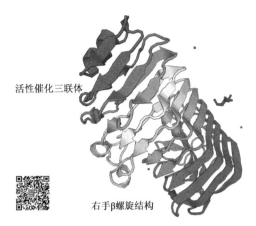

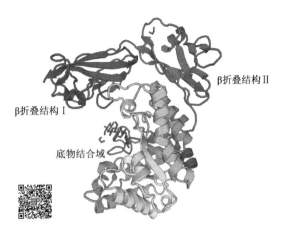

图 7-18 真菌果胶酶分子空间结构（扫码见彩图）　　图 7-19　β-葡聚糖酶分子空间结构（扫码见彩图）
（序列来源 RCSB Protein Data Bank）　　　　　　　（序列来源 RCSB Protein Data Bank）

β-葡聚糖酶的最适反应温度为 40～50℃；最适反应 pH 为 7.5，在 pH4.5～9 有较大的活性区间；有较强的耐碱性，在 pH5.5～11 处理 1h 仍有超过 90% 的活性；Mn^{2+} 对 β-葡聚糖酶有一定的抑制作用，其他金属离子和螯合剂对酶活没有明显的激活或抑制作用；该酶抵抗胃蛋白酶的能力较强，胰蛋白酶对该酶有一定的促进作用。

β-葡聚糖酶具有较强的抗胃蛋白酶的能力，胰蛋白酶不但不会降低 β-葡聚糖酶活力，在某种程度上还有一定的促进作用。大多数 β-葡聚糖酶最适反应 pH 偏酸性，此酶的最适反应 pH 为 7.5，在中性条件下能够维持较高的酶活。β-葡聚糖酶最适反应温度较低，为 40～50℃，大多是中温酶，微生物来源的 β-葡聚糖酶，其最适温度是 37℃，但其最适温度范围较窄，仅在 35～37℃。由于饲料中存在大量金属离子，因此，在饲料中使用 β-葡聚糖酶时，要考虑金属离子对酶活的影响。至今大部分的 β-葡聚糖酶酶活的表达受到 Cu^{2+}、Fe^{2+} 和 Zn^{2+} 的抑制。

β-葡聚糖酶在植物中分布广泛，且以多种类型存在。β-葡聚糖酶是重要的水解酶，在植物发育中起着重要的作用，涉及方面包括谷类发芽、胚轴和胚芽鞘发育、韧皮部运输和胼胝质的运输、细胞壁的生物合成、植物衰老、种子后成熟、植物防卫反应等。能产生 β-葡聚糖酶的植物主要为大麦、燕麦、小麦和稻谷等谷类作物。在籽粒发芽过程中，主要由糊粉层和盾片分泌 β-葡聚糖酶来分解胚乳细胞壁中的 β-葡聚糖，解除其对胚乳中其他营养物质分解的抗性，保证种子的正常发芽。不同类型及作用为 β-葡聚糖酶的利用创造了条件。β-葡聚糖酶被用于谷物类饲料加工工业与啤酒发酵工业中。

三、细胞壁降解酶的作用

1. 对面团流变学的影响　　面粉中非淀粉多糖主要为戊聚糖，对面团的流变性和面包的体积起着重要的作用。戊聚糖分为水溶性戊聚糖和水不溶性戊聚糖，水溶性戊聚糖对面制品的品质有改良作用，而不溶性戊聚糖对面制品的品质却有破坏作用。戊聚糖酶可以将水不溶性戊聚糖分解，变成水溶性戊聚糖，从而提高面筋网络的弹韧性，增强面团对过度搅拌的耐受力，改善面团的可操作性及稳定性，增强面团的持气能力，提高面包的入炉急胀性，增大面包体积。此外，黑麦戊聚糖的部分水解可以改善黑麦粉的焙烤质量及延长黑麦面包的货架期。

木聚糖酶有益作用是将水不溶性阿拉伯木聚糖转变为水溶性戊聚糖，戊聚糖具有很强的持水能力，可以增强生面团的黏性，从而促进弹性、面筋度和面包的最终体积。木聚糖酶的过量添加或者会优先作用水溶性阿拉伯木聚糖的木聚糖酶的添加，起不到应有的好的作用，或会使面团的黏性增加（由具有强持水力的戊聚糖的过度水解所引起），抵消其正面效应。淀粉酶和木聚糖酶的一起使用对冷冻面团制作非常重要。

2. 对面筋结构的影响　　木聚糖酶可以使阿拉伯木聚糖和面筋之间水分重新分布，或使水溶性木聚糖分子长链更宜于与蛋白质等大分子结合，使该部分木聚糖参与到面筋网络结构中去，或增加面筋与淀粉膜的强度和延伸性。从而使面包在高温焙烤时气泡不容易破裂，二氧化碳扩散离开面团的速率减慢，使最终产品体积增大，内部结构更加均匀而细腻，产生蜂窝状微孔，从而使面包松软、质地细腻，面包芯保持水分能力大为增强，从而使面包老化过程得以延缓。

在馒头的制作过程中，木聚糖酶可以水解面粉中不溶性的木聚糖而改善面筋网络，改善面团的操作性和稳定性，从而使馒头具有更好的组织结构和更大的体积。木聚糖酶在适当的添加范围内可以明显地改善馒头的感官品质，同时改善馒头芯的硬度、弹性和柔软性。木聚糖酶具有明显的抗老化作用，可改善馒头在贮存过程中的品质，从而延长其货架寿命。

3. 其他作用　　β-葡聚糖酶可以降解葡聚糖，破坏植物细胞壁结构，增加细胞壁的通透性，促进细胞内部营养物质的释放，提高内源性消化酶活性，利于动物对营养物质的消化和吸收，从而消除 β-葡聚糖的抗营养作用，同时，提高生长性能和粮食的转化率从而提高谷物的使用价值，在食品和饲料工业等方面有广阔的应用前景。近年来，对饲料中 β-葡聚糖的抗营养作用研究取得了很大进展，尤其是利用 β-葡聚糖酶来消除饲料（特别是麦类作物及其副产品）中的 β-葡聚糖的抗营养作用，改善饲料的营养价值，例如，大麦日粮中加入 β-葡聚糖酶，能提高能量利用率13%、蛋白质消化率21%。

β-葡聚糖酶还广泛应用于啤酒质量的改善中。德国、荷兰、丹麦、美国、英国等各大啤酒生产出口国都已经采用 β-葡聚糖酶作为啤酒工业的主要酶制剂，我国啤酒每年的消费与产量逐年上升，但 β-葡聚糖酶的应用起步较晚。啤酒酿造过程的糖化阶段，大麦胚乳中的 β-葡聚糖被大量释放，造成产品酒体混浊、泡沫持久力减弱和挂杯力不强等品质问题。而 β-葡聚糖酶的加入可水解啤酒发酵液中的 β-葡聚糖，疏松大麦胚乳细胞壁，促进细胞内容物的外溢，有效提升原料的利用率，降低麦汁黏度，加快麦汁过滤速度，大大改善啤酒的质量。

第六节　过氧化物酶

过氧化物酶[peroxidase，POD，EC1.11.1.7（X）]，分子质量为 30 000～45 000Da，又称过氧化氢氧化还原酶，广泛存在于各种动物、植物和微生物体内，是一种活性较高的氧化酶，它与呼吸作用、光合作用及生长素的氧化等都有关系，所有谷物中均有此酶。过氧化物酶是一种由单一肽链与卟啉构成的血红素蛋白，脱辅基蛋白分子必须与血红素结合才能构成全酶。

过氧化酶可以分成两类：含铁过氧化物酶和黄蛋白过氧化物酶，含铁过氧化物酶又可分为正铁血红素 a 氧化物酶和绿过氧化物酶。根据等电点大小可以分为酸性（或阴离子）、中性和碱性（或阳离子）三种过氧化物酶。

过氧化物酶在谷物细胞中以两种形式存在：①以可溶形式存在于细胞液中，或与细胞器相结合的形式在细胞中与细胞壁或细胞器相结合而存在。用低离子强度的缓冲液也可以将可溶性存在的过氧化物酶提取出来。②以结合形式存在的酶又可分为离子结合和共价结合。提取离子结合形式的过氧化物酶要采用高离子强度的缓冲液，提取共价形式结合的过氧化物酶则需用果胶酶或者纤维素酶等进行组织消化后才能释放出酶。

过氧化物酶催化由过氧化氢参与的各种还原剂的氧化反应：

$$RH_2 + H_2O_2 \longrightarrow 2H_2O + R$$

已知的催化反应底物超过 200 种，还包括多种过氧化物和辅助因子。过氧化物酶主要存在于细胞的过氧化物酶体中（peroxisome），过氧化物酶体内含有丰富的酶类，主要是氧化酶、过氧化氢酶和过氧化物酶。氧化酶可作用于不同的底物，其共同特征是氧化底物的同时，将氧还原成过氧化氢。过氧化物酶体的标志酶是过氧化氢酶，约占过氧化物酶体酶总量的40%，它的作用主要是将过氧化氢（H_2O_2，hydrogen peroxide）水解。过氧化氢（H_2O_2）是氧化酶催化的氧化还原反应中产生的细胞毒性物质，氧化酶和过氧化氢酶都存在于过氧化物酶体中，从而对细胞起保护作用。

一、过氧化物酶的性质

多数植物过氧化物酶与碳水化合物结合成为糖基化蛋白，糖蛋白有避免蛋白酶降解和稳定蛋白构象的作用。同一种谷物中可溶态和结合态的过氧化物酶具有不同的底物特异性。

影响过氧化物酶最适 pH 的因素包括酶的来源、同工酶的组成、氢供体底物和缓冲液。谷物中的过氧化物酶一般都含有多种同工酶，不同的同工酶往往具有不同的最适 pH，因此，测定得到的过氧化物酶最适 pH 往往具有较宽的范围。酸性条件下，由于过氧化物酶的血红素和蛋白质部分分离，会导致酶的活力下降。

不同来源的过氧化物酶在最适作用温度上也有着很大的差别，一般来说植物的过氧化物酶活性越高，它的耐热性也越高。过氧化物酶对热不敏感，可耐高温，酶溶液加热至沸腾，冷却后仍可恢复活性。不过 pH 影响酶蛋白从可逆变性状态向不可逆变性状态转变，因此，在低 pH 条件下过氧化物酶的热稳定性较低，在中性条件和碱性条件下酶处于天然状态。

经热处理变性后的过氧化物酶在常温的保藏中，酶活力能够部分恢复，即酶的再生。加热的温度和时间，以及加热后保持的温度及时间是决定过氧化物酶活力再生的主要因素。在低温保藏期间，过氧化物酶也没有变性，只是从一种结合状态转变成另一种结合状态。

二、过氧化物酶的作用

过氧化物酶在谷物植物体内主要有两方面的作用，一方面是与植物的抗逆性有关，包括抗旱、抗寒、抗病等，是植物保护酶系的一种重要保护酶；另一方面是在植物的生长、发育过程中起关键作用。

在植物生长发育过程中过氧化物酶的活性不断发生变化。一般老化组织中活性较高，幼嫩组织中活性较弱，这是因为过氧化物酶能使组织中所含的某些碳水化合物转化成木质素，增加木质化程度，而且发现早衰减产的水稻根系中过氧化物酶的活性增加，所以过氧化物酶可作为组织老化的一种生理指标。过氧化物酶与乙烯生物合成、激素平衡、膜完整性和成熟及衰老过程的呼吸控制等生理功能也有关。例如，过氧化物酶能氧化吲哚乙酸，参与植物的生长调节。

在谷物加工制品中，过氧化氢酶能够催化过氧化氢释放出氧，进而将面筋分子中巯基

（—SH）氧化为二硫键（—S—S—），增强面团的面筋网络结构，增大面包的体积。一般过氧化氢酶和葡萄糖氧化酶配合使用效果更好。

过氧化氢酶是一种生物体抗衰老、能维护细胞膜的稳定性和完整性的保护酶，是生物演化过程中建立起来的生物防御体系的关键酶之一，普遍存在于植物组织与细胞中，是最早发现的与种子活力有关的氧化酶之一。过氧化氢酶活性能够间接反映种子活力大小，因此过氧化氢酶活性是评判小麦籽粒新鲜程度的一个重要指标。有研究表明，小麦的过氧化氢酶易受环境影响，新收获小麦的过氧化氢酶的活性普遍较高，随着储藏时间的延长，粮食中的过氧化物酶的活性渐减。小麦在后熟期可以利用自身呼吸作用释放的能量，在蛋白酶系统的催化作用下，将氨基酸合成多肽链，进而形成蛋白质。

第七节 多酚氧化酶

多酚氧化酶（polyphenol oxidase，PPO）是自然界分布极广的一种氧化还原酶，在植物体中乃至动物体中广泛存在，由于检测方便，它是被最早研究的酶类之一。早在 1907 年，Bertrand 等就在小麦麸皮中发现该酶的存在（酪氨酸酶，tyrosinase），1937 年，Kubowitz 首次在实验室中分离出多酚氧化酶。随着研究的深入，小麦多酚氧化酶越来越受重视。

1. 多酚氧化酶的性质　　多酚氧化酶属核编码含铜金属酶，根据 PPO 催化底物的不同可分为酪氨酸酶、二荼酚酶或邻二酚酶、酚酶等。由于其能有效催化多酚类化合物氧化形成相应的醌类物质，因此被认为是导致酶促褐变反应的主要因素。不同物种 PPO 同工酶的分子质量和结构不同。成熟的 PPO 分子质量一般在 40～80kDa。同一物种的 PPO 间分子质量差异也较大。从小麦麸皮中纯化的 PPO 前体分子质量为 67kDa，在加工过程中被切除 14～16kDa 的转运肽，成为 45kDa 的成熟蛋白。六倍体小麦籽粒中可以检测出 58kDa、60kDa、62kDa 和 75kDa 的 PPO，而四倍体小麦中不存在 58kDa 蛋白。

PPO 主要分布于谷物正常细胞的质体（叶绿体、有色体、白色体等）中，是一种较为严格的质体酶。幼嫩的谷物组织和器官中 PPO 含量比较高，成熟和衰老组织中含量和活性比较低，随着籽粒的成熟，其 PPO 含量和活性逐步下降，而谷物外表皮和胚的 PPO 活性却显著增强；发芽初期，PPO 活性比贮藏状态下升高 50 倍以上。籽粒中的 PPO 主要存在于糊粉层中。出粉率高的小麦含有较高的 PPO，当出粉率高于 70%时，面粉中的 PPO 活性急剧升高；出粉率在 70%以下，面粉中的 PPO 活性仅为籽粒总量的不足 3%～10%。只有成熟籽粒中的 PPO 同工酶及其活性才直接影响面粉、面食品的白度和色泽。

2. 多酚氧化酶的作用　　色泽是面制食品品质的一个重要指标，小麦籽粒中 PPO 影响面粉的白度、面食品的外观品质（如亮度、色泽），并使其在贮藏过程中发褐发暗。这种褐变主要是由多酚氧化酶在有氧环境下催化面粉中酚类物质生成褐色色素造成的。在面制食品加工中，褐变不仅影响食品的外观质量，还影响其内含蛋白质的营养价值。通过向面团中添加抗氧化剂（如维生素 C、亚硫酸氢钠等），可有效地防止褐变的发生。和面时最好避开 PPO 的最适 pH，以减少褐变的影响，但碱性也不宜太强，否则酚类会发生自动氧化，导致褐变。PPO 是热稳定性的酶，其最适反应温度为 50～60℃，高温将导致酶活性丧失。将面粉在湿度 15%、100℃高温条件下处理 8min，面粉的 PPO 活性下降 50%～75%，从而能有效地防止面条加工中酶促褐变的发生。为了减少面制食品的酶促褐变，改变 PPO 基因的表达，这也是小麦品质育种的目标之一。

在同一品种小麦的籽粒中，大籽粒 PPO 活性要比小籽粒高，不同品种小麦 PPO 对面团色泽稳定性的影响大于蛋白质含量的影响。在硬白小麦中，籽粒 PPO 和白度、黄色度显著相关，而面粉的 PPO 活性仅与面粉的黄色度显著负相关。PPO 活性与贮藏 75h 后的面条轧片的白度极显著负相关。若籽粒成熟后期遇到潮湿天气，发生穗发芽，籽粒 PPO 活性显著提高，这对面粉色泽及食品外观影响很大。

PPO 活性还与小麦品种的磨粉特性和粉质特性密切相关，影响面粉麸皮含量的因素都会同时影响 PPO 活性。容重和千粒重与籽粒 PPO 活性呈显著负相关，面粉灰分含量呈 1% 显著正相关。而面粉 PPO 活性与籽粒硬度和出粉率呈极显著正相关。随着出粉率提高，面粉中的 PPO 含量也随之增加。PPO 活性变化还会影响面粉中蛋白质和淀粉特性，从而导致品种间面粉及面团颜色的差异，改变淀粉糊化峰值黏度和糊化温度，导致淀粉糊化品质降低，影响面粉的耐储性以及食品加工品质。

第八节　其 他 酶 类

谷物细胞中除含量活性相对较高的淀粉酶、蛋白酶、脂类氧化酶、细胞壁降解酶类等外，还有许多与代谢、衰老、种子萌发密切相关的其他酶类，这些种类的酶在谷物植株的各个生理周期类发挥着重要作用，也在谷物加工产品品质改良方面有着广泛的应用。

一、谷氨酰胺转氨酶

谷氨酰胺转氨酶（transglutaminase，TG，EC2.3.2.13），又称转谷氨酰胺酶，是一种催化酰基转移反应的酶，能催化蛋白质分子内或分子间的交联、蛋白质和氨基酸之间的连接以及蛋白质分子内谷氨酰胺基的水解，从而改变蛋白质的结构和功能特性，赋予食品蛋白质特有的质构和口感，增加蛋白质的营养价值。微生物谷氨酰胺转氨酶（MTG）是通过微生物发酵分离纯化而来。Andoh 等在 20 世纪 80 年代末以茂原链轮丝菌（*Streptoverticillium mobaraense*）发酵生产出 MTG，日本味之素公司在 1993 年正式将 MTG 产品推向市场，从此在世界各国掀起了对 MTG 研究的高潮。目前，MTG 也开始在畜肉加工、豆制品、奶制品、面粉、仿真食品等方面得到广泛使用。

（一）谷氨酰胺转氨酶的性质

谷氨酰胺转氨酶的分子质量约为 38kDa，呈球状构型，单聚链，由 331 个氨基酸组成，活性中心包括带有自由硫巯基的半胱氨酸残基。对 *Streptroverticillium* 来源的 MTG 的结构分析发现，MTG 二级结构中含有 22% 的 α 螺旋和 33.1% 的 β 折叠；它的三级结构是球形，高度亲水；活性中心半胱氨酸残基位于 β 折叠片内。

谷氨酰胺转氨酶为分泌型蛋白质，有亲水性，最适 pH 为 6～7，等电点 pI 为 8.9。最适温度为 50℃，但在该温度下，酶的稳定性差，在 40～45℃ 下稳定。大部分离子对 MTG 活性没有影响，但 Zn^{2+} 能完全抑制其活性，Pb^{2+} 和 Cu^{2+} 部分抑制其活性，EDTA 对其无影响。与通过组织提取的 TG 相比，MTG 具有不依赖 Ca^{2+} 底物、热稳定性好、pH 稳定性好、特异性低、交联速度快、利于保存等优点。此外，由于 MTG 属于胞外酶，很容易通过分离纯化获得，且通过微生物发酵得到的 TG 成本较低，产酶周期短，工业上可实现大规模生产（图 7-20）。

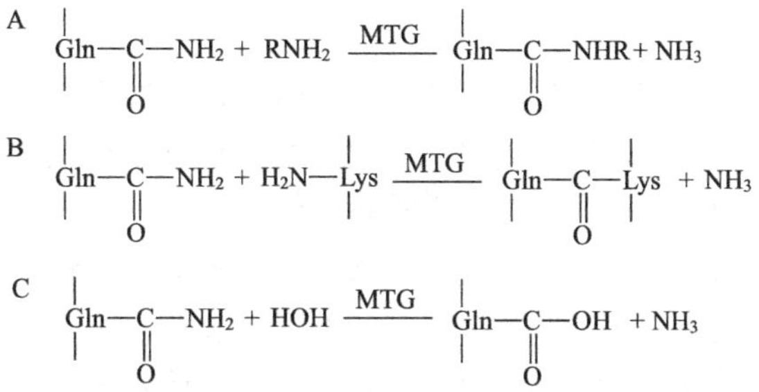

图 7-20　MTG 催化反应机制

A. 酰基转移反应；B. 蛋白质的 Gln 残基和 Lys 残基间的交联反应；C. 脱氨基反应

谷氨酰胺转氨酶作为一种催化酰基转移反应的转移酶，它利用肽链上的谷氨酰胺残基的 γ-甲酰胺基作酰基供体。酰基受体有三种：①多肽链中赖氨酸残基的 ε-氨基（图 7-20A）；②伯氨基（图 7-20B）；③水分子（图 7-20C）。它在蛋白质之间架桥生成 ε-(γ-谷氨酰基)赖氨酸异肽键，形成分子内和分子间的网状结构。

面粉中的赖氨酸的含量较低，MTG 可通过反应（图 7-20A），将赖氨酸交联到面筋蛋白上，从而减少赖氨酸在蒸煮、烘烤和过度冷冻过程中造成的损失，提高面筋蛋白的营养价值。醇溶蛋白和谷蛋白都是 MTG 的良好底物，MTG 通过反应（图 7-20B），促进面筋蛋白分子内和分子间的交联，可以增加面筋蛋白中的大分子数量，优化面筋的网络结构，这些对改善面粉的口感，提高面制品的弹性、黏性、乳化性、起泡性和持水性等有重要意义。通过反应（图 7-20C），可以改变面筋蛋白的溶解度和等电点，从而使不同质量的面粉适应不同的加工需要。

（二）谷氨酰胺转氨酶的作用

1. 对面团流变学特性的影响　　面团的流变学特性与面粉质量有密切关系甚至直接关系到面制品的最终品质。因此研究面团的流变性对分析面粉的品质有很好的指导作用。在面粉的混合及面团的蒸煮烘焙过程中面团流变性变化最大，这是由于面筋结构中的淀粉颗粒和面筋蛋白随着面筋三维结构中的蛋白质-蛋白质和蛋白质-碳水化合物交联的改变而发生了变化。

在面团粉质实验中，添加一定量谷氨酰胺转氨酶与不添加谷氨酰胺转氨酶的面粉对照，面团的吸水率略有下降，面团的形成时间和稳定时间均有所增加，但形成时间的增幅不明显，而稳定时间随着谷氨酰胺转氨酶添加量的增大而增加，面团弱化度随着谷氨酰胺转氨酶的增加而下降，评价值也有所提高。这可能是在搅拌起始阶段，谷氨酰胺转氨酶与面筋蛋白的作用时间还不充分，催化形成的交联蛋白较少。但随着搅拌的继续，催化交联逐渐增强，且谷氨酰胺转氨酶催化面筋蛋白形成的分子内或分子间交联使面筋网络更稳定，对机械搅拌的承受能力更强，面团有更好的耐揉性。

在面团拉伸实验中发现，添加适量谷氨酰胺转氨酶的面团，拉伸性能得到明显改善：抗延伸性增强；延伸性逐渐减弱最后趋于稳定；面团贮能模量增加；持水能力增强；表面黏性降低。贮能模量的增加是因为谷氨酰胺转氨酶共价交联作用，使得面筋蛋白的相对分子质量增大。而持水能力的增强是由于谷氨酰胺转氨酶催化谷氨酰胺残基脱氨基，使之成为谷氨酸残基，从而增大面筋蛋白的亲水性，使之具有更好的持水性。同时，共价交联改善面筋蛋白的网络结构，使得水分和淀粉颗粒能更好地包裹在网络结构中，从而改善面团的持水性和表面黏性。

在面团的动态流变性分析中，随着扫描频率的增加，黏性模量（G''）和弹性模量（G'）均增大，而且 $G' > G''$。这说明添加谷氨酰胺转氨酶后，增加了面筋强度，并提高了面团的弹性，这有利于在发酵过程中气体的保持。往低筋面粉中添加 8mg/kg 的谷氨酰胺转氨酶与往中、高筋面粉中添加 16mg/kg 的谷氨酰胺转氨酶表现出来的黏弹性效果相当。这种差异可能是由于不同筋力的面粉中蛋白质及非蛋白质含量不同造成的，中、高筋粉中谷蛋白和醇溶蛋白含量高于低筋面粉，而低筋粉中的破损淀粉和非淀粉多糖含量较多。Gerrard 等用 Universal Testing Machine（UTM）对面团筋力进行分析，发现添加了一定量谷氨酰胺转氨酶的面团弹性明显提高，延展性明显降低。

2. 对面筋蛋白特性的影响　面筋蛋白主要包括麦谷蛋白和醇溶蛋白，两者共同影响面团的流变学特性。麦谷蛋白的含量与面团的强度和弹性有关，而醇溶蛋白主要影响面团的黏性和延伸性。麦谷蛋白作为自然界中最大的蛋白质分子之一，富含谷氨酰胺（Gln）和半胱氨酸（Cys），ω-醇溶蛋白中的谷氨酰胺（Gln）的含量也十分丰富，两者是谷氨酰胺转氨酶的良好底物。用 SE-HPLC 方法分析面筋蛋白可发现，谷氨酰胺转氨酶使得面团中醇溶蛋白的含量明显增多，清蛋白和球蛋白的含量有所减少，而对谷蛋白的影响不是很明显。添加谷氨酰胺转氨酶可以增加面筋中高分子不溶性蛋白的数量。用差示扫描量热仪对面团进行分析，发现谷氨酰胺转氨酶使得面筋蛋白的转变焓（ΔH）增大。这是因为谷氨酰胺转氨酶使得面筋网络结构更加稳定，从而在蛋白质的热变性过程中解开这些共价交联所需要热量就更多。

3. 在面制食品中的应用　在国外，谷氨酰胺转氨酶早被广泛应用于面条和意大利通心粉中，用来提高其品质和口感。用经谷氨酰胺转氨酶处理的面条专用粉制作成面条，添加 0.1% 谷氨酰胺转氨酶的面条断条率降低，且面条的外观、韧性、光滑度、黏性、可口性、固形物损失等均有不同程度的改善。因为谷氨酰胺转氨酶使得面团的面筋网络结构更加紧密，淀粉能更好地被面团包裹，蒸煮过程中流失到面汤中的固形物将减少，面条的表面黏性下降；因为谷氨酰胺转氨酶催化交联形成的蛋白质热稳定性好，在蒸煮后，谷氨酰胺转氨酶处理的面条强度和弹性均能保持更长时间。通过调节谷氨酰胺转氨酶的添加量，还可以控制各种面条的结构特性，增加口感和弹性，延长货架期。

在饺子粉中加入谷氨酰胺转氨酶，以不加酶的水饺为对照，添加 0.1% 谷氨酰胺转氨酶的水饺白度和开裂率都有不同程度的改善，同时还能减少饺子皮的起泡度，增加其透明度、咀嚼度和光滑度。证明添加谷氨酰胺转氨酶对面团的流变性、质构等有一定的改善。此外，还有实验发现谷氨酰胺转氨酶对生饺子皮的亮度、熟饺子皮的回复性和干物质的损失率都有利好的影响。

在烘焙制品中，谷氨酰胺转氨酶可以起到乳化剂和氧化剂的作用，改善面团稳定性，提高烘焙产品质量，使面包内部结构均匀，增大面包体积。目前，谷氨酰胺转氨酶在烘焙食品中特别是面包加工中的应用比较广泛。

1992 年，Gottmann 等首先使用 TG 处理烘焙食品，发现用 TG 处理弱筋粉同样能制的体积大、组织结构好的面粉。Gerrard 等证实，TG 对面包品质的改良不同于其他面粉改良剂，能显著提高面包块的破碎强度，减少碎屑量，增加面团的吸水率，增加面团的应力松弛时间，提高面包的出品率。Michelle 等也通过烘焙实验，证明添加谷氨酰胺转氨酶较没有添加谷氨酰胺转氨酶的面包粉制成的面包品质要好，如面包皮颜色、面包的含水量、面包瓤的硬度等品质都有所提高。谷氨酰胺转氨酶在糕饼制作方面也有较好的作用。它可以增加蛋糕的体积，改善蛋糕的质构，减少蛋糕在烘烤后的塌陷，从而增加蛋糕的食用价值。在冷冻面团的应用上，添加谷氨酰胺转氨酶能使面团质量保持较长时间。因为通过谷氨酰胺转氨酶的交联作用，使得冰晶中的面筋网络有更大的耐冻、耐融性和稳定性，不易受冰晶破坏的影响，面团长时间放置后，其烘焙品质下降不会太大。

二、植　酸　酶

植酸酶（phytase），系统名称为肌醇六磷酸酶，属于磷酸单脂水解酶，是一类特殊的酸性磷酸酶，能水解植酸最终释放出无机磷。植酸酶广泛存在于动植物组织中，也存在于微生物（细菌、真菌和酵母）中。

1. 谷物中的植酸酶　　植酸酶按照催化磷酸从肌醇的碳脱落位置分为 3-磷酸酶和 6-磷酸酶，谷物中的植酸酶多属于6-植酸酶类。在谷物类食物中，植酸酶可降低植酸、植酸盐的抗营养作用，因为水解植酸不仅可以释放磷，同时也可以释放被结合的钙、锌、铁、锰等微量元素。植酸酶在谷物中是广泛存在的，如小麦、稻米和玉米等。许多谷物籽实及其加工副产物中含有天然的植酸酶，但不同种类、品种的作物间差异很大。麦类籽实中，如小麦、大麦、小黑麦、黑麦等具有较高植酸酶活性，黑麦中植酸酶活性最高，小黑麦次之，小麦中也有较高活性的植酸酶，大麦、燕麦中的植酸酶活性很低。在小麦糊粉层中植酸酶的活性最高，约占40%，胚乳中次之，约占34%，盾片中约占15%，而硬质小麦中植酸酶活性要高于软质小麦；而玉米、高粱中的植酸酶活性很低。目前对不同种类植物中植酸酶特性尚缺乏系统的研究。

植物性植酸酶最佳 pH 为 4.0～6.0，pH 小于 3.5 或大于 7.5 时会完全失活。一般植酸酶最适温度为 45～62℃，在 55℃环境下其活性最高，但不同来源的植酸酶其最适温度差别较大，有的植酸酶最适温度可高达 77℃。例如，麦类籽实中的植酸酶具有较高的热稳定性。在 70℃下加热 1h，其中的植酸酶活性几乎没有损失。经研究，由麸皮提取的粉末状植酸酶，分别在不同的温度和 pH 条件下测定此植酸酶的活力，得到它的最适温度和最适 pH 分别为 55℃和 5.2，并且温度与 pH 对植物植酸酶活性的影响存在互作效应。一般高温、pH 等因素对植酸酶的活性影响较大，钙对植酸酶的活性也有抑制作用。

2. 植酸酶的作用　　植酸酶的主要作用是解除谷物中植酸的抗营养作用、提高谷物中磷的利用率、替代饲料中的磷酸氢钙等。

植酸（肌醇六磷酸）广泛存在于农作物及农副产品中，是谷物中磷和肌醇的基本储存形式。很多谷物中的植酸含量高达 1%～3%，多数谷物，如小麦、大米、玉米和高粱，其糊粉层内部都含有植酸，通常在米糠、麦麸中植酸的含量特别丰富。植酸遇高温则会分解，但是在 120℃以下短时间内是稳定的。植酸具有强大的络合力，通常与钙、镁、锌、钾等矿物质元素结合，以钙、镁复盐等不溶性盐类的形式，即菲汀（phytin）存在，继而引起人体和动物的营养元素缺乏。

人类如果从谷物中吸收过多的植酸，就会与营养物质中的钙、镁、锌、钾等矿物质元素形成难溶性的物质，降低钙、镁等元素的吸收利用。因此植酸是一种抗营养因子，大大降低了营养因子的吸收利用。但在谷物中含有植酸酶，可分解植酸盐释放出游离钙和磷。例如，小麦、稻米中含镁比较多，不过，它们还含有较高含量的植酸，会抑制对镁的吸收。解决的办法：①让面粉发酵，在面团发酵过程中，面粉中的植酸酶使植酸发生酶解，不仅使游离钙增加，不影响钙的吸收，而且反应生成的肌醇还是人类重要的营养物质。②淘米后，先将大米加适量的水浸泡后再洗，可以使植酸酶活跃，从而提高镁的吸收效果。

在谷物制品中添加植酸酶可有效分解植酸，同时能改善面包质构，增加面包体积。全麦面包中含有大量对人体有益膳食纤维，但全麦粉中也存在一些植酸（盐），所以在全麦面包中应用植酸酶是必要的，植酸酶不会影响面团的pH，但能缩短面团醒发时间，改善面包质构，增加面包比容。

三、葡萄糖氧化酶

1. 谷物中的葡萄糖氧化酶　　葡萄糖氧化酶是催化葡萄糖需氧脱氢生成葡萄糖酸和过氧化氢的一种氧化还原酶，葡萄糖氧化酶以黄素腺嘌呤二核苷酸为辅基。葡萄糖氧化酶最适pH 为 5.6，在 pH3.5～6.5 条件下具有很好的稳定性，其底物葡萄糖对酶活性有保护作用。葡萄糖氧化酶在低温下有很好稳定性，固体酶制剂在−15℃可保存 8 年，在 0℃可保存 2 年以上，温度高于 40℃时，酶不稳定，活力逐渐降低。酶的水溶液在 60℃保持 30min，酶活力损失 80%以上；汞离子和银离子是该酶抑制剂，甘露糖和果糖对该酶有竞争性抑制作用。

抗坏血酸氧化酶的活性受 pH 的影响比较大，在 pH 为 5～7 时，该酶的活性较高，而随着 pH 的增大，酶的活性逐渐降低，而且 pH 越大酶的活性下降得越快。

抗坏血酸氧化酶在温度50℃以下时酶活性持续的时间长，能够达到40min，当温度在55℃以上时，酶活性持续的时间很短，而在 60℃时只有 20min。低温能够使抗坏血酸氧化酶的活性保持较低水平，O_2 也能降低该酶的活性，但能够保持该酶的含量。常用的植物生长调节物质对抗坏血酸氧化酶有着不同的影响作用。光照强度与氮素形态（铵态氮和硝态氮）对抗坏血酸氧化酶的活性也有着显著的影响。

除此之外，二氧化硫、一些金属离子（Ca^{2+}、Cu^{2+}、K^+）等因素也会对抗坏血酸氧化酶的活性有一定的影响。

2. 葡萄糖氧化酶的作用　　在烘焙类谷物食品生产过程中，葡萄糖氧化酶在氧气存在的条件下能将葡萄糖转化为葡萄糖酸，同时产生过氧化氢。过氧化氢是一种强氧化剂，能将面筋分子中巯基（—SH）氧化为二硫键（—S—S—），增加面筋筋力。过氧化氢在面团中过氧化物酶的作用下产生自由基，促进水溶性戊聚糖中阿魏酸过氧化交联凝胶作用，从而形成较大网状结构，增强面筋网络弹性。因此，葡萄糖氧化酶能够显著改善面粉粉质特性，加强面筋蛋白间三维空间网状结构，延长稳定时间，减小弱化度，强化面筋，生成更强、更具有弹性的面团，增大面包体积，从而提高烘焙质量。

在蒸煮类谷物食品制作过程中，葡萄糖氧化酶催化产生的过氧化氢同样可以氧化面团中的巯基生成二硫键，从而强化面筋，增加面团的弹性，提高馒头的挺立度，对馒头表皮的综合白度和馒头芯硬度改善效果最明显。当葡萄糖氧化酶的添加量达到 20mg/kg 时，综合白度值最大，馒头芯硬度最小；葡萄糖氧化酶对于多谷物馒头的比容改善效果不明显，随着葡萄糖氧化酶的添加，多谷物馒头的比容还会出现降低的趋势；但葡萄糖氧化酶对于馒头具有较好的抗老化性，当葡萄糖氧化酶添加量为 20mg/kg 时，馒头的抗老化效果最好。

主要参考文献

常成. 2005. 小麦及近缘种属籽粒硬度、多酚氧化酶性状的分子机理研究. 北京: 中国农业大学硕士学位论文.

陈海峰, 杨其林, 何唯平. 2007. 面粉改良中酶制剂的作用. 粮食加工, 02: 25-26.

陈颖慧, 陆启玉, 李炜炜. 2008. 酶制剂在面包加工中的应用. 粮油加工, 04: 82-84.

陈运中. 1990. 淀粉酶的性质和分类. 武汉粮食工业学院学报, 01: 15-22.

董彬, 郑学玲, 王凤成. 2005. 酶对面粉烘焙品质影响. 粮食与油脂, 01: 3-6.

范周. 2006. 米粉面团流变学性质及米粉面包工艺的研究. 无锡: 江南大学硕士学位论文.

冯健飞. 2010. α-淀粉酶的应用及研究进展. 现代农业科技, 17: 354-355.

郭燕, 朱杰, 许自成, 等. 2008. 植物抗坏血酸氧化酶的研究进展. 中国农学通报, 03: 196-199.

郭祯祥, 姚显伟, 刘东华, 等. 2009. 鲜湿面护色技术研究进展. 粮食与饲料工业, 10: 15-16.

何承云, 林向阳, 高雪琴, 等. 2009. 木聚糖酶在馒头制作中的应用研究. 农产品加工(学刊), 06: 7-10.

何献君, 吕光璞, 陈雅惠. 2009. 过氧化物酶酶促动力学实验的设计. 实验技术与管理, 06: 33-35.

胡学智, 王俊. 2008. 蛋白酶生产和应用的进展. 工业微生物, 04: 49-61.

黄国平. 2005. 粮食种子萌发过程中营养特性的变化. 中国食物与营养, 12: 25-27.

黎金. 2009. 荞麦多肽制备及其抗氧化活性研究. 咸阳: 西北农林科技大学硕士学位论文.

李彩凤, 赵丽影, 陈业婷, 等. 2010. 高等植物脂氧合酶研究进展. 东北农业大学学报, 10: 143-149.

李佳, 刘钟滨. 2004. 植酸酶的研究进展及应用. 同济大学学报(医学版), 06: 541-544.

李贞, 王凤梅, 樊明寿, 等. 2006. 燕麦 β-葡聚糖的合成与积累. 麦类作物学报, 05: 163-166.

李竹凤. 2004. 酶在粮食与食品中的作用. 农产品加工, 06: 24-25.

林金剑, 朱克瑞. 2011. 葡萄糖氧化酶对多谷物馒头品质改良的研究. 粮食与食品工业, 02: 17-19.

刘海洲, 吴小飞, 牛佰慧, 等. 2008. 脂肪酶在食品工业中的应用与研究进展. 粮食加工, 05: 55-57+77.

刘欣. 2007. 食品酶学. 北京: 中国轻工业出版社.

栾金水, 汪莹. 2003. 酶制剂在面粉改良中应用. 粮食与油脂, 02: 42-43.

毛得奖. 2001. 杨树冰核细菌溃疡病组织解剖学和病理生理学研究. 哈尔滨: 东北林业大学硕士学位论文.

彭艳, 赵强宗, 徐建祥, 等. 2003. α-淀粉酶对面包品质的影响. 食品工业科技, 03: 17-18.

齐明芳. 2011. 番茄花柄脱落相关基因表达谱分析及多聚半乳糖醛酸酶性质研究. 沈阳: 沈阳农业大学硕士学位论文.

沈文飚. 2008. 与耐贮性相关的水稻脂氧合酶同工酶分析、OsLOX3 的基因克隆以及一个脂氧合酶基因簇的结构研究. 南京: 南京农业大学硕士学位论文.

生吉萍, 申琳, 罗云波. 1999. 果蔬成熟和衰老中的重要酶——脂氧合酶. 果树科学, 01: 72-77.

唐忠. 1995. 酶在谷物食品中应用探讨. 商业科技开发, 03: 25-28.

汪湲. 2010. 水稻叶片衰老过程生理变化及蛋白质降解与蛋白酶活性变化研究. 扬州: 扬州大学硕士学位论文.

王海燕, 李富伟, 高秀华. 2007. 脂肪酶的研究进展及其在饲料中的应用. 饲料工业, 06: 14-17.

王镜岩. 2002. 生物化学. 北京: 高等教育出版社.

王显伦. 2008. 真菌 α-淀粉酶对馒头储存特性影响研究. 粮食与饲料工业, 01: 21-23.

王应强, 刘爱青. 2006. 酶在谷物食品加工中应用. 粮食与油脂, 08: 23-25.

吴琪, 谢红云, 段垒. 2010. β-葡聚糖酶的酶学性质研究. 饲料研究, 02: 34-37.

夏小乐, 杨博, 王永华, 等. 2008. 小麦胚芽脂肪酶的研究进展. 现代食品科技, 10: 1068-1070.

徐萌, 刘清岱, 朱晔荣, 等. 2008. 植物蛋白酶研究进展. 生物学通报, 06: 7-9.

杨春生. 2009. 电场对 α-淀粉酶二级结构和酶活性的影响及其时间效应. 呼和浩特: 内蒙古大学硕士学位论文.

杨凤萍, 梁荣奇. 2007. 小麦多酚氧化酶研究进展. 中国农学通报, 04: 209-214.

姚显伟. 2010. 制粉工艺对湿面条色泽影响的研究. 郑州: 河南工业大学硕士学位论文.

易华西, 徐德昌. 2005. β-葡聚糖酶的应用及研究现状. 中外食品, 05: 38-39.

于海杰, 姚文秋. 2011. 酶制剂在焙烤食品中的作用. 科技信息, 08: 611-612.

余江, 管军军. 2010. 芽麦中酶的研究及其在饲料中的应用. 广东饲料, 02: 28-29.

袁永利. 2006. 酶在面包工业中应用. 粮食与油脂, 07: 20-22.

袁永利. 2007. GOD 和 TGase 在冷冻面团中的应用研究. 无锡: 江南大学硕士学位论文.

张芳芳. 2013. 酶制剂对发酵面团和馒头色度的影响研究. 郑州: 河南工业大学硕士学位论文.

张剑, 林江涛, 李梦琴. 2006. 富铁锌硒麦芽面包的生产工艺研究. 食品工业科技, 11: 145-147.

张铁涛, 赵新淮. 2006. 外源性植酸酶在大豆乳中的应用. 食品工业科技, 05: 106-108.

张玉荣, 刘通, 周显青. 2008. 影响愈创木酚法测定玉米过氧化物酶活力的因素. 粮油加工, 03: 94-97.

赵甲慧. 2012. 发芽大豆成分变化对其加工性能的影响. 南京: 南京财经大学硕士学位论文.

赵伶俐, 范崇辉, 葛红, 等. 2005. 植物多酚氧化酶及其活性特征的研究进展. 西北林学院学报, 03: 156-159.

周涛, 许时婴, 王璋, 等. 2005. 茭白中过氧化物酶的部分纯化及其性质的初步研究. 食品工业科技, 07: 81-83.

邹东恢, 江洁. 2005. β-葡聚糖酶的开发与应用研究. 农产品加工(学刊), 08: 7-9.

Barnes P, Galliard T. 1991. Rancidity in cereal products. European Journal of Lipid Science and Technology, 3: 23-28.

Classen HL. 1996. Cereal grain starch and exogenous enzymes in poultry diets. Animal Feed Science and Technology, 62(1): 21-27.

Clyde E. 1988. Stauffer, Stauffer. Enzyme Assays for Food Scientists. Berlin: Springer.

Cooper RM. 1984. The role of cell wall-degrading enzymes in infection and damage. In: Wood RKS, Jellis GJ. Plant Diseases: Infection Damage and Loss. Oxford: Blackwell Scientific Publications.

Martin ML, Hoseney RC. 1991. A mechanism of bread firming. Ⅱ. Role of starch hydrolyzing enzymes. Cereal Chemistry.

Simpson BK. 2012. Food Biochemistry and Food Processing. New York: Wiley-Blackwell.

Walton JD. 1994. Deconstructing the cell wall. Plant Physiology, 104(4): 1113-1118.

第八章　谷物微量成分

第一节　概　述

谷物微量成分主要包括谷物中含有的维生素、矿物质、色素、挥发性风味物质以及一些生理活性物质。这些微量成分主要存在于皮层和胚中，在研磨过程中，随着皮层和胚的去除，大部分会损失。谷物色素大部分存在于皮层中，主要包括叶绿素、叶黄素、花青素等。谷物风味物质主要存在于胚中。谷物生理活性物质包括黄酮类、帖烯类、甾醇类化合物等，主要存在于皮层和胚中。本节主要介绍这些微量成分在谷物中的分布、结构及功能作用。

1. 维生素　谷物中含有的维生素主要为 B 族维生素，谷物胚中含有丰富的维生素 E，谷物籽粒中不含维生素 C，但是在发芽籽粒中含有大量维生素 C。谷物中 B 族维生素主要存在于谷物皮层，其中维生素 B_1、维生素 B_2 和泛酸含量较多。谷物籽粒中含有的维生素大部分集中在胚、糊粉层和皮层中，因而加工精度高的米和面（精白米和精白面）中维生素损失较多，只有原来含量的 10%～30%。若长期食用精制的米和面或加工方法不当，就容易导致脚气病、口腔溃疡、癞皮病等 B 族维生素缺乏症的发生。

谷物中不含维生素 A，但含有维生素 A 原即类胡萝卜素。一个分子的 β-胡萝卜素在人体肠黏膜和肝脏内可以转化为两个分子的维生素 A。小麦、黑麦、大麦、燕麦、小米和黄玉米的整个籽粒中，都发现有维生素 A 原。维生素 A 是淡黄色结晶，维生素 A 原是橙黄色结晶。呈黄色的谷物较白色的维生素 A 含量多，如黄玉米含量较白玉米多，小米含量多于玉米。小麦胚中维生素 E 含量最多，因而小麦胚被广泛用作维生素 E 的原料，稻米胚中维生素 E 的含量也较丰富。

维生素 B_1 主要存在于谷物的外皮和胚中，在稻谷、小麦、玉米等的胚及麸糠（包括糊粉层）中含量丰富，而在谷物籽粒胚乳中含量很少甚至没有。由于精白米和精白面除去了胚和糊粉层的大部分，因此维生素 B_1 也有很大的损失。维生素 B_1 最丰富的来源是小麦胚及麦麸，未经精制的谷物中含有大量的维生素 B_1。如果加工过于精细（如在加工过程中过多除去谷物外皮及胚），会导致维生素 B_1 大量丢失。因此，多吃全麦面包、糙米、胚芽米和胚芽面包等便能摄取足够的维生素 B_1，反之仅食精米白面者易缺乏维生素 B_1。谷物籽粒中维生素 B_2 主要分布于胚、糠皮等部位，小麦、黑麦中含有维生素 B_2，豆类及发芽种子中维生素 B_2 含量较丰富。泛酸在谷类皮层和胚中含量较丰富，而精制面粉、大米可失去谷粒中泛酸总量的 80%～90%。人的膳食中长期缺乏泛酸，会引起对称性皮炎（又名癞皮病）。在单食玉米的地区曾发生过此病，因为玉米的泛酸为生物所不能利用的结合态，同时玉米又缺乏可在人体内合成泛酸的色氨酸。几乎所有的食物都含有烟酸（维生素 B_5），烟酸缺乏的问题一般无需多虑。未精制的谷物食品均富含烟酸。维生素 B_6 在米糠等谷物副产物中含量较多，它耐热、酸、碱，但对光敏感。成熟的禾谷类籽粒中不含有维生素 C，但它能在籽粒发芽时生成，所以谷类的幼芽和发芽豆类子叶中含量丰富。

2. 矿物质　　　人体所需要的矿物质大都可以从谷物中获得，而且谷物中富含 P、K、Mg 等元素，完全能够满足人体需要，但谷物中 Ca 和 Fe 含量是不足的。总的来说，谷物中的矿物质大都集中在谷物的皮层和胚中，但在谷物加工中往往都需将皮层和胚去掉，因此，人体可以从谷物中摄取部分矿物质，但就品种和数量而言，尚需通过从其他食物中摄取和补充。谷物种皮中含磷甚多，但大都是不易消化的植酸状态。

3. 色素　　　谷物茎叶中含有叶绿素，谷穗和谷粒中也有叶绿素，谷粒中的叶绿素随谷粒的成熟而逐渐消失。谷物籽粒皮层和胚中含有大量的天然色素使谷粒呈现不同的颜色。谷物籽粒里面所含的黄色素，大都属于类胡萝卜素。谷物麸皮中含有类黄酮类化合物，也呈现黄色。成熟小麦籽粒种皮色素成分主要由类胡萝卜素、黄酮类和花色苷组成，其籽粒色泽由其种皮色素成分的种类及含量决定，其中总黄酮和花色苷的含量是主要影响因素。彩色小麦、黑米、高粱、紫玉米等含有的紫、蓝、红等色素大多属于花色苷类。玉米和小米中的黄色素主要包括叶黄素、玉米黄素、隐黄素、β-胡萝卜素等类胡萝卜素；此外，谷物天然色素还包括从黑米中提取的黑米色素、蓝粒和紫粒小麦中的黑色素、高粱中的高粱红等色素。谷物中存在的黄酮类和酚酸类天然色素在清除自由基、抗氧化、降血压、降血脂、调节免疫力、保肝护肝等方面有重要作用，其也是生理活性成分。

4. 风味物质　　　谷物风味主要表现在嗅觉，分为生谷粒或生谷物粉的嗅觉和熟谷粒或谷物食品的嗅觉。生谷粒的挥发性成分通常由谷物生长过程中生物合成，呈现的香气一般较弱。生谷粒在储藏过程中，由于脂肪氧化等一系列生化反应，会产生令人不悦的气味，可通过测定谷物中挥发性成分来评判谷物的新鲜度。经过热处理的熟谷粒香气组分是在热加工过程中经非酶反应产生的。

5. 生理活性物质　　　谷物中不仅含有碳水化合物、蛋白质、脂肪、矿物元素、维生素等大量及微量营养素，还含有酚类、类胡萝卜素、生育酚、木酚素、阿拉伯木聚糖、β-葡聚糖、甾醇和植酸等生理活性组分。这些生理活性组分主要分布在胚与外层麸皮中，其种类与含量随谷物种类和品种的不同而存在较大的差异。

第二节　维　生　素

一般谷物中都有较为充足的维生素，正常的三餐饮食能保证人体需要量。谷物中的维生素，以 B 族维生素较为丰富，尤其是维生素 B_1、维生素 B_2、泛酸、烟酸、维生素 B_6 等，其中又以维生素 B_1 和烟酸的含量为最多，谷物籽粒是 B 族维生素的主要来源，如小麦、玉米、高粱、小米、大米中都富含 B 族维生素。谷物中还有少量的维生素 E，主要分布于胚。谷物中的维生素本来可以满足人体的需要，但由于谷物的 B 族维生素主要存在于表皮和胚中，加工以后大都转到副产品中去了，很容易损失。加工精度越高，损失越多。精米、细面比标准米面的 B 族维生素含量往往少 50%。这种情况下的维生素便不能满足机体需要，容易缺乏。常见谷物及制品中维生素含量见表 8-1。除了磨粉时去除麸皮和胚会造成谷物维生素的损失之外，谷物制品熟制过程中的热加工也会导致维生素的大量损失（表 8-2），相比较而言，蒸煮损失较油炸损失要小。

表8-1　谷物及制品中维生素含量（mg/100g）

谷物及制品	胡萝卜素	维生素 B_1	维生素 B_2	烟酸	维生素 E
稻米（籼、特一）	—	0.15	0.05	1.3	—
稻米（籼、标一）	—	0.19	0.06	1.6	—
稻米（粳、标二）	—	0.24	0.05	1.5	0.53
糯米	—	0.19	0.03	2.0	1.29
糯米（紫）	—	0.21	0.15	2.3	1.36
小麦面粉（富强粉）	—	0.24	0.07	2.0	0.73
小麦面粉（标准粉）	—	0.46	0.06	2.5	1.80
挂面（干切面）	—	0.30	0.02	2.0	1.11
油条	—	0.07	0.03	11.0	—
脆麻花	—	0.09	0.04	2.6	—
小米（伏地小米）	0.19	0.57	0.12	1.6	3.65
小米（花小米）	—	0.53	0.11	0.9	—
玉米（黄）	0.10	0.34	0.10	2.3	3.89
玉米（白）	—	0.35	0.09	2.5	8.23
高粱米（红）	—	0.26	0.09	15	1.88
高粱米（白）	—	0.29	0.10	15	—
高粱面	—	0.27	0.09	2.8	—

资料来源：张宏，2003
注："—"表示未检出

表8-2　几种常见谷物食品烹调后维生素保存率

谷物食品	原料	烹调方法	保存率/%		
			维生素 B_1	维生素 B_2	烟酸
米饭	稻米（特二）	捞、蒸	17	50	21
米饭	稻米（标一）	碗蒸	62	100	30
粥	小米	熬	18	30	67
馒头	富强粉	发酵、蒸	28	62	91
馒头	标准粉	发酵、蒸	70	86	90
面条	富强粉	煮	69	71	73
面条	标准粉	煮	51	43	78
大饼	富强粉	烙	97	86	96
大饼	标准粉	烙	79	86	100
油条	标准粉	炸	0	50	52

资料来源：夏翔，1999

一、小麦中的维生素

维生素在小麦籽粒中含量较少，主要有 B 族维生素、维生素 E 和维生素 A 原等。各种维生素主要分布在胚和糊粉层中，其大致分布情况见表8-3。小麦含有丰富的 B 族维生素，但在各部分的分布极不均匀。硫胺素在麦胚中最丰富，烟酸在糊粉层中最多，吡哆醇集中在糊粉层和麦胚中。

表 8-3　小麦及其各组成部分中维生素的含量　　　　（单位：μg/g）

名称	维生素 B₁	维生素 B₂	烟酸	吡哆醇	泛酸	维生素 E
全粒	3.75	1.8	59.3	4.3	7.8	9.1
麦皮	0.6	1.0	25.7	6.0	7.8	57.7
糊粉层	16.5	10.0	74.1	36.0	45.1	—
胚乳	0.13	0.7	8.5	0.3	3.9	0.3
胚	8.4	13.8	38.5	21.0	17.1	158.4
内子叶	156.0	12.7	38.2	23.2	14.1	158.4

资料来源：姚惠源，1999
注："—"表示未检出

麦胚占小麦籽粒重量的 2%～3%，而麦胚中维生素含量占小麦的 6%左右，麦胚中富含维生素。麦胚是天然维生素的丰富来源（表 8-4），特别是维生素 E 在麦胚中得到富集。每 100g 全麦粉中约含维生素 E 3.9mg，每 100g 小麦胚油中约含 200mg 总生育酚。

表 8-4　麦胚和小麦籽粒中维生素含量比较　　　　（单位：mg/100g）

维生素	小麦	麦胚
维生素 E	—	27～30.5
维生素 B₁	0.38～0.45	1.6～6.6
维生素 B₂	0.08～0.13	0.43～0.49
烟酸	5.0～5.4	4.4～4.5
泛酸	0.9～4.4	0.7～1.5
吡哆醇	0.41	3.6～7.2
叶酸	0.05	0.21
胆碱	211	265～410
生物素	0.01	0.02
肌醇	341	852

资料来源：周惠明，2014
注："—"表示未检出

由于小麦籽粒中 B 族维生素多集中于糊粉层和胚中，麦麸中 B 族维生素含量很高。小麦胚中的维生素种类多、含量丰富，大体有维生素 E 和 B 族维生素两大类。其中，维生素 B₁ 的含量分别约是富强粉、大米和黄豆的 8.8 倍、11 倍和 2.7 倍，分别是牛肉、鸡蛋的 30 倍和 13 倍；维生素 B₂ 的含量分别约是富强粉的 8.6 倍、大米的 10 倍、黄豆的 2.4 倍、牛肉的 4 倍及鸡蛋的 2 倍；维生素 B₆ 和泛酸的含量也大大高于上述几种食物的含量。小麦胚中丰富的 B 族维生素可成为保健与疗效食品的天然 B 族维生素强化剂。小麦胚中所含的维生素 E 远比其他植物丰富，居各植物油之首，而且含有全价的维生素 E，其中 α 体、β 体所占比例大，各约占 60%和 35%，这是其他食品所无法比拟的。

二、稻谷中的维生素

稻谷中含有多种维生素，主要有维生素 B_1（硫胺素）、维生素 B_2（核黄素）、维生素 B_3（泛酸）、维生素 B_5（烟酸）、维生素 B_6（吡哆醇）等 B 族维生素，其次还有少量的维生素 A 和维生素 E。稻谷在加工过程中随着稻壳的除去，皮层的不断剥离，碾米精度越高，成品大米的化学成分越接近于纯胚乳，大米中淀粉的含量随精度的提高而增加，其他各种成分则都相对地减少。大米精度越高，淀粉的相对含量越高，纤维素越少，消化率也越高，但某些营养成分，如矿物质和维生素等的损失也越多。与精白米相比，米糠和米胚中维生素的含量要高得多，说明稻谷中的维生素主要分布在皮层和胚中。米糠、米胚和精白米的维生素含量见表 8-5。

表 8-5 米糠、米胚和精白米的维生素含量 （单位：μg/g）

维生素	米糠	米胚	精白米
β-胡萝卜素	317IU	98IU	痕量
维生素 C	21.9	25～30	0.2
维生素 D	20IU	6.3IU	痕量
维生素 E	36.5IU	21.3IU	痕量
维生素 B_1	10～28	45～76	痕量至 1.8
维生素 B_2	1.7～3.4	2.7～5.0	0.1～0.4
烟酸	240～590	15～99	8～26
泛酸	28～71	3～13	3.4～7.7
吡哆醇	10～32	15～16	0.4～6.2
维生素 B_{12}	0.005	0.011	0.001
维生素 K	2.1	3.6	痕量
叶酸	0.5～1.46	0.9～4.3	0.06～0.16
生物素	0.16～0.47	0.26～0.58	0.005～0.07
肌醇	4600～9270	3725～4700	100～125

资料来源：周惠明，2014

三、玉米中的维生素

玉米含有 B 族维生素和维生素 E 等微量营养物质（表 8-6）。玉米中含有维生素 A 原物质，玉米中类胡萝卜素占黄玉米角质胚乳的 74%～86%，而粉质胚乳只有 9%～23%，其余的存在于胚和玉米麸皮中。玉米中有维生素 A 原活性的主要是 α-胡萝卜素、β-胡萝卜素和 β-隐黄质，由于结构原因 β-胡萝卜素的维生素 A 原活性是 α-胡萝卜素和 β-隐黄质的 2 倍。此外，没有维生素 A 原活性的叶黄素、玉米黄质作为代谢途径中主要中间产物对维生素 A 原组成有重要影响。

表 8-6 百克玉米（鲜）中维生素含量 （单位：mg）

	维生素 A/μg	维生素 B_1	维生素 B_2	烟酸	维生素 C	维生素 E
玉米	—	0.16	0.11	1.8	16	0.46

资料来源：蔡东联，2006
注："—"表示未检出

四、其他谷物中的维生素

相比于小麦、稻谷及玉米三大作物，其他谷物，如薏米、青稞、高粱、大麦、荞麦、燕麦人们食用量较少，并且习惯上整粒食用，很好地保留了维生素和矿物质。这些谷物中含有丰富的维生素，如维生素 A、维生素 B_1、维生素 B_2 和维生素 E。水稻、小麦中的维生素 B_1 含量并不比其他谷物低，但在加工过程中大量损失了，因此，其他谷物可以弥补维生素 B_1 的缺乏。

燕麦中含有丰富的维生素包括维生素 B_1、维生素 B_2、维生素 E 及烟酸、叶酸等。燕麦中的维生素 B_1 和维生素 B_2 较大米中的含量高，维生素 E 的含量也高于面粉和大米。燕麦中 B 族维生素的含量居各种谷类粮食之首。经常食用能够弥补精米和精面在加工中丢失的大量 B 族维生素。另外，燕麦中还含有其他谷物所没有的维生素 P，含量达 $610 \sim 800mg/100g$。维生素 P 属于黄酮类物质，又名芦丁，有很好的保健功能。大麦中的 B 族维生素及维生素 E 含量丰富，其中维生素 B_1、维生素 B_2、维生素 B_6 以及维生素 E 的平均含量是大米的 3 倍左右。

大麦中的烟酸含量也很高，这些维生素中有一部分是与蛋白质结合在一起的，但可以通过碱处理而获得其单体，大麦中还含有少量的维生素 H（生物素）和叶酸；除维生素 E 外，大麦中的脂溶性维生素含量很少，其主要存在于胚中。荞麦中的维生素 B_1、维生素 B_2 和烟酸的含量也高于大米和面粉。

小米中蛋白质、脂肪、钙、磷和铁的含量都比大米多，还含有丰富的维生素 B_1、维生素 B_2 及 β-胡萝卜素。小米中的维生素 B_1 的含量位居所有粮食之首，维生素 A、维生素 D、维生素 C 和维生素 B_{12} 含量较低。每 100g 小米中的胡萝卜素的含量达 0.12mg；维生素 E 含量相对较高，大约为 $43.48\mu g/g$。小米中的烟酸的利用率较高，其不像玉米中的烟酸呈结合型而不利于人体吸收。小米中富含的色氨酸在人体中也能转化成烟酸，因此，小米中的烟酸可以满足人体的需要。

高粱中的维生素 B_1、维生素 B_6 的含量与玉米相同，泛酸、烟酸、生物素的含量高于玉米，但烟酸和生物素的利用率低。据中央卫生研究院（1957）分析，每千克高粱籽粒中含有维生素 B_1 1.4mg、维生素 B_2 0.7mg、烟酸 6mg。成熟前的高粱绿叶中维生素 B_2 的含量也较丰富。高粱的籽粒和茎叶中都含有一定数量的胡萝卜素，尤其是作青饲或青储用时胡萝卜素的含量较高。

第三节 矿 物 质

谷物籽粒中矿物质含量很少，主要含有磷、钾、硫、镁、钙、铁、硅、钠、氯等。还有含量极少的微量元素，如锰、锌、铝、镥、钴、硼等。这些元素极少部分以无机盐形式存在，而大部分与谷物中的有机化合物结合存在。在相同的食物原料中，矿物质含量因基因和气候因素，种植条件、土壤组成和作物收获的成熟度及其他因素的影响有较大的波动范围，常量元素和微量元素都存在这种情况。原料在加工过程中也会发生变化，如原料的热处理和筛选。矿物质的供给不仅依靠食物的摄取量，而且主要依赖食物成分的生物利用率。矿物质的重要性不仅仅在于作为食物的组成成分具有营养和生理功能，并且还会影响食物的风味，促进或抑制酶促反应以及其他反应，也会改变食物的质地结构。

一、谷物中矿物质种类与存在状态

谷物样品经烧灼后，其中的矿物元素都完全被氧化变成灰分，灰分中的这些矿质元素，又可称为灰分元素。谷物籽粒中矿物质的总含量通常用谷物的"灰分"来表示。一般先将谷物籽粒高温灰化，然后测定其含量。几种主要谷物矿物质含量见表 8-7。谷物籽粒中所含的矿物质各不相同，谷类食物矿物质含量为 1.5%～3%。谷物灰分中的矿物元素有 30 多种，含量较多的有 P、K、Mg、Ca、Na、Fe、Si、S、Cl 等，此外还有含量极少的 Zn、Ni、Mn、B、Cu、Al、Br、I、As、Co 等。谷物灰分中的矿质元素以磷为最多，占总灰分量的 40%～50%，其次，钾的含量也比较多，约占 20%，镁的含量大于钙和钠，其他各元素都很少。这些矿物元素有的是细胞壁或原生质的组分，如稻壳中的 Si、蛋白质中的 S、核蛋白和磷脂中的 P、叶绿素中的 Mg，以及植酸盐中的 Ca 和 Mg 等；有的是生物有机体生理活动机能的调节者，如 K 对于光合作用、Ca 对养分运转和物质交换、Fe 对叶绿素的形成具有调节作用；有的是酶的组分，如 Fe 是抗坏血酸氧化酶和多酚氧化酶的组分，这些元素就成为酶的活化促进剂。总之，矿物元素是一切动植物生长所不可缺少的物质基础之一。

表 8-7　几种主要谷物矿物质含量（%）

谷物种类	灰分含量	K_2O	Na_2O	CaO	MgO	P_2O_5	SO_3	SiO_2
小麦	1.68	0.52	0.03	0.05	0.20	0.79	0.01	0.03
黑麦	1.79	0.58	0.03	0.05	0.20	0.85	0.02	0.03
大麦	1.70	0.28	0.07	0.01	0.21	0.56	0.05	0.49
燕麦	2.67	0.48	0.04	010	0.19	0.68	0.05	1.05
玉米	1.24	0.37	0.01	0.03	0.19	0.57	0.01	0.03
黍	2.95	0.33	0.04	0.02	0.18	0.65	0.01	1.56
高粱	1.60	0.33	0.04	0.02	0.24	0.65	—	0.12

资料来源：佘纲哲，1987
注："—"表示未检出

各种矿物元素在谷物中存在的状态，目前了解得还不十分清楚。磷在谷物中有一部分以无机磷酸盐（KH_2PO_4、K_2HPO_4、$CaHPO_4$）的形式存在，而大部分则以有机化合物的状态存在。但谷物中含磷量最多的化合物还是磷酸盐。钾少部分以无机盐形式存在于谷物中，而多数以 K^+ 状态存在。钾对淀粉与蛋白质的合成有密切关系，所以在淀粉与蛋白质丰富的部位钾的含量也高。镁是叶绿素的成分，它与光合作用有关，同时又是细胞呼吸作用过程酶的激活剂。另外，钙还是构成细胞壁的一种元素，如细胞壁中的胶层果胶钙。硫的含量很少，它是蛋白质中某些含硫氨基酸及辅酶 A 的主要组成部分，而铁元素是辅基（铁卟啉）的主要成分。硅在稻壳中含量很高，多以硅酸钙盐状态存在于细胞壁里。灰分中含有含量极少的钠和氯，它们可能以氯化钠的形态存在于谷物中。

二、谷物中矿物质分布与加工产品质量关系

谷物籽粒的矿物质含量因品种不同，以及地区、土壤、气候、栽培条件的不同而有很大的差异。谷物籽粒灰分中磷的含量最多，约占灰分总量的一半，钾的含量居第二位。谷物籽粒的壳、皮层、糊粉层和胚中矿物质含量较多，胚乳含量较少。带壳谷物（稻谷）的灰分比无壳谷物（小麦、玉米）的含量要高。谷物籽粒中矿物元素的分布与加工产品质量有很大关系，矿物元素在谷物籽粒的外层（壳、皮、糊粉层）含灰分最多，胚的灰分含量也很高，比较起来以内胚乳的灰分含量为最少。谷物籽粒的外层（果皮和种皮）其灰分含量很高，它们

多是纤维素和半纤维素集聚部位，也是碾米、磨粉时应去掉的部分。灰分与谷物籽粒中的纤维素含量具有正相关性，谷物籽粒中纤维素含量多的部位其灰分含量也高，反之就低。所以在碾米、磨粉过程中，去皮程度越大、加工精度越高，被加工的谷物的胚乳部分与果皮、种皮及胚等部分就分离得越彻底。因为谷物中的灰分主要分布在果皮、种皮及胚中，所以高精度加工得到的米、小麦粉的灰分含量，基本上接近于内胚乳，只要有部分的皮及胚留在米、面中，就会明显地增加灰分含量，因此，各国都以灰分含量作为鉴别小麦粉精度高低或确定等级的依据。成品粮加工精度越高，矿物质含量越少。灰分是评定面粉质量的重要依据。以稻谷为例，稻谷全粒灰分含量为 5.3%，其稻壳灰分为 17%，皮及糊粉层灰分可达 11%，而内胚乳只含 0.4%。又如小麦全粒含灰分为 2.18%，则果皮、种皮和糊粉层的灰分高达 8%～11%，胚灰分则为 5%～6%，内胚乳灰分仅 0.45%。其他谷物籽粒的情况大致与小麦、稻谷相似。

灰分可以间接表示其中所含麸皮的多少，即灰分少精度就高，反之则低。由小麦胚乳中心部分制得的精制小麦粉，其灰分含量是 0.75%，而标准粉的灰分含量为 1.2%，全麦粉灰分高达 2.0%。灰分在小麦粒中分布最多的部位并不是纤维素和半纤维素最多的皮层，而是糊粉层。例如，黑麦籽粒灰分为 1.66%，其各部的平均灰分是：果皮 3.54%，种皮 2.89%，糊粉层 7.97%，胚乳 0.42%，胚 5.30%。谷物籽粒中糊粉层的灰分比皮层要高得多，而纤维素含量却远比皮层为低。因此在磨制精白小麦粉时可用灰分来表示小麦粉加工精度的高低。但在磨制标准粉时，为提高出粉率，只要求去掉果皮和种皮，保留大部分糊粉层，所以标准粉中的纤维素含量并不很高，而灰分较高，因此以灰分表示小麦粉加工精度的高低，受到了一定限制，在这种情况下必须和其他检验项目结合起来才能比较准确地评定小麦粉品质的优劣。

三、小麦中的矿物质

灰分是存在于小麦中的矿物质，在小麦各组成部分中分布极不均匀，在皮层中最多，糊粉层的灰分高达 10%，胚乳中含量最低，见表 8-8。小麦籽粒中 Zn、Fe 含量低，生物有效性差。

表 8-8　小麦各组分的灰分含量（%）

指标	皮层（包括糊粉层）	胚乳	胚
灰分（占干重）	7.3～10.8	0.35～10.80	5～6.7
重量（占麦粒）	14.5～18.5	78～84	2～3.9

资料来源：姚惠源，1999

麦胚占小麦籽粒重量的 2%～3%，而麦胚中矿物质含量占小麦矿物质含量的 8% 左右，麦胚中矿物质含量丰富（表 8-9）。麦胚含有人体所必需的多种矿物质，如镁、磷、钾、锌、铁、锰、铜及微量元素硒、铬等，其中，镁、磷、钾、硒含量丰富。麦胚是非常理想的矿物质供应源。

表 8-9　麦胚中矿物质含量（%）

元素	镁	钙	磷	钾	锌	铁	锰	铜	钠
含量	0.24	0.05	0.86	0.94	0.01	74	181	8	51

资料来源：姚惠源，1999

小麦麸皮中主要含有磷、钾、镁、锌、锰、铁和钙等矿物元素（表8-10）。钙、磷含量极不平衡，钙含量平均值为0.09%，而磷为1.17%，钙磷比例几乎呈1∶8。因此，麦麸用作饲料，含钙量不足是一个很大的缺陷。

表8-10 小麦麸皮中主要矿物质含量（%）

组成	范围值	平均值
钾	0.61~1.32	0.98
磷	0.90~1.55	1.17
镁	0.035~0.640	0.320
钙	0.041~0.130	0.090
铁	0.0047~0.0180	0.0120
锰	0.009~0.043	0.0162
锌	0.0056~0.0480	0.0170

资料来源：王旭峰，2006

张勇等将来自北京、河北、河南、山东、山西和陕西6省（直辖市）的240个小麦品种和高代品系，于1997~1998年度种植在中国农业科学院作物科学研究所农场试验田，收获后分析籽粒中包括铁、锌、锰、铜等微量元素和钙、镁、钾、磷、硫等常量元素在内的主要矿物质元素含量。结果见表8-11，品种间各微量和常量矿物质元素含量均存在明显差异。微量元素中，铁平均含量最高，为41.9mg/kg；铜含量最低，为5.54mg/kg。常量元素中，钾平均含量最高，达4747mg/kg；钙含量最低，为465mg/kg。除镁和硫元素外，其他各元素含量变幅均较大。

表8-11 北方冬小麦区240份小麦品种（系）主要矿物质元素含量

矿物质	平均值/（mg/kg）	变幅/（mg/kg）	变异系数 CV/%
铁	41.9	32.5~65.6	12
锌	29.3	19.9~43.9	15
锰	36.3	10.1~53.5	16
铜	5.54	3.67~10.04	14
钙	465	346~696	13
镁	1528	1286~1918	7.3
钾	4747	3435~6961	11
磷	3643	2803~4887	10
硫	1898	1536~2275	7

资料来源：张勇，2007

Tang等对山东济南2005~2006年种植季的43种小麦籽粒进行布勒试验磨制粉，得到皮磨粉（3种，B1、B2和B3）、心磨粉（3种，R1、R2和R3）、粗麸和细麸8种物料，测定其主要矿质元素含量，结果见表8-12。麸皮矿质元素含量最高，其中粗麸高于细麸；皮磨粉矿质元素含量均高于心磨粉。

表 8-12　山东济南 43 种小麦粉及麸皮主要矿物质元素含量　　（单位：mg/kg）

物料	Fe	Zn	Mn	Cu	Mg	K	Ca	P	Pi	PAP	PAP/Pi
皮磨粉 B1	6.9	7.2	4.9	1.7	285	1 064	200	843	14	558	124.2
皮磨粉 B2	7.9	7.9	5.7	1.9	310	1 086	255	878	18	579	121.9
皮磨粉 B3	15.7	12.7	9.7	2.8	504	1 495	318	1 314	35	684	27.1
心磨粉 R1	5.5	7.8	5.7	1.5	233	1 018	180	778	13	524	95.0
心磨粉 R2	6.5	8.9	7.4	1.7	265	1 132	183	862	16	548	89.2
心磨粉 R3	8.9	11.4	10.5	2.3	344	1 289	206	1 072	25	575	53.1
细麸	43.5	49.1	51.6	10.3	1 692	4 786	498	3 861	138	1 263	9.7
粗麸	100.5	86.3	109.8	22.0	5 320	13 029	978	10 819	268	4 839	19.0
皮磨粉	8.2	8.1	5.7	1.9	318	1 121	231	905	18	580	70.1
心磨粉	6.4	8.8	7.1	1.7	262	1 098	186	855	16	540	64.3
小麦粉	6.7	8.4	6.6	1.8	273	1 104	190	857	16	552	66.1

资料来源：Tang，2008

注：表中 Pi 代表无机磷，PAP 代表植酸结合磷，PAP/Pi 代表植酸结合磷和无机磷的比值

四、稻谷中的矿物质

与精白米相比，米糠和米胚中矿物质的含量要高得多（表 8-13），说明稻谷中矿物质主要分布在皮层和胚中。

表 8-13　米糠、米胚和精白米的矿物质含量　　（单位：μg/g）

样品	钙	铁	镁	锰	钾	锌
米糠	250～1310	130～530	860～12300	110～880	13 200～22 700	50～160
米胚	510～2750	110～490	6 000～15 300	120～140	3 800～21 500	100～300
精白米	46～385	2～27	170～700	10～33	140～1 200	3～21

资料来源：周惠明，2014

五、玉米中的矿物质

玉米中含有极为丰富的硒，其具有很强的抗氧化活性，被国际公认为是一种抗癌的微量元素，此外玉米中镁的含量也较为丰富。玉米胚比其他部分含有更多的矿物质（表 8-14），其中含量特别高的是磷酸盐和钠盐。

表 8-14　玉米籽粒不同部位的矿物质含量（%）

样品	灰分总量	SO_2	P_2O_5	CaO	MgO	Fe_2O_3	Na_2O	K_2O
种皮	1.71	0.36	0.35	0.04	0.16	0.04	0.03	0.45
胚乳	0.26	0.05	0.13	0.002	0.03	0.01	0.13	—
胚芽	8.23	1.58	3.55	0.66	0.56	0.05	2.04	—

资料来源：姚惠源，1999

注："—"表示未检出

六、其他谷物中的矿物质

大麦的粗灰分含量为2%～3%，其中的主要成分为磷、铁、钙和钾，还有少量的氯、镁、硫、钠以及许多其他微量元素。大麦籽粒各部分中矿物质含量的分布不同，胚和糊粉层中矿物质的含量比胚乳中的高。

荞麦中的钙、铁、钠、镁、铜、锰、锌等微量元素的含量丰富。例如，有些四川甜荞麦钙的含量高达0.63%，苦荞中钙的含量高达0.724%，是大米的80倍，食品添加荞麦粉能增加含钙量。荞麦中铁的含量比小麦粉高。苦荞麦粉中含有多种矿质元素，已知苦荞是人体必需营养矿质元素镁、钾、钙、铁、锌、铜、硒等的重要来源。镁、钾、铁的高含量表明苦荞粉具有营养保健功能。苦荞中镁的含量为小麦面粉的4.4倍，大米的3.3倍；钾的含量为小麦面粉的2倍，大米的2.3倍，玉米粉的1.5倍。苦荞中的铁元素十分充足，含量为其他大宗粮食的2～5倍，能充分保证人体制造血红素对铁元素的需要，防止缺铁性贫血症的发生。苦荞中还含有硒元素，其具有抗氧化和调节免疫的功能，在人体内可与金属相结合形成一种不稳定的"金属硒蛋白"复合物，有助于排除体内的有毒物质。

燕麦中硒的含量居谷物之首，分别是大米的34.8倍，小麦的3.7倍，玉米的7.9倍，故燕麦有增强免疫力、防癌、抗癌、抗衰老等作用。高粱所含矿物质中的钙、磷的含量与玉米相当。小米中的钙、铁、镁、铜、硒等矿物质含量很丰富，高于大米、小麦、玉米中的含量。由于小米不需精制，因此小米中矿物质含量也高于大米。常见谷物中矿物质的含量如表8-15所示。

表8-15 其他谷物矿物质含量　　　　　（单位：mg/100g）

矿物质	玉米	大麦	燕麦	荞麦	高粱	粟
钙	18	66	186	47	22	41
磷	25	381	291	297	329	229
钾	8	49	214	401	281	284
钠	6.3	0	3.7	4.7	6.3	4.3
镁	6	158	177	258	129	107
铁	4	6.4	7	6.2	6.3	5.1
锌	0.09	4.36	2.59	3.62	1.64	1.87
硒	0.0007	0.0098	0.0043	0.0025	0.0028	0.0047
铜	0.07	0.63	0.45	0.56	0.53	0.54
锰	0.05	1.23	3.36	2.04	1.22	0.89
碘	0	0	0	0	0	1.7

资料来源：阮少兰，2011

第四节 色 素

谷物籽粒皮层和胚中含有大量的天然色素使谷粒呈现不同的颜色。小米和玉米籽粒主要含有黄色素，高粱含有红色素，黑米中含有大量黑色素，蓝粒和紫粒小麦中也含有黑色素。谷物色素大部分属于类胡萝卜素或花色苷。谷物茎叶中含有叶绿素，谷穗和谷粒中也有叶绿素，谷粒中的叶绿素随谷粒的成熟而逐渐消失。谷物籽粒里面所含的黄色素，大部分都属于类胡萝卜素类，小部分属于黄酮类化合物。类胡萝卜素中最重要的有胡萝卜素和叶黄素。谷粒颜色取决于多种情况，气候条件和成熟条件对其影响较大，谷物籽粒的工艺品质和谷粒颜色之间目前的研究还没有发现有任何关系，已经确定谷物色素含量与灰分及蛋白质含量之间都没有相关性。光照对于谷粒和谷穗的颜色会发生很大的影响。

一、类胡萝卜素

（一）谷物中类胡萝卜素的存在形态

谷物中类胡萝卜素多集中于黄色谷粒中，如玉米、小麦和小米中。不同谷物中类胡萝卜素的含量差异巨大。一般而言，深色谷物所含类胡萝卜素较多。玉米和小米黄色素都属于类胡萝卜素，主要是由叶黄素（lutein）、玉米黄素（zeaxanthin）、β-隐黄素（β-cryptoxanthin）、β-胡萝卜素（β-carotene）等类胡萝卜素所组成的混合物。玉米因品种不同，类胡萝卜素的含量在 0.6～57.9mg/kg 范围内，叶黄素和隐黄素是它的主要成分。玉米类胡萝卜素含量由高到低依次是叶黄素、玉米黄素、β-胡萝卜素、β-隐黄素、α-胡萝卜素。小麦籽粒中也含有类胡萝卜素类色素：β-胡萝卜素、β-阿朴-胡萝卜素、隐黄素、玉米黄素和花药黄质。小麦粉中类胡萝卜素的含量平均为 5.7mg/kg，在黄色硬质小麦中，类胡萝卜素的含量为 7.3mg/kg 面粉。叶黄素是主要的类胡萝卜素，它以游离态或与脂肪酸以结合酯（单酯或二酯）的形式存在。普通大米中几乎不含有类胡萝卜素。现已成功将类胡萝卜素生物合成基因导入水稻并成功将β-胡萝卜素合成途径整合到水稻胚乳中，打破稻米中不含类胡萝卜素的传统。

（二）谷物储藏加工过程中类胡萝卜素的转化与损失

谷物加工程度越细则导致类胡萝卜素流失越严重，同时因共轭双键的不稳定，谷物中类胡萝卜素在加工和储藏过程中易受氧、光、热等因素的破坏造成转化和损失，导致颜色、风味等品质受影响。

小麦及其制品在加工中因脂肪氧合酶、空气中的氧、温度和光照等因素，导致类胡萝卜素由结合态向游离态转变并发生氧化降解，产生的二氢猕猴桃内酯、紫罗兰酮等特殊气味影响食物的风味。

谷物经机械破碎和热处理等加工后会导致类胡萝卜素由反式结构转化成顺式异构体，导致维生素 A 原活性、生物利用率和抗氧化能力降低。谷物在加工过程中会发生类胡萝卜素顺反异构的变化，如制罐后的玉米黄素顺式异构体增加 17%；未加工麦芽汁中加脂质导致玉米黄素异构化；谷物经热处理后黄体素和玉米黄素的顺式异构体分别从 12% 和 7% 增加到 30% 和 25%。在选择谷物加工工艺时应避免反式类胡萝卜素转化成顺式异构体。热加工过程会导致类胡萝卜素损失，甜玉米果泥经 50℃、70℃、80℃和 90℃热处理 30min 后，β-胡萝卜素含量随温度升高和加热时间的延长损失率增大。受热和见光等会导致类胡萝卜素快速氧化分解，晒干比烘干破坏更大，是由于晒干在太阳下曝晒的时间更长，加剧其破坏程度。

超高压技术对谷物色素未产生负面影响，在 600MPa 和 400MPa 超高压下类胡萝卜素的含量几乎不受影响，同时生物利用率有所提高。这是由于超高压对谷物中色素和维生素等成分的共价键影响不大，可充分保持原有的色、香及营养成分等。

谷物中类胡萝卜素除在加工过程中会损失或转化外，在储藏过程中不同储藏技术对其也会具有一定影响。研究发现，低温冷藏技术有利于谷物中类胡萝卜素的保存。辐照技术在提高小麦等谷物储藏期的同时也对类胡萝卜素有影响。辐射有增加谷物中类胡萝卜素含量的趋势，经 10、20 和 40Gy^{60}Co-γ 处理后的类胡萝卜素含量分别为 0.865mg/g、1.578mg/g、1.522mg/g 均高于对照的 0.845mg/g。臭氧处理小麦使得类胡萝卜素被氧化，小麦白度增加。因此，在利用臭氧技术处理谷物中有害微生物等时，需防止对类胡萝卜素成分的破坏。

在谷物进行加工储藏时应避免：①高强度长时间光照，会使类胡萝卜素的 C=C 双键氧化断裂，并发生羟基化和环化，导致顺式异构体增加。②长时间高温，会使类胡萝卜素发生重组或异构，导致顺式异构体增加。③高氧浓度，会破坏类胡萝卜素的不饱和双键并使其氧化分解，导致含量锐减。

（三）谷物中类胡萝卜素对谷物品质的影响

1）风味的影响　　谷物在加工储藏过程中，类胡萝卜素会发生降解，产生紫罗兰酮、香叶基丙酮等挥发性成分。类胡萝卜素降解产生的香气成分刺激性较小，香气质较好，对香气贡献率大，是影响香气质和量的重要组分。

2）色泽的影响　　类胡萝卜素作为天然色素对谷物的色泽有重要影响。类胡萝卜素含量与小麦黄度有相关性，研究发现，角质、半角质和粉质 3 种不同角质的小麦籽粒中类胡萝卜素含量与对应的全麦粉黄度两者呈显著正相关。谷物颜色随类胡萝卜素含量的增加而变深。

3）营养价值的影响　　谷物中的类胡萝卜素作为维生素 A 的前体，能提供一定量的维生素 A，增强人体对 Fe 的吸收。

4）储藏性能的影响　　小麦在储藏过程中因脂肪氧合酶（LOX）氧化类胡萝卜素而易褐变，是影响小麦储藏品质的重要因素。类胡萝卜素含量较高的小麦品种的 LOX 活性较低，即类胡萝卜素可抑制 LOX 活性，而较高的类胡萝卜素含量和较低酶活性会减少小麦在储藏过程中的类胡萝卜素损失，保留较多营养成分，同时有利于延长籽粒的储藏期。

二、花　色　苷

彩色小麦中的色素、高粱中的高粱红色素和黑米中黑色素属于花色苷类，玉米也含有花色苷。

（一）玉米中花色苷

通过对玉米紫色素的结构进行分析，发现玉米花色苷主要为矢车菊色素-3-葡萄糖苷、3′,4′-二羟基花色素-3-葡萄糖苷和矢车菊色素-3-半乳糖苷。

（二）彩色小麦中花色苷

彩色小麦为特殊粒色的小麦，有蓝、绿、灰、紫等颜色。小麦籽粒颜色主要由遗传基因决定，同时还受环境如光照、温度和施肥等条件的影响。应用超高效液相色谱配以串联质谱和二极管阵列检测技术，采用全扫描、母离子扫描、子离子扫描对彩色小麦籽粒中的花色苷进行分离与鉴定。从彩色小麦籽粒中鉴定出 13 种花色苷类化合物包括：飞燕草色素-己糖苷、飞燕草色素-芦丁苷、矢车菊素-葡萄糖苷、矢车菊素-芦丁苷、牵牛花色素-芦丁苷、芍药素-己糖苷、芍药素-芦丁苷、锦葵色素-芦丁苷、矢车菊素-丙二酰葡萄糖苷、芍药素-丙二酰-葡萄糖苷、芍药素-芦丁苷、锦葵色素-芦丁苷、芍药素-己糖苷。

经紫外光谱、红外光谱、质谱、核磁共振等分析仪器鉴定,蓝粒小麦中飞燕草色素-3-葡萄糖苷是主要花色苷;紫粒小麦中矢车菊素-3-葡萄糖苷是主要花色苷,黑粒小麦中芍药素-丙二酰-葡萄糖苷是主要花色苷。不同粒色、不同品种小麦,其花色苷单体种类也有所不同。

黑粒彩色小麦麸皮中共鉴定出 9 种花色苷类化合物,包括:矢车菊素-己糖苷、矢车菊素-芦丁苷、芍药素-己糖苷、矢车菊素-丙二酰葡萄糖苷、飞燕草素-己糖苷、飞燕草色素-芦丁苷、锦葵色素-芦丁苷、芍药素-芦丁苷、牵牛花素-芦丁苷。其中,主要的花色苷为:飞燕草色素-芦丁苷、飞燕草素-己糖苷、矢车菊素-芦丁苷。经体外抗氧化模型评价,麸皮中花色苷有较强的总抗氧化能力、抗超氧阴离子自由基能力和抗活性氧能力,其总抗氧化活力为维生素 C 的 2.07 倍;抗超氧阴离子自由基能力活力为维生素 C 的 2 倍;抗活性氧能力为维生素 C 的 1.50 倍。

(三)黑米色素

从黑米中提取的色素光热稳定性均较好、色价较高。黑米色素具有多种保健功能,它对过氧化氢有消除作用,还具有清除羟基自由基及超氧阴离子自由基的作用。

根据黑米色素的理化性质分析,推断黑米色素以花青素和翠雀素占主导;Nagal 认为是花青素-3-葡萄糖苷、花青素鼠李葡萄糖苷和湿生金丝桃李,也称锦葵色素-3-麦芽糖苷-5-葡萄糖苷;据报道,黑米色素除了花青素-5-葡萄糖苷以外,还有花青素-3-鼠李葡萄糖苷、锦葵色素-3-半乳糖糖苷和花青素-3-葡萄糖苷、甲基花青素-3-葡萄糖苷等;利用薄层色谱法(TLC)分析黑米色素主要成分花青素-3-葡萄糖苷占 75%,其次甲基花青素葡萄糖苷占 13%。根据上述研究结果可知,黑米色素的主要成分是花青素,主要的糖类配基为葡萄糖。黑米色素主要含有两种花色苷色素,分别是矢车菊素-3-葡萄糖苷和芍药素-3-葡萄糖苷。

(四)高粱红色素

高粱红色素(SRP)是从高粱壳中提取的天然色素,无毒、无味,在食品、化妆品、医药等行业有广泛用途。经紫外、红外光谱、质谱、核磁共振鉴定,高粱红色素属黄酮类色素。主要成分是异黄酮半乳糖苷,包括 5,4′-二羟基异黄酮-7-O-半乳糖苷和 5,4′-二羟基-6,8-二甲氧基异黄酮-7-O-半乳糖苷。

高粱红色素为水溶性色素,在弱酸性和中性条件下较稳定,对热稳定性较好,耐光性较强,可与金属离子形成络合物而影响色泽,对蛋白质染色力强。高粱红色素不仅可以作为食品的着色剂,由于高粱红色素具有较强的抗氧化活性,也可用于熟肉制品、果冻、糕点、饼干、膨化食品等;还可开发用于饮料、保健食品,同时还可用于化妆品和医药行业的着色剂。

第五节　风味物质

可食用的谷类果实也叫谷粒,谷粒的风味主要表现在嗅感,嗅感是由谷粒中的挥发性成分进入鼻腔经神经传导信号处理产生的。生谷粒的挥发性成分通常由植物在生长过程中生物合成,呈现的香气一般较弱;经过热处理的熟谷粒香气组分是在热加工过程中经非酶反应产生的。生谷粒和熟谷粒因为其香气成分不同,嗅感特征往往差异也较大。

一、稻　谷

稻谷经脱壳后成为糙米，糙米经碾制、色选等工序进一步加工成精白米。

（一）米饭的香气

刚煮好的米饭有 H_2S 和乙醛的气味，随后由于低沸点成分的散失，闻到的气味由较高沸点的挥发性成分组成；经过再次蒸、煮的米饭，明显地具有其中包含有与糠臭形成有关的气味。这表明米糠的挥发性成分中有一部分参与了米饭香气的形成。分析结果也证明，米饭的挥发性成分与米糠经水蒸气蒸馏得到的完全相同，仅含量上有所差别。

加工精度不同的大米，在形成米饭香气的前体物质组成不一样，因而香气也不相同。精度越高的米煮成的饭香气越弱。这说明谷粒外层部分的挥发性成分，特别是酮类等化合物，对米饭的香气贡献较大。

"陈米臭"也是米饭的嗅感之一。这种气味是由米粒中的脂肪发生自动氧化后生成的饱和醛、2-反-烯醛及酮类化合物所形成。

（二）米糠的嗅感

米糠是糙米的糠层，含有胚芽和碎米。新鲜米糠散发一种新鲜的富有特征的"糠臭"，是生米气味的主体，也有人将其看作是不快的气味。经长期储放，米糠中的油脂发生自动氧化，产生一些小分子化合物，不快气味变得强烈。

已经检测到的米糠挥发性成分在 250 种以上，包括烷烃类、烯烃类、芳香族化合物、醇类、醛类、酮类、酯类和内酯、酸类、酚类、乙缩醛类、呋喃类、吡啶类、吡嗪类、喹啉类、噻唑类、噻吩类等。这些成分中，内酯类（如 γ-壬内酯、2,3-二甲基-2-壬烯-γ-内酯）物质香气温和、甜而浓重。与米糠受热时产生的强烈气味类似，是米糠气味的重要组分。脂肪族甲基酮类（如 3-戊烯-2-酮、6-甲基-2-庚酮）香气甜而稍带酸味，推测它和米糠气味共同组成了米饭香气的一部分。2-乙酰基噻唑、苯噻唑都有类似谷粒的香气，特别是前者很易使人联想起米糠的特征，认为也是米糠气味的重要组分。其他的挥发性成分，如饱和醛和烯醛类含量多，呈现独特的清香气味；吡嗪类化合物虽具有焦香，但含量少，它们对米糠气味影响不大。米糠在受热时生成的不快嗅感，与 4-乙烯基苯酚、4-乙烯基愈创木酚有关，前者有一种腐烂稻草臭味。这些嗅感成分可能是以对-香豆酸和阿魏酸为前体物形成的。

二、小　麦

小麦的挥发性成分较为单纯，主要有：C_1-C_9 的醇类，大都为饱和醇；C_2-C_{10} 的醛类，大部分是饱和醛，不饱和醛有 2-庚（辛、壬）烯醛及 2,4-癸二烯醛；C_3-C_7 的酮类，几乎全为饱和脂肪酮；此外还有少量的萘类化合物及乙酸乙酯。小麦粉糊乳酸菌发酵不产生新的气味物，但许多化合物，如乙酸或 3-甲基丁醛均增加，而醛（来自不饱和脂肪酸的降解形成的）均降低。对比发酵前后气味浓度，乳酸菌对酸面团香气的主要影响是提高或降低已经存在于面粉中的特定挥发性物质。与文献数据比较表明，大多数这些化合物也是面包中的重要香气成分。利用芳香提取物稀释分析法（AEDA）和稳定同位素稀释法（SIDA）对全麦粉和白小麦粉的气味活性化合物进行研究，结果在两种小麦粉中都含量较高的化合物有：（E）-2-

壬烯醛、（E，Z）-和（E，E）-2,4-癸二烯醛、（E）-4,5-环氧-（E）-2-癸烯醛、3-羟基-4,5-二甲基-2（5H）-呋喃酮和香兰素。而香兰素、（E，E）-2,4-癸二烯醛和 3-（甲硫基）丙醛在全麦粉中含量高得多。

三、燕 麦

燕麦片中的挥发性成分主要包括醛类、酮类、醇类、酚类、烃类、酸类、酯类和杂环类等，含量较高的成分主要有芥酸酰胺、（E，E）-2,4-癸二烯醛、2,4-二叔丁基苯酚、己醛、棕榈酸、4-乙烯基-2-甲氧基苯酚、环己醇、E-壬烯醛、2-戊基呋喃、油酸酰胺、油酸、亚油酸、2,6-二叔丁基对甲酚、戊醇、2,3-丁二酮、苯乙醛、壬醛等。

热处理方式和条件对燕麦片风味有较大影响，可以应用电子鼻区分微波、焙烤、蒸煮等不同热处理方式加工的燕麦片。未经热处理燕麦片主要挥发性成分为烯类（37.78%）、醛类（14.30%）、萘类（14.16%），微波和蒸煮处理燕麦片产生了较多的醛类，分别占总挥发性成分的 62.05%和 80.65%，焙烤处理除了产生较多醛类（33.95%），还生成较多的吡嗪类（38.82%）与嘧啶类（20.12%），呈现了浓郁的烤香味。

燕麦籽粒中脂肪含量和脂肪酶活力均较高，很容易发生脂肪氧化产生哈味，所以在燕麦加工过程中需要先对燕麦籽粒进行热处理。热处理可以增加燕麦产品的风味，灭活脂肪氧化酶，减少或延缓燕麦中脂肪的氧化达到延长货架期的目的。燕麦中的氨基酸和还原糖是风味物质的重要前体，在热处理过程中对谷物产品风味和色泽影响最大的反应是美拉德反应。一些热处理技术，如发芽后的干燥、加热挤压成型、高压湿热处理、膨化、烘烤或者微波加热等技术，这些热处理过程中都会伴随着非酶褐变反应的发生，在高温下游离氨基酸（或小分子肽）和还原糖发生反应形成吡嗪、吡咯和糠醛等风味物质，产生怡人的烘烤香味、焦糖香及甜香。

燕麦在发芽和干燥过程中的风味物质变化较大，含量最多的风味物质且对发芽燕麦风味具有较大贡献的有：二甲基硫醚、正己醛、戊醛和异丁醛，而且二甲基硫醚的相对含量随着干燥温度的升高而增加，而正己醛、戊醛、异丁醛以及一些小的酮类和醇类则随着加热干燥的进行渐渐消失了；发芽燕麦在高温条件下干燥时便会产生烘烤、甜香类似坚果的风味。在发芽后烘炒处理的燕麦茶中总共鉴定出了 282 种挥发性物质，其中相对含量较高的 13 种挥发性物质分别为：萘、正己醛、2-甲基丁醛、D-柠檬烯、正丁基苯、戊基苯、2-甲基呋喃、2-戊烷基呋喃、壬醛、3-乙基-2,5-二甲基吡嗪、十二烷、5-甲基糠醛、正十一烷。

四、其 他 谷 物

玉米皮和玉米粒所含的挥发性组分相差不大，已测定的在 60 种以上。主要有 C_1-C_9 的醇类，大多为饱和醇，不饱和的仅有 1-辛烯-3-醇和 4-庚烯-2-醇；C_2-C_6 的饱和醛和 2，4-癸二烯醛；C_6-C_9 的饱和脂肪族甲基酮及 4-庚烯-2-酮。此外还发现有几种萜烯类和芳香族化合物以及 2-戊基呋喃。

大麦受热时生成的挥发性组分很多，有醇类、羰化物、酸类、内酯类、酚类、呋喃类、吡啶类、吡嗪类化合物等。这些组分其实是炒大麦粉的香气成分。除了贡献大的羰化物、内酯类之外，还有焦香好闻的吡嗪类化合物。

苦荞麦中酶或非酶氧化脂肪产生的饱和醛和非饱和醛等次级代谢物质是其风味劣变的主要原因，苦荞麦中的挥发性成分主要为不饱和的醛和二甲二硫，其中不饱和醛占绝对优势。

随着储藏时间的增加，苦荞麦中挥发性成分总量呈增加趋势。荞麦中含有的黄酮类化合物芦丁可能是苦荞苦味的来源。

第六节　活性成分

谷物富含很多生理活性物质，大体包括酚类、黄酮类、类胡萝卜素、生育酚、木酚素、阿拉伯木聚糖、葡聚糖、甾醇和植酸等。这些生理活性组分主要分布在胚芽与外层麸皮中，其种类与含量随谷物种类和品种的不同而存在较大的差异。

一、小麦活性成分

（一）小麦胚

小麦胚含有极其丰富而优质的蛋白质、脂肪、多种维生素、矿物质及一些尚未探明的微量生理活性物质，小麦胚蛋白质含量高达30%左右，而且小麦胚蛋白质中必需氨基酸的组成比例与FAO/WHO颁布的理想模式值基本接近，是一种近完全蛋白；小麦胚的脂肪含量可超过10%，此外还含有1.38%的磷脂（主要是脑磷脂和卵磷脂）及4%的不皂化物（植物甾醇等），小麦胚油中不饱和脂肪酸含量达84%，从营养学上看，小麦胚油脂的组成非常理想，其中的亚油酸能与人体血管中的胆固醇起酯化反应，具有防止人体动脉硬化之功效，对调节人体血压，降低血清胆固醇，预防心血管疾病有重要作用，还可防止机体代谢紊乱产生的皮肤病变和生殖机能病变；小麦胚中的维生素种类多，含量丰富，其中维生素E的含量高达69mg/100g，居各植物性食品资源之首，而且是全价的维生素E，其中α体、β体所占比例大，各约占60%和35%，这是其他食品所无法比拟的。

1. 谷胱甘肽　　谷胱甘肽（glutathione，GSH）是由谷氨酸、半胱氨酸和甘氨酸组成的三肽，其中谷氨酸是以7-羧基与半胱氨酸形成肽键。GSH在自然界中分布很广，动物肝脏、酵母和小麦胚中含量丰富。有文献报道小麦胚中的GSH含量高达98～107mg/100g。GSH量的多少成为衡量机体抗氧化能力大小的重要因素。

谷胱甘肽主要存在于胚乳和糊粉层中，因此，随着面粉精度的增加，其含量增加。谷胱甘肽与氨基酸的主动运输有关，由于它的氧化作用，也与许多氧化还原反应有关。通过氧化成相应的硫酸-二硫化物与面筋互相转变来影响小麦粉面团的流变性质。大量减少面粉中的谷胱甘肽可导致蛋白质中的二硫键的减少和相应的面团的某些蛋白质组分的分子质量的减少。

2. 黄酮类物质　　小麦胚也是黄酮类化合物的良好来源，近几年的研究表明，黄酮类化合物作为食物中的一种非营养成分，呈现多种生物活性。小麦胚中的黄酮类化合物主要是黄酮和花色素。小麦胚黄酮类提取物能明显抑制人乳腺髓样癌细胞株Bcap-37的生长、克隆形成和DNA合成能力，呈现明显的剂量-疗效关系，并随作用时间延长其效果增强。小麦胚黄酮类提取物可能是通过抑制了Bcap-37细胞M23的合成而降低其生长和繁殖的能力。

3. 麦胚凝集素　　麦胚凝集素（wheat germ agglutinin，WGA）是指麦胚中能与专一性糖结合，促进细胞凝集的单一蛋白质。麦胚凝集素与脂肪细胞反应，有类似胰岛素的作用，能激活葡萄糖氧化酶，降低血糖含量。小麦胚脂酶抽提物中含有凝集素，从小麦胚酸性磷脂酶中也提取出了凝集素，此后直接从小麦胚中分离提取了凝集素。尤其是亲和层析技术和晶体X射线衍射技术的应用，在麦胚凝集素的纯化技术、结构研究以及生理功能等研究方面均取得了飞速的进展。

4. 二十八烷醇 二十八烷醇（octacosanol）是天然存在的高级醇，主要存在于蔗蜡、糠蜡、小麦胚油及蜂蜡等天然产物中。二十八烷醇为含有一个羟基的高级脂肪醇，呈白色结晶，几乎不溶于水。在小麦胚油中，二十八烷醇主要与脂肪酸结合，以酯的形式存在。虽然在许多植物蜡内均含有，但含量甚微，而小麦胚油内含量较高，一般有 100μL/L 左右。二十八烷醇以其拥有能提高运动耐力和爆发力等诸多生理活性而受人瞩目。不过，二十八烷醇在人体代谢过程中仅具有阶段性效果，需与其他生理活性物质配合以强化其活性。

二十八烷醇或 n-二十八烷醇俗名蒙旦醇（Montanyl alcohol），日本称为高粱醇（Koranyl alcohol）；分子式：$C_{28}H_{58}O$，分子质量：410Da；结构式：$CH_3(CH_2)_{26}CH_2OH$；外观：白色粉末或鳞片状晶体；溶点：81～83℃；相对密度：0.7830（85℃）。溶解度：可溶于热乙醇、乙醚、苯、甲苯、氯仿、二氯甲烷、石油醚等有机溶剂，不溶于水。稳定性：对酸、碱、还原剂稳定，对光、热稳定，不吸潮。毒性：无毒。LD_{50}=18 000mg/kg（白鼠口服），安全性比食盐（LD_{50}=3000mg/kg）高。二十八烷醇的生理功能：二十八烷醇是降血钙素形成促进剂，可用于治疗血钙过多的骨质疏松；治疗高胆固醇和高脂蛋白血型，刺激动物及人类的性行为；含二十八烷醇的化妆品能促进皮肤血液的循环和活化细胞，有消炎，防治皮肤病（如脚气、湿疹、瘙痒、粉刺等）之功效；美国经近 20 年对 894 名受试人员经 42 项实验研究，发现二十八烷醇具有以下效果：①增强耐力、精力和体力；②提高肌力；③改进反应时间、反射和敏锐性；④强化心脏机能；⑤消除肌肉疼痛，降低肌肉摩擦；⑥增强对高山等应力的抵抗性；⑦改变新陈代谢的比率；⑧减少必要的需氧量；⑨刺激性激素；⑩降低收缩期血压，是一种理想的功能性食品基料，有着广阔的市场前景。

另外，小麦胚中还含有二十二、二十五、二十六、二十八等碳烯醇，这些高级醇对改善机体基础代谢率、反应时间、反射性、灵敏性、肌肉机能和强化心脏负荷功能，增强体力、耐力、爆发力等有一定功效。

5. 甾醇 小麦胚油中不皂化物含量较高，为 2%～6%，其中大部分为甾醇，并以谷甾醇为主，占甾醇总量的 60%～70%；其次为菜油甾醇，占 20%～30%；小麦胚油所含甾醇几乎无胆固醇，虽然玉米胚油和大豆油也含类似甾醇，但小麦胚油含量比其他植物油毛油高得多。因此小麦胚油甾醇的开发在医药工业中占有重要地位。另外，日本学者在 20 世纪 90 年代初在小麦胚中发现有脂多糠的存在，可广泛用于增强人体免疫功能。

植物甾醇的生理功能有：干扰食物中胆固醇在肠道的吸收和干扰胆汁所分泌的胆固醇的重吸收，促进胆固醇排泄，具有降低人体血清胆固醇，预防心、脑血管疾病的功能；在人体内可转变成胆汁酸和激素，参与人体的新陈代谢。甾醇是化学合成甾类激素的基础物质。因此小麦胚油甾醇的开发在医药工业中占有重要地位。

小麦胚不仅含有多种有效成分，而且其主要有效成分之间有良好的互补作用，如二十八烷醇生理活性的发挥需要其他活性物质的配合，小麦胚油富含维生素 E，而维生素 E 恰好是强化其生理活性的配合物质。

（二）麦麸

小麦麸皮占小麦籽粒的 22%～25%，除含有丰富的膳食纤维外，还含有蛋白质、矿物质、维生素等，一般来说小麦麸皮的组成如下：麸皮纤维含量为 31.3%（主要由纤维素、半纤维素和木质素组成），淀粉为30.1%，蛋白质为15.8%，脂肪为4.0%，无机盐为4.3%，水分为14.5%。利用现代色谱技术，从红皮硬质春小麦麸皮的乙醇提取物中分离得到12个化合物，经结构鉴定分别为：2个甾醇类化合物（豆甾醇和β-谷甾醇）、5个烷基酚类化合物（5-十七烷基间苯二酚、5-十九烷基间苯二酚、5-二十一烷基间苯二酚、5-二十三烷基间苯二酚、5-二十五烷基间苯二酚）、3个黄酮类化合物（异伞花耳草苷、伞花耳草苷、芹菜素）、2个酚酸类化合物（反式-3,4-二甲氧基肉桂酸、阿魏酸）。

1. 膳食纤维　小麦麸皮是优质活性膳食纤维的重要来源之一，而膳食纤维被称为人体的第七大营养素，其化学组成特性是含有很多亲水基因，所以有很高的持水能力，大致是自身重量的1.5～25倍。研究表明，膳食纤维的持水性可能增加人体排便的体积和速度，减轻直肠内压力，能有效地预防结肠癌便秘等；膳食纤维表面的许多活性基团，可以螯合吸附胆固醇和胆汁酸之类有机分子并促使它们排出体外，有效地降低血液胆固醇的水平，达到预防与治疗动脉粥样硬化和冠心病的目的。此外，膳食纤维能延缓糖分的吸收，改善末梢神经对胰岛素的感受性，调节糖尿病患者的血糖水平，还能使胰岛素分泌下降。

2. 有机酸类　麦麸中还含有γ-氨基丁酸（GABA）、植酸、草酸等成分。γ-氨基丁酸是一种非蛋白质天然氨基酸，其含量约占麦麸质量的0.3%。具有延缓神经细胞衰老、降低血压、抗惊厥、预防和治疗癫痫、改善脑机能及肝肾功能、改善脂质代谢、修复皮肤等多种功能。植酸（即肌醇六磷酸）是淡黄色或黄褐色黏稠状液体，通常以钙镁复盐（又名菲汀）的形式存在于麦麸中。菲汀是天然制取植酸、肌醇的主要原料，国际上对植酸、肌醇的需求与日俱增。菲汀已广泛用于食品和医药工业，既可替代酒类酵母培养时的磷酸钾和酿酒用水的加工剂及酒类等产品的除金属剂，还可配制成内服药品，促进人体的新陈代谢，恢复体内磷的平衡，具有补脑，以及治疗神经炎、神经衰弱及小儿佝偻等作用。草酸作为一种重要的化工原料，广泛用于药物生产、稀土元素的提取，以及织物的漂白、高分子合成等工业，需用量日趋增加。

3. 酚类化合物　酚类化合物是一类具有广泛生物活性的植物次生代谢物，麦麸中含量较少，但对人体的生理机能有不容忽视的作用。麦麸中的活性成分5-烷基间苯二酚能抑制人体结肠癌细胞生长。麦麸中的酚类物质主要有酚酸、类黄酮、木酚素。

（1）酚酸：主要存在于麦麸皮层中，是细胞壁组分之一，具有抗氧化性和抗癌作用，并对环境中的有毒物质如多环芳香烃和亚硝胺以及真菌毒素有抗诱变作用。酚酸中以阿魏酸含量较高，在麦麸膳食纤维离体发酵试验中发现，结肠中微生物通过发酵作用释放出结合在麦麸膳食纤维上的阿魏酸。而阿魏酸是一种优良的氢自由基清除剂，在癌症的预防中有重要作用。阿魏酸是小麦麸皮中含量最高的酚酸，在植物细胞的细胞壁中它主要通过酯键与多糖和木质素交联，或自身酯化或醚化形成二阿魏酸，有顺式和反式两种结构。顺式阿魏酸为黄色油状物，反式阿魏酸为白色至微黄色结晶物，其苯环上的羟基是抗氧化活性基团，可消除自由基，抑制氧化反应。阿魏酸现已是国际公认的天然抗氧化剂，阿魏酸及衍生物在药理药效方面具有抗炎、抗血栓形成、减少动脉粥样硬化、镇痛、抗紫外辐射、抗氧化、消除机体内自由基、预防结肠癌、增强精子活力等作用，在临床上主要用于治疗冠心病、血管病、脉管炎、白细胞和血小板减少等疾病。阿魏酸可作为微生物发酵生产香兰素的前体物质，具有抗氧化、抗血栓形成、调血脂和调节人体免疫等功能。一些国家已批准将其作为食品添加剂应用于食品领域，主要用作防腐保鲜剂，对油脂水解型和酮型酸败具有较好的抑制作用；作为食品交联剂提高多糖黏度并制备食品胶、生产香兰素；阿魏酸可用在运动食品中，因其可刺激激素的分泌。

（2）类黄酮：主要位于麦麸皮层中，是一类具有广泛生物活性的植物雌激素。类黄酮物质可防止低密度脂蛋白的氧化，清除生物体内自由基，在抗衰老、预防心血管疾病、防癌、抗癌方面有一定功效。类黄酮是极具开发潜力的老年食品的保健基料。麦麸中含有的黄酮类物质，具有降低心肌耗氧量，使冠状动脉和脑血管血流量增加、抗心律失常、软化血管、降血糖、调血脂、抗氧化、消除机体内自由基、抗衰老和增强机体免疫力等功能，具有很强的抗氧化活性。黄酮类物质具有清除超氧阴离子自由基和羟自由基的能力已被证实。

（3）木酚素：在小麦麸皮中含量特别高，而面粉中几乎没有，主要是植物细胞壁成分木质素的原始物质，也属于植物雌性激素化合物。流行病学研究表明，木酚素对乳腺癌、子宫黏膜癌以及前列腺癌等与激素有关的癌症具有预防作用。此外，木酚素能阻碍胆固醇-7α-氢化酶形成初级胆酸，从而具有预防肠癌的作用。

二、稻谷活性成分

稻米不仅作为人的食物，也可作为新型功能保健品的一种重要原材料。稻谷皮层富含维生素、铁、钙、锌等微营养元素、膳食纤维及植酸等；胚富集多种功能性的生理活性成分，如γ-氨基丁酸（GABA）、肌醇、谷维素、维生素E、谷胱甘肽、N_2-去氢神经酰胺（抑制黑色素生成，美化皮肤）等。此外，黑米和红米还富含黄酮类化合物、生物碱等功能成分。稻谷中主要活性成分有γ-氨基丁酸、多磷酸肌醇、谷维素、维生素E和二十八烷醇等。

米糠油含有多种生物素，这些生物素不仅具有高的生物活性，而且含量也较高，如含有4%的不可皂化成分。在米糠油中比较重要的不可皂化成分主要包括植物固醇（1.5%～2%）、谷维素（1.2%～1.8%）、维生素E（0.15%～0.2%）。并且，米糠油含有大量的蜡（1.5%～4%）、磷脂（0.5%～1.5%）和游离脂肪酸（59.19%），这些游离的脂肪酸包括油酸、亚油酸、亚麻酸、棕榈酸、硬脂酸、花生四烯酸。米糠油的游离脂肪酸中油酸和亚油酸约占70%，而棕榈酸约占22%，它的游离脂肪酸值高于其他植物油。

三、大麦活性成分

（一）β-葡聚糖

大麦β-葡聚糖主要存在于大麦胚乳及糊粉层细胞壁中。大麦胚乳细胞壁中约含75%β-葡聚糖和20%的阿拉伯木聚糖；糊粉层细胞壁中含26%β-葡聚糖和67%阿拉伯木聚糖。品种差异和环境差异是影响β-葡聚糖含量的主要因素，而品种因素的影响被认为要高于环境因素。Skendi等测得大麦中β-葡聚糖的含量为5%～11%。Papageorgiou等测得希腊大麦中β-葡聚糖含量为2.5%～5.4%。张国平等对中国164种大麦进行研究，测得β-葡聚糖的含量为2.98%～8.62%。

（二）生育三烯酚

生育三烯酚是大麦中含有的另一重要生理活性成分，属于维生素E类化合物。研究发现，大麦的胚、胚乳和种皮中维生素E的含量分别占13%、37%和50%。85%的维生素E为生育三烯酚，且生育三烯酚均衡的分布在表皮和胚乳中。夏向东对6种西藏自治区的裸大麦品种进行分析后发现，生育三烯酚占其维生素 E 总量的 70%～80%，而生育酚仅占维生素 E 总量的 20%～30%。生育三烯酚侧链的 3′，7′，11 位有 3 个双键，构成类异戊二烯结构，研究认为生育三烯酚的生理功能与此不饱和结构有关。

（三）酚类物质

大麦是酚类物质含量较高的作物之一，占大麦干物质的 0.1%～0.3%，主要存在于麦皮、糊粉层和胚乳中。虽然所有品种的大麦都含有酚类物质，但是各自的基因型、生长条件和环境因素均能影响其含量。大麦中主要的酚类物质包括羟基苯甲酸、羟基肉桂（苯丙烯）酸、类黄酮（黄烷醇、黄烷酮和花色素）等和聚黄烷（原花色素）等。

1. 酚酸　　大麦中的酚酸类物质主要包括羟基苯甲酸和羟基肉桂酸衍生物，已发现的酚酸类物质有没食子酸、原儿茶酸、龙胆酸、p-香豆酸、绿原酸、香草酸、咖啡酸、丁香酸、芥子酸、阿魏酸、苯乙烯酸等。其中含量最为丰富的酚酸类物质主要是阿魏酸和 p-香豆酸，它们主要以酯结合的方式存在于细胞壁物质中。此外，还含有香豆素，包括 7-羟基香豆素、7-羟基-6-甲氧基香豆素和 6,7-二羟基香豆素等，它们多以游离形式存在，也有以酯或糖苷结合的形式存在，在谷皮和糊粉层中的含量较高。大麦中主要酚酸类物质的含量一般在 50～120μg/g，但是提取方法对结果也有较大影响。

2. 类黄酮　　类黄酮由一类超过 3000 种结构的酚类化合物组成，其共同的特点是具有 C_6-C_3-C_6 碳骨架结构。大麦中的类黄酮物质主要有黄酮醇、黄烷醇和花色素等。黄酮醇类化合物带有酚羟基，因此具有酚类化合物的通性。它还有吡喃酮环和羧基，构成生色基团。分子中的酚羟基数和连接位置与成色有关。例如，3′、4 碳位上的羟基或甲氧基呈深黄色。黄烷-3-醇的羟基取代衍生物为儿茶酸类化合物，是一类黄烷醇的衍生物，其母核含有 2-苯基苯并吡喃环结构。在大麦中含量最多的是儿茶酸、表儿茶酸、没食子儿茶酸、表没食子儿茶酸。花色素是类黄酮中最为重要的一类水溶性植物色素，因为许多色素都由它们合成。其母核也具有 2-苯基苯并吡喃环结构，主要有花青素和翠雀素。花色素多以糖苷形式存在，如大麦果皮中含有花青素阿拉伯糖苷。大麦中花色素的合成很大程度上受环境因素的影响，如光照和温度，花色素的含量也随植物的不同发育阶段和基因型而各异。

3. 聚黄烷　　由 2-苯基苯并吡喃环结构单元的聚合体形成聚黄烷，在此过程中一些氢被羟基取代。大麦中发现的聚黄烷主要有原花色素，位于谷物的外种皮层，由（＋）-儿茶酸和（＋）-儿茶酸的二聚和三聚体构成。大麦中的原花色素仅在外种皮中合成，而且花色素和原花色素的量之间没有相关性。日本对大麦中多酚物质的功能性质进行了研究，主要包括对大麦麸皮发酵生成的色素和大麦麸皮多酚提取物两个方面。利用大麦麸皮发酵可以生成一种紫色的色素，该色素主要由黄烷酮、无色花色素和原花青素组成，是一种以花色素为母体核心，接有其他多酚、糖类等基团的一种高分子物质。该色素具有较好的稳定性，可用于 pH4.3～7.2 的酒类及饮料中。此外，该色素还有清除自由基、抗突变的功效，对肝功能也有一定的保护作用。

4. 多酚的生理功能　　多酚中含有的大量活性酚羟基使多酚具有许多生理功能。多酚可以通过清除自由基和抗脂质过氧化来预防治疗心脑血管疾病，通过抑制血小板的聚集粘连、诱导血管舒张和抑制脂新陈代谢中的酶作用，来防止冠心病、动脉粥样硬化和中风等常见心脑血管疾病的发生。摄入多酚类物质可以加强免疫细胞的功能，起到消炎作用，从而降低心血管疾病的危险。大量的流行病学研究以及动物试验都证明多酚类物质可以阻止和抑制癌症的发病。此外，多酚有抗衰老、抗腹泻、抗胃溃疡、改善视觉功能、预防老年性痴呆、治疗运动损伤等功效。

四、燕麦活性成分

燕麦不但营养价值高，而且具有降低胆固醇、降血脂、预防和治疗冠心病及脑动脉粥样硬化、控制和降低血糖、改善便秘等保健功效。经常食用燕麦制品利于降低血液中胆固醇和血糖的含量，减少心血管疾病的发生，可有效控制肥胖症和非胰岛素依赖的糖尿病。经常服用燕麦在预防心脏病和控制高血脂等方面也有显著效果。燕麦含有大量具有抗氧化物质，包括植酸、甾醇、维生素 E 等，其中最主要的抗氧化成分是酚类物质，如茨菲醇和槲皮素等黄酮类化合物，可作为开发天然抗氧化剂来源。燕麦含有的皂苷类、黄酮类、酚类、β-葡聚糖等活性成分起到了重要作用，燕麦中还含有抗氧化剂咖啡酸和阿魏酸。

（一）皂苷类化合物

皂苷类化合物（saponins compound）是苷元为三萜或螺旋甾烷类化合物的一类糖苷，与水混合振摇时可生成持久性的似肥皂泡沫状物而得名。皂苷类化合物在植物界分布很广，许多常用中药都含有皂苷。谷物中，只有燕麦含有皂苷，它可以改善人体的部分肠胃功能，并具有降低血清中胆固醇的效果。皂苷能与植物纤维相互结合，能吸取人体中胆汁酸，促使肝脏中的高胆固醇向胆汁酸转变，随着粪便一起排走，间接降低了血清中胆固醇。燕麦皂苷还可作为一种新型脂肪替代物，适用于制作低热能、低脂肪或无脂肪的冷冻甜食品，还可用于生产高纤维焙烤食品等，是一种发展前景广阔的天然食品添加剂。从燕麦属植物提取得到皂苷类化合物，主要为齐墩果烷型皂苷和甾体皂苷 2 种类型。已从燕麦根中分离到齐墩果烷型的燕麦根皂苷 A_1、A_2、B_1 和 B_2（avenacin A_1, A_2, B_1, B_2）。从燕麦地上部分得到甾体皂苷燕麦皂苷 A、B（avenacoside A、B）。

（二）苯酚类化合物

目前发现的燕麦属植物中的苯酚类化合物主要有苯并噁嗪类和苯丙素类 2 种类型。从燕麦中分离得到 3 个苯并噁嗪类化合物 avenalumin I、II 和 III，它们主要存在于叶或幼苗中。

从燕麦粒和燕麦壳中分离到 11 个桂皮酰类衍生物。其中化合物 avenanthramides A、avenan B、avenan C、avenan D、avenan E 和 avenan F 的桂皮酰的构型为 E 型，它们的化学名称分别为：N-（4′-羟基桂皮酰基）-5-羟基苯甲酸、N-（4′-羟基-3′甲氧基桂皮酰基）-5-羟基苯甲酸、N-（3′,4′-二羟基桂皮酰基）-5-羟基苯甲酸、N-（4′-羟基桂皮酰基）-苯甲酸、N-（4′-羟基-3′甲氧基桂皮酰基）-苯甲酸、N-（4′-羟基-3′甲氧基桂皮酰基）-5-羟基-4-甲氧基苯甲酸。另外 5 个化合物 avenan A_1、avenan B_1、avenan C_1、avenan D_1 和 avenan E_1 分别为前述化合物 avenanthramides A、avenan B、avenan C、avenan D、avenan E 的顺式异构体，即桂皮酰的构型为 Z 型。这些苯丙素类化合物是燕麦属植物抗氧化的主要活性成分。

（三）燕麦 β-葡聚糖

燕麦的保健功能主要归功于其中的水溶性纤维 β-葡聚糖。燕麦 β-葡聚糖是一种可溶性膳食纤维，具有降血脂、防治糖尿病、改善肠道菌群、防龋齿、提高免疫力等多种生理功效，主要分布于燕麦粒糊粉层细胞壁及胚乳中，尤其在籽粒的亚糊粉层中大量富集。β-葡聚糖达到一定纯度后颜色为白色，完全中性，不溶于乙醇，具有较稳定的物化性质，几乎不受温度和 pH 的影响，具有较强的持水性和纤维网络稳定性。Papageorgiou 等研究表明，皮燕麦麸皮中 β-葡聚糖占干重的 2.1%～3.9%，其相对分子质量为 5300～257 200，范围较大。它通过β-(1→3) 和 β-(1→4) 糖苷键把 β-D-吡喃葡萄糖单位连接起来，而形成一种高分子无分支线性黏多糖，其中约含有 70%的 β-(1→4) 键和 30%的 β-(1→3) 键。还有研究表明：燕麦 β-葡聚糖可能具有吸收胆汁和促进胆汁酸排出体外的作用，并且能促进胆固醇转化为胆汁酸，可有效抑制血清中胆固醇的上升。早在 1996 年，Pick 等就对人群进行了燕麦食品相关的食用测试，研究表明经常食用燕麦食品具有显著降低血糖的效果。

（四）燕麦黄酮

从燕麦乙醇提取物中分离得到三种黄酮化合物，分别为芦丁、莰菲醇-3-O-芸香糖苷、莰菲醇-3-O-果糖-α-葡萄糖苷。黄酮类化合物具有生物活性，能防治各种心脑血管系统的疾病和呼吸系统的疾病，具有抗炎抑菌、降血糖、抗氧化、抗辐射、抗癌、抗肿瘤以及增强免疫能力等药理作用。苦荞麦是人们获得黄酮化合物最普遍的谷物食品，燕麦中也含有丰富的黄酮类化合物。

目前对燕麦黄酮的研究还处在初级阶段，虽然科研人员提取、分离了大量的新黄酮类化合物，确定了其生理活性功能，但对其人体吸收、代谢机制、活性机制，具有生理功能的活性基团、稳定性等方面仍缺少系统全面的认知，因此需加强此方面的工作研究，理清其生理功能从而进行更有效的提取、分离，才能在医药、食品工业领域的应用提供理论依据，加快植物资源开发利用的步伐，生产出有效治疗和预防多种疾病的药品和天然保健食品。

（五）燕麦生物碱

燕麦生物碱是一种酚酸类衍生物，主要分布于麸皮中。因其具有较强的抗氧化、抗动脉硬化活性和抗炎止痒作用，近年来受到广泛关注。燕麦生物碱是燕麦特有的物质，不仅具有清除自由基抗衰老的功效，还具有抗刺激的特性，尤其当紫外线照射对皮肤产生不利作用时，它具有有效去除肤表泛红的功能，对过敏性皮肤具有优异的护理作用。燕麦中主要存在三种生物碱分别是 N-4′-羟基肉桂酰-5-羟基邻氨基苯甲酸、N-4′-羟基-3-甲氧基肉桂酰-5-羟基邻氨基苯甲酸、N-3′,4′-二羟基肉桂酰-5-羟基邻氨基苯甲酸。

主要参考文献

蔡东联, 耿珊珊. 2006. 维生素　健康第一要素. 沈阳: 辽宁科学技术出版社.

蔡亭, 汪丽萍, 刘明, 等. 2015. 谷物加工方式对其生理活性物质影响研究进展. 粮油食品科技, 02: 1-5.

崔丽静, 林家永, 周显青, 等. 2011. 顶空固相微萃取与气-质联用法分析玉米挥发性成分. 粮食储藏, 01: 36-40.

崔树玉, 王平, 严亚娟. 2002. 燕麦属植物化学成分与药理活性. 国外医药(植物药分册), 01: 13-15.

丁耐克. 1996. 食品风味化学. 北京: 中国轻工业出版社.

盖轲. 2004. 食品中微量元素的分析. 兰州: 甘肃科学技术出版社.

龚二生, 罗舜菁, 刘成梅. 2013. 全谷物抗氧化活性研究进展. 食品工业科技, 02: 364-369.

顾军强, 钟葵, 周素梅, 等. 2015. 不同热处理燕麦片风味物质分析. 现代食品科技, 04: 282-288, 62.

李富华, 郭晓晖, 夏春燕, 等. 2012. 全谷物酚类化合物抗氧化活性研究进展. 食品科学, 13: 299-304.

李景琳, 李淑芬, 潘世权. 1993. 高粱红色素的主要成分及结构分析. 辽宁农业科学, 05: 47-49.

李静, 李常胜, 张友杰. 2001. 玉米须挥发性化学成分研究. 数理医药学杂志, 06: 538-539.

刘丹. 2014. 燕麦及燕麦片挥发性成分分析及燕麦片对高脂血症患者的影响. 咸阳: 西北农林科技大学硕士学位论文.

刘晓庚, 袁磊. 2014. 谷物中类胡萝卜素的研究. 粮油仓储科技通讯, 03: 39-44.

马良, 王若兰. 2015. 玉米储藏过程中挥发性成分变化研究. 现代食品科技, 07: 316-325.

阮少兰, 郑学玲. 2011. 杂粮加工工艺学. 北京: 中国轻工业出版社.

佘纲哲. 1987. 粮食生物化学. 北京: 中国商业出版社.

宋江峰, 李大婧, 刘春泉, 等. 2010. 甜糯玉米软罐头主要挥发性物质主成分分析和聚类分析. 中国农业科学, 10: 2122-2131.

孙培培, 黄明泉, 孙宝国, 等. 2011. 同时蒸馏萃取-气质联机分析燕麦片挥发性成分的研究. 食品工业科技, 12: 479-483.

汪丽萍, 谭斌, 刘明, 等. 2012. 全谷物中生理活性物质的研究进展与展望. 中国食品学报, 08: 141-147.

王金亭. 2012. 天然高粱红色素研究与应用进展. 粮食与油脂, 11: 7-11.

王金亭. 2013. 天然黑小麦色素研究进展. 粮食与油脂, 03: 45-48.

王旭峰, 何计国, 陶纯洁, 等. 2006. 小麦麸皮的功能成分及加工利用现状. 粮食与食品工业, 01: 19-22.

夏翔, 吴德才. 1999. 家庭食养、食补、食疗全书. 沈阳: 辽宁科学技术出版社.

辛力, 肖华志, 胡小松. 2004. 苦荞麦苦味物质与呈色物质的鉴定. 杂粮作物, 02: 86-87.

徐托明. 2010. 燕麦茶的研发及其风味物质的评价研究. 武汉: 华中农业大学硕士学位论文.

杨凌霄. 2014. 加工方式对全谷物提取物体外抗氧化活性影响研究. 无锡: 江南大学硕士学位论文.

姚惠源. 1999. 谷物加工工艺学. 北京: 中国财政经济出版社.

占家慧. 2005. 绿色谷物与保健. 北京: 中国医药科技出版社.

张丙华, 张晖, 朱科学. 2009. 谷物色素研究进展. 粮食与食品工业, 04: 18-21, 37.

张宏. 2003. 健康需要维生素. 沈阳: 辽宁科学技术出版社.

张慧芸, 陈俊亮, 康怀彬. 2014. 发酵对几种谷物提取物总酚及抗氧化活性的影响. 食品科学, 11: 195-199.

张勇, 王德森, 张艳, 等. 2007. 北方冬麦区小麦品种籽粒主要矿物质元素含量分布及其相关性分析. 中国农业科学, 40(9): 1871-1876.

赵善仓. 2009. 不同品种的彩色小麦天然抗氧化活性物质的分析研究. 泰安: 山东农业大学硕士学位论文.

周惠明. 2014. 谷物科学原理. 北京: 中国轻工业出版社.

Birch AN, Petersen MA, Hansen AS. 2013. The aroma profile of wheat bread crumb influenced by yeast concentration and fermentation temperature. LWT-Food Science and Technology, 50(2): 480-488.

Tang JW, Zou CQ, He ZH, et al. 2008. Mineral element distributions in milling fractions of Chinese wheats. Journal of Cereal Science, 48 (2008): 821-828.

第九章 小麦品质

第一节 小麦品质概述

小麦是我国主要的粮食作物，是人类膳食的主要原料。小麦的品质通常分为加工（主要是制粉）品质、食用品质、营养品质等。小麦在加工和食用过程中所表现的这些品种特性与其化学组成是紧密相关的。本章主要从小麦组成成分的化学特性方面讲述小麦在产后加工过程中的品质特性及其与其化学组成成分之间的关系。

小麦品质通常分为加工品质、食用品质、营养品质，也有人将其分为化学品质和物理品质。化学品质主要是指小麦中蛋白质、氨基酸、淀粉、脂肪、维生素等内含营养成分的含量及品质状况。物理品质主要指纯净度、粒形、粒色、容重、千粒重、籽粒硬度、质地结构、磨粉品质、流变学特性等表现型指标。小麦品质是一个综合概念，不同角度有不同的评价标准。从提供人体所需的各种营养成分角度考虑，营养丰富、全面且比例平衡者品质为佳；从小麦制粉角度考虑，制粉特性好、出粉率高、灰分低、粉色白等品质为佳；而从食品加工角度考虑，制作馒头、面条、水饺等蒸煮类食品具有良好的蒸煮性能，制作面包、饼干、蛋糕等焙烤类食品，具有良好的烘焙性能，且制品质量优良、风味独特者为好。因此，小麦品质是指小麦籽粒对某种特定最终用途的适合性，也可以说是指其对制造某种面食品要求的满足程度，是衡量小麦质量好坏的依据。

1. 小麦的制粉品质　　小麦的制粉品质是指小麦在加工成面粉的过程中所表现的性能，因小麦制粉过程主要包括清理、润麦、粉碎碾磨、分级、混配等工艺过程，因此，小麦制粉品质主要包括小麦在润麦调质、粉碎碾磨、分级、混配等过程中所表现的特性。目前在研究过程中常用的评价小麦制粉性能的参数主要有出粉率、面粉灰分、白度等指标，而在实际小麦面粉加工过程中，小麦制粉性能除了出粉率指标外，还包括碾磨特性、碾磨能耗、筛理效率、淀粉粒损伤、面粉粒度、累计出粉率、累计灰分及白度曲线等指标。硬麦和软麦在加工过程所表现的制粉品质不同，硬麦在加工时胚乳细胞沿细胞壁破裂成容易筛理的颗粒，并且外皮层容易与胚乳分离，面粉出率较高。软麦的面粉出率一般较低，面粉中含有大量细小的细胞碎片，具有比较差的流动特性，不容易筛理。硬麦和软麦，以及不同品质小麦所表现的制粉品质的不同，主要是由于其籽粒内部蛋白质、淀粉、非淀粉多糖、脂类、色素等物质组成及结构不同，使得小麦籽粒表现出不同的硬度、色泽、皮层与胚乳的结合程度、角质率等。另外，小麦外形尺寸及整齐度对制粉品质也具有重要的影响。

2. 小麦食用品质　　小麦的食用品质通常是指小麦面粉在制作成面制食品的过程中所表现的各种性能，以及面制食品的色、香、味、形及适口性等食用性能。小麦的食用品质主要取决于小麦粉品质，可通过小麦粉的理化指标、面团流变学特性、淀粉酶活性及面糊的黏度特性等进行间接的评价，并可通过蒸煮试验、烘焙试验等直接评定。目前，有的将小麦制粉品质称为小麦的加工品质，也有将小麦的制粉品质和食用品质统称为小麦的加工品质。其中，小麦的制粉品质为一次加工品质，食用品质为二次加工品质。本书中小麦的加工品质是指小麦制粉品质，小麦面粉制作面制食品的品质称为小麦的食用品质。

3. 小麦营养品质　　小麦营养品质是指小麦作为人们膳食食品的原料，所赋予的营养学特性，它包括营养素的种类、含量、营养素的吸收利用等。小麦的营养价值是指其中的营养素满足人体需要的程度。包括以下几个方面：营养素的种类、营养素的数量、营养素的平衡、营养素的效价、有害物的种类、有害物的数量等。从现代营养学的角度，还应包括各种功能因子的情况。营养价值评价的重点在于营养素的种类和含量，以及它的吸收利用效率。小麦中所提供的营养素的种类和营养素的相对含量，越接近于人体需要或组成，该食品的营养价值就越高。有建议采用营养质量指数（INQ）作为评价食品营养价值的指标。其含义是以食品中营养素能满足人体营养需要的程度和同一种食品能满足人体热能需要的程度之比值来评定食品的营养价值。小麦作为人们膳食食品的重要原料，其营养品质远没有得到足够的重视。通过对小麦营养学品质的评价和研究，一方面可以全面了解不同小麦及加工制品的营养品质，另一方面了解在小麦及面制品加工过程中各种营养素的变化和损失，以充分保留营养素，同时引导人们科学合理地配制营养平衡膳食。

4. 小麦品质评价方法　　小麦的各品质指标之间存在着密切的相关性，没有严格的分界线，一些品质指标可同时反映多种品质，如小麦蛋白质和面筋，既反映营养品质，又与制粉品质和面团工艺特性相关，小麦的品质可通过相应的品质指标作出直接的判断和评价，或对小麦的最终用途做出科学合理的预测。评价小麦品质常用的测定方法可分为物理方法、化学方法和食品制作试验三大类。物理方法包括小麦容重、籽粒的颜色、千粒重、角质或硬度、制粉试验、面团的流变学特性等指标；化学方法包括水分、灰分、蛋白质、面筋、沉降值、酶活性等；食品制作试验包括蒸煮试验、烘焙试验、煎炸试验等，对面食制品进行感官鉴定和品尝评分。

5. 小麦品质评价意义　　小麦品种和环境因素如气候条件、土壤条件、施肥情况等是影响小麦品质的主要原因。原料小麦品质是影响其制粉品质、食用品质及营养品质的决定因素。所以面粉加工企业应加强对原料小麦品质的分析检测和控制。目前我国普遍认为硬质小麦及软质小麦是优质小麦，实际上小麦的品质应基于其用途，必须根据其用途选择使用合适的小麦原料，合理利用小麦资源。因为小麦用途不同，如制作蒸煮类食品、烘焙类食品等对小麦质量的要求不同，评定质量的指标也不同，所以小麦品质好坏是否优质，是由小麦的最终用途决定。例如，美国、加拿大等国小麦由于实施精细的基于最终用途的分级体系及标准，使得美国小麦及加拿大小麦在国际上具有很强的竞争力。我国虽然是小麦生产大国，但小麦品质混杂，没有建立严格意义上的依据最终用途的品质分级评价体系，使得我国小麦品质在国际上没有竞争力。所以，我国在注重小麦产量增加的同时，更应加强对小麦品质的重视，建立基于我国小麦最终用途的分级标准体系。

第二节　小麦面粉的化学组成

小麦面粉是一种非常复杂的有机体系，含有蛋白质、淀粉、非淀粉多糖、脂类等一系列大分子物质，如表 9-1 所示，另外也含有一些酶类、低分子糖类物质等。面粉中的不同组分有不同的功能特性，下面就面粉中一些主要组分及其功能特性作一概述。

表 9-1　面粉中的主要组分及其含量（%）

组分	含量
水分	14（占面粉总量）
蛋白质	7～15（占面粉总量）
清蛋白	15（占蛋白总量）
球蛋白	3（占蛋白总量）
醇溶蛋白	33（占蛋白总量）
麦谷蛋白	16（占蛋白总量）
残渣蛋白	33（占蛋白总量）
面筋蛋白	6～13（占面粉总量）
麦谷蛋白	55～70（占面筋蛋白总量）
麦醇溶蛋白	30～45（占面筋蛋白总量）
淀粉	63～72（占面粉总量）
支链淀粉	75（淀粉总量）
直链淀粉	25（淀粉总量）
非淀粉多糖（NSP）	4.5～5.0（占面粉总量）
戊聚糖/半纤维素	67（占 NSP 总量）
可溶戊聚糖	33（占戊聚糖总量）
不溶戊聚糖	67（占戊聚糖总量）
β-葡聚糖	33（占 NSP 总量）
脂类	1（占面粉总量）

资料来源：Greer，1959

一、蛋白质及其功能特性

小麦蛋白质的质和量与小麦品质密切相关，尤其是贮藏蛋白（即面筋蛋白）的组成和结构是影响小麦面粉面团黏弹性和制品品质的主要因素。小麦面粉中含有 7%～15%的蛋白质，根据溶解特性可将其分为清蛋白（albumin，溶于水）、球蛋白（globulin，溶于 10%的 NaCl 溶液）、醇溶蛋白（gliadin，溶于 70%乙醇溶液）和麦谷蛋白（glutenin，溶于稀酸或稀碱溶液），即所谓的 Osborne 分类法，该分类方法为研究小麦蛋白的功能特性及与加工品质之间的关系奠定了理论基础。利用这种方法提取出清蛋白、球蛋白、醇溶蛋白和麦谷蛋白后，总会剩下一些不溶于这些溶剂的蛋白叫残渣蛋白，又叫剩余蛋白。清蛋白和球蛋白通称为可溶性蛋白质，分别占小麦籽粒的 9%和 5%左右。麦谷蛋白和醇溶蛋白是小麦的贮存蛋白质，是小麦面筋的主要成分。两者占面筋总量的 90% 左右，所以又被称为面筋蛋白质，面筋蛋白质的组成如图 9-1 所示。

麦谷蛋白是一种非均质的大分子聚合体，分子质量为 40～300kDa。每个小麦品种的麦谷蛋白由 17～20 种不同的多肽亚基

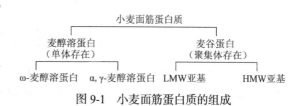

图 9-1　小麦面筋蛋白质的组成

组成，靠分子内和分子间的二硫键联结，呈纤维状。肽链间的二硫键和极性氨基酸是决定面团强度的主要因素。麦醇溶蛋白为单体蛋白，分子质量较小，约 35kDa，分子无亚基结构，无肽链间二硫键，靠分子内二硫键、氢键等形成较紧密的三维结构，呈球形。它多由非极性的氨基酸组成，故富于黏性，主要为面团提供延展性。麦谷蛋白和醇溶蛋白共同形成面筋，并以一定的比例相结合时，才共同赋予面团特有的性质。不同小麦品种麦谷蛋白与醇溶蛋白的含量和比例不同，导致了面团的弹性及延展性不同，因而造成加工品质的差异。

　　不同类型的面制品对面粉品质的要求不同，主要是对蛋白质含量和质量的要求不同。只用蛋白质的数量不能完全解释用来自同一栽培品种小麦面粉烘蒸煮焙品质的差异，因而研究人员提出蛋白质质量也是影响面制品品质的重要因素。蛋白质质量一般被认为是麦谷蛋白和醇溶蛋白的含量比值，不同小麦品种麦谷蛋白与醇溶蛋白含量和比例不同，导致了面团的弹性及延展性的不同，从而造成加工品质的差异。

二、淀粉及其功能特性

表 9-2　淀粉在面包烘焙中的作用

1. 稀释面筋至合适的稠度
2. 通过淀粉酶的降解作用，提供发酵所需糖类
3. 为与面筋之间的结合提供合适的表面
4. 在部分糊化过程中膨胀且富有弹性，并固定面制品最终的形状

　　小麦淀粉由直链淀粉和支链淀粉组成，面粉中直链淀粉和支链淀粉所占的比例大致为 25% 和 75%。由于小麦淀粉所具有的独特的物理化学性质，如淀粉的糊化特性、淀粉与蛋白质、淀粉与脂类的相互作用等，使其在蒸煮和烘焙食品中起着非常重要的作用，如表 9-2 所示。

　　淀粉能稀释面筋至合适的稠度，这对蒸煮和烘焙食品是非常重要的，因为很难想象用 100% 的面筋做成的馒头和面包是什么样子。另外，淀粉通过淀粉酶的降解作用，可提供面制品制作所需糖类，这主要是指破损淀粉的酶解作用。合适的破损淀粉含量，对发酵面制品品质产生较好的影响，如可以使馒头面包瓤黏度适中、结构均匀、制品体积增大等。若破损淀粉含量过多，则可使面团的耐揉性下降，不利于操作，并会导致面团发黏、制品结构粗糙、不均匀、表面凹陷、出现裂缝、体积变小等。

　　淀粉对发酵类食品的形状的保持起着非常重要的作用，面筋的品质及含量影响发酵面制品体积的大小，然而其形状能否保持则要靠淀粉的作用来固定。在面团发酵阶段，面筋形成面团的骨架，在蒸煮烘焙阶段，由于淀粉的部分糊化及面筋的变性一起固定制品的最终形状。淀粉在面制品中的另一重要作用是馒头面包出炉后发生的老化过程。馒头面包的老化除了瓤的硬化外，还包括风味的丧失、吸水能力的降低、可溶性淀粉含量的降低、酶对淀粉消化性的降低、淀粉的结晶程度增加等。一般认为，面制品的老化主要是由于淀粉的物理性质发生变化所引起，即由 α-淀粉回生为 β-淀粉所致。新鲜发酵面制品在储藏过程中其瓤的变化主要由支链淀粉所引起，这也是面包稍经加热即可变软的道理。

三、非淀粉多糖及其功能特性

　　除了淀粉，面粉中还含有一些非淀粉多糖类物质，主要是戊聚糖。面粉中戊聚糖含量为 4%～5%，主要由阿拉伯糖和木糖所组成。面粉中的戊聚糖有水溶性及水不溶性之分，其含量虽然很少，但对面团特性及面制品品质却有着非常重要的影响。戊聚糖在氧化剂存在下可

与蛋白质相连而形成一种网络结构，从而影响面团的流变特性。研究发现，戊聚糖和糖蛋白在面团的蛋白质和碳水化合物之间、蛋白质和蛋白质之间起一种连接桥梁作用，其中氧化剂对这种连接有促进作用。面粉中戊聚糖在发酵面制品中主要有以下 3 个方面的重要作用：一是影响面团的混合特性及面团的流变特性；二是可以与面筋一起包裹发酵过程中产生的气体，延缓气体的扩散速率，使面团的持气能力增加；三是可以通过抑制淀粉的回生而延缓制品的老化。

四、脂　　类

小麦中的脂类可分为淀粉脂类和非淀粉脂类，淀粉脂类存在于淀粉粒内部，处于直链淀粉的螺旋结构中，十分稳定。非淀粉脂类又可分为非极性脂类和极性脂类，研究表明，面粉中脂类含量和类型对发酵面制品品质有相当大的影响。在发酵面制品蒸煮烘焙过程中，极性脂能抵消非极性脂的破坏作用，改善制品品质。在极性脂中，糖脂如双半乳糖二酰甘油对于促进面团的醒发和增大制品体积最为有效。面粉中添加糖脂，不仅使原来的品质得到保持，而且使面制品的体积显著增加，质地松软并能保鲜，其机制尚不很清楚。有人认为，糖脂同时具有多元醇类的极性特性和长链脂肪族亲脂的特性，在面团中形成了一种麦醇溶蛋白-糖脂-麦谷蛋白的复合物。而向脱脂面粉中添加非极性脂超过一定量，则对面制品的体积大小和瓤的质地有着不良影响。

五、酶　　类

1. 淀粉酶　　淀粉酶是一种能够水解直链淀粉和支链淀粉中葡萄糖单元之间糖苷键的酶。从作用方式的角度，淀粉酶基本上可以分为三类：α-淀粉酶（从底物分子内部以随机的方式分解糖苷键）、β-淀粉酶（从底物分子的非还原性末端将麦芽糖单位水解下来）和葡萄糖淀粉酶（从底物分子的非还原性末端将葡萄糖单位水解下来）。由于 α-淀粉酶的失活温度相对较高，因此在面团烘烤的过程中，它对产品的最终品质影响相对于其他酶类较大，目前报道的有关 α-淀粉酶对面制品的影响的文献也比较多。

一般面粉中含有足量的 β-淀粉酶，而 α-淀粉酶含量常常不足（用发芽小麦加工制作的面粉除外）。如果面团中 α-淀粉酶活性小，淀粉凝胶的黏度就会过高，这样就造成面团没有容纳大量气体的能力，从而使制成的烘焙产品的外形塌瘪。因此，要生产理想的面制食品，补充适量的 α-淀粉酶是很必要的。无论是天然存在的淀粉酶，还是人为加入的淀粉酶，主要作用总结为以下 4 点：①增加可发酵性糖，产生更多的气体，使产品更膨松，同时有更多的糖使面包的色泽加深。②增加面粉的糊精化，改善烘烤性能。③能产生更多的气体和降低糊化淀粉的黏度，使产品的体积得到改善。④增加面制品瓤的水分，延缓面制品的老化。

2. 蛋白酶　　蛋白酶是一种可以水解蛋白质中的肽键的酶，它可以改变面粉中面筋的性能和面团的特性，降低面团弹性，使面团的延伸性增强。因为蛋白酶破坏了蛋白质的肽链，使面筋的膜变薄，所以，发酵时面筋的网孔变得细密，最后得到的面制品触感柔软、质地紧密而且均匀。一般面粉中的蛋白酶的活性比较低，但如果小麦被病虫害感染，蛋白酶的活性会急剧增强。在面筋筋力较强的情况下，有时需要人为地加入蛋白酶，它可以使面团中的多肽和氨基酸的含量增加，而氨基酸是香味物质形成的中间产物，多肽又是潜在的滋味增强剂，所以它可以提高最终产品的风味，改善产品的香气。另外，蛋白酶分解的产物——肽和氨基酸也可以作为酵母的氮源，促进发酵。蛋白酶的另一个作用就是可以有效地缩短发酵的时间，由于可以作用于面筋，将它们分解成为相对分子质量较小的物质，这样就可以降低面团的强度，适当地添加蛋白酶，可使面团的弹性适中并缩短面团调制时间（如在面粉中添加 0.25% 的蛋白酶，调制时间则可缩短 20%）。

3. 戊聚糖酶 戊聚糖酶可以说是一类酶的总称，如今被广泛地用做面制品改良剂。其主要是作用于面粉中的戊聚糖。戊聚糖是小麦面粉中重要的非淀粉类多糖，是小麦等谷物种子的细胞壁的主要成分，占面粉组成的 4%～5%。其中主要分为两类：一类是水溶性的，一类是水不溶性的。大量的研究表明：高分子质量的水溶戊聚糖对面制品的品质是有利的，而水不溶戊聚糖和低分子质量的可溶性戊聚糖则可能会带来负面的影响。研究表明，戊聚糖酶可以将水溶戊聚糖降解到很低的聚合度；而对于水不溶戊聚糖的酶解作用则是先将其降解为相对分子质量较大的水溶戊聚糖，然后再进一步将其降解。这样在面粉中添加戊聚糖酶，在面制品生产的初期，可以有效地提高水溶戊聚糖的含量，从而起到了提高面团机械加工性能、消除发酵过度的危害、增大面制品体积、改善面制品瓤质地以及延缓老化等作用。不过，使用过量则会产生面团的黏度过大、面制品的整体品质下降等不良后果，这主要是因为戊聚糖酶对水溶戊聚糖的过分作用，使之降解为分子质量过小的戊聚糖。

4. 多酚氧化酶 多酚氧化酶是一种可催化面粉中酚类物质的酶，这是一类含铜的酶，因为在面团中它的存在可以在很大程度上影响产品的色泽，使面制品的颜色变暗。酚类物质的环状结构和苯非常相似，而且在氧气存在的情况下，会聚合成一种深色的物质，这种物质会使面团失去它原来的色彩，导致一种"灰色面团"的产生，多酚氧化酶就可以促进这种反应的发生。因为该反应是需氧的，所以要解决此问题，就需要将氧气排除掉或加入维生素 C，维生素 C 是一种还原剂，可以阻止聚合物的氧化。目前，常加入苯甲酸来作为多酚氧化酶的抑制剂，其机制是苯甲酸中的羧基可以进攻多酚氧化酶上的铜离子，使酶的活力大大下降。另外，半胱氨酸也是一种常见的抑制剂，因为它的巯基和酶中的铜可以产生电荷转移的作用，从而形成新的配位体，使原来的复合物的几何平面发生变形，抑制了酶的催化作用。

5. 过氧化物酶 为了改善面团的品质，常常需要在面团中加入化学性质的氧化剂，这种物质有时会引起消费者健康的问题，所以现在用酶制剂来作为化学氧化剂的替代物。过氧化物酶是目前经常采用的酶制剂。过氧化物酶可以催化过氧化氢的分解从而氧化面筋结构，使之筋力增强。过氧化物酶很耐热。一般过氧化物酶的加入可以使面团更易加工，赋予面团一个好的质构，使制作的面制品有一个大的体积，并使其不易老化。

上述只是对面粉品质有较大影响的酶，其实面团是一个非常复杂的系统，影响它的有关酶也非常多，人们对此已经作出很多的研究。例如，为了解决替代溴酸钾（曾经是一种常用的面团品质改良剂，可增大面包强度，改善面包品质；但被证明有致癌的作用，已被许多国家禁用）的问题，人们从黑曲霉中提取出了葡萄糖氧化酶（GOD）来作为溴酸钾的替代物。另外，转谷氨酰胺酶（transglutaminase）也是一种常常用来增强面团筋力的酶。它可以催化面筋蛋白中的谷氨酸残基和赖氨酸残基之间形成一种非二硫键的共价键，可溶性的蛋白质的量会急剧下降而不可溶的大分子蛋白质的网络结构快速形成。所以这种酶可以有效地加强面筋的网络结构，而且形成的这种结构对热还不敏感。所以这种酶在国外常常被用作为一种增筋剂，但是在国内由于成本的问题还需要进一步推广。

第三节 面团流变学

面团是面粉加水揉和而成的具有黏弹性的物质，无法单独用固体或液体的物理学规律进行表达和解释。它既具有固体物质的特性（弹性），又具有液体物质的特性（黏性），是典型的黏弹性物质。流变学是研究物质流动和变形的一门学科。在面团的负载曲线中，应力、应变与时间之间的关系所导致的弹性、黏性、塑性等各种特性称为面团的流变学特性。

面制食品加工中的面团是由面粉、水、酵母、盐或其他成分等组成的一个复杂的混合物，是小麦由面粉向食品转化的一种基本过渡形态。小麦面粉加水至50%左右并进行揉和时，便可得到黏聚在一起并有弹性的面团。面团的结构和性质，特别是流变学特性，对小麦育种工作者、加工企业及面制食品生产来说都非常重要，其主要有两个原因：第一，面团的结构和性质直接受小麦品种的品质状况决定，其蛋白质含量和质量、淀粉的结构和组成、脂肪的结构和组成等都直接影响到面团的粉质、拉伸、揉混和醒发等特性；第二，面团的性质又直接影响到馒头、面条、面包等制成品的品质。在机械处理面团期间如醒发、分割、揉圆等，面团的流变学特性决定了面团的行为，通过选择配方和加工过程，可以控制面团特性以生产出能满足特殊品质要求的馒头、面条、面包等。因此，小麦遗传育种工作者都十分重视小麦面团品质特别是流变学特性方面的测定分析；粮食收储企业对原粮的收购、小麦加工企业对加工过程的控制、食品工程师对面粉的选择等大都以面团的粉质、拉伸、揉混和吹泡等流变学指标作为主要品质指标。国际上美国谷物化学家协会标准（AACC标准）、ICC标准和我国的国家标准（GB）也大都将面团稳定时间、抗延阻力等指标作为审定品种和判断面粉类别的具体标准，甚至作为必须达到的指标予以重点考虑。因此，面团品质，特别是面团流变学特性是小麦品质研究的主要内容之一。

一、面团的形成

小麦面粉加水进行混合，其中的淀粉和面筋蛋白质对水分都有一定的亲和力，会将水分吸收到颗粒内部，使自身胀润，这个过程称水化作用，面团形成本身就是小麦粉颗粒水化的结果。小麦面粉加水后，面粉颗粒表面很快吸水，随着搅拌作用，颗粒间相互摩擦，通过颗粒与和面机筒内表面或和面搅拌叶片的摩擦作用，吸水的表面被剥落，裸露出的颗粒表面层重新开始吸水等，直至所有粉状颗粒充分吸水而逐渐消失。加水量不足或过多都不能形成很好的面团。加水量不足，面粉颗粒不能完全吸水，面筋蛋白很难形成连续的网状结构；加水量较多，面筋蛋白的相互作用由于水的隔离而减弱，面团弹性减小，水分过量时会形成浓浆。只有加水量适中时，才容易形成具有黏弹性、表面光滑的面团。良好的面团用手拉伸时，可成均匀透明的薄膜状。采用扫描电子显微镜观察面团，看到的并非完整的小麦粉颗粒，而是一种蛋白纤维与黏附在其上面的淀粉粒的混合物。判断面团是否和面成功一般是用双手的食指和拇指小心地伸展面团，如能像不断吹胀的气球表面那样成为非常均匀的薄膜时为好，此时用手触摸面团时可感到黏性，但不粘手，而且面团表面手指摁过的痕迹会很快消失。

面团形成过程中所表现出的各种理化特性，除了与小麦面粉品质和加水量的多少有关以外，还与面团形成过程中的搅拌作用（搅拌形式、时间、温度等）密切相关。因此，面团的搅拌成为面制食品生产中的一项重要工序。面团搅拌（和面）的目的如下：①使各种原辅料混合均匀，形成质量均衡的面团。若在小麦粉与辅料中加水而不进行搅拌，则原辅料及水的分布很不均匀，而且与水接触的小麦粉颗粒表面吸水后形成一层胶韧的膜，水分很难向小麦粉颗粒的中心继续渗透。搅拌混合可有助于面团质量均衡，促进面团的水化作用，提高水化速率。②有助于面筋网络充分形成。通过搅拌叶片对面团不断重复地推揉、折叠、拉伸等机械动作，使面筋得到扩展，形成既有一定弹性又有一定延伸性的面团。③有助于面团中空气的掺入。面团在搅拌时，由于搅拌作用不断地进行，空气也不断地进入面团内。掺入的空气，特别是其中的氧对面制食品很重要，因为它产生气泡，可供发酵过程中产生的气体扩散到里面去。

面团和面过程可分为以下几个阶段：①起始阶段。这是搅拌的第一个阶段，面粉加适量水搅拌，混合均匀后成为一个既粗糙又潮湿的面团，用手触摸时面团较硬，无弹性和伸展性。面团呈泥状，容易撕下，说明水化作用只进行了一部分，而面筋的结合尚未形成。②卷起阶段。此时面团中的面筋已经开始形成，面团中的水分已全部被面粉均匀吸收。由于面筋网络的形成，将整个面团结合在一起，并产生强大的筋力。面团成为一体附在搅拌叶片的四周随之转动，搅拌缸上黏附的面团也被粘干净。此阶段的面团表面很湿，用手触摸时，仍会粘手，用手拉取面团时，无良好的伸展性，易致断裂，而面团性质仍硬，缺少弹性，此时水化已经完成，但是面筋结合只进行了一部分。③面筋扩展、结合阶段。面团表面已逐渐干燥，变得较为光滑，且有光泽，用手触摸时面团已具有弹性并较柔软，但用手拉取面团时，虽具有伸展性，但仍易断裂。这时面团的弹性并没到最大值，面筋的结合已达一定程度，再搅拌，弹性渐减，伸展性加大。④完成阶段。随着面团不断地搅拌，水分大量地渗透到蛋白质内部和结合到面筋的网状组织内部，使面团具有良好的弹性和延伸性。面团在此阶段因面筋已充分扩展，变得柔软而具有良好的伸展性，搅拌叶片在带动面团转动时，此时面团的表面干燥而有光泽，细腻整洁而无粗糙感，用手拉取面团时，感到面团变得非常柔软，有良好的伸展性和弹性。此阶段为搅拌的最佳程度。⑤搅拌过度阶段。如果面团搅拌至完成阶段后，不予停止而继续搅拌，面团表面就会出现游离水浸湿现象，再度呈现含水的光泽，使面团又恢复黏性状态，并开始黏附在缸的边沿，不再随搅拌叶片的转动而剥离。停止搅拌时，面团向缸的四周流动，失去了良好的弹性，同时面团变得粘手而柔软。此阶段面筋已超过了搅拌的耐度开始断裂，面筋分子间的水分开始从接合键中渗出。面团搅拌到这个程度，对面制品的品质就会有严重的影响，该过程又称为面团弱化。弱化的原因是，在过度揉和情况下，面团网络结构的结合处开始滑移松弛，而且由于同向分子越来越多，这种滑移松弛作用即被促进致使发生降解弱化。弱化现象中，一种是可逆的，另一种是不可逆的。如果停止揉和并将面团放置一段时间，大部分面团特性将渐渐恢复，为可逆性弱化，但并非面团全部特性都可恢复，若面团强度不能恢复属于不可逆性弱化。⑥面筋打断阶段。面筋的结合水大量漏出，面团表面变得非常的湿润和粘手，搅拌停止后，面团向缸的四周流动，搅拌叶片已无法再将面团卷起。面团用手拉取时，手掌中有一丝丝的线状透明胶质。此种面团用来洗面筋时，已无面筋洗出。

不同品质的小麦面粉在面团搅拌过程中所呈现的特性差异较大，面团的吸水量、水化速率、面团的耐搅拌能力、弹性和延伸性的大小等都各不相同。不同的面制食品对上述品质参数的要求以及面团需要达到的搅拌程度也不相同。例如，生产面包的面团搅拌至完成阶段时性能最佳；而生产饼干的面团在调制过程中，则希望尽量不形成面筋，已形成的面筋要通过搅拌将其打断。因此，专用小麦粉在原料选定、配麦及配粉方案确定时，均需对其小麦粉的面团特性进行相应检测评定。实际上生产中一般用粉质仪来评价面粉的和面特性，而拉伸仪用来评价面团的延展特性。

面团形成过程中，小麦粉中的面筋蛋白质在与水发生溶剂化作用的同时，还发生着胶体化学变化。面团搅拌开始阶段，麦谷蛋白首先吸水润胀，然后麦醇溶蛋白也逐渐吸水润胀，此时吸水不多，水化作用仅仅在蛋白质外围的亲水性基团进行，面筋尚未形成。随着搅拌的继续，水分子与蛋白胶体各个链的所有极性基团发生水化作用，水化作用由表及里将蛋白质胶体可溶性成分溶解，由此产生的内部渗透压促使大量水分子进入胶体内部，直至渗透平衡。最后，面筋蛋白外部形成具有疏水区的凝聚区，内部形成亲水区，保持了渗透的大量水分。该过程可明显地感觉到面团逐渐变软，黏性减弱，体积膨大，特性增强。若搅拌过度，面团表面会出现游离水浸湿现象，面团又恢复黏性状态。

小麦粉面筋蛋白质在搅拌前其分子间的连接是杂乱无章的，随着搅拌机叶片的定向搅拌，蛋白质肽链逐渐舒展开，链间的部分二硫键和次级键被打断，然后与相邻的肽键又重新键合。其中麦谷蛋白亚基间层发生巯基和二硫基的交换反应，最后麦谷蛋白亚基通过分子间二硫基形成有序的纤维状大分子聚合体，从宏观上表现为面团逐渐具有弹性。聚合体体积越大，分子间的相对滑动越困难，弹性也越大。麦醇溶蛋白在肽链内二硫键、氢键和疏水键的作用下形成球状结构，通过共价键与麦谷蛋白穿插在网络骨架中。麦醇溶蛋白的介入减弱了麦谷蛋白亚基间的作用，从宏观上表现为面团具有滑移和黏性。蛋白质分子肽链间的二硫键与次级键的断裂和重组，形成了有序的面筋网络空间结构，从而使面团具有延伸性和弹性。在面团形成过程淀粉变化较小，淀粉颗粒充填在面筋基质中，形成均一的面团结构。

面团是一种多相体系，大体上可分为固相、液相、气相3个相。面团固相主要由淀粉、不溶性蛋白（面筋蛋白）和其他不溶组分构成，占面团总体积43%～45%。淀粉在固相中的比例高达50%以上，其次是面筋蛋白占20%～32%。固相在揉和过程中的变化主要反映在面筋蛋白上，麦谷蛋白和醇溶蛋白的颗粒在揉和过程中互相结合在一起形成连续基质，即小麦面粉所特有的物质——面筋。谷蛋白与面团的弹性有关，使面团具有弹性，麦醇溶蛋白与面团的黏性有关，可使面团具有良好的伸展性。面团液相是由面粉中含有的结合水、加入的水及可溶物构成，约占面团总体积的47%。干面粉逐渐加水揉和时牢固结合到面粉组成中的水分为结合水，约为30%。由于面团中存在液体，为揉和面团时气泡的形成和发酵期间气泡体积扩大提供了介质，因而它也提供了一个流动相，发酵和蒸煮烘烤期间许多反应可在流动相中或通过流动相进行。面团气相的气体来源主要是加入物料带进、揉和过程混入的空气和发酵过程产生的 CO_2 气体。面团气相包括大量细小的空气泡，在揉和过程中被进一步分隔成更细小。渗入的空气对面团的机械特性并无太大影响，但对以后的发酵过程极为重要。气相使面团形成疏松多孔的结构，空气中的氧同蛋白质分子上的含硫氨基酸的巯基发生反应，增加了面团弹性。小麦粉含有约1%的脂质（重量比），但所含脂质种类却超过20种。用有机溶剂可将脂质从面粉中抽提出来。小麦脂肪可分为：非极性脂类（固醇酯、单酰甘油、二酰甘油和三酰甘油及脂肪酸）和极性脂质（糖脂和磷脂）两类。脂质分布在面筋蛋白质中和其他物质的界面上（如淀粉粒表面上及气泡的空气-水界面上）。面团各相的比例对面团理化性质有影响。若液相和气相比例增大，会减弱面团的弹性和延伸性；固相比例过大，面团发硬，延缓发酵时间和醒发时间，面制品体积会减小，因此，各相的比例要适中。

二、流变学基本概念

流变学是研究物体流动和变形的一门学科，是指从应力、应变、温度和时间等方面来研究物质变形和（或）流动的物理力学。

1. 液体的流变学 液体的特性用黏度描述，阻碍流体流动的性质称为黏性，黏度是表现流体流动性质的指标。液体黏度（η）公式如下：

$$\sigma = K\dot{\gamma}^n \longrightarrow \eta = K\dot{\gamma}^{n-1}$$

式中，σ 表示剪切应力；$\dot{\gamma}$ 表示剪切速率；n 表示流动状态指数。

2. 固体的流变学 固体的特性用弹性表示。物体在外力作用下发生形变，撤去外力后恢复原来状态的性质称为弹性。固体的弹性用弹性系数表示，公式如下：

$$F = Kd$$

式中，F 表示外力；d 表示变形量；K 表示弹性系数。

弹性系数根据测定的方式不同，可用弹性模量（又称杨氏模量）、体积模量和剪切模量及泊松比表示。所以在描述固体的特性时，可用弹性模量、体积模量、剪切模量或泊松比表示。

3. 黏弹性体的流变学特性 黏弹性体为在应力作用下呈现弹性变形和黏性流动的物体，即具有液体和固体双重特性的物体。弹性变形呈主导的时候固体特性明显，黏性流动呈主导的时候液体特性明显。黏弹性体特点表现为：①具有液体和固体双重特性；②曳丝现象（thread forming property）；③威森伯格效应（Weissenberg effect）；④弹性回复（elastic recoil）；⑤应力松弛（stress relaxation）；⑥蠕变现象（creep phenomenon）。这些特性构成黏弹性体流变测定的基础。

（1）曳丝现象是指把搅拌物体放进黏弹体中，然后提起，黏弹体具有成线的现象，该现象称为黏弹体的成线现象，它的机制是物体不同分子之间的相互连接具有的弱凝胶结构。成线现象是黏性和弹性的双重表现。测定的方法为将直径为1mm的玻璃棒，浸入待测的黏弹性物体中1cm，然后以5cm/s的速度提起玻璃棒，至所成线断开时的线长度描述成线特性。

（2）弹性回复现象是指作用于黏弹性体的张力去除后，由于物体间内聚力的作用，使物体回复的现象（图9-2）。在不同的物体种类中，牛顿流体没有弹性回复现象，非牛顿流体具有很小的弹性回复现象，塑性体具有一定的弹性回复现象，黏弹性体具有较好的弹性回复现象，最典型的弹性回复现象的黏弹体是面团，理想固体具有完全弹性回复现象。

（3）威森伯格效应是指混合或搅拌时，黏弹体呈现顺着搅拌棒往上爬的趋势，这种现象称威森伯格效应（图9-3）。

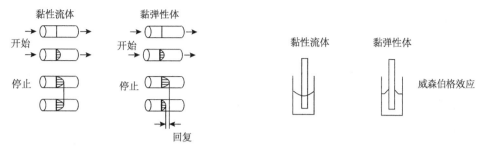

图9-2 不同物体的黏弹回复行为（Steffe,1992） 图9-3 液体和黏弹性体的威森伯格效应

（4）应力松弛是指当给予物体一个瞬时的应变，维持该应变，应力与作用时间的关系称为应力松弛。应力松弛是描述黏弹体重要的术语，应力松弛用应力松弛曲线和应力松弛时间描述。应力松弛模型[又称为麦克斯韦（Maxwell）模型]及曲线如图9-4所示。

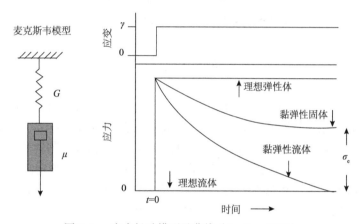

图9-4 应力松弛模型及曲线（Steffe，1992）

对于麦克斯韦（Maxwell）模型：

$$\gamma = \gamma（弹簧）+ \gamma（阻尼环）$$

该方程称为麦克斯韦（Maxwell）方程。

应力松弛用应力松弛时间和曲线描述。应力松弛时间（τ_m）定义为黏度系数（μ）与弹性模量（G）之间的比值：$\tau_m = \mu/G$。应力松弛时间测定：当应力降低为初始应力 1/e（36.8%）时所需的时间，具有高黏度的物体具有较高的应力松弛时间。

（5）蠕变现象。蠕变现象（creep phenomenon）为给物体施加瞬间应力，维持该应力，应变与作用时间的关系。蠕变是描述黏弹体另一重要的术语，是黏弹体具有的重要流变特征之一。蠕变用蠕变曲线和回弹时间描述。蠕变现象可以用 K-V 模型（Kelvin-Voigt model）描述，也称蠕变模型（creep model）（图9-5）。

蠕变模型又称 K-V 模型，即弹簧和阻尼环产生的应变相同，应力是两者之和。

$$\sigma(t) = E\varepsilon(t) + \eta \frac{d\varepsilon}{dt}$$

实际中可以用应力松弛曲线、蠕变曲线描述黏弹性体的流变学特性，其被广泛地应用于面团的流变学特性的基础研究。有时也将两者组合用于描述面团的流变学特性。

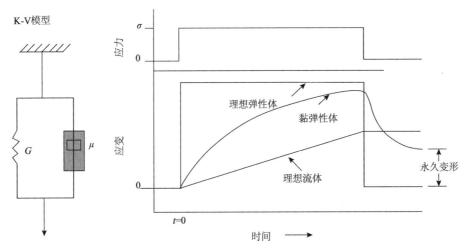

图 9-5 蠕变模型及曲线（Steffe，1992）

三、面团流变学评价

小麦加工包括小麦面粉加工、面制品加工等。其中，小麦面粉加工过程碾磨工序是影响面粉品质以及面制品加工品质的主要工序，面制品加工过程和面、发酵、醒发、压延、熟制（蒸、煮、烤等）是影响最终面制食品的主要工序。在小麦面粉及面制食品加工过程中，通常将面团流变学特性作为小麦加工过程控制的常用手段。通常，用于测定流变学的技术可分为描述性、经验性流变学技术和基础流变学技术。描述性流变学技术主要通过感官接触主观描述在力作用下的流动和变形的特性，如黏、硬、软、弹等；经验型流变学技术常用的仪器如粉质仪、揉混仪、拉伸仪等，无法给出应力和应变等流变学基本参数，且对大分子结构变化不敏感。基础测定主要包括小变形动态振荡、应力松弛、大变形蠕变、应力松弛、单轴和双轴拉伸实验等，可以计算获得相应的应力、应变等普遍性流变学参数，其对大分子结构变化较敏感。目前，小麦加工业普遍采用经验型流变学技术作为一种控制手段。面团流变学测量，不仅可以提供原料小麦及面粉品质信息，还可作为面粉加工及面制品加工控制的手段。同时面团流变学是研究面团中大分子（蛋白质、淀粉、脂类等）内部结构的一个窗口。通过面团流变学分析，可以快速、简便、有效地进行原材料、中间产品和最终产品的质量检测和质量控制。流变学测量在聚合物的分子质量、分子质量分布、支化度与加工性能之间构架了一座桥梁，可帮助用户进行原料检验、加工工艺设计和预测产品性能。

下面就以小麦加工业常用的经验性流变学测定方法进行论述。经验性面团流变学测定方法是基于小麦面粉在制作面制品过程不同阶段的特性进行测定。面粉加水和面过程中，以及在面团形成之后所表现出的各种物理特性，与面制品加工过程中面团的滚揉、发酵及机械加工特性直接相关，能够很好地反映小麦粉的食品加工品质。常用测定面团流变学性能的仪器有粉质仪（farinograph）、揉混仪（mixgraph）、拉伸仪（extensograph）、吹泡示功仪（alreograph）、发酵仪等。

粉质仪和揉混仪测定的是面粉加水和面过程中的流变学特性。粉质仪测定样品用量相对较多（多采用 50g 和 300g），揉混仪测定用样少（10～30g），测定时间短，在美国、加拿大等国普遍采用，另外，由于其测定样品量较少，在小麦育种部分被广泛采用。拉伸仪和吹泡仪测定的是面团醒发阶段的流变学特性，拉伸仪用样多，测定时间长，但可以得到其他仪器所不能测定的不同醒发阶段面团的流变学特性，特别是一些助发剂（如酵母、溴酸盐和碘酸盐等）对面团流变学特性的影响。吹泡示功仪测定用量少、操作简便、快速，是一种研究面团韧性——延伸性的方法，在法国、英国、比利时等国广泛应用。发酵仪和面团成熟度测定仪是用来测定面团发酵过程的流变学特性，如发酵耐力、发酵稳定性、发酵时间等。炉内涨大仪、糊化仪用来测定面团及面糊在加热过程中所表现出的流变学特性。布拉班德黏度仪及快速黏度仪（RVA）可用来同时测定面糊加热、保温及冷却过程中的流变学特性。

上述仪器所测的搅拌阻力、面团形成时间、延伸度、搅揉性等指标间有一定相关性，如粉质仪参数或揉混仪参数与拉伸参数之间的相关性已经建立，但不同仪器测出的结果并没有很高的相关性，因这些仪器测定的是不同属性或至少是相似属性的不同混合物，所以各种仪器和测试方法都从不同方面提供了关于面团品质的信息，不能互相代替。

（一）和面过程流变学特性

小麦粉中定量加水揉制成面团过程中，面团的揉和性能的检测仪器主要有德国布拉班德（Brabender）公司的粉质仪和美国 National MFG 公司的揉混仪。

1. 粉质特性 小麦粉在粉质仪中加水揉和，随着面团的形成及衰减，其稠度不断变化，记录面团揉和时相应稠度的阻力变化，绘制出一条特性曲线即粉质曲线。其测定原理是：在恒温条件下，一定量的小麦粉加入适量水分（面团稠度达 500F.U.左右），在揉面钵中被揉和，面团先后经过形成、稳定和弱化三个阶段。面团这种揉和特性的变化，通过揉面钵内螺旋状叶片所受到的阻力变化反映出来，这种阻力变化由测力计检测，通过杠杆系统传递给刻度盘和记录器进行记录(机械型粉质仪)或通过计算机转化系统记录下来(电子型粉质仪)，并绘制出粉质曲线（图 9-6）。由此计算小麦面粉的吸水率、面团的形成时间、稳定时间、弱化度等特性，根据以上参数全面评价面团品质。粉质仪不但用于研究小麦粉中面筋的发展，比较不同质量小麦粉的面筋特性，还可以了解小麦粉组分，以及添加物如盐、糖、氧化剂等对面团形成的影响。粉质仪使用方法参考 AACC 相关标准和我国相关国家标准。

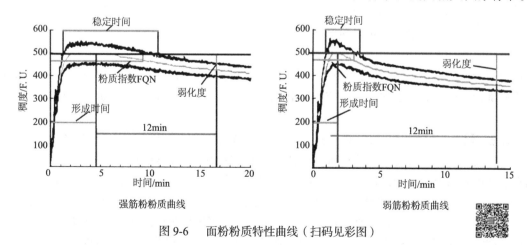

图 9-6 面粉粉质特性曲线（扫码见彩图）

粉质仪测定指标如下。

（1）吸水率（water absorption）：是以 14%水分为基准，每百克面粉在粉质仪中揉和，面团达到标准稠度（粉质曲线达到 500F.U.）时所需的加水量，以 mL/100g 表示。吸水率与面粉的原始水分、蛋白质的数量和质量以及损伤淀粉量有关。

（2）面团形成时间（development time，DT）：指从加水和面到曲线达到峰值（面团标准稠度）所需的时间（分），也称为"峰高时间"，单位用分钟表示，一般硬麦面粉为 3～4min，软麦 2～3min。

（3）面团稳定时间（stability time，ST）：指粉质曲线到达 500F.U.（标准稠度）到离开 500F.U.的时间。代表了面团的耐搅拌性和面筋筋力强弱。如面包粉为 7～15min。

（4）面团断裂时间（breakdown time）：指从揉面开始到粉质曲线由 500F.U.降落到 30F.U.时所经历的时间（分钟）。此时若继续搅拌，面筋将会断裂，即搅拌过度。断裂时间越长，面团筋力和加工品质越好。

（5）公差指数（耐搅拌指数）：曲线达峰值后 5min 时，谱带中心线自 500F.U.标线下降的距离（F.U.）。该值越小，面团的耐揉性越好。

（6）弱化度（softening of dough）：曲线达峰值后 12min 时，谱带中心线自 500F.U.标线下降的距离。弱化度大，表示面团在过度搅揉后面筋变弱的程度大，面团变软发黏，不宜加工，面团弱化度一般为 35～60F.U.。

（7）面团弹性与膨胀性：指曲线达最大稠密度时的波带宽度，曲线越宽，表示面团的弹性越大。

（8）评价值：机械型粉质仪用仪器所附带的特殊样板——评价计算，从粉质图谱上测得，是一项经验的品质评价值，基于面团形成时间和公差指数。表示 12min 后面团阻力下降的对数函数，也表示面粉筋力强度，评分范围为 0～100，评分越小，筋力越弱。一般认为评价值 50 以上，其品质是良好的。

（9）粉质质量指数（farinograph quality number，FQN）：是指从揉面开始到曲线达到最大稠度后再下降 30F.U.处（以图形中线为基准）的距离，其值是用到达该点所用的时间（min）乘以 10 来表示。它是评价面粉质量的一种指标。弱力粉弱化迅速，质量指数低，强力粉软化缓慢，质量指数高。国外按照粉质质量指数将小麦分为三类：FQN>80 为强筋麦；FQN 在 50～80 为中筋麦；FQN 在 15～49 为弱筋麦。我国在电子型粉质仪得到应用之后，才逐渐开始以粉质质量指数代替评价值，对面粉筋力强度和烘焙品质进行综合评价。

粉质曲线是评价小麦粉质量的重要依据。弱筋粉面团形成时间和稳定时间短，弱化度大，评价值和粉质质量指数低；中强筋粉面团形成时间和稳定时间较长，弱化度较小，评价值和粉质质量指数较高；强筋粉面团形成时间和稳定时间长，弱化度很小，评价值和粉质质量指数高。

2. 揉混仪　　揉混仪（mixograph）测得的面团揉和特性称和面特性。揉混仪设计原理与粉质仪类似，测定和记录揉面时面团的阻力。揉混曲线（mixogram，图 9-7）可以显示面团对和面的最佳要求（mixing requirement），即和面时间（mixing time）和耐揉性（mixing tolerance）。和面时间为曲线峰值对应的时间，此时面团流动性最小，可塑性（弹性）最大。耐揉性也称稳定性，它可用曲线衰减的斜率、衰减后的宽度或曲线高度等参数来表示。研究者可根据需要选择耐揉性参数，一般只测定曲线高度，更详细情况下测定斜率。斜率可用衰落角表示。曲线高度仅在一定程度上反映耐揉性，而衰落角反映的耐揉性更真实、更全面。

衰落角越小，面团的耐揉性越大，即韧性好、强度大、加工处理性能好。

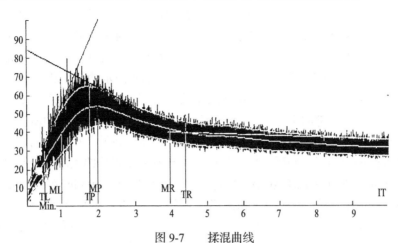

图 9-7　　揉混曲线

对不同小麦品种来说，面团和面时间越长，耐揉性越好。根据衰落角的大小可对面团耐揉性进行评分和分类（表 9-3）。揉混仪通常用于研究或进行小麦品种比较，多在育种实验中应用，其特点是样品用量较粉质仪小，常量仪器用 30g 面粉，微量仪器仅用 10g 面粉，工作效率是粉质仪的 4～5 倍，但读数不如粉质仪稳定。揉混仪的使用方法可参考 AACC 相关方法。

表 9-3　揉混曲线衰落角与耐揉性

衰落角/（°）	耐揉性	
	得分	类型
≥35	1	非常差
27～34.5	2	弱
20～26.5	3	中等
13～19.5	4	强
5～12.5	5	很好
<5	6	非常好

和面时间短、耐揉性差的小麦粉不适宜于烘烤面包，和面时间中等偏长（3～4min）、耐揉性适中（30～40cm）的面粉能较好地满足烘烤面包的要求。和面时间过长（耗能费时）、耐揉性过强的小麦粉也不适宜烤面包，但其和面价值高，用于配粉能有效地改良弱筋粉的面团性能。

（二）面团醒发过程流变学特性

面团醒发又称为静置，醒发的实质是调整面团弹性和延伸性，使面团得到松弛缓和，促进酵母产气性，增强面团持气性。用显微镜观察面团醒发的不同阶段可以发现面筋在剪切力作用方向上形成束状和条状。低分子质量麦醇溶蛋白可减少面团的醒发时间并加快面团的弱化速度；高分子质量麦谷蛋白的作用正好相反。面团醒发阶段的流变学特性通常采用拉伸仪进行评价。

面团在一定外力的作用下产生变形，其变形的程度与面团本身的延伸性和抗延伸性能有关。延伸性（也称延展性）表示面团变形的大小，抗延伸性则表示面团抵抗变形所表现的阻力或使面团变形需要施加的外力大小。测定面团延展特性的仪器主要有德国 Brabender 公司生产的拉伸仪（extensograph）和法国 Chopin 公司生产的吹泡示功仪（alveograph）。

1. 拉伸仪　　　拉伸仪的基本原理是将粉质仪制备好的面团揉搓成粗短条，水平夹住面团的两端，用钩挂住面团中部向下拉，自动记录下面团在拉伸至断裂过程中所受力及延伸长度的变化情况，绘出拉伸曲线。拉伸曲线反映了面团的流变学特性和小麦粉的内在品质，借此曲线可以评价面团的拉伸阻力和延伸性等性能，指导专用小麦粉的生产和面制食品的加工。拉伸实验一般将同一块面团在恒温恒湿的环境中，静置 45min、90min 及 135min 后分别测定三次，可得到三条拉伸曲线。经粉质仪刚搅拌完的面团，麦谷蛋白肽链虽已伸展呈线性结构，但分子间相互缠绕很难产生滑动。此时，不论面粉品质如何，面团均表现为延伸性很小，层流阻力很大，通过一段时间的静置，麦谷蛋白分子呈线性定向排列，缠结点大大减少，面团就能表现出较好的延弹平衡，满足加工工艺的要求。因此，面团的拉伸试验前，需将面团静置一定的时间。故对拉伸曲线的评价，必须指明相应的静置时间。从拉伸曲线可分析得到下列参数（图 9-8）。具体测定方法见 AACC 和我国国家标准相关方法。

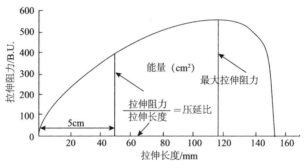

图 9-8　面团拉伸曲线

从拉伸曲线可以得到如下指标。

（1）拉伸阻力（resistance，R）：也称抗延伸性，是指曲线开始后在横坐标上到达 5cm 位置处曲线的高度，以 E.U.（extensograph unit）表示，原用 B.U.（brabender unit）。

（2）最大拉伸阻力（maximum resistance，Rm）：是指曲线最高点的高度，以 E.U.或 B.U.表示。

（3）延伸性（extensibility，E）：也称延展性，是指面团拉伸至断裂时的拉伸长度，亦即拉伸曲线在横坐标上的总长度，以 mm 表示。

（4）拉伸能量（area，A）：是指拉伸曲线与基线所包围的总面积，用 cm^2 表示。可用求积仪求出曲线所包围的面积。

（5）拉伸比值（R/E）：也称形状系数，是指面团拉伸阻力与延伸性之比，单位为 E.U./mm。拉伸曲线表示面团在拉伸过程中力的变化行为，即面团拉伸阻力与距离之间的关系。

拉伸阻力表明面团的强度和筋力，拉伸阻力大，表明面筋网络结构牢固，面团筋力强，持气能力强。面团只有具有一定的拉伸阻力时，才能保留住面团发酵过程中酵母所产生的 CO_2 气体。若面团拉伸阻力太小，则面团中的 CO_2 气体易冲出气泡的泡壁形成大的气泡或由面团的表面逸出。拉伸长度表征面团延展特性和可塑性。延伸性好的面团易拉长而不易断裂。它与面团成型、发酵过程中气泡的长大及烘烤炉内面包体积增大等有关。拉伸能量表示拉伸面团时所做的功，是面团拉伸过程中阻力与长度的乘积，它代表了面团从开始拉伸到拉断为止所需要的总能量。强筋粉的面团拉伸所需要的能量大于弱筋粉的面团。拉伸阻力随时间延长的变化趋势，可以反映面团在面制品加工过程的表现情况：①拉伸阻力无变化或变化很小。这种面团在发酵过程保持松弛状态，需要快速加工，否则容易粘在容器壁上，即处理性能不好。②拉伸阻力有所增加，这样的面团在揉面、成型和发酵过程均保持良好的状态，手工处理性能较好。③拉伸阻力大大增加，这种面团在加工发酵和揉面过程中表现良好，处理性能好，耐发酵性能好，而且，面团形状紧凑上挺，最终产品质量好。拉伸能量数值虽提供了面团强度的信息和小麦粉烘焙蒸煮品质特性，但不能涵盖不同面团的所有特征。不同拉伸阻力和拉伸长度的面团可以得到相同的拉伸面积，需要相同的拉伸能量。例如，拉伸阻力大而拉伸长度短的面团可以和拉伸阻力小而拉伸长度长的面团能量相等。虽然能量数值相等，但两种面团的特性却差异很大，第一种是拉伸阻力大、拉伸长度短的脆性面团，第二种是拉伸阻力小、拉伸长度长的流散性面团。因此，衡量面团的筋力强弱，还需结合拉伸比值。拉伸比值表示面团拉伸阻力与拉伸长度的关系，它将面团抗延伸性与延伸性两个指标综合起来判断小麦粉品质。拉伸比值小，阻抗性小，延伸性大，即弹性小，流动性大；比值大，则相反。

面筋中的麦谷蛋白提供了面团的抗拉伸阻力，醇溶蛋白则提供了面团的流动性和延伸所需要的黏结力，利用拉伸能量和比值这两项指标，可对面粉的食品加工品质进行综合评价。拉伸曲线面积大、比值大小适中的面团，具有最佳的面团发酵和烘焙特性，适宜制作面包，既有好的弹性，又有适宜的延伸性，适合于长时间发酵，能产生疏松多孔的面团，面包体积大。若拉伸比值过大，意味着阻抗性过大，弹性大，延伸性小，面团很难拉开，一旦拉开就会拉断，发酵时面团膨胀会受阻，起发不好，面包或馒头体积小，内芯干硬。拉伸比值过小，意味着阻抗性小，延伸性大，这样的面团发酵时会迅速变软或流散，面包或馒头会发生塌陷现象，瓤发黏，触感差，缺乏弹性。馒头粉要求拉伸比值适宜，能量相对较小，面条粉要求比值适中稍偏小，但面积要大，若拉伸能量小，无论比值大或小，面条的食用品质均不好。饼干粉要求比值较小的面粉。一般软麦面团拉伸阻力小，拉伸性大，能量及比值都较小，硬麦面团拉伸阻力大，拉伸性小，能量及比值都较大。

2. 吹泡示功仪　　吹泡示功仪是法国 Chopin 公司参照欧式面包的特征设计的。小麦粉加水搅拌形成的面团，是以面筋为中心的网状结构，淀粉、脂质等被包围在面筋网络中，形成较稳定的薄层状网络，使面团具有持气性，能够保住发酵过程中产生的 CO_2 气体，在面团内形成微细气泡。因而，吹泡示功仪以吹泡的方式使面团变形，检测面团包容气体的能力。吹泡测定时，面粉加一定量盐水混合成为面团，挤出成面片，在恒温室中放置 20min，在一定压力和流速的空气下把面片吹成十分薄的面泡，直至破裂为止，记录下吹泡过程中面泡内部压力变化的吹泡曲线，吹泡仪是测定面团三维空间的膨胀延伸特性，模拟面团发酵膨大的过程，而布拉班德拉伸仪是测面团单向拉伸特性。样品吹泡测定时间 28min。绘制成吹泡示功仪曲线图，见图 9-9。

吹泡示功仪测定参数如下。

P=面泡形变的最大压力（mmH_2O）；L=面泡膨胀破裂最大的距离（cm）；W=吹泡过程所需的能量（毫焦，mJ）（吹泡曲线面积）；P/L=吹泡曲线的构形。P 值越大表示面粉的筋力韧

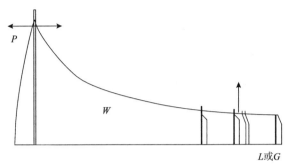

图 9-9　吹泡示功曲线

性越好，L 值越大表示面粉的延伸性好，W 值又称为烘培力，W 值与面包烘焙体积成正比关系，P/L 值越大表示韧性强，延伸性差，P/L 值表示曲线的形状即面团的韧性和延展性的相互关系。

　　P/L=0.15～0.7，面团强度、弹性较差，延伸性好。

　　P/L=0.8～1.4，面团强度、弹性、延伸性均好。

　　当 P/L>2.5 时，则筋力过强，面包体积变小，饼干僵硬，可塑性不好。

　　通过吹泡仪测定可以快速地评价小麦质量。不同品种的小麦、不同用途的专用小麦粉有着不同的延展特性，表现出不同的吹泡示功曲线。例如，专用饼干粉为了使饼干有着酥脆的特点，其 P 值低、L 值适中、W 值较小；美式面包专用粉 P 值高、L 值大、W 值大，此种小麦粉制作的面包筋力强、起发大、纹理好；而优质法式面包专用粉的 W 值适中，要求筋力并不强，但膨胀性要好。通过吹泡仪还能了解虫蚀小麦、发芽小麦和霉变小麦，这些小麦和正常小麦相比，P 值、W 值下降，说明小麦筋力被破坏。吹泡仪还可用于选择添加剂的种类（谷朊粉、还原剂及其他改良剂等），用以改善不同类型的面粉品质，并确定合理的添加量。面粉吹泡指标与面粉用途关系如表 9-4 所示。

表 9-4　面粉吹泡指标与面粉用途

指标	饼干粉	面包粉	挂面粉	方便面粉	馒头粉	饺子粉
P/mmH$_2$O	30～45	110～180	50～85	55～95	55～80	65～95
L/mm	85～100	60～95	80～100	75～120	65～105	85～115
G	20～23	17～22	20～23	20～24	18～23	21～24
W/10^{-4} J	70～100	340～500	120～195	120～255	125～185	185～255
P/L	0.3～0.6	1.1～3.0	0.5～1.0	0.5～1.1	0.5～1.2	0.6～1.0

（三）面团发酵过程流变学特性

　　小麦粉制作馒头、面包等发酵制品时，其面团的揉和特性、延伸特性、发酵性能、烘焙时的热胀性能等对发酵面制品的质量具有重要影响。因此，除了检测面团的揉和、延伸特性外，还应评价小麦粉的发酵特性。

　　面团酵母发酵实质是在酵母的作用下产生 CO_2 气体，获得疏松多孔、柔软似海绵组织结构面团的过程。面团发酵期间，面团中的各种物料也都处在活动和变化中，它们之间的相互作用，改变了面团的性质，决定食品的质量和风味。面团发酵过程主要变化如下：①面团发酵过程蛋白质的变化。面团发酵过程中，面筋不断发生结合和切断。蛋白质分子也不断发生着硫氢基和二硫基的相互转换，同时面团发酵过程中蛋白质在酶和酸的作用下会发生分解，分解结果使面筋变稀、变弱，使面团软化，引起面筋物理性质变化，发酵过程导致了蛋白质溶解度增加，最终生成的氨基酸既是酵母的营养物质，又是发生美拉德反应的基质。②面团发酵过程中CO_2气体变化。酵母菌产生的CO_2气体被保留在蛋白质的三维空间的网状结构之中。当发酵产生更多的气体时，在蛋白质膜中的气泡得以伸展，使蛋白质网状结构的机械作用能引起键合的进一步变化。当面团发酵成熟时，蛋白质网状结构的弹韧性和延伸性之间处于最适平衡状态，此时为发酵完成阶段。如果继续发酵，就会破坏这一平衡，面筋蛋白质网状结构断裂，CO_2气体逸出，面团发酵过度。③面团发酵过程中酸度变化。面团发酵除乙醇发酵外，还有乳酸发酵、乙酸发酵和其他发酵等。乙醇发酵是酵母菌将糖转化为CO_2和乙醇的过程。乳酸与乙醇发酵中产生的乙醇发生酯化作用，形成发酵面制品的芳香物质，增加了发酵面制品的风味。④淀粉在发酵过程中的变化。完整淀粉粒常温下不受淀粉酶作用，而破损的淀粉粒在常温下受淀粉酶作用，分解成糊精或麦芽糖。在小麦的淀粉中，由于破损淀粉糖化而产生的麦芽糖，随发酵作用进行而逐渐增加。它对面团的整形、醒发速度及入炉后的膨胀都有积极的作用。⑤面团发酵中风味物质的形成。面团发酵的另一作用是形成风味物质。形成的风味物质大致有以下几类：乙醇、有机酸、酯类、羟基化合物（包括醛类、酮类等）、其他醇类（丙醇、丁醇、异丁醇、戊醇、异戊醇等）。

面团发酵的质量标准。面团发酵成熟时，蛋白质及淀粉粒充分吸水，面团具有薄膜状伸展性，有最大气体保持力和适宜风味。发酵恰到好处时，表现为膨松胀发，软硬适当，具有弹性，酸味正常，用手抚摸质地柔软光滑；用手按下的坑能慢慢鼓起；切开面团，内有很多小而均匀的空洞；有酸味和酒香气味；色泽白净滋润。若发酵不好时，死板、不松软、没弹性、内无空洞。发酵过度时，表现软塌、无筋丝、酸味浓烈呛鼻。

面团的发酵特性，可采用布拉班德公司的发酵仪（fermentograph）、成熟度测定仪（maturograph）检测面团的产气性能与持气性能、耐发酵性能。

1. 发酵仪　发酵仪主要测定面团发酵时形成的CO_2的体积，以及产气速率的变化。其工作原理是在定量的小麦粉中加入定量的盐水和酵母，在定温下经粉质仪揉和成面团（稠度达到500F.U.），然后取一定量面团放入橡皮袋内并驱尽袋内空气，把袋吊在30℃水浴中让面团发酵，面团发酵过程中产生CO_2气体，使橡皮袋膨胀上浮，其上浮速度的变化，即时间增加的程度与浮力的关系，通过连杆机构传递到记录器自动绘成发酵曲线。该曲线反映出面团的产气能力及产气速度，从而可预测小麦粉的烘焙品质。发酵可分三个阶段，每个阶段为1h。每个阶段结束后，关闭仪器开关，揉捏橡皮袋内的面团，排净面团内及橡皮袋内的CO_2气体，使橡皮袋内面团回复到原有状态，流变发酵仪法曲线如图9-10所示。

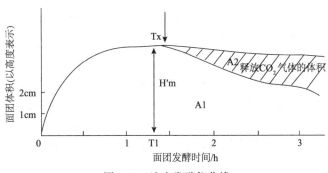

图9-10　流变发酵仪曲线

　　发酵仪直接记录产生的 CO_2 量(cm^3)，得到的是一条反映 CO_2 产生量与时间的关系曲线。其中：H'm 表示气体释放曲线最大高度（mm）；Tx 表示面团出现泄露 CO_2 气体的时间；T1 表示酵母活性与面团体积达到最大值；A2 表示释放气体的总体积；A1 表示实验结束时保留在面团中 CO_2 的气体体积。曲线越陡，说明产气速率越快；反之，则产气速率越慢。

　　2. 成熟度测定仪　　成熟度测定仪是研究面团耐发酵性能的较好仪器，主要测定发酵过程中面团在周期性外力作用下的表现：发酵膨胀的面团被挤压，再膨胀，再挤压，周而复始。耐发酵的面团可以经受很多周期，膨胀性仍很好，不耐发酵的面团经受的周期少。成熟度测定仪测定的面团发酵特性，可反应面团发酵时间、发酵稳定性、面团延伸性等面团特性。另外通过面团成熟度测定仪也可以研究添加剂对面团发酵特性影响。成熟度测定曲线呈锯齿状（图 9-11），从曲线中分析可得以下参数。

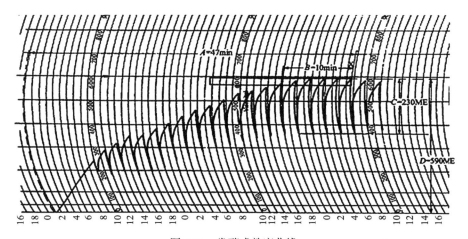

图 9-11　发酵成熟度曲线

　　最后醒发时间：从面团醒发时间到峰值过后曲线首先开始降落的时间，如图 9-11 A 所示，单位为分钟。发酵稳定性：发酵稳定性的评价需借助仪器配置的特殊模板，发酵稳定性指曲线峰值部分在模板视窗内可见部分的长度，如图 9-11B 所示，以分钟表示。面团弹性：指峰值区域内曲线的最大宽度，即面团膨胀到最大体积时的压陷深度，如图 9-11C 所示，以 B.U. 或 M.E.表示。面团水平：指曲线峰值的最高位置与基线之间的距离，即面团表面没有压力时的曲线峰值，如图 9-11D 所示，以 B.U.或 M.E.表示。

（四）面糊或面团加热过程中的流变学特性

　　测定面粉加水形成的面团或面糊在加热过程中流变学特性的仪器有糊化仪、黏度仪、炉内涨大仪等。其中糊化仪、黏度仪测定方法及相关测定指标见第四章第三节相关内容。下面仅对炉内涨大仪进行详细介绍。

　　发酵好的面团，进入烤炉后体积会膨胀。不同的面团，烤炉内增加的体积差异较大，这种现象称为面团的炉内起涨特性或焙烤急涨特性。炉内涨大仪模拟面团进入烤炉后体积膨胀过程，记录面团膨胀的体积，根据面团在不同的油温中浮力的不同来模拟面包进入烤炉后体积膨胀的过程，面团炉内起涨曲线的主要指标有面团体积、焙烤体积、炉内起涨和最后起涨等，单位为 B.U.（图 9-12）。

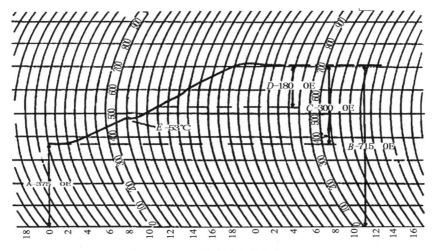

图 9-12　炉内涨大仪曲线

面团体积（A, OE）：曲线最初部分测量的体积。面包体积（B, OE）：22min 时，即升温到 100℃以后曲线末端显示的体积。炉内涨大（C, OE）：表示烘焙过程中增加的体积。最终炉内涨大（D, OE）：温度达到 65℃以后，在曲线第二部分测量最终炉内涨大。峰（E, ℃）：表示炉内涨大期间气体的排出，它表示面团品质出现损伤的情况。

（五）面制食品的质构特性

面制食品的质构特性是指眼睛、口中的黏膜及肌肉所感觉到的食品的性质，包括粗细、滑爽、颗粒感等；国际标准化组织（ISO）规定的食品质构是指用力学的、触觉的，可能的话还包括视觉的、听觉的方法能够感知的食品流变学特性的综合感觉。食品质构是由食品的成分和组织结构决定的物理性质，它是属于流变学范畴的食品物理性质。

目前国际上常用的描述食品质构的评价术语有以下方面。

结构、组织（structure）：表示食品或食品各组成部分关系的性质。

质构、质地（texture）：表示食品的物理性质（包括大小、形状、数量、力学、光学性质、结构）及由触觉、视觉、听觉的感觉性质。

硬（firm 或 hard）：表示受力时对变形抵抗较大的性质（触觉）。

柔软（soft）：表示受力时对变形抵抗较小的性质（触觉）。

坚韧（tough）：表示对咀嚼引起的破坏有较强的和持续的抵抗性质。近似于质构术语中的凝聚性（触觉）。

柔韧（tender）：表示对咀嚼引起的破坏有较弱的抵抗性质（触觉）。

筋道（chewy）：表示像口香糖那样对咀嚼有较持续的抵抗性质（触觉）。

脆（short）：表示一咬即碎的性质（触觉）。

弹性（springy）：去掉作用力后变形恢复的性质（视觉）。

可塑性（plastic）：去掉作用力后变形保留的性质（视觉）。

黏附性（sticky）：表示咀嚼时对上颚、牙齿或舌头等接触面黏着的性质（触觉）。

易破性（brittle）：表示加作用力时，几乎没有初期变形而断裂、破碎或粉碎的性质（触觉和听觉）。

　　易碎性（crumble）：表示一用力便易成为小的不规则碎片的性质（触觉和视觉）。

　　酥脆性（crispy）：表示用力时伴随脆响而屈服或断裂的性质（触觉和听觉）。

　　黏稠性（thick）：表示流动黏滞的性质（触觉和视觉）。

　　稀疏性（thin）：是黏稠性的反义词（触觉和视觉）。

　　评价食品的质构特性，除了感官评价外，目前常用质构仪评价面制品的质构特性。采用质构仪分析面制食品的质构时,有很多测试模式,其中最常用的是采用 TPA(texture profile analysis）测试模式。TPA 测试又称为两次咀嚼测试，主要是通过仪器模拟人口腔的咀嚼运动，对固体或半固体样品进行两次压缩，从而得到测试曲线（图 9-13），得到如下不同的质构参数。

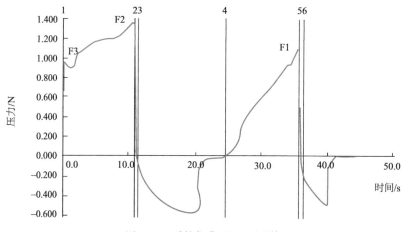

图 9-13　质构仪典型 TPA 图谱

　　硬度（hardness）：样品达到一定变形所必需的力。图中表示为第一次压缩时最大的峰值力（F2），又称为坚实度（firmness）。

　　内聚性（cohesiveness）：该值可模拟表示样品内部黏合力，当内聚性>黏附性,探头同样品充分接触时，探头仍可保持清洁而无样品黏着物。定义为第二次压缩样品时正峰的面积和第一次压缩时正峰面积的比值（$A_{(1 \to 3)}/A_{(4 \to 6)}$）。

　　弹性（springiness）：变形样品在去除变形力后恢复到变形前的条件下的高度或体积比率。

　　黏附性（adhensiveness）：该值模拟表示在探头与样品接触时用以克服两者表面间吸引力所必须做的功。当黏附性>内聚性，在探头上将附有部分样品残留物。TPA 曲线中表示为第一个负峰的面积 $A_{(3 \to 4)}$。

　　酥脆性（fracturability, brittleness）：致使样品破裂的力。TPA 曲线中表示为第一次明显破裂时的力（F3）。

　　咀嚼性（chewiness）：该值模拟表示将半固体样品咀嚼成吞咽时的稳定状态所需的能量，表示为（硬度×内聚性×弹性）。

　　胶凝性（gumminess）：该值模拟表示将半固体样品破裂成吞咽时的稳定状态所需的能量，表示为（硬度×内聚性）。

　　回复性（resilience）：该值度量出变形样品在与导致变形同样的速度、压力条件下回复的程度。TPA 曲线中表示为面积 2→3 和面积 1→2 的比（$A_{(2 \to 3)}/A_{(1 \to 2)}$）。

第四节 小麦制粉品质

一、小麦籽粒特性与制粉品质

小麦籽粒特性包括其色泽、形状、整齐度、饱满度和胚乳质地等。

（一）色泽

小麦籽粒颜色主要分白色和红色，籽粒的颜色主要由种皮色素层中沉淀的色素决定。小麦制粉时，随着胚乳被研磨成粉，麦皮会或多或少地随之粉碎而混入面粉中。面粉的加工精度越高，粒度越细，面粉中的麸星含量就越少，而加工精度越低，相应混入面粉中的麸星就越多。红麦麦皮与胚乳色差较大，混入面粉中呈现斑点非常明显，因此，面粉加工精度越低，对面粉的色泽影响就越大；白色小麦皮色较浅，对粉色影响相对较小。在相同粉色标准的条件下，白麦较红麦有较高的出粉率，所以小麦粉加工企业一般愿意加工白色小麦。小麦粉的食用品质主要与小麦胚乳的内在品质相关，故在选择加工专用小麦粉的小麦时，应首先满足其品质要求，其次才考虑色泽等因素。小麦粉的粉色可通过提高小麦粉的加工精度等手段来控制。

白色小麦的休眠期一般较短，如果在收获季节遇到持续阴雨天气，很容易产生穗发芽现象，影响其产量和品质。而红麦的休眠期相对较长，不易穗发芽，防冻抗旱性能较强，另外种皮也相对稍厚，吸湿性和呼吸强度比白麦弱，储存期间品质性状相对比较稳定，所以红麦的分布比白麦广泛。我国小麦的种植中，红色小麦约为白色小麦的 2.5 倍。美国和加拿大种植的大多数优质小麦品种是红麦，其国家的制粉企业一般喜欢选用深色的硬红小麦加工面包专用粉，因为该类小麦具有良好的面包粉品质特性。

（二）角质率

角质亦称玻璃质，通常是根据小麦透明部分的多少来判断麦粒的角质与粉质，一般采用感官目测方法：从麦粒中部横向切断，玻璃状透明体占本粒 1/2 以上的为角质麦粒；等于或小于 1/2 的为粉质麦粒。角质率是指角质籽粒占整批小麦的比例，育种工作者常用角质率来评价小麦籽粒硬度。小麦角质率与硬度之间有一定的正相关关系，但二者概念不同。角质率反映的是籽粒横断面的表观状态，硬度是指籽粒胚乳的质地结构。我国国标中规定角质率在 70% 以上的小麦为硬质麦。角质率与籽粒中的空气间隙有关。当籽粒中有空气间隙时，由于衍射和漫射光线，从而使得籽粒呈现为不透明或粉质；当籽粒充填紧密时，没有空气间隙，光线在空气和麦粒界面衍射并穿过麦粒，没有反复的衍射作用，形成半透明或角质的籽粒。籽粒的空气间隙是在籽粒成熟过程中失水，蛋白质皱缩破裂造成的。角质率受环境条件影响很大，干旱能提高小麦的角质率，降雨不利于角质率的提高。

麦粒干燥失水时，玻璃质胚乳蛋白质皱缩时仍能保持其完整，密实程度较高，故较透明。一般角质麦粒胚乳结构紧密，透光性较好，籽粒硬度较高，蛋白质及面筋质含量亦较高；粉质麦粒则相对胚乳结构疏松，淀粉颗粒之间、淀粉与蛋白质之间结合不很紧密，存有空隙，透光性差，胚乳强度较低，蛋白质及面筋质含量一般也较低，故将具有粉质胚乳的小麦称为软麦。

　　一般来讲，高蛋白的硬质小麦往往是玻璃质的，低蛋白的软质小麦往往是不透明的。但也有例外，存在有角质率低的硬麦、角质率高的软麦。因此，角质率与蛋白质含量、面筋含量虽有一定关系，但角质率高并不一定就意味着面筋含量高、质量好和蛋白质含量高，同时角质率高也并不意味着麦粒硬度一定大。

　　由于多数情况下，麦粒的角质与粉质能够间接反映籽粒的强弱和蛋白质含量的高低，用角质率来间接反映小麦籽粒胚乳的质地，虽不很准确，不能完全与小麦的品质画等号，但检验方法便捷、实用。所以许多国家仍将角质率作为划分小麦软硬的一个指标。我国现行小麦收购标准中规定：硬麦的角质率应达 70% 及以上，软麦的粉质率应在 70% 及以上。

（三）小麦硬度

　　籽粒硬度是影响小麦磨粉和其他加工品质的重要因素，是国际上通用的区分小麦类别和贸易等级的重要依据之一，也是小麦育种早期筛选的重要目标性状之一。小麦籽粒硬度是决定小麦最终加工品质的重要指标之一。通常，硬质小麦适于制作通心粉、面包、面条等食品；而软质小麦适于制作饼干、糕点等食品。一般来讲，小麦籽粒硬度与角质率、干面筋、湿面筋、沉降值、蛋白质含量、形成时间、稳定时间、断裂时间、评价值、吸水率、麦谷蛋白亚基评分显著正相关，与耐揉性、公差指数、软化度显著负相关。因此，小麦籽粒质地软硬是评价小麦加工品质和食用品质的一项重要指标。

　　籽粒硬度反映籽粒的软硬程度。小麦籽粒硬度与胚乳质地密切相关，而胚乳质地主要取决于籽粒中淀粉和蛋白质之间的黏结作用，以及淀粉之间蛋白质基质的连续性。根据籽粒硬度可将小麦分为硬质小麦和软质小麦，硬质小麦比软质小麦中淀粉与蛋白质结合得紧密，在硬质小麦中淀粉粒深陷蛋白质基质中，两者不易分离，而在软质小麦中未被基质填满的、有空隙的不连续结构强度较差，而使淀粉粒易于释放。此外，蛋白质组分所带电荷也是影响小麦籽粒硬度的因素之一，软质小麦籽粒蛋白质间静电荷多，蛋白质间相互排斥作用大，硬质小麦籽粒恰恰相反。硬质小麦胚乳中，淀粉牢固地嵌在蛋白质基质中，因而将胚乳磨碎成细小粉粒时，胚乳细胞破碎，很容易造成一些淀粉颗粒的物理损伤。而软麦胚乳中，淀粉颗粒与蛋白质基质的结合不是很紧密，当胚乳细胞破碎时，较容易脱离下来，形成细小的颗粒，因而与磨辊表面直接摩擦的机会相应减少，受损伤的概率就较小，破碎淀粉粒相对较少。硬麦小麦粉多呈细小砂砾状，软质小麦粉则是细腻的、含有许多单粒淀粉、易粘连在一起的细小粉团。

　　一般认为，小麦籽粒硬度由多基因控制，其中 1 个主效基因（Ha）位于 5DS 染色体，4个微效基因分别位于 2A、2D、5B、6D 染色体上，另外 3 个微效基因分别位于 5A、6D、7A染色体上。软质小麦淀粉粒表面富含一种分子质量为 15kDa 的水溶性蛋白质复合体（friabilin），而硬质小麦中不存在。Friabilin 蛋白质可降低蛋白质与淀粉的黏着性，可作为软质小麦的标记蛋白，它至少由 3 种肽组成，2 种主要肽 puroindoline a（Pina）和 puroindoline b（Pinb）同源性很高，都含 10 个 Cys 残基，二者的等电点几乎相等；另一种肽为籽粒软质蛋白（grain softness protein，GSP），与 puroindoline 部分序列同源。

　　小麦籽粒的软硬除主要由基因控制外，另外其他一些不太确定的因素对小麦的硬度也有影响。Hong 等认为，小麦中淀粉颗粒与蛋白质基质之间的结合程度可以很好地解释小麦胚乳质地的差别，并通过进一步研究发现，小麦淀粉颗粒与蛋白质基质之间相互作用的物质可能是非淀粉多糖即戊聚糖，它在蛋白质和淀粉之间起一种类似粘接剂的作用，它不仅影响小麦胚乳的质地结构，同时还影响面粉的品质。另外，小麦戊聚糖含量对润麦也有影响，在润麦时，水分进入软麦的速度较硬麦快，并发现水分渗入速度较慢的硬麦比渗入快的软麦中的戊聚糖具有较高的 Ara/Xyl 值。另外，小麦淀粉颗粒表面存在的微量蛋白质、脂质等也会影响到小麦籽粒硬度。小麦淀粉颗粒表面存在微量蛋白质主要是结合蛋白质称为"粒结合淀粉复合酶"（GBSS）或"蜡状蛋白质"。当用 1%十二烷基硫酸钠，或用 1/1（V/V）0.05mol 无水氯化钠和 50%无水异丙醇，在 50℃萃取 30min，从小麦淀粉颗粒表面可提取至少 4 种多肽。用聚丙烯酰胺凝胶电泳法对这些蛋白质进行分级分离时，经常会显示出具有分子质量大小为 15kDa 的 4 种组分。在生物合成期，小麦籽粒中的两类结合极性脂（糖脂和磷脂）可能会置留于软麦淀粉粒的表面，但不会置留于硬麦淀粉粒的表面。当用洗面团来分离淀粉时，在软麦淀粉粒表面上的极性脂与面粉中疏水的蛋白结合；反之，硬麦淀粉光滑的亲水表面却不会与之结合。

小麦硬度不同其制粉特性存在较大差异。硬质小麦胚乳中，细胞组织内部结构紧密，相应使得细胞壁与其内容物的交界处变成薄弱点，当外力作用时，胚乳开始破裂倾向于沿着细胞壁的界面发生，逐渐增加压力（减少磨辊轧距）即引起纵贯细胞的碎裂。硬质小麦胚乳硬，皮薄易碎，研磨过程中胚乳较容易与皮层分离，而将胚乳颗粒研细成粉，则需相对较多的研磨道数，碾磨耗能也相对较高。硬麦的粉碎物料多为大小不等的颗粒状，散落性及流动性较好，具有良好的自动分级性能，易于筛理。软麦则胚乳细胞结构疏松，强度较低，其胚乳破裂时多通过细胞本身。软麦皮层较厚，韧性较大，靠近糊粉层的胚乳不易剥刮干净，麦皮上易粘连胚乳，因此需加强皮磨系统对麦皮的剥刮作用，否则将导致出粉率下降。研磨物料中，麸片较多，细小的粉粒也较多，大、中粗粒较少，且粉粒形状不规则，流动性较差，难以筛理。硬质小麦一般蛋白质含量较高，具有较强的亲水性能，但结构紧密，水分渗透的速度较慢，故需较高的入磨水分，较长的润麦时间才能具有较适宜的制粉性能；软麦则相对入磨水分稍低，润麦时间稍短。小麦硬度的变化还将导致小麦制粉生产过程中研磨在制品的数量和质量的变化，对各系统物料流量和质量的平衡产生影响，进而对生产过程的稳定带来影响。因此，预先测定加工小麦的硬度，对确定小麦搭配比例、控制着水量和润麦时间、调整制粉工艺流程及相应技术参数、采取相应的技术措施等方面都至关重要。

（四）小麦籽粒灰分

小麦的灰分是指样品烧灼后剩下的矿物元素，由于灰分在小麦籽粒内部分布的不均衡性，皮层与胚乳的灰分差异较大。例如，小麦胚乳灰分一般为 0.3%～0.6%，麦胚灰分为 5.0%～6.7%，而皮层可达 8%～11.0%。小麦籽粒的外层（果皮和种皮）灰分含量很高，同时又是纤维素和半纤维素集聚部位，是制粉时应去掉的部分。因此，小麦粉加工精度越高，去皮程度越大，小麦粉中含麦皮量越少，纤维素含量越少，灰分值越低。灰分可以间接反映出小麦及其研磨在制品及产品中所含麦皮的多少。因此各国基本都以灰分含量，作为鉴别小麦粉精度或确定等级的一项重要指标。

小麦粉的灰分含量除了与小麦籽粒的灰分含量及分布有关以外，还与小麦的清理程度与小麦的胚乳含量及出粉率有关。小麦的清理过程中小麦表面及腹沟内的灰土清理得越彻底，小麦粉的灰分越低；制粉过程中，小麦粉加工精度越高，应越接近胚乳本身的灰分，相应出粉率也越低。一般前路粉灰分较低，后路粉灰分较高，越靠近皮层灰分越高。另外需注意的是，小麦籽粒中灰分最高的部位并不是纤维素和半纤维素最多的果皮和种皮而是糊粉层。因此，当加工高出粉率（85%及以上）的小麦粉时，如果加强对皮层的剥刮，使得较多的糊粉层混入面粉中，因而小麦粉的灰分较高，此时灰分含量与纤维素和半纤维素含量不呈正相关。在这种情况下必须和其他检验项目结合起来才能比较准确地评定小麦粉品质的优劣。由于不同用途的专用小麦粉对其麸星含量要求不同，同一类专用小麦粉又有不同的精度等级，因此，专用小麦粉生产过程中，当采用配粉仓配粉时，多将生产线中的几十个面粉流，按灰分高低汇成三种基础面粉存入不同的面粉仓中，打包时再按产品精度要求进行配粉。

虽然世界各国基本都以灰分含量作为鉴别小麦粉精度的重要指标，但灰分的计算方法不统一。我国计算的是干基灰分（即除去水分后的灰分值），而一些国家采用湿基灰分（一般小麦水分含量为12%时的灰分值，小麦粉水分含量为14%的灰分值），所以比较不同国家小麦粉灰分值时要注意干、湿基的区别，二者关系式为：干基灰分值=湿基灰分值/（1−样品水分含量）。

（五）小麦籽粒形状、密度及分布均匀性

粒度是指小麦籽粒的大小，麦粒一般长4.5～8.0mm，宽2.2～4.0mm，厚2.1～3.7mm。小麦籽粒形状有长圆形、卵圆形、椭圆形和短圆形。籽粒形状越接近圆形，磨粉越容易，出粉率越高。麦粒大小往往与品种、生长条件、水分大小有关。

容重是指每升小麦的绝对质量，以克/升（g/L）表示。容重是小麦质量的综合标志。它与小麦籽粒的形状、大小、饱满度、整齐度、质地、杂质、腹沟深浅、水分等多种因素有关，如籽粒饱满、结构紧密，容重则大；反之容重则小。容重大的小麦出粉率较高。我国一般的净麦容重在705～810g/L。

千粒重是指每1000粒小麦的绝对质量，以克表示，是衡量籽粒大小与饱满程度的一项指标，也是田间预测产量时的重要依据。千粒重适中的小麦籽粒大小均匀度好，出粉率较高；千粒重低的小麦籽粒较为秕瘦，出粉率低；千粒重过高的小麦籽粒，其整齐度下降，在加工中也有一定缺陷。我国小麦一般的千粒重为17～41g。均匀度是指麦粒大小一致的程度，可以用$2.75×20mm^2$、$2.25×20mm^2$、$1.7×20mm^2$的矩形筛孔来筛分。如果留在相邻两筛面上的数量在80%以上，就算均匀。小麦的均匀度高，对除杂和磨粉较为有利。

（六）小麦胚乳与皮层结合程度

小麦籽粒由胚乳、胚和皮层三部分组成。各部分按重量所占百分比为：胚乳82%～85%，胚2%～3%，麦皮12%～14%。

胚乳是磨制面粉的基本部分，胚乳含量越高，出粉率就越高。小麦按胚乳组织的紧密程度分为硬麦和软麦两种。硬麦组织紧密，切开后透明如玻璃状，皮厚易去，磨制的面粉蛋白质多，面筋质好，适于制取高筋粉，软麦的胚乳组织松散，切开后呈粉状，皮较厚，含淀粉量多，是用以制作饼干、糕点等各种食品的主要原料。

胚位于小麦籽粒背部的下端，胚中含蛋白质25%～33%、脂肪6%～11%，并含有丰富的维生素E，可提取胚芽油。

皮层共分6层，由外向内依次为表皮、外果皮、内果皮、种皮、珠心层、糊粉层，外面五层含粗纤维较多，营养少，难以消化。最里一层是糊粉层，占麦皮重量的40%～50%，比其他皮层有较丰富的营养价值，粗纤维含量较少。因此在生产低质量面粉时，应尽量将糊粉层磨入粉中。但由于糊粉层中尚有部分不易消化的纤维素、戊聚糖和很高的灰分，因此在生产优质面粉时，不宜将它磨入粉中。小麦皮层的色泽不同，在制粉时也表现出不同的工艺性质，白皮层一般因为色浅而皮薄，比红皮的出粉率高。各种小麦的皮层厚薄是不同的，皮层薄的小麦，胚乳占麦粒的百分比大，皮层与胚乳粘连较松，胚乳易剥离，故出粉率高。因麦皮和麦胚混入小麦粉内会影响色泽，且易在贮藏中变质，故将二者与胚乳分离，是小麦制粉的必经步骤。

二、小麦制粉工艺原理

小麦制粉工艺简单来说包括小麦清理、润麦调质、碾磨粉碎、制品分级和成品打包等几个阶段。以下对其进行简单介绍。

（一）润麦调质原理

小麦加工的基本工序都是物理过程，为了使小麦更加适合加工、满足产品质量的要求，必须用科学的方法对原粮进行预处理，如水分调节、蒸汽调节等。通过水热处理改善小麦加工品质和食用品质的方法称为小麦的调质，即润麦调质。小麦润麦调质是制粉过程极其重要的一个环节。任何一种麦路中，即使是最简单的，也至少有两个基本工段，即清理除杂和水分调节。一般的水分调节是在小麦经过主要清理流程之后，小麦的杂质基本清理干净后进行的。润麦调质的原理如下。

1）小麦的吸水性能　　小麦的吸水性能是进行调质的基础，由于小麦各组成部分的结构和化学成分不同，其吸水性能也不同。胚部和皮层纤维含量高、结构疏松、吸水速度快且水分含量高；胚乳主要由蛋白质和淀粉粒组成，结构紧密、吸水量小、吸水速度较慢。因此，水分在小麦各组成部分的分布是不均匀的。胚部水分最高，皮层次之，胚乳的水分最低。蛋白质吸水能力强（吸水量大），吸水速度慢，淀粉粒吸水能力弱（吸水量小），吸水速度快，故蛋白质含量高的小麦具有较高的吸水量和较长的调质时间。调质处理时，应根据小麦的内在品质和水分高低合理选择调质方法和调质时间。

2）水导热作用　　小麦是一种能毛细管的多孔体，水分扩散转移总是由水分高的部位向水分低的部位移动。在热力的作用下，水分转移的速度会明显加快，这种水分扩散转移受热力影响的现象，称为水导热作用。小麦调质就是利用水扩散和热传导作用达到水分转移目的的，水分渗透速度与温度有着直接的关系，加温调质比室温调质更迅速、更有效。目前，实际应用中一般采用常温润麦调质。

3）小麦组织结构变化　　调质过程中，皮层首先吸水膨胀，然后糊粉层和胚乳相继吸水膨胀。由于三者吸水先后、吸水量及膨胀系数不同，在三者之间会产生微量位移，从而使三者之间的结合力受到削弱，使胚乳和皮层易于分离。由于胚乳中蛋白质和淀粉粒吸水能力、吸水速度不同，膨胀程度也不同，引起蛋白质和淀粉颗粒之间产生位移，使胚乳结构变得疏松，强度降低，便于破碎。

小麦的加工方式对调质时结构的变化要求不一，小麦制粉时要求皮层和胚乳既易于分离，又使胚乳便于破碎。因此，应根据小麦加工要求选择合适的调质设备和调质时间。

（二）研磨粉碎原理

研磨是利用机械力量破坏小麦籽粒结构，将胚乳与麦皮、麦胚分开，把麦皮上的胚乳剥刮干净，同时将胚乳破碎成粉的方法。研磨的基本原理是利用磨粉机齿辊磨齿的挤压、剪切和剥刮作用将麦粒剥开，从麸片上刮下胚乳，利用磨粉机光辊的挤压作用或撞击作用将胚乳磨成具有一定细度的面粉。由于这些作用在一定范围内可进行调节，从而完成对物料有选择性的研磨；物料落入两辊间，从被研磨到离开两辊研磨所经过的距离，称为研磨区长度。研磨区长度随磨辊直径的增大而增大，随轧距的增大而减少，较大的研磨区长度使物料受到较多的研磨机会，得到较好的研磨效果。物料在通过齿辊研磨区时，快慢辊对物料的作用齿数之和称为剥刮齿数。当轧距调小，速比和研磨区长度增加时，剥刮齿数增加，物料受到的剥刮次数增多，对物料破碎能力增强，剥刮率、取粉率相对较高。研磨时应尽量保持小麦皮层的完整，以保证面粉的质量。常用的研磨设备是辊式磨粉机，辅助研磨设备有撞击磨和松粉机等。

（三）在制品分级原理

在制品是制粉过程中所有中间产品的统称，其分类由筛理设备来完成，采用不同的筛网提取不同的在制品。

（1）筛理：在整个制粉过程中，小麦经过磨粉机逐道研磨，获得颗粒大小不同及质量不一的混合物，筛理的目的是从磨下物中筛出面粉，并将在制品按粒度分级。在制粉过程中，若不能把磨下物中的面粉及时取出，将造成重复研磨，同时使后续设备负荷增大，若对在制品的分级不准确，将直接影响下道研磨设备的研磨效果。通常采用的筛理方法按粒度分级，按照制粉工艺的要求，研磨中间产品的分级一般分成四类：麸片、粗粒、粗粉和面粉，它们的粒度是顺次减小的。主要筛理设备是高方平筛，辅助筛理设备有圆筛和打麸机、刷麸机等。

（2）清粉：为了提高面粉的精度和出粉率，生产等级粉时，可利用筛理和吸风相结合的设备。将麦渣、麦心或粗粉精选，分成纯粉粒、连麸粉粒和麸屑的过程，称为清粉。清粉机精选粗粉、粗粒的工作原理，是基于风选和筛选的联合作用，也就是利用物料中颗粒的动力学性质和颗粒大小加以区分。在清粉过程中，纯粉粒的相对密度大于连麸粉粒，它具有较大的悬浮速度，因此在一定的上升物流中仍能穿过筛孔，按大小分级。较小的麸屑在一定的上升气流中将悬浮在空中，经过互相碰撞，不断地落到筛面上成为筛上物或被气流吸走。连麸粉粒则按其大小和受风力的不同，被分成筛上物或后段筛面的筛下物，分别送往相应的系统中处理。常用的清粉设备是清粉机。

（四）小麦及面粉混配原理

不同等级、不同用途的面粉有不同的质量要求，两种以上小麦或面粉的搭配更能满足面粉的品质要求，因此，实际生产中通常采用配麦或配粉的方式来生产面粉以满足市场要求。将多种不同类型的小麦按一定比例混合加工的方法称为配麦。将不同小麦分别先加工成面粉，再按一定比例搭配混合的方法称为配粉。

（1）配麦：小麦混合后的一些品质指标与单品种小麦的同名指标符合加权平衡规律，如小麦的面筋含量、蛋白质、灰分、粉质测定仪吸水率等，搭配前后的数量呈线性关系，可以用多元一次方程式计算搭配比例。只用一种小麦进行加工，或者是不能满足面粉的质量要求，或者是制粉性能不佳，或者是经济上不合理。通过小麦搭配可以利用一部分品质比较差、发芽小麦和赤霉病小麦。小麦搭配的前提是各种不同品质的小麦应分别存放。制订搭配方案的宗旨是保证生产出的小麦粉符合品质要求、出率最高、原料价格最低、取材最方便。

（2）配粉：根据用户对小麦粉质量的要求，结合配粉仓内的基本粉的品质，用加权平衡方法算出配方，再按配方上的比例用散存仓内的基本粉配制出要求的小麦粉，配粉可以提高小麦粉的均匀性，保证小麦粉品质的稳定性，通过调整配方来配制多种小麦粉，以满足不同的需求。

（五）制粉工艺过程

小麦制粉的基本过程：由清理和制粉两部分组成。

（1）清理过程：由多种工艺设备按一定顺序组合而成，完成对小麦的搭配、清理、水分调节等工作，一般由下列工序组成：毛麦→原粮控制→毛麦清理→水分调节→光麦清理→净麦。在原粮控制工序中，主要完成不同原粮的搭配与流量控制。毛麦清理工序是完成对小麦中各类杂质的清理。水分调节工序是通过着水与润麦，实现小麦调质，使之适合制粉的要求，水分调节后的小麦称为光麦。为确保面粉质量，在光麦清理工序中，需对小麦进行进一步的清理。完成上述各工序的小麦称为净麦。

（2）制粉过程：即对经过清理而符合制粉工艺要求的净麦，进行逐道有选择性的研磨，并将研磨后的混合物料按工艺和成品要求进行筛分的过程，较完善的粉路应包括研磨、撞击、筛理、清粉、面粉收集与后处理等多种工序，各工序按下列顺序组成：研磨的主要目的是利用机械作用力把小麦籽粒剥开，然后从麸片上刮净胚乳，再将胚乳磨成一定细度的小麦粉。研磨的主要设备是辊式磨粉机，此外还有较为原始的盘式磨粉机等。撞击是利用高速旋转体及构件与小麦胚乳之间产生反复而强烈的碰撞打击作用，使胚乳撞击成一定细度的小麦粉。撞击设备主要有撞击磨、强力撞击机、撞击松粉机、打板松粉机等。筛理的目的在于把研磨撞击后的物料按颗粒的大小和比重分级，并筛出小麦粉。常用的筛理设备有平筛、圆筛，打麸机和刷麸机也属于筛理设备。清粉的主要目的是通过气流和筛理的联合作用，将研磨过程中的麦渣和麦心按质量分成麸屑、连皮胚乳粒和纯胚乳粒三部分，实现对麦渣和麦心的提纯。在磨制高等级小麦粉并要求有较高出粉率的小麦粉厂，清粉工序是必不可少的。清粉工序主要设备是清粉机。

（3）粉路的系统设置：根据小麦结构和制粉原理，一般设置皮磨、心磨、渣磨、清粉、面粉后处理等系统。研磨次数越多，粉路越长，每次研磨的强度越小，所得的面粉质量越好。

三、小麦制粉品质评价

小麦制粉特性包括出粉率、碾磨特性（1B剥刮率）、碾磨能耗、筛理效率、淀粉粒损伤、面粉粒度、累计出粉率、累计灰分及白度曲线等指标。

（一）研磨效果评价

磨粉机的研磨工艺效果通常以剥刮率、取粉率和粒度曲线进行评价。

剥刮率是指一定数量的物料经过某道皮磨研磨、筛理后，穿过粗筛的物料数量占总物料数量的百分比。剥刮率的大小与磨辊的参数配备、磨粉机的操作（如流量、轧距）及小麦的工艺品质都有关系，皮磨剥刮率的控制对在制品的数量和质量，以及物料的平衡有很大影响，因此剥刮率常用于考察皮磨的操作。

取粉率是指物料经某道系统研磨后，粉筛的筛下物流量占本道系统流量或1皮磨流量的百分比。剥刮率和取粉率能反映物料经研磨后大颗粒和面粉的组成分布。

粒度曲线是指以物料粒度为横坐标，以大于这种粒度的物料的百分比为纵坐标，将物料粒度和物料百分比在直角坐标中相应点连起来所形成的曲线。粒度曲线可体现研磨后不同粒度物料的分布规律。原料的性质及磨辊的表面状态对粒度曲线的形状有较大影响，研磨硬麦时，磨下物中粗颗粒状物料较多，曲线大多凸起；研磨软麦时，磨下物中细颗粒状物料较多时，曲线一般下凹。

（二）筛理效率评价

1）筛净率　　实际筛出物的数量占应筛出物的数量的百分比，称为筛净率。

$$\eta = \frac{q_1}{q_2} \times 100\%$$

式中，η 为筛净率（%）；q_1 为实际筛出物的数量（%）；q_2 为应筛出物的数量（%）。实际生产中分别测出进机物料和筛出物料量，筛出物占进机物料流量的百分比，即为实际筛出物的数量 q_1。在入筛物料中取出100g左右的物料，用与平筛中配置筛孔相同的检验筛筛理2min，筛下物所占的百分比即为应筛出物的数量 q_2。

2）未筛净率　　应筛出而没有筛出的物料数量占应筛出物的数量的百分比，称为未筛净率。

$$H = \frac{q_3}{q_2} \times 100\%$$

式中，H 为未筛净率（%）；q_3 为应筛出而未筛出物的数量（%）；$q_3 = q_2 - q_1$，故 $H = 1 - \eta$。评定某一仓平筛的筛理效率时，应对该仓中的粗筛、分级筛、细筛及粉筛逐项进行评定。在实际筛理过程中，筛孔越小物料越不容易穿过，越难以筛理，为简化起见，一般仅评定该仓粉筛的筛理效率。

（三）面粉出率、灰分和白度

出粉率的高低直接关系到面粉厂的经济效益，也是衡量小麦磨粉品质的重要指标之一。出粉率高低取决于两个因素，一是胚乳占麦粒的比例，二是胚乳与其他非胚乳部分分离的难易程度。前者与籽粒形状、皮层厚度、腹沟深浅及宽度、胚的大小等性状有关，后者与含水量、籽粒硬度和质地有关。

小麦籽粒或小麦粉经灼烧完全后，余下不能氧化燃烧的物质称为灰分。灰分含量因品种、土壤、气候、水肥条件的不同而有较大差异。面粉中的灰分过多，常使面粉颜色加深，加工的产品的色泽发灰、发暗。面粉中的灰分与出粉率和面粉加工精度及容重的高低关系极为密切。

面粉色泽（白度）是衡量磨粉品质的重要指标。入磨小麦品种杂质和低品质小麦的数量、籽粒颜色（红粒、白粒）、胚乳的质地、面粉的粗细度（面粉颗粒大小）、出粉率和磨粉的工艺水平，以及面粉中的水分、色素、多酚氧化酶的含量均对面粉的颜色有一定影响。通常软麦比硬麦的粉色好。含水量过高或面粉颗粒过粗都会使面粉白度下降，新鲜面粉白度稍差，因为新鲜面粉内含有胡萝卜素，常呈微黄色，贮藏过程胡萝卜素被氧化，面粉粉色变白。一般 70 粉（出粉率 20%）的白度为 70%～84%。我国小麦品种面粉白度为 63.0%～81.5%。一般特制粉白度值为 75%～80%，标准粉为 65%～70%。

四、小麦制粉过程品质控制方法

（一）经济而精确地使用不同原料

面粉品质受小麦品种、小麦贮藏时间、制粉工艺等多方面的影响，不同小麦的制粉性能不同。硬麦通常蛋白质含量高，需要加入较多的水来软化胚乳，所以入磨水分相对较高。硬麦的结构紧密，水分渗透速度慢，需要较长的润麦时间。硬麦胚乳质地硬，不易磨碎，研磨时耗能大，磨下物中粗粒多、细粉少，散落性好，容易筛理。硬麦胚乳与麦皮容易分开，麸皮容易刮干净，麸中含粉少，出粉率高。软麦结构疏松，不需要加入太多的水来软化胚乳，其入磨水分相对较低，水分渗透速度比较快，只需较短的润麦时间。另外，小麦皮层颜色对面粉的粉色也有影响，白麦的制粉性能比红麦的稍好些。新麦后熟期尚未完成，胚乳与麦皮不容易分离，筛理也困难，容易堵塞筛面。芽麦、霉变小麦等对面粉品质也会有较大影响。

小麦制粉的目的是面粉能一致的、均一的满足最终产品定位的需求。面粉的等级和用途不同，质量要求也不同。只用一种小麦进行加工，不能满足面粉的质量要求，或者是制粉性能不佳，或者是经济上不合理。通过小麦搭配，一方面可以达到优劣互补，物尽其用，提高资源利用率，如优质麦和普通小麦搭配，优质麦和一部分品质较差、发芽小麦和赤霉病小麦的搭配；另一方面，合理配麦可以使入磨小麦满足制粉工艺上的要求，使一定时间内加工的原料的品质基本一致，以稳定工艺过程和生产操作，保证小麦粉的质量，提高出粉率，充分合理地使用各种小麦，以降低生产成本。

小麦搭配需要考虑的主要因素有：皮色、软硬、新麦、陈麦、进口小麦、国产小麦等的比例。一般地，皮色和软硬搭配是最基本的要求。面筋含量和筋力强弱是最需要保证的品质指标。小麦收获以后的一段时间内，要注意新陈麦的搭配。同时还要考虑原料成本、来源及库存情况等。此外，小麦搭配方案选用的品种也不宜太多。搭配小麦的水分差最好不超过 1.5%。含杂比较多的小麦应该先分别清理后再搭配。

（二）加工过程控制

1. 各系统物料的特性调控　　在粉路中，由处理同类物料设备组成的工艺体系称为系统，通常一个系统中应设置多道处理设备。制粉过程一般设置皮磨、心磨、渣磨和清粉等系统。皮磨和心磨系统是制粉过程的两个基本系统，其中每一道都配备一定数量的研磨、筛分设备。

各系统的主要作用是：①皮磨系统，在尽量保持麸皮完整的前提下，剥开小麦，逐道刮净皮层上的胚乳，提取量多质优的胚乳和一定质量与数量的小麦粉。②渣磨系统，对前中路提供的连麸胚乳进行轻研，使皮层与胚乳分开，从而得到纯净的麦芯送往心磨制粉。③心磨系统，将各系统提供的较纯净的胚乳，逐道研磨成具有一定细度的小麦粉，并提出麸屑。④尾磨系统，位于心磨系统的中后段，专门处理心磨系统分离出的含有麸屑、质量较次的麦芯，从中提出小麦粉。⑤清粉系统，对皮磨及其他系统前中路提取的麦渣、麦芯、粗粉进行提纯、分级，再分别送往相应的研磨系统处理。⑥配粉系统，将不同小麦粉分别存放，再按一定比例进行搭配、营养强化和混合，配制成各种不同用途的成品小麦粉。

2. 在制品及面粉的纯化 完善的制粉工艺是保证小麦粉的质量和出粉率，提高小麦粉白度，提高经济效益的关键。为了使皮磨系统得到质量好的粗粒，心磨多出粉，皮磨齿辊采用 D-D 排列，小齿角，小斜度，而心磨齿辊采用大齿角，密牙齿，大斜度。在研磨系统中，渣磨的作用是把附着在麦皮上胚乳剥刮下来，把粗粒磨细，为清粉系统提纯打下基础，所以渣磨至少设两道。不少小麦制粉企业只设一道，且生产过多小麦粉，正常情况渣磨取粉率小于 8%。

在筛理设备中，用得最多的是高方平筛，除用它筛出小麦粉之外，还需把研磨后物料分级，分离出各种在制品，如麦芯、麦渣、粗粒、粗粉。采用筛孔大小不同，组成长短不一样筛理流程。假如配置不尽合理，将产生"筛枯""未筛净"现象。另外，Ⅰ皮和Ⅱ皮主要是生产大量麦渣、麦芯，Ⅲ皮、Ⅳ皮尽可能刮净胚乳，保证麸皮完整。进入心磨系统物料应符合"同质合并"的原则，不能出现灰分相差悬殊的物料进同一对磨辊进行研磨。

在制粉过程中，不仅应注意观察每台设备的运行情况，发挥其最大效能，而且要处理好研磨与筛理的关系，因为二者是小麦制粉工艺中两个最重要工序，二者配合得好，才能提高小麦粉的白度及出粉率，也是小麦制粉企业取得经济效益的关键所在。

3. 淀粉损伤 小麦淀粉损伤是指小麦制粉过程（或其他过程）中淀粉颗粒由于受到磨粉机磨辊的切割、挤压、搓撕以及其他机械力的作用，颗粒表面出现裂纹和碎片，内部晶体结构受到破坏，这种不完整的淀粉颗粒被称为损伤淀粉或破损淀粉。损伤淀粉改变了淀粉的流变学特性，增加了吸水率，提高了酶敏感性等。损伤淀粉含量的影响因素有以下几方面。

（1）小麦硬度的影响。在相同的加工条件下，硬麦比软麦能产生更多的损伤淀粉，前者较后者高出 20%左右。

（2）研磨道数的影响。随研磨道数增加，皮磨系统损伤淀粉值明显增加，并呈线性增加趋势，心磨系统损伤淀粉值也增加，但不如皮磨系统明显。

（3）研磨强度的影响（轧距）。研磨强度增加，损伤淀粉值增加，心磨系统增幅较皮磨系统大。

（4）面粉粒度的影响。面粉粒度减小，损伤淀粉值增加，且增幅较大，基本呈线形增加趋势，各系统增幅相近，面粉粒度所能穿过的筛孔孔径每减小 14~18μm（如从 CB50 变为CB54），损伤淀粉值增加 13%左右。

（5）光辊与齿辊的影响。齿辊比光辊能产生较多的破损淀粉，但差距不大。

（6）撞击机的影响。撞击对破损淀粉的影响较研磨轻，正常生产情况下影响很小，连续撞击会增加损伤淀粉，增加到一定程度，变化缓慢，但是对粒度较小的物料作用效果较差，每撞击一次，破损淀粉含量可以增加约 3%。

4. 颗粒大小 粒度是指面粉的粗细程度，即由筛网规格决定的物理特性。由于面粉的质量和用途不同，对粒度大小的要求也不一致。我国面粉的种类对其粒度的要求是：特制一等粉粒度不超过 160μm，特制二等粉粒度不超过 200μm，标准粉粒度不超过 330μm。对某些专用面粉的粒度是根据它的成品要求而定，如砂子粉要求粗细粒度均匀，一般为 250~350μm。

5. 用于蒸制烘焙产品的淀粉、蛋白质品质、流变特性调控等　　成熟的小麦籽粒中，淀粉占粒重的 58%~76%，淀粉的含量是小麦产量的决定因素，淀粉的组成、结构和特性则影响小麦的加工品质和用途。小麦淀粉与小麦品质的关系主要反映在其与面粉品质和食品品质关系上。淀粉含量和颗粒性状等品质特性影响面粉出粉率、白度、α-淀粉酶活性（降落值）等；直链淀粉与支链淀粉比例、糊化温度、凝沉性、黏度及淀粉脂等性状影响馒头、面条和面包等食品的外观品质和食用品质。

蛋白质既是小麦籽粒重要的营养成分，也是衡量加工品质的重要指标。小麦蛋白质的特性决定着小麦面团的物理化学特性和面粉的最终使用特性，尤其是面筋蛋白质。实验证明，相同蛋白质含量的面粉其面包加工品质有较大差异，主要是蛋白质组成的差异造成的。可见，蛋白质的数量和质量综合决定了小麦品质特性。

实际生产中对不同产品如蒸煮和烘焙类专用粉的淀粉、蛋白质品质和流变学特性的调控均是以小麦品质、粉管实验和在线检测结果为依据来进行的。小麦品质是小麦入仓检验时分级分类的基础，不同小麦应分级、分类单独入仓，以便生产时小麦的合理搭配。粉管实验包括各系统粉管的水分、灰分、白度、面筋以及粉质和拉伸特性等。在线检测是生产和打包时对面粉的理化指标进行检测。根据所需面粉的品质要求，生产时可通过合理配麦、随时调整粉管或在线添加改良剂等来调控面粉的淀粉、面筋和流变学参数。

（三）面粉处理

1. 各系统粉搭配　　配粉是指制粉车间生产出的几种不同组分和性状的基础粉，经过合适的比例（配方）混配制成符合一定质量要求的面粉，在混配过程中也可加入添加剂进行修饰，也就是按各类食品的专用功能及营养需要重新组合、补充、完善、强化的过程。通过配粉，可以将有限的等级粉配制成专用小麦粉，以满足食品专用粉多品种的需要，可充分利用有限的优质小麦资源，是生产食品专用粉和稳定产品质量最完善、最有效的手段。

小麦配粉工艺是小麦制粉工艺的延续。首先，将适合专用粉特性要求的小麦研磨制粉，再根据不同专用粉的品质特性要求，将制粉工艺中不同系统、不同质量的面粉流组合形成 2~3 种基础面粉。基础面粉的确定是配粉的关键，因而优选粉流是科学配粉的前提。而对于基础粉的选择则应经过对生产中各粉流的品质化验和分析，特别是面团流变特性和烘培、蒸煮性能的实验，掌握各粉流的形成时间、稳定时间、吸水率、降落数值、灰分、延伸性、蒸煮性能、烘培性能等特点。然后根据专用粉的特定要求，优选粉流进行混配。

2. 品质的改良　　小麦粉主要用于制作面制食品，如馒头、面条、油条、烧饼、面包、饼干、月饼、蛋糕等诸多食品。然而，随着食品生产加工行业的快速发展以及消费者饮食生活的提高，花样繁多的面制食品对面粉的品质特性的要求也是多种多样的，因此，对现代制粉企业而言专用小麦粉的开发生产早已是大势所趋。

由于原料小麦本身的品质质量状况和制粉工艺、条件的限制，直接生产出来的面粉往往难以达到制作某种食品的特殊要求，因此，小麦粉品质改良目的就是为了使生产出来的面粉具有专用性，适合不同面制食品对其面粉品质的要求。对小麦粉品质改良的方法有很多，按面粉品质改良对面粉筋力的影响进行分类，可分为增强筋力的方法和减弱筋力的方法，增强筋力的方法包括添加面筋氧化剂、活性面筋、乳化剂等；减弱筋力的方法包括添加还原剂、淀粉和对面粉进行热处理等。按面粉品质改良对面粉蛋白含量的影响分类，包括面粉的气流分级、添加谷朊粉、添加淀粉等。按面粉品质改良对面粉其他成分和特性的影响进行分类，包括面粉的氯气处理、臭氧处理、添加酶制剂等。另外还有一些其他的方法，如添加发酵剂、漂白剂、膨松剂等，还有专用面制品复合改良剂，如饼干改良剂、面包改良剂、蛋糕改良剂、月饼改良剂等。

总之，面粉品质改良有两大途径：一是通过一定的工艺与设备对面粉进行处理，以达到改良面粉品质的方法，像面粉的气流分级、面粉的热处理、面粉的后熟等；二是通过在面粉中添加适量的外来成分如添加淀粉、酶制剂等，以达到面粉品质改良的目的。

第五节　小麦面粉分类及品质特性

一、小麦面粉分类及质量标准

商品用小麦粉的种类很多，分类方法也很多，其分类和等级与国民生活水平、饮食消费习惯以及食品工业的要求密切相关。最初小麦粉的生产没有特定的产品用途，其产品用于制作各种面食品。因而小麦粉不分类，仅有加工精度的区别。小麦粉加工精度越高，等级就越高，含麦皮量越少，灰分越低，色泽越白，面筋含量越高，相应的小麦出粉率也越低。我国现行国家标准 GB 1355—1986《小麦粉》中的特制一等粉、特制二等粉、标准粉，以及各面粉加工企业生产的精度高于特制一等粉的特精粉、精制粉等都属于此类。目前，人们习惯上把此类面粉称作通用小麦粉或多用途小麦粉。此类小麦粉对面筋质仅有含量要求，没有质量要求，因而相同精度的小麦粉，由于加工原料的内在品质不同，其食用品质就可能存在较大的差异。

食品工业将小麦粉的最终产品质量与小麦的内在品质联系在一起。不同的面制食品对小麦粉有不同的品质需求，而在众多的品质指标中，影响最大的是小麦粉的蛋白质或面筋的含量和质量，其中质量比数量更为重要。面制食品的种类虽然繁多，对小麦粉的面筋的含量和质量的要求也各不相同，研究归类后发现，主要面制食品对蛋白质或面筋的含量要求从高到低依次为：面包、饺子、面条、馒头、饼干、糕点等，即面包类需要面筋含量高、筋力强的小麦粉；面条、馒头类中等筋力的小麦粉即可满足；而饼干、蛋糕类则需用面筋含量低、筋力弱的小麦粉来制作。因此，人们开始依据蛋白质或面筋含量和质量的不同，将小麦粉分类。一般分为三类：高筋粉、中筋粉和低筋粉，与此对应，小麦也按其蛋白质（面筋蛋白）含量高低分为强筋小麦、中筋小麦和弱筋小麦。不同筋力小麦粉的生产满足了食品业的基本需求，也为食品工业的机械化和自动化奠定了基础。目前，人们习惯上将这种针对小麦粉的不同用途，以及不同面食品的加工性能和品质要求而专门生产的小麦粉称为专用小麦粉。

按用途不同专用小麦粉可分为面包类小麦粉、面条类小麦粉、馒头类小麦粉、饺子类小麦粉、饼干类小麦粉、糕点类小麦粉、煎炸类食品小麦粉、自发小麦粉、营养保健类小麦粉、冷冻食品用小麦粉、预混合小麦粉、颗粒粉等。

随着食品工业的迅速发展，我国原有的小麦粉品种与品质无法满足不同面食品的制作要求，因而促进了专用小麦粉的研究和开发。1993 年，原商业部颁发了 9 种专用小麦粉的行业标准，每种专用小麦粉分为精制级和普通级两个等级（表 9-5）。专用小麦粉的研制和生产是一个系统工程，从小麦的品种选育、种植推广到加工制粉和食品制作，需要很多环节，因而专用小麦粉的研究和开发是一项长期而细致的工作。

表 9-5　专用小麦粉质量标准

LS/T	专用粉名称	等级	水分/%	灰分/%（干基）	粗细度	湿面筋/%	粉质曲线稳定时间/min	降落值/S	含砂量/%	磁性金属/（g/kg）	气味
3201—1993	面包用粉	精制级 普通级	≤14.5	≤0.60 ≤0.75	全部通过 CB30 号筛，CB36 号筛的留存量不超过 15.0%	≥33.0 ≥30.0	≥10.0 ≥7.0	250～350	≤0.02	≤0.003	无异味
3202—1993	面条用粉	精制级 普通级	≤14.5	≤0.55 ≤0.70	全部通过 CB36 号筛，CB42 号筛的留存量不超过 10.0%	≥28.0 ≥26.0	≥4.0 ≥3.0	≥200	≤0.02	≤0.003	无异味
3203—1993	饺子用粉	精制级 普通级	≤14.5	≤0.55 ≤0.70	全部通过 CB36 号筛，CB42 号筛的留存量不超过 10.0%	28.0～32.0	≥3.5	≥200	≤0.02	≤0.003	无异味
3204—1993	馒头用粉	精制级 普通级	≤14.0	≤0.55 ≤0.70	全部通过 CB36 号筛	25.0～30.0	≥3.0	≥250	≤0.02	≤0.003	无异味
3205—1993	发酵饼干用粉	精制级 普通级	≤14.0	≤0.55 ≤0.70	全部通过 CB36 号筛，CB42 号筛的留存量不超过 10.0%	24.0～30.0	≤3.5	250～350	≤0.02	≤0.003	无异味
3206—1993	酥性饼干用粉	精制级 普通级	≤14.0	≤0.55 ≤0.70	全部通过 CB36 号筛，CB42 号筛的留存量不超过 10.0%	22.0～26.0	≤2.5 ≤3.5	≥150	≤0.02	≤0.003	无异味
3207—1993	蛋糕用粉	精制级 普通级	≤14.0	≤0.53 ≤0.65	全部通过 CB42 号筛	≤22.0 ≤24.0	≤1.5 ≤2.0	≥250	≤0.02	≤0.003	无异味
3208—1993	糕点用粉	精制级 普通级	≤14.0	≤0.55 ≤0.70	全部通过 CB36 号筛，CB42 号筛的留存量不超过 10.0%	≤22.0 ≤24.0	≤1.5 ≤2.0	≥160	≤0.02	≤0.003	无异味
3209—1993	自发小麦粉		≤14.0	≤0.70	添加剂粗细度应全部通过 CQ20 号筛（小麦粉其他指标应符合特制一等粉要求）	酸度：0～6（碱液 mL/10g 粮食）		混合均匀度：变异系数≤0.7%		馒头比容/（mL/g）：≥1.7	

1. 面包类小麦粉　　面包粉一般采用筋力强的小麦加工，制成的面团有弹性，可经受机械操作，能生产出体积大、结构细密而均匀的面包。面包质量与面包体积和面粉的蛋白质含量成正比，并与蛋白质的质量有关。为此，制作面包用的面粉，需具有数量多而质量好的蛋白质。面筋含量 30% 以上，稳定时间大于 7min。

2. 面条类小麦粉　　面条粉包括各类湿面、干面、挂面和方便面用小麦粉。一般应选择中等偏上的蛋白质和筋力。小麦粉色泽要白，灰分含量低，淀粉酶活性较小，降落数值大于200s。面团的吸水率大于 60%，稳定时间大于 3min，抗拉伸阻力大于 300B.U.，延展性较好，面粉峰值黏度较高。这样煮出的面条白亮、弹性好、不粘连，耐煮，不宜糊汤，煮熟过程中干物质损失少。

3. 馒头类小麦粉　　馒头粉的吸水率在 60% 左右较好，湿面筋含量在 25%～30%，面筋强度中等，形成时间 3min，稳定时间 3～5min，最大抗拉伸阻力 300～400B.U.较为适宜，且延伸性一般应小于 150mm。馒头粉对白度要求较高，在 82 左右，灰分低于 0.70%。

4. 饺子类小麦粉　　饺子、馄饨类水煮食品，一般和面时加水量较多，要求面团光滑有弹性，延伸性好易擀制，不回缩，制成的饺子表皮光滑有光泽，晶莹透亮，耐煮，口感筋道，咬劲足。因此，饺子粉应具有较高的吸水率，面筋质含量在 28% 以上，稳定时间一般大于 6min，抗拉伸阻力大于 500B.U.，延伸性一般应小于 170mm。

5. 饼干、糕点类小麦粉

1）饼干粉　　制作酥脆和香甜的饼干，需采用面筋含量低的面粉。筋力低的面粉制成饼干后，干而不硬，面粉的蛋白质含量应在 10% 以下。粒度很细的面粉可生产出光滑明亮、软而脆的薄酥饼干。

2）糕点粉　　糕点种类很多，中式糕点配方中小麦粉占 40%～60%，西式糕点中小麦粉用量变化较大。大多数糕点要求小麦粉具有较低的蛋白质含量、灰分和筋力。因此，糕点粉一般采用低筋小麦加工。蛋白质含量为 9%～11% 的中力粉，适用于制作水果蛋糕、派和肉馅饼等；而蛋白质含量为 7%～9% 的弱力粉，则适用于制作蛋糕、甜酥点心和大多数中式糕点。

3）糕点馒头粉　　我国南方的"小馒头"不同于通常的主食馒头，一般作为一种点心食用，具有一定甜味、口感松软、组织细腻。要求小麦粉的蛋白含量在 9% 左右，吸水率为 50%～55%，面团形成时间 1.5min，稳定时间不超过 5min，拉伸系数在 2.5 左右。

6. 自发小麦粉　　自发小麦粉以小麦粉为原料，添加食用膨松剂，不需要发酵便可以制作馒头（包子、花卷）以及蛋糕等膨松食品。自发小麦粉中的膨松剂在一定的水和温度条件下，发生反应生成 CO_2 气体，通过加热后面团中的 CO_2 气体膨胀，而形成疏松的多孔结构。

疏松剂有化学膨松剂和生物膨松剂两种。化学膨松剂一般采用复合膨松剂，由碳酸盐类、酸性盐类、淀粉和脂肪酸组成。碳酸盐类一般用碳酸氢钠，酸性盐种类较多，有磷酸二氢钾、酒石酸氢钾、酸性焦磷酸钠、无水磷酸二氢钙、明矾、葡萄糖酸内酯等。碳酸盐类分解产生 CO_2 气体，但残留的碳酸根会使食品呈碱性，影响口味，若用量不当还会使食品呈黄色。酸性盐类则可以与碳酸盐类发生中和反应，平衡食品的酸碱度。因此，复合膨松剂的配制中，碳酸盐与酸性盐类的比例要恰当，尽可能使酸性盐类与碳酸盐反应彻底，取得较大产气量的同时，使碱性残留物成为中性盐，不影响食品的口味和色泽。化学膨松剂缺乏天然香味，为改善食品口味，一些自发小麦粉在添加化学膨松剂的同时，适当添加一些生物膨松剂（速溶活性干酵母粉）。

自发小麦粉在贮存过程中，碳酸盐与酸性盐类可能产生微弱的中和反应，为减缓其反应，小麦粉的水分控制在13.5%以下为宜。不同类别的自发粉，其小麦粉的其他指标需满足相应食品的品质要求。

7. 营养保健类小麦粉

1）营养强化小麦粉　　高精度面粉的外观和食用品质比较好，但随着小麦粉加工精度的提高，小麦中的部分营养素损失严重。因此，在小麦粉中添加不同的营养成分（氨基酸、维生素、微量元素等），可促进营养平衡，提升其营养价值。早期我国营养专家曾提出了"7+1"的面粉强化建议配方，配方中的"7"就是添加 7 种微营养素，每种微营养素在每千克面粉中的添加量分别为：维生素 B_1 3.5mg，维生素 B_2 3.5mg，烟酸 35.0mg，叶酸 2.0mg，铁 20mg，锌 25mg，钙 100mg。"1"则是建议添加的维生素 A。

2)全麦粉　　全麦粉顾名思义是将整粒小麦磨碎而成,因而保留了小麦的所有营养成分,同时纤维含量也较高。全麦粉做出的成品颜色较深,有特殊的香味,营养成分高,成品体积略低于同类白面粉制品。全麦粉中麸皮会影响面团中面筋的形成,制作面包时一般要添加一些活性面筋来改善品质。全麦粉中麸皮的粗细度对全麦粉的烘焙品质也有一定影响,磨制时可根据产品需求调整麸皮的粒度大小。另外一种全麦粉是由小麦除去 5%左右的粗麸皮后磨制而成,因而粗纤维含量相对低些。市场上还有一种是将不同粒度大小的麸皮与小麦粉按比例混合而成的全麦粉,此类面粉由于不含或含有很少量的麦胚,确切地讲不能称之为全麦粉。

8. 冷冻食品用小麦粉　　冷冻食品用小麦粉除了要满足所制作面食品的基本要求以外,还要考虑冷冻时各种因素对食品品质的影响,故蛋白质含量和质量要求比同类非冷冻食品的小麦粉严格。冷冻面团经过长时间冷冻之后,容易增加其延展性而降低弹性。因此,冷冻面团专用小麦粉面筋的弹性和耐搅拌性要强,以保证发酵面团具有充足的韧性和强度,提高面团在醒发期间的保气性。小麦粉的粒度大小和破损淀粉含量会影响到其吸水率,而吸水率对冷冻面团的稳定性有相当重要的影响。面团中的自由水在冻结和解冻期间对面团和酵母具有十分不利的影响,在冷冻期间若形成大冰晶还会对面筋网络结构产生破坏作用。故冷冻面团专用小麦粉应具有较低的吸水率,从而限制面团中自由水的数量。

9. 预混合小麦粉　　预混合粉是将小麦粉与制作某种面食品所需的辅料:脂肪、糖、香料、改良剂、疏松剂、营养强化剂等预先混合好,消费者制作食品时,只需加入水或牛奶就能制作出质量较好的食品,操作很简单,还可以节省时间,使用非常方便。预混合粉特别适合现做、现烤、现炸面包和蛋糕等烘焙食品,主要消费对象是小型食品厂、食品作坊和家庭。

预混合粉一般分为通用预混粉、基本预混粉和浓缩预混粉,其区别在于:通用预混粉包含除酵母和水以外的全部主辅料;基本预混粉浓度稍高,除酵母和水外,仅含有配方中 1/3 或 1/2 的面粉和辅料,使用时需另添加面粉;浓缩预混粉则是将基本辅料与少量面粉（配方中的1/10左右）混合而成。因有的辅料数量很少,食品制作时不便称量,还有一些添加剂与其他原料混合贮存时会发生化学反应,降低原有效果,所以将部分辅料先与少量面粉混合成浓缩预混粉,使用时再加入面粉和其余辅料。

生产预混合面粉的技术关键是要根据各种面制食品对面粉的品质要求和消费者对这种食品的质量期望,以及食品的制作工艺,设计出预混合面粉的配方及生产工艺,提出产品的质量标准。

10. 颗粒粉　　颗粒粉有粗、中、细之分,每一种规格的颗粒粉粒度都相对比较均匀。采用杜伦麦加工成的颗粒粉是制作通心粉的最好原料。而一般硬麦生产的颗粒粉可用作饺子粉,和面时采用温水,加入约45%的水,开始面团较散,揉和变软,静置1～2h 后,做出的饺子皮薄,筋道,久煮不烂,口感好。也可用颗粒粉煮汤,煮出的汤稠滑可口。

二、小麦面粉品质评价

面粉的品质特性是小麦粉的理化特性、面团的物理特性、面粉食用品质特性及其他特性的总和。面粉的品质特性一般受多方面因素的影响,其中最主要的是原料小麦的品质特性,另外,原料小麦在加工过程中要受到多种因素的作用,也会影响面粉的品质。其中面团的物理特性（面团流变学特性）评价参见本章第三节内容,面粉食用品质评价参见本章第六节内容。本部分仅对面粉的理化品质评价进行论述。

（一）面粉色泽和加工精度

小麦粉的加工精度即小麦在制粉工艺中的去皮程度，一般加工精度越高，粉色越好，麸星越少，其直观评定通常以粉色、麸星的多少来衡量。小麦面粉的色泽简称粉色，是指面粉颜色的深浅、明暗，它是面粉品质评定的基本项目。正常的面粉色泽为白色或乳白色。在储藏过程中，由于空气的氧化作用，面粉的白度将增加。我国小麦面粉（73%出粉率）的白度为75%～84%。

面粉粉色主要取决于下列因素：一是面粉等级。不同等级的面粉，其中的麸星比例是不同的。面粉等级越低，麸星比例越大，粉色越差。面粉等级越高，麸星含量越少，面粉的色泽就越好。实际上，麸皮中的色素并非面粉本色，但却直接影响面粉色泽的明暗。二是胚乳本身的颜色。小麦胚乳中含有黄色素，它会转变成为商品面粉的淡黄色，当然，这种淡黄色不仅与叶黄素、叶黄素酯、胡萝卜素及某些天然物质的数量有关，还与这些物质被添加剂氧化程度有关。三是小麦的软、硬、红、白品种。通常软麦的粉色好于硬麦的粉色，白麦的粉色优于红麦的粉色。四是面粉的粗细度。面粉研磨得越细，色泽越好。五是小麦加工前外来物的污染和黑穗病孢子等的存在。此外面粉的水分含量对面粉粉色也有影响，水分含量越低粉色越亮。

面粉粉色的测定方法有5种：干法、湿法、湿烫法、干烫法和蒸馒头法。但这些方法都有一定的局限性，主要是因为其结果容易受操作者的影响，具有一定的主观性，常常造成人为误差，并且没有数量概念，对粉色差异较小的面粉难以分辨。利用白度仪测定面粉的白度是一种反映面粉色泽的有效方法，目前这种方法已被国内外广泛使用。相应的仪器也有很多类型。影响面粉白度测定结果的因素基本类似于影响面粉色泽的因素。当然，白度仪测得的白度值是干面粉对光线的反射量的量度，因此，有时也有局限性。例如，面粉粗细度会影响面粉的白度，一般面粉越细，白度值越高。有时面粉厂为了提高白度，把面粉研磨得很细，但是面制食品或湿粉样的白度值却不会增加，反而使面粉中破损淀粉远超过指标值，制作成的成品易芯发黏。

（二）水分

面粉的水分是指在105℃下烘干面粉，所损失的水分占试样的百分含量。面粉的水分高低，主要受入磨小麦水分的影响，小麦水分高，麸片的韧性就越好，出粉率不变的条件下，面粉的加工精度会越高，粉色也越好，相应的面粉水分也会越高。反之亦然。但过高的水分会使胚乳难以剥刮、流动性和散落性差、物料的流动和筛理困难、车间电耗增加、面粉重复碾磨等。水分过低，胚乳不易破碎、皮层易碎、筛理容易出现筛枯现象、车间电耗增加、面粉麸星含量严重、面粉质量差、灰分增加。国家标准中规定面粉的水分不超过14.0%，水分超过标准时，面粉不宜存放，很容易结块、生虫，甚至霉变。

测定水分的方法有两种：105℃衡重法和130℃高温定时法。但这些方法比较费工费时，现在已有多种快速水分测定仪，如近红外仪测定法，其具有操作简单、数值直观、测定速度快、重复性好等特点。当然，这种仪器受原粮稳定性、面粉的粗细度的影响。

（三）灰分

面粉的灰分是各种矿物质元素的氧化物占面粉的百分含量。它是衡量面粉纯度的重要指标。一般发达国家规定面粉的灰分含量在 0.5%以下，我国特一粉的灰分含量在 0.75%以下，标准粉的为 1.2%以下，面包用粉的为 0.6%以下，面条、饺子用粉的为 0.55%以下。

面粉的灰分含量可以通过间接的方法来衡量，如通过粉色深浅、出粉率的高低等。准确的方法是进行灰分测定，通常是将面粉放在指定高温的电炉中灼烧，面粉燃烧后所剩下的灰烬的含量占样品量的百分比即灰分含量。常用的是 550℃衡重法和 850℃高温定时法。

制粉的主要目的是将麸皮、麦胚和胚乳相互分开，然后，将胚乳研制成粉。由于麸皮的矿物质含量约为胚乳中含量的 20 倍，所以灰分测定基本上反映面粉的纯度或麸皮、麦胚与胚乳分离的彻底性。面粉的灰分对面制食品的加工制作有时是有影响的，例如，用于方便面的专用粉，如果灰分过高，其耗油量就会增加，对方便面的货架期产生不利的影响，通常要求小麦粉灰分含量应在 0.5%以下。

（四）吸水率

面粉的吸水率是指调制单位重量的面粉成面团所需的最大加水量，以百分比表示（%），通常采用粉质仪来测定。它可用来评价面粉在面包厂或馒头厂和面时所加水的量。面制品行业最关心的是从面袋内取出的面粉是否能做出理想质量和体积的面包或馒头。面粉吸水率可以提高面包、馒头的出品率，而且制品中水分增加，芯较柔软，保存时间也相应延长。面粉吸水率低，成品出品率也降低。这决定着面制品厂利润率的高低，因而也就自然成为面制品制造商主要关注的问题。在比较两种或多种不同面粉之间的吸水率时，必须将不同的面粉含水量统一到相同的基础上，才能进行有效的比较。对于饼干、糕点面粉，则要求用吸水率较低的面粉，这有利于饼干、糕点的烘烤。

我国面粉吸水率在 50.2%～70.5%，平均为 57%左右。影响面粉吸水率的因素有很多，主要有如下几个方面。

（1）小麦的软硬：一般硬质、玻璃质小麦磨制出的面粉吸水率高，粉质小麦吸水率低。硬麦粉吸水率达 60%左右，而软麦粉吸水率在 56%左右。

（2）面粉的蛋白质含量：面粉吸水率在很大程度上取决于面粉蛋白质的含量，随蛋白质含量的提高而增加。蛋白质吸水多而快，比淀粉有较高的持水能力。据报道，面粉蛋白质含量每增加 1%，用粉质仪测得的吸水率约增加 1.5%。但不同品种小麦面粉的吸水率增加程度不同。即使蛋白质含量相似，吸水率也存在着差异。此外，但蛋白质含量在 9%以下时，吸水率减少很少或不再减少，这是因为当蛋白质含量减到一定程度时，淀粉吸水的相对比例增加较大。

（3）面粉粒度：面粉越细，面粉颗粒表面积越大，吸水率越高。如果面粉磨得过细，淀粉损伤也可能越多。

（4）面粉中的淀粉破损淀粉率：破损淀粉含量越高，吸水量越高。破损淀粉颗粒使水分吸收更容易、更快。但太多的破损淀粉导致成品出现芯发黏。

（五）面筋特性

面粉经过加水揉制成面团后，在水中揉洗，淀粉和麸皮微粒呈悬浮状态分离出来，其他水溶性和溶于稀 NaCl 溶液的蛋白质等物质被洗去，剩留的有弹性和黏弹性的胶状物质即为面筋，用百分比表示（%）。面筋是小麦蛋白质存在的一种特殊形式，小麦面粉之所以能加工成种类繁多的食品，就在于它具有特有的面筋。小麦蛋白质是功能性蛋白质，具有形成可保持气体的面团的功能特性，在各种谷物中，只有小麦蛋白质具有这种功能特性。面筋蛋白质是小麦的储藏蛋白质，由麦谷蛋白和麦醇溶蛋白组成，它们不具有酶活性，不溶于水，比较容易分离提纯。这两种蛋白质之所以能形成面筋，是由于它们的共性和其他特性所决定的。面筋蛋白质是高分子亲水化合物，分子中有羧基及氨基等基团存在。蛋白质分子很大，相当于胶体颗粒大小，分子表面有许多亲水基团。在水中溶解时，麦谷蛋白、醇溶蛋白的亲水基团与水分子相互作用，形成胶体水化物——湿面筋。它和一切胶体物质一样，具有特殊的黏性、弹性、延伸性等特性。小麦粉中的面筋数量及质量是影响面制食品品质的重要因素。面粉加水搅拌成型后在醒发过程中蛋白质吸水形成面筋在二硫键作用下形成网络结构，淀粉、矿物质等成分填充在该网络结构中。面筋特性以面筋数量和质量表示。

1. 面筋含量　　面筋含量测定方法有手工洗涤法、仪器洗涤法（面筋仪法）和化学测定法。

（1）手工洗涤法：取 10g 小麦粉，放入容器中，加 2% 的食盐水 5mL 左右，混合成面团，直至不粘手为止。然后将面团泡到水中，在室温下静置 20min。将面团放入盆中轻轻揉捏，洗去面团内的淀粉、麸皮等物质。在揉洗过程中需更换盆中清水数次，换水时需要用筛子接着免得面筋流失，反复揉洗，直至面筋挤出的水遇碘液无蓝色为止。将面筋挤压除水，直至感到面筋球表面稍微粘手时为止，进行称量，即得湿面筋质量。将湿面筋放在 100～104℃ 恒温箱中干燥 20h，使其干燥至恒重，在干燥器中冷却后称量，即得干面筋重。分别计算出湿、干面筋质量占小麦粉质量的分数，即为湿、干面筋的含量，用百分数表示（%）。

（2）仪器洗涤法：即用机洗来代替手工洗涤。近年国内外已研制出面筋洗涤仪，使和面、洗涤、烘干简便化，可快速、准确地测定面筋含量。面筋含量测定应采用规范化的标准方法，从小麦粉的含水量、和面洗涤用水（一般用 2% 的食盐水）、洗涤工序、烘烤时间均应一致，才能得到可靠的结果。

（3）化学测定法：其原理是测定面粉中的含氮物，一部分是盐水可溶的蛋白质，如球蛋白、清蛋白等；另一部分是不溶于盐水的蛋白质即为面筋。故测定小麦粉总氮量和盐水可溶性氮量，二者之差即为面筋含氮量。此法比上述物理法测定结果要准确得多。但是，由于操作复杂，实际应用较少。

2. 面筋质量　　面粉工艺性能不仅与面筋的数量有关，而且与面筋的质量有关。通常人们使用筋力来描述面粉的工艺性能。面筋含量高、质量好的面粉，其工艺性能也好。面粉之所以具有一定的筋力，面筋蛋白质之所以能形成强韧的面团，与很多因素相关。面筋的质量主要指面筋的弹性、韧性和延伸性。面筋的黏性和弹性取决于组成面筋的主要蛋白质麦胶蛋白（醇溶蛋白）和麦谷蛋白及残基蛋白的组成，以及分子形状、大小和存在状态。由于这 3 种蛋白以不同的比例和不同的方式相互作用，形成了面筋既具有黏弹特性，又具有延伸性和稳定性的特有性质。由于麦胶蛋白分子较小和具有紧密的三维结构，而使面筋具有黏性。麦谷蛋白是由于多肽链间的二硫键和许多次级键的共同作用，而使面筋具有弹性。二者结合使面筋具有延伸性和弹性。麦醇溶蛋白形成的面筋具有良好的延伸性，有利于面团的整形操作，但面筋筋力不足，很软弱，从而使制成品体积小、弹性较差；麦谷蛋白形成的面筋则有良好的弹性，筋力强，面筋结构牢固，但延伸性差。如果麦谷蛋白含量过多，势必造成面团弹性、韧性太强，无法膨胀，导致产品体积小，或因面团韧性和持气性太强，面团气压大而造成产品表面开裂。如果麦醇溶蛋白含量过多，则造成面团太软弱，面筋网络结构不牢固，持气性差，面团过度膨胀，导致产品出现顶部塌陷、变形等不良结果。由此可知，麦醇溶蛋白和麦谷蛋白含量的高低，不仅决定了面筋数量的多少，而且二者比例与面筋品质强度有很大关系。只有这两种蛋白质共同存在，并以一定的比例相结合时，才共同赋予小麦面筋所特有的性质。由于小麦品种间麦醇溶蛋白和麦谷蛋白在面筋中所含的比例差异很大，形成面筋强度不同，因此，小麦面粉品质也存在很大的差异性。评定面筋质量和工艺性能的指标有延伸性、弹性、韧性和比延伸性。

反映面筋质量和数量的综合指标是沉降值，国际上已将沉降值作为鉴定小麦品质的重要指标。我国的强筋粉要求沉降值在 45mL 以上。国外的面包粉要求 60～80mL。沉降值与面筋含量和质量关系十分密切，沉降值越高面筋含量越多。我国小麦面粉的沉降值平均为 21～24mL。

沉降值测定原理是一定量的小麦粉在特定的条件下，于弱酸介质作用下吸水膨胀，形成絮状物并缓慢沉淀，在规定时间内的沉降体积，称为沉降值，以毫升表示。沉降速度和体积反映了面筋含量和质量，测定值越大，表明面筋强度越大，面粉的烘烤品质就越好。

沉降试验中，膨胀面筋的形成数量及沉淀速度取决于面筋蛋白质水和能力和水合率。在乳酸-异丙醇溶液中面筋蛋白质的氢键等疏水键被破坏，麦谷蛋白则以纤维状存在，使溶胀的面粉颗粒形成絮状物。因此，蛋白质含量越高，质量越好，形成的絮状物就越多，沉淀速度就越缓慢，一定时间内沉淀的体积就越多。

（六）淀粉的特性

面粉的主要成分是淀粉，其烘烤蒸煮品质除与面筋的数量和质量、面团发酵性能有关系外，还受糊化特性、酶活性的影响。面包、馒头等发酵食品的体积主要取决于面团的产气能力（CO_2 的数量）和持气能力（保持 CO_2 的能力），持气能力取决于面筋的含量和质量。酵母使面团内的糖类转化为乙醇和 CO_2，充满在面团的面筋网络结构中，使面团内部呈蜂窝状空隙，从而制成海绵结构的食品。面团的产气能力，一方面依赖于酵母的数量和质量，另一方面取决于面团中可供酵母利用的糖类。而酵母的生产和活动主要以小麦粉中淀粉酶降解淀粉形成的糖类物质为原料。显然，面团的产气能力与面粉中淀粉酶活性、破损淀粉含量等密切相关。

1. 面粉糊化特性　　面筋在面团中构成网络结构时，淀粉即充塞于其中。在蒸煮或烘烤过程中淀粉的糊化直接影响面制品的组织结构。开始糊化的淀粉颗粒吸水膨胀，使淀粉粒体积增加，固定在面筋的网状结构中。同时由于淀粉所需要的水是从面筋所吸收的水分转移而来，这使面筋在逐步失水状态下，网状结构变得更有黏性和弹性。小麦淀粉的糊化温度一般为 55～65℃，淀粉糊化峰值黏度与面条煮面品质密切相关。一般峰值黏度越高，面条品质越好。

面粉中淀粉粒在适当温度下在水中溶胀、分裂，形成均匀状溶液的过程称为糊化。糊化作用的本质是淀粉粒中有序及无序（晶质与非晶质）态的淀粉分子间的氢键断开，分散在水中形成胶体溶液。

测定淀粉糊化的仪器有糊化仪和黏度仪。这两种仪器用于测定小麦粉试样中淀粉的糊化性质（糊化温度、最高黏度、最低黏度和面粉糊回生后黏度增加值）和 α-淀粉酶活性。

糊化仪测定淀粉的流变学特性，可反映温度连续变化时，体系黏度变化状态。面粉糊的黏度在搅拌、加热过程中黏度变化的程度，可由黏度仪自动绘出的图谱中读出，根据最高黏度可预知面制品内部结构状况。

面制品的老化是由于淀粉发生物理性质变化，即由 α-淀粉回生为 β-淀粉所致。其机制是经过加热后的 α-淀粉，在逐渐冷却和储藏过程中，分子动能下降，淀粉分子的羟基与水分子间形成的氢键断开，淀粉分子间相邻的羟基产生缔结，形成氢键，挤出水分子，转移给面筋，恢复微晶状结构，硬度增加，即产生老化现象。

2. 破损淀粉特性及测定　　损伤淀粉是指在小麦加工过程中，由于机械力的作用，使小麦胚乳完整的淀粉受到外形上的破坏，损伤后的淀粉粒，其物理和化学性质都发生了变化。损伤淀粉的吸水率比未损伤淀粉的吸水率增加 2.5 倍左右，同时，损伤淀粉易被 α-淀粉酶所水解，生成糊精和麦芽糖。利用损伤淀粉易被淀粉酶水解的特点可以测定面粉中损伤淀粉的含量。

常用的测定方法有酶法和非酶法。

（1）酶法（AACC 方法 76-30A）。取 1g 面粉试样，加入一定活性的 α-淀粉酶溶液 46Ml，在 30℃水浴中保温 1h，然后加入 10%硫酸 2mL，停止酶反应。再加入 12%钨酸钠溶液，沉淀蛋白质，过滤后，取一定滤液，测定其麦芽糖含量。麦芽糖的测定采用氰化钾法，用硫代硫酸滴定，查表得到麦芽糖的含量，带入法兰德公式计算破损淀粉值。

$$破损淀粉值=（5×麦芽糖值–3.5）×6 法兰德单位$$

（2）非酶法。主要依据是破损淀粉中可溶于水的直链淀粉含量高，采用抽提法抽提可溶性直链淀粉，然后使抽提液与碘-碘化钾溶液作用生成蓝色物质，再用光学测定仪测定溶液的消化度以推算直链淀粉的可溶解度，从而推算损伤淀粉的含量。

（七）酶活性

面粉中的淀粉酶主要是 α-淀粉酶和 β-淀粉酶。当 α-淀粉酶和 β-淀粉酶同时对淀粉起水解作用时，α-淀粉酶从淀粉的分子内部进行水解，而 β-淀粉酶则从非还原末端开始。α-淀粉酶作用时会产生更多的末端，便于 β-淀粉酶的作用。这样两种酶同时对淀粉起作用，将会得到更好的水解效果。其最终产物主要是麦芽糖和少量葡萄糖，另外还有一部分极限糊精。正常面粉中含有足够的 β-淀粉酶，而 α-淀粉酶则不足，为利用 α-淀粉酶以改善面包的质量、皮色、风味、结构，增加面包体积，可在面团中加入一定数量的 α-淀粉酶制剂或一定数量的麦芽粉和含有淀粉酶的糖浆。

α-淀粉酶和 β-淀粉酶的活性不完全一样，α-淀粉酶热稳定要比 β-淀粉酶好，在加热到 70℃时仍然对淀粉起水解作用，而且在一定温度下，温度越高，水解的作用越快，在超过 90℃时才会钝化。而 β-淀粉酶在加热到 70℃时，活力减小 50%，几分钟后钝化。由于 β-淀粉热稳定较差，它只能在面团的发酵阶段起水解作用，而 α-淀粉酶不仅在发酵阶段起水解作用，在面团进入蒸制或烘焙后，仍继续进行水解作用。

α-淀粉酶和 β-淀粉酶对面条专用粉来说是不利的，因为淀粉会分解淀粉，导致面团黏度降低，容易浑汤。因此面条专用粉要求淀粉酶含量低一些。

测定 α-淀粉酶活性常用的方法是降落数值法，其定义是指一定量的小麦粉和水的混合物置于特定黏度管内并浸入沸水中，然后以一种特定的方式搅拌，并使搅拌器在糊化物中从一定高度下降一段特定距离，自黏度管浸入水浴，搅拌器开始搅拌到搅拌器自由降落一段特定距离的全过程所需要的时间（s），即为降落数值。

降落数值测定的原理是测定 α-淀粉酶对淀粉糊的降解作用。小麦粉在沸水中能迅速糊化，并因其中 α-淀粉酶活性不同而使糊化物中的淀粉不同程度地被液化，搅拌器在糊化物中下降速度不同。因此，随 α-淀粉酶的增加，更多的淀粉被降解，淀粉糊黏度降低，搅拌器下降的速度就越快。数值就越小。

一般来说，降落数值是 250s 的面粉，其淀粉酶的活性适中，可以烘焙出质量优质的面包，小于 200s 的面粉，淀粉酶活性太高，做出的面包芯黏湿、内部结构差、大孔洞。高于 400s 的面粉活性太小，芯发干，体积小。一般面包用面粉的降落数值为 250~300s。

第六节 小麦的食用品质

小麦的食用品质是指小麦面粉制作各种面制食品所表现的品质特性。面制品食品种类繁多，有发酵面制品与非发酵面制品、蒸煮类面制品与烘焙类面制品等。每种面制品对小麦及面粉品质需求不同。在小麦加工过程中一般根据市场面制品对面粉品质的需求进行原料选择、工艺的控制、面粉的混配、添加剂的修饰等。本节仅对主要面食品（馒头、面条和面包）进行阐述。

一、馒头品质及与面粉品质关系

（一）馒头分类及特性

馒头是我国主要面制食品之一，是由小麦粉经过和面、发酵、成型、醒发、汽蒸等工序制成，具有色白光滑、皮软而内部组织膨松、营养丰富等特点。馒头口感松软而又有一定筋力、风味微甜并带有特殊的发酵香味，虽与面包一样均为发酵食品，然而由于制作原料配方、加水量及熟制方法的不同，与面包在面团微观结构、风味、营养性能诸多方面存在较大差异。制作馒头的原料种类少，一般只用小麦粉、酵母（或面肥）和水（少数地区还加入一些糖和食盐）；和面时加水量为面粉用量的 40%~50%（仅为面包加水量的 80%），因而面团在搅拌阶段由于面筋蛋白质没有能够像面包面团中那样充分吸水，面筋蛋白质基本上仍均匀分布于淀粉颗粒之间，随着和面过程的继续进行，蛋白质均匀分布在淀粉颗粒之间的情况始终没有明显变化，其面团的微结构特点与面条面团有很大相似之处。与面包最大的区别在于馒头采用蒸汽蒸制，其蒸制温度远低于烘烤温度，而相对湿度较大，所以皮软、色白，其结构要比面包紧密。馒头在蒸制过程中，所含淀粉粒基本糊化，易于消化吸收，营养成分相对损失较少，蛋白质、赖氨酸的有效价值高，更易于人们食用。

优质馒头要求体积较大，比容适中（2.5mL/g 左右），表皮光滑、色白、皮软、光润、蓬松、形状对称、挺而不瘫；内部色白，气孔小而均匀，弹韧性好，有咬劲，咀嚼爽口，不粘牙，清香，无异味。优质馒头的质量除与加工工艺有关外，最主要的影响因素是基本原料小麦粉的品质。与面包品质有关的性状也与馒头品质有关，但馒头对面粉品质反应敏感性较差，比面包要求较低些。

馒头一般可分为主食馒头、杂粮馒头和点心馒头。①主食馒头。根据风味和口感不同包括北方硬面馒头、软性北方馒头、南方软性馒头。北方硬面馒头是我国北方的一些地区，如山东、山西、河北等地喜食的日常主食，面粉要求湿面筋含量较高，和面加水量少，产品劲道有咬劲，不添加风味原料，突出馒头的麦香和发酵香味；软性北方馒头为我国中原地带，如河南、陕西、安徽、江苏等地百姓的日常主食，面粉面筋含量适中，和面加水量稍多，不添加风味原料，具有麦香味和微甜的后味；南方软性馒头是我国南方人习惯的馒头，面粉面筋含量较低，面团柔软，大多添加风味物质，如甜味、奶味、肉味等。②杂粮馒头和营养强化馒头。随着生活水平的提高，人们开始重视主食的保健性能。杂粮有一定的保健作用，加上特别的风味和口感，杂粮馒头很受消费者的青睐。常见的杂粮馒头主要有玉米面、高粱面、小米面等制成的馒头产品。③点心馒头。以特制小麦面粉为主要原料，适当添加辅料，生产出组织柔软、风味独特的馒头，如奶油馒头、巧克力馒头、开花馒头等。该馒头一般体积较小，其风味和口感可以与烘焙发酵面食相媲美，作为点心而消费量较少。

（二）馒头制作过程的物理化学变化

1. 馒头和面过程及物理化学变化　　和面是馒头生产中关键的工序之一。和面也称为面团的调制、调粉、搅拌、混合。主要有以下几个目的：①使各种原料充分分散和均匀混合，形成质量均一的整体；②加速面粉吸水、胀润形成面筋的速度；③扩展面筋，促进面筋网络的形成，使面团具有良好的弹性和韧性，改善面团的加工性能；④拌入空气，有利于面团的发酵。

1）面团调制中的物理变化　　当面粉加水和面时，面粉中的蛋白质和淀粉等成分便开始吸水。由于各种成分的吸水性不同，它们的吸水量也有差异。搅拌后的面团，面粉要吸收45%左右的水。已搅拌好的面团，是固相、液相和气相构成的。淀粉、麸星和不溶性蛋白质构成了固相，它大约占面团总体积的44%；液相是由水及溶解在水中的物质构成，它约占面团体积的47%；气相是由气体构成的，占面团总体积的10%左右。面团中的气体，对于形成面团的疏松多孔结构起着重要作用。搅拌不充分的面团，制成的产品孔隙度差，体积小。面团中三相之间的比例关系，决定着面团的物理性质。面团中液相和气相的比例增大，会减弱面团的弹性和延伸性；固相占的比例过大，则面团的硬度大，不利于产品体积的增长。

2）蛋白质的变化及与其他成分的作用　　面团形成过程发生着复杂的化学反应，其中最重要的是面筋蛋白质的含硫氨基酸中硫氢基和二硫键之间的变化。在搅拌过程中，当水和其他辅料加入面粉中进行机械搅拌时，麦醇溶蛋白和麦谷蛋白吸水膨胀，体积增大，蛋白质微粒间相互黏结成一个连续的膜状面筋网络，并将淀粉覆盖包围在网络中。同时，麦醇溶蛋白、麦谷蛋白和水溶性蛋白质重新分配，脂类和其他成分也被揉和到面筋网络中，蛋白质再通过分子间的氢键和疏水键彼此结合而形成纤维状的聚合体，从而维持面团的强度和弹性。

小麦粉中大约含有0.8%的游离脂和0.6%的结合脂。在0.8%的游离脂中，0.6%为非极性脂质，0.2%为极性脂质。小麦粉里的极性脂质是糖脂、磷脂、甘油单酯，其中糖脂的含量大约是磷脂的3倍，非极性脂质主要是三酰甘油和游离脂肪酸。脂质可以和不同的蛋白质进行结合。结合力主要有两种：一是极性脂类分子通过疏水键与麦谷蛋白结合，二是非极性脂类分子通过氢键与醇溶蛋白分子结合。极性脂与面筋蛋白结合后，面筋蛋白就能通过其极性基团与淀粉、戊聚糖或水等相互结合，增加面团弹性，改善面团强度，从而改变面团的加工性能。因此，极性脂质有利于面筋的形成，而非极性脂质不利于面筋的形成。脂类物质能够影响小麦粉的糊化特性，这是由于脂质和螺旋状的直链淀粉形成的复合体，可以抑制膨胀淀粉颗粒的破裂，使膨胀淀粉颗粒更加稳定，从而影响淀粉的糊化。一般认为，小麦粉中粗脂肪含量与馒头品质呈正相关，对馒头的体积和柔软度都有积极的作用。脂类物质对馒头具有一定的抗老化作用。这是因为脂质与淀粉形成复合物，阻止淀粉分子间的缔合作用，从而阻止淀粉的老化。

　　3）和面过程中的其他变化　　在搅拌过程中，面团的胶体性质不断发生变化。蛋白胶粒一方面进行着吸水膨胀和胶凝作用，另一方面产生着胶溶作用。在一定搅拌时间和一定搅拌强度下，筋力强的面粉凝胶作用大于胶溶作用，其吸水过程也进行得缓慢，对这类面粉要适当延长和面时间。而普通粉或弱力粉的吸水过程在开始时进行得较快，到一定程度后，其胶溶作用就大于胶凝作用，对这类面粉要缩短搅拌时间。发芽或虫蚀小麦的粉，其性质与后者相同。

　　搅拌时所加入的辅料，如糖、盐和油脂等也影响着面团的胶体性质。食盐对面团胶体性质的影响，随食盐溶液浓度而不同。加盐适量，能与面筋产生相互吸附作用，增强面筋的弹性和韧性；加盐过量，吸水性增强，面团被稀释，其弹性和延伸性变劣。糖和糖浆持水性强，有稀释面团的作用，能降低面团的弹性和延伸性。油脂有疏水性，加入面团后便分布于蛋白质和淀粉颗粒的表面，阻碍蛋白质吸水形成面筋。同时，它还会妨碍小块面筋形成大块面筋，不利于面团工艺性质的形成。因此，和面时不宜过早地加入油脂。在搅拌过程中，面团的温度有所提高。其热能有两个来源：一是机械能转化为热能；另一个是面粉微粒吸水时产生的热能。这些热能提高了面团的温度，增强了水解酶的活性，加快了水解速度，降低了面团的韧性。

　　2. 面团发酵过程及物理化学变化　　面团发酵是面粉等各种原辅料搅拌成面团后，一般需要经过一段时间的发酵过程，才能加工出体积膨大、组织松软有弹性、口感疏松、风味诱人的馒头。面团发酵是一个十分复杂的微生物学和生物化学变化过程。面团发酵是以酵母为主，同时伴有其他微生物参加的复杂的生物化学变化过程。在多种酶的作用下，将面粉中的糖分解为乙醇和二氧化碳；同时由于其他生物化学变化进一步生成其他有机物质，并使面团具有特殊芳香气味的复杂生物化学变化过程。

　　1）发酵过程中淀粉的变化　　完整的淀粉粒在常温下不受淀粉酶作用，而破损的淀粉粒在常温下受淀粉酶的作用，分解成糊精或麦芽糖。面团中所含的单糖有葡萄糖和果糖，二糖有蔗糖、麦芽糖、乳糖等。单糖可以被酵母作用，产生乙醇和二氧化碳，这种发酵称为乙醇发酵。

$$C_6H_{12}O_6 \longrightarrow 2C_2H_5OH + 2CO_2 \uparrow$$

　　酵母在发酵过程中只能利用单糖来发酵，蔗糖不能直接被利用，一般是由酵母分泌的蔗糖酶将蔗糖分解为葡萄糖和果糖后再进行乙醇发酵。面团中的蔗糖来源于搅拌时加入的蔗糖和面粉中天然存在的蔗糖。

　　2）发酵过程中蛋白质的变化　　在发酵过程中，面团中的面筋组织仍受到力的作用，这个力的作用来自发酵中酵母产生的二氧化碳气体。即这些气体首先在面筋组织中形成气泡，并不断胀大，于是使得气泡间的面筋组织形成薄膜状，并不断伸展，产生相对运动。这相当于十分缓慢的搅拌作用，使面筋分子受到拉伸。在这一过程中，—SH 键与—S—S—键也不断发生转换-结合-切断的作用。如果发酵时间合适，那么就使得面团的结合达到最好的水平。相反，如果发酵过度，那么面团的面筋就到了被撕裂的程度。因此，在发酵过度时，可以发现面团网状组织变得脆弱，很易折断。另外，在发酵过程中，空气中的氧气也会继续使面筋蛋白发生氧化作用。如前所述，适当的氧化可以使面团面筋弹性增强，氧化过度会使得面筋弱化。发酵期间的这些复杂反应和变化改变着面团的物理性质和结构。如何掌握好这一变化，以及使这些复杂的变化达到使面团具有做馒头的最佳状态，是馒头发酵的关键。

在发酵过程中蛋白质发生的另一个变化是在小麦粉自身带有的蛋白酶的作用下发生分解。这种蛋白质的分解只是极小的量，但对于面团的软化、延伸性等物理性的改良有一定好处，而且最终分解得到的少量的氨基酸可以成为酵母的营养物质。这种蛋白质分解反应只是在小麦粉本身含的蛋白酶作用下分解，一般不会产生反应过度的问题，但当添加蛋白酶时，这种分解作用会急速地使面团软化、发黏、破坏面筋结构，使面团失去弹性成为过度软化的状态。

3）面团发酵过程中流变学变化　　面团发酵中产生的气体，形成膨胀压力，使面筋延伸，使面筋不断发生结合和切断。蛋白质分子也不断发生着—SH键和—S—S—键的相互转换。另外，在面团发酵过程中，氧化作用可使面筋结合，过度氧化会使面筋硬化。在发酵过程中，蛋白质受到酶的作用后而水解使面团软化，小麦粉中酶的作用，一般不会使面团发酵过度。但是使用蛋白酶制剂不适当时，却有使面团急速变软、失去弹性、过度延伸等不良现象。

4）面团发酵过程中风味物质的形成　　面团发酵的目的之一，是通过发酵形成风味物质，在发酵过程中形成的风味物质大致有以下几类：乙醇是经过酵母发酵形成的；有机酸有乳酸、乙酸、丁酸等；酯类是乙醇与有机酸反应而生成的带有挥发性的芳香物质；酵母本身也具有一种特殊的香气和味道，由于被配方中的其他配料所稀释，而不能为人们所鉴别。除了酵母以外，某些细菌对形成良好的馒头风味也是十分必要的，如乳酸菌。

3. 面团醒发过程物理化学变化　　醒发又称为饧发、饧面。醒发是面团的最后一次发酵，在控制温度和湿度的条件下，使经整形后的面团达到应有的体积和性状。它是以馒头为代表的蒸制面食生产至关重要的一步，其操作的成败，直接影响产品的终端品质。由于馒头制作时面团醒发实际上是发酵过程，该过程的基本原理和作用与面团发酵基本相同。醒发的目的主要有以下几点：①恢复柔韧性面团：经压片或成型后，处于紧张状态，僵硬而缺乏延伸性。醒发时使面团的紧张状态得到恢复，使面坯变得柔软有利于其膨胀。②面筋网络扩展：在醒发过程，面筋进一步结合，网络充分扩展，增强其延伸性和持气性，以利于体积的保持。当然，也可能因发酵作用会使面筋水解或破坏。③面团发酵：馒头的生产可能采用主面团发酵法和主面团不发酵直接成型醒发的工艺，无论主面团发酵与否，醒发过程的发酵都是不容忽视的。发酵过程酵母菌大量生长繁殖，发生一系列的生物化学反应，面团的 pH 变低，产生风味物质。

4. 蒸制过程物理化学变化　　馒头在蒸制过程中的物理化学变化如下。

（1）馒头蒸制过程中的温度变化。蒸制过程中，中心温度上升较慢，两边温度上升较快，其中以馒头坯表面起始温度最高，升温最快。在蒸制一定时间后，馒头各部分的温度都达到了近100℃。从蒸制开始到蒸制结束，馒头的任何一层温度都不超过100℃。馒头蒸制一般都在蒸锅（蒸柜）内进行，为了加速对流运动，蒸锅（蒸柜）的锅盖上或柜的上下面都设有排气孔。

（2）馒头蒸制过程中各层水分含量的变化。在蒸煮过程中，馒头中发生的最大变化就是水分的重新分配，既有水蒸气冷凝使得馒头水分含量的增加，又有温度的升高使得馒头水分的蒸发。馒头坯中心起始水分含量最低，馒头瓤其次，馒头坯表面最高。蒸制结束后，其水分含量从大到小关系为：馒头表面>馒头瓤>馒头中心。在蒸制的前 10min，馒头表面和中心的含水量变化较大，而馒头瓤水分含量变化较迟缓。在整个蒸制过程中，无论是馒头坯表面、馒头瓤，还是馒头中心水分基本上处于一个上升趋势。

（3）馒头蒸制过程体积变化。馒头的体积在蒸制过程基本上也呈上升趋势。馒头开始蒸制后，体积有显著的增长，随着温度的增高，馒头体积的增长速度减慢，馒头体积的这种变化与它产生的物理、微生物学和胶体化学过程有关。当把冷的馒头坯放入已经煮沸的蒸锅内以后，气体发生了热膨胀，由于气体的膨胀，面团内才有千百万个小的密闭气孔。另外一种是纯物理作用，温度升高气体的溶解减少，由于面团发酵时所生的气体，一部分是溶解在面团的液相内，当面团温度升高，则溶解在液相内的气体被释出，此释出的气体即增加气体的压力，增加细胞内的膨胀力，因此整个面团逐渐膨胀。另外，低沸点的液体于面团温度超过它的沸点时蒸发而变成气体，低沸点的气体以乙醇量为最多，亦是最重要的一种，乙醇在 78℃时即开始蒸发，增加气体压力，使气孔膨胀。在馒头蒸制的前段，馒头的体积有显著的增长，而在蒸制的后段，馒头皮形成，其延伸性丧失，透气性降低，阻碍馒头体积增长。与此同时，由于蛋白质的凝固和淀粉糊化使馒头瓤骨架形成，也限制了里边馒头瓤的增长。因此，在定型后，馒头的体积增长较缓慢。

（4）馒头蒸制过程中 pH 的变化。馒头蒸煮过程中 pH 从始至终大致是一个下降的过程，说明馒头的酸度在逐渐增大。其主要原因是由于酵母菌、乳酸菌、乙酸菌的存在。首先，在面团发酵过程中，酵母分泌的各种酶将各种糖最终转化成 CO_2 气体，使面团发酵。此时，面团发酵产生的 CO_2 使面团的 pH 降低。其次，产酸菌活性的增强使面团在酵母发酵的同时还发生了乳酸发酵和醋酸发酵。在蒸制过程中，由于温度的上升幅度较大，使得三种菌的活性衰退以致消失。所以 pH 在蒸制的后期下降的幅度较迟缓。在此段时间有酯类香味产生。在蒸制的最后阶段，还原糖被氧化而生成酸，以及其他的产酸反应的发生，使得在无产酸菌作用的情况下 pH 又有下降的趋势。

（5）馒头蒸制过程淀粉变化。馒头在蒸制过程中，随着温度的升高，淀粉逐渐吸水膨胀，当温度上升至 55℃时，淀粉颗粒大量吸水到完全糊化。在蒸制过程中，面坯内的淀粉酶活性增强，大量水解淀粉成糊精和麦芽糖，使淀粉量有所下降。淀粉酶的作用几乎贯穿于整个蒸制过程，直到温度上升到 83℃左右时，β-淀粉酶才钝化，而 α-淀粉酶钝化的温度要高达 95℃以上。蒸制温度较烘烤温度低得多，淀粉酶几乎在整个蒸制过程中都在水解淀粉，低分子糖的增加使得产品口味变甜。

（6）馒头蒸制过程蛋白质的变性与水解。蒸制过程温度升高到 70℃左右时，面坯中的蛋白质开始变性凝固，形成蒸制面食的骨架，使得产品具有固定的形状。面筋蛋白在 30℃左右时胀润性最大，进一步提高温度，胀润性下降，到温度达到 80℃左右时，面筋蛋白变性凝固。在蒸制中还同时伴随着蛋白质的水解，主要是蛋白水解酶的作用，蛋白水解酶一般在 80℃左右时钝化。酶解产生的低分子肽、氨基酸等，其与其他成分结合产生的物质也是馒头风味的重要组成部分。

（7）馒头蒸制过程中微生物学变化。当馒头坯上锅后，酵母就开始了比以前更加旺盛的生命活动，使馒头继续发酵并产生大量气体。当馒头坯加热到 35℃左右，酵母的生命活动达到最高峰，大约到 40℃，酵母的生命力仍然强烈，加热到 45℃时，它们的产气能力就开始降，到达 50℃左右，酵母就开始死亡。温度高于 60℃，酵母已经很难发现。各种乳酸菌的适宜温度不同（嗜温性的为 35℃左右，嗜热性的为 48～50℃），当馒头坯开始醒发至蒸制超过 50℃，这期间乳酸菌的生命活动都很旺盛，乳酸菌菌落数最多，到蒸制温度已超过 50℃，也就是超过其最适温度，其生命力就逐渐减退，大约到 60℃时就全部死亡。

（8） 结构的变化。蒸制中面坯形成了气孔结构，除了受蒸制工艺的影响外，前面的工序如发酵、醒发都对蒸制面食最后的结构亦产生一定的影响。在蒸制过程中，气泡受热膨胀，气孔的最初形成是由面坯中的小气泡开始的，并由此产生外扩的作用力，压迫气孔壁，并使其变薄。随着蒸制的进一步进行，蛋白质变性凝固，气体膨胀也达到了限度，这时产品的内部结构已经形成。

（9） 风味的形成。蒸制过程中，产品的风味逐渐形成。蒸制面食的风味除了保留了原料的特有风味外，由于发酵作用还产生了其他的风味，其中最主要的是醇和酯的香味。醇和酯主要产生于发酵过程中，在蒸制过程中挥发出，形成了诱人的香气。另外，淀粉酶水解生成的糖类具有甜味，蛋白酶水解产生游离氨基酸及与碱在高温下形成的有机酸盐，如乳酸钠、脂肪酸钠等对风味也有所贡献。

（三）馒头对小麦粉品质需求

馒头的主要原料是面粉，但并不是所有的面粉都适合做馒头。制作馒头的面粉，其湿面筋含量在 25%～30%。典型的北方馒头用较强筋力的面粉制作，而南方软馒头大多用中筋偏弱面粉制作，有时添加适量淀粉。我国关于馒头专用粉品质的行业标准 SB/T 10139—1993 见表 9-6。

表 9-6 馒头专用粉的行业标准

项目	精制级	普通级
水分/%	≤14.0	
灰分（以干基计）/%	≤0.55	0.70
粗细度	全部通过 CB36 号筛	
湿面筋/%	25.0～30.0	
粉质曲线稳定时间/min	≥3.0	
降落数值/s	≥250	
含砂量/%	≤0.02	
磁性金属物/（g/kg）	≤0.003	
气味	无异味	

面粉中各组分与馒头品质关系如下。

1. 蛋白质 蛋白质含量是决定馒头品质的重要因素，对馒头的表面色泽、光滑度、口感、体积等都有显著影响。制作馒头的小麦粉的蛋白质含量一般在 10%～13%为宜。高蛋白含量（>13%）的小麦粉或强筋小麦粉制作的馒头，表面皱缩且颜色发黑；低蛋白含量（<10%）的软质小麦粉制作的馒头，虽表面光滑，但质地与口感均较差。影响馒头质量的因素不仅是蛋白质含量，更重要的是蛋白质质量。蛋白质的化学组成成分、各组成成分的化学结构及空

间结构、二硫键的数目及蛋白质二级结构单元的构成都会影响最终的馒头品质。小麦蛋白质按其溶解性分为清蛋白（albumin，溶于水）、球蛋白（globulin，溶于10%的NaCl溶液）、醇溶蛋白（gliadin，溶于70%乙醇溶液）、麦谷蛋白（glutenin，溶于稀酸或稀碱溶液）以及不能溶解的残渣蛋白。其中醇溶蛋白和麦谷蛋白对馒头的加工品质影响较大。麦谷蛋白可分为高分子质量亚基、中分子质量亚基和低分子质量亚基。醇溶蛋白的含量和面团的延伸性正相关，而麦谷蛋白的含量决定了面团的弹性。一般认为，醇溶蛋白含量较低而麦谷蛋白含量较高为宜，醇溶蛋白和馒头的体积和柔软度都有明显的正相关，但是过高会使馒头扁平。麦谷蛋白含量高时，馒头形态的直立度较好，弹性好，但是过高的麦谷蛋白会使馒头表面皱裂，不光滑。馒头加工时，只有醇溶蛋白和麦谷蛋白平衡搭配才能得到理想的馒头品质。

2. 淀粉　小麦中淀粉是由直链淀粉和支链淀粉组成。其中直链淀粉和支链淀粉的比例大致为1:3，适宜的淀粉含量对生产优质的馒头是重要的。一方面，淀粉充塞于网络状的面筋结构中，直接影响面团的组织结构；另一方面，淀粉在α-淀粉酶作用下糊化，再由酶的分解作用生成葡萄糖，葡萄糖经发酵生成丙酮酸，然后在酵母菌作用下脱掉CO_2，生成乙醛，最后被还原为乙醇，使馒头具有淡淡的酒香味。其中产生的CO_2作用于具有弹性和延展性的面筋结构，影响馒头体积。

馒头质量和淀粉组成成分关系很大。研究报道直链淀粉含量与馒头体积、比容、高度及感官评分均呈负相关，而支链淀粉含量与馒头体积、比容、重量、高度、感官评分等均呈正相关关系。直链淀粉含量多的小麦粉制作的馒头体积小、韧性差、发黏、易老化；而直链淀粉含量偏低或中等的小麦粉制作的馒头体积大、韧弹性好、不黏、食用品质好。

适量的破损淀粉对馒头的加工是有利的。破损淀粉对馒头的影响主要表现在两方面，其一是使面团吸水率增大，增加馒头的产量，这是许多馒头加工者希望看到的；其二是适当的破损淀粉可以提高淀粉对酶的敏感性，使其容易被淀粉酶作用产生葡萄糖，葡萄糖是酵母产气的主要原料。如果破损淀粉含量太低，就会造成面团吸水率低、面团软、产气不足、发酵不充分；同时还可能引起面粉颗粒大、面筋形成较慢，在相同的搅拌时间和醒发时间内面团不能充分形成和醒发，蒸制过程中不能充分糊化。但是，过量的破损淀粉会使酶解反应过于强烈，产生大量剩余低聚糖和糊精，致使面团在蒸煮时内部质地太软而无法支撑较大面积，最终使馒头体积过小；同时，在发酵和蒸煮过程中切断太多淀粉分子链，产生大量糊精，以至于未被作用的剩余部分不足以在糊化过程中结合面团中的水分，使所做馒头内部黏度过高，口感不好。

3. 脂质　小麦粉中存在有极少量的脂质（脂类和类脂），它们对面团的特性和馒头的品质有一定影响。小麦粉中的脂质含量为1%左右。根据不同的萃取条件，脂质分为游离脂质和结合脂质；脂质根据极性，还可以分为非极性脂质和极性脂质。小麦粉中大约含有0.8%的游离脂和0.6%的结合脂。在0.8%的游离脂中，0.6%为非极性脂质、0.2%为极性脂质。小麦粉的极性脂质主要是糖脂、磷脂、单酰甘油，其中糖脂的含量大约是磷脂的3倍，非极性脂质主要是三酰甘油和游离脂肪酸。脂质可以和不同的蛋白质进行结合，结合力主要有两种：一是极性脂类分子通过疏水键与麦谷蛋白结合，二是非极性脂类分子通过氢键与醇溶蛋白分子结合。极性脂与面筋蛋白结合后，面筋蛋白就能通过极性基团与淀粉、戊聚糖或水等相互结合，增加面团弹性，改善面团强度，从而改变面团的加工性能。因此，极性脂质有利于面筋的形成，而非极性脂质不利于面筋的形成。在面团形成时，脂类物质对面筋网络的黏着力起着重要作用。而且脂类物质能够影响小麦粉的糊化特性。这是由于脂质和螺旋状的直链淀粉形成的复合体，可以抑制膨胀淀粉颗粒的破裂，使膨胀淀粉颗粒更加稳定，从而影响淀粉的糊化。一般认为，小麦粉中粗脂肪含量与馒头品质呈正相关，对馒头的体积和柔软度都有积极的作用。脂类物质对馒头具有一定的抗老化作用，这是因为脂质与淀粉形成复合物，阻止淀粉分子间的缔合作用，从而阻止淀粉的老化。

4. 酶　　　小麦粉中的酶对于馒头的品质影响不可忽视。重要的酶主要有淀粉酶、脂肪酶和戊聚糖酶。在馒头的醒发过程中，淀粉酶分解淀粉，产生的葡萄糖和其他一些糖类被酵母利用。足够的淀粉酶可使酵母产生更多的 CO_2 气体，使馒头的内部颗粒和气孔均匀，呈细腻的海绵结构，弹性增强，体积增大，改善馒头的口味和口感。但是，一旦 α-淀粉酶的活性过大，就会使淀粉过度糊化，产生过多的糊精，从而使制成的馒头体积小，且瓤发黏。

脂肪酶可以增大馒头的体积和改善馒头的表面结构，使馒头增白，增亮。因为它可以水解脂肪中的酯键，产生脂肪酸。脂肪酸对馒头的增白可以起到一定的作用。脂肪酶含量高的样品中的亚油酸含量明显高于脂肪酶含量低的样品。亚油酸含有两个不饱和键，很容易发生自动氧化作用，最终产生过氧化物。过氧化物是强氧化剂，极易攻击小麦粉中的主要色素物质——胡萝卜素的不饱和键，将其氧化，使之颜色变浅，从而使馒头变白。

小麦粉中因含有 2%～3% 的戊聚糖，而具有较高的亲水性，能吸收和保持较高的水分。戊聚糖酶可以水解小麦粉中的不溶性戊聚糖，提高水溶性戊聚糖的含量，使面筋吸收更多的水分，从而提高馒头的体积和改善组织结构，这种功能还可以起到抗老化的作用。

小麦粉品质性状与馒头质量性状之间的相关性是非常复杂的。小麦粉的品质并非简单取决于其蛋白质含量的高低，只有小麦粉中蛋白质、淀粉、脂肪、戊聚糖等组成比例协调，才能获得理想的功能和品质。

二、面条品质及与面粉品质关系

（一）面条分类

面条是我国和亚洲其他很多国家最常见的传统面食。我国面条的制作方法多种多样，有擀、抻、揪、切、削、压等不同加工形式，制成各种各样的面条：切面、拉面（抻面）、刀削面、龙须面（线面）、空心面、面饼，以及机械化生产的挂面、方便面等。面条可分为湿面（手切面条、手拉面条、机制面条）、干面（机制挂面、手工挂面）及方便面（油炸方便面、热风干燥方便面、微波干燥方便面和非脱水方便面）等。不同种类的面条由于制作工艺的差异、面条品质要求的不同，对面粉质量的要求也不相同，我国不同地域面条对面粉品质需求如表 9-7 所示。

表 9-7　我国各地区面条用粉品质要求

地区	名称	用粉要求	加工工艺	评价标准
福建	线面	蛋白延伸性好，蛋白质量高	加大量的盐，手工拉制，时间长（10h）	细、不断条、均匀、不易浑汤、口感柔软
湖北	热干面	一般中高筋面粉	加碱、加盐	爽滑筋道
河南	烩面	中高筋面粉，延伸性好	加盐，手工拉制，醒面 2h	拉制不易断、宽窄均匀、表面光滑、不浑汤、咬劲足

续表

地区	名称	用粉要求	加工工艺	评价标准
山西	刀削面	高筋面粉	手工切削	表面光滑、口感爽滑、筋道、不浑汤
兰州	拉面	中高筋面粉，蛋白延伸性好，蛋白质含量高	加盐、蓬灰，手工拉制	粗细均匀、不断条、表面光滑、口感爽滑筋道
新疆	拉条	高筋面粉，蛋白延伸性好、筋力强、淀粉凝胶程度大	加盐，手工拉制、醒面2～4h	弹性足、拉制不断条、均匀光滑、耐煮、不浑汤、非常筋道
各地	挂面	中高筋面粉，不同标准对面粉要求不一样	机器加工，加盐或碱	断条率、白度、光滑、耐煮、筋道、爽滑、浑汤
各地	湿面条	中高筋面粉，不同种类要求面粉不同	机器或手工，加盐或碱	耐煮、筋道、光滑、浑汤、不返色

下面以挂面为例，论述其制作品质及影响因素。

（二）挂面制作品质

挂面的制作分为和面、熟化、压片、切条、烘干、切断等工序。在制作过程中，首先将面粉、适量的水、食盐和其他添加剂在和面机内进行适当强度的搅拌，使小麦粉与配料混合均匀，形成松散而又有一定黏性的颗粒状面团。挂面和面时加水量较少，一般为仅小麦粉重量的 25%～32%，远低于小麦粉本身的吸水能力，比手拉线面的加水量低得多。若加水量过多，面团压片时易粘辊，悬挂干燥时面条易伸长、变细，影响面条截面规格，甚至断条。

由于和面的时间较短，一般 15min 左右，和面阶段加入的水尚未全部渗透到小麦粉粒的组织内部，部分水分还呈现游离状态，另外各粉粒间的吸水程度也不够均匀，蛋白质还没有形成符合加工要求的面筋网络组织，整个面团内部结构不稳定，比较松散，黏弹性较差。同时由于和面过程中，面团受到和面机搅拌头的打击作用、面团之间及与机壳的相互碰撞，使面团中初步形成的面筋受到挤压和拉伸作用而产生应力。若以这种面团直接加工面条，面条内部结构不稳定，易变形。因此，和面之后需进行面团的熟化，即将面团静置一段时间，使水分能够最大限度地渗透到蛋白质胶体的内部，使之充分吸水膨胀，互相粘连，进一步形成面筋网络组织。同时，消除面团内部内应力，使面团内部结构稳定，促进蛋白质和淀粉粒间的水分调节，使之均质化。为避免熟化过程中形成体积较大的面团块，对后续压片工序进料造成影响，挂面生产中将静置熟化改为低速搅拌动态熟化。熟化后的面团呈颗粒状，粒度均匀，不含生粉，手握成团，轻轻搓揉仍可松散成粒状。

经过和面、熟化后的颗粒面团，虽然小麦粉中的蛋白质已吸水形成面筋，但此时面筋网络还是分散的、松散的、分布不很均匀的，淀粉颗粒吸水膨胀后也是松散的。由于面团的颗粒还没有连接起来，所以面团的可塑性、黏弹性和延伸性还没有显示出来。通过对面团施加压力，多道滚轧，在外力作用下把颗粒状的面团轧成面片，把分散在面团中的面筋和淀粉聚合起来，将疏松的面筋压展为紧密的网络组织并在面片中均匀分布，把淀粉颗粒包络起来。这样才能把面团的可塑性、黏弹性和延伸性体现出来，为后续的切条成型、干燥奠定基础。

挂面品质包括外观的色泽、断条率、整齐度，以及内在的食用品质，如煮熟后的口感、蒸煮损失率和耐煮性等。优质面条应表面平滑，棱角分明，横断面呈规则的方形，煮熟后应色泽白亮，没有斑点、麸屑，结构细密，光滑，适口，硬度适中，有韧性，有咬劲，富有弹性，爽口不粘牙，具麦清香味。小麦粉作为挂面生产的主要原料，其品质的优劣对挂面的质量有直接影响。

　　面条加工时，要求面片厚薄均匀，切条时光滑整齐，晾干时很少断条，形成的干面条不易出现裂纹，具有一定的强度。优质面条煮熟后，外观色泽为白色、乳白色或奶黄色，表面结构细密、光滑、光亮、半透明。面条咀嚼时爽口、不粘牙，既有较好的韧性、咬劲和弹性，又有较好的延伸性和麦香味。

　　从面条烹调性能来说，口感好的面条不需要面筋含量太高。因为面筋高的面粉一般都是用硬麦加工而成，高面筋质的面粉虽然对制面工艺有利，但硬麦粉颗粒粗、口感没有软麦的好，所以由硬麦加工的高面筋面粉需要添加糯性玉米粉或薯类淀粉来调整口感。

（三）挂面加工过程的物理化学变化

　　1. 和面过程及影响因素　　　和面是挂面生产的首道工序，是保证产品质量的关键环节之一，和面效果的好坏，对下几道工序的操作关系影响极大。可以说，和面是整个生产过程中的基础工序。和面效果好坏受很多因素影响，主要因素有小麦面粉、加水量、水质、水温、食盐的加入量、和面时间、和面机的形式和搅拌强度等。

　　加水多少是影响和面效果的主要因素之一。和面的目的是使无黏性、无可塑性、无弹性的面粉成为有一定黏弹性、可塑性、延伸性的面团，而要达到这种要求，必须使面粉中的蛋白质充分吸水形成面筋，淀粉吸水膨胀，因而加水是达到和面效果的必要条件。理论的加水量要尽可能接近小麦本身的吸水能力。根据我国生产手工拉制面条的长期实践证明，要使小麦粉能充分吸水，和面吸水率要达到 50%～60%。但挂面生产中面条成型是压片、切片并进行悬挂烘干，若水分太多，会引起粘辊，而且过湿的面条在悬挂中容易拉长变细，直至断条，增加了湿断头的量。在挂面生产中一般加水量为 30%～34%，在不影响压片和干燥的条件下应尽量多加水，加水量过低的面团会显得十分松散，不能形成较大的面团结构，将会造成压片的困难，面带经辊轧后表面仍然比较粗糙，面片结合力差，甚至在辊轧和切面成型时发生断裂，面条截面有不均匀的空隙，影响干燥的效果，煮时亦会有软硬不匀的感觉。和面加水量在实际操作中如何确定是一个十分复杂的问题。一般还受到蛋白质含量、面粉水分含量、面粉颗粒大小以及和面与压片设备等因素的制约。另外，水的质量对制面工艺和挂面质量有密切关系，和面时尽量用软水，水的硬度要求小于 10（度），pH 7.0±0.2 为佳。

　　和面时间的长短对和面效果有明显影响。由于小麦面粉中的蛋白质吸水形成面筋、淀粉吸水膨胀形成良好的面团结构，需要一定时间。和面时间过短，加入的水分难以和小麦面粉搅拌均匀，蛋白质、淀粉没有与水接触或没来得及吸水，会大大影响面团的加工性能。和面时间太长，面团温度升高（主要是由于机械能转变为热能），使蛋白质部分变性，降低湿面筋的数量和质量，同时还会使面筋扩展过度，出现面团"过熟"现象。目前合理的和面时间一般通过试验和经验决定，一般认为比较理想的和面时间是 15min 左右，一般不少于 10min。

　　和面温度是指和面过程中面团的中心温度。温度对和面湿面筋的形成和吸水速度均有影响。实验证明，0℃时几乎没有面筋形成。一般认为 30℃时蛋白质的胀润最高，这个值是生产中最佳的控制值。温度降低，蛋白质、淀粉吸水速度降低，和面时间就会延长；温度太高，易引起蛋白质变性，导致湿面筋数量减少，所以和面温度应控制在蛋白质变性温度以下。

　　食盐不仅起调味作用，而且能明显地改善面团的加工性能，其作用有收敛面筋、增强面筋的弹性和延伸性、改善面团的工艺性能、提高面条的内在质量、抑制某些杂菌生长和抑制酶的活性等。利用食盐对面筋的收敛作用来调节面团的黏弹性是主要手段。食盐使用量为小麦粉质量的 2%～3%，有时高达 5%～6%。考虑到人们饮食生活中的低盐要求，在满足加工工艺的前提下，以尽量少添加盐为好。

和面效果的好坏，与和面机的种类及其搅拌强度也有关系。搅拌的作用主要是将机内的面粉和水及其他添加剂不断地翻动，使小麦面粉的各部分吸水均匀一致，并通过揉搓，使其形成具有良好加工性能的面团。因此，搅拌速度快慢对和面效果具有显著影响。和面时间与搅拌速度有密切的关系，搅拌速度过快，搅拌过于剧烈，容易打碎面团中形成的面筋，而且剧烈搅拌会由更多的机械能转换为热能而使面团温度升高，严重时会引起蛋白质的热变性进而削弱面团的工艺性能。在一定范围内，搅拌强度高，和面时间应相应减少。但搅拌速度过低，水与小麦面粉不易搅拌均匀，会影响湿面筋的形成。

2. 面团熟化及影响因素　　所谓面团熟化即自然成熟的意思，也就是借助时间的推移来改善原料、半成品或者成品品质的过程。对于面团来讲，熟化是和面过程的延续。我国传统的拉面工艺的熟化工序在和面后，让面团静置一段时间，搓条过程再进行两次静置。现代工业化制面工艺中的熟化，就是受传统制面工艺的启发而来的。

由于和面时所加入的水分完全渗透到面粉蛋白质的内部需要较长的时间，而在十多分钟的和面工序中还达不到这样的要求，加入的水分不能完全均匀地渗透到每个面粉颗粒中去。此外，吸水膨胀的蛋白质相互粘连成面筋质，在静态中进行更为有利。所以需要一个熟化过程，熟化工序的主要作用有以下几点：①使水分最大限度地渗透到蛋白质的内部，使之充分吸水膨胀，相互粘连，进一步形成而筋网络组织；②消除面团因和面机的搅拌、拉伸、挤压等而产生的内部应力，使面团内部结构稳定，不易变形，提高面团的工艺性能；③促进蛋白质和淀粉之间的水分自动调节，达到均质化；④对下道复合压片工序起到均匀喂料的作用。

影响面团熟化效果的主要因素有熟化时间、搅拌速度、熟化温度。面团熟化的实质是依靠时间的推移来自动地改善面团的工艺性能，因此，时间的长短就成为影响熟化效果的主要因素。国外在机械制面中进行面团熟化时间试验，静置时间达 2h 以上。我国制作手拉线面工艺过程中的熟化，静置时间在 6h 以上。由此可见，在一定范围内，理论上的熟化时间是相当长的。但在连续化机械制面中，若要长时间的静置或低速搅拌熟化，必然设备很大，而且还会有大量水分损失。由于受设备条件的限制，不可能像理论要求那样进行长时间的熟化，一般只进行 10～20min 的熟化。熟化工艺理论上要求在静态下进行，而作为机械化工业生产，面团静置后会结成大块，给复合轧片喂料造成困难。因此，在连续机械制面过程中，一般将静态熟化改为动态熟化，以低速搅拌来防止面团结块。低速搅拌的熟化机就是根据这个原理设计的。熟化工艺要求在常温下进行，温度高低对熟化工艺效果有一定影响，其影响关系与对和面的影响相似。熟化过程中必须注意保持水分，因为长时间静置会有大量水分蒸发，造成面团工艺性能下降。熟化机中的面团温度要求低于和面机中的面团温度。比较理想的熟化温度为 25℃左右，宜低不宜高。

3. 压片及影响因素　　压片是把经过和面及熟化的面团，通过多道辊压作用压成从厚而薄的面片（面带），为切条成型做准备。压片是各类面条生产的中心环节，对产品的内在与外在品质及烘干工序的操作有很大影响。

经过和面、熟化后的颗粒状面团，虽然面粉中的麦胶蛋白、麦谷蛋白已经吸水膨胀并相互结合形成面筋，但这种面筋网络还是分散的、松散的、分布不够均匀的。淀粉颗粒吸水膨胀后也是松散的。由于面团的颗粒还没有连接起来，所以面团的可塑性、黏弹性和延伸性还没有显示出来。只有对面团施加压力，通过先大后小的多道辊轧，才能在外力作用下把颗粒状的面团压成面片，把散在面团中的面筋和淀粉集合起来，并将疏松的面筋压延为细紧的网络组织并在面片中均匀分布，为切条成型作准备。我国传统制面法中用擀面棒反复压延面团，就是为了通过加压，把分散在面团中的湿面筋连接起来，形成细密的面筋网络来包围淀粉，并使它们在面片中均匀分布，以提高其加工性能和烹调性。

　　总的来说，压片的目的：一是将松散的面团压成细密的、达到规定厚度要求的薄面片；二是在轧片过程中进一步促进面筋网络组织细密化和相互粘连，并最终在面片中均匀排列，使面片有一定的韧性和强度，以保证产品质量；三是压延使面片水分分布更加均匀。压片的工艺要求是保证面片厚度均匀，平整光滑，无破边洞孔，色泽均匀，并有一定的韧性和强度。影响压片效果的主要因素有面团的工艺性能、压延倍数、压延道数、压辊直径、压延比、轧辊速度等。

　　4. 烘干及影响因素　　挂面烘干是一个脱水过程，其中包含了复杂的能量传递和质量传递过程。烘干工序是挂面整个生产线中投资最多、技术性最强的关键工序，不仅关系到产品质量，而且对能源消耗、产量、成本都有重要影响。生产中发生的酥面、潮面、酸面等现象，都是由于干燥设备和技术不合理造成的。挂面干燥的目的是，通过烘干使湿面条脱水最终达到产品标准规定的含水量，同时固定了面条的组织状态，要求产品便于贮存，不酸、不酥、不黏、耐煮、耐保存、平直不翘，即产品具有良好食用品质、烹调性能和商品效果。

　　当挂面含水量高于所对应的平衡水分（平衡湿度）时，挂面被烘干。在烘干过程中面条表面接受周围介质所传结的热量，使表面水分汽化并被烘干介质所带走，挂面内部也发生热量传递和水分由里向外的迁移过程，在此作用下挂面逐步脱水到平衡湿度要求。

　　挂面表面水分汽化和内部水分向外迁移的过程同时进行，但两者的速度并非相等。当表面水分汽化速度低于内部水分迁移速度时，面条烘干过程的进程取决于表面汽化速度的快慢，此时的表面汽化速度对面条烘干过程起着控制作用。反之当内部水分向外迁移速度小于表面汽化速度时，水分不能及时向外扩散，出现表面首先干燥，蒸发由表面向内部转移的现象，此时水分内部向外迁移的速度对面条烘干过程起着控制作用，且在烘干过程中通常是内部迁移起控制作用。但如果内部水分向外迁移的速度小于表面水分汽化速度且速度相差过大时，则易出现挂面酥条现象。酥面是挂面的专有名词，主要指当已干燥的挂面吸收空气中的水分后，会发生轻微的膨胀，使原有的细微裂纹扩大，内伤暴露，用手握住一把挂面一捏，就碎裂为长短不一的短面条或碎面条，下锅一煮就变成面糊。因此，怎样控制内部水分向外迁移速度并使其大于或等于表面水分汽化速度，是保证挂面烘干质量的关键问题。其基本途径有两个：一是降低表面水分汽化速度，相应地增大内部水分的向外迁移速度；二是在不加速表面水分汽化速度的情况下，依靠改善面条的内部结构或使内部温度提高的途径，增大内部水分的向外迁移速度。影响挂面烘干效果的因素除面条本身的性质特征外，还与空气介质的温度、相对湿度、风速和干燥时间及挂面与空气的接触状况有关。

（四）面条对面粉品质需求

　　一般干面条以小麦粉蛋白质含量 9.5%～12%，湿面筋含量>26%，粉质仪稳定时间在 3min

以上，灰分含量<0.70%，降落值在200s以上为宜。优质面条要求灰分<0.55%，湿面筋>28%，稳定时间>4min，弱化度<110。不同地区要求也有差异，如我国北方和日本对面条白度要求较高，而南方加碱面条要求就较低。方便面对蛋白质含量要求更高些，以小麦粉蛋白质含量11%～13%为宜。中国面条专用小麦粉标准（SB/T 10137—1993）见表9-8。

表9-8 面条用面粉质量等级及标准

项目	精制级	普通级
水分/%	≤14.5	≤14.5
灰分（以干基计）/%	≤0.55	≤0.70
粗细度	CB36 全部通过	CB42 留存量不超过 10%
湿面筋/%	≥28	≥26
粉质曲线稳定时间/min	4.0	3.0
降落数值/s	≥200	≥200
含沙量/%	≤0.02	≤0.02
磁性金属物/（g/kg）	≤0.003	≤0.03
气味	无异味	无异味

1. 面筋蛋白与挂面品质关系 由上述挂面的制作工艺及原理可知，面条的内部构造为蛋白质包络着淀粉粒的网状结构，蛋白质所形成的面筋的数量及其网络结构的强度对挂面品质起着决定作用，对挂面加工过程也有一定影响。面筋含量高、筋力强的小麦粉，面条的加工性能好，湿面条的弹性和延伸性强，断条少，面条的质量好；而面筋含量低，面团强度弱的小麦粉，面条的加工性能差，面条的韧性和弹性不足，断条多，面条耐煮性差，易糊汤，煮后面条筋力和咬劲较差。但若面筋含量和面团强度过高，会因弹性过强而在压片和切条后产生较大的收缩，使面条变厚、变粗，还将导致面条色泽变暗、发硬、易折裂、煮面适口性差、外观变劣等缺陷。因此，生产挂面的小麦粉的面筋含量不宜过高、过低，筋力也不宜过强、过弱，以湿面筋含量在 26%～32%、面筋强度以中等偏强较好，稳定时间在 4～7min 较为适宜。

2. 淀粉与挂面品质关系 淀粉在小麦组分中占70%左右，淀粉的糊化特性、直链淀粉与支链淀粉的比例和淀粉颗粒的大小及组成等，与面条的食用品质密切相关。淀粉糊化的难易程度取决于淀粉分子间的结合力，直链淀粉结合力较强，故糊化所需时间较长，即达到最高黏度的时间较长。面条在水煮过程中，淀粉粒吸水膨胀、体积增大，对其外围的蛋白质薄膜产生很大的应力，使面筋网络结构破裂，形成有小孔的开放的网络结构。随着煮面时间延长，开放的区域逐渐增加，面条的结构破坏严重。此时淀粉糊的峰黏度及淀粉颗粒的膨胀破裂程度对保持煮面内部及表面结构的完整性和具有良好的黏弹性起着重要的作用。一般情况下，支链淀粉比例高一些、黏度仪的最高黏度适当高一些，而开始糊化温度低一些的小麦粉制作的挂面口感较好。

一般认为，由于硬质小麦和软质小麦淀粉特性不同，软质小麦淀粉表现的特性使面条蒸煮后食感滑溜柔软、口感好。破损淀粉含量高，会降低煮面的表面强度，增加挂面的蒸煮损失。同时破损淀粉含量高，容易引起淀粉酶的作用，使面条质地软化发黏。一般情况下，面粉的粒度越细、胚乳硬度越高，其破损淀粉粒含量越高。

3. 粉色、酶与挂面品质关系　　挂面的色泽主要取决于小麦粉色泽，而小麦粉的粉色与胚乳本身的色泽、小麦粉的加工精度及皮层色泽等有关。小麦胚乳中因含有类胡萝卜素而呈现乳黄色，不同的小麦品种类胡萝卜素含量差异较大，受遗传因素控制。小麦粉中的此类色素很容易被漂白，如添加具有酶活性的豆粉、过氧化苯甲酰，或自然氧化等。对面条的色泽影响较大的是小麦粉的加工精度，加工精度越低，面粉中的麸星含量越高。小麦粉中较多的麸星可使面条失去光泽，并易与多酚氧化酶类起作用，使其中的酪氨酸和多酚类物质氧化生成黑色素类物质使面条色泽发暗。对面条品质来讲，麸星少、粗纤维素含量低的一般口感较好。因此，精制面粉面条一般色泽较白，质量较好。

小麦粉的蛋白质含量也影响面条的色泽。随着蛋白质含量水平的提高，小麦粉的白度或亮度降低，挂面发暗无光泽。可能与含氮化合物多参与黑色素生成反应有关，同时蛋白质含量高，淀粉含量相对减少，面条内部面筋网络结构紧密，对光的反射率可能有影响。

小麦粉中的酶类主要有淀粉酶、蛋白酶和脂肪酶等，这些酶类在小麦粉中尽管含量较低，但对挂面品质有显著影响。例如，发芽小麦加工的小麦粉中过量的淀粉酶使淀粉分子分解；过量的蛋白质水解酶作用于小麦粉蛋白质导致面团软化，面条结构被破坏，干燥过程中被拉长引起断条；脂肪酶则易在面粉贮藏期间增加游离脂肪酸的数量，引起面粉酸败，降低面条品质等。发芽小麦中一般糊粉层和胚中各种酶的活性较高，故应尽量提高小麦粉的加工精度，减少小麦粉中的麸星及麦胚的含量。当面粉的降落数值低于 200s 时，面条韧性、咬劲变差，故以大于 200s 为宜。

4. 面粉粒度与挂面品质关系　　小麦粉颗粒大小对面团吸水速度有显著影响，颗粒大的小麦粉其总表面积较小，和水接触的表面积也小，因此在单位时间内吸水量也少。反之，颗粒小的小麦粉其总表面积大，和水接触的表面积也大，在单位时间内的吸水量就多。粒度过粗面筋网络结构较差，不适于生产挂面。面粉的粒度对和面也有显著影响。颗粒大，水分从颗粒表面朝中间渗透的阻力大，面粉吸水时间长。若时间一定，颗粒越大，和面效果越差。颗粒大小不均匀，也会导致色泽不均匀。研究认为，小麦粉颗粒太粗，面条易断，太细则韧性降低，黏性增加，以通过 CB36 而留存在 CB42 筛上物不超过 10% 为宜。

5. 脂类与挂面品质关系　　脂类有淀粉脂和非淀粉脂两种，淀粉脂类存在于淀粉粒内部直链淀粉的螺旋结构中，比较稳定。小麦粉的面团和食品功能特性主要与非淀粉脂类有关（占小麦粉组分的 1.4%～2% ）。非淀粉脂类中约有 60% 的非极性脂、25% 的糖脂和 15% 的磷脂。一般认为极性脂对面条品质具有较好影响。

三、面包品质及与面粉品质关系

面包是以小麦粉为主要原料，添加其他辅助材料，加水调制成面团，再经发酵、整形、成型、烘烤等工序而制成的烘焙食品。面包的种类很多，发酵制作方法也各不相同，但总的来讲优质面包要求：体积大，面包瓤洁白，孔壁薄，孔隙细密而均匀，纹理结构匀称，柔软富有弹性，不易干，不掉屑，面包皮色泽好，着色深浅适度，无裂缝，无气泡，味美适口，香鲜味浓。因此，加工优质面包粉的小麦首先应具备较高的蛋白质含量和较强的面筋筋力，同时应具备较高的出粉率和较低的灰分，面粉吸水力强，面团物理性状平衡，耐搅拌，具有一定的抗拉伸阻力和延伸性，发酵性能好，不易流变，不粘器械等。

1. 面包烘焙过程美拉德反应对品质影响　　由于面包制作过程除最后熟化阶段不同外，其余的和面、发酵、醒发等过程与馒头制作基本类似，因此，本部分不再叙述面包制作过程中不同阶段所发生的物理化学变化，仅对面包熟化过程（烘焙过程）影响面包色、香、味的关键因素进行论述。面包烘焙过程色、香、味形成的原因主要是由于美拉德反应所引起。

美拉德反应（Maillard reaction）是指食品在油炸、焙烤等加工或储藏过程中，还原糖（主要是葡萄糖）同游离氨基酸或蛋白质分子中的氨基酸残基的游离氨基发生羰氨反应，又称羰氨反应，即指羰基与氨基经缩合，聚合形成类黑色素的反应。美拉德反应的最终产物是结构复杂的有色物质，使反应体系的颜色加深，所以该反应又称"褐变反应"。这种褐变反应不是由酶引起的，故属于非酶褐变反应。美拉德反应可产生许多风味和颜色，也可能产生营养损失，产生有毒或突变的物质。美拉德反应的机制十分复杂，不仅与参与的糖类等羰基化合物及氨基酸等氨基化合物的种类有关，同时还受到温度、氧气、水分及金属离子等环境因素的影响。控制这些因素可以促进或抑制该反应对色、香、味及营养的影响，这对食品加工具有实际意义。

美拉德反应过程可分为初期、中期和后期三个阶段，每个阶段又包括若干个反应。美拉德反应过程可概括如下：

$$
\text{美拉德反应}\begin{cases}
\text{初期阶段——产物无色，不吸收紫外光(280nm)：}\\
\text{a. 氨基和羰基缩合}\\
\text{b. Amadori 分子重排}\\
\text{中间阶段——产物无色至黄色，强烈吸收紫外光：}\\
\text{c. 糖脱水}\\
\text{d. 糖裂解}\\
\text{e. 氨基酸降解（Strecker 降解）}\\
\text{后期阶段——产物有很深的颜色：}\\
\text{f. 羟醛缩合}\\
\text{g. 胺醛缩合}
\end{cases}
$$

1）初期阶段　　此阶段包括羰氨缩合和分子重排两种作用。①羰氨缩合：羰氨反应的第一步是氨基化合物中的游离氨基与羰基化合物的游离羧基之间的缩合反应，最初产物是一个不稳定的亚胺衍生物，称为席夫碱，此产物随即环化为 N-葡萄糖基胺。羰氨缩合反应是可逆的，在稀酸条件下，该反应产物极易水解。而羰氨缩合反应过程中由于游离氨基的逐渐减少，使反应体系的 pH 下降，所以在碱性条件下有利于羰氨反应。②分子重排：N-葡萄糖基胺在酸的催化下经过阿姆德瑞（Amadori）分子重排作用，生成氨基脱氧酮糖即单果糖胺；此外，酮糖也可与氨基化合物生成酮糖基胺，而酮糖基胺可经过海因斯（Heyenes）分子重排作用异构成 2-氨基-2-脱氧葡萄糖。

2）中期阶段　　①重排产物 1-氨基-1-脱氧-2-己酮糖（果糖基胺）可能通过多条途径进一步降解，生成各种羰基化合物，如羟甲基糠醛、还原酮等，这些化合物还可进一步发生反应。②果糖基胺脱水生成羟甲基糠醛（HMF）：果糖基胺在 pH≤7 时，首先脱去胺残基（R—NH$_2$），再进一步脱水生成 5-羟甲基糠醛。HMF 的积累与褐变速度有密切的相关性，HMF 积累后不久就可发生褐变，因此用分光光度计测定 HMF 积累情况可作为预测褐变速度的指标。

③氨基酸与二羰基化合物的作用：在二羰基化合物存在下，氨基酸可发生脱羧、脱氨作用，成为少一个碳的醛和二氧化碳，其氨基则转移到二羰基化合物上，并进一步发生反应生成各种化合物（风味成分，如醛、吡嗪等），这一反应称为斯特勒克（Strecker）降解反应。

3）末期阶段　　多羰基不饱和化合物（如还原酮等）一方面进行裂解反应，产生挥发性化合物；另一方面进行缩合、聚合反应，产生褐黑色的类黑精物质（melanoidin），从而完成整个美拉德反应。①羟醛缩合：两分子醛的自相缩合作用，并进一步脱水生成不饱和醛的过程。②生成类黑精物质的聚合反应：该反应是经过中期反应后，产物中有糠醛及其衍生物、二羰基化合物、还原酮类、由斯特勒克降解和糖裂解所产生的醛等，这些产物进一步缩合、聚合形成复杂的高分子色素。

总之，美拉德反应的机制十分复杂，不仅与参与的糖类等羰基化合物及氨基酸等氨基化合物的种类有关，同时还受到温度、氧气、水分及金属离子等环境因素的影响。控制这些因素可促进或抑制美拉德反应进程，这对面包加工具有实际意义。美拉德反应的黄褐色产物赋予面包特有的色泽，另外，反应过程中产生的风味物质增强面包的风味，因此，控制美拉德反应的条件和进程，可以控制面包的色泽和风味。从营养的角度来看，美拉德反应会造成氨基酸等营养成分的损失。据研究发现，美拉德反应产物可能会生成潜在的致癌物质丙烯酰胺，因此，在面包加工过程中应尽量控制美拉德反应进程，尽量减少营养物质损失以及有害物质产生。

2. 面筋蛋白与面包品质　　面包是发酵食品，是利用面粉中的麦谷蛋白和麦醇溶蛋白，吸水胀润形成的面筋网络保持发酵过程中产生的大量 CO_2 气体，形成疏松多孔的海绵状组织结构。在发酵过程中，小麦面筋网络是支撑发酵面团的骨架。面粉中面筋含量适当，具有良好的持气性能，面团发酵时 CO_2 就能保持于面筋网络中而不逸出，使面包体积增大，内部结构细密而均匀。如果面粉的面筋含量低，面团的持气力差，在面团发酵时，大量的气体易从面筋网络中逸出，使得面包体积减小，并可能造成面包的坍塌变形。因此，面包用小麦粉的蛋白质或面筋质数量和质量将直接影响到面团的持气能力和膨胀能力，进而影响到面包的烘焙品质。

小麦粉蛋白质包括面筋蛋白和非面筋蛋白。非面筋蛋白是盐溶性的球蛋白和水溶性的清蛋白。面包烘烤品质主要取决于面筋蛋白的含量和质量，二者之间必须相互平衡，即构成面筋统一体的麦谷蛋白和麦醇溶蛋白的比例必须适当。因为，麦谷蛋白为面团提供韧性、弹性、强度和抗拉伸阻力，麦醇溶蛋白提供面团的延伸性和膨胀性。大量研究表明，面粉的吸水率、面团耐揉性等流变学特性、面包的体积、面包内部组织孔隙的均匀度、质地和颜色等都是面筋蛋白数量和质量的函数。相同品种的小麦，面包体积与其小麦粉的蛋白质含量成正比，即蛋白质含量增加，小麦粉吸水率增加，面包体积增大，同时还可改良面包芯的质地，并使其不易老化。蛋白质含量相同，品种不同的小麦粉，其吸水率和面包体积差异较大，相比较而言其中面筋质质量优者，吸水量和面包体积较大。通过对面筋蛋白质进一步的研究，已证明对面包品质的影响主要是由 HMW-GS（高分子麦谷蛋白亚基组分）的状态、麦谷蛋白与麦醇溶蛋白的总量及比例等所决定。一般而言，面筋蛋白总量、麦谷蛋白聚合体含量、高分子麦谷聚合体含量和 HMW-GS 含量高的小麦粉，形成的面团强度更强。高分子麦谷蛋白聚合体在面团搅拌过程中形成更多的多聚体纤维，作用点越多形成的缠结点越多而形成的面筋网络越强，越能保持气体，得到的面包体积越大。HMW-GS 占面粉蛋白总量的比例越高所形成的面包体积越大。

因此，制作面包用的小麦粉，必须具有数量多而质量好的蛋白质，一般面粉的蛋白质在

12%以上，湿面筋含量一般要求在 33%以上。不同种类的面包，其配料的种类和数量不同，形成面团时的硬度不同，加水量不同，形成面团时要求面筋的扩展程度也不相同。另外，面团的发酵又分为一次发酵法、二次发酵法和快速发酵发等多种方法。因而不同种类的面包对小麦粉面筋质的要求也有差异。主食面包一般配方简单，用料种类较少，主要是小麦粉、水、酵母和盐，制作时水分较多，搅拌过程中要求面筋充分扩展，使其组织松软、体积膨大，需用高筋小麦粉，如蛋白质 13%、湿面筋 36%、抗延伸阻力 750B.U.等。软式面包含糖量比主食面包多一些（6%～12%），含油量也稍多（8%～14%），面包皮薄，内部组织细腻、柔软，因鸡蛋、奶粉是增筋材料，可提高面团的弹韧性、强度和筋力，而糖和油脂是柔性材料，可改善面团的加工性能，提高面团的柔软度和流变性，因此，此类面包的小麦粉的筋力可比主食面包低一些。汉堡类小餐包一般要求小麦粉蛋白质 12%、湿面筋 32%～33%、抗延性阻力 660B.U.。

3. 淀粉及淀粉酶与面包品质　　淀粉是小麦粉中最主要的碳水化合物，约占小麦粉重量的 70%。因此，面包的烘焙品质除与面筋的数量和质量有关外，还很大程度上受到小麦粉发酵特性、淀粉糊化特性和淀粉酶活性的影响。面团保持 CO_2 的能力取决于面筋的数量和质量，发酵形成 CO_2 的数量则取决于酵母。酵母使面团中糖类转化为乙醇和 CO_2，充满在面团的面筋网络结构里，使面团内部呈蜂窝状孔隙，使面包芯具有松软的海绵结构。而酵母的生长和活动主要以淀粉酶和麦芽糖酶降解淀粉形成的和小麦粉中原有的糖分为营养料。小麦粉中仅有 1%～2%的单糖、二糖和少量可溶性糊精可供酵母利用，在发酵过程中，当天然存在的或加入的糖分耗尽时，酵母所需的糖源主要依赖淀粉的糖化，并且发酵完毕剩余的糖，又与面包的色、香、味关系很大。因此，淀粉的糖化作用对于面团的发酵和产气能力以及主食面包的品质影响很大。

淀粉的糖化与小麦粉中的淀粉粒损伤状况、淀粉酶的活性密切相关。淀粉酶对生淀粉粒的作用很慢，而当淀粉粒糊化或者遭到机械损伤后，作用速度迅速增加。α-淀粉酶和 β-淀粉酶的协同作用可将破损淀粉连续不断地水解成小分子糊精和可溶性淀粉，再继续水解成麦芽糖和葡萄糖，从而保证面团正常连续发酵。在面团发酵过程中，破损淀粉颗粒由于淀粉酶的作用进一步被破坏，不溶性淀粉被部分酶解为分子质量小的淀粉，这样面团中小气室壁的延伸性增加，小气室在烘烤中也就随 CO_2 等气体的膨胀而增大，产生体积更大的面包。

小麦粉中的破损淀粉不仅影响到面团的发酵，同时还可增加面粉的吸水率，和面时可以加更多的水，得到更多的面团，制造出更多的面包产品。但如果破损淀粉过多，小麦粉会吸收过多的水分，超出面团的正常含水量，使面包内部组织变软，支撑力下降，出现塌架、收缩等问题。大量的破损淀粉还会使淀粉酶的分解作用增大，破损淀粉和 α-淀粉酶的联合作用造成了面团流散性的变化，降低了面团的耐揉性。小麦粉破损淀粉增加，粉质曲线稳定时间会逐渐下降，从而影响面包体积的增加，而且使面包纹理变粗，结构不匀。破损淀粉还对面团的黏性、醒发高度、面包的颜色等有一定影响。实验表明：用不同破损淀粉的面粉，制成面包面团，其面团醒发高度、烘烤后面包颜色都不同，破损淀粉 UCD18 的面粉醒发高度低，面包颜色浅；破损淀粉 UCD21 的面粉醒发高度正常，面包颜色好；破损淀粉 UCD25 的面粉醒发高度太高，面包颜色太深。因此，面包粉中破损淀粉不宜过高或过低，法国资料介绍面包用小麦粉的破损淀粉粒一般在 15～23UCD 为宜（UCD 为 Chopin 碘吸收法单位表示），美国规定面包专用粉破损淀粉含量为 8%～9%。

小麦粉中的淀粉粒损伤程度与小麦的类型、磨粉设备、加工工艺以及面粉粒度等因素有关。小麦质地越硬，胚乳细胞内蛋白质与淀粉粒结合程度就越高，在研磨过程中越易造成淀粉粒的损伤。面包粉一般采用硬麦加工，心磨采用光辊且采用较多的研磨道数，因而心磨系统的破损淀粉相对较高。因此，生产面包粉时粉筛不宜配备过密，以免细小胚乳颗粒反复周转研磨，造成淀粉粒的过度损伤。

淀粉酶不仅在面团发酵阶段发挥作用，在面包烘烤阶段 α-淀粉酶由于具有较强的热稳定性，仍能继续进行淀粉的水解，因而对面包的体积、面包芯的质地以及老化等几个方面都有较大影响。面团在发酵阶段时，面筋是面团的骨架，在焙烤时由于面筋有软化和液化的趋势，则不再构成骨架。当烘烤温度达到 50~60℃时，淀粉首先糊化，糊化淀粉就从面筋中夺取水分，使面筋在水分少的状态固化，而淀粉膨润到原体积的几倍并固定在面筋的网状结构内，成了此时面包的骨架。α-淀粉酶适当作用于面团，使不溶性淀粉液化成可溶性淀粉，使淀粉达到适当流变性，有助于面包芯的软化和面团的体积膨胀。如果 α-淀粉酶活性不足，会造成淀粉的液化不足，生成的淀粉糊精太干硬，限制面团的适当膨胀，结果面包的体积和面包芯质地都不理想。相反，如果面粉中 α-淀粉酶活性过大，过量的淀粉被糖化，从而使淀粉分子质量降低过多，使其无法忍受所增加的压力，小气孔破裂成大气室，发酵时所发生的气体溢出，也会使面包体积减小，而且使面包芯发黏。所以，生产面包粉时，常把降落值或糊化黏度值作为很重要的一个面粉品质指标。面粉的 α-淀粉酶活性过低，即糊化黏度仪指标高于600B.U.，或降落数值高于350s，就不适应生产低糖或无糖的主食面包。正常的小麦粉含有足够的 β-淀粉酶，而 α-淀粉酶含量则不足。大多数小麦品种的降落值在 300~400s。如果降落值太大时，必须在小麦粉中添加适当的 α-淀粉酶。发芽小麦则降落值较低。优质面包粉的降落值应在 200~300s。

4. 面团流变学特性和与面包品质　　影响面团发酵的主要因素是酵母的产气能力和面团的持气能力，只有当酵母的产气力与面团持气力同时达到最大时，烘焙的面包体积最大，内部组织均匀。前者需要酵母活性高，发酵力大，后劲足；后者则需要小麦粉筋力或韧性要适中，既要有良好的持气性和保形性，又要有良好的延伸性和充分的膨胀性，二者相互平衡才能做出高质量面包。如果筋力或韧性太强，虽在发酵过程中能保持气体，但面团膨胀困难，面筋网络结构不能充分延伸和整体膨胀，就达不到面团发酵的目的。而且还大大延长了生产周期，提高了生产成本。制成的面包体积小，内部组织紧密，结构不疏松，气孔不均匀，纹理结构差，气孔壁厚、不透明，面包还极易老化，不耐保鲜。因此，制作高质量面包的小麦粉，筋力和面团韧性不是越大越好，筋力和韧性过大反而不适宜制作面包了。只有面筋含量高，品质好，筋力适中，具有较强持气能力和良好延伸性的小麦粉方可做出优质面包。

用粉质仪测定优质面包粉应吸水率较高，面团形成时间、稳定时间和断裂时间较长，公差指数和弱化度较小。一般面包用粉要求吸水率（60±2.5）%，形成时间（7.5±1.5）min，稳定时间在（12±1.5）min，弱化度（30±10）B.U.。用揉混仪测定，优质面包粉应揉面时间中等或中等偏长（3~4min）；耐揉性适中（3~4 级）。用拉伸仪测定，优质面包粉应曲线面积大，高长比值适中为好。比值过大，则面团过于坚实，性脆易断，面包体积小，干硬；比值过小，则面团易于流变，面包芯发黏，一般面团韧性（抗拉伸阻力）在 600~700B.U.，延伸性在 200~250mm，R/E 值在 3~5，能量在 120~180cm^2 为佳。沉降值与面筋含量和质量关系十分密切，沉降值越高面筋含量多。优质面包粉的沉降值（AACC 标准方法）应在 40mL

以上，伯尔辛克值（AACC 全粉法）在 200min 以上，溶胀值（Berliner 法）在 16 以上，比延伸值在 0.2 以下。

5. 小麦粉的粒度　一般情况下，小麦粉粒度越细，粉色越白。而粒度的大小与小麦粉的破损淀粉、吸水率密切相关。试验表明，小麦粉在分别通过 7XX、9XX 和 11XX 筛绢时，随面粉粒度减小，破损淀粉增加，面粉白度增加，吸水率上升。面包粉要求破损淀粉和吸水率应控制在适度范围，因此，面包粉的粒度不宜过细。我国面包专用粉试行质量标准中，小麦粉的粗细度要求比特制二等粉的粒度范围还粗一些。

传统观念认为，靠近小麦中心的胚乳中面筋质品质最好，因而心磨系统面粉的品质最佳。近期的一些实验研究表明，前路皮磨、渣磨和再筛等系统的小麦粉流变学特性和烘焙特性最佳。虽然其机制目前尚不十分清楚，人们分析认为原因之一是皮磨系统面粉的面筋质含量较高，面包烘焙品质与蛋白质含量成正比；皮磨粉含有一定的糊粉层，而糊粉层中的非面筋蛋白、戊聚糖等对面包的烘焙有增效作用。因此，人们生产面包粉时，多将皮磨、渣磨与心磨粉混合配制。

主要参考文献

陈海峰, 郑学玲, 王凤成. 2005. 小麦淀粉基本特性及其与面条品质之间的关系. 粮食加工与食品机械, (5):57-59.

刘建军, 何中虎, 杨金, 等. 2003. 小麦品种淀粉特性变异及其与面条品质关系的研究. 中国农业科学, 36(l):7-12.

刘长虹. 2005. 蒸制面食生产技术. 北京:化学工业出版社.

陆启玉. 2007. 挂面生产设备与工艺. 北京:化学工业出版社.

苏东民. 2006. 中国馒头分类的专家咨询调查研究. 粮食科技与经济, (5):49-51.

杨学举, 杜朝, 刘广田. 2005. 小麦淀粉特性与面包烘烤品质的相关性. 中国粮油学报, 20(2):12-14.

Edward MA, Osborne BG, Henry RJ. 2008. Effect of endosperm starch granule size distribution on milling yield in hard wheat. Journal of Cereal Science, 48:180-192.

Finnie R, Jeannotte CF, Morris MJ, et al. 2010. Variation in polar lipids located on the surface of wheat starch. Journal of Cereal Science, 51:73-80.

Ghodke SK, Ananthanarayan L, Rodrigues L. 2009. Use of response surface methodology to investigate the effects of milling conditions on damaged starch, dough stickiness and chapatti quality. Food Chemistry, 112:1010-1015.

Greer EN, Steward BA. 1959. The water absorption of wheat flour, relative effects of protein and starch. J Science of Food and Agriculture, 10:248-252.

Hou GG. 2010. Asian Noodles: Science, Technology, and Processing. New York: John Wiley & Sons.

Ismail HB, Phil CW, Hamit K. 2004. A rapid method for the estimation of damaged starch in wheat flours. Journal of Cereal Science, 39: 139-145.

Lindeboom N, Chang PR, Tyler RT. 2004. Analytical, biochemical and physicochemical aspects of starch granule size, with emphasis on small granule starches: a review. Starch-Starke, 56:89-99.

Morgan JE, Williams PC. 1995. Starch damage in wheat flours: acomparison of enzymatic, iodometric, and near-infrared reflectance techniques. Cereal Chemistry, 72:209-212.

Park SH, Wilson JD, Chung OK, et al. 2004. Size distribution and properties of wheat starch granules in relation to crumb grain score of pup-loaf bread. Cereal Chemistry, 81: 699-704.

Parker R, Ring SG. 2001. Aspects of physical chemistry of starch. Journal of Cereal Science, 34:1-17.

Ranhotra GS, Gelroth JA, Eisenbraun GR. 1993. Correlation between Chopin and AACC Methods of determining damaged starch. Cereal Chemistry, 70:235-236.

Richard FT, Trushar P, Stephen EH. 2006. Damaged starch characterisation by ultracentrifugation. Carbohydrate

Research, 341:130-137.

Roman AD, Gutierrez S, Guilbert BC. 2002. Distribution of water between wheat flour components: a dynamic water vapour adsorption study. Journal of Cereal Science, 36: 347-355.

Steffe JF. 1992. Rheological Methods in Food Process Engineering. Freeman Press.

Tester RF, Morrison WR, Gidley MJ, et al. 1994. Properties of damaged starch granules. 3. microscopy and particle-size analysis of undamaged granules and remnants. Journal of Cereal Science, 20:59-67.

第十章 稻谷品质

第一节 概 述

稻谷品质一般是指稻谷的质量表现,是一个内涵十分丰富的综合概念,其中包含了稻谷的卫生、加工、外观、蒸煮、食味、营养、风味等方面品质的多项指标,如糙米率、精米率、整精米率、垩白粒率、垩白度、白度、透明度、碱消值、胶稠度、直链淀粉含量、蛋白质含量、蒸煮食味品质等。一般优质稻谷应具有优良的加工品质、储藏品质、蒸煮食味品质、营养品质和卫生品质等几个方面的品质。

1. 稻谷的种用品质　　稻谷作为种子使用的品质,称为种用品质。种用品质的指标通常为发芽势和发芽率。采用干燥机干燥的种用指标一般以人工太阳晒的稻谷发芽率作为参照,应不低于太阳晒的发芽率。

稻谷籽粒是有生命的有机体,保持稻谷籽粒活力是优质稻谷的综合指标。新收获的稻谷籽粒,一般外观新鲜饱满,具有较高的活性,除了有休眠特性的籽粒,发芽率一般都能达 90%以上,但在储藏过程中,往往因湿、热的影响而发生霉变时,其籽粒极易丧失活力。发芽率是种子种用品质的重要指标,一般即使是在良好条件下储藏,籽粒的发芽率也会逐步降低,最终丧失其种用品质。

2. 稻谷的加工品质　　稻谷的加工品质又称为碾米品质,是稻谷在砻谷出糙、碾去糙米表面的果皮、糊粉层和胚,并筛去碎米等加工过程中所表现出来的品质。反映加工品质的指标主要包括糙米率、精米率和整精米率等,此外还有加工精度、光泽度、碎米率、杂质含量、不完善粒等指标。其中稻谷整精米率的高低对商品大米的价格影响很大。稻谷的加工品质是稻谷的一项重要指标,加工品质反映稻谷对加工的适应性,主要取决于籽粒的灌浆特性、胚乳结构及糠层厚度等,如籽粒充实、胚乳结构致密、硬性好的谷粒,加工适应性也好。

稻谷的外观品质又称为商品品质、市场品质,是指稻谷的长度、宽度、粒形、垩白、垩白粒率、垩白面积、垩白度、透明度、光泽、裂纹等方面的品质表现。外观品质是籽粒的外观物理特性,它影响稻谷的加工品质。

3. 稻谷的储藏品质　　稻谷的储藏品质是指稻谷在储藏期间所表现的品质,对其储藏品质的评价主要依据国家粮食局 2004 年颁布的储存品质判断规则,主要指标有:①色泽与气味;②脂肪酸值;③品尝评分值。

4. 大米的食用品质　　大米的食用品质是指大米在蒸煮和食用过程中所表现出的各种理化及感官特性,如吸水性、溶解性、米粒延伸性(米粒蒸煮后的纵向延伸能力)、糊化特性、膨胀性以及食用时人体感觉器官(视觉、嗅觉、味觉和触觉)对它的反映,如色泽、香气、滋味、黏性、弹性、软硬等。大米的食用品质包含蒸煮品质和食味两个方面,可以通过大米蒸煮品质实验和食味实验进行评价。大米的天然风味特性主要指大米及其米饭的香和味等。不同类型的大米如籼米、粳米、糯米等,具有不同的风味。一些特种稻谷加工而成的大米更具特殊的风味,如香米、黑米、红米、绿米等。通过特殊加工工艺,还可以生产胚芽米、营养米、方便米等,这些米各具不同的风味特性。

大米蒸煮品质实验是测定大米在蒸煮熟化时米粒的变化情况,主要有吸水率、膨胀率、米汤 pH、米汤碘蓝值、米汤固体溶出物、胶凝度及碱消度等指标;食味实验是借助人们的感觉器官,对米饭直接进行品尝试验,判断其食用品质的好坏。然而,由于品尝试验是以人的感官为基础的,存在一定的差异性,故需要辅以与米饭食味关系密切的理化性状、流变学特性等的测定,从而消除品尝评定的主观性,使食味评定更加科学、客观、合理。用于测定米饭理化特性的仪器有组织测定仪(测定硬度、黏度、弹性、咀嚼性)、平行板塑性仪(测定黏性、弹性)等,流变学特性可用黏度计、质构仪测定(黏度、硬度等)等。

影响大米食用品质的化学成分主要有淀粉、蛋白质、水分、各种微量元素等,其中微量元素的含量与大米的营养价值和人类的健康有着密切的关系。影响大米食用品质的物理特性主要有含碎率、新陈度、爆腰率,还有粒度、均匀度、精度、纯度等。同时,一些环境因素如水、土壤质量、农药等也对大米的质量有很大影响。

5. 稻谷的营养品质　　目前,关于稻谷营养品质,大多指的是指大米中蛋白质及其氨基酸等营养成分的含量与组成,以及脂质、维生素、矿物质含量等。然而关于稻谷的营养品质,实质上是不仅仅指其中营养成分含量的多少,它还包括其中所含的营养物质对人体营养需要的满足程度。即稻谷的营养品质包括营养成分的多少,各种营养成分是否全面和平衡,如蛋白质含量和蛋白质中各种氨基酸组成的平衡程度,尤其是赖氨酸含量的多少,以及限制性氨基酸等;此外,考察大米的营养价值时,不仅要考虑其中营养素的含量,而且要考虑这些营养成分被生物机体利用的实际可能性,即生物有效性问题,如蛋白质消化率(TD)、蛋白质的生理效价、蛋白质的净利用率(NPU)、氨基酸分数、蛋白质生物价(BV)、蛋白价(GPV)、淀粉消化率等。

6. 稻谷品质评价意义　　由于稻谷的最终用途不同,人们感兴趣的内容和民族背景的差异,均可导致对稻谷品质意义的不同理解。在稻谷流通过程中,外观是最重要的品质性状;加工企业强调的是碾米品质;食品制造企业强调的是加工品质,营养学家关注的是其营养品质;不同的消费者要求不同的蒸煮与食用品质。因此,稻谷品质的优与劣很大程度上是由人们的偏爱、嗜好与用途所决定的,同样的稻谷其评价结果往往与参与评价的人有关。总体而言,国内外评价稻米品质的项目基本相同,即食用优质稻谷均要求具备三个基本特征:高整精粒率(碾磨品质)、籽粒透明无垩白(外观品质)和食味好(蒸煮品质)。

第二节　稻谷化学组成与品质的关系

稻谷中的各种化学成分,不仅是稻谷籽粒本身生命活动所必需的基本物质,也是人类生存所必需的物质。各种化学成分的性质及其在籽粒中的分布状况,直接影响到稻谷的生理特性、耐储藏特性和加工品质。稻谷和其他谷物一样,都是以淀粉为主要的化学成分,同时还含有一定量的水分、碳水化合物、蛋白质、脂质、矿物质和维生素等。不同品种的稻谷具有不同的品质,主要是由于大米本身所含的化学成分和大米物理特性的不同引起的。

一、淀　　粉

稻谷中淀粉含量最多,一般在 70% 左右,大部分存在于胚乳中。稻谷中淀粉粒的存在形式与稻谷品质关系十分密切：优质稻谷的淀粉粒多以复合淀粉粒（由数个淀粉粒彼此积聚在一起形成）的形式存在，而且复合淀粉粒中的单淀粉粒呈现棱角分明的多面体，淀粉粒间排列紧密；劣质稻谷中可见大量松散的单个淀粉粒，且多数单淀粉粒形状为近圆形或卵形，淀粉粒间的间隙较为明显。

大米淀粉由直链淀粉和支链淀粉组成，其中，直链淀粉含量被认为是影响大米蒸煮食用品质的最主要因素。直链淀粉的分子结构对淀粉的糊化特性和老化特性有很大影响，其螺旋状结构中所含的脂质对淀粉的糊化也有很大影响。直链淀粉比支链淀粉更易老化，直链淀粉的老化速度及其结晶性随其自身链长不同而异。含量为10%的直链淀粉老化后很快产生沉淀，即使再次加热，也不会恢复原状。用极弱的 X 射线衍射曲线来显示老化沉淀的直链淀粉时发现，由于老化，直链淀粉的分子不是规则地平行排列，而是各链密集交错在一起，形成不溶于水，微溶于碱液的靠氢键作为结构维持力的坚固状态。品质劣变后的米饭即使再加热也不如原来的饭好吃，就是这个道理。

直链淀粉含量与米饭质地指标之间具有十分密切的关系，米饭的弹性和黏附性随着直链淀粉含量的升高而增加，而硬度和凝聚性却随着直链淀粉含量的降低而降低。此外，研究表明，直链淀粉含量的高低与大米的蒸煮品质及食用品质呈负相关关系，与米饭的硬度成正相关关系，与大米浸泡吸水率呈负相关关系；当大米中直链淀粉含量低于 2%时，大米呈糯性，煮后很黏，直链淀粉在 12%～19%时，大米煮后软而黏；中等直链淀粉含量（20%～24%）的大米，煮后米饭柔软，但黏性不大；高直链淀粉含量（>25%）的大米，煮后米饭松散。

除糯稻外，一般稻谷的直链淀粉含量在 6%～43%，而同一品种因种植环境的不同其含量也会有所差异。米饭的品质与大米主要化学成分及蒸煮特性之间关系的研究结果表明，直链淀粉和蛋白质含量或脂质含量的幂指数方程可以较好地描述米饭的感官品质，且直链淀粉含量为 16%～18%的大米生产米饭效果最佳。

大米在蒸煮过程中吸水量和体积膨胀的大小，直接受直链淀粉含量多少的影响。糯性大米在蒸煮过程中膨胀最少，其米饭容重最大。

直链淀粉与支链淀粉的结构和比例还关系到米饭质地。蒸煮米饭时，直链淀粉与米饭黏性、柔软性和光泽等食味品质呈负相关。非糯性的品种，大多数的直链淀粉为13%～32%。偏低直链淀粉品种的大米在蒸煮时比较黏湿并有一定光泽，饭粒容易过熟且很快散裂开来；高直链淀粉含量品种的米粒蒸煮时干燥而蓬松，色泽发暗且冷却后容易变硬；而中等含量的品种，虽米饭蓬松，但冷凉后仍能维持柔软质地。一般认为食用大米直链淀粉以低于18%为宜。支链淀粉能增加米饭甜味和黏性，提高适口性。

二、蛋 白 质

稻谷蛋白质是易被人体消化和吸收的谷物蛋白质，它的含量和质量反映该品种稻谷营养品质的高低。许多研究表明：稻谷中蛋白质的赖氨酸、苏氨酸、甲硫氨酸含量，决定稻谷蛋白质的质量优劣。一般来说，大米中含有5%～14%的蛋白质，主要由米谷蛋白构成，其他如醇溶蛋白、清蛋白和球蛋白的含量则较少。稻谷中蛋白质含量的高低，影响了稻谷籽粒强度的大小。稻谷籽粒的蛋白质含量越高，籽粒强度就越大，耐压性能相对则越强，加工时产生的碎米较少。蛋白质因稻谷品种不同，含量亦有所不同。一般而言，籼稻的蛋白质含量较粳稻高约 2%。蛋白质含量与米饭的胶凝度有较好的正相关性，但蛋白质会阻碍水的扩散作用而影响蒸煮时间，故一般蛋白质含量高的大米，蒸煮时需较多的水和较长的蒸煮时间，且米饭质地较硬。除此之外，蛋白质含量高低亦影响米饭的色泽，通常高蛋白质含量的米饭呈浅黄色。

由于稻谷中的蛋白质含量较低，且多以蛋白体的形式存在，所以早期的研究认为蛋白质对稻谷质构特性的影响较小。进入 20 世纪 80 年代后，蛋白质对稻谷质构的影响又重新受到重视。有研究表明，同一品种内蛋白质的含量与蒸煮稻谷的质构有一定的相关性，低蛋白含量的稻谷在蒸煮后比高蛋白含量的稻谷黏度大。由于稻谷品质劣变过程中蛋白质的总量基本保持不变，故不论蛋白质含量是否对蒸煮稻谷的质构产生影响以及如何产生影响，如果蛋白质能够导致品质劣变大米质构特性的变化，则只可能是由于蛋白质的结构、性能等方面的改变所致。

大米中蛋白质含量的变化，首先对米饭的食用滋味产生影响，其次是米饭的适口性、光泽、气味与外观。对来源于我国不同地区的 14 种粳米和 8 种籼米中蛋白质与米饭食味品质比较分析发现，大米蛋白质的含量与其食味品质之间存在着显著的负相关关系（$P<0.05$），说明与相似品种的大米相比，蛋白质含量较低的大米具有较好的食味品质。大米蛋白质含量越高，其米饭的外观越差，综合口感也较差，相反，含量低，食味就好。大米蛋白质组分中，碱溶谷蛋白和醇溶蛋白的含量与大米的食味品质及某些食味特性之间存在一定负相关关系，球蛋白与大米食味品质不存在负相关关系。

此外，蛋白质还影响到大米煮饭早期的吸水量，煮饭前期大米的吸水量决定了蛋白质的水合特性及淀粉的分散和黏性阶段的浓度，进而影响米饭的组织结构。蛋白质含量越高，米粒结构越紧密，淀粉之间的空隙越小，吸水速度越慢，吸水量越少，因此米饭蒸煮时间越长，淀粉不能充分糊化，米饭黏度低较松散。蛋白质分子中—SH 是最容易氧化的基团之一，对米谷蛋白中的—SH 和—S—S—含量分析发现，储藏前后—SH 含量由 0.20% 降到 0.13%，而—S—S—含量则由 0.13% 增加到 0.20%；与此同时，品质劣变大米中米谷蛋白可提取率也呈下降趋势。这主要是由于蛋白分子中—SH 氧化成—S—S—使蛋白分子交联聚合形成高分子蛋白质，使蛋白质溶解性降低，米饭黏性下降。进一步的研究表明，大米蒸煮过程中加入一定量的 β-巯基乙醇，可以提高米饭的黏度。由于 β-巯基乙醇能有效地切断二硫键，这说明大米品质劣变过程中质构变化的部分原因可能来自于蛋白质结构上的变化。

三、脂　　质

稻谷中的脂质主要以脂体或圆球体形式存在，与其他谷物一样，还可以分为淀粉脂类和非淀粉脂类。淀粉脂类主要是单酰基脂类与直链淀粉的复合体，在糯米淀粉粒中含量最低（<0.2%），高直链淀粉大米中含量较低，中度直链淀粉大米中最高（1.0%）。糯精米中非淀粉脂类含量比非糯米中高。淀粉脂类十分稳定，不易氧化酸败。非淀粉脂类包括淀粉粒以外粮粒各部分的脂质，用一般极性溶剂在室温下可以提取出来。因此，一般所指脂质，实际上就是非淀粉脂类。

稻谷中脂质含量不高，但却最易发生变化，经酯酶的催化能分解成甘油和游离脂肪酸，后者的主要成分是油酸和亚油酸等不饱和脂肪酸，在储藏过程中容易被氧化成醛、酮类物质而使稻谷产生不良风味，影响大米的食用品质；脂质还容易包藏于淀粉直链部分的螺旋结构中，和直链淀粉形成复合结构，该复合物会抑制淀粉膨润，使米饭硬度增加、膨胀率和吸水率增大、可溶性固体物质减少、糊化温度升高、黏度降低。天然稻谷淀粉中存在直链淀粉-脂质复合体，这种复合物对大米的糊化起阻碍作用，淀粉脂有随着直链淀粉含量增加而增加的趋势。X 射线衍射及 DSC 试验结果表明稻谷在糊化过程中部分直链淀粉与非淀粉脂结合成复合物，这种淀粉在膨胀糊化时要吸收更多的热量，限制了淀粉的糊化，从而可能对蒸煮大米的质构产生影响。

稻谷脂质含量是影响米饭可口性的主要因素，而且脂质含量越高，米饭光泽越好。据文献报道：米饭香味与米粒所含不饱和脂肪酸有关。但是，由于稻谷中的脂质主要存在于胚和皮层，且主要为较易被氧化的不饱和脂肪酸，故脂质的水解和氧化所产生的酸败，是引起稻谷品质劣变的重要因素。

磷脂也是稻谷中一类重要的脂质，尽管和蛋白质及淀粉相比，其含量很少，但却对大米品质具有重要意义，尤其是当它们和淀粉形成复合物时。稻谷中的磷脂主要以卵磷脂、磷脂酰乙醇胺和磷脂酰肌醇以及溶血卵磷脂、溶血磷脂酰乙醇胺和溶血磷脂酰肌醇存在。储藏过程中稻谷皮层（米糠）中磷脂的劣变会引起稻谷中脂质的降解及稻谷气味变差。

四、酶 类

稻谷中的主要酶类有：淀粉酶、蛋白酶、脂肪水解酶、脂肪氧化酶、谷氨酸脱羧酶、过氧化物酶、过氧化氢酶等。这些酶类不仅对稻谷工艺品质、种用品质和食用品质有一定影响，而且与储粮安全性有着密切关系。

1）淀粉酶　　淀粉酶分为 α-淀粉酶和 β-淀粉酶。稻谷中的 α-淀粉酶的活力随着储藏时间的延长而降低，在发芽时其活力会大大提高。淀粉酶对大米食用品质影响较大，研究表明，陈米煮饭不如新米饭好的原因之一，就是陈米中淀粉酶活力的丧失。

2）蛋白酶　　蛋白酶的作用是切断蛋白质分子中的肽键，使蛋白质分解。未发芽的稻谷粮粒中蛋白酶活力极小。蛋白酶对稻谷蒸煮品质有一定的影响，研究表明，长粒型稻谷中可溶性氮和蛋白酶活力比中粒型粮粒要低。长粒型稻谷黏度差、柔软性差，其中一个原因便是由于它所含的蛋白酶活力低。

3）脂肪氧化酶　　脂肪氧化酶可以将脂肪中具有孤立双键的不饱和脂肪酸氧化为具有共轭双键的过氧化物，从而造成酸败，同时也对稻谷在储藏过程中产生的苦味物质起着重要作用。

4）过氧化氢酶　　过氧化氢酶是含铁卟啉的蛋白酶，该酶的活力与稻谷生活力有密切关系，过氧化氢酶活力降低时，发芽率即降低。因为过氧化氢酶在生物体内能破坏呼吸过程中所产生的过氧化氢，而过氧化氢会对细胞膜造成损伤。过氧化氢酶活力降低，分解过氧化氢的能力就降低，以致有害物质积累，胚芽活性降低，发芽率下降，导致稻谷品质劣变。不同种类和不同水分、温度的稻谷，其品质劣变速度是不相同的：通常籼稻较为稳定，粳稻次之，糯稻最易发生品质劣变。水分、温度都较低时，品质劣变速度慢；水分、温度均高时，则品质劣变速度快。

五、水 分

在我国南方，夏季稻谷收获时，常阴雨绵绵且气温高，收获后稻谷水分较高，可达 25%左右。高水分稻谷在这种高温高湿环境中存放很快就会发芽霉变；而在北方，尤其是东北地区，尽管稻谷收获季节秋高气爽，但稻谷收获时水分也可达到 20% 左右。高水分稻谷过冬时容易受到冻害，严重影响其发芽率和生活力，从而导致其食用品质的下降，甚至劣变。高于安全水分的稻谷在第二年春天气温上升时，很容易发热霉变。

稻谷含水量的高低对稻谷加工品质影响也很大。水分过高，则籽粒的流动性差，会造成筛理困难，影响清理效果；同时，高水分的谷粒，强度低，碾米时碎米增多，出米率降低，另外还会增加碾米机的动力消耗及加工成本。但稻谷水分过低会使籽粒发脆，也容易产生碎米，降低出米率。稻谷水分一般以 13%～15% 对加工最为适宜。

第三节　稻谷加工品质

稻谷与小麦、玉米等其他谷物不同，是以籽粒的形式进行消费的，它需要通过砻谷、碾米等加工工艺，除去不能食用的谷壳，剥去口感不良、难以消化的糠皮，成为白米后再加以食用。稻谷主要用于制米，其优点是加工工艺比较简单，成品的装运比较方便，储藏稳定性好，制备熟食非常方便，胀性好。在加水煮饭时，米饭的体积可达大米原有体积的 3 倍左右。稻谷的加工品质是稻谷的一项重要指标，它主要反映稻谷对加工的适应性。

一、稻谷加工品质指标

稻谷的内外稃虽然比较坚硬，以边缘卷成钩状的形式紧紧包住糙米，但内外稃的内壁与糙米呈脱离状，容易剥去稻壳而不损伤糙米。稻谷加工过程中的砻谷，就是剥离内外稃和护颖的过程。砻谷时得到的砻糠（大糠）就是稻谷内外稃及护颖的总和，占稻谷总质量的 20% 左右。

碾米主要是碾去糙米的皮层。糙米皮层各层组织的细胞，除管状细胞为纵向排列以外，其他各层都是横向排列，因此糙米的皮层比较疏松，容易碾去。同时糙米外面还包有内外稃，这就使得糙米在成熟时，果皮不与外界接触，因此比较柔嫩。此外，糙米表面虽有五条纵向沟纹，但一般不很深，碾米时皮层容易碾去，而胚乳的损失不大。

由于稻谷的外壳易剥离，糙米的皮层易碾去，因此稻谷适于碾米，碾米时剥离下来的糙米的皮层部分称为米糠。米糠是由被碾下的糙米的果皮、种皮、外胚乳、糊粉层和胚等部分组成的，一般占糙米质量的 6.8%。

影响稻谷工艺品质的主要因素是杂质含量，因为它影响稻谷的纯粮率和出糙率。杂质中最常见的是稗子和砂石，在加工过程中务必清除干净，否则就会直接影响大米的品质。因此，原粮等级标准中，对杂质含量有一定的限度，一般不超过 1.0%。

从清理后的稻谷来看，对稻谷工艺品质影响最大的是谷壳率，它直接影响到净谷出糙率。谷粒的粒形和粒度均一性（即整齐度）、千粒重、容重等是影响产品质量的几个重要因素。

稻谷水分的多少也直接影响稻谷的工艺品质，水分高则谷粒流动性差，影响筛理的效果，同时谷壳因为水分多而缺乏脆性，增加了脱壳的困难。

干净稻谷全部脱去谷壳后所得的米粒称为糙米。糙米的品质指标主要有：粒度、饱满度、粒形、腹白和心白、容重、爆腰粒、不完善粒、糠层厚度及杂质等。除此之外还有水分，因为它直接影响米粒的耐压强度与出碎率。糙米品质的好坏，主要在于它对糙出白率和出碎率所产生的影响。影响糙出白的主要因素是糙米米粒各部分的比例；影响出碎率的则主要涉及胚乳强度的问题。

稻谷或糙米经过加工脱去米皮、留存在直径 1.0mm 圆孔筛上的米粒称为精米。精米长度在完整精米粒平均长度 4/5 或以上的精米粒叫做整精米。糙米率、精米率与整精米率越高的稻谷品种，大米品质越优。稻谷加工成大米时的去皮程度以加工精度表示。加工精度是指稻谷籽粒表面除去糠皮的程度，加工精度在一定范围内越大，米饭食味越好，但稻谷营养成分损失也越大。精度按国家标准可分为四个等级，即特等、标一、标二、标三。现代食用大米的加工精度一般都在标一以上，其中优质米都在特等以上。光泽度是指精米表面的光滑亮泽程度，这与加工时的抛光工艺优劣及品种特性有关。反映稻谷加工品质的主要指标如下。

1. 糙米率 糙米是指谷粒去掉颖壳（谷壳）后得到的颖果。糙米率是指糙米籽粒的质量占样本净稻谷质量的比率。

2. 精米率 精米是指经精米机加工后除去糠层的大米米粒。精米率是指当脱壳后的糙米碾磨成精度为国家标准一等大米时，所得精米的质量占样本净稻谷质量的比率。精米率是稻谷品质中较重要的一个指标。精米率高，说明同样数量的稻谷能碾出较多的精米，稻谷的经济价值较高。

3. 整精米率 整精米是指糙米碾磨成精度为国家标准一等大米时，米粒产生破碎，其中长度仍达到完整精米粒平均长度的 4/5 以上（含 4/5）的米粒。整精米率是指整精米占净稻谷试样质量的百分率。整精米率的高低关系到大米的商品价值，碎米多商品价值就低。

糙米率是一个较为稳定的性状，主要取决于遗传因子，而精米率、整精米率受环境影响较大。不同的水稻品种因谷壳的厚薄、谷粒充实程度、糠层厚薄及籽粒大小的不同，精米率、整精米率有较大的差别。整精米率与稻谷的粒形、软硬程度、组织结构松紧程度及米粒裂纹有关。优质稻谷品种要求出糙率和整精米率高，其中整精米率是稻谷品质中较重要的指标。整精米率高，说明同样数量的稻谷能碾出较多的整精米，具有较高的商品价值。我国稻谷的糙米率一般为 78%～82%，最高为 86%，精米率为 60%～70%，有些水稻品种在 70% 以上，而整精米率的变幅较大，为 20%～75%，它是加工品质的重要指标。

此外，衡量碾米品质的指标还有加工精度和光泽度。光泽度是指白米表面的光滑亮泽程度。精米经抛光工艺加工后可提高光泽度。

4. 外观特性

1）精米长度与粒形 精米长度是指完整无破损精米籽粒两端的最大距离，以毫米为单位。根据粒长可把稻谷分为长粒（长度>6.5mm）、中粒（长度 5.6～6.5mm）和短粒（长度<5.6mm）3 类。根据食用稻的亚种、黏糯特性，结合籼稻和籼糯稻籽粒长短，把食用稻品种分为 4 类，即籼稻（长粒形籼稻、中粒形籼稻、短粒形籼稻）、粳稻、籼糯稻（长粒形籼糯稻、中粒形籼糯稻、短粒形籼糯稻）和粳糯稻。宽度是指精米米粒最宽处的距离。

粒形是以稻谷的长度与宽度之比来表示的。研究表明，稻谷粒形与稻谷品质相关性很大。一般认为长粒形的品种米质较好，但粒长太长时又会出现整精米率下降，粒宽太大时也会出现垩白增大的现象，所以，谷粒绝对长度较大、粒形较好（长宽比大于 3.0）和千粒重较小，是优质米加工时选择原料的原则。

2）垩白粒率与垩白度 垩白是指大米籽粒中白色不透明的部分，它是由于稻谷胚乳充实不良，淀粉和蛋白质颗粒排列疏松、颗粒间充气引起的空隙导致光的散射，从而使大米在外观上形成白色不透明区域。垩白使大米透明度、硬度降低且易碎，是一种不良特性。根据垩白发生的部位不同，可将垩白分为心白、腹白和背白 3 种。

垩白粒是指有垩白的米粒。垩白粒率是指整精米中垩白粒的粒数占整个整精米米样总粒数的百分率。垩白面积又称垩白大小，是指垩白籽粒中垩白的面积占整个籽粒面积（投影面积）的百分率。垩白面积可在垩白观测仪上目测来确定，以加权平均值来表示，即

$$垩白面积平均值=\sum 各米粒垩白面积百分率/试样米粒数$$

垩白度表示样品中垩白粒的垩白面积占试样米粒面积总和的百分比，计算公式如下：

$$垩白度=垩白面积\times 垩白粒率$$

垩白是衡量稻谷品质的重要性状之一，它不仅直接影响稻谷的外观品质，而且还影响稻谷的加工品质和大米的蒸煮食味品质。

3）阴糯米率　　阴糯米是指胚乳透明或半透明的糯米颗粒。阴糯米率是指整精糯米中阴糯米粒占整个米样粒数的百分率。在 NY/T 593—2013《食用稻品种品质》中，一级糯米的阴糯米率要求≤1%，二级糯米的阴糯米率要求≤5%。

4）白度　　根据 GB/T 26631—2011《粮油名词术语 理化特性和质量》中定义：大米白度是指大米对白光的反射程度，利用同批、类稻谷的糙米表皮与胚乳色泽的不同，可以通过测定大米的白度判定大米的留皮程度。NY/T 593—2013《食用稻品种品质》规定：白度是指整精米籽粒呈白的程度。测定时，从糯米样品中取出适量的整精糯米粒，用白度计测量，规定以镁条燃烧发出的白光为白度标准值（100%）。白度>50.0%为 1 级；47.1%～50.0%为 2 级；44.1%～47.0%为 3 级；41.1%～44.0%为 4 级；<41.1%为 5 级。

5）透明度与光泽　　透明度是指整精米籽粒的透明程度，用稻谷的相对透光率表示。透明度反映精米在光的透视下的晶亮程度，即透光特性，表现胚乳细胞中淀粉体的充实情况。透明度可用透明度仪来测定。光泽是指精米表面对照射光的吸收和反射程度。除糯米外，优质米要求米粒透明或半透明，有光泽，无或少有垩白。

6）裂纹　　裂纹是指精米中裂缝的多少。裂纹是稻谷加工过程中产生碎米的主要原因。据报道，裂纹米率大于 60%时，碎米率则超过 50%，严重影响稻谷的商品性和经济价值。裂纹米的形成与品种、灌浆优劣、收获期和稻谷入库前机械作用有关。

二、稻谷加工过程中物理化学变化及其对大米品质的影响

稻壳为稻谷籽粒的最外层，是糙米的保护组织，含有大量的粗纤维和矿物元素，使稻壳质地粗糙而坚硬。稻壳中完全不含淀粉，因而不能食用，加工时要全部除去。皮层是胚乳和胚的保护组织，其中蛋白质和矿物质含量较多，含纤维素也较多，作为日常主食直接食用不利于人体正常的消化吸收。而且带有皮层的糙米具有吸水性差、出饭率低、蒸饭时间长、米饭食味不佳等缺点，所以加工时要把全部或大部分皮层碾去。胚乳作为稻谷中储藏养分的组分，含有大量淀粉，其次是蛋白质，此外还含有少量的油脂、矿物质和纤维素。因此，胚乳是米粒中主要营养成分所在，是稻谷籽粒供人们食用的最有价值的部分，加工时要最大程度的保留。胚作为谷粒的初生组织和分生组织，是谷粒中生理活性最强的部分，其中富含蛋白质、脂质、可溶性糖和维生素等物质，且脂质中富含不饱和脂肪酸，具有很高的营养价值。因此，如果大米不长期储藏，应尽量将胚保留下来，但因胚中的脂质极易酸败变质，使大米

不耐储藏，因此加工时也应尽可能除去。

碾米过程是一个从糙米碾制出白米的过程。碾米通常是应用物理方法部分或全部剥除糙米籽粒表面皮层的过程。机械碾米过程中的机械物理作用比较复杂，根据碾米压力和速度可以分为摩擦擦离碾白、碾削碾白和混合碾白。

摩擦擦离碾白是依靠强烈的摩擦作用而使糙米去皮的碾米方法，是指在米粒碾米机的碾白室内，米粒和碾白室构件之间以及米粒与米粒之间的相对运动，使之产生相互间的摩擦、碰撞和挤压，当强烈的摩擦作用深入到米粒皮层的内部，使米皮沿着胚乳的表面产生相对滑动，并被拉伸、断裂，直至擦离，和胚乳脱离碾成白米。摩擦擦离碾白必须在大于米粒皮层结构强度和米粒与胚乳结合力，小于胚乳自身结合强度的摩擦下进行。这种碾白方式由于米粒在碾白室受到较大的压力，碾米过程中容易产生碎米，因此，擦离作用适用于碾制胚乳坚硬、皮层松软而有弹性的米粒，不宜用来碾制米粒皮层干硬、籽粒松脆、强度较差的米粒。

碾削碾白是借助于金刚砂辊筒表面无数密集尖锐的砂刃，对米粒皮层进行不断的运动碾削，使米皮破裂、脱落，从而达到将糙米去皮碾白的目的。碾削碾白去皮时所需的碾白压力较小，适宜于碾制籽粒结构强度较差、表皮干硬的粉质米粒，碾米中产生的碎米较少，但是碾削碾白会在米粒表面留下砂粒去皮的洼痕，使米粒表面起毛，含糠较多，成品大米表面光洁度和色泽较差，同时也一定程度损伤胚乳，影响出米率。这种碾白方式所碾下的米糠，常含有细小的淀粉，如用于榨油，会使出油率下降。

混合式碾白是以碾削式去皮为主、擦离式去皮为辅的混合碾白方式。碾米时首先以高速旋转的金刚砂辊筒碾削糙米的皮层，而后依靠砂辊表面的筋或槽使米粒与碾白室构件，米与米粒之间产生一定的擦离作用。它综合了擦离和碾削碾白的优点，是目前运用较多的一种碾米方式。

在制米过程中，随着稻壳的除去，皮层的不断剥离，碾米精度越高，成品大米的化学成分越接近纯胚乳，因此大米中淀粉的含量会随着加工精度的提高而增加。而稻谷中的矿物元素如钙、镁、钾、钠等，以及维生素 B_1、维生素 B_2、泛酸等 B 组维生素及维生素 E 主要存在于稻壳、胚及皮层中，胚乳中含量极少。因此，大米的加工精度越高，灰分（矿物质）及维生素的含量越低，其他的各种成分也相对地减少。糙米经碾米机碾白，除去 8%~10%的米糠而产出 90%~92%（质量百分比）的白米者称为精白米，如 92 米（100 斤糙米产出 92 斤[①]白米）。如果不完全碾白，仅除去 4%~6%的米糠，残留一部分的种皮、胚及糊粉层，则大米中 B 组维生素含量较多，如 96 米（100 斤糙米产出 96 斤白米）。糙米及各种不同精度大米的化学成分见表 10-1。对于采用特殊方法进行碾白，除去皮层而保留米胚而生产的胚芽米，其营养价值较高。

表 10-1　糙米及不同精度大米的化学成分比较（每 100g 中含量）

指标	糙米	96 米	94 米	92 米
发热量/kcal	337	345	350	351
水分/g	15.5	15.5	15.5	15.5
粗蛋白/g	7.4	6.9	6.6	6.2

① 1 斤 = 500g

指标	糙米	96 米	94 米	92 米
粗脂肪/g	2.3	1.5	1.1	0.8
无氮抽出物/g	72.5	74.5	75.6	76.6
粗纤维/g	1.0	0.6	0.4	0.3
粗灰分/g	1.3	1.0	0.8	0.6
钙/mg	10	7	6	6
磷/mg	300	200	170	150
铁/mg	1.1	0.7	0.5	0.4
维生素 B_1/mg	0.36	0.25	0.21	0.09
维生素 B_2/mg	0.10	0.07	0.05	0.03
烟酸/mg	4.5	3.5	2.4	1.4

资料来源：姚惠源，1999

注：96 米，100 斤糙米产出 96 斤白米；94 米，100 斤糙米产出 94 斤白米；92 米，100 斤糙米产出 92 斤白米

从食用和营养的观点来看，大米精度越高，淀粉的相对含量越高，粗纤维含量越低，因此，消化率也越高，食用时口感也越好。但是，某些营养成分，如蛋白质、脂质、矿物元素及维生素等的损失也越多，这对人体健康不利。因此，为了保留大米的营养成分，加工精度不宜过高。目前，我国加工的标准米，尚保存一部分的皮层和米胚，这样既可保留必要的营养成分；又可增加出米率，因而是比较合理的。

当糙米经碾米机碾磨时，糊粉层和大部分米胚都被碾去，这些碾去的部分在工艺学上称为米糠。与谷壳不同，米糠是富含蛋白质、脂质、矿物质和维生素等营养的稻谷加工副产物，但其化学成分的含量因碾磨程度，碾磨前的去壳和分离效果、稻谷品质及种植条件而异。表 10-2 中为米糠成分代表性数据。

表 10-2　米糠的成分

	成分					
	水分	蛋白质	脂肪	粗纤维	灰分	无氮抽出物
含量/%	11	12	16	12	10	39

资料来源：姚惠源，1999

三、蒸谷米加工过程中品质变化

蒸谷米，俗称"半熟米"，它是以稻谷为原料，经清理、浸泡、蒸煮、烘干、舂碾等加工方法生产的大米制品，具有营养价值高、出饭率高、储存期长等特点。蒸谷米实际上也是一种营养强化米，它是通过水热处理，使皮层、胚中的一部分水溶性营养素向胚乳浸入，以达到营养强化的目的。

1. 清理工艺对蒸谷米品质的影响　蒸谷米的清理工艺和普通白米生产的清理工艺大体相同，也是经过初清、清理工序。在清理工序中，首先除去原粮中的大杂、轻杂、并肩杂等杂质。然后将重质稻谷和轻质稻谷，厚的稻谷与薄的稻谷进行分离。这是因为浸泡与汽蒸的时间是随稻谷的厚度而增加的。如果采用相同的浸泡与汽蒸时间，则薄的籽粒已全部糊化，而厚的籽粒只有表层糊化。如增加浸泡和汽蒸时间并提高温度，厚的籽粒虽能全部糊化，但

薄的籽粒又因过度糊化而变得更硬，更坚实，米色加深，黏度降低，影响蒸谷米质量。

2. 浸泡过程对蒸谷米品质的影响 浸泡是稻谷吸水并使自身体积膨胀的过程。根据生产实践，水分必须在30%以上。如稻谷吸水不足，水分低于30%，则汽蒸过程中稻谷蒸不透，影响蒸谷米质量。浸泡的目的是使稻谷充分吸收水分，为淀粉糊化创造必要条件。常压条件下，胚乳自然吸收水分的过程很长，部分溶解到浸泡液中的营养物质来不及渗透到胚乳就随浸泡水一起排出，造成营养损失。为了保证生产效率，尽可能减少营养物质的损失，往往采用高压浸泡，使容器内压力高于大气压力，促进胚乳对浸泡液的吸收和营养物质的渗透作用。

稻谷在浸泡过程中，随着浸泡时间的延长，水分慢慢向种仁内部渗透，使籽粒的营养成分和内部结构产生相应的变化。由此可见，采用温水浸泡法可以缩短浸泡时间，提高生产效率。但是热水温度和浸泡时间必须根据稻谷品种及其内在品质而定，其中粒质松脆的稻谷吸水较快，而粒质坚实的稻谷吸水较慢。

（1）营养成分的变化：稻谷中许多有营养价值的成分是在米胚和大米皮层中的，如水溶性B族维生素（维生素B_1和维生素B_2）等，稻谷在浸泡过程中，这些营养成分随着水分向种仁内部渗透。此外，稻谷在浸泡过程中，不仅使胚乳吸收水分，同时也吸收糙米皮层和胚中的部分水溶性营养成分。这就是蒸谷米的某些营养成分比同等精度普通大米有所增加的原因。但是这些水溶性的营养成分既能随着水分向种仁内部转移，当然也可能溶解到浸泡水中，造成营养成分的损失。为此，在保证稻谷吸收足够水分的前提下，应尽量缩短浸泡时间，以减少营养物质的损失。

（2）稻谷籽粒强度的变化：稻谷吸收水分后，使籽粒的结构力学发生很大变化，主要表现在稻谷的爆腰率增加。研究表明，籼稻用室温水进行浸泡时，前4h爆腰率快速增加，8h后爆腰率有所下降，继续浸泡24h之后，其爆腰率变化很小，但稻谷的总爆腰率远远大于未浸泡前的爆腰率，这说明用室温水浸泡稻谷不利于提高籽粒的强度。

用热水浸泡稻谷，除了受到水和时间的影响外，还受到温度的作用。随着水温的升高，爆腰率迅速增加。采用40℃的水温浸谷，开始1~2h爆腰率升高较快，然后逐渐下降，但是浸泡8h后其爆腰率仍超过原始稻谷的爆腰率。用50℃的水温浸泡稻谷，经8h后，虽然爆腰率低于原始稻谷的爆腰率，但由于浸泡时间太长也不宜采用。用70℃的水温浸谷，1h后爆腰率急剧上升到最高峰，2h后爆腰率开始下降，而且下降的速度也较迅速，3h已低于稻谷原始爆腰率，4h后爆腰率进一步下降。这是因为用70℃热水浸泡稻谷时，温度已达到了大米淀粉开始糊化的温度，因此，产生了黏度很大的糊化淀粉，它们将稻谷爆腰的裂缝弥补起来，这有利于提高籽粒的强度，为碾米时降低碎米率创造了先决条件。

稻谷经浸泡后，其爆腰率增加的原因，是由于稻谷籽粒表面具有密集的毛细管。毛细管呈楔形，直径较大的一端暴露在籽粒的表面，当水分通过毛细管向籽粒内部渗透时，由于毛细管本身直径变小，阻碍了水分继续向籽粒内部渗入，于是在毛细管中形成一种吸附层边界。沿着这个边界被吸附的水分子试图继续向内部渗透，由此产生了一个附加压力使籽粒形成爆腰。另外，籽粒内部化学成分的不同，如淀粉和蛋白质的吸水速度不同，吸水后的膨胀度也不同，也是产生爆腰的原因。

（3）高温浸泡过程中米色的变化：高温水浸泡虽能加快稻谷的吸水速度，但由于高温浸泡会促进稻壳和米糠层的色素溶解，并渗透到胚乳中去，故易使米粒变色。据研究表明，米色随浸泡时间的增加和水温的提高而加深。如果水温高于大米淀粉的糊化温度，并经长时间的浸泡，大量米粒就会从稻壳中挤出变成饭粒，这不利于蒸谷米的生产。因此在实际生产过程中，根据稻谷品种，严格控制浸泡时间和水温是减少蒸谷米变色程度的关键。

蒸谷米的颜色还受浸泡水的 pH 影响。如浸泡水的 pH 为 5 时，蒸谷米变色最小，米色最浅；pH 增高，米色即加深。因此，合理地控制浸泡水的 pH，可以合理地控制蒸谷米的颜色。

（4）浸泡液类型、浸泡处理方式等对产品品质的影响：国内外有关专家研究了采用酸性溶液、碱性溶液、乙醇溶液等浸泡对蒸谷米品质的影响。结果表明，当用酸性溶液浸泡后，产品中维生素 B_2 保存最多，色泽浅，但口感较软，黏弹性较差；用碱性溶液浸泡后，产品口感好，但色泽深，维生素 B_2 损失严重；用乙醇溶液浸泡后，产品色、香、味均较好。根据这些特点，可采用分步浸泡工艺，以期得到各项指标均较好的产品。

3. 蒸煮过程对蒸谷米品质的影响　　稻谷经过浸泡以后，胚乳内部吸收了相当数量的水分，然后再采用一定温度、压力的蒸汽对稻谷进行加热，使淀粉糊化，即为汽蒸。汽蒸对蒸谷米成品质量、色泽、口感有较大影响。汽蒸可增加稻谷籽粒的强度，提高出米率，并改变大米的储存特性和食用品质，使蒸谷米具有不易生虫、不易霉变、易于储存的特性。汽蒸必须分批次进行，先将稻谷和浸泡液分离，再将水分为40%左右的稻谷输送到蒸煮器内，密闭容器，然后向内通入120℃的饱和蒸汽，使稻谷胚乳部分的淀粉迅速糊化。通过淀粉的糊化作用将渗入到胚乳中的各种维生素，微量元素和可溶性矿物盐凝固在胚乳中。

在汽蒸过程中，必须掌握好汽蒸的温度、时间及均一性，使淀粉能达到充分而又不过度的糊化，是蒸谷米加工过程的关键环节。研究表明，采用不同的温度及时间进行蒸煮，可以生产出不同颜色、不同口感的蒸谷米。

稻谷在汽蒸过程中，受到水、热和时间三个因素的影响。在蒸汽的作用下，稻谷发生如下变化。

（1）淀粉糊化：稻谷淀粉不论是直链淀粉还是支链淀粉，都是以一点为中心，整齐地排列成一种"胶束"状。其特点是分子间具有很强的吸引力，水、酸和酶都难以进入"胶束"内部，所以这种生淀粉的消化性能很差。用 X 射线照射时，由于它是整齐而有规则地排列，X 射线受到干涉出现许多干涉环，具有这些特性的淀粉称为生淀粉。生淀粉经过加热蒸汽处理，开始可逆地吸收水分。此时，水分子只是进入"胶束"的间隙中，与游离的亲水基团相结合产生有限的膨胀。随着温度的持续升高，水分子和淀粉分子运动加剧，部分较小的直链淀粉被水溶解，并有部分渗出，使水分子更多更深地进入淀粉粒的内部，并进一步吸水使"胶束"崩溃，亲水基从"胶束"中暴露出来，水分子包围在淀粉分子周围，"胶束"的排列失去了固有的有序性，形成一种间隙很大的、不规则的三维空间网状结构，间隙中充满水分或溶液而成为糊状。此时的淀粉称为糊化淀粉，用 X 射线照射时，不会出现干涉环，水和酶都可进入，易消化，具有较大黏性。

在汽蒸过程中，稻谷淀粉在水和温度的作用下由生淀粉转化成糊化淀粉。汽蒸要求淀粉全部糊化，籽粒无夹生和白心（籽粒中心部分仍有颗粒状淀粉的称为白心）。

（2）爆腰率降低：稻谷经过汽蒸热处理后，淀粉发生糊化，其中糊化的可溶性淀粉具有很大的黏结性，可弥补稻谷的裂缝，使其爆腰率显著降低，普遍低于原粮稻谷的爆腰率，并使籽粒变得细密呈半透明。

（3）米色加深：在汽蒸过程中，稻谷中微生物和害虫被杀死，并加速了糖类和氨基酸的反应，使米色进一步加深。

（4）营养物质固定：在汽蒸过程中，稻谷继续吸收水分，使谷粒的含水量更加均一，可溶性营养成分继续向种仁内部渗透。通过淀粉的糊化作用，将渗入到胚乳中的各种维生素、微量元素和可溶性矿物盐凝固在胚乳中。

稻谷的水分、吸水量和蒸煮时间、蒸汽温度是决定蒸谷米质量的重要因素，尤其是蒸汽的温度。研究表明，随蒸汽温度的升高，特别在 $100\sim120℃$（相当于表压力 $0\sim98kPa$）时，会引起蒸谷米体积的快速膨胀，超过此温度区间，温度再增加，其体积膨胀不大。从蒸汽温度对可溶性淀粉含量影响的研究结果可以看出，当温度达到 $100℃$时，可溶性淀粉含量就明显增加，同时随着温度的升高而不断增加。

4. 干燥和冷却过程对蒸谷米品质的影响　　经浸泡和汽蒸之后的稻谷，不仅水分含量很高（$34\%\sim36\%$），而且温度也很高（约 $100℃$），既不能储存，也不能进行加工。必须经过烘干操作，将稻谷水分降到 14% 的安全水分以下，然后降低粮温，以便储存与加工，同时保障碾米时能获得最高的整米率。稻谷经干燥脱水后，粮温较高，需被送往缓苏仓中进行缓苏和冷却以将剩余的热量排出，并使稻谷水分均匀，使稻谷的内应力得以释放，为后续的加工和储存奠定基础。

稻谷在干燥和冷却/缓苏过程中水分降低，糊化淀粉由于脱水而硬结，从而改变了籽粒的结构力学特性，增加了籽粒的强度，有利于提高整米率。

稻谷的降水过程虽然是逐步进行的，但仍会出现内部应力分布不均匀从而产生内应力。并且稻谷的表面温度要高于室温 $30\sim50℃$，特别是在南方的夏季，空气湿度比较大，干燥后的稻谷容易吸湿，产生裂纹，碾米过程容易产生碎米。因此，需将其放置在装有通风系统的筒仓内静置一段时间，逐步缓和稻谷的内应力，使其应力均匀，并逐步降低干燥后稻谷的温度。

在干燥和冷却/缓苏过程中由于淀粉发生老化，蒸谷米黏性较差，稻谷在蒸煮时，由于籽粒糊化将裂缝弥补起来。但在干燥过程中，因淀粉硬结会引起籽粒爆腰，为了减少爆腰，应选择适宜的干燥温度。冷却对爆腰的影响也很大，若冷却速度过快，容易增加爆腰。

此外，稻谷在干燥过程中会造成米色的变化，特别是采用高温干燥，会使米色加深。若淀粉局部焦化，还会产生黄米粒，影响蒸谷米的食用品质和商品价值。

第四节　大米食用品质

大米主要是煮熟成饭，故其食用品质通常又称为蒸煮品质。蒸煮食味品质是指稻谷在蒸煮食用过程中所表现的各种理化特性。大米在规定条件下蒸煮成米饭后，品评人员通过眼观、鼻闻、口尝等方法对所测米饭的色泽、气味、滋味、米饭黏性及软硬适口程度进行综合品尝评价的过程，称为大米食用品质感官评价。

一、化学组分对米饭食用品质的影响

淀粉作为大米的主成分，其含量占大米的 90% 左右，是决定大米食用品质的主要因素。淀粉又分为支链淀粉和直链淀粉。直链淀粉易溶于水，但黏性小，其含量的高低与大米的蒸煮品质及食用品质呈负相关关系，与米饭的硬度呈正相关关系，与大米浸泡吸水率呈负相关关系。当大米中直链淀粉含量高时，大米吸水率高，膨胀率较大，米饭相对较硬，饭粒间较松散。

蛋白质是糖类与脂质都不能替代的人体唯一氮源，蛋白质在米粒的细胞壁中有较多的存在，淀粉细胞中淀粉粒之间也存在有填充蛋白质。蛋白质含量的多少将直接影响到做饭时米粒的吸水性。蛋白质含量高，米粒结构紧密，淀粉粒间的空隙小，吸水速度慢，吸水量少，因此米饭蒸煮时间长，淀粉不能充分糊化，米饭黏度低，较松散。大米的含水量对米饭的黏度、硬度、食味有很大的影响。大米吸水主要是通过淀粉细胞间隙而进入米粒内部，而米粒的腹部和背部的细胞间隙不同，腹部细胞间隙较大，是米粒吸水时水的主要渗透路线。当本身含水量低（<14%）的米粒被浸渍时，腹部与背部产生水分差，两部分体积产生偏差的瞬间引起龟裂，即开花现象，米粒淀粉粒从龟裂处涌出，使米饭失去弹性，成为发黏的低质米饭。

二、物理特性对米饭食用品质的影响

1. 含碎率　　碎米由于水渗透的路线增多，渗透路线缩短，因此其吸水速度比整米粒快。做饭过程中，其断面裸露的淀粉使米粒表面呈浆糊状。因此，碎米含量高的大米做成的米饭呈现出饭粒过烂，米饭咀嚼感差；碎米少的大米做成的饭，米粒吸水均匀，米饭的黏度、硬度相对较好，且外观质量好。

2. 新陈度　　大米的新陈度对大米的食用品质影响很大。第一，大米经过一定时间的陈化后，淀粉微晶束结构加强，水分子拆散淀粉分子间的缔结状态就不容易，因此不易糊化；第二，在陈化过程中，蛋白质肽链的交联度增加，结合体增大，胶体体系由溶胶变成了凝胶，形成了坚固的网状结构，阻碍了水分的渗透，抑制了淀粉的膨胀，因此做成的米饭变硬，黏性下降；第三，大米在贮藏过程中，其所含的脂质在水、气、热、光等作用下引起氧化和水解，脂质水解产生游离脂肪酸，脂肪酸氧化后主要产生油酸和亚油酸，进一步分解为过氧化氢、醛、酮等，这些物质有刺鼻的陈腐气味，因此做成的米饭气味差，失去应有的稻米香味；第四，在陈化过程中，细胞内各组分吸水能力增强，含有蛋白质、果胶、纤维素等的细胞壁失水，再加上蛋白质本身结构缔结更为坚固，致使细胞壁硬化，水分难以渗透至细胞内部，淀粉难以糊化，即使糊化了，由于细胞壁的溶解性下降，胞壁不易破裂，抑制了淀粉的自由膨胀和可溶出物的溶出。

3. 爆腰率　　爆腰率高的大米在做饭过程中，吸水速度快，细胞内部淀粉易溶出，并暴露在米粒表面，使饭粒呈浆糊状，食用品质较差。

4. 其他物理特性　　对大米食用品质有影响的还有粒度、整齐度、精度、纯度和色泽等。粒度大、整齐度好的大米，在做饭时吸水均匀稳定，做成的米饭外观质量和食用品质均较好。精度高，米粒表面含皮少，水分容易渗透，吸水均匀；而精度低，含皮多，渗水速度慢，吸水不均匀，淀粉膨胀不均匀，做成的米饭因含米皮，较粗糙且带色，食用品质差。大米的色泽和纯度也将影响米饭的食用品质。

三、蒸煮过程对米饭食用品质的影响

所谓米饭的蒸煮就是将含水分 14%～15% 的大米加水、加热成为含水 65% 左右米饭的过程。水和热是大米中淀粉糊化所必需的条件。淀粉自身的糊化并不困难，但大米中的淀粉是和米粒组织中的其他成分同时存在的，在煮饭过程中难以均匀地糊化。无论怎样优质的大米，如果淀粉没能很好地糊化，就不能获得食味良好的米饭。因此，蒸煮过程也是一个影响食味品质的重要因素。

1. 淘洗与浸米对米饭食用品质的影响　　烹调以前，大米要先用水进行淘洗。水洗的目的是除去异物，使煮出的米饭食味变好；浸米的目的是为了米粒均匀地吸水，蒸煮时易糊化。

由于吸水膨胀，胚乳细胞中的淀粉体内外会出现许多细小的裂缝（图 10-1A），这十分有利于淀粉对水分的吸收和在加热时均一地糊化。米粒如吸水不均匀，加热后会因表层淀粉糊化后妨碍米粒中心部分对水分的吸收及热的传导而把饭煮僵。然而，大米的淘洗也会使某些能溶于水的营养素，如水溶性维生素、无机质、蛋白质等，因洗米而流失（表 10-3）。在做饭淘米过程中，大米搓洗次数越多，浸泡时间越长，淘米水温越高，各种营养损失也越大。

图 10-1　米饭蒸煮前后内部超微结构的变化（扫描电镜图片）（张国良，2008）

A 为水浸 30min 后米中淀粉体内外出现许多细小的裂缝；B 为蒸煮 30min 后饭的内部结构

表 10-3　淘米过程中大米的营养素损失

	营养素					
	维生素 B_1	维生素 B_2 和烟酸	蛋白质	脂质	糖类	无机质
损失率/%	20～60	23～25	16.7（表层）	42.6（胚）	2	70（表层）

资料来源：金龙飞，1999

大米在蒸煮之前需要浸泡，在浸泡过程中，大米吸水后体积膨胀，米粒出现细小的裂缝，水分由外渗透到米粒内部，直至大米内部水分分布均匀。大米浸泡过程中吸水的程度，因米的种类和水温的不同而异，水温越低浸泡的时间应越长。夏季（30℃）浸泡时间约为 30min，而冬季（5℃）及春秋（20℃）就需 2h 左右。在水温较低的情况下，最好浸泡 2h，使米充分吸水，但如果没有条件至少应浸泡 30min。

在工业化生产中，米饭的制作通常采用蒸汽蒸煮的方式。在汽蒸之前一般会浸泡大米 1～2h进行预处理，大米在此过程中充分均匀的吸水，能够缩短蒸煮时间，提高大米的糊化速度，但也会对大米造成一定的不良影响，如营养成分的损失、米饭色泽不同程度的加深、一定程度的发酵、风味滋味的损失、米饭质构的改变、微生物的快速繁殖等，都会降低米饭的商品价值。

研究表明，不同浸泡条件如浸泡时间、浸泡温度等均对大米的吸水性以及米饭的品质存在影响。浸泡时间和浸泡温度通过影响米饭的吸水性而影响米饭糊化后的食用品质，适度浸泡后的大米制出的米饭硬度降低，黏附性增加。不同浸泡条件下大米溶出的物质不同，因此浸泡后大米的水分含量以及浸泡温度均对米饭的质构、消化性有显著影响。浸泡后水分含量高的大米以及在较高浸泡温度下制得的米饭较柔软，黏附性高且具有较好的消化性。用浸泡后的水直接蒸煮大米会使米饭变硬，不易消化。大米吸水率与温度、浸泡时间成正比，吸水率与米饭的硬度、黏附性存在一定相关性；较高温度下大米细胞壁被破坏导致溶出物增多，故较高浸泡温度下浸泡的米粒物质溶出量高，而且高温浸泡后米饭的硬度和黏附性也会发生一定程度的变化。

2. 加水量对米饭食用品质的影响　　米饭的质量一般为大米质量的2.2~2.4倍，即饭中水是米的1.2~1.4倍，若考虑加热过程中水分的蒸发，实际加水量应是大米的1.5倍左右。

在实际操作中，测定体积比质量方便。若以体积来计算加水量，一般为大米的1.2倍，新米为1.1倍，陈米稍微多一些，为1.2~1.3倍；若米饭用作炒饭，则加水量稍少些，以大米的1.0~1.1倍为宜。

3. 蒸煮过程对米饭食用品质的影响　　蒸煮的过程实质是一个水热传递的过程，其目的是让米粒在加热过程中充分快速吸水糊化。加热是米饭蒸煮过程中最重要的环节，大体可分为三个阶段，第一阶段为强火加热阶段，此时锅内温度不断上升，逐渐达到沸腾，这一阶段米粒和水是分离的，温水在米粒之间对流，大米的结构变化小，所需的时间因加水量不同而异。第二阶段为持续沸腾阶段，一般持续时间为5~7min。这阶段中米粒逐渐吸收水分，处在米外周的淀粉开始膨化、糊化，水在米粒间的对流逐渐停止。第三阶段为温度维持阶段，持续时间约为15min，这阶段中剩余的部分水分被米粒吸收，米粒从外向里进行膨化、糊化，最后当锅底水分消失时，部分米粒将出现焦黄，出现这种现象时应停止加热，这一阶段应注意加热不能过强。

米饭的食用品质与蒸煮条件存在密切关系，蒸煮时加水量、蒸煮时间、蒸煮方式等对米饭的食用品质有显著影响。由于米饭内部淀粉的溶出情况不同，蒸煮时间越长，淀粉溶出量越多。米饭内部淀粉的溶出使得米饭内部的直链淀粉和支链淀粉的精细结构发生变化，而淀粉溶出量与米饭黏聚性和黏性呈负相关，不同的蒸煮条件下得到的米饭品质也不同。不同蒸煮工艺对米饭质构特性和外观形态的影响研究表明，蒸煮条件对米饭的外观、色泽、质构以及内部结构均有影响，蒸汽蒸煮的米饭外层孔少且密集，具有更好的糊化特性。扫描电镜结果显示，不同蒸煮条件下，蒸煮米饭微观结构不同。Rewthong以茉香米为研究对象，研究不同蒸煮方式下米饭的微观结构、复水后的质构特性和消化特性，发现采用蒸汽加热法制得的米饭比采用电热煲加热得到的米饭疏松多孔，而且采用蒸汽加热法制得的米饭黏性较大。

蒸煮模式对米饭的消化率有较大影响，加热方式的不同和加热时间的长短也会影响米饭中蛋白质的消化特性。在采用不同的蒸煮条件制作米饭后，采用胃蛋白酶-胰蛋白酶法模拟人体消化进程，研究4种蒸煮模式对米饭蛋白质消化特性的影响。研究结果表明，具有较高的压力和较长焖饭时间的蒸煮模式会降低米饭消化液中的蛋白质消化率和游离氨基酸含量，同时会降低赖氨酸等必需氨基酸的含量，导致米饭中蛋白质的营养价值降低。

研究表明，蒸煮工艺对米饭酶解后还原糖和葡萄糖的含量也有较大影响，采用具有较高的压力和较长焖饭时间的高压锅制作的米饭的淀粉消化速度较快，酶解生成的还原糖和葡萄糖最高，且消化中前期的快消化淀粉（RDS）和慢消化淀粉（SDS）含量较高。此外，不同种类米饭的消化特性也有差异，粳稻谷制作的米饭较籼稻谷易于消化。

大米蛋白质中氨基酸组成较为合理并且具有较高的生物效价，但其营养品质受到大米品种和加工工艺等因素的影响。天然大米中的蛋白质通过分子间相互作用，形成聚集体填充于淀粉凝胶网络结构中。蛋白质的含量越高，蛋白质和淀粉间的相互作用及蛋白质分子内的二硫键作用越强，凝胶网络越密实。米饭经过蒸煮，使得淀粉在热和水的作用下晶体熔融，淀粉颗粒吸水膨胀、破裂，直链淀粉从破裂的淀粉颗粒中溶出，导致水溶性淀粉和蛋白的含量增大，同时大分子链的柔性增大、天然结构解体，分子链伸展。

四、储藏条件对米饭食用品质的影响

米饭煮好之后都有一个保存阶段，在这一阶段也会发生许多变化。煮饭是一个加热处理过程，所以也具有灭菌的效果，但少数好气性细菌的芽孢仍然存在。

检验结果表明，在 1g 米饭中残存约 100 个芽孢，当温度下降后，芽孢会萌发和繁殖，引起米饭的腐败和变质。通常残存在米饭中的细菌在米饭温度下降至 30~37℃时会快速增殖，约经 3 天达到初期腐败（初期腐败指细菌数达到 10^8 个/g）。而在揭盖保存时，空中飘落的细菌会引起米饭的二次感染，细菌增殖更快，20~30h 就达到初期腐败的细菌数。

米饭的腐败和细菌的增殖与保存的温度密切相关。温度 10℃以下及 65℃以上为米饭保存的安全温度。但在 65℃以上保存米饭，时间过长会使糊化的淀粉老化（糊化后的淀粉粒再次聚合的现象），米饭中有机酸和糖发生氧化反应，产生褐变物质，使米饭的色泽、香味和硬度发生变化，随着时间的延长，米饭的食味就变差。

在储藏过程中，存在多种因素都会影响到米饭的理化食味品质。由于淀粉占米饭含量的 70%以上，因此淀粉的老化是影响米饭储藏期间食用品质的最重要因素。淀粉老化是指糊化后的淀粉分子重新趋于有序化，有序化的淀粉分子通过氢键堆积形成晶体的过程。老化后的淀粉在口感上给人以干硬、粗糙的感觉，并使得食品的消化程度变低，极大地影响了食品的食用品质。

淀粉的老化对米饭的食用品质存在着重要的影响。储藏期间米饭质构、口感等食味品质的变差主要是由淀粉老化引起的，淀粉老化后会使米饭口感干硬，难以被人体消化吸收。淀粉的老化包括两个不同的过程，一是糊化过程中直链淀粉的凝胶化，二是在后续冷却及储藏过程中支链淀粉与糊化颗粒之间的重结晶。在大米淀粉凝胶的长期老化过程中，支链淀粉的重结晶是其主要原因。另外，从老化所经历的时间来说，大米淀粉的老化包括短期和长期两个过程，短期老化时间较短，主要受直链淀粉结晶的影响，老化在 24h 内即可完成，老化后的直链淀粉参与支链淀粉晶核的形成，直链淀粉的含量与支链淀粉重结晶成核速率以及重结晶程度均呈显著正相关。米饭在储藏期间的质构变化和老化情况研究结果表明，淀粉的老化与米饭的质构特性显著相关，淀粉的老化焓值越高，米饭质构参数中的硬度越高，黏附性越小。这主要是由于淀粉老化后，淀粉颗粒的水合作用降低，不溶性直链淀粉增加，使淀粉晶体更加紧密，米饭硬度提高；同时支链淀粉长链部分的增加降低了固体内容物的外渗，米饭内部结合力逐渐减小，米饭的黏附性下降，导致米饭质构变差。

五、蒸煮食味品质评价

蒸煮食味品质最直接的鉴定方法是通过蒸煮后食用（口感品尝）来评定其优劣，即借助人们的感觉器官，对米饭直接进行品尝试验，判断其食用品质的优劣。因为品尝试验是以人们的感官为基础，通过视觉、嗅觉、味觉和触觉等感官来判断大米的食用品质，特别是触觉，即咀嚼米饭时的感觉与食用品质关系最密切，最易为人们所接受，能够直接反映出大米的香气、滋味、硬度等。由于蒸煮和品尝过程复杂，且受品尝者的饮食习惯、味觉（灵敏性）、精神状态等人为因素的影响较大，使品质鉴定中蒸煮食味品质鉴定中呈现局限性，造成米饭品尝评定的困难和复杂化。因此，在评定大米食用品质时还需辅以与米饭食味关系密切的理化性状、流变学特性的测定，从而得出较客观的评价，使评定更加科学、合理。大米的食用品质与大米本身的某些理化指标，如直链淀粉含量、糊化温度、胶稠度、米饭黏性、硬度、气味、色泽以及冷饭质地等密切相关，通过检测这些理化指标，可以间接了解各种大米的食用品质。由于稻谷的理化特性主要是由稻谷的淀粉粒的理化特性所决定，所以，在蒸煮食用品质鉴定中，大米的直链淀粉含量、胶稠度、糊化温度三项指标的测定尤为重要。

1. 直链淀粉含量　　淀粉是稻谷的主要组成成分。糙米的淀粉含量约为72%，精米的淀粉含量约为77%。淀粉可分为直链淀粉和支链淀粉两种，两种淀粉的特性有所不同。

稻谷胚乳中直链淀粉含量的高低，与米饭的黏性、柔软性、透明度、光泽等食味特性及淀粉糊化特性等关系密切，并影响米饭的质地和适口性，从而影响稻谷的蒸煮特性及食用品质。大米中直链淀粉和支链淀粉的比例不同直接影响大米的食用品质，直链淀粉黏性小，支链淀粉黏性大。高直链淀粉含量的稻谷米粒吸水性强，米饭胀性大，饭粒干燥，膨松，光泽差，冷却后变硬，结团，食味较差；中、低直链淀粉含量的稻谷米粒吸水性弱，低直链淀粉大米胀性小，其米饭很黏，含水多而软，较易消化；中直链淀粉大米，其米饭有一定黏性，较蓬松而软，适口性较好。但有时直链淀粉并不完全决定米饭的质地，直链淀粉含量相近的米饭质地也有明显的差异，如直链淀粉含量相近的早籼米和晚籼米的食味相差就较远。

2. 糊化温度　　糊化温度是指稻谷淀粉在加热的水中，开始发生不可逆的膨胀（糊化），丧失其双折性和结晶性的临界温度。糊化温度是淀粉粒的物理属性表现，它既反映了米粒的胀性和吸水性，又反映了胚乳的硬度。糊化温度直接影响煮饭时米的吸水率、膨胀容积和伸长程度。高糊化温度的大米比低糊化温度的大米蒸煮时间要长。

稻谷的糊化温度变化范围在55～79℃，据此可将稻谷划分为三个等级：低糊化温度类型品种（糊化温度<70℃）、中糊化温度类型品种（糊化温度在70～74℃）和高糊化温度类型品种（糊化温度>74℃）。据分析发现，糯稻品种的糊化温度为55～59℃，粳稻品种的糊化温度为60～69℃，两者都属于低糊化温度品种类型。籼稻品种的糊化温度变幅较大，可分为三类品种，即低糊化温度籼稻品种、中糊化温度籼稻品种和高糊化温度籼稻品种。

不同糊化温度的稻谷，其蒸煮的物理特性也有所差异。一般来说，高糊化温度的稻谷，煮饭时需要较高的温度，蒸煮时间较长，蒸煮时吸水量比较多，米饭较硬，米饭不易煮透，米饭的延长性较差，米粒基本保持原型。低糊化温度的稻谷煮饭时需用较低的温度，蒸煮时间较短，蒸煮时吸水量比较少，米饭柔软，米饭延长性好，此类稻谷加工的大米若蒸煮时间过长，加水过多，米饭易解体"开花"，米饭易糊化。

在NY/T 593—2013《食用稻品种品质》标准中，糊化温度采用碱消值表示。碱消度是指米粒在一定碱溶液中膨胀或崩解的程度，即碱液对整精米粒的侵蚀程度。它是一种简单、快速而准确地间接测定稻谷糊化温度的方法。测定时，通过目测判断在30℃恒温条件下整精米在1.7% KOH溶液中的消解离散程度来间接测定。碱消值大小可间接地表示稻谷糊化温度的高低，碱消值越大，糊化温度越低。

3. 胶稠度　　胶稠度（胶凝度）是指稻谷淀粉经糊化、冷却后，用形成的米胶的长度表示淀粉糊化和冷却的回生趋势；它是一种简单、快速而准确地测定米淀粉胶凝值的方法。

胶稠度的测定，是在规定的条件下，定量大米糊化、回生后的胶体在水平状态流动的长度，以毫米为单位。一般用米胶延展法，即测定4.4%的米胶在冷却后的水平延长性（延展性）。

胶稠度是稻谷淀粉的一种物理特性，是评价米饭的柔软性和膨松性（影响米饭的食用性）的标准之一。

胶稠度可分为三个等级：硬胶稠度（米胶水平延长性≤40mm）、中胶稠度（米胶水平延长性在41～60mm）和软胶稠度（米胶水平延长性≥61mm）（表10-4）。含有高直链淀粉大米的胶体展流强度较低（25～40mm），属于硬胶体性质。低直链淀粉含量的大米，其胶体展流长度较长（>60mm），属于软胶体性质。至于糯米则呈现更软化的胶体，其胶体展流长度大于90mm。通常硬胶体性质的米粒不受消费者欢迎。

表10-4　大米胶凝度类型

类型	胶体展流长度/mm
硬胶体	25～40
中胶体	41～60
软胶体	61～100

资料来源：傅晓如，2008

胶稠度与稻谷直链淀粉含量有关，直链淀粉低于24%的稻谷属于较胶稠度类型品种。直链淀粉含量在25%及以上的稻谷，胶稠度差异明显。一般糯稻、粳稻属软胶稠度类型品种，籼稻则可以分为三种类型：硬胶稠度类型籼稻品种、中胶稠度类型籼稻品种和软胶稠度类型籼稻品种。一般来讲，胶稠度值较大，米胶水平延长性大，米饭较软且偏黏；胶稠度值较小，米胶水平延长性较小，米饭偏硬而不黏。具有软胶稠度的品种，食味评分较高，而硬胶稠度的品种，食味评分较低。多数地区以胶稠度偏软作为食味较好的标志之一。

4. 米饭蒸煮延长性和香味　　米饭蒸煮延长性是指稻谷蒸煮后，米饭的纵向延长性，即米饭长度与精米长度的比值。

香味是稻谷品质中一个比较次要的性状，但随着人民生活水平的提高，香味也渐渐为人们所重视。稻谷的香味有多种类型，不同的人群中对香味的要求也有所差异。一些国家和地区对稻谷的香味很重视，如泰国的香味米售价较高。

5. 大米的食用品质试验　　稻谷的蒸煮和食用品质主要取决于米饭的外观、食味及营养价值三个主要因素。对其评定的主要指标有：糊化温度、直链淀粉含量等。

如前所述，大米的食味品质指大米在蒸煮和食用过程中所表现的各种理化及感官特性，如吸水性、溶解性、延伸性、糊化性、膨胀性，以及热饭及冷饭的柔软性、弹性、色、香、味等。蒸煮品质主要包括：米饭的分散性、完整性、干湿、香味、颜色和光泽等，对其评定的指标主要有淀粉的组成及直链淀粉含量、直链淀粉的溶解性、支链淀粉的链长、凝胶特性、糊化温度等。影响大米食用品质的化学成分主要有淀粉、蛋白、水分、各种微量元素等，其中直链淀粉最为重要。

大米的蒸煮品质试验是指大米蒸煮后，利用人的感官对其色、香、味进行评定，以判断其食用品质的好坏。大米的食用品质试验评定方法主要包括大米蒸煮的方法、品质品尝评定内容、评定顺序、要求及评分结果表示等内容（表10-5）。另外，还可借助于质构仪测定米饭的硬度与黏性，然后使用其比值表示米饭的食味品质，一般情况下，其比值越大，食味越好。

表 10-5 米饭感官评价内容与描述

评价内容		描述
气味	特有香气	香气浓郁；香气清淡；无香气
	有异味	陈米味和不愉快味
外观结构	颜色	颜色正常、米饭洁白；颜色不正常、发黄、发灰
	光泽	表面对光反射的程度；有光泽、无光泽
	完整性	保持整体的程度；结构紧密；部分结构紧密；部分饭粒爆花
适口性	黏性	黏附牙齿的程度、滑爽、黏性，有无粘牙
	软硬度	白齿对米饭的压力，软硬适中、偏硬或偏软
	弹性	有嚼劲；无嚼劲；疏松；干燥、有渣
滋味	纯正性	咀嚼时的滋味、甜味、香味，以及味道的纯正性、浓淡和持久性
	持久性	
冷饭质地	成团性	
	黏弹性	冷却后米饭的口感、黏弹性和回生性（成团性、硬度等）
	硬度	

资料来源：于徊萍，2010

食味评定时，先用统一标准将稻谷煮成米饭，以有代表性的同类优质品种为对照，然后按下列顺序评鉴，先鉴定米饭的气味（占20%），再观察米饭的颜色、光泽和饭粒的完整性等外观结构（占20%），并口感品尝鉴定米饭的黏性、弹性、软硬度等适口性（占30%）和滋味（占25%），1h后观察米饭的冷饭质地（占10%，即成团性、黏弹性和硬度），评鉴过程中逐一打分。

第五节　稻谷储藏品质

储藏品质是指在稻谷储藏过程中，稻谷所发生的各种生理生化现象对稻谷品质所产生的各种影响。稻谷在储藏一段时间以后，果皮、种皮发生吸湿或散湿现象，发芽率降低，游离脂肪酸增加，淀粉组织的细胞膜变厚、硬化，酶活性改变，这些现象的发生使稻谷的理化特性发生改变，引起稻谷品质的变化，降低稻谷的品质，称为品质劣变作用。品质劣变稻谷的变化表现为气味劣变、米色发暗、白度下降、加工时整精米率下降、直链淀粉含量下降、蛋白质含量下降、脂肪酸值显著增加、糊化温度上升、黏度下降、米饭变硬等，最终使食味变劣，品质下降（表10-6）。

表 10-6 稻谷储藏品质

项目	籼稻谷			粳稻谷		
	宜存	不宜存	陈化	宜存	不宜存	陈化
色泽	正常	正常	明显黄色	正常	正常	明显黄色
气味	正常	正常	明显酸味、哈味	正常	正常	明显酸味、哈味
脂肪酸值/（mg KOH/100g）	≤30	≤37	>37	≤25	≤35	>35
品尝评分值/分	≥70	≥60	<60	≥70	≥60	<60

资料来源：张建奎，2012

注：1.宜存：色泽、气味、脂肪酸值、品尝评分值均符合"宜存"要求的，判定为宜存；2.不宜存：色泽、气味、脂肪酸值、品尝评分值均符合"不宜存"要求的，判定为不宜存；3.陈化：在色泽、气味评定中，色泽、气味符合"陈化"要求的，即可判定为陈化，若有争议，应以脂肪酸值或品尝评分值判定为准，脂肪酸值、品尝评分值二项指标中，有一项符合"陈化"规定的，即判定为陈化

　　品质劣变是粮食自身的生化过程，可以采取一定的措施，使品质劣变的速度变慢，减少品质劣变作用对稻谷品质的影响。影响粮食储藏的因素很多，粮食本身的品质、水分含量的高低、储藏环境的温度和湿度、保管粮食的仓房条件等，特别是储藏环境的温度，对稻谷的品质会产生明显的影响。

　　稻谷中各种生理生化反应都必须有水的参与。含水量高的稻谷呼吸旺盛，生理生化反应迅速。同时附着稻谷的微生物也迅速繁殖促进稻谷品质劣变加速。稻谷在高温、高水分的储藏条件下，其品质劣变的速度更快。因为水分和温度促进脂质酸败、蛋白质和淀粉变性。杂质也是影响稻谷的储藏稳定性的重要因素之一，稻谷若杂质清除不彻底，常会使稻谷粒中夹带一些杂草、叶片、虫尸等。这些杂质中大部分物质生理活性较强，带细菌多、易吸湿、易发热、易腐烂，是稻谷发热、增水、生霉、赤变的诱因。同时湿度的高低直接影响着稻谷的水分含量。

　　粮食中游离脂肪酸含量对粮食种用品质、食用品质都有影响。Povarova（1975）指出：稻谷和大米在品质劣变过程中游离脂肪酸逐渐增多，同时伴随着米饭变硬，甚至产生异味，米饭的流变学特性受到影响。鉴于粮食脂肪酸值与粮食储藏品质有着很好的相关性，各国谷物化学研究者提出将游离脂肪酸值作为储粮劣变指标。

　　稻谷脂肪酸值是以中和100g干物质中游离脂肪酸所需氢氧化钾毫克数来表示的。稻谷中含有一定的脂质，而这些脂质中的脂肪酸，特别是不饱和脂肪酸，很容易在外界因素的影响下发生氧化及水解反应，从而引起酸败，氧化可能产生低碳链的酸，一般来说，只要有水解产物便有游离脂肪酸产生。因此，通过脂肪酸值的测定，可以判断粮食品质的变化情况。

一、稻谷储藏过程中物理化学变化

　　稻谷在储藏过程中，籽粒的形态、气味等都会发生变化，储藏条件不同，所发生的变化也不同，而且这种变化十分复杂。了解这些变化及其发生的成因，对于调节储藏条件，延长稻谷储藏时间，延缓稻谷品质劣变的速度具有十分重要的意义。

　　稻谷的品质变化从在田间干燥期间就已经开始发生，并在收获以后继续变化，这种变化在很大程度上是由于稻谷中的蛋白酶、淀粉酶和脂肪酶的作用造成的。在储藏过程中，蛋白质含量基本不变，然而，其化学特性却发生了根本的改变，大米中90%的贮藏蛋白是米谷蛋白，中粒和长粒稻谷在40℃储藏1年后，其中米谷蛋白的分子质量增加了1倍，米谷蛋白和其他蛋白之比也发生一定变化，特别是游离氨基酸含量明显下降。游离氨基酸与储藏大米的非酶促褐变有关。

　　储藏的稻谷以粮堆的形式置于粮仓内，粮堆形成一个生态系统，包括谷粒、微生物、仓虫等生物因素和温度、湿度、水分、空气、杂质等环境因素。生物因素和环境因素相互作用的结果使稻谷在储藏过程中品质下降，随着时间的延长，稻谷品质下降速度加快，导致储藏稻谷的食用价值严重下降，使稻谷淀粉老化，不易糊化，米饭黏度、弹性降低，硬度增加，口感变差，米香味消失而产生酸味、哈味等异味，稻谷的蒸煮特性和食用品质发生不可逆转的变化。同时稻谷的胶体组织较为疏松，对高温的抵抗力很弱，经过夏季高温后往往脂肪酸值增加，品质劣变加快。

　　随着储藏时间的延长，稻谷加热后吸水率增大，在吸水量相同的情况下，膨胀率也有所增加；随着稻谷储藏时间延长，黏度也不断下降，而且黏度与米饭品尝评分相关十分密切，相关系数也达到0.01的显著水平。稻谷的水分越高，储藏温度越高，黏度的变化越显著，因此，黏度是衡量稻谷储藏品质的一个较好指标。

用陈米沥出的米汤比较稀，米汤中固形物含量降低，而用新米沥出的米汤比较稠，固形物的含量也比陈米米汤高。

（一）稻谷种用品质的变化

稻谷是有生命的有机体，新收获的稻谷，一般籽粒新鲜饱满，已生理成熟，具有较高的活性，发芽率一般都在95%以上。但在储存期间由于受不良环境条件的影响而发生结露、发热霉变，极易丧失其活力，特别是籽粒胚部容易受到损伤而发霉变质，降低发芽率。

（二）稻谷食用品质的变化

1. 直链淀粉含量　　不溶性直链淀粉含量是反映稻谷品质劣变程度的一个重要指标。在储藏期间稻谷的总直链淀粉含量没有显著变化，但所有稻谷品种的可溶性直链淀粉含量均随着储藏时间延长而降低，而不溶性直链淀粉含量则逐渐增高。国内外研究表明，直链淀粉含量与蒸煮时大米黏性呈明显的负相关，稻谷中不溶性直链淀粉增多，使米饭黏性下降。

2. 大米的吸水率与膨胀率　　研究表明，在储藏最初几个月内，大米的吸水率有所增加，但继续储藏一段时间会逐步下降。蒸煮时，大米的吸水率会随着储藏时间的延长而增加。同样，大米的膨胀率也随着储藏时间的延长而增高。

3. 米汤固形物　　在储藏过程中，随着大米陈化，蒸煮时米汤中可溶性固形物逐渐减少。如中、长粒稻谷在4℃条件下储藏1年，米汤固形物含量分别降低21%和18.7%。

4. 碘蓝色反应　　一般品质优良的大米，米汤中淀粉与碘生成物的蓝色较深，透光率较低。蒸煮时，米汤黏稠、米饭黏性好，从而表现出良好的适口性和黏弹性。稻谷品质劣变后，则米汤变稀，淀粉与碘生成物的蓝色较浅，透光率高，米粒之间疏松，适口性和黏弹性变差。

5. 糊化特性　　稻谷糊化温度受储藏温度和储藏时间的影响，在正常储藏条件下，稻谷的糊化温度随储藏时间的延长而逐渐上升。米粉的糊化特性试验表明，常规储藏的大米，7个月后的最终黏度值和回生后黏度增加值显著增大，其他特性值也略有增加。储藏1年后除糊化温度和黏度最高时的温度外，其余均显著增大。因此，一般认为大米淀粉最终黏度值和回生后黏度增加值的增大，意味着大米有陈化的倾向。

（三）稻谷主要营养成分的变化

1. 淀粉的变化　　在正常储藏过程中，淀粉在数量方面变化不大，但质量方面则变化较大，对大米的加工品质与食用品质影响显著。随着储藏时间延长，大米中不溶性淀粉含量增加，导致蒸煮时间延长。具体表现在大米的不溶性直链淀粉含量增加，黏性随储藏时间延长而下降，胀性增加，米汤或淀粉糊的固形物减少，碘蓝值明显下降，而糊化温度增高，煮饭时间延长，这些都是品质劣变的结果。

此外，尽管储藏过程中总体化学成分含量变化不大，但淀粉可能发生水解或降解，导致大米中还原性糖类含量增加，而非还原性糖类和淀粉含量下降。

2. 蛋白质及氨基酸的变化　　在储藏期间，稻谷的粗蛋白总含量变化不大，但其溶解性呈下降趋势，其中清蛋白溶解性下降更明显。研究表明，储藏过程中，中粒米和长粒米中的二硫键含量增加。稻谷盐溶性蛋白质占14.7%，其含量高低不仅影响稻谷的营养价值，而且对米饭食味有很大影响，但盐溶性蛋白质含量随着稻谷储藏期延长而缓慢下降。据报道，正常储藏一年的稻谷其盐溶性蛋白质下降率达 28%，密闭储藏稻谷经过 3 年后，盐溶性蛋白质普遍下降，在储藏期间，脱脂精米盐溶性蛋白质减少，正规储藏 3 年的大米酸溶性蛋白质也明显降低。在常规储藏条件下稻谷保存 3 年，游离氨基酸有所下降，其中赖氨酸含量下降 14%～46%。

3. 脂质的变化 　　由于稻谷中含有天然抗氧化剂，通常情况下稻谷中的完好胞质中的脂质比较稳定，然而当质膜一旦由于磷脂酶、物理伤害或高温受到损伤后，脂质的水解就会在脂肪酶的作用下开始。在高水分、高温条件下储藏的稻谷，脂质降解很快。如糙米中的脂质含量在5℃下12个月都保持稳定，但在35℃储藏条件下则明显下降，其中变化最大的是游离脂肪酸含量的增加（表10-7）。据报道，脂质降解与稻谷水分增高、霉菌产生脂解酶有关。其中脂质变化主要有两方面：一是被氧化产生过氧化物和不饱和脂肪酸被氧化后产生的羰基化合物，主要为醛、酮类物质，使大米产生难闻的气味；二是受脂肪酶水解产生甘油和脂肪酸。储藏期间发生水解和氧化反应的主要是非淀粉脂即游离脂，而淀粉脂不发生不饱和脂肪酸的氧化反应，因而其脂肪酸组成和含量基本稳定。

表 10-7　稻谷储藏期间脂质含量变化

储藏温度/℃	储藏时间/月	脂质含量/%	脂质种类/%			
			中性脂	糖脂	磷脂	游离脂肪酸
5	0	1：75	89.2	6.3	3.2	1.3
	4	1：74	88.4	6.3	3.2	2.1
	8	1：73	87.5	6.2	3.2	3.1
	12	1：73	86.7	6.1	3.2	4.1
35	0	1：75	89.2	6.3	3.2	1.3
	4	1：70	84.5	6.1	3.2	6.3
	8	1：68	82.5	6.1	3.1	8.4
	12	1：65	81.7	5.9	3.0	9.4

资料来源：Zhou，2002

4. 维生素的变化 　　稻谷的储藏条件及含水量不同，各种维生素的变化不尽相同。正常储藏条件下，安全水分以内的稻谷维生素 B 的降低比高水分稻谷要小得多。在正常情况下，稻谷中的维生素 B_1、维生素 B_2、维生素 B_6 和维生素 E 都比较稳定，但在大米中则容易分解。

（四）稻谷酶活性变化

降落数值主要是用于对谷物中 α-淀粉酶活性的测定，特别是对于小麦、黑麦及其面粉、杜伦麦及其粗粒粉中 α-淀粉酶活性的测定。近年来，也有部分学者采用降落数值法测定稻谷等其他谷物中 α-淀粉酶活性的变化情况。碘比色法和降落数值法对稻谷中 α-淀粉酶活性的测定结果表明，两种方法都可以测定 α-淀粉酶活性，两者的测定结果差异显著，但两者测定结果呈显著直线相关性，说明降落数值的高低能间接的反映 α-淀粉酶活性的大小；从变异系数来看，后者的变异程度较低，其精密度较高，前者引起的误差因素较后者多；后者较前者简便快速，重复性好等优点。通过分析研究比较，降落数值法是分析测定大量样品 α-淀粉酶活性的最佳方法。因此，降落数值可以作为衡量稻谷储藏品质劣变的一项指标，用于测定 α-淀粉酶活性。实验结果表明：稻谷的降落数值随着储藏时间的延长而增加。储藏时间越长，降落值越高，也就是储藏过程中稻谷 α-淀粉酶活性不断降低的缘故，这也反映了稻谷储藏的品质劣变情况。

储藏期间稻谷中 α-淀粉酶和 β-淀粉酶活性显著下降。α-淀粉酶主要存在于米糠中，因此，大米中 α-淀粉酶活性较低，除了糯米外，大米的淀粉黏焙力曲线图与其活性呈负相关。储藏过程中稻谷中过氧化物酶和过氧化氢酶活性下降很快。

二、糙米的储藏保鲜

（一）糙米储藏保鲜的意义

粮食在储藏期间，不仅要防止害虫、霉菌、老鼠的危害，而且要尽可能延缓营养成分劣变的速度，保持粮食的品质，达到保鲜的目的，使之在较长的时间内具有良好的色、香、味，即尽可能保持储粮的生命力和良好的食用品质。在相同的储藏条件下，在稻谷、糙米、精米三种形态中，稻谷有外壳保护，害虫、霉菌不易侵蚀，有利于保鲜。但从粮食流通、经营管理的角度考虑，储存稻谷是不经济的，因为稻谷比糙米和精米多占 30%～40% 的仓容，相应的运输装卸量及其经营管理费用也会增加；同时在城市加工稻谷，灰尘大、稻壳多，严重污染周围环境。但是精米虽然少占仓容，但失去了皮层的保护，碎米及残存的粉尘易于招致虫、螨、霉的危害，难以保鲜。更重要的是，精米失去了胚，完全丧失了发芽能力，被称为"死米"。相比较而言，糙米不仅少占仓容，减少工作量，同时仍保存着果皮、胚芽，具有发芽能力。由此可见，以糙米为主要流通方式值得在我国推广，并且具有巨大的经济效益、社会效益和良好的生态效益。然而，要实现这一目标，除了会影响到粮食流通各环节的经济利益分配问题，还需要解决各项技术，特别是糙米储藏保鲜有关技术问题。

（二）糙米的储藏

1. 糙米储藏的一般特点　　在稻谷、糙米和大米中，糙米是最难储藏的类型。这是因为在糙米加工过程中，除去了具有保护作用的稻壳；同时使脂质含量高的胚和糠层暴露在外面；另外，糙米加工过程使得脂肪酶、脂肪氧化酶与底物接触的机会增加。因而，与稻谷和大米相比较，糙米的储藏稳定性更差一些。

糙米在储藏期间品质易变化，但在低温下储藏变化比较小。糙米中脂质含量较大米高是因为糙米中保留了胚和糊粉层，糙米的脂质中非极性脂含量高于极性脂，其非极性脂含量比大麦、小麦、黑麦都高得多。由于其脂类物质含量高，在储藏过程中脂质发生水解，以及在有氧的条件下脂类物质会相互作用，引起水解酸败和氧化酸败，导致糙米品质下降，进而酸度增高，糊化特性发生变化，糙米黏度下降，并产生难闻的气味。研究表明，脂质对稻谷的糊化特性有一定的影响，如脱去糙米中的非淀粉脂就能改善糙米储藏稳定性。研究人员曾对储藏在 10℃, 75% 的相对湿度条件下达 13 年的糙米作脂类物质含量分析得出：新鲜稻谷加工出的糙米总脂质含量为 2.90%～3.44%，储藏 13 年后，总脂质含量为 2.93%～3.19%，可见低温低湿环境下储藏的糙米，脂类物质含量变化较小。研究人员发现，当中和 100g 糙米的游离脂肪酸需 20mg KOH 时，就是糙米品质的劣变信号，如在 25mg KOH 以上，就显示出变质的现象。20世纪70年代，国外研究者认为，把游离脂肪酸增长速率作为糙米变质指标更为可靠。

2. 糙米低温储存保鲜　　低温储粮是糙米保鲜的有效方法，它有如下特点。

1）能有效地保持糙米的发芽能力　　发芽率是鉴定种子生命力和新鲜度的重要指标。发芽率下降缓慢，说明品质劣变也缓慢。糙米在常温和低温条件下，发芽率变化差异很大。试验表明，糙米储藏10个月的发芽率，低温储藏（15℃）在85%以上；准低温储藏（20℃）在50%；常温下只有16%，具体见表10-8。

表10-8　糙米储藏3年发芽率实验

仓型	品种		
	粳糙米/%	糯糙米/%	茨城县粳糙米/%
常温仓	3	1	0
低温仓（15℃）	100	73	69

资料来源：刘永乐，2010

2）抑制害虫的生长繁殖　　稻谷中害虫生长繁殖时，必须有一定的有效积温才能得以顺利进行。积温是指某时段内逐日平均气温累积之和，单位为摄氏度，它是衡量生物生长发育对热量条件要求和评价热量资源的重要指标。一般认为，生物发育速度主要受温度的影响。每种生物都有其生长、繁殖的下限温度。当温度高于下限温度时，它才能生长、发育和繁殖。这个对生物生长发育起有效作用的高出的温度值，称作有效积温。如在低温储粮的情况下，就会大大推迟有效积温的时间，害虫的繁殖因无法获得繁殖所需要的有效积温而被抑制。

3）抑制微生物的发育繁殖　　储粮中的微生物主要是好温性微生物，其发育的最适温度为20~40℃，即使准低温仓储粮，也能抑制它的发育繁殖，因此能保持稻谷的新鲜。

4）粮食品质下降慢　　脂肪酸和黏度是鉴定粮食新陈度的重要指标。脂肪酸值升高，表示粮食品质下降。试验证明，低温储藏比常温储藏脂肪酸增加慢。在同一温度条件下，精米比糙米脂肪酸增加快。黏度随着时间延长而下降，且下降的速度与温度有关，低温保持黏度的效果良好。

三、大米的储藏

（一）大米储藏过程中物理化学变化

稻谷作为食品无论是粒食（米饭）或是粉食（米粉、米糕），都首先要经过砻谷（脱壳）、碾米这一初加工过程，使稻谷除去外壳并碾成白米。

大米的储藏品质是指大米在储藏过程中所表现出来的品质。稻谷脱壳去皮后就成了大米，这时大米失去了稻壳的保护，胚乳直接暴露在外，加之营养丰富，容易发霉变质，会严重影响大米的食用价值。由于大米是稻谷经过砻谷、碾白、去胚等加工工艺生产的成品粮，失去了稻壳的保护，与稻谷相比，其储藏稳定性相应下降。在储藏过程中，大米的品质会发生许多变化，这是正常的生理现象。大米在储藏过程中发生的一系列物理和生化变化，称为大米的品质劣变。大米的品质劣变会导致米饭变硬，口感变差。在影响大米品质的众多因素中，水分、温度和氧气是最主要的因素，其他如加工精度、糠粉含量及虫霉危害也会影响品质劣变速度。如水分大、温度高、精度差、糠粉多，品质劣变进展就快；反之就慢。

　　1）大米储藏过程中的物理变化　　大米品质劣变过程中会发生很多变化，物理特性方面如水分降低、千粒重减少、容重增加、硬度增加、米质变脆、吸水率和膨胀率增加、出饭率增加；化学特性方面有色泽变暗、产生难闻的气味、黏性变差等；生理方面有生活力衰退、发芽率降低、新鲜度降低等。

　　2）大米储藏过程中糖类物质变化　　在大米储藏过程中，淀粉、直链淀粉、支链淀粉组分的物理化学性质发生变化，碘结合力和最低黏度随着储藏时间的延长而增大。在淀粉酶的作用下，淀粉会转化为糊精和麦芽糖，进而再在呼吸作用下转化为二氧化碳和水，因此，小分子糖类物质的增加往往不能检测出来。通常情况下，随着储藏时间的延长，还原糖含量（RS）会增加而非还原糖（NRS）含量会减少。

　　3）大米储藏过程中水分变化　　在检验大米新鲜度的指标中，最能反映其新鲜度的是香味和酶活力，而影响大米香味和酶活力的最主要因素是大米的水分含量，水分含量不仅影响大米的安全储藏，而且影响大米的香味保持。不同水分条件的大米的保质效果不同，低水分的大米在常规条件下储藏，呼吸强度小，霉菌不易繁殖，品质劣变慢；而高水分的大米在常规条件下储藏，呼吸旺盛，酶活力高，营养物质消耗多，霉菌繁殖快，品质劣变快。另外，大米本身品质好，水分低，储藏条件好，品质劣变就慢。

　　在储藏过程中，谷粒之间温度差异会导致水分发生迁移。外部气温较低时，仓中大米的温度高于外界温度，当中心部位大米的热空气逐渐向上与仓顶部温度较低大米中的冷空气相遇时，会导致湿度增加，从而使顶部湿度增大，顶部大米吸收水分。如果温度差异过大，由于空气温度、接近温度较低的墙壁和地板的大米温度均较低，湿度的增加易造成结露，使得靠近墙壁或地板的大米腐败变质。

　　4）大米储藏过程中蛋白质变化　　在常规储藏条件下，大米总氮含量（TN）基本维持不变。但是，储藏后大米蛋白的性质发生了改变，蛋白质的消化率降低。

　　5）大米储藏过程中脂质及脂肪酸值变化　　在储藏过程中，大米脂质含量会有所降低，但是总脂质的量是基本恒定的，游离脂肪酸（FFA）含量升高而中性脂类物类（NF）和磷脂（P）含量降低。

　　大米在贮存期间，脂类物质和酶的变化最为显著，虽然脂类物质的含量比淀粉与蛋白质的含量低得多，但在储存期间大米品质品质劣变的主要原因却在于脂类物质的氧化。大米由于品质劣变而产生的羰基化合物（如陈米臭的成分戊醛、己醛）与温湿度直接有关，因而大米夏季极易产生异味。

　　脂肪酸值同粮食籽粒的败坏有密切的关系，它能反映储藏期间粮食的劣变程度，因而是粮食品质的重要指标。大米在储藏期间，尤其在恶劣的储藏条件下，脂肪酸的增加比较显著，但长期储藏下去，脂肪酸值反而会下降。在相同储藏温度下，大米含水量越高，脂肪酸值变化越快，也越容易霉变，因为水分越高，越有利于霉菌的生长和繁殖。脂类物质在分解生成脂肪酸的同时，脂肪酸自身氧化产生醛和酮，然而霉菌生长则会消耗脂肪酸，因而脂肪酸先增加然后又开始下降。当储藏温度超过20℃时，有利于霉菌的生长、繁殖，分泌脂肪酶，脂质水解速度则会加快，脂肪酸值也随之增高。储藏温度高于25℃时，温度越高，相同水分的大米脂肪酸值增加越快，霉变也越容易发生。在相同储藏温度下，大米含水量越高，脂肪酸值增加越快，也越容易霉变，而在高温条件下，高水分大米的脂肪酸值增加最快，霉变也最容易发生。大米的脂肪酸值都随着贮存时间的延长而先增加、后减少，这在高水分及高温条件下尤其明显。在相同温度下大米水分越高脂肪酸值变化越快；在含水量相同时，温度与大米脂肪酸值变化速率成正相关。因此，在实际工作中，大米应尽量控制在较低水分以内，有利于大米品质的保持，利于其安全储藏。良好的储藏条件能延缓脂肪酸值增加的速度，反之恶劣的储藏条件会使脂肪酸值的上升速度加快。

6）大米储藏过程中维生素变化　　大米储藏过程中，维生素含量逐渐下降，如大米中维生素 B_1 的含量随着储藏时间延长逐渐减少。总之随着存放时间的延长，大米品质劣变加深，黏度降低，香味、光泽、食味减退。

（二）大米储藏过程中品质变化

大米品质劣变是大米本身生理变化的必然规律。大米没有稻壳的保护，易于遭受外界不良条件的影响，分解变性作用加速和加强，因而品质劣变的速度较快。由于大米比稻谷的含水量高，在储藏中的呼吸旺盛，消耗干物质，使粮堆湿热增加。随着储藏时间的延长，大米品质都会下降，但在不同储藏方式下，其品质的下降速度是不同的。从大米品质变化速率来看，低温储藏<充二氧化碳储藏<充氮储藏<自然缺氧储藏<常规储藏，其中以低温储藏的大米品质最好。大米在储藏过程中品质变化集中表现为：外观品质和内在品质的变化。

1. 外观品质　　外观品质的变化主要表现在色泽和气味上。在储藏过程中常出现大米光泽逐渐减退变暗且大米纵纹呈现白色，俗称"起筋"。大米在品质劣变过程中，气味的变化也较为突出，新鲜大米的清香味很易被俗称"陈米味"的臭味取代。此外，陈米上感染的霉菌也会形成陈米气味，还会引起其他一系列的变化，在品质劣变过程中大米比较明显的外部特征主要表现在以下几个方面。

（1）异味。大米由于发热霉变而产生的异味主要是微生物散发出来的轻度霉味，使其香气减退或消失、有异味，这是大米发热霉变的先兆。

（2）表面结露。由于米粒微生物、糠粉的强烈呼吸，局部水分聚集，米粒表面出现潮润现象，俗称"出汗"。

（3）发软。出汗部位米粒吸湿，水分增加，硬度降低，手搓或牙咬清脆声减弱，俗称"发软"，其中未熟粒与病伤粒最先出现。

（4）散落性降低。米粒潮润，吸湿膨胀，使散落性降低。如用扦样筒或温度计插入米堆，阻力增大，在米堆表面行走时，两脚陷入较浅，大米由扦样筒流出时断断续续，手握易成团。

（5）色泽鲜明。由于米粒表面水汽凝聚，色泽显得鲜明，胚乳部分的透明感略有增加。

（6）起毛。米粒潮润，黏附糠粉，或米粒上未碾去的皮层浮起，显得毛糙，不光洁，俗称"起毛"。

（7）变色。胚部组织较松，含糖、蛋白质、脂质等营养物质较多，菌落先从胚部出现，使胚部变色，俗称"起眼"。其中含胚的大米最先发生变化，颜色加深，类似咖啡色；无胚的，先是白色消失，生毛（即菌丝体），然后变黄色，再发展变为黑绿色。

（8）起筋。米粒侧面与背面的沟纹呈白色，继续发展成灰白色，如筋纹，故称"起筋"。一般靠近米堆表层的大米先出现，通风散热之后愈加明显，表现为米粒光泽减退、发暗。

（9）霉变。一般情况下，轻度异味、出汗、发软、散落性降低、色泽鲜明等现象的出现，是大米发热霉变的先兆，而起毛、起眼、起筋等现象的出现，说明发热霉变已属早期现象。其后，一般即转入发热霉变的第二阶段。早期现象可能持续的时间是不等的，当气温在 15℃

左右时, 持续时间较长, 以上早期特征可能全部出现; 当气温达 25℃ 左右时, 中温性微生物大量繁殖, 持续时间可能只有 3～5 天, 不待起眼、起筋, 即急速转入第二阶段。一般在早期发热过程中, 米质损失不明显, 如及时处理, 不影响食用。

大米发热霉变的基本条件是水分, 含水量高的大米, 在适宜的温度与必要的氧气条件下, 会迅速生霉并出现发热。因此, 每到高温高湿季节, 就成为大米发热霉变的高发季节, 含水量高的晚粳米发热霉变尤为普遍。

在米质均匀的情况下, 发热霉变在散装大米中一般多出现于上层, 袋装大米多出现在包心与袋口之间。米质不均匀的, 一般多出现于质量较差的部位。米堆向阳面或阳光直射部位, 也是容易出现霉变的。霉变常见的深度, 散装多发生于粮面以下 10～30cm 处; 包装堆多发生于上层第 2～3 包。然后, 以上述部位和深度为中心, 逐步向外扩散。另外, 还有一种大米霉变而不伴随发热的情况, 多见于较低水分大米。特别是米堆外层, 每年春、秋季气候变化时, 米堆散装上层和靠近地面的外层 (高度可达 1m 左右), 可能出现这种情况, 其主要原因是吸湿返潮。一般由于霉层很薄, 不超过 5cm, 热量容易散失, 故不易引起米堆发热, 通常俗称"干霉"。

2. 理化特性　　在大米储藏过程中, 脂类物质和酶的变化最为显著。虽然大米中脂类物质的含量比淀粉含量与蛋白质含量低得多, 但在储藏期间大米品质品质劣变的主要原因却是由于脂类物质的氧化与水解。所以, 在大米储藏过程中, 常以脂肪酸值作为灵敏指标, 通过测定大米中的游离脂肪酸值含量, 可以了解大米的储藏情况和品质变化情况。除脂类物质外, 在储藏过程中大米中还原糖含量在淀粉酶的作用下分解而增加, 陈米与低温储藏米相比较, 还原糖约增加 50%。另外, 大米中维生素的含量在储藏过程中也逐渐减少, 陈米比新米约减少一半。大米的直链淀粉含量与其蒸煮品质有密切的关系, 直链淀粉含量高的大米其蒸煮膨胀值也高, 米饭干松。直链淀粉含量低者, 出饭率低, 米饭黏性强。大米在储藏期间蛋白质化学性质的变化, 与大米的蒸煮品质有直接关系, 由于蛋白质与脂类物质的氧化产物可发生分子内与分子间的相互交联, 这些都是导致大米品质劣变的原因。大米内在品质变化主要表现在以下几个方面。

1) 酸度　　酸度增加是由于脂肪酸与各种有机酸增多引起的, 其中脂肪酸的增加, 往往占主导地位, 故常以总酸度或脂肪酸值的含量作为品质劣变程度的判定指标。

2) 黏度　　大米在储藏期间黏度的变化十分突出。大米黏度在储藏期下降的原因很多, 到目前为止还没有统一的认识。从研究的结果分析, 应为多种原因的综合效应。随着储藏期的延长, 影响大米黏度的因素主要有: 淀粉酶活性的降低, 蛋白质由溶胶变为凝胶, 陈米细胞壁较为坚固, 蒸煮时不易破裂及游离脂肪酸会包裹淀粉粒, 使其膨化困难等。不同类型稻谷黏度变化速度相比, 糯米最快, 粳米次之, 籼米较慢。随着储藏期延长, 米的黏度逐渐降低, 尤其经高温过夏后, 黏度下降更为显著。

3) 挥发性物质　　影响大米品质劣变程度的因素很多, 其中主要是大米水分和温度; 其次, 大米品质劣变程度与加工精度、糠粉含量以及害虫、霉菌危害也有密切关系。另外, 品质劣变的进展与储藏时间长短呈正比, 储藏期越长, 品质劣变越严重。大米储藏时间过长, 会出现较为严重的陈米味。这是因为陈米中挥发性化合物的含量增加。研究表明, 品质劣变过程中大米风味劣变很快, 稻谷经脱壳碾白加工成大米后, 储藏 2～4 周后即开始产生异味, 因此, 碾制后的大米一个月内食用最好。大米中的挥发性物质很复杂, 其中没有哪一种单独的物质是大米香味的特征物质。但 2-乙酰基-1-吡咯啉（2-acetyl-1-pyrroline）通常被认为是多种大米中香味物质的最重要的挥发性成分。羰基化合物特别是己醛，由于其在储藏过程中含量显著增加，被认为可能是大米储藏期间风味劣变的主要物质，而羰基化合物主要是由于不饱和脂肪酸的氧化形成的，羰基化合物形成后还会进一步和蛋白质中的巯基反应，使含硫的挥发性物质含量降低。

新米中低沸点挥发性羰基化合物（如乙醛）含量较高，而陈米中高沸点挥发性羰基化合物含量较高，其中戊醛、己醛较为明显，其含量比新米高 2 倍以上。由此可以推断戊醛和己醛是大米品质劣变、品质下降、影响米饭风味的主要成分。因而戊醛与己醛是形成陈米味的主要成分。在常温条件下，储藏 7 个月和 1 年的大米，其乙醛含量由 63% 减少到 24%，而戊醛、己醛含量分别增加到 8% 和 39%。近年来通过气相色谱分析结果表明，大米气味中的主要成分是一些挥发性的羰基化合物和硫化物，新米气味中的主要成分是低级的醛、酮和挥发性硫化物。随着大米的品质持续劣变，以硫化氢为代表的挥发性硫化物含量减少，而以戊醛、己醛为代表的挥发性羰基化合物含量增加。此外，陈米感染的霉菌也会形成陈米气味。在测定大米储藏品质指标时，可用己醛峰面积与乙醛峰面积之比表示，或测定米饭中 H_2S 的含量来判断大米品质是否劣变。

大米品质变化，除与其形态特征、内部构造及其化学成分有关外，还与外界环境条件如温度、水分、阳光和空气等因素有关。大米在品质劣变过程中可以发生多方面的变化，物理特性方面主要表现为：含水量下降、硬度增加、米质变脆、吸水率和膨胀率增加、出饭量增加等；化学特性方面表现为：黏性下降，以及色泽、气味的变化。

3. 食用品质 大米品质劣变主要表现在色泽逐渐变暗、香味消失、出现糠酸味、酸度增加、黏性下降、煮稀饭不稠汤、食用品质降低等。品质劣变大米具有特有的"陈米臭"，其主要原因是大米品质劣变过程中挥发性羰基化合物含量增加。戊醛和己醛是形成陈米臭的主要成分。在常温条件下，储藏 7 个月和 1 年的大米，其乙醛含量减少，戊醛、己醛含量增加的情况见表 10-9。

表 10-9 储藏 7 个月和 1 年的大米羰基化合物变化（%）

种类	储藏 7 个月	储藏 1 年
乙醛	63	24
丙醛	2	1
丙酮	5	24
丁酮	1	2
丁醛	1	1
戊醛	4	8
己醛	24	39

资料来源：刘兴华，2006

储藏时间、温度等条件变化会导致米饭组织结构发生变化。感官评价和质构仪测定结果表明，品质劣变的大米制作的米饭比新收获的大米制作的米饭的硬度大，但黏性偏低。通过测定 7 种大米的米饭硬度值发现，大米在 28～30℃储藏 3 个月内，其米饭的硬度值从 5.8kg 上升到 6.9kg，然后又逐渐下降。此外，米饭硬度变化还受稻谷储藏期间水分含量的影响，有研究表明，储藏初始水分含量为12%的稻谷比水分含量为15%或18%的稻谷的硬度要大。新收获稻谷的黏性最大，在储藏期间，随着稻谷的品质劣变其黏度逐渐下降。稻谷储藏温度升高会加速米饭黏度的下降。

4. 大米品质劣变过程中米粒结构的变化　　构成大米的细胞是一种储藏细胞，在其内部积累了淀粉、蛋白质、脂类物质等多种成分。在稻谷收获后存放的初期称为后熟阶段，这时，由于水分的减少，一方面还在进行细胞的分化，另一方面细胞间质和胞间通道会发生一定程度的收缩，最终形成米粒坚硬的结构特点，存放时间越长，结构也越硬，这也是导致其加工品质变化的主要原因。

另外，蛋白质类高分子物质胶体特性的改变也与黏性的下降有关。新鲜大米中的蛋白质胶体物质基本上处于溶胶状态。所谓溶胶状态就是胶体粒子在胶体溶液中呈分散状态，随着时间延长，胶体粒子之间由于引力的作用，开始彼此结合为较大的结合体，当达到一定的程度后就发生沉淀作用，这种胶体粒子的合并过程被称为胶体的凝结作用。胶凝的结果使溶胶体系变为凝胶体系，最终导致米粒变硬、蒸煮后黏性下降。

一般认为，新米细胞壁通常是一种纤维丝排列为无序性质的初生壁，在储藏过程中，构成纤维丝的架桥物质（如阿魏酸和阿拉伯木聚糖的结合酯键）被破坏，纤维丝逐渐发生沉积现象，形成了所谓的次生壁，产生局部结晶。结果在蒸煮时，当淀粉吸水膨胀时不容易破裂，导致出饭率增加，溶出物减少，也是陈米吸水率下降的一个主要原因。

5. 大米品质劣变机制　　关于大米品质劣变的机制，多年来，国内外许多纷纷学者致力于大米品质劣变方面的研究，从大米的化学成分变化、各种酶的作用、米粒的物理特性差异以及蒸煮品质等方面开展了大量的工作。影响淀粉糊化和膨胀的原因在于细胞壁的变化，陈米蒸煮时，胚乳细胞虽然膨胀但细胞壁不破裂，或只有部分细胞壁破裂，因而淀粉不能完全溃散糊化，所以米饭变硬，黏性变差。新米蒸煮时，胚乳细胞在膨胀时细胞壁破裂，所以新米蒸煮品质良好。由Moritaka提出的米粒老化机制见图10-2。

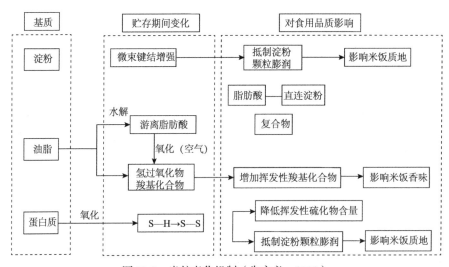

图10-2　米粒老化机制（朱永义，1999）

米粒经长期贮存后，脂类物质会水解生成游离脂肪酸，脂肪酸可与淀粉分子中的直链淀粉结合成脂肪酸-直链淀粉复合物，从而抑制淀粉颗粒的膨润，使米饭的质地变硬。另外，脂类物质或游离脂肪酸经氧化后可产生氢过氧化物及羰基化合物，此两种物质均可促进蛋白质的氧化，产生二硫键而影响米粒的外形，降低挥发性硫化物的含量，同时抑制淀粉颗粒的膨润，进而影响米饭的香味及质地。另外，对于淀粉的改变，可能因贮存后，淀粉颗粒中的微束键结加强，导致米饭黏度下降，硬度增加。

关于大米品质劣变的机理具有代表性的观点如下。

（1）脱支酶学说。脱支酶学说认为在大米品质劣变过程中，支链淀粉被水解脱支成为短链的直链淀粉，使不溶性直链淀粉含量增加，是影响大米淀粉蒸煮糊化特性的重要因素，也最终导致了米饭黏性和硬度的变化。

（2）脂质变化学说。大米中虽然脂类物质含量不到 1%，但对大米的品质劣变和米饭蒸煮以后变硬却有极大的影响。基于脂质与脂酶催化的理论，脂酶将脂质氧化为游离的脂肪酸，与淀粉形成复合物，限制了淀粉在蒸煮时的膨润，使米饭黏性丧失，硬度增加。

（3）巯基变化与大米品质劣变学说。大米中蛋白质的含量一般在 7%~8%，在储藏过程中，巯基含量下降，二硫键含量增加，表明在存放过程中，大米蛋白质有被氧化的趋势，巯基含量下降导致蒸煮后米饭挥发性气体中 H_2S 含量减少，米饭的风味变劣。二硫键交联多的大米，在蒸煮时米饭也不易熟化，加热以后的米饭黏性小，这可能是由于蛋白质在淀粉粒的周围形成坚固的网络结构，限制了淀粉的膨润，也是影响米饭结构的重要因素。

（4）大米胚乳细胞壁变化学说。构成大米淀粉储藏细胞的薄壁是很薄的一种初生壁，由果胶质、α-纤维素、半纤维素、类脂、蛋白质和多酚类化合物等共同组成，米胚乳细胞壁具有一定的弹性，在蒸煮过程中由于内部淀粉粒的膨胀而破裂，而储藏以后的大米，由于细胞壁变得坚固，蒸煮时即使淀粉颗粒膨胀也不能促使其破裂，出现了米粒发胀、米饭缺乏黏性的大米品质劣变现象。

（5）综合变化学说。认为大米的品质劣变是有多种因素共同作用的结果，是在微生物、酶和化学底物的存在下，发生了复杂的化学和生物学的反应，最终导致了大米品质劣变表现出来的各种特性，其中包括了诸如脂质、蛋白质和其他一些变化。

第六节　稻谷品质评价

稻谷的品质是由稻谷和大米具有的各种物理特性和化学特性所构成的，稻谷品质的分析与评定，有利于促进优质稻品种选育，配套高产优质栽培技术的制定和稻谷加工、流通、消费等方面的发展。目前，国内外评价稻谷品质的指标基本相同，一般包括加工品质、外观品质、蒸煮食味品质和营养品质等方面的指标。对稻谷和大米品质进行评价的方法通常包括感官评价法、仪器分析法、物理检验法、化学分析法、光学分析法、色谱法等。

（一）感官评价方法

大米食味值是一个综合指标，与外观品质、蒸煮食味品质、理化性质等有着紧密的联系，前人研究表明，通过这些指标可以准确地预测稻谷和大米的食味品质。稻谷和大米感官品质主要通过检验者的感觉器官和实践经验，对稻谷的色泽、气味、外观等项目进行鉴定从而判断大米的品质，主要有色泽鉴定、气味鉴定和外观鉴定等，它们是大米主要的商品性状，也是评价大米品质的重要指标。外观品质包括粒长、粒宽、粒长/粒宽比值、粒形、垩白、透明度等指标，消费者根据外观来判断大米品质。蒸煮品质包括吸水率、胶稠度、体积膨胀率等。

稻谷的食味评价一般主要是靠感官评价，2008 年中华人民共和国国家标准规定的粮油检验稻谷、大米蒸煮食用品质感官评价方法（GB/T 15682—2008），即通过感官评价大米蒸煮食味品质的过程如下：大米蒸煮成米饭后感官评定米饭的色泽、气味、外观结构、滋味及适口性，以综合得分表示结果。品评人员以 5～10 位高级评价员或 18～24 位初级评价员组成为宜，在一个房间，漱口之后进行品评，试样小于 8 份，品评米饭 1 人 1 盒。品评的顺序为先趁热鉴定：①观察米饭色泽；②观察米饭气味外观结构；③通过咀嚼，品尝评定滋味及适口性，将各项得分相加，得到综合得分。感官评定是通过实际品尝来评定，再加上一定的统计方法，这是经过科学的检验而被确立的方法。

（二）仪器评价方法

感官评价一直被广泛采用是由于其对评价稻谷和大米的食味品质最直接最主观。然而由于评定人员的主观影响及评定标准、项目等方面的不同，感官评定法在国内外，甚至国内目前也不能完全统一，且评价时需要消耗大量的人力、物力和时间。稻谷、大米的品质评价中除了采用常用的感官评定法对大米进行食用品质评价外，还往往结合稻谷和大米的各种物理特性，采用质构仪等仪器测定以及如机器视觉技术等新兴的现代化技术等。

随着当今社会科技的飞速发展，越来越多的先进仪器被研发出来，为稻谷和大米食味的评价提供了一种更快速、准确有效的方法——理化指标评价法：即利用各种仪器分别检测大米的各种物理和化学品质特性，然后根据其与食味品质的相关性分析，来预测大米的食味品质。仪器分析是使用特殊的仪器设备，以物质的物理和化学性质为基础的分析方法。根据物质的某种物理性质（如熔点、沸点、折射率、旋光度及光谱特征等），不经化学反应，直接进行定性、定量和结构分析的方法，称为物理分析法，如光谱分析法等。根据物质在化学变化中的某些物理性质，进行定性、定量分析的方法称为物理化学分析法，如电位分析法。仪器测定相比于主观性过强的感官评价，更客观、快速、准确。

米饭的食味是根据视觉、听觉、嗅觉、味觉、触觉这五感来评定的。其中最重要的是触觉，即咀嚼时的食感。饭的硬度和黏度在很大程度上决定了食味优劣。此外，米饭的质构特性与食味评价也有相当重要的关系，利用质构仪等仪器模仿口腔咀嚼和牙齿切割时的机械运动，可测出与米饭质地相关的各项物理特性，如硬度、黏性、剪切力、弹性（松弛性）和黏附性等，通过这些特性值可对米饭食味品质作出间接比较和评价。大米淀粉糊化特性，包括峰值黏度、衰减值、崩解值、最终黏度值、回生值、到达峰值黏度时间、糊化温度。

光学分析法包括紫外-可见分光光度法、原子吸收光谱法、原子荧光光谱法、近红外光谱法等可用于测定稻谷和大米中的微量元素、碳水化合物、蛋白质、氨基酸、维生素、微量元素及有害重金属等的含量。而色谱分析在稻谷品质评价方面主要用于常规化学分析不能解决的微量成分分析的难题，其中常用的是薄层层析法、气相色谱法和高效液相色谱法，主要用于测定有机酸、氨基酸组成、糖类、维生素、农药残留、黄曲霉毒素等成分。

此外，机器视觉技术已被应用在检测稻米碾磨加工精度和破损粒等方面。例如，将机器视觉技术用于自动检测系统测定对于大米质量的分级效果，此检测系统具有将大米分类的功能，分为整粒米、爆腰米、未成熟米、垩白米、破碎米和异品种米等。通过将机器视觉技术与近红外检测技术结合，对大米内部品质和外观品质进行综合评定，通过机器视觉技术来分析大米外观品质，近红外技术来分析大米的内部品质，因此，将二者通过特定方法（如神经网络技术）进行结合，即可以评判稻谷的综合品质等级。机器视觉技术的应用极大地缩短了大米品质检测和定级所需时间，同时降低了检测所需成本，且利于实际检测应用。

（三）物理检验法

物理检验法是根据食品的一些物理常数（如密度、相对密度、折射率和旋光度等）与食品的组分及含量之间的关系进行检测的方法。原粮和油料物理检验的范围很广，凡是原粮的色泽、粒型、纯度、整齐度、杂质、容重、相对密度、硬度、千粒重等指标都包括在内。这些项目既能反映原粮的外观品质，而且其测定方法又简便易行、快速，无需特殊仪器设备。因此，它是原粮检验工作中经常应用的方法。在现行粮食国家质量标准中，原粮物理检验项目是主要的检验项目。

在现行粮食、油料国家质量标准中，物理检验项目是主要的检验项目，如纯粮率、出糙率、出仁率、出粉率、出油率、容重、米类精度，以及小麦粉粉色、麸星等分别是稻谷、大米、小麦、小麦粉、高粱、高粱米、玉米、大豆、芝麻、葵花籽等粮食、油料定等分级的基础项目。其中有些项目如杂质、不完善粒等在杂质标准中虽然不是定等基础项目，但却是重要的控制指标。物理检验项目在质量标准中应用既能较好地贯彻依质论价政策，能科学合理地体现优质优价，又有利于广大基层单位采用和被广大农民所接受，有利于标准的贯彻执行。因此，在原粮和油料的质量标准中，绝大多数原粮和油料定等分级项目指标均采用物理检验。

（四）化学评价方法

对于稻谷和大米中的化学成分及其组分含量及其特性的分析，仍主要采用经典的化学分析方法。化学分析方法在食品分析中常用的是定量分析，稻谷和大米中水分、灰分、脂肪、纤维等成分的测定，常采用化学分析中的重量法；而酸度、蛋白质的测定则常采用容量法中的酸碱滴定法，还原糖、维生素 C 等的测定则采用氧化还原滴定法。

化学分析法是食品分析中最基本、最常用的分析方法，食品中大部分成分的分析都可以靠化学分析方法来完成。即使是现代使用最为广泛的各类仪器分析方法，也都是采用化学方法对样品进行预处理或制备标准样品，而且仪器分析的原理大多数也是建立在化学分析的基础上的。

1）直链淀粉含量　　大米直链淀粉含量的测定方法主要是碘比色法（GB/T 15683—2008《大米直链淀粉含量的测定》）。其原理是将糊化后的淀粉进行脱脂，然后将试样分散在氢氧化钠溶液中，向一定量的试样分散液中加入碘试剂，然后用分光光度计于 720nm 处测定显色复合物的吸光度。用这种方法测得的直链淀粉实际是真正的直链淀粉和支链淀粉的长链 B，即表观直链淀粉。

2）蛋白质含量测定　　蛋白质的定量方法有凯氏定氮法、定氮仪法、双缩脲法、酸试剂法、酚试剂法、紫外光谱吸收法等。但蛋白质含量测定最经典的方法仍是凯氏定氮法，定氮仪法的基础也是凯氏定氮。近代又研制出近红外谷物品质测试仪，用它能无破坏性地快速测得粮粒的蛋白质、水分、脂肪等含量。但近红外法也是在凯氏定氮的基础上，再通过大量数据对近红外光谱仪进行建标后，发展起来的一种无损检测方法。美国和加拿大在小麦蛋白质的检验业务中，已用近红外谷物品质测试仪作为标准法。

（五）酶分析法

酶是一种生物催化剂，生物体内的各种生化反应几乎都是在酶的催化作用下进行的，酶的催化具有专一性强、催化效率高和反应条件温和等特点。酶分析法在食品分析中的应用主要有两个方面：第一，以酶为分析对象，根据需要对食品加工过程中所使用的酶和食品样品所含的酶进行酶的含量或酶活力的测定；第二，利用酶的特点，以酶作为分析工具或分析试剂，用于测定食品样品中用一般化学方法难以检测的物质。

酶分析法由于解决了从复杂成分中检测某一成分而不受或很少受其他共存成分干扰的问题，且具有简便、快速、准确、灵敏等优点，目前在食品中有机酸、糖类、淀粉、维生素 C 等成分的测定方面已经得到应用。

与其他分析方法相比，酶法分析最大的特点和优点就是它的特异性强。当待测样品中含有结构和性质与待测物十分相似（如同分异构体）的共存物时，要找到被测物特有的特征性质或者要将被测物分离纯化出来，往往非常困难。而如果有仅作用于被测物质的酶，利用酶法分析的特异性，不需要分离就能辨别试样中的被测组分，从而对被测物质进行定性和定量分析。所以，酶法分析常用于结构和物理化学性质比较相近的同类物质的分别鉴定和分析，而且样品一般不需要进行很复杂的预处理。此外，由于酶的催化效率很高，酶反应大多比较迅速，酶法分析的分析速度也比较快。例如，酶联免疫检测法可用于食品的污染检测中，尤其适用于真菌毒素的快速检测。

而膳食纤维试剂盒法测定总膳食纤维含量、不溶性纤维含量、可溶性纤维含量，则是将脱脂（如大于 10%）干燥后的样品经热稳定 α-淀粉酶、蛋白酶和淀粉葡萄糖苷酶酶解消化，酶解液通过乙醇沉淀、过滤，乙醇和丙酮洗涤残渣后干燥、称重，得到总膳食纤维（TDF）残渣；酶解液通过直接过滤、热水洗涤残渣，干燥后称重，得到不溶性膳食纤维（IDF）残渣；滤液用乙醇沉淀，过滤、干燥、称重，得到可溶性膳食纤维（SDF）残渣。

淀粉总量检测试剂盒是一种使用耐热 α-淀粉酶和淀粉葡糖苷酶的淀粉总量检测试剂盒。其原理是利用耐热 α-淀粉酶能将淀粉水解为可溶性有支链和无支链的麦芽糊精。

（六）营养学评价和生物学评价

营养学评价和生物学评价以蛋白质的营养评价为例进行说明。蛋白质消化率是指该食物蛋白质被消化酶分解、吸收的程度。消化率越高，被机体利用的可能性越大。蛋白质利用率指食物蛋白质被消化吸收后在体内被利用的程度，蛋白质的利用率指食物蛋白质被消化、吸收后在体内被利用的程度。测定蛋白质利用率的指标和方法很多，各指标分别从不同角度反映蛋白质被利用的程度。其测定指标主要包括蛋白质生物价、蛋白质净利用率、蛋白质功效比值（PER）、蛋白质评分（AAS）等。

蛋白质营养评价的方法多种多样，既有生物学方法，也有化学分析方法。生物学方法往往通过专查受试蛋白质对试验动物（特别是幼小动物，甚至是微生物）生长的贡献来评价受试蛋白质营养价值的高低，由于该方法综合考虑了受试蛋白质被实验动物吸收、消化、利用的情况，因此更加全面和客观。该方法的缺点是实验动物的必需氨基酸需要量模式和人体的必需氨基酸需要量模式存在一定的差异，将实验结果应用于人体时存在着一定偏差。化学分析的方法通过分析受试蛋白质的氨基酸组成，并与人体的氨基酸需要量模式进行比较来评价蛋白质营养价值的高低。该方法所获得的结果比较直观，更易于作为生产和生活实践的指导。缺点是无法考虑食物加工以及混合膳食条件下食物中其他成分对受试蛋白质消化、吸收和利用的影响，这可能是化学评价和生物学评价不一致的重要原因。

在对稻谷、大米及其他米制品品质分析的实际评价过程中，同一指标或组分往往可以采用多种不同的方法进行评价。例如，维生素 C 的测定，既可以采用高效液相色谱法，也可以采用荧光光度法，还可以采用碘量法等；又如，淀粉含量的测定可以采用酶水解法，也可以采用酸水解法，还可以采用蒽酮硫酸比色法以及碘-淀粉比色法；微量元素的测定则既可以采用原子吸收光谱法，也可以采用离子色谱法等。

主要参考文献

陈茂彬. 2000. 现代酶法食品分析中的新方法和新技术. 中国酿造, 108(4): 24-25, 34.

傅晓如. 2008. 米制品加工工艺与配方. 北京: 化学工业出版社.

耿越. 2013. 食品营养学. 北京: 科学出版社.

顾鹏程, 胡永源. 2008. 谷物加工技术. 北京: 化学工业出版社.

顾正彪, 李兆丰, 洪雁, 等. 2004. 大米淀粉的结构、组成与应用. 中国粮油学报, 19(2): 21-27.

贾富国. 2009. 糙米加湿调质技术. 北京: 中国轻工业出版社.

蒋爱民, 章超桦. 2000. 食品原料学. 北京: 中国农业出版社.

金龙飞. 1999. 食品与营养学. 北京: 中国轻工业出版社.

李里特. 2001. 食品原料学. 北京: 中国农业出版社.

李敏. 2003. 大米品质及其营养卫生. 武汉工业学院学报, 22(3): 11-13.

李平, 徐庆国, 毛友纯. 2011. 香稻的理论与技术. 长沙: 湖南科学技术出版社.

李文辉, 陈嘉东, 张新府, 等. 2010. 稻谷保鲜储藏技术应用研究. 粮食储藏, 39(3): 20-22.

刘兴华. 2006. 食品安全保藏学. 北京: 中国轻工业出版社.

刘永乐. 2010. 稻谷及其制品加工技术. 北京: 中国轻工业出版社.

吕欢欢. 2013. 常温方便米饭加工工艺研究与品质评价. 无锡: 江南大学硕士学位论文.

吕文彦. 2011. 粳稻品质形成基础. 北京: 北京师范大学出版社.

马春梅. 2011. 农产品检验原理与技术. 北京: 中国水利水电出版社.

马莉莎. 2015. 常温储存即食米饭工艺研究. 杭州: 浙江大学硕士学位论文.

马涛. 2009. 谷物加工工艺学. 北京: 科学出版社.

倪兆桢, 万慕麟. 1981. 稻谷与大米的储藏. 北京: 中国财政经济出版社.

芮闯, 刘莹, 孙建平. 2012. 蛋白质与大米食味品质的相关性分析. 食品科技, 37(3): 164-167.

苏爱梅, 孙健乐. 2013. 食品营养与健康. 北京: 中国质检出版社.

苏钰亭, 尹涛, 赵思明, 等. 2014. 蒸煮模式和大米品种对米饭蛋白质消化特性的影响. 食品科学, 35(3): 100-105.

王九菊. 2008. 蒸谷米加工工艺及营养、储存特性探讨. 粮食与饲料工业, 1: 3-4.

王若兰. 2009. 粮油储藏学. 北京: 中国轻工业出版社.

王肇慈. 2000. 粮油食品品质分析. 2 版. 北京: 中国轻工业出版社.

姚惠源. 1999. 谷物加工工艺学. 北京: 中国财政经济出版社.

姚惠源. 2004. 稻米深加工. 北京: 化学工业出版社.

尹阳阳. 2010. 储藏温度和水分对稻谷品质的影响. 郑州: 河南工业大学硕士学位论文.

于国萍, 吴非. 2010. 谷物化学. 北京: 科学出版社.

于徊萍, 孙元宾. 2010. 粮油品质分析. 长春: 吉林大学出版社.

余世锋, 马莺. 2010. 贮藏温度和时间对五常大米米饭品质的影响. 食品科学, 31(2): 250-254.

张东杰, 王颖, 翟爱华. 2011. 大米质量安全的关键控制技术. 北京: 科学出版社.

张国良, 霍中洋, 许轲. 2008. 农产品品质及检验. 北京: 化学工业出版社.

张建奎. 2012. 作物品质分析. 重庆: 西南师范大学出版社.

张峻. 2009. 发芽糙米及其系列产品的加工技术. 天津: 天津科技翻译出版公司.

张习军, 熊善柏, 周威, 等. 2009. 蒸煮工艺对米饭中淀粉消化性能的影响. 农业工程学报, 25(增刊 1): 92-96.

赵萍. 2004. 粮油食品工艺. 兰州: 甘肃科学技术出版社.

钟耕. 2012. 谷物科学原理. 郑州: 郑州大学出版社.

周显青. 2006. 稻谷精深加工技术. 北京: 化学工业出版社.

周显青. 2011. 稻谷加工工艺与设备. 北京: 中国轻工业出版社.

朱永义. 1999. 稻谷加工与综合利用. 北京: 中国轻工业出版社.

Anderson AK, Guraya HS. 2002. Digestibility and pasting properties of rice starch heat-moisture treated at the melting temperature(T_m). Starch-Stärke, 54: 401-409.

Liu L, Waters DLE, Rose TJ, et al. 2013. Phospholipids in rice: significance in grain quality and health benefits: a review. Food Chemistry, 139(1-4): 1133-1145.

Martin M, Fitzgerald MA. 2002. Proteins in rice grains influence cooking properties. Journal of Cereal Science, 36: 285-294.

Zhou Z, Robards K, Helliwell S, et al. 2002. Ageing of stored rice: changes in chemical and physical attributes. Journal of Cereal Science, 35: 65-78.